*Stuart Kauffman*
**Der Öltropfen im Wasser**

**Zu diesem Buch**

In den Naturwissenschaften ist eine Revolution im Gange. Es zeichnet sich ein neues Paradigma ab, das in seiner Bedeutung der Theorie Darwins gleichkommt. Ausgangspunkt ist die Entdeckung der Ordnung, die tief in den komplexen Systemen verankert ist – vom Ursprung des Lebens über die Funktionsweise von großen Industriebetrieben bis zum Aufstieg und Fall von Hochkulturen. In seinem allgemeinverständlichen Buch gibt Stuart Kauffman Einblicke in die ordnungsbildenden Kräfte des Chaos. Er zeigt, daß und wie Komplexität die Selbstorganisation bewirkt. Seine Erkenntnisse überträgt er auf Wirtschaftssysteme, kulturelle Systeme und Ökosysteme. Das neue Denken in komplexen Systemen wird verständlich gemacht von einem Vordenker und Wegbereiter.

*Stuart Kauffman,* geboren 1939 in Sacramento/Kalifornien, ist Mediziner und Biologe. Tätigkeit als Arzt in Cincinnatti. Er war Professor für Biophysik und Biochemie an der University of Pennsylvania. Zur Zeit arbeitet er am Santa Fe Institute.

*Stuart Kauffman*
# Der Öltropfen im Wasser

Chaos, Komplexität, Selbstorganisation
in Natur und Gesellschaft

Aus dem Amerikanischen von
Thorsten Schmidt

Mit 59 Abbildungen

**Piper München Zürich**

Ungekürzte Taschenbuchausgabe
September 1998
© 1995 Stuart Kauffman
Titel der amerikanischen Originalausgabe:
»At Home in the Universe«, Oxford University Press,
New York 1995
© 1996 Piper Verlag GmbH, München
Umschlag: Büro Hamburg
Simone Leitenberger, Susanne Schmitt, Annette Hartwig
Umschlagabbildung: Markus Briking
Foto Umschlagrückseite: Daryl A. Black
Satz: Jung Satzcentrum GmbH, Lahnau
Druck und Bindung: Clausen & Bosse, Leck
Printed in Germany   ISBN 3-492-22654-X

Meinen Kollegen am
Santa-Fe-Institut und anderswo,
die, wie ich,
nach den Gesetzen
der Komplexität suchen.

## Inhalt

Vorwort  9
Danksagung  11

1 Im Universum zu Hause  13
2 Der Ursprung des Lebens  55
3 Kinder der Notwendigkeit  77
4 »Ordnung zum Nulltarif«  111
5 Das Geheimnis der Ontogenese  145
6 Die Arche Noah  175
7 Das Gelobte Land  201
8 Abenteuer im Hochgebirge  229
9 Organismen und Artefakte  287
10 Eine Stunde auf der Bühne  309
11 Auf der Suche nach Spitzenleistungen  363
12 Die Entstehung einer globalen Zivilisation  401

Bibliographie  449
Register  451

## VORWORT

Wir leben in einer Welt erstaunlicher biologischer Komplexität. Moleküle aller Arten schließen sich zu Stoffwechselreigen zusammen, aus denen schließlich Zellen hervorgehen. Durch die Wechselwirkungen zwischen Zellen entstehen Organismen; durch die Wechselwirkungen zwischen Organismen entstehen Ökosysteme, Wirtschaftssysteme und Gesellschaften. Welche Kraft hat dieses grandiose Gebäude hervorgebracht? Über ein Jahrhundert lang gründete die einzige Theorie, die uns die Wissenschaft zur Erklärung dieser Ordnung anzubieten hatte, auf der natürlichen Selektion. Laut Darwin entsteht die Ordnung der biologischen Welt dadurch, daß die natürliche Auslese unter den Zufallsmutationen die seltenen, nützlichen Formen aussiebt. Nach dieser Theorie der Entwicklungsgeschichte des Lebens sind Organismen zusammengeschusterte Stückwerke, gestaltet von der Selektion, dem schweigenden, opportunistischen Bastler. Die Naturwissenschaft hat uns zu Wesen reduziert, die ihre Existenz unerklärlichen, unwahrscheinlichen Zufallsereignissen in der unermeßlichen, kalten Weite von Raum und Zeit verdanken.

Dreißigjährige Forschungen haben mich davon überzeugt, daß die in der Biologie herrschende Auffassung unvollständig ist. Ich werde in diesem Buch die These verfechten, daß die natürliche Selektion, so wichtig sie auch ist, die großartigen Bauwerke der Biosphäre, von Zellen über Organismen bis hin zu Ökosystemen, nicht allein gestaltet hat. Die Urquelle der Ordnung ist vielmehr die Selbstorganisation. Ich bin zu der Überzeugung gelangt, daß die Ordnung in der biologischen Welt nicht nur das Ergebnis eines fortwährenden »Herumbastelns« ist, sondern aufgrund der Prinzipien der Selbstorganisation – der Komplexitätsgesetze, die wir gerade erst aufzudecken und zu verstehen beginnen – geradezu zwangsläufig und spontan entsteht.

Die Naturwissenschaft ging seit ihrer Begründung vor etwa dreihundert Jahren weitgehend reduktionistisch vor, indem sie versuchte, komplexe Systeme in einfache Teile und diese einfachen Teile in noch einfachere Teile zu zerlegen. Die reduktionistische Methode war ungemein erfolgreich und wird es auch weiterhin sein. Aber sie hat vielfach ein Vakuum hinterlassen: Wie lassen sich die Erkenntnisse, die wir über die einzelnen Teile gewonnen haben, zu einer Theorie des Ganzen zusammenfügen? Die grundlegende Schwierigkeit liegt darin, daß das komplexe Ganze unter Umständen Merkmale aufweist, die sich nicht ohne weiteres aus den Eigenschaften der Teile erklären. Das komplexe Ganze kann in einem völlig unmystischen Sinn »emergente« Merkmale zeigen, die für sich selbst gesetzmäßig sind.

Dieses Buch beschreibt meine eigene Suche nach den Komplexitätsgesetzen, die die spontane Entstehung des Lebens in der chemischen Ursuppe und die Evolution des Lebens zu der Biosphäre, wie wir sie heute sehen, steuerten und noch immer steuern. Ob von Molekülen, die sich zu Zellen zusammenschließen, oder von Organismen, die sich zu Ökosystemen vereinigen, oder von Käufern und Verkäufern, die durch ihre Zusammenarbeit Märkte und ganze Wirtschaftssysteme schaffen, die Rede ist: Wir werden Gründe für die Annahme finden, daß der Darwinismus nicht ausreicht, daß die natürliche Selektion nicht die einzige Quelle der Ordnung sein kann, die in der Welt zutage tritt. Indem die Selektion die belebte Natur formte, hat sie von jeher auf Systeme eingewirkt, die eine spontane Ordnung zeigen. Wenn ich recht habe, dann verheißt uns diese fundamentale Ordnung, die von der Selektion weiter ausgefeilt wird, auch ein neues Selbstverständnis – unsere Entstehung war vorhersehbar und nicht unvorstellbar unwahrscheinlich, und das Universum ist unser Zuhause.

Sante Fe, New Mexico  
Oktober 1994  
S. K.

# DANKSAGUNG

Dieses Buch wäre ohne die kluge redaktionelle Gestaltung durch George Johnson, einen hervorragenden Wissenschaftspublizisten und Redakteur der *New York Times*, der zur gleichen Zeit, als er mir bei *Der Öltropfen im Wasser* half, sein eigenes Buch, *Fire in the Mind: Science, Faith and the Search for Order*, schrieb, nie zustande gekommen. Bei mehreren Mittagessen im Innenhof des Restaurants La Posada in Santa Fe erarbeiteten wir das Grundkonzept. Bereitwillig bot ich George an, mein Mitautor zu werden. Er lehnte ab, weil er der Ansicht war, *Der Öltropfen im Wasser* sollte mein Buch sein – ein von nur einem Autor verfaßter Querschnitt durch die aufstrebenden Komplexitätswissenschaften. Es war nicht das letzte Mal, daß ich mir bei George Rat holte. Alle ein bis zwei Wochen trafen wir uns im La Posada oder stiegen auf einen der Berge im Umkreis von Santa Fe, zwei Bergketten von den Prärien entfernt, um vor Überfällen von Apachen sicher zu sein, und besprachen nacheinander jedes Kapitel. Im Gegenzug führte ich George in das Vergnügen des Pilzsammelns ein, mit dem Ergebnis, daß er schon bei unserem ersten Versuch mehr prächtige Röhrenpilze fand als ich. Dann saß ich wieder zu Hause in meinem Arbeitszimmer vor dem Computer und versuchte, in dem ständigen Wechselbad von Enthusiasmus und Verzweiflung, das jeder Schriftsteller kennt, ein Kapitel zustande zu bringen. Das Resultat gab ich George zu lesen, der korrigierte, lobte, spottete und manchmal heftig schimpfte. Nach sechs solchen Durchgängen, bei denen ich jedesmal seiner höflichen Aufforderung, dies zu kürzen und jenes ausführlicher darzulegen, entsprach, sah ich mit großer Freude, wie allmählich ein Buch entstand. Stil und Inhalt verantworte ich allein, aber die Verständlichkeit und die Gliederung hätte ich allein niemals zuwege gebracht. George erwies mir die Ehre seiner Hilfe.

# 1  IM UNIVERSUM ZU HAUSE

Vor meinem Fenster, westlich von Santa Fe, erstreckt sich die fast spirituell anmutende Landschaft des nördlichen New Mexico – Steilhänge, Hochebenen, heilige Orte, der Rio Grande –, wo die älteste Zivilisation Nordamerikas beheimatet war. Uraltes und Hochmodernes, die ferne Vergangenheit und das nächste Jahrtausend verschmelzen hier, planlos und trunken von ungewissen Vorahnungen. 65 Kilometer entfernt liegt Los Alamos, leuchtender Geist, leuchtender Blitz im Morgengrauen über der Wüste, 1945, vor einem halben Jahrhundert, als wir noch halb so vermessen waren wie heute. Gleich dahinter erstreckt sich das Valle Grande, Überrest eines archaischen, vermutlich über zehntausend Meter hohen Berges, dessen Gipfel bei einer Explosion abgesprengt wurde, wobei der Aschenregen über Arkansas niederging und Obsidian für spätere, schönere Arbeiten übrigließ.

Vor einigen Monaten aß ich mit Gunter Mahler zu Mittag, einem theoretischen Physiker aus München, der dem Santa-Fe-Institut einen Besuch abstattete. An diesem Institut befassen sich mehrere Wissenschaftler, darunter auch ich, mit der Suche nach Komplexitätsgesetzen zur Erklärung der seltsamen Muster, die plötzlich in unserer Umwelt entstehen. Gunter schaute nach Norden, über Pinien und Zypressen hinweg, nahm die weite Aussicht bis Colorado in sich auf und überraschte mich dann mit der Frage, wie das Paradies meiner Meinung nach aussehe. Während ich noch nach einer Antwort suchte, machte er bereits einen Vorschlag: kein hohes Gebirge, keine Meeresküste und kein Flachland, sondern eine Landschaft gleich der, die vor uns lag – weitläufig und hügelig und sonnendurchflutet, Bergketten bilden den fernen Horizont, zu dem sich anmutige und eindrucksvolle Geländeformen in einer immer schemenhafteren Staffelung hinziehen. Aus Gründen, die mir nicht völlig klar waren, spürte ich, daß er recht hatte. Wir ergingen uns in Betrachtungen über die Landschaft Ostafrikas und fragten uns, ob der Mensch möglicherweise eine genetisch verankerte Erinnerung an seinen Geburtsort, seinen wirklichen Garten Eden, seine erste Heimat besitzt.

Wie viele Geschichten erzählen wir uns selbst, über Ursprung und Ende, Form und Umformung, über Götter, das Wort und das Gesetz. Sämtliche Völker müssen zu allen Zeiten Mythen und Geschichten erfunden haben, um sich ein Bild vom Sinn und Zweck ihres irdischen Daseins zu machen. Schon der Cromagnonmensch, dessen Höhlenbilder von Tieren eine Achtung und Ehrfurcht – ganz zu schweigen von dem Gefühl für Linie und Form – bezeugen, die in den Malereien der späteren Jahrtausende meistens unerreicht bleiben, hat gewiß Antworten auf die Urfragen ersonnen: Wer sind wir? Woher kommen wir? Wozu sind wir hier? Haben auch der Neandertaler, der *Homo habilis* oder *Homo erectus* diese Fragen gestellt? An welcher Feuerstelle wurden während der vor drei Millionen Jahren einsetzenden Evolution der Hominiden diese Fragen erstmals aufgeworfen? Wir wissen es nicht.

Irgendwann im Lauf der Geschichte haben wir das Paradies verloren: zunächst im Abendland und dann, mit dem weltweiten Siegeszug der abendländischen Zivilisation, auf der ganzen Erde. John Milton war gewiß der letzte geniale Dichter der abendländischen Zivilisation, der in jenen frühen Jahren vor Beginn der Neuzeit den Versuch unternehmen konnte, das Verhalten Gottes gegenüber dem Menschen zu rechtfertigen. Wir haben das Paradies verloren, nicht wegen unserer Sünden, sondern wegen der Naturwissenschaften. Noch vor wenigen Jahrhunderten hielten wir Abendländer uns für die Auserwählten Gottes, für Kreaturen, die, nach seinem Ebenbild erschaffen, sein Wort in einer Schöpfung bewahren sollten, die er zum Zeichen seiner Liebe zum Menschen hervorgebracht hatte. Heute, knapp 400 Jahre später, müssen wir mit der Erkenntnis zurecht kommen, daß wir auf einem winzig kleinen Planeten am Rande einer von mehreren Milliarden gleichförmiger Milchstraßen leben, die gemäß der seit dem »Urknall« bestehenden Krümmung der Raumzeit über unermeßlich weite, in Megaparsec gemessene Entfernungen verstreut sind. Man sagt uns, wir seien lediglich Produkte des Zufalls. Wir allein bestimmten die Zwecke und Werte unseres Daseins. Nachdem Gott und der Teufel »tot« sind, erscheint uns das Weltall heute als der entzauberte Hort von Materie, Dunkelheit und Licht, der unserem

Schicksal mit eisiger Gleichgültigkeit gegenübersteht. Wir sind in hektische Geschäftigkeit verfallen und wandeln obdachlos durch die uns fremd gewordene Welt.

Wir finden uns selbstverständlich damit ab, daß der Aufstieg der Naturwissenschaften und der daraus resultierende sagenhafte technische Fortschritt uns zu einer materialistischen Weltanschauung geführt haben. Dennoch besteht nach wie vor ein Bedürfnis nach Spiritualität. Ich lernte unlängst auf einer kleinen Tagung in New Mexico, deren Teilnehmer versuchen sollten, die fundamentalen Zukunftsprobleme der Menschheit zu formulieren (als ob dies einem kleinen Kreis von Denkern gelingen könnte!), N. Scott Momaday kennen, einen nordamerikanischen Indianer, der für seine schriftstellerischen Leistungen mit dem Pulitzer-Preis ausgezeichnet worden war. Momaday sagte uns, die größte Herausforderung für die Menschheit sei die Rückbesinnung auf das Heilige. Er erzählte uns von einem heiligen Schild des Kiowa-Stammes, geweiht durch die Opfer und Leiden der Krieger, die die Ehre hatten, diesen Schild im Kampf tragen zu dürfen. Der Schild sei nach einem Gefecht mit Einheiten der US-Kavallerie im Anschluß an den Bürgerkrieg gestohlen worden. Er berichtete des weiteren, daß der Schild unlängst im Familienwohnsitz des US-Generals, der ihn seinerzeit entwendet hatte, entdeckt und an den Stamm zurückgegeben worden sei. Momaday beschrieb uns mit seiner freundlichen, tiefen Stimme die Empfangszeremonie für diesen Schild und den ruhigen, dunklen, friedlichen Platz, der ihm zugeteilt wurde, um der Leiden zu gedenken, die in seinem Bogen verkörpert sind.

Momadays Plädoyer für das Heilige hat mich nachhaltig beeindruckt, denn ich hege die Hoffnung, daß die neue Wissenschaft der Komplexität uns dabei helfen wird, unseren Platz im Universum wiederzufinden, daß wir durch diese neue Wissenschaft den Sinn für die menschliche Würde und für das Heilige wiedererlangen werden, so wie die Kiowa zu guter Letzt den heiligen Schild zurückerhielten. Auf derselben Tagung bezeichnete ich die Entstehung einer globalen Zivilisation samt ihren gewaltigen Verheißungen und der möglicherweise damit einhergehenden kulturellen Verwerfungen als das größte Problem, mit dem die Menschheit in naher Zukunft konfrontiert sein wird. Um die sich entwickelnde pluralistische, globale Staatengemeinschaft auf eine stabile Grundlage zu stellen, brauchen wir einen erweiterten geistigen Horizont – und eine neue theoretische Sicht der Entstehung, der Evolution und der tiefverwurzelten Natürlichkeit des Lebens und seiner unzähligen Entfaltungsmuster. Dieses Buch möchte einen Beitrag zu dieser neuen Sichtweise leisten, denn die aufstrebende Wissenschaft der Komplexität liefert, wie wir sehen werden, eine neuartige Begründung für das Modell der pluralistischen Demokratie, indem sie Beweise dafür erbringt, daß es sich dabei nicht bloß um eine menschliche Erfindung, sondern um einen Teil der natürlichen Ordnung der Dinge handelt. Man sollte sich immer davor hüten, die politische Ordnung der eigenen Gesellschaft aus Grundprinzipien abzuleiten. Der im 19. Jahrhundert lebende Philosoph James Mill folgerte einst aus gewissen Grundprinzipien, daß die beste natürliche Regierungsform eine konstitutionelle Monarchie sei, die übrigens eine bemerkenswerte Ähnlichkeit mit der im zeitgenössischen England bestehenden Monarchie aufwies. Aber, wie ich hoffe zeigen zu können, deuten die Komplexitätsgesetze selbst, die meine Kollegen und ich erforschen, darauf hin, daß sich die Demokratie als der vielleicht optimale Mechanismus zur Herbeiführung des bestmöglichen Ausgleichs zwischen gegenläufigen praktischen, politischen und ethischen Interessen entwickelt hat. Doch auch Momaday hat recht. Wir müssen uns auch auf das Heilige – das Bewußtsein unseres eigenen, unbedingten Wertes – zurückbesinnen und es ins Zentrum der neuen Zivilisation stellen.

Auch wenn die Geschichte vom verlorenen Paradies allgemein bekannt ist, so lohnt es sich doch, sie noch einmal zu erzählen. Bis zu Kopernikus glaubten wir, die Erde bilde den Mittelpunkt des Universums. Heute blicken wir, getragen vom Selbstgefühl vermeintlich überlegenen Wissens, skeptisch auf eine Kirche, die das heliozentrische Weltbild bekämpfte. Erkenntnis um der Erkenntnis willen. Gewiß. Doch war die Besorgnis der Kirche wegen der Zerstörung einer sittlichen Ordnung wirklich nichts als engstirnige Eitelkeit? Die präkopernikanische christliche Zivilisation, die auf dem geozentrischen Weltbild fußte, war keine bloß wissenschaftliche Angelegenheit. Vielmehr beruhte sie auf der tiefverwurzelten Überzeugung, daß sich das gesamte Universum um die Erde drehe. Gott, die Engel, der Mensch, die Tiere und fruchtbaren Pflanzen, die zu unserem Nutzen erschaffen worden waren, die Sonne und die Sterne, die über unseren Köpfen kreisen, bildeten eine wohlgefügte Ordnung, und wir wußten, daß wir im Zentrum der göttlichen Schöpfung standen. Die Kirche befürchtete zu Recht, daß das kopernikanische Modell letztlich die Einheit einer tausendjährigen Tradition von Bindungen und Rechten, von Pflichten und Rollen sowie eines Kodex sittlicher Normen zerstören würde.

Kopernikus versetzte dieser festgefügten Ordnung den ersten Schlag. Galileo und Kepler schlugen dann in die gleiche Kerbe, insbesondere Kepler, der bewies, daß die Planeten keine vollkommen kreisförmigen (wie von Aristoteles angenommen), sondern ellipsenförmige Umlaufbahnen beschreiben. Kepler ist eine einzigartige Übergangsfigur, ein Nachfahr der großen Zauberer, die im Jahrhundert vor ihm gelebt hatten. Er hatte nicht nach Ellipsen gesucht, sondern nach harmonischen Umlaufbahnen, entsprechend den fünf idealen Feststoffen, aus denen Platon selbst die Welt zu erschaffen versucht hatte.

Dann kam der große Newton, entging der Pest und versetzte uns in ein Universum, das noch weiter vom Paradies entfernt war. Er machte einen gewaltigen Schritt nach vorn. Stellen wir uns nur einmal vor, was Newton gefühlt haben muß, als die neuen Gesetze der Mechanik in seinem Kopf Gestalt annahmen. Wie groß muß sein Erstaunen gewesen sein. Aus nur drei Bewegungsgesetzen und einem universellen Gravitationsgesetz leitete Newton nicht nur die Gezeiten und die Umlaufbahnen her, sondern er stellte den bestürzten abendländischen Menschen vor ein berechenbares Universum. Vor Newton konnte ein scholastischer Philosoph, der fest überzeugt war, daß ein Pfeil deshalb sein Ziel traf, weil, wie Aristoteles gelehrt hatte, fortwährend eine geheimnisvolle Kraft auf ihn wirkte, ohne weiteres an einen Gott glauben, der ebenfalls Dinge dadurch bewegte, daß er ihnen seine dauernde Aufmerksamkeit widmete. Ein solcher Gott konnte für das Wohlergehen des Menschen sorgen, sofern dieser ihn in der gebührenden Weise ansprach. Ein solcher Gott konnte einen ins Paradies zurückbringen. Nach Newton dagegen bedurfte es nur noch der Naturgesetze. Gott hatte das Uhrwerk des Universums aufgezogen, das dann, ohne sein weiteres Zutun, allein unter der Einwirkung der von ihm geschaffenen Gesetze, bis in alle Ewigkeit weitertickte. Da sich die Sterne und die Gezeiten ohne göttlichen Eingriff bewegten, fiel es vernünftigen Menschen immer schwerer, auf einen solchen Eingriff in ihre eigenen Angelegenheiten zu hoffen.

Doch es gab Trost. Wenn die Planeten und die gesamte unbelebte Materie ewigen Gesetzen gehorchten, dann mußten sich auch in den Lebewesen einschließlich des Menschen, der als Krone der Schöpfung an der Spitze der großen Pyramide des Seins stand, Gottes Pläne widerspiegeln. Adam selbst hatte allen Lebewesen Namen gegeben: Insekten, Fischen, Reptilien, Vögeln, Säugetieren, Menschen. Wie die Hierarchie der Kirche selbst – Laien, Priester, Bischöfe, Erzbischöfe, Päpste, Heilige, Engel – so reichte auch die große Pyramide des Seins vom Niedrigsten bis zum Allmächtigen.

Wie gründlich hat Darwin mit seiner Theorie der Evolution durch natürliche Auslese all dies zerstört! Wir, die Erben Darwins, die wir die belebte Natur durch die Brille der Kategorien betrachten, die uns Darwin vor über hundert Jahren lehrte, selbst wir haben Mühe, uns mit den Folgerungen aus seiner Theorie abzufinden: der Mensch als Produkt einer Reihe zufälliger Mutationen, ausgesiebt nach einem Gesetz, das nichts anderes ist, als das Überleben der Bestangepaßten. Es ist kein Zufall, daß der Kreationismus, die Lehre von der Schöpfung, im ausgehenden 20. Jahrhundert in den USA wieder auf dem Vormarsch ist. Seine Verfechter verteidigen ihn in dem leidenschaftlichen Bemühen, die befürchteten ethischen Konsequenzen einer Theorie abzuwenden, die den Menschen letztlich als Produkt eines zufälligen Verzweigungsschrittes irgendeines fernen Urahnen, noch vor der »kambrischen Explosion« vor etwa 500 Millionen Jahren, auffaßt. Auch wenn der Kreationismus keinerlei wissenschaftlichen Wert besitzt, so stellt sich doch die Frage, ob die ethischen Besorgnisse so abwegig sind. Sollten wir dem Kreationismus vielleicht mit mehr Verständnis begegnen? Sollten wir ihn als – wenn auch fehlgeleiteten – Teil einer umfassenderen Bewegung der Rückbesinnung auf das Heilige in unserer säkularen Welt betrachten?

Die sogenannten Rationalen Morphologen vor Darwin vertraten die Auffassung, daß biologische Arten nicht das Produkt von zufälliger Mutation und Selektion, sondern von zeitlosen Gesetzmäßigkeiten der Gestaltbildung seien. Die besten Biologen des 18. und 19. Jahrhunderts ordneten die Lebensformen in die hierarchischen Kategorien der Linnéschen Taxonomie ein, die wir noch heute verwenden: Arten, Gattungen, Familien, Ordnungen, Klassen, Stämme und Reiche – eine Hierarchie, die für die Wissenschaftler jener Zeit genauso naturgegeben und genauso harmonisch geordnet war wie für die katholische Kirche die große Pyramide der Seinsstufen. Diese Wissenschaftler suchten in Anbetracht der auffälligen morphologischen Gemeinsamkeiten nach gesetzmäßigen Erklärungen für die Ähnlichkeiten und Unterschiede. Eine anschauliche Analogie, die uns hilft, ihr Ziel zu verstehen, sind Kristalle, die nur in bestimmten Formen existieren können. Die Rationalen Morphologen, die scheinbar unveränderliche, aber sehr ähnliche Arten verglichen, suchten nach entsprechenden Regelmäßigkeiten. Die Brustflosse eines Fischs, die Flügelknochen eines Sturmvogels und die flinken Beine eines Pferdes waren für sie Manifestationen desselben verborgenen Prinzips.

Darwin zerstörte diese Welt. Die Arten sind nicht, wie im Linnéschen System, feste, unveränderliche Einheiten, sondern sie entstehen auseinander durch Evolution. Die natürliche Selektion, die auf Zufallsvarianten einwirkt, nicht Gott oder ein morphologisches Prinzip, erklärte die Ähnlichkeit zwischen Gliedmaßen und Flossen und die hervorragende Anpassung der Lebewesen an ihre Umwelt. Die Implikationen dieser Theorie, wie sie von der modernen Biologie herausgearbeitet wurden, führten dazu, daß der Mensch und alle übrigen Lebensformen nicht länger als Geschöpfe eines Gottes, sondern letztlich als das Werk historischer Zufallsereignisse betrachtet wurden, geformt vom Opportunismus der Evolution. Der Biologe Jacques Monod schrieb, die Evolution sei »der am Schopf gepackte Zufall«. Die Evolution gleiche einem Bastler, der seine Werke zusammenschustere, pflichtete François Jacob bei, der französische Genetiker, der gemeinsam mit Monod den Nobelpreis erhielt. In der jüdisch-christlichen Überlieferung hatte das Bild des gefallenen Engels lange Zeit unser Selbstverständnis bestimmt. Doch gefallene Engel haben wenigstens die Möglichkeit, die Himmelsleiter hinaufzusteigen, und dürfen somit auf Erlösung und Gnade hoffen. Die Evolution hingegen hält uns auf der Erde fest, auf der wir nun, ohne Leiter, über unser Schicksal als zusammengebastelte, hochkomplizierte Maschinen der Natur nachdenken können.

Zufallsbedingte Variation und natürliche Auslese. Das ist der Kern, die Wurzel. Hier liegt der beunruhigende Sinn von Zufälligkeit, von historischer Kontingenz, von Entwicklung durch Aussonderung. Zumindest die Physik mit ihren nüchternen Berechnungen wies auf eine verborgene Ordnung, eine Unvermeidlichkeit hin. Die Biologie indessen erscheint mittlerweile als eine Wissenschaft von den Zufalls- bzw. Ad-hoc-Ereignissen, und wir sind nur eines der Ergebnisse dieser Ad-hoc-Bildungen. Würden wir das Band noch einmal abspielen, dann würden zweifellos ganz andere Lebensformen als die heute existierenden herauskommen. Der Mensch, eine zusammengeschusterte, herausgeputzte, eingebildete und sich selbst beweihräuchernde irdische Lebensform ist keineswegs ein zwangsläufiges Resultat der Evolution. Soviel zu unserem Dünkel; wir können froh sein, daß wir unsere Chance bekamen. Soviel auch zum Paradies.

Woher aber stammt diese Ordnung, dieses wimmelnde Leben, das ich von meinem Fenster aus sehe: emsige Spinnen, die ihre Beute in Netzen aus »natürlichen Nylonfäden« fangen; listige Koyoten, die über den Gebirgskamm ziehen; der schlammige Rio Grande, wuselnd von Schwärmen tänzelnder Stechmücken? Seit Darwin erklären wir dies mit einer einzigartigen Kraft: der natürlichen Selektion, die wir gleichsam als den neuen Gott verehren. Zufallsbedingte Variation, natürliche Auslese. Ohne sie, so folgern wir, gäbe es nur zusammenhanglose Unordnung.

Ich werde in diesem Buch nachzuweisen suchen, daß diese Annahme falsch ist. Denn die aufstrebenden Wissenschaften der Komplexität liefern, wie wir sehen werden, mittlerweile erste Anhaltspunkte dafür, daß Ordnung keineswegs völlig zufallsbedingt ist, daß vielmehr große Bereiche spontaner Ordnung existieren. Komplexitätsgesetze erzeugen selbsttätig einen Großteil der Ordnung in der Natur. Erst dann kommt die Selektion ins Spiel, die das Entstandene weiter ausformt und vervollkommnet. Solche Bereiche spontaner Ordnung waren zwar nicht völlig unbekannt, doch sie beginnen uns erst jetzt interessante neue Aufschlüsse über den Ursprung und die Evolution des Lebens zu geben. Wir wußten, daß einfache physikalische Systeme spontane Ordnung zeigen: ein Öltröpfchen bildet in Wasser eine Kugel; Schneeflocken besitzen eine vergängliche sechsfache Symmetrie. Neu dagegen ist die Erkenntnis, daß der Bereich spontaner Ordnung sehr viel größer ist, als wir bislang annahmen. In großen, komplexen und scheinbar regellosen Systemen entdecken wir ein hohes Maß an Ordnung. Meines Erachtens liegt diese emergente Ordnung nicht nur dem Ursprung des Lebens als solchem, sondern auch einem Großteil der Ordnung in den rezenten Organismen zugrunde. Diese Auffassung wird von vielen meiner Kollegen geteilt, die teilweise übereinstimmende Beweise für eine solche emergente Ordnung in verschiedensten komplexen Systemen zu finden beginnen.

Die Existenz spontaner Ordnung ist eine gewaltige Herausforderung für unsere festverwurzelten biologischen Gewißheiten seit Darwin. Seit über hundert Jahren glauben die meisten Biologen, daß die Selektion die einzige Quelle von Ordnung in der Biologie darstellt, daß allein die Selektion der »Bastler« ist, der die Formen zusammenbaut. Wenn aber die Formen, unter denen die Selektion eine Auswahl trifft, von Komplexitätsgesetzen erzeugt wurden, dann hat die Selektion schon immer einen Handlanger gehabt. Die natürliche Auslese ist jedenfalls nicht die einzige Quelle von Ordnung, und Organismen sind nicht bloß zusammengeflickte Bastelwerke, sondern Manifestationen grundlegender Naturgesetze. Wenn all dies richtig sein sollte, dann müssen wir die darwinistische Naturauffassung einer umfassenden Revision unterziehen. Der Mensch erscheint dann nicht länger als das Produkt von Zufallsereignissen, sondern als Ergebnis einer unausweichlichen Entwicklung.

Die Revision des Darwinismus wird kein leichtes Unterfangen sein. Die Biologen verfügen bislang über kein theoretisches Rahmenmodell für die Untersuchung eines evolutionären Prozesses, der Selbstorganisation und Selektion miteinander verbindet. Wie wirkt die Selektion auf Systeme, die bereits spontane Ordnung erzeugen? Die Physik kennt zwar Phänomene tiefgreifender spontaner Ordnung, braucht aber keine Selektion. Die Biologen, die sich einer solchen spontanen Ordnung zwar unterschwellig bewußt sind, ignorierten sie jedoch und konzentrierten sich nahezu ausschließlich auf die Selektion. Da es an einem Rahmenmodell, das sowohl die Selbstorganisation als auch die Selektion integriert, fehlte, war die Selbstorganisation nahezu unsichtbar geblieben, wie in der Gestaltpsychologie der Bildhintergrund: Durch einen plötzlichen Wechsel der visuellen Wahrnehmung kann der Hintergrund zum Vordergrund, und der vorige Vordergrund (die Selektion) zum Hintergrund werden. Keiner von beiden ist für sich allein genommen ausreichend. Das Leben und seine Evolution basierten von jeher auf der Verknüpfung von spontaner Ordnung und der Gestaltung dieser Ordnung durch Selektion. Wir müssen ein neues Bild malen.

## Genesis

Zwei weitere im 19. Jahrhundert aufgestellte naturwissenschaftliche Theorien vervollständigen unser Gefühl einer zufälligen Isolation im Gewirr der Sterne. Die Wissenschaften der Thermodynamik und der statistischen Mechanik, die auf den französischen Ingenieur Sadi Carnot und die beiden Physiker Ludwig Boltzmann und Josiah Willard Gibbs zurückgehen, bescherten uns den scheinbar rätselhaften Zweiten Hauptsatz der Thermodynamik: In Gleichgewichtssystemen – in denen kein Energie- und Stoffaustausch mit der Umgebung stattfindet – nimmt die Entropie, die ein Maß für den Grad der Unordnung darstellt, zwangsläufig zu. Wir alle kennen einfache Beispiele dieses Satzes: Gibt man ein Tröpfchen dunkelblauer Tinte in eine Schüssel mit Wasser, dann vermischen sich die Flüssigkeits- und Tintenmoleküle so lange, bis das Wasser eine gleichförmig hellblaue Farbe annimmt. Die Tintenmoleküle vereinigen sich nicht wieder zu einem einzigen Tröpfchen.

Boltzmann verdanken wir die moderne Definition des Zweiten Hauptsatzes. Betrachten wir ein Behältnis, das mit Gasmolekülen gefüllt ist, die wir als harte, elastische Kugeln darstellen wollen. Sämtliche Moleküle könnten sich in einer kleinen Ecke des Behältnisses befinden; sie könnten aber auch mehr oder minder gleichmäßig über den gesamten Raum verteilt sein. Eine bestimmte Anordnung ist genauso unwahrscheinlich wie alle anderen. Doch eine sehr viel größere Zahl möglicher Anordnungen entspricht Zuständen, in denen die Moleküle mehr oder minder gleichmäßig verteilt sind, als Zuständen, in denen sämtliche Moleküle auf einen bestimmten Raumbereich, etwa eine Ecke, beschränkt sind. Boltzmann behauptete nun, daß die Zunahme der Entropie in Gleichgewichtssystemen auf nichts anderes zurückzuführen sei als auf die statistische Tendenz des Systems, zufällig alle möglichen Anordnungen zu durchlaufen (die sogenannte Ergodenhypothese). In der überwiegenden Mehrzahl dieser Fälle sind die Moleküle gleichmäßig verteilt. Dies entspricht somit auch, im Schnitt, unseren Beobachtungen. Die Tintenmoleküle diffundieren und vereinigen sich nicht wieder zu einem Tröpfchen; auch die Gasmoleküle diffundieren aus einer Ecke des Behältnisses und sammeln sich nicht wieder dort an. Sich selbst überlassen, durchläuft ein System alle möglichen feinkörnigen Mikrozustände gleich häufig. Doch das System wird sich überwiegend in den grobkörnigen Zuständen befinden, die durch eine sehr große Zahl feinkörniger Zustände erfüllt werden, das heißt, in denen die Moleküle gleichmäßig im Behältnis verteilt sind. Der Zweite Hauptsatz der Thermodynamik ist also letztlich gar nicht so rätselhaft.

Aus dem Zweiten Hauptsatz folgt, daß die Ordnung – der unwahrscheinlichste Zustand – in einem Gleichgewichtssystem immer weiter abnimmt. Definiert man Ordnung als die grobkörnigen Zustände, die nur wenigen feinkörnigen Zuständen entsprechen (die Moleküle sind in der linken oberen Ecke angesammelt; die Moleküle sind in einer Ebene angeordnet, die parallel zur oberen Kante des Behältnisses verläuft), dann verschwinden diese instabilen Anordnungen im thermodynamischen Gleichgewicht infolge der ergodischen Wanderung des Systems durch all seine Mikrozustände. Daraus folgt, daß Arbeit erforderlich ist, um die Ordnung des Systems zu erhalten. Ohne Arbeit verschwindet die Ordnung. So gelangen wir zu unserer gegenwärtigen Ansicht, daß ein inkohärenter Zusammenbruch der Ordnung der natürliche Zustand ist. Also wieder: der Mensch, ein unerwartetes Produkt des Zufalls.

Der Zweite Hauptsatz kann einen recht hoffnungslos stimmen. Man sieht förmlich die unheilverkündenden Schlagzeilen vor sich: DAS UNIVERSUM LIEGT IN DEN LETZTEN ZÜGEN. DER WÄRMETOD STEHT UNS BEVOR. UNORDNUNG IST DIE TAGESORDNUNG. Wie weit haben wir uns entfernt von jenen gesegneten Kindern Gottes, die im Mittelpunkt des Universums, in einem Garten namens Eden, unter Geschöpfen wandelten, die eigens zu ihrem Nutzen erschaffen worden waren. In Wahrheit hat uns die Wissenschaft, nicht die Sünde, aus dem Paradies vertrieben.

Wenn das Universum tatsächlich gemäß dem Zweiten Hauptsatz auf seinen Untergang zusteuert, dann finde ich, aus meinem Fenster blickend, dafür nur spärliche Anhaltspunkte – ein wenig Laub hier und da, die Wärme, die ich als Warmblüter abgebe und die die Luftmoleküle durcheinanderwirbelt. Nicht die Entropie, sondern die außergewöhnliche, starke Zunahme der Ordnung beeindruckt mich. Bäume, die sich das Sonnenlicht eines acht Lichtminuten von der Erde entfernten Sterns aneignen, indem sie die Photonen mit bloßem Wasser und Kohlendioxid zusammenwerfen, um Zucker und komplexere Kohlenhydrate aufzubauen; Leguminosen, die Stickstoff von den in ihre Wurzeln eingedrungenen Knöllchenbakterien beziehen und daraus Proteine synthetisieren. Ich atme begierig das Abfallprodukt dieser Photosynthese ein, Sauerstoff – das stärkste Gift in der Uratmosphäre, als anaerobe Bakterien die Erde beherrschten –, und gebe Kohlendioxid ab, aus dem die Bäume ihre Nährstoffe aufbauen. Die Biosphäre erhält uns, wird von uns geschaffen und speist den von der Sonne kommenden Encrgiefluß in das riesige Netz biochemischer, biologischer, geologischer, wirtschaftlicher und politischer Austauschprozesse ein, das die Erde umhüllt. Zum Teufel mit der Thermodynamik. Die Genesis hat stattgefunden – dank welchem Gott auch immer. Wir alle wachsen und gedeihen.

Die frühesten Spuren des Lebens auf der Erde sind 3,45 Milliarden Jahre alt; 500 Millionen Jahre zuvor war die Erdkruste so weit abgekühlt, daß sich darauf Wasser ansammeln konnte. Diese Urformen des Lebens weisen bereits eine gewisse Strukturierung auf. So findet man im Urgestein aus jener Zeit fossile Überreste wohlgeformter Zellen beziehungsweise dessen, was die Experten für Zellen halten. Abbildung 1.1 zeigt derartige Urfossilien. Abbildung 1.2a zeigt rezente kokkenförmige Cyanobakterien, während Abbildung 1.2b ähnlich aussehende fossilierte Cyanobakterien, die 2,15 Milliarden Jahre alt sind, darstellt. Die morphologische Ähnlichkeit ist verblüffend. Die Urzellen besaßen offenbar bereits eine Zellmembran, die das innere Milieu von der Außenwelt trennte. Selbstverständlich sagt die morphologische Ähnlichkeit nichts über die Ähnlichkeit der biochemischen beziehungsweise Stoffwechselprozesse aus; doch wir betrachten diese Fossilien mit dem fröstelnden Gefühl, daß wir die Abdrücke des Urahnen aller Lebewesen vor uns haben.

Zellen waren zweifellos der triumphale Höhepunkt einer Form der Evolution, die mit den ersten Netzen wechselwirkender Moleküle begann, die so komplex waren, daß sie bereits die Merkmale des Lebens aufwiesen: die Fähigkeit zum Stoffwechsel, zur Vermehrung und zur Entwicklung. Die Entstehung des präzellulären Lebens wiederum war ihrerseits der triumphale Höhepunkt einer Form der präbiotischen chemischen Evolution, die von der begrenzten Vielfalt der Molekülarten in der Gaswolke rund um die Urerde zu der erhöhten chemischen Diversität führte, die der Entstehung des Lebens beziehungsweise selbstreproduzierender Molekülsysteme vorausging.

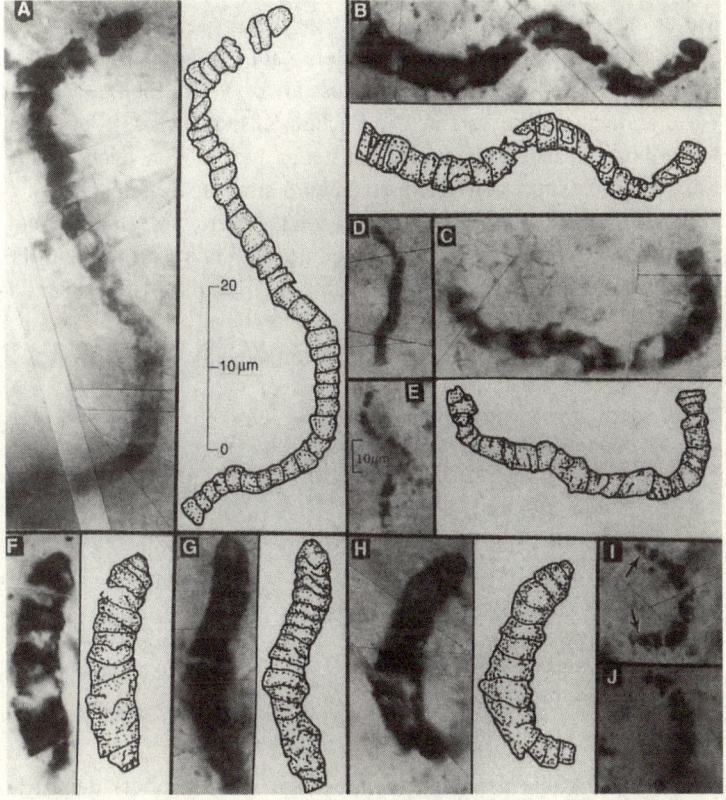

**Abbildung 1.1:** *Unsere Urahnen: 3,437 Milliarden Jahre alte Fossilien. Jedem Foto ist eine graphische Interpretation beigefügt.*

Doch nach der »Erfindung« der Zelle wurden unsere Urahnen von einer lähmenden Mattigkeit befallen. Primitive Einzeller, die vermutlich mit den heutigen Archaebakterien verwandt sind, und längliche, röhrenförmige Zellen, wahrscheinlich die Vorläufer der Urpilze, bildeten offenbar eine globale »Koprosperitätssphäre«, die sich etwa drei Milliarden Jahre hielt; währenddessen kam es zu einem weitgehenden evolutionären Stillstand. Diese Vorläufer sämtlicher späterer Ökosysteme bildeten bereits komplexe lokale Lebensgemeinschaften, in denen miteinander kooperierende und konkurrierende Bakterien- und Algenarten geschichtete kleine Hügelformationen bildeten, die typischerweise mehrere Meter breit und mehrere Meter dick waren. Fossilierte Überreste dieser Gebilde, sogenannte Stromatolithe, findet man in großer Zahl entlang dem Großen Barriereriff vor der Nordostküste Australiens. Vermutlich bedeckten diese einfachen Ökosysteme die flachen Küstengewässer der Erde. Diese Formationen entstehen auch heute noch in den seichten Gewässern des Golfs von Kalifornien und um Australien. Die zeitgenössischen Stromatolithe beherbergen Hunderte von Bakterienarten und eine geringe Zahl von Algenarten. Man vermutet, daß die archaischen Formationen eine ähnlich hohe Komplexität besaßen.

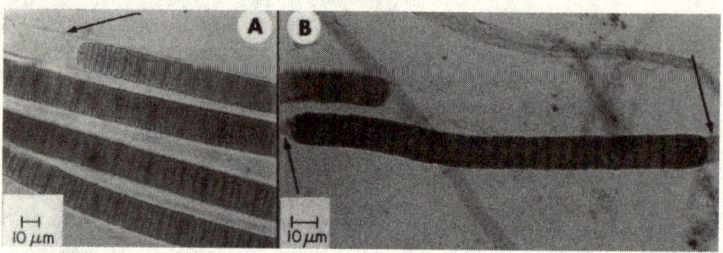

**Abbildung 1.2:** *Fossilierte Urzellen und rezente, lebende Zellen weisen eine verblüffende Ähnlichkeit auf. (a) Eine Kolonie rezenter, stäbchenförmiger Cyanobakterien. (b) Eine 2,15 Milliarden alte fossilierte Kolonie stäbchenförmiger Cyanobakterien aus Kanada.*

Etwa drei Milliarden Jahre lang bestand die Biosphäre der Erde ausschließlich aus derartigen einzelligen Lebensformen. Doch irgendeine unbekannte Ursache führte dazu, daß sich diese Lebensformen veränderten und die ihnen innewohnende Fülle der Möglichkeiten realisierten. Waren es allein der Darwinsche Zufall und die Darwinsche Selektion, wie die Biologen jahrzehntelang behaupteten? Oder wirkten Gesetze der Selbstorganisation mit Zufall und Notwendigkeit zusammen, wie ich in diesem Buch darlegen werde? Vor etwa 800 Millionen Jahren traten die ersten vielzelligen Organismen auf. Wie die Evolution dieser Vielzeller genau vor sich ging, ist weiterhin ungeklärt, obwohl einige Forscher annehmen, die Ausbildung innerer Zellwände in einem röhrenförmigen Urpilz, die sich im weiteren Verlauf dann zu eigenständigen Zellen entwickelt hätten, sei das »Initialereignis« gewesen.

Vor etwa 550 Millionen Jahren dann kam es in der sogenannten kambrischen Explosion zu einer ungeheuren Entfaltung der Formenfülle. Ein Schub evolutionärer Schöpfungskraft erzeugte in kurzer Zeit nahezu alle Hauptstämme von Lebewesen, die sich heute in Ritzen und Spalten auf, über und unter der Erdoberfläche – überall, sogar noch unter mehrere hundert Meter mächtigem Felsgestein – tummeln. Nur die Wirbeltiere – die Linie, zu der wir selbst gehören – traten etwas später, im Ordovizium, auf.

Die Geschichte des Lebens in den ersten 100 Millionen Jahren nach der kambrischen Explosion zeichnet sich durch eine verwirrende Vielgestaltigkeit aus. Und ihre Rätsel sind noch immer nicht gelöst. Die Linnésche Taxonomie ordnet die Organismen in eine hierarchische Klassifikation ein, die vom Besonderen zum Allgemeinen führt: Arten, Gattungen, Familien, Ordnungen, Klassen, Stämme und Reiche. Naheliegend wäre die Annahme, daß die ersten Vielzeller einander sehr ähnlich waren und sich erst später von der Basis her in unterschiedliche Gattungen, Familien, Ordnungen, Klassen und so weiter aufspalteten. Genau dies würde der streng orthodoxe Darwinist erwarten. Darwin, der stark von der zeitgenössischen Theorie des geologischen Gradualismus beeinflußt war, glaubte, die Evolution vollziehe sich allein durch die schrittweise Ansammlung vorteilhafter Varianten. Demnach hätten sich die ersten Vielzeller schrittweise auseinanderentwickelt. Doch dies war offenbar nicht der Fall. Eines der erstaunlichen und rätselhaften Merkmale der kambrischen Explosion besteht darin, daß das taxonomische System gleichsam von oben nach unten aufgefüllt wurde. Die Natur brachte in einem plötzlichen kreativen Schub eine Fülle höchst unterschiedlicher Baupläne – die Phyla – hervor und feilte diese Grundmodelle dann weiter zu Klassen, Ordnungen, Familien und Gattungen aus.

In seinem Buch über die kambrische Explosion, *Wonderful Life: The Burgess Shale and the Nature of History,* meint Stephen Jay Gould die »Auffüllung von oben nach unten«, die damals stattgefunden habe, grenze an ein Wunder. Während des Massensterbens im Perm, vor 245 Millionen Jahren, wurden 96 Prozent aller Arten ausgelöscht. Doch in der darauffolgenden Regenerationsphase, in der viele neue Arten entstanden, baute sich die Mannigfaltigkeit von unten nach oben auf, wobei sich zahlreiche neue Familien, einige wenige neue Ordnungen, eine neue Klasse, aber kein neuer Stamm entwickelten.

Für die Asymmetrie zwischen der kambrischen Explosion und der Entfaltung im Perm gibt es viele unterschiedliche Erklärungen. Ich selbst bin der Auffassung (die ich in späteren Kapiteln eingehender darlegen werde), daß die kambrische Explosion mit den frühesten Stufen der technischen Evolution einer völlig neuen Erfindung, wie etwa des Fahrrades, vergleichbar ist. Erinnern wir uns an die heute komisch anmutenden frühen Fahrradtypen, die große Vorderräder und kleine Hinterräder beziehungsweise umgekehrt besaßen. In Europa, den USA und anderen Orten entstand eine breite Palette von Formen, die untereinander kleinere und größere Differenzen aufwiesen. Kurz: Nach einer grundlegenden Innovation stark unterschiedliche Varianten zu finden ist leicht. Die späteren Innovationen beschränken sich dagegen auf geringfügige Verbesserungen an immer weiter optimierten Grundmodellen.

Das gleiche geschah meines Erachtens auch im Kambrium, als das Leben erstmals mit den möglichen Daseinsweisen tierischer Vielzeller experimentierte. Wenn das Band des Lebens noch einmal abgespielt würde, dann sähen die einzelnen Verzweigungen am Stammbaum des Lebens zwar möglicherweise anders aus, doch die *Muster* der Verzweigungen, die zunächst stark divergieren und dann immer mehr zu einem Ausfeilen von Details werden, folgen wahrscheinlich einer tieferen Gesetzmäßigkeit. Mag auch die biologische Evolution ein zutiefst historischer Prozeß sein, wie Darwin uns lehrte, so verläuft sie doch zugleich gesetzmäßig.

Wie wir in späteren Kapiteln darlegen werden, zeugen die Parallelen zwischen der Evolution in Verzweigungsschritten, die den Stammbaum des Lebens kennzeichnet, und der gleichartigen Evolution, die den »Stammbaum der Technik« prägt, von einer Gemeinsamkeit: sowohl die Evolution komplexer Organismen als auch die Evolution komplexer Artefakte sind mit gegensätzlichen »Konstruktionsanforderungen« konfrontiert. Schwerere Knochen sind zwar stabiler, beeinträchtigen aber die Wendigkeit im Flug. Ebenso erhöhen schwerere Träger zwar die Stabilität eines Kampfflugzeugs, vermindern aber dessen Wendigkeit. Widersprüchliche Konstruktionsanforderungen werfen bei Lebewesen und Artefakten äußerst schwierige »Optimierungsprobleme« auf – Balanceakte, bei denen es darum geht, die beste Kombination von Kompromissen zu finden. Bei derartigen Problemen lassen sich grundlegende Innovationen, die anfangs nur in groben Zügen ausgearbeitet wurden, durch tiefgreifende Variationen zum neuen Thema in erheblichem Umfang verbessern. Nachdem dann die meisten der Basisinnovationen ausprobiert worden sind, beschränken sich die Verbesserungen auf das bloße Ausfeilen von Details. Wenn diese Hypothese richtig sein sollte, dann finden die Rhythmen der Evolution möglicherweise ihren Widerhall in der Evolution der Artefakte und kulturellen Formen, die wir Menschen zusammenbasteln.

In den vergangenen 550 Millionen Jahren sind, wie der Fossilbefund zeigt, zahlreiche Lebensformen entstanden und wieder verschwunden. Artbildung und Artensterben gehen mehr oder minder Hand in Hand. Tatsächlich deuten neuere Funde darauf hin, daß die höchste Extinktions- und Speziationsrate im Kambrium erreicht wurde. Im Verlauf der anschließenden 100 Millionen Jahre erhöhte sich die mittlere Artenvielfalt so lange, bis sie ein annähernd stabiles Niveau erreichte. Doch infolge von kleineren und größeren Extinktionsereignissen, die eine mehr oder minder große Zahl von Arten, Gattungen und Familien auslöschen, kam und kommt es noch immer zu Schwankungen des Niveaus. Viele dieser Katastrophen wurden möglicherweise durch kleine und große Meteoriten ausgelöst. So wurde das Massensterben am Ende der Kreidezeit, dem auch die Dinosaurier zum Opfer fielen, vermutlich durch einen gewaltigen Meteoriten verursacht, der in der Nähe der Halbinsel Yucatán ins Meer stürzte.

Ich werde in diesem Buch einen anderen Erklärungsansatz erkunden. Es bedarf durchaus nicht immer eines Meteoriteneinschlags oder eines anderen, durch äußere Ursachen ausgelösten Kataklysmus, um ganze Arten auszulöschen. Vielmehr spiegelt sich in den Phänomenen der Artbildung und des Artensterbens höchstwahrscheinlich die spontane Dynamik einer Gemeinschaft von Arten wider. Das bloße Streben nach Selbsterhaltung und das Bemühen, sich an die kleinen und großen Veränderungen der koevolutionären Partner anzupassen, mögen letztlich einige Arten zum Aussterben bringen, wodurch gleichzeitig neue Nischen für andere Arten entstehen. Das Leben entfaltet sich somit als eine endlose Abfolge von Veränderungen, wobei kleinere und größere Extinktions- und Speziationsschübe das Alte aussondern beziehungsweise das Neue einbringen. Wenn diese Sicht richtig ist, dann sind die Muster von Geburt und Tod der Arten auf naturimmanente, unvermeidbare Vorgänge zurückzuführen. Diese Muster der Speziation und Extinktion, die in gewissen zeitlichen Abständen ganze Ökosysteme umgestalten, sind einerseits emergente Phänomene kollektiver Selbstorganisation und andererseits natürliche Manifestationen der Komplexitätsgesetze, nach denen wir suchen. Und sobald wir diese Muster erforscht haben, werden sie uns zweifellos ein tieferes Verständnis des Spiels ermöglichen, an dem wir alle mitwirken.

Diese kleinen und großen Lawinen schöpferischer Produktivität und Vernichtung sind keine Nebensächlichkeit, denn in der Naturgeschichte des Lebens treten seit 550 Millionen Jahren auf allen Ebenen gleichartige Phänomene auf: angefangen bei Ökosystemen bis zu Wirtschaftssystemen, die eine technologische Evolution durchlaufen, in der die Einführung neuer Güter und Technologien zum »Aussterben« ihrer Vorgänger führt. Ähnliche kleine und große Lawinen treten sogar in evolvierenden kulturellen Systemen auf. In der Naturgeschichte des Lebens verbirgt sich vielleicht ein neuer, einheitlicher Erklärungsansatz für unser wirtschaftliches, kulturelles und soziales Leben. Die Darlegung der Gründe, die für eine umfassende Theorie des kontinuierlichen Wandels sprechen, wird in diesem Buch einen breiten Raum einnehmen. Meine These lautet, daß sämtliche komplexen adaptiven Systeme in der Biosphäre – von Einzelzellen bis zu Volkswirtschaften – einen natürlichen Zustand zwischen Ordnung und Chaos anstreben, der einen großartigen Kompromiß zwischen Struktur und Zufall darstellt. In diesem labilen Gleichgewichtszustand breiten sich infolge der scheinbar unbedeutenden, aber bestmöglichen Entscheidungen der Akteure selbst, die konkurrieren und kooperieren, um ihr Überleben zu sichern, kleine und größere Lawinen koevolutionären Wandels durch das System aus. Doch obgleich wir im großen und im kleinen unser Bestes tun, so lautet meine These weiter, werden wir schließlich durch irgendwelche unvorhergesehenen Folgen unserer eigenen optimalen Bemühungen von der Bühne gedrängt. Wir finden einen Platz an der Sonne, balancieren am Rande des Chaos, werden eine Zeitlang von der Strahlung dieser Sonne erhalten und verschwinden dann wieder von der Bildfläche. Unermeßlich viele Schauspieler kommen und gehen, wobei jeder die ihm zugemessene Stunde auf der Bühne herumstolziert und sich aufreibt. Lächelnde Ironie ist unser Schicksal.

Wir alle sorgen für unser Auskommen – ob Frosch, Farn, Vogel, Seefahrer oder Landadel. Angefangen bei der Symbiose auf Stoffwechselebene zwischen Leguminosenwurzel und stickstoffbindenden Knöllchenbakterien, wobei jeder Partner den anderen mit einem lebenswichtigen Nährstoff versorgt, bis hin zur neuesten Forschungsallianz zwischen einem Pharmariesen und einem kleinen Biotechnologieunternehmen, tauschen und verkaufen wir alle unsere Produkte untereinander, um unseren Lebensunterhalt zu sichern. Und in gewisser Weise gleicht die Entfaltung der Diversität im Kambrium – bei der jede neuentstandene Art ein, zwei neue Nischen für andere Arten schuf, die sich von ihr ernährten, vor ihr flohen oder mit ihr koexistierten – der Entfaltung der Diversität eines Wirtschaftssystems, in dem jede neue Ware oder Dienstleistung eine oder zwei Nischen für andere Waren beziehungsweise Dienstleistungen hervorbringt, deren Lieferanten damit ihren Lebensunterhalt verdienen. Wir alle sind in ein universelles Gefüge von Austauschbeziehungen eingebunden. Wir alle müssen für unser Auskommen sorgen. Liegen all diesen Aktivitäten möglicherweise allgemeingültige Gesetze zugrunde? Ist es möglich, daß eine breitgespannte Palette von Phänomenen, die von der kambrischen Explosion bis hin zu unserer postmodernen technologischen Epoche reicht, in der eine sprunghaft ansteigende Innovationsgeschwindigkeit den Zeithorizont eines künftigen Schocks immer näher bringt, denselben allgemeingültigen Gesetzen gehorcht? Dieser Frage werde ich in diesem Buch auf den Grund gehen.

## Die Gesetze des Lebens

Woher kommen diese ganze Aktivität, Komplexität und ausgelassene Dreistigkeit? Wenn die Physiker recht haben, dann kann man diese Vielfalt nur als eine Folge der fundamentalen Gesetze begreifen, die sie erforschen, seit Kepler und Galilei der Kirche zu fortschrittlich wurden. Wir müssen dieser tiefsten Hoffnung der Wissenschaft, der Entdeckung fundamentaler Gesetze, größte Achtung entgegenbringen, denn sie ist das Ideal des naturwissenschaftlichen Reduktionismus. Es ist der »Traum von einer endgültigen Theorie«, wie Steven Weinberg es in einem seiner Bücher formulierte. Weinbergs Charakterisierung dieses uralten Strebens kommt aus tiefstem Herzen. Wir suchen nach reduktionistischen Erklärungen. Wirtschaftliche und soziale Phänomene sollen unter Rückgriff auf das menschliche Verhalten erklärt werden und dieses Verhalten wiederum durch biologische Prozesse, die ihrerseits durch chemische Prozesse erklärt werden sollen und diese schließlich durch physikalische Vorgänge.

Die Gültigkeit des reduktionistischen Programms ist Gegenstand heftiger Kontroversen. Doch alle Wissenschaftler sind sich in dem folgenden Punkt einig: Selbst wenn wir die endgültige Theorie finden sollten – vielleicht Superstrings, eingebettet in einen zehndimensionalen Raum, wobei sechs Dimensionen »eingerollt« sind und die restlichen vier zu einem topologischen »Schaum« der gequantelten Raumzeit »aufgeschlagen« sind, so daß die Schwerkraft und die übrigen drei Kräfte in ein einheitliches theoretisches Rahmenmodell integriert würden –, würde unsere Arbeit erst beginnen. Denn an dem wahrlich großartigen Tag, an dem das fundamentale Gesetz für immer in eine Stele aus Carrara-Marmor eingemeißelt oder, wie der Physiker Leon Lederman vorschlägt, auf die Vorderseite von T-Shirts gedruckt wäre, würden wir in der Tat erst damit beginnen, die Folgen dieses Gesetzes zu berechnen.

Besteht die Aussicht, daß wir irgendwann diese zweite Hälfte des reduktionistischen Programms verwirklichen werden? Könnten wir die Gesetze zur Erklärung der uns umgebenden Biosphäre heranziehen? Wir stoßen hier auf den Unterschied zwischen Erklären und Vorhersagen. Eine Gezeitentafel sagt Ereignisse vorher, erklärt sie aber nicht. Die Newtonsche Theorie sagt Ereignisse vorher und erklärt sie. Nach Ansicht vieler Biologen besitzt die Darwinsche Theorie einen hohen Erklärungs-, aber nur einen geringen Voraussagewert. Unsere endgültige Theorie der Physik dürfte zwar ebenfalls sehr gute Erklärungen liefern, doch mit Sicherheit keine detaillierten Vorhersagen erlauben: das läßt sich bereits auf der Grundlage von mindestens zwei Theorien vorhersagen. Die erste ist die Quantenmechanik, nach der ein grundsätzlicher Indeterminismus auf subatomarer Ebene herrscht. Da dieser Indeterminismus makroskopische Wirkungen zeitigt – so kann beispielsweise ein zufälliges Quantenereignis eine Mutation in DNS-Molekülen auslösen –, ist es offenbar grundsätzlich unmöglich, detaillierte, präzise Voraussagen über alle molekularen und supramolekularen Ereignisse zu machen. Die zweite Schwierigkeit ergibt sich aus einem Teilgebiet der Mathematik, das heute unter dem Namen »Chaostheorie« bekannt ist. Die Grundannahme dieser Theorie ist einfach und wird durch den sogenannten »Schmetterlingseffekt« verdeutlicht: Der Flügelschlag eines imaginären Schmetterlings in Rio verändert das Wetter in Chicago. (Ich habe eine Zeitlang in Chicago gelebt und bin persönlich der Meinung, daß nichts das dortige Wetter ändern kann.) Es scheint sich immer um denselben Schmetterling zu handeln, wann immer jemand dieses Beispiel anführt. Man könnte das Beispiel jedoch genausogut mit einem anderen Tier konstruieren: etwa einem Nachtfalter in Omaha oder einem Star in Sheboygan. Doch ganz gleich, welches geflügelte Lebewesen man heranzieht, bleibt das Prinzip, das damit veranschaulicht wird, immer dasselbe: jede beliebig kleine Änderung in einem chaotischen System kann weitreichende, sich verstärkende Wirkungen entfalten (und tut dies in aller Regel auch). Diese empfindliche Abhängigkeit bedeutet, daß man die Anfangsbedingungen – wie schnell, in welchem Winkel und exakt auf welche Weise der Star seine Flügel schlägt – mit unendlicher Genauigkeit kennen müßte, um das Ergebnis vorhersagen zu können. Dies ist jedoch sowohl aus praktischen wie auch aus quantenmechanischen Erwägungen unmöglich. Daraus ergibt sich die bekannte Schlußfolgerung: Das langfristige Verhalten chaotischer Systeme ist nicht vorhersagbar. Es sei nochmals erwähnt, daß die Nichtvorhersagbarkeit keineswegs ein Nichtverstehen beziehungsweise eine Nichterklärbarkeit bedeutet. Wenn wir überzeugt wären, die Gleichungen zu kennen, die ein chaotisches System beschreiben, dann wären wir sicher, dessen Verhalten zu verstehen, einschließlich unserer Unfähigkeit, das langfristige Verhalten des Systems genau vorherzusagen.

Wenn es uns grundsätzlich versagt ist, aus der endgültigen Theorie genaue Vorhersagen abzuleiten, dann stellt sich die Frage, was wir uns überhaupt davon erhoffen dürfen. Ich lauschte einmal mit großem Interesse den Ausführungen eines Innenausstatters, der eindeutig über einen besseren ästhetischen Sinn verfügte als ich. Ich lernte von ihm einen nützlichen Ausdruck: »Etwas in der Art.« Das ist eine Wendung von nahezu universeller Zweckmäßigkeit, denn ungeachtet unserer Unfähigkeit, genaue Vorhersagen zu machen, besteht doch die begründete Aussicht, daß wir »etwas« vorhersagen können. Die endgültige Theorie würde uns wahrscheinlich erlauben, Klassen von Systemeigenschaften zu definieren, die – in einer Weise, die wir später noch genauer darlegen werden – typisch beziehungsweise wesentlich sind und nicht von den Details abhängen. Wenn beispielsweise Wasser gefriert, dann kennen wir nicht den genauen Aufenthaltsort jedes Wassermoleküls, können aber eine Menge über den typischen Eisbrocken sagen. Er weist eine charakteristische Temperatur, Farbe und Härte auf – das sind »robuste« beziehungsweise Gattungseigenschaften, die nicht von der konkreten Beschaffenheit des Eisbrockens abhängig sind. Und das gleiche könnte für komplexe Systeme wie Organismen oder Volkswirtschaften gelten. Auch wenn wir die Details nicht kennen, können wir dennoch Theorien erstellen, die versuchen, die Gattungseigenschaften zu erklären.

Fortschritte in den theoretischen Wissenschaften waren oftmals darauf zurückzuführen, daß man kompakte Beschreibungen für ein bestimmtes Phänomen fand. Die Kurzbeschreibung erfaßt nicht alle Merkmale des Phänomens, sondern nur diejenigen, die von grundlegender Bedeutung sind. Ein einfaches Beispiel ist das Pendel einer Standuhr, das physikalisch gesehen ein harmonischer Oszillator ist. Man könnte das Pendel hinsichtlich solcher Kategorien wie Aufbau,

Länge, Gewicht, Farbe, Gravuren auf der Oberfläche, Entfernung von anderen Objekten und so weiter beschreiben. Doch um die fundamentale Eigenschaft der periodischen Bewegung zu verstehen, sind nur Länge und Masse von Bedeutung, die übrigen Parameter dagegen nicht. Die statistische Mechanik liefert uns das deutlichste Beispiel dafür, wie man statistisch gemittelte, also typische und wesentliche Merkmale als kompakte Deskriptoren eines komplexen Systems verwenden kann. Temperatur und Druck sind gemittelte Eigenschaften eines Gasvolumens im Gleichgewichtszustand, und diese Eigenschaften sind in der Regel unabhängig vom exakten Verhalten der einzelnen Gasmoleküle.

Die statistische Mechanik beweist, daß wir Theorien über jene Eigenschaften komplexer Systeme erstellen können, die unabhängig von den Einzelheiten sind. Doch die statistische Mechanik der Gase ist ein relativ einfaches Gebiet, da sämtliche Gasmoleküle denselben Newtonschen Bewegungsgesetzen gehorchen und wir lediglich den Mittelwert über die Gesamtheit der Bewegungen der Gasmoleküle bestimmen wollen. Das herkömmliche Anwendungsgebiet der statistischen Mechanik sind einfache Zufallssysteme. Organismen aber sind keine einfachen Zufallssysteme, sondern hochkomplexe, heterogene Systeme, die das Ergebnis einer fast vier Milliarden Jahre dauernden Evolution darstellen. Nur wenn wir bei komplexen lebenden Systemen biologische Schlüsselmerkmale entdecken, die nicht von sämtlichen Details abhängig sind, besteht die Aussicht, daß wir eine umfassende Theorie der biologischen Ordnung formulieren können. Wenn sämtliche Eigenschaften lebender Systeme von jedem strukturellen und funktionellen Detail beeinflußt werden, wenn Organismen durchweg regellos zusammengeschusterte Bastelwerke sind, dann werden wir bei dem Versuch, das Wunder der Biosphäre zu verstehen, auf enorme erkenntnistheoretische Probleme stoßen. Werden hingegen Schlüsselphänomene von grundlegender Bedeutung nicht von allen Details beeinflußt, dann dürfen wir hoffen, elegante und umfassende Theorien zu finden. Die Ontogenese beispielsweise, also die Entwicklung von der befruchteten Eizelle zum geschlechtsreifen Individuum, wird von Netzwerken aus Genen und deren Produkten gesteuert. Wird diese Entwicklung von jedem kleinen Detail des Netzwerks beeinflußt, dann würde das Verständnis der in Organismen herrschenden Ordnung die Kenntnis all dieser Details erfordern. Ich werde jedoch in späteren Kapiteln triftige Argumente für die Annahme darlegen, daß ein Großteil der Ordnung, die die Individualentwicklung kennzeichnet, praktisch unabhängig davon entsteht, wie die Netzwerke wechselwirkender Gene ineinandergreifen. Es handelt sich um eine stabile, emergente Ordnung, eine Art kollektiver Kristallisation spontaner Struktur. Wir dürfen hoffen, die Entstehung und Eigenart dieser Ordnung unabhängig von den Details erklären zu können. Es ist ein Beispiel spontaner Ordnung, die unter Einwirkung der Selektion dann weiter ausgestaltet wird.

Die Suche nach derartigen Eigenschaften tritt immer mehr als eine grundlegende Forschungsstrategie hervor, von der auch ich in diesem Buch umfassend Gebrauch machen werde. Dabei hofft man, das Auftreten dieser emergenten Gattungsmerkmale erklären, verstehen und sogar vorhersagen zu können; allerdings nimmt man Abschied von dem Traum, die Details vorherzusagen. Zu den Beispielen, die wir untersuchen werden, gehört die Entstehung des Lebens als einer kollektiven emergenten Eigenschaft komplexer Systeme von Chemikalien, die Entwicklung der befruchteten Eizelle zum geschlechtsreifen Individuum als eine emergente Eigenschaft komplexer Netzwerke von Genen, die ihre Aktivitäten wechselseitig steuern, und das Verhalten evolvierender Arten in Ökosystemen, das kleine und größere Lawinen der Artbildung und Artvernichtung auslöst. In all diesen Fällen ist die Ordnung, die sich herausbildet, von den robusten und typischen Eigenschaften des Systems und nicht von dessen strukturellen und funktionellen Details abhängig. In einem breiten Spektrum unterschiedlicher Bedingungen muß sich geradezu zwangsläufig Ordnung bilden.

Doch wie könnten diese Gesetze emergenter Ordnung – sollten sie eines Tages wirklich gefunden werden – mit den Zufallsmutationen und der opportunistischen Selektion des Darwinismus in Einklang gebracht werden? Ist es möglich, daß das Leben kontingent, nichtvorhersagbar und zufällig ist, während es gleichzeitig allgemeinen Gesetzen gehorcht? Die gleiche Frage taucht auf, wenn wir die Geschichte zu erforschen versuchen. Die Historiker vertreten in diesem Punkt unterschiedliche Ansichten; einige haben jegliche Hoffnung aufgegeben, allgemeine Gesetzmäßigkeiten zu finden. Obgleich ich kein Historiker bin, möchte ich einige Anregungen beisteuern. Denn nunmehr zeichnet sich die Möglichkeit ab, daß sämtliche lebenden Systeme – Zellen, Organismen, Volkswirtschaften, Gesellschaften –, auf allgemeinster Ebene betrachtet, gesetzmäßige Eigenschaften aufweisen, während sie gleichzeitig mit einem historisch gewachsenen, filigranen Muster wunderbarer Details geschmückt sind, die genausogut anders sein könnten und die uns deshalb, rein aufgrund ihrer Unwahrscheinlichkeit, ehrfurchtsvolle Bewunderung abnötigen.

Und so kehren wir zu unserer Grundfrage zurück: Woher kommen all diese brodelnde Aktivität, Komplexität und Dreistigkeit? Wir trachten danach, die Emergenz dieser geordneten Komplexität um uns herum zu verstehen: in den Lebensformen, die wir sehen, in den Ökosystemen, die sie aufbauen, in den sozialen Systemen, die von den Insekten bis zu den Primaten in großer Zahl anzutreffen sind, in den Wirtschaftssystemen, die uns mit unserem täglichen Brot versorgen und die Adam Smith so sehr erstaunten, daß er von einer »unsichtbaren Hand« sprach, die die Wirtschaft führe. Ich bin Mediziner und Biologe. Ich hoffe, daß ich einen Beitrag zur Erklärung der Entstehung und Evolution des Lebens leisten kann. Ich bin kein Physiker. Ich erdreiste mich daher nicht, mich theoretisch mit der Entwicklung des Universums zu befassen. Doch ich frage mich: Woher kommt all diese brodelnde Aktivität und Komplexität? Letztlich muß es sich um den natürlichen Ausdruck eines Universums handeln, das sich nicht im Gleichgewichtszustand befindet und in dem statt der verschwommenen Gleichförmigkeit, wie sie in einem mit Gasmolekülen gefüllten Behältnis herrscht, Unterschiede, Potentiale bestehen, die die Entstehung von Komplexität fördern. Der kosmische Urknall vor 15 Milliarden Jahren hat ein expandierendes Universum hervorgebracht, das vielleicht nie in einem Großen Kollaps in sich zusammenstürzen wird. Es ist ein *gleichgewichtsfernes* Universum, das im Vergleich zur stabilsten Atomform, Eisen, zu viele Wasserstoff- und Heliumatome enthält. Es ist ein Universum aus Galaxien und Nebelhaufen unterschiedlichster Größenordnungen, die nicht das Produkt einer zwangsläufigen Entwicklung sind. Es ist ein Universum, in dem eine gewaltige Menge freier Energie für die Verrichtung von Arbeit zur Verfügung steht. Das Leben auf der Erde muß auf irgendeine Weise die notwendige Folge der Kopplung dieser freien

Energie an Materieformen sein. Wie vollzog sich diese Bindung? Wir wissen es nicht. Doch ich werde einige Hypothesen dazu aufstellen. Es geht hier nicht mehr um rein wissenschaftliche Forschung. Es geht um eine mystische Sehnsucht, einen religiösen Urgrund, nach dem irgendwann in den vergangenen drei Millionen Jahren an einem kleinen Lagerfeuer zum ersten Mal gesucht wurde. Es geht um die Suche nach unseren Wurzeln. Wenn wir, auf eine heute noch nicht absehbare Weise, zwangsläufige Manifestationen der Kopplung von Materie und Energie in Nichtgleichgewichtssystemen sind, wenn das Leben in seiner Fülle entstehen mußte und nicht die Folge eines extrem unwahrscheinlichen Zufalls war, sondern die erwartbare Vollendung der natürlichen Ordnung, dann ist das Universum im wahrsten Sinne des Wortes unser Zuhause.

Die Physiker, Chemiker und Biologen kennen zwei Grundformen der Entstehung von Ordnung. Die erste tritt in sogenannten energiearmen Gleichgewichtssystemen in Erscheinung. Ein vertrautes Beispiel dafür ist eine Kugel, die in eine Schüssel geworfen wird, zum Boden rollt, ein wenig hin und her schwankt und dann zum Stillstand kommt. Die Kugel bleibt in der Position stehen, in der ihre potentielle Energie am niedrigsten ist. Die aufgrund der Schwerkraft erworbene kinetische oder Bewegungsenergie hat sie in Reibungswärme umgewandelt. Sobald sich die Kugel im Gleichgewichtszustand befindet, der am Boden der Schüssel lokalisiert ist, bedarf es keiner weiteren Energiezufuhr, um diese räumliche Ordnung zu erhalten. In der Biologie gibt es eine Vielzahl ähnlicher Beispiele. So sind etwa Viren komplexe Systeme aus DNS- oder RNS-Molekülsträngen, umhüllt von verschiedensten Proteinen, die Schwanzfasern, polyederartige Strukturen und andere Merkmale bilden. In einer geeigneten wäßrigen Lösung setzt sich der Viruspartikel von selbst aus seiner molekularen DNS beziehungsweise RNS und den Proteinbestandteilen zusammen, wobei er, wie die Kugel in der Schüssel, nach seinem niedrigsten Energiezustand strebt. Sobald das Virus zusammengefügt ist, bedarf es keiner weiteren Energiezufuhr, um seine Struktur zu erhalten.

Die zweite Art und Weise, wie Ordnung entsteht, erfordert zur Erhaltung der geordneten Struktur eine konstante Stoff- oder Energiezufuhr oder beides. Anders als die Kugel in der Schüssel sind derartige Systeme Nichtgleichgewichtsstrukturen. Ein Wasserwirbel in einer Badewanne ist ein vertrautes Beispiel. Sobald sich der Wirbel, der sich in einem Nichtgleichgewichtszustand befindet, gebildet hat, kann er für längere Zeit seine Stabilität wahren, wenn ständig Wasser in die Badewanne nachfließt und der Abfluß geöffnet bleibt. Eines der verblüffendsten Beispiele für eine solche sich selbst erhaltende Nichtgleichgewichtsstruktur ist der Große Rote Fleck auf dem Jupiter, bei dem es sich offenbar um einen Wirbel in der oberen Atmosphäre dieses riesigen Planeten handelt. Dieser Wirbel, der im wesentlichen aus einem Sturmsystem besteht, ist mindestens einige Hundert Jahre alt. Somit ist die Lebensdauer des Großen Roten Flecks sehr viel höher als die mittlere Verweildauer eines einzelnen Gasmoleküls in dem Wirbel. Es ist eine stabile Struktur aus Materie und Energie, durch die ein ständiger Strom von Materie und Energie fließt. Die Ähnlichkeit mit einem menschlichen Organismus, dessen molekulare Bestandteile sich im Verlauf seines Lebens viele Male erneuern, ist augenfällig. Man kann eine bemerkenswert vielschichtige Diskussion über die Frage führen, ob der Große Rote Fleck als ein Lebewesen zu betrachten sei – und wenn nein, weshalb nicht. Schließlich erhält sich der Große Rote Fleck in gewissem Sinne selbst und paßt sich seiner Umwelt an, wobei er »Babywirbel« gebiert.

Geordnete Nichtgleichgewichtssysteme wie der Große Rote Fleck werden durch die beständige Dissipation von Materie und Energie erhalten und wurden aus diesem Grund vor einigen Jahrzehnten von dem Nobelpreisträger Ilya Prigogine als »dissipative Strukturen« bezeichnet. Diese Systeme fanden in der Wissenschaft große Beachtung. Einer der Gründe dafür liegt in ihrem Gegensatz zu Systemen in thermodynamischem Gleichgewicht, wobei das Gleichgewicht mit dem Kollaps zu den wahrscheinlichsten Zuständen geringster Ordnung verbunden ist. In dissipativen Systemen ist der Fluß von Materie und Energie durch das System eine treibende Kraft für die Entstehung von Ordnung. Ein weiterer Grund für dieses Interesse liegt in der Erkenntnis, daß freilebende Systeme dissipative Strukturen, komplexe, metabolische Wirbel sind. Hier gilt es eine sorgfältige Unterscheidung zwischen freilebenden Systemen und Viren zu treffen. Viren sind keine freilebenden Gebilde, sondern Parasiten, die in lebende Zellen eindringen müssen, um sich vermehren zu können. Alle bekannten freilebenden Systeme, von Bakterien bis hin zu Stubenfliegen, bestehen aus Zellen. Zellen sind keine energiearmen Systeme, sondern vielmehr komplexe chemische Systeme, die unentwegt Nährstoffmoleküle umsetzen, um ihre innere Struktur zu erhalten und sich zu vermehren. Daher sind Zellen dissipative Nichtgleichgewichtsstrukturen. Interessanterweise können einige primitive Zellen wie etwa Sporen, die vermutlich energiearme Systeme darstellen, in Ruhezustände eintreten, in denen keine Stoffwechselaktivität stattfindet. Für die meisten Zellen aber ist der Gleichgewichtszustand gleichbedeutend mit dem Tod.

Da alle freilebenden Systeme Nichtgleichgewichtssysteme sind – da sogar die Biosphäre selbst ein vom Fluß der Sonnenstrahlung angetriebenes Nichtgleichgewichtssystem ist –, wäre es von allergrößter Bedeutung, wenn wir allgemeine Gesetze aufstellen könnten, die das Verhalten sämtlicher Nichtgleichgewichtssysteme vorhersagen. Leider war die Suche nach derartigen Gesetzen bislang nicht von Erfolg gekrönt. Manche Wissenschaftler halten sie für grundsätzlich aussichtslos. Dieses Unvermögen muß nicht unbedingt mit einem Mangel an Intelligenz unsererseits zusammenhängen, sondern könnte eine Folge jenes wohlbegründeten Teilgebietes der Mathematik sein, das man als »Theorie der Berechenbarkeit« bezeichnet. Diese elegante Theorie befaßt sich mit sogenannten effektiv berechenbaren Algorithmen. Algorithmen sind Serien von Verfahrensregeln, mit denen man die Antwort auf ein Problem finden kann. Ein Beispiel ist der Algorithmus für die Lösung einer quadratischen Gleichung, der den meisten von uns im Algebraunterricht beigebracht wurde. Jeder penible Dummkopf kann Algorithmen ausführen. Computer sind nichts anderes als solche »Dummköpfe«, und die Rechnerprogramme sind nichts anderes als Algorithmen.

Die Theorie der Berechenbarkeit enthält eine Vielzahl tiefgründiger Theoreme. Zu den schönsten Sätzen gehören diejenigen, die beweisen, daß es in den allermeisten Fällen keine kürzere Möglichkeit gibt, den Algorithmus zu beschreiben, als ihn einfach anzuwenden und die Abfolge der Rechenschritte und Zustände zu beobachten. Der Algorithmus selbst ist also seine kürzeste Beschreibung. Er ist, um einen Terminus technicus zu benutzen, nichtkomprimierbar.

Der nächste Schritt in dem Beweis, daß das exakte Verhalten aller

Nichtgleichgewichtssysteme nicht durch allgemeine Gesetze vorhergesagt werden kann, ist einfach. Echte Rechner, die aus echten Materialien bestehen und an eine Steckdose angeschlossen sind, sind »universelle Turingmaschinen«, so benannt nach dem englischen Mathematiker Alan Turing. Er bewies, daß ein Universalrechner, der über ein unendlich langes Speicherband verfügt, jeden beliebigen Algorithmus ausführen kann. Ein materieller Computer stellt ein Nichtgleichgewichtssystem dar; führt man ihm beständig Energie zu, dann kann er Rechenoperationen ausführen, indem er die Energie dazu verwendet, elektronische Bits in einem Mikrochip in unterschiedlichen Mustern anzuordnen. Nun sagt uns jedoch die Theorie der Berechenbarkeit, daß ein solches Gerät sich womöglich auf eine Weise verhält, die *seine eigene kürzeste Beschreibung* ist. Die kürzeste Form der Vorhersage dessen, was dieses reale, materielle System tun wird, besteht darin, es einfach zu beobachten. Der Zweck einer Theorie besteht jedoch gerade darin, eine kürzere, komprimiertere Beschreibung zu liefern – die Keplerschen Gesetze statt einer Auflistung sämtlicher Positionen aller Planeten zu jedem beliebigen Zeitpunkt. Da ein solcher materieller Computer ein reales Nichtgleichgewichtssystem ist, können wir keine allgemeine Theorie aufstellen, die das exakte Verhalten aller möglichen Nichtgleichgewichtssysteme vorhersagt. Auch Zellen, Ökosysteme und Wirtschaftssysteme sind reale Nichtgleichgewichtssysteme. Es ist denkbar, daß auch sie sich in einer Weise verhalten, die ihre eigene kürzeste Beschreibung darstellt.

Auf die Frage, ob es Gesetze des Lebens geben könnte, würden viele Biologen mit einem entschiedenen Nein antworten. Darwins Verdienst war es, die Lehre von der gemeinsamen Abstammung mit anschließender Modifikation aufzustellen. Die moderne Biologie versteht sich selbst als eine zutiefst historische Wissenschaft. Gemeinsame Merkmale der Organismen – der bekannte genetische Code, die Wirbelsäule bei den Wirbeltieren – werden nicht als Manifestationen eines zugrunde liegenden Gesetzes betrachtet, sondern als kontingente, nützliche Zufallsprodukte, die an die Nachkommen weitergegeben und danach in der betreffenden Abstammungslinie »eingefroren« werden. Es versteht sich keineswegs von selbst, daß die Biologie, abgesehen von dem Grundsatz der »gemeinsamen Abstammung mit anschließender Modifikation«, weitere Gesetze aufstellen wird. Ich bin jedoch überzeugt, daß wir derartige Gesetze finden können.

Wir möchten die Ordnung verstehen, die die irdische Biosphäre aufweist, und diese Ordnung mag mit der Existenz energiearmer Gleichgewichtsformen (die Kugel in der Schüssel, das Virus) und dissipativer Nichtgleichgewichtsstrukturen – der lebenden Wirbel, die ihre Ordnung durch Aufnahme und Abgabe von Materie und Energie erhalten – zusammenhängen. Doch stellen sich uns in dem Bemühen, diese Ordnung zu verstehen, drei Hindernisse entgegen. Erstens hindert uns die Quantentheorie an genauen Vorhersagen molekularer Phänomene. Wie auch immer die endgültige Theorie aussehen wird, fest steht, daß der Quantenwürfel in unserer Welt zu oft geworfen wurde, als daß man ihren Zustand exakt vorhersagen könnte. Zweitens, selbst wenn der klassische Determinismus gelten würde, zeigt uns die Chaostheorie, daß in einem nichtlinearen System beliebig kleine Änderungen in den Anfangsbedingungen tiefgreifende Änderungen des Verhaltens hervorbringen können. So sind wir schon aus rein praktischen Gründen in aller Regel außerstande, die Anfangsbedingungen mit hinreichender Genauigkeit zu bestimmen, um das Verhalten auf Mikroebene vorhersagen zu können. Drittens scheint aus der Theorie der Berechenbarkeit zu folgen, daß man Nichtgleichgewichtssysteme als Computer betrachten kann, die Algorithmen ausführen. Für umfangreiche Klassen derartiger Algorithmen gibt es keine kompakte, gesetzmäßige Beschreibung ihres Verhaltens.

Wenn die Entstehung und die Evolution des Lebens einem nichtkomprimierbaren Computeralgorithmus gleicht, dann ist es grundsätzlich unmöglich, eine kompakte Theorie aufzustellen, die sämtliche Einzelheiten des Entfaltungsprozesses vorhersagt. Statt dessen müssen wir einfach zurücktreten und das Schauspiel beobachten. Ich vermute, daß sich diese intuitive Erkenntnis als richtig erweisen wird. Ich vermute, daß die Evolution selbst eigentlich einem nichtkomprimierbaren Algorithmus gleicht. Wenn wir ihre Einzelheiten wissen wollen, müssen wir sie in ehrfurchtsvollem Staunen betrachten und die zahllosen Verzweigungen des Lebensbaumes sowie ihre unzähligen molekularen und morphologischen Einzelheiten zählen und noch einmal zählen.

Doch selbst wenn die Evolution ein derartiger nichtkomprimierbarer Vorgang sein sollte, folgt daraus nicht, daß wir keine allgemeingültigen und einfachen Gesetze finden können, die diesen nichtvorhersagbaren Entwicklungsprozeß steuern. Denn es ist durchaus möglich, daß zahlreiche Merkmale von Organismen und ihrer Evolution höchst robust sind und nicht von den Details beeinflußt werden. Wenn, wie ich glaube, zahlreiche dieser robusten Eigenschaften existieren, dann unterliegt die Emergenz des Lebens und die Besiedlung der Biosphäre möglicherweise allgemeingültigen, einfachen Gesetzen. Schließlich streben wir in diesem Bereich nicht unbedingt nach genauen Vorhersagen, sondern suchen nach Erklärungen. Wir werden niemals imstande sein, die einzelnen Verzweigungen des Stammbaums der Arten genau vorherzusagen, doch können wir möglicherweise aussagekräftige Gesetze aufdecken, die dessen Grobstruktur vorhersagen und erklären. Ich bin zuversichtlich, daß es solche Gesetze gibt. Ich wage sogar zu hoffen, daß wir einige davon schon jetzt in groben Zügen entwerfen können. In Ermangelung eines besseren Begriffs nenne ich diese Bemühungen die Suche nach einer Theorie der Emergenz.

## »Ordnung zum Nulltarif«

Das größte Rätsel der Biologie besteht darin, daß überhaupt Leben entstanden ist, daß die Ordnung, die wir sehen, sich herausgebildet hat. Eine Theorie der Emergenz würde die Entstehung der erstaunlichen Ordnung, die wir sehen, wenn wir aus unserem Fenster schauen, als eine zwangsläufige Manifestation einiger grundlegender Gesetze erklären. Sie würde uns Aufschluß darüber geben, ob wir – als vorhersehbare Produkte einer unvermeidbaren Entwicklung – im Universum zu Hause sind oder ob wir unsere Existenz nur der Verkettung extrem unwahrscheinlicher Zufälle verdanken.

Manche Wörter und Begriffe sind beziehungsreich, ja sogar provozierend. Das gilt etwa für das Wort *emergent*. Meistens umschreiben wir die Bedeutung dieses Wortes mit dem Satz: »Das Ganze ist mehr als die Summe seiner Teile.« Dieser Satz ist provozierend, denn welches »Mehr« kann das Ganze aufweisen, das nicht schon in den

Teilen enthalten wäre? Meines Erachtens ist das Leben selbst ein emergentes Phänomen, wobei dieser Vorgang jedoch nichts Geheimnisvolles an sich hat. In den Kapiteln 2 und 3 werde ich mich bemühen, gute Gründe für die Annahme anzuführen, daß sich hinreichend komplexe Gemenge aus Chemikalien spontan in Systeme verwandeln können, die die vernetzten chemischen Reaktionen zur Bildung der Moleküle selbst zu katalysieren vermögen. Solche kollektiv-autokatalytischen Verbände erhalten sich selbst und reproduzieren sich. Genau dies aber ist das Wesen des Stoffwechsels, jenes Gefüges chemischer Reaktionen, das sämtliche Zellen unseres Körpers mit Energie versorgt. Nach dieser Auffassung ist das Leben ein emergentes Phänomen, das entsteht, wenn die molekulare Vielfalt eines präbiotischen chemischen Systems eine gewisse Komplexitätsschwelle überschreitet. Wenn dies richtig sein sollte, dann ist das Leben nicht als potentielle Eigenschaft im einzelnen Molekül – den mikroskopischen Einzelteilen – angelegt, sondern es ist eine kollektive Eigenschaft eines Systems wechselwirkender Moleküle. Nach dieser Auffassung ist das Leben als Gesamtheit zutage getreten und immer ein Ganzes geblieben. Nach dieser Auffassung ist das Leben nicht in seinen Teilen lokalisiert, sondern gehört zu den kollektiv-emergenten Eigenschaften der von diesen gebildeten Gesamtheit. Auch wenn das Leben als emergentes Phänomen viele Rätsel aufweisen mag, so ist an seiner grundlegenden Ganzheitlichkeit und Emergenz doch nichts Rätselhaftes. Ein Verband von Molekülen besitzt entweder die Eigenschaft, seine eigene Bildung und Reproduktion aus einfachen Nährstoffmolekülen katalysieren zu können, oder er besitzt sie nicht. Das emergente, selbstreproduzierende Gefüge enthält keine »Lebenskraft« und auch keine spezielle zusätzliche Substanz. Doch das kollektive System besitzt eine erstaunliche Eigenschaft, über die keines seiner Bestandteile verfügt: Es ist in der Lage, sich selbst zu reproduzieren und eine evolutive Entwicklung zu durchlaufen. Das kollektive System ist lebendig, während seine Bestandteile bloß Chemikalien sind.

Eine der eindrucksvollsten Ausprägungen biologischer Ordnung ist die Ontogenese, die Entwicklung eines Organismus zur Geschlechtsreife. Beim Menschen beginnt dieser Prozeß mit einer einzelnen Zelle, dem befruchteten Ei, das auch als Zygote bezeichnet wird. Die Zygote durchläuft etwa 50 Zellteilungen; nach deren Abschluß sind aus der einen Zelle etwa eine Billiarde Zellen geworden, aus denen der neugeborene Säugling besteht. Gleichzeitig differenziert sich der einzige Zelltyp der Zygote zu den etwa 260 Zelltypen des geschlechtsreifen Individuums – Leberparenchymzellen, Nervenzellen, rote Blutkörperchen, Muskelzellen und so weiter. Die genetischen Anweisungen, die diese Entwicklung steuern, sind in der in allen Zellkernen enthaltenen DNS gespeichert. Dieses genetische System besteht aus etwa 100 000 Genen, die jeweils ein anderes Protein codieren. Bemerkenswerterweise ist der Gensatz in sämtlichen Zelltypen praktisch identisch. Die Zellen differenzieren sich deshalb, weil in jeder Zelle jeweils verschiedene Untergruppen des Genoms aktiviert sind, die verschiedene Enzyme und sonstige Proteine erzeugen. Rote Blutkörperchen enthalten Hämoglobin, Muskelzellen bestehen aus Aktin und Myosin, die die Muskelfasern bilden, und so weiter. Das Wunder der Ontogenese besteht darin, daß Gene, RNS und die erzeugten Proteine ein komplexes Netzwerk bilden und sich auf eine unglaublich präzise Weise gegenseitig ein- und ausschalten.

Wir können uns dieses Genomsystem als einen komplexen chemischen Computer vorstellen, der sich jedoch von den gängigen seriellen Rechnern, die die einzelnen Verarbeitungsschritte *nacheinander* ausführen, unterscheidet. Im System des Genoms sind zahlreiche Gene und deren Produkte *gleichzeitig* aktiv; daher ist das System eine Art chemischer Parallelrechner. Die verschiedenen Zelltypen des sich entwickelnden Embryos und seine Entwicklungsbahn sind in gewissem Sinne Manifestationen des Verhaltens dieses komplexen genomischen Netzwerks. Dieses Netzwerk, über das jede Zelle sämtlicher rezenter Lebewesen verfügt, ist das Ergebnis einer Evolution, die vor mindestens einer Milliarde Jahren begann. Die meisten Biologen sind als Erben des Darwinismus der Ansicht, daß die Ordnung in der Ontogenese auf das »Abspielen« eines molekularen Räderwerks zurückzuführen ist, das Stück für Stück von der Evolution zusammengebastelt wurde. Ich vertrete eine entgegengesetzte Hypothese: Der größte Teil der wunderbaren Ordnung, die in der Ontogenese sichtbar wird, entsteht meines Erachtens spontan als eine zwangsläufige Manifestation der erstaunlichen Selbstorganisation, die in sehr komplexen Regulationsnetzwerken in großem Umfang auftritt. Offenbar haben wir uns gründlich geirrt: Ordnung, unermeßlich und schöpferisch, entsteht von selbst.

Die emergente Ordnung, die in genomischen Netzwerken zum Vorschein kommt, wird vermutlich einen Theorienstreit, vielleicht sogar einen Paradigmenwechsel in der Evolutionsbiologie herbeiführen. Ich werde in diesem Buch die These vertreten, daß ein Großteil der Ordnung in Organismen nicht auf die Selektion zurückzuführen ist, sondern auf die spontane Ordnungsbildung in selbstorganisierten Systemen. Ordnung, unermeßlich und schöpferisch, nicht der gegenläufigen Dynamik der Entropie abgerungen, sondern frei verfügbar, bildet die Grundlage der gesamten nachfolgenden biologischen Evolution. Die Ordnung in Organismen entsteht zwangsläufig und ist nicht bloß der unerwartete Triumph der natürlichen Selektion. So werde ich später triftige Gründe für die Annahme vorlegen, daß die homöostatische Stabilität von Zellen (die biologische Trägheit, die beispielsweise eine Leberzelle daran hindert, sich in eine Muskelzelle zu verwandeln), die Anzahl der Zelltypen eines Organismus im Vergleich zur Zahl seiner Gene und weitere Merkmale keine Zufallsergebnisse der Darwinschen Selektion sind, sondern Teil der »notwendigen« Ordnung, die durch die Selbstorganisation in genomischen Regulationsnetzwerken entsteht. Wenn diese Annahme zutrifft, dann müssen wir die Evolutionstheorie überdenken, denn die Ordnung in der Biosphäre kann nicht zugleich auf Selektion *und* Selbstorganisation zurückzuführen sein.

Dies ist ein weitreichendes Thema. Wir beginnen gerade erst, es in seiner ganzen Tragweite zu erfassen. Für diese neue Theorie des Lebens sind Organismen nicht bloß zusammengeflickte Bastelwerke, *bricolage*, um Jacobs französischen Originalausdruck zu verwenden. Die Evolution ist nicht bloß »der am Schopf gepackte Zufall«, um Monods Bild zu gebrauchen. Die Geschichte des Lebens veranschaulicht die natürliche Ordnung, auf welche die Selektion einwirkt. Wenn diese Hypothese zutrifft, dann sind viele Merkmale von Organismen nicht bloß Zufälle, sondern auch Manifestationen der tiefgreifenden Ordnung, die durch die Evolution weiter ausgeformt wird. Dann sind wir in einer Weise im Universum beheimatet, die niemand zu erträumen wagte, seit Darwin mit seiner Metapher vom blinden Uhrmacher die natürliche Theologie auf den Kopf stellte.

Doch das Prinzip der Selbstorganisation verheißt noch mehr. Ich sagte bereits, daß wir die Funktionen der Selbstorganisation *und* der Darwinschen Selektion in der Evolution berücksichtigen müssen. Doch diese ordnungsstiftenden Faktoren vermischen sich womöglich auf vielfältige, bislang kaum absehbare Weise. Keine Theorie in der Physik, der Chemie, der Biologie oder einer anderen Wissenschaft hat sich bislang mit dieser Vereinigung befaßt. Wir müssen das Problem neu durchdenken. Aus dieser Vereinigung von Selbstorganisation und Selektion gehen möglicherweise neue, allgemeingültige Gesetze hervor.

Es ist vielleicht erstaunlich, vielleicht auch vielversprechend und wundervoll, daß wir womöglich gerade jetzt damit beginnen, potentielle allgemeingültige Gesetze zu formulieren, denen diese Vereinigung unterliegen könnte. Denn was können bewegliche Moleküle, die sich zu selbstreproduzierenden Stoffwechselsystemen zusammenschlossen, Zellen, die ihr Verhalten koordinieren und sich zu vielzelligen Lebewesen vereinigen, Ökosysteme und sogar Wirtschafts- und politische Systeme miteinander gemein haben? Es besteht die großartige Möglichkeit, die wir als eine kühne und vorläufige Arbeitshypothese festhalten wollen, daß sich das Leben in vielen Bereichen in Richtung auf ein Regime entwickelt, das zwischen Ordnung und Chaos liegt. Diese Arbeitshypothese bringt folgender Satz prägnant auf den Punkt: Das Leben existiert am Rand des Chaos. Um eine Metapher aus der Physik zu entlehnen, können wir auch sagen: Das Leben existiert möglicherweise in der Nähe von einer Art Phasenübergang. Wasser existiert in drei Phasen: festem Eis, flüssigem Wasser und gasförmigem Dampf. Heute zeichnet sich ab, daß ähnliche Zustandsformen auch bei komplexen adaptiven Systemen anzutreffen sind. So werden wir zum Beispiel noch sehen, daß die genomischen Netzwerke, die die Entwicklung von der Zygote zum geschlechtsreifen Individuum steuern, in drei grundlegenden Regimen existieren können: in einem »eingefrorenen«, geordneten Regime, einem gasförmigen, chaotischen Regime und einer Art flüssigem Regime, das in dem Bereich zwischen Ordnung und Chaos angesiedelt ist. Es ist eine ansprechende, durch viele Daten untermauerte Hypothese, daß genomische Systeme im geordneten Regime nahe dem Phasenübergang zum Chaos liegen. Lägen diese Systeme zu weit im »eingefrorenen«, geordneten Regime, dann wären sie zu unflexibel, um die komplexen Abfolgen genetischer Aktivitäten zu koordinieren, die für die Steuerung der Individualentwicklung erforderlich sind. Lägen sie allzuweit im gasförmigen, chaotischen Regime, dann wäre ihre Ordnung unzureichend. Netzwerke am Rande des Chaos – wo ein ausgewogenes Verhältnis zwischen Ordnung und Regellosigkeit besteht – sind offenbar am besten in der Lage, komplexe Aktivitäten zu koordinieren und sich dabei zu entwickeln. Die Hypothese, wonach die natürliche Auslese genetische Regulationssysteme hervorbringt, die am Rande des Chaos funktionieren, ist sehr reizvoll. Der größte Teil dieses Buches ist der Erkundung dieses Themas gewidmet.

Die Evolution ist die Geschichte von Lebewesen, die sich durch genetische Veränderungen an ihre Umwelt anpassen und nach der Verbesserung ihrer »Fitneß« (Eignung) streben. Die Biologen veranschaulichen diese Zusammenhänge schon seit langem in sogenannten »Fitneßlandschaften«, in denen die Gipfel für hohe Fitneß stehen; unter dem Druck von Mutation, Selektion und zufallsbedingter genetischer Drift wandern die Populationen durch die Landschaft auf der Suche nach Gipfeln, die sie möglicherweise nie erreichen. Das Konzept des Fitneßgipfels gilt auf vielen Ebenen. So kann es beispielsweise die Fähigkeit eines Eiweißmoleküls angeben, eine bestimmte chemische Reaktion zu katalysieren. In diesem Fall repräsentieren die Landschaftsgipfel die Enzyme, die diese Reaktion besser katalysieren als all ihre Nachbarproteine – die Enzyme der niedrigeren Gipfel und erst recht der Täler. Fitneßgipfel können sich auch auf die Eignung von Lebewesen beziehen. In diesem komplexeren Fall besitzt ein Organismus mit einer bestimmten Anzahl von Merkmalen dann eine höhere Fitneß – liegt auf einem höheren Fitneßgipfel – als all seine benachbarten Varianten, wenn er, grob gesprochen, eine höhere Fortpflanzungswahrscheinlichkeit besitzt.

Wir werden in diesem Buch zeigen, daß adaptive Prozesse auf mehrgipfligen Fitneßlandschaften – gleich, ob wir Organismen oder Wirtschaftssysteme betrachten – von erstaunlich allgemeingültigen Gesetzen gesteuert werden. Diese allgemeingültigen Gesetze erklären möglicherweise Phänomene von der »kambrischen Explosion« in der biologischen Evolution, in der sich die Taxa von oben nach unten auffüllten, bis hin zur technologischen Evolution, in der durchschlagende Innovationen frühzeitig auftauchen und im weiteren Verlauf nur noch geringfügig verbessert werden. Auch das »Chaosrand«-Konzept könnte sich als ein allgemeingültiges Gesetz erweisen. Adaptive Populationen, die beim Erklimmen der Fitneßgipfel allzu systematisch und zaghaft vorgehen, bleiben wahrscheinlich im »Vorgebirge« stecken, überzeugt, sie hätten den höchsten Punkt bereits erreicht; andererseits ist eine allzu ausgedehnte Erkundung ebenfalls mit hoher Wahrscheinlichkeit zum Scheitern verurteilt. Die optimale Erkundung eines evolutionären Raumes findet in der Nähe einer Art von Phasenübergang zwischen Ordnung und Unordnung statt, wenn Populationen sich von den lokalen Gipfeln, auf denen sie steckengeblieben sind, ablösen und sich an Graten entlang zu entfernten Regionen höherer Fitneß bewegen.

Das Chaosrand-Konzept gilt auch für die Koevolution, denn die Evolution einer Art vollzieht sich in Wechselwirkung mit der Evolution ihrer Konkurrenten; um ihre Fitneß zu erhalten, muß sie sich an deren Adaptationen anpassen. In koevolvierenden Systemen erklettert jeder Partner die Fitneßgipfel in seiner Fitneßlandschaft, auch wenn diese durch die adaptiven Bewegungen seiner koevolutionären Partner fortwährend umgestaltet wird. Bemerkenswerterweise können sich auch derartige koevolvierende Systeme in einem geordneten, einem chaotischen und einem Übergangsregime befinden. Es grenzt schon an Zauberei, daß derartige Systeme im Verlauf ihrer Koevolution anscheinend immer zum Chaosrandregime streben. Als ob jede Spezies, wie von unsichtbarer Hand geleitet, bei der Adaptation zwar nach ihrem eigenen, egoistischen Vorteil strebe, das ganze System aber sich dennoch auf magische Weise auf einen Gleichgewichtszustand hinbewege, in dem jede Spezies im Schnitt ihr Bestes gibt. Und doch wird sie ungeachtet ihrer eigenen optimalen Bemühungen schließlich durch das kollektive Verhalten des Systems als Ganzen zum Aussterben getrieben, wie dies in vielen der dynamischen Systeme, die wir in diesem Buch untersuchen werden, der Fall ist.

Wie wir sehen werden, liegen der technologischen Evolution möglicherweise ähnliche Gesetze zugrunde wie der präbiotischen chemischen Evolution und der adaptiven Koevolution. Die Entstehung des

Lebens nach Überschreitung einer bestimmten Schwelle chemischer Diversität folgt derselben Logik wie eine Theorie des wirtschaftlichen Aufstiegs, der nach Überschreitung einer bestimmten Schwelle der Vielfalt von Gütern und Dienstleistungen einsetzt. Jenseits dieser kritischen Diversität schaffen neue Arten von Molekülen – beziehungsweise Waren und Dienstleistungen – Nischen für noch mehr neue Arten, die durch einen sprunghaften Anstieg der Möglichkeiten entstehen. Wie koevolutionäre Systeme, so verknüpfen auch Wirtschaftssysteme die eigennützigen Tätigkeiten mehr oder minder kurzsichtiger Akteure. Adaptive Bewegungen in der biologischen und der technologischen Evolution lösen Speziations- und Extinktionslawinen aus. In beiden Fällen kann sich das System von selbst am Chaosrand auf einen Gleichgewichtszustand einpendeln, in dem alle Spieler bestens abschneiden und doch letztlich von der Bühne verschwinden.

Mit dem Chaosrand-Konzept können wir vielleicht sogar zu einem neuen, tieferen Verständnis der Demokratie gelangen. Wir haben die Demokratie zu unserer weltlichen Religion gemacht; wir behaupten, daß sie auf sittlichen und rationalen Fundamenten ruht, und wir gründen unser Leben darauf. Wir hoffen, daß unser demokratisches Erbe das Füllhorn der Freiheiten über der ganzen Welt ausgießen wird. In den folgenden Kapiteln werden wir neue, überraschende Gründe für die Annahme finden, daß die Demokratie am besten in der Lage ist, außerordentlich schwierige Probleme zu lösen, die durch eng verflochtene Netze gegenläufiger Interessen gekennzeichnet sind. Die Menschen schließen sich zu Gemeinschaften zusammen, die jeweils auf ihren eigenen Vorteil bedacht sind, und sie suchen nach Kompromissen zwischen widersprüchlichen Interessen. Dieser scheinbar regellose Prozeß weist ebenfalls ein geordnetes Regime auf, in dem man sich rasch auf schlechte Kompromisse einigt, ein chaotisches Regime, in dem niemals ein Kompromiß zustande kommt, und einen Phasenübergang, in dem man zwar einen Kompromiß findet, aber erst nach einiger Zeit. Die besten Kompromisse werden offenbar im Phasenübergang zwischen Ordnung und Chaos erzielt. So werden wir Hinweise dafür finden, daß die pluralistische Gesellschaft die natürliche Form des adaptiven Kompromisses verkörpert. Die Demokratie mag das bei weitem beste Verfahren darstellen, um die komplexen Probleme einer komplexen, evolvierenden Gesellschaft zu lösen und die Gipfel in der koevolutionären Landschaft zu finden, in der, im Schnitt, alle eine Chance haben, zu Wohlstand zu gelangen.

## Wissen, nicht Macht

Ich werde in den folgenden Kapiteln darlegen, wie das Leben möglicherweise als eine zwangsläufige Folge der Physik und Chemie entstanden ist, wie die molekulare Komplexität der Biosphäre sich entlang einer Grenze zwischen Ordnung und Chaos entfaltet hat, inwieweit die Ordnung der Ontogenese spontan entsteht und inwieweit koevolvierende Gemeinschaften von Arten, Technologien und sogar Ideologien möglicherweise allgemeingültigen Chaosrand-Gesetzen unterliegen.

Dieser im Gleichgewicht befindliche Chaosrand ist ein bemerkenswerter Ort. Er weist große Ähnlichkeit auf mit der Theorie der »selbstorganisierten Kritizität«, die unlängst von den Physikern Per Bak, Chao Tang und Kurt Wiesenfeld eingeführt wurde. Sie bezog sich ursprünglich auf einen künstlichen Sandhaufen, der kontinuierlich mit einer geringen Menge Sand berieselt wird. Der Sandhaufen wird immer höher, bis schließlich Sandstürze einsetzen, und zwar sehr viele kleine und wenige größere. Trägt man die Größe der Sandstürze auf der $x$-Achse eines kartesischen Koordinatensystems und die Anzahl der Sandstürze einer bestimmten Größe auf der $y$-Achse ein, dann erhält man eine Kurve, deren Verlauf dem sogenannten Potenzgesetz gehorcht. Aus der spezifischen Form dieser Kurve, auf die wir in späteren Kapiteln zurückkommen werden, läßt sich die bemerkenswerte Schlußfolgerung ableiten, daß ein und dieselbe Sandkorngröße sowohl kleine als auch große Sandstürze auslösen kann. Obgleich wir sagen können, daß im allgemeinen zahlreiche kleine und nur wenige große Sandstürze abgehen (das ist die Eigentümlichkeit einer Potenzverteilung), haben wir keine Möglichkeit vorherzusagen, ob ein bestimmter Sandsturz groß oder klein sein wird.

Sandhaufen, selbstorganisierte Kritizität und der Chaosrand. Wenn ich recht habe, dann strebt die Koevolution von sich aus zum

Chaosrand, wo jede Spezies aufgrund gehäufter Kompromisse zwar bestens gedeiht, aber niemals weiß, ob der nächste optimale Schritt einen Steinschlag oder einen Erdrutsch auslösen wird. In dieser instabilen Welt wird das System fortwährend von großen und kleinen Lawinen heimgesucht. Die eigenen Schritte können kleine oder große Lawinen auslösen, die die Wanderer auf den niedrigeren Abhängen hinwegfegen. Vielleicht wird man von der Lawine, die man losgetreten hat, sogar selbst mitgerissen. Dieses Bild veranschaulicht die wesentlichen Merkmale der neuen Theorie der Emergenz, nach der wir suchen. In diesem Gleichgewichtszustand zwischen Ordnung und Chaos können die Spieler die weitreichenden Folgen ihrer Handlungen nicht vorhersehen. Während die Verteilung der Lawinengrößen, die im Gleichgewichtszustand auftreten, einem Gesetz folgt, ist die Lawinengröße in jedem einzelnen Fall nicht vorhersagbar. Wenn man nie weiß, ob der nächste Schritt nicht vielleicht den Erdrutsch des Jahrhunderts auslösen wird, lohnt es sich, vorsichtig zu Werke zu gehen.

In einer derart empfindlich ausbalancierten Welt müssen wir den Anspruch aufgeben, langfristige Vorhersagen machen zu können. Wir können die realen Folgen unserer eigenen besten Handlungen nicht absehen. Wir können lediglich lokal, nicht aber global vernünftig handeln. Wir können nur unsere Hosen hochziehen, unsere Galoschen anlegen und unser Bestes geben. Nur Gott ist so allwissend, daß er das allumfassende Gesetz, die Würfe des Quantenwürfels, genau kennt. Nur Gott vermag in die Zukunft zu blicken. Wir, trotz 3,45 Milliarden Jahren unaufhörlicher evolutionärer Umgestaltung noch immer kurzsichtig, vermögen dies nicht. Wir und alle anderen Lebewesen können die Lawinen und ihre Verflechtungen, die wir gemeinsam erzeugen, nicht vorhersagen. Wir können nur lokal unser Bestes tun.

Seit der Zeit von Francis Bacon wird in der abendländischen Tradition Wissen mit Macht gleichgesetzt. Doch in dem Maße, wie der Umfang unserer Aktivitäten in Raum und Zeit zugenommen hat, mußten wir immer deutlicher die Beschränktheit unseres Wissens und sogar unseres potentiellen Wissens erkennen. Wenn wir allgemeingültige Gesetze finden sollten und wenn aus diesen Gesetzen folgt, daß die Biosphäre und all ihre Elemente ähnlich wie ein Sandhaufen zu einem Gleichgewichtszustand am Chaosrand evolvieren, dann wäre es klug, vorsichtig zu sein. Wir treten in ein neues Jahrtausend ein. Tun wir dies mit verhaltener Ehrfurcht vor den in ständigem Wandel begriffenen, aber nicht im voraus absehbaren Plätzen unter der Sonne, die wir immer wieder neu füreinander schaffen. Das Universum ist unser aller Heimat. Tun wir unser Bestes, um unseren kurzen, einmaligen Aufenthalt auf Erden für seine Verklärung zu nutzen.

## 2   DER URSPRUNG DES LEBENS

Jeder, der behauptet, er wisse, wie das Leben vor etwa 3,45 Milliarden Jahren auf der ausgedörrten Erde begann, ist entweder ein Dummkopf oder ein Lügner. Keiner weiß es. Möglicherweise werden wir sogar niemals die tatsächliche historische Abfolge der molekularen Ereignisse rekonstruieren können, die vor über drei Millionen Jahrtausenden zu den ersten selbstreproduzierenden, evolvierenden Molekülsystemen führte. Doch selbst wenn der historische Entwicklungspfad für immer im Dunkeln bleiben wird, können wir dennoch Theorien formulieren und Experimente durchführen, die zeigen, wie das Leben möglicherweise entstanden ist, sich konsolidiert und über die Erde ausgebreitet hat. Dies freilich immer unter dem Vorbehalt, daß unser Wissen niemals gesichert ist.

Im Anfang war das Wort; dann wurde das Licht von der Finsternis geschieden. Am dritten Tag wurde das Grün geschaffen und am fünften Tag die Vögel, die Fische und anderes Seegetier. Adam und Eva wurden am sechsten Tag erschaffen. Dieser Mythos, nach dem das Leben schon bald nach der Erschaffung der Erde entstand, ist gar nicht so falsch. Tatsächlich entsprang das Leben dem Schoß der Erde – nämlich schon kurz nachdem sich der Einfall von Meteoriten auf die Urerde drastisch vermindert und die Erdoberfläche sich so weit abgekühlt hatte, daß erste Wasseransammlungen entstehen konnten, in denen sich Chemikalien zu Stoffwechselsystemen zusammenschlossen. Die Erde ist etwa vier Milliarden Jahre alt. Niemand weiß, wie die ersten selbstreproduzierenden Molekülsysteme aussahen. Doch vor 3,45 Milliarden Jahren besiedelten archaische Zellformen gewisse Ton- und Felsflächen; dort wurden sie begraben und hinterließen ihre Spuren, die uns heute wichtige Aufschlüsse liefern. Ich bin kein Experte auf dem Gebiet dieser Urfossilien; doch ich habe in Kapitel 1 sehr gern auf die hervorragenden Untersuchungen zurückgegriffen, die William Schopf und seine Mitarbeiter rund um die Erde durchführten. Die Abbildungen 1.1 und 1.2 (S. 25 und 26) zeigen einige dieser fossilen Urzellen.

Was für einen wunderbaren Fortschritt diese Urzellen doch darstellen! Ihre morphologische Struktur deutet darauf hin, daß ihre Membran wie die der rezenten Zellen aus einer doppelten Lipidschicht – einer Art zweischichtigen Seifenblase aus Lipiden (Fettsubstanzen) – bestand und ein molekulares Netzwerk umschloß, das sich selbst erhalten und reproduzieren konnte. Doch wie konnten solche selbstreproduzierenden Molekulargefüge aus der aus Wasserstoff und größeren Atomen und Molekülen bestehenden Urwolke ausfällen, die sich selbst aus einer Staubwolke zu Urerde verdichtet hatte? Wie schon der *Homo habilis* brauchen auch wir einen Schöpfungsmythos. Vielleicht können wir diesmal, ausgerüstet mit den Erkenntnismitteln der Naturwissenschaften des ausgehenden 20. Jahrhunderts, die Wahrheit finden.

## Theorien des Lebens

Die Frage nach dem Ursprung des Lebens hat in den vergangenen Jahrhunderten grundlegende Veränderungen durchlaufen. Das ist nicht sonderlich überraschend. Die meisten abendländischen Gelehrten, die vor 1000 Jahren über dieses Problem nachdachten, waren überzeugt, daß das Leben spontan aus unbelebter Materie entstand. Schließlich schienen Maden in Früchten und vermoderndem Holz gleichsam aus dem Nichts aufzutauchen, und sie sahen, daß bei vielen Insekten aus leblos scheinenden Puppen vollentwickelte, geschlechtsreife Individuen schlüpften. An modrigen, feuchten Orten schienen sich Lebewesen spontan zu bilden. Diese sogenannte Urzeugung war nur ein weiteres der täglichen Wunder aus Gottes Hand.

Die ersten modernen Theorien über den Ursprung des Lebens wurden im Anschluß an die brillanten Experimente aufgestellt, die Louis Pasteur vor über 100 Jahren durchführte. Wie konnte ein Mensch so Großartiges vollbringen? Für die beweiskräftigsten Experimente zur Theorie der Urzeugung war ein Preis ausgesetzt worden. Man hatte nachgewiesen, daß selbst in Lösungen, die man für steril hielt, Bakterienpopulationen wuchsen. Pasteur vermutete mit Recht, daß die Bakterien in der Luft selbst enthalten waren, da die von seinen Vorgängern verwendeten Kolben offen und so geformt waren, daß die Bakterien ungehindert in die Nährlösung gelangen konnten. Pasteur fertigte nun Kolben mit S-förmigen Öffnungen an. Er hoffte, daß so sämtliche Bakterien, die von außen eindrangen, abgefangen würden, bevor sie die Nährlösung erreichten. Einfache, elegante Experimente erfreuen uns immer am meisten. In den sterilen Nährlösungen konnte Pasteur tatsächlich keine Bakterien nachweisen. Er folgerte daraus, daß Leben nur aus Leben entsteht.

Doch wenn Leben immer nur aus Leben entsteht, stellt sich die Frage, woher das Leben ursprünglich kommt. Mit Pasteur wurde der Ursprung des Lebens plötzlich zu einem großen, tiefen, rätselhaften Problem, das sich möglicherweise sogar einer naturwissenschaftlichen Lösung entzog. Aus der Alchemie war die Chemie hervorgegangen, die wiederum zur Analyse anorganischer Atome und Moleküle wie Blei, Kupfersalze, Gold, Sauerstoff und Wasserstoff geführt hatte. Doch Organismen enthalten Moleküle, die in anorganischen Substanzen nicht vorkommen. Sie enthalten organische Moleküle. Eine Zeitlang vermutete man, der Unterschied zwischen belebt und unbelebt sei auf diese unterschiedlichen Molekülarten zurückzuführen. Die Kluft war unüberbrückbar. Dann, in der Mitte des 19. Jahrhunderts, gelang es Emil Fischer, aus anorganischen Stoffen Harnstoff, eine organische Verbindung, zu synthetisieren. Das Leben bestand demnach aus denselben Substanzen wie die unbelebte Welt. Aus Fischers Experiment folgte die Möglichkeit, daß die belebte und die unbelebte Materie denselben physikalischen und chemischen Prinzipien gehorchte. Seine Leistung stellte einen wichtigen Schritt in die Reduktion der Biologie auf die Chemie und die Physik dar. In gewisser Hinsicht hatten die Verfechter der Theorie von der Urzeugung letztlich doch recht behalten: Das Leben entsteht aus unbelebter Materie – auch wenn dieser magische Akt sehr viel komplexer ist, als sie je hätten ahnen können.

Doch die reduktionistische These, nach der die belebte Natur auf denselben Gesetzen basiert wie die unbelebte, setzte sich nicht ohne weiteres durch. Denn aus der Annahme, daß die belebte Natur aus dem gleichen Stoff gemacht ist wie die unbelebte Natur, folgt nicht ohne weiteres, daß der Stoff als solcher ausreicht. Der französische Philosoph Henri Bergson schlug eine Lösung für dieses wunderbare Rätsel vor, die viele Wissenschaftler jahrzehntelang überzeugte: den *élan vital*. Wie die wohlriechenden französischen Parfums, ohne die der Leib eben nichts als Leib ist, sollte der *élan vital* eine immaterielle Substanz darstellen, die die anorganischen Moleküle der Zellen durchdringt und belebt. War diese Idee wirklich so abwegig? Es ist leicht, auf andere herabzublicken, bis die eigenen liebgewonnenen Gewißheiten zerbröckeln. So haben Wissenschaftler unlängst nachgewiesen, daß die Muskeln von Fröschen Merkmale von tierischem Magnetismus zeigen – den man mittlerweile besser versteht als die elektrischen Potentialänderungen, die entlang den Nerven- und Muskelfasern weitergeleitet werden –, und das von dem englischen Physiker James Clerk Maxwell beschriebene Magnetfeld war ebenfalls immateriell und konnte dennoch materielle Objekte bewegen, die in seinen Einflußbereich eingebracht wurden. Wenn ein immaterielles Magnetfeld Festkörper bewegen konnte, weshalb sollte dann ein immaterieller *élan vital* nicht in der Lage sein, das Unbelebte zu beleben?

Bergson war nicht der einzige kluge Kopf, der vitalistische Ideen vertrat. Hans Driesch, ein brillanter Experimentalforscher, kam zu ganz ähnlichen Schlußfolgerungen. Driesch hatte Experimente an zweizelligen Froschembryos durchgeführt. Wie bei den meisten anderen Embryonen teilt sich die befruchtete Eizelle (Zygote) eines Froschs immer wieder, so daß 2, 4, 8, 16... Zellen entstehen, bis ein vollständiges Lebewesen geboren wird. Driesch wickelte um einen Froschembryo ein blondes Kinderhaar, das die beiden Zellen abschnürte. Zu seinem größten Erstaunen entwickelte sich aus jeder Zelle ein vollkommen normaler Frosch! Sogar aus Einzelzellen, die von Embryonen im Vier- oder Achtzellenstadium abgeschnürt wurden, konnten sich völlig normale Frösche entwickeln.

Driesch war ein heller Kopf. Er erkannte, daß er es mit einem äußerst kniffligen Problem zu tun hatte. In der gesamten Newtonschen Tradition der Physik und Chemie gab es nichts, was auch nur im entferntesten einen Schlüssel zur Erklärung dieses erstaunlichen Befundes geliefert hätte. Man hätte noch verstehen können, wenn sich aus jedem Teil des Embryos ein Teil des ausgewachsenen Individuums entwickelt hätte; tatsächlich geschieht dies bei den Embryonen zahlreicher Arten und wird Mosaikentwicklung genannt. Die Mosaikentwicklung ließe sich nämlich mit den Argumenten erklären, die von den sogenannten Präformationisten vertreten wurden. Diese nahmen an, das Ei enthalte einen Homunkulus, also eine winzige Urform des ausgewachsenen Individuums, dessen Körperteile sich auf irgendeine Weise in den entsprechenden Körperteilen des ausgewachsenen Individuums entwickelten. So würde man erwarten, daß der Verlust einer Eihälfte – einer der beiden Tochterzellen der Zygote – zum Verlust des halben Homunkulus führen sollte. Aus der restlichen Eihälfte beziehungsweise Einzelzelle sollte ein halber Frosch hervorgehen. Doch genau das geschah nicht. Und selbst wenn es eingetreten wäre, hätten die Präformationisten noch immer eine Antwort auf die äußerst schwierige Frage finden müssen, wie das neu entstandene geschlechtsreife Individuum einen Nachkommen gebären könne, der zu einem normalen Lebewesen heranwächst und seinerseits Nachkommen gebiert, und so fort, von einer Generation zur nächsten. Die Präformationisten behaupteten, man könne das Problem dadurch lösen, daß man annehme, im Ei seien die Homunkuli ineinandergeschachtelt wie Puppen in einer chinesischen Puppe, und zwar zurückreichend bis zur Schöpfung. Da man vom ewigen Fortbestand des Lebens ausging, brauchte man unendlich viele derart ineinandergeschachtelte Homunkuli. Spätestens hier bin ich nicht länger bereit, überholte Ideen mit Wohlwollen zu betrachten. Theorien, auch solche, die sich als falsch erweisen, können schön und elegant oder schlichte Notbehelfe sein. Eine Theorie, die eine unendliche Reihe immer kleinerer Homunkuli postuliert, ist allzu offenkundig eine Verlegenheitslösung, als daß sie wahr sein könnte.

Driesch hatte eine wichtige Entdeckung gemacht. Wenn sich aus jeder Zelle des zwei-, vier- oder achtzelligen Embryos ein vollständiges Individuum entwickeln konnte, dann mußte die Information dafür von irgendwoher kommen. Die Ordnung war auf irgendeine Weise emergent; aus jedem Teil konnte das Ganze hervorgehen. Doch woher kam die Information, die in jedem Teil enthalten war? Driesch führte dies auf die sogenannte Entelechie zurück, eine immaterielle Ordnungskraft, die auf den Embryo einwirken und irgendwie die Fähigkeit jedes Teils begründen sollte, in einem quasi magischen Akt das Ganze hervorzubringen.

Das Problem der Entstehung des Lebens wurde dann am Ende des 19. Jahrhunderts für mindestens 50 Jahre ad acta gelegt, da die meisten Wissenschaftler der Auffassung waren, es sei naturwissenschaftlich grundsätzlich nicht lösbar, beziehungsweise eine Lösung sei beim gegenwärtigen Stand der Wissenschaft nicht absehbar. In der Mitte des 20. Jahrhunderts begann man sich dann für die Zusammensetzung der Uratmosphäre der Erde zu interessieren, in der sich die ersten Biomoleküle gebildet hatten. Die Ergebnisse bestimmter Experimente lieferten schlüssige Beweise (die heute allerdings angezweifelt werden) dafür, daß die Uratmosphäre vor allem aus Wasserstoff, Methan und Kohlendioxid bestand, während sie fast keinen Sauerstoff enthielt. Außerdem vermutete man, daß sich einfache organische Moleküle, die in der Atmosphäre vorhanden waren, und andere, komplexere Molekülformen langsam in den neuentstandenen Ozeanen lösten und so die präbiotische »Ursuppe« erzeugten. In dieser »Suppe« sei dann das Leben auf irgendeine Weise spontan entstanden.

Die Hypothese hat noch immer viele Anhänger, obgleich sie sich schwerwiegenden Einwänden ausgesetzt sieht. Der Hauptkritikpunkt bezieht sich darauf, daß die Ursuppe eine außerordentlich stark verdünnte Lösung gewesen sein muß. Die Geschwindigkeit der chemischen Reaktionen hängt davon ab, wie schnell die miteinander reagierenden Molekülarten aufeinandertreffen, und dies wiederum hängt von ihrer Konzentration ab. Wenn die Konzentration aller Moleküle niedrig ist, dann ist die Wahrscheinlichkeit, daß sie zusammentreffen, sehr gering. In einer stark verdünnten präbiotischen Suppe wären die Reaktionen folglich sehr langsam abgelaufen. Ein Cartoon, den ich unlängst sah, hat diesen Umstand sehr schön veranschaulicht. Er trug den Titel »Der Ursprung des Lebens«. Der Prozeß beginnt vor 3,874 Milliarden Jahren. Zwei Aminosäuren treiben am Fuß einer öden Klippe aufeinander zu; drei Sekunden später entfernen sie sich wieder voneinander. Etwa 4,12 Millionen Jahre später treiben zwei Aminosäuren am Fuß einer urzeitlichen Klippe aufeinander zu ... Nun, auch Rom wurde nicht an einem Tag erbaut. Könnte das Leben überhaupt in einem solchen verdünnten Medium entstanden sein – selbst angesichts des enormen Alters des Universums? Wir werden gleich auf Berechnungen eingehen, die ich für fehlerhaft, aber amüsant halte und aus denen hervorgeht, daß das Leben selbst in einem Zeitraum, der das Alter des Universums um ein Milliardenfaches übersteigt, nicht durch Zufall entstanden sein kann. Wie bedauerlich, denn zufällig sitze ich hier und schreibe dieses Buch für Sie. Irgend etwas muß irgendwo falsch sein.

Alexander Oparin, ein russischer Biophysiker, dessen wissenschaftliche Tätigkeit in die Jahre des stalinistischen Terrorregimes fiel, schlug eine plausible Lösung für das Problem der verdünnten Ursuppe vor. Wenn man Glyzerin mit anderen Molekülen vermischt, entstehen gelartige Gebilde, die man Koazervate nennt. Ein Koazervat kann organische Moleküle in sich aufnehmen und durch seine Hülle mit der Umgebung austauschen. Koazervate gleichen also Urzellen, die die molekularen Abläufe in ihrem Innern gegen das verdünnte wäßrige Milieu abschotten. Falls sich diese winzigen Kompartimente bereits in den Urgewässern gebildet haben sollten, dann hätten sie die für den Aufbau von Stoffwechselsystemen erforderlichen Chemikalien in sich konzentrieren können.

Auch wenn Oparin die Tür zum Verständnis der möglichen Entstehung von Urzellen aufgestoßen hat, so blieb doch völlig ungeklärt, woher die Inhaltsstoffe kommen – die kleinen organischen Moleküle, deren Austausch mit der Umgebung als Stoffwechsel bezeichnet wird. Neben den einfachen Molekülen waren auch verschiedene Polymere, also lange Molekülketten aus nahezu identischen Bausteinen, erforderlich. Proteine, aus denen Muskeln, Enzyme und das Gerüst der Zellen bestehen, setzen sich aus Ketten von 20 verschiedenen Aminosäuren zusammen. Diese lineare Primärstruktur faltet sich dann zu einer mehr oder minder kompakten dreidimensionalen Struktur. DNS und RNS bestehen aus Ketten von vier Nukleotidbausteinen: Adenin, Cytosin, Guanin und Thymin in der DNS und Uracil statt Thymin in der RNS. Ohne diese Moleküle, die die Grundsubstanz des Lebens darstellen, wären Oparins Koazervate nichts als leere Hüllen. Wie aber sind diese Bausteine entstanden?

1952 führte Stanley Miller, damals ein junger Student im Labor des berühmten Chemikers Harold Urey, ein kühnes Experiment durch. Er füllte einen Kolben mit Gasen – Methan, Kohlendioxid und einige weitere –, die nach allgemeiner Auffassung in der Atmosphäre der Urerde enthalten waren. Anschließend ließ er eine Vielzahl elektrischer Entladungen, die Blitze als Energiequellen in der Uratmosphäre simulieren sollten, auf das Gemisch einwirken. Er wartete eine

Zeitlang in der Hoffnung, es werde sich ein hausgemachter Garten Eden zeigen. Einige Tage später wurde seine Geduld belohnt: an den Seiten und am Boden des Kolbens hatte sich eine zähe braune Masse gebildet, ein eindeutiger Beweis von molekularer Schöpfungskraft. Bei der Analyse zeigte sich, daß dieses teerige Material viele verschiedene Aminosäuren enthielt. Miller hatte das erste Experiment über die präbiotische chemische Evolution durchgeführt. Er zeigte einen plausiblen Weg auf, wie die Bausteine der Proteine auf der Urerde entstanden sein könnten. Er erhielt den Doktortitel und gehört seither zu den führenden Forschern auf dem Gebiet der präbiotischen Chemie.

Ähnliche Experimente haben gezeigt, daß es möglich (wenn auch sehr viel schwieriger) ist, auch die Nukleotidbausteine der DNS und RNS, Lipidmoleküle und damit beziehungsweise durch sie das Gerüstmaterial für die Zellmembran zu erzeugen. Viele weitere kleine molekulare Komponenten von Organismen sind ebenfalls abiogen, also aus unbelebter Materie, synthetisiert worden.

Doch bleiben auch weiterhin wichtige Fragen ungeklärt. Wie Robert Shapiro in seinem Buch *Schöpfung und Zufall* sagt, könnten die Wissenschaftler zwar beweisen, daß es möglich sei, die vielfältigen Grundstoffe des Lebens zu synthetisieren, es sei aber sehr schwierig, ein konsistentes Rahmenmodell des Gesamtprozesses zu entwerfen. Die eine Forschungsgruppe findet heraus, daß unter bestimmten Bedingungen das Molekül A in sehr geringer Ausbeute aus den Molekülen B und C hergestellt werden kann. Nachdem dies bewiesen wurde, zeigt eine andere Gruppe, die mit einer hohen Konzentration des Moleküls A beginnt, daß man durch Hinzufügen von D – unter weitgehend anderen Bedingungen – eine sehr geringe Ausbeute des Moleküls E erzeugen kann. Eine weitere Forschungsgruppe zeigt dann, daß E in hoher Konzentration unter wieder anderen Bedingungen F bilden kann. Doch wie kamen all diese Bausteine ohne äußere Eingriffe an einem Ort und zur selben Zeit in hinreichend hohen Konzentrationen zusammen, um einen Stoffwechsel in Gang zu setzen? Shapiro meint, daß in diesem Drama die Szenen allzuoft wechselten, ohne daß ein innerer Zusammenhang zwischen ihnen sichtbar würde.

Die Aufklärung der Molekularstruktur der Gene, der berühmten

DNS-Doppelhelix, gab dann den entscheidenden Anstoß für das wiedererwachende Interesse an der Entstehung des Lebens. Bevor James Watson und Francis Crick 1953 ihren berühmten Aufsatz veröffentlichten, gab es unter den Biologen und Biochemikern einen heftigen Meinungsstreit über die Frage, ob das genetische Material aus Eiweißen oder DNS bestehe. Die Verfechter der Eiweißhypothese konnten für ihre Auffassung vielfältige Argumente anführen, wobei die Tatsache, daß fast alle Enzyme Proteine sind, das gewichtigste Argument war. Enzyme bilden die größte Klasse der Biokatalysatoren; das sind Moleküle, die sich an Substrate anlagern und die chemischen Reaktionen beschleunigen, aus denen ein Stoffwechselsystem besteht. Zudem sind viele der zellulären Strukturmoleküle Proteine. Ein bekanntes Beispiel ist das in die roten Blutkörperchen eingelagerte Hämoglobin, das Sauerstoff bindet und von der Lunge zu den Geweben transportiert. Da Proteine allgegenwärtig sind, da sie zudem die Bausteine des Zellgerüsts und die Arbeitspferde auf den Stoffwechselbahnen sind, war es nicht abwegig, anzunehmen, daß diese komplexen Polymere aus Aminosäuren auch die Träger der genetischen Information sind.

Eine andere Lehrmeinung, die auf Mendel zurückging, betrachtete dagegen die in allen Zellen vorhandenen Chromosomen als Träger der genetischen Information. Die meisten Leser werden sich an die wunderbaren genetischen Experimente erinnern, die Gregor Mendel in den siebziger Jahren des 19. Jahrhunderts an Gartenwicken durchführte. Damals war der Atomismus die herrschende naturwissenschaftliche Anschauung, da die aufstrebende Wissenschaft der Chemie gewichtige Gründe für die Annahme gefunden hatte, daß die molekularen Endprodukte chemischer Reaktionen immer aus einfachen, ganzzahligen Verhältnissen ihrer atomaren Bausteine bestehen: So besteht etwa ein Wassermolekül ($H_2O$) aus zwei (niemals aus zweieinhalb) Wasserstoff- und einem Sauerstoffmolekül.

Wenn Atome die Grundlage der Chemie bilden, könnte es dann nicht auch Atome der Vererbung geben? Kinder gleichen ihren Eltern. Angenommen, dies sei auf Erbatome zurückzuführen, die teils von der Mutter, teils vom Vater stammen. Die Eltern haben nun ihrerseits Eltern und so fort über viele Generationen hinweg. Wenn alle Erbatome von jedem Elternteil an jeden Nachkommen weitergegeben würden, dann würde sich im Lauf der Zeit eine riesige Zahl dieser Atome ansammeln. Um dies zu vermeiden, dürfte jeder Nachkomme im Schnitt nur die Hälfte der Erbatome von jedem Elternteil erhalten. Nach der einfachsten Hypothese erhält jeder Nachkomme pro Merkmal genau ein Erbatom von jedem Elternteil. Die beiden Atome würden gemeinsam das jeweilige Merkmal – zum Beispiel »blaue Augen« oder »braune Augen« – determinieren und dann ihrerseits an die nächste Generation weitergeben.

Die Wiederentdeckung der Mendelschen Gesetze im Jahre 1902 (bei ihrer Erstformulierung waren sie völlig unbeachtet geblieben) gehört zu den bewegenden Geschichten der Biologie. Chromosomen, die ihren Namen ihrer leichten Färbbarkeit verdanken, durch die sie mikroskopisch sichtbar gemacht werden können, waren in den Kernen von Pflanzen- und Tierzellen nachgewiesen worden. Bei jeder Zellteilung (Mitose) teilt sich auch der Kern. Zunächst verdoppelt sich jedes Chromosom im Zellkern, dann wird eine Kopie an jeden Tochterkern und damit an jede Tochterzelle weitergegeben. Noch beeindruckender ist der zelluläre Prozeß, der Meiose genannt wird und durch den Samen- und Eizellen entstehen. Bei der Meiose ist die Anzahl der Chromosomen, die an die Samen- beziehungsweise Eizelle weitergegeben werden, genau halb so groß wie in den übrigen Körperzellen. Nur wenn eine Eizelle mit einer Samenzelle zu einer Zygote verschmilzt, ist wieder das vollständige Erbgut vorhanden. In jeder gewöhnlichen Körperzelle, die auch Somazelle genannt wird, liegen die Chromosomen paarweise vor; ein Chromosom stammt vom Vater, eines von der Mutter. Weitere Forschungen zeigten, daß bei der Bildung von Ei- beziehungsweise Samenzellen entweder das mütterliche oder das väterliche Chromosom jedes Paares zufällig ausgewählt und weitergegeben wird. Da die Mendelschen Gesetze fordern, daß jeder Elternteil eine zufällig ausgewählte Hälfte seiner genetischen Anweisungen an seine Nachkommen weitergibt, war die Hypothese der Chromosomen als Träger der genetischen Information eine beinahe zwingende Schlußfolgerung. Dank des Aufschwungs der experimentellen Genetik lagen bereits in den vierziger Jahren überwältigende Belege für die Richtigkeit dieser Annahme vor.

Nun bestehen die Chromosomen jedoch hauptsächlich aus einem

komplexen Polymer, das DNS (Desoxyribonukleinsäure) genannt wird. Daher sprach vieles dafür, daß auch die Gene – die neue Bezeichnung für die Erbatome – aus DNS bestehen. Ein berühmtes Experiment des Mikrobiologen Oswald Avery erbrachte Gewißheit. Avery brachte Bakterien dazu, DNS-Abschnitte anderer Bakterien in ihr Erbgut einzubauen. Die Empfängerbakterien zeigten daraufhin einige Merkmale der Spenderbakterien, und diese neuen Merkmale wurden konstant vererbt, wenn sich die Bakterien teilten. Die DNS konnte also vererbbare genetische Information tragen.

Jetzt ging es darum, herauszufinden, wie die DNS diese Information codiert. Die Geschichte der Doppelhelix mit ihren Komplementärsträngen ist allgemein bekannt. Die DNS, gefeiert als das Schlüsselmolekül des Lebens – eine Auffassung, die ich einerseits teile und andererseits völlig ablehne – erwies sich als eine Doppelhelix aus vier verschiedenen Nukleotidbausteinen, den Purinbasen Adenin (A), Guanin (G), Cytosin (C) und Thymin (T). Wie die meisten Leser wissen werden, liegt der entscheidende Kunstgriff in der spezifischen Basenpaarung: A verbindet sich ausschließlich mit T; C verbindet sich ausschließlich mit G. Die genetische Information ist in der Basensequenz des einen oder anderen Stranges der Doppelhelix enthalten. Basentripletts – AAA, GCA und so weiter – spezifizieren jeweils eine bestimmte Aminosäure. Daher kann die Zelle die Basensequenz in die spezifische Aminosäuresequenz eines bestimmten Proteins »übersetzen«.

Grenzt es nicht an ein Wunder, daß die Doppelhelixstruktur der DNS unmittelbar Aufschluß darüber gibt, wie sich das Molekül möglicherweise repliziert? Jeder Strang determiniert über die spezifische A-T- und C-G-Basenpaarung die Nukleotidsequenz des Komplementärstranges. Kennt man die Sequenz eines Stranges – nennen wir ihn »Watson« –, dann weiß man automatisch auch die Sequenz des anderen Stranges – nennen wir ihn »Crick«.

Wenn die DNS die Form einer Doppelhelix hat, in der jeder Strang das passende Gegenstück des anderen ist, und wenn die Basensequenz von Watson die Basensequenz von Crick spezifiziert und umgekehrt, dann könnte die DNS-Doppelhelix ein Molekül sein, das sich von selbst repliziert. Kurz, die DNS könnte das erste Molekül gewesen sein, dem die Eigenschaft »Leben« zukommt. Dasselbe Molekül, das gefeiert wird als Grundbaustein der heutigen Lebewesen und als Träger des genetischen Programms, anhand dessen die befruchtete Eizelle sich in einen vollentwickelten Organismus verwandelt, könnte am Morgen des Lebens das erste selbstreproduzierende Molekül gewesen sein. Es vermehrte sich und könnte schließlich zufällig auf das Rezept für die Synthese von Proteinen gestoßen sein, mit denen es sich umhüllte und die als Katalysatoren seine Reaktionen beschleunigten.

Diejenigen, die glaubten, das Leben habe mit Nukleinsäuren begonnen, sahen sich jedoch einer mit ihrer Annahme kaum vereinbarenden Tatsache gegenüber: reine DNS repliziert sich nicht von selbst. Dies geschieht vielmehr nur in Gegenwart eines komplexen Gemenges von Proteinenzymen. Experimente der Biochemiker Matthew Meselson und Franklin Stahl zeigten, daß die in den Chromosomen enthaltene DNS sich entsprechend ihrer Struktur repliziert. Watson spezifiziert einen neuen Crick; Crick spezifiziert einen neuen Watson. Doch dieser innerzelluläre »Reigen« wird von einer Vielzahl von Proteinenzymen vermittelt.

So mußte man nach einem neuen Kandidaten für das erste lebende Molekül Ausschau halten. Schon bald geriet ein anderes Polymer ins Blickfeld der Biologen. Die RNS (Ribonukleinsäure), die ganz ähnlich aufgebaut ist wie die DNS, ist für die zellulären Funktionsabläufe von zentraler Bedeutung. Wie die DNS ist auch die RNS ein Polymer aus vier verschiedenen Nukleotidbausteinen: A, C und G wie bei der DNS, aber Uracil (U) anstelle von Thymin. Die RNS kann als Einzel- oder Doppelstrang vorliegen. Wie die Stränge der DNS sind auch die der RNS-Doppelhelix komplementäre Matrizen. In der Zelle wird die Information für die Synthese eines Proteins von der DNS auf einen Strang der sogenannten Boten- oder Messenger-RNS (mRNS) kopiert und zu Ribosomen genannten Gebilden transportiert. Dort werden mit Hilfe einer weiteren Form der RNS, der sogenannten Überträger- oder Transfer-RNS (tRNS), die Proteine zusammengebaut.

Aufgrund der Matrizenkomplementarität der doppelsträngigen RNS glauben viele Wissenschaftler, daß sich die RNS möglicherweise ohne Hilfe von Proteinenzymen selbst replizieren könne. Danach wären sich selbst vermehrende RNS-Moleküle – »nackte

Gene«, wie sie manchmal genannt werden – die Urformen des Lebens gewesen. Leider sind alle Bemühungen, RNS-Stränge im Reagenzglas zur Selbstreplikation anzuregen, erfolglos geblieben. Doch die Idee, die dahinter steckt, ist einfach und schön: Man gebe in ein Becherglas eine spezifische einsträngige Sequenz – beispielsweise das Dekanukleotid CCCCCCCCCC – in hochkonzentrierter Lösung. Anschließend gebe man eine hochkonzentrierte Lösung freier G-Nukleotide bei. Nun sollte sich jedes G entsprechend der Watson-Crickschen Basenpaarungsregel an eines der C-Nukleotide des Dekanukleotids anlagern, so daß eine Kette aus zehn aneinandergrenzenden G-Monomeren entsteht. Nun müssen sich die zehn monomeren G-Nukleotide nur noch durch geeignete Bindungen untereinander zusammenschließen. Dann wäre, wie die Molekularbiologen sagen, ein poly-G-Dekamer entstanden. Die beiden Stränge, poly-G und poly-C, brauchten sich nun nur noch zu trennen, so daß sich an das ursprüngliche poly-C-Dekamer zehn weitere G-Monomere anlagern und ein weiteres poly-G-Dekamer bilden könnten. Um ein reproduktives System von Molekülen zu erhalten, müßten die neuentstandenen poly-G-Dekamere, GGGGGGGGGG, nun ihrerseits noch imstande sein, alle freien C-Monomere, die der Lösung beigemischt werden, so an sich zu binden, daß sie sich zu poly-C-Dekameren, CCCCCCCCCC, zusammenschließen. Wenn all dies geschähe, und zwar ohne Einwirkung von Enzymen, dann wäre solch eine doppelsträngige RNS-Kette tatsächlich ein nacktes, replizierendes RNS-Molekül. Ein solches Molekül wäre ein aussichtsreicher Kandidat für das erste lebende Molekül.

Die Annahme ist sehr verlockend. Doch das Experiment gelingt praktisch nie. Die Gründe des Mißlingens sind sehr aufschlußreich. Erstens besitzt jedes der vier Nukleotide seine spezifische chemische Eigenart, die das Experiment oftmals zum Scheitern verurteilt. So neigen einsträngige poly-G-Moleküle dazu, sich wie eine Haarnadel umzubiegen, so daß sich zwei G-Nukleotide miteinander paaren. Es entsteht ein knäuelartiges Gebilde, das sich nicht als Matrize für die Selbstreplikation eignet. Beginnt man mit einer Sequenz von C- und G-Monomeren, die mehr C als G aufweist, dann erhält man zwar mühelos einen Komplementärstrang. Doch dieses Komplement enthält notwendigerweise mehr G- als C-Monomere, so daß es dazu neigt, sich zu falten, und von selbst aus dem Spiel ausscheidet. Watson erzeugt Crick. Crick beugt sich über seinen Nabel und weigert sich zu spielen.

Selbst wenn der Kopiervorgang nicht durch Guaninknäuel zum Stillstand gebracht würde, könnten die nackten RNS-Moleküle einer sogenannten Fehlerkatastrophe unterliegen: Bei der Kopie eines Stranges wird die genetische Nachricht durch fehlerhaft angeordnete Basen – ein G an der Stelle eines C – verfälscht. In den Zellen werden diese Fehler durch »Korrekturenzyme«, die für originalgetreue Kopien sorgen, auf ein Minimum reduziert. Die wenigen Fehler, die durch das Netz schlüpfen, sind jene Mutationen, die als Schrittmacher der Evolution wirken; die meisten davon sind nachteilig, doch manche sorgen auch dafür, daß der betroffene Organismus eine geringfügig höhere Fitneß erwirbt. Doch ohne Enzyme, die Guaninknäuel, Kopier- und sonstige Fehler vermeiden, könnte die in der RNS codierte Botschaft rasch sinnlos werden. Und woher sollten in einer Welt reiner RNS die Enzyme kommen?

Einige der Wissenschaftler, die glauben, daß die RNS das erste lebende Molekül war, suchen nach Möglichkeiten, um dieses Problem zu umgehen. Vielleicht, so behaupten sie, habe es ein einfaches, selbstreplizierendes Vorläufermolekül der RNS gegeben, das nicht durch Guaninknäuel und andere Probleme behindert wurde. Bislang konnte diese Hypothese freilich nicht durch eindeutige experimentelle Befunde belegt werden. Sollte sie zutreffen, dann müßten wir auch eine Antwort auf die Frage finden, wie sich diese einfacheren Polymere in RNS und DNS umwandelten.

Wenn Enzyme für die Replikation unverzichtbar sind, dann müssen diejenigen, die glauben, daß die RNS das erste lebende Molekül war – und das ist die herrschende Meinung unter den Wissenschaftlern –, den Nachweis erbringen, daß die Nukleinsäuren selbst als Katalysatoren wirken können. Noch vor einem Jahrzehnt waren die meisten Biologen, Chemiker und Molekularbiologen der Ansicht, daß Enzyme die einzigen zellulären Biokatalysatoren seien und daß sowohl die DNS als auch die RNS weitgehend chemisch träge Informationsspeicher darstellten. Freilich hätte man in der Tatsache, daß eine bestimmte Form der RNS, die sogenannte Transfer-RNS, eine wesentliche, kaum als passiv bewertbare Rolle bei der »Übersetzung« des genetischen Codes in Proteine (Translation) spielt, einen versteckten Hinweis darauf sehen können, daß die RNS möglicherweise ein größeres dynamisches Potential besitzt. Zudem besteht das Ribosom, die molekulare »Übersetzungsmaschine« der Zelle, überwiegend aus RNS-Sequenzen und einigen Proteinen. Da diese Maschinen bei praktisch allen Lebewesen anzutreffen sind, dürften sie fast so alt sein wie das Leben auf der Erde selbst. Doch erst Mitte der achtziger Jahre unseres Jahrhunderts machten Thomas Cech und seine Mitarbeiter die erstaunliche Entdeckung, daß RNS-Moleküle selbst als Enzyme wirken und chemische Reaktionen katalysieren können. Derartige RNS-Sequenzen nennt man Ribozyme.

Beim Kopieren der in der DNS enthaltenen Information – den Anweisungen zur Herstellung eines Proteins – auf einen Strang der Boten-RNS wird eine gewisse Menge an Information ignoriert. Zellen verfügen demnach nicht nur über »Korrekturenzyme«, sondern auch über »Editierenzyme«. Der Teil der Sequenz, der die genetische Information enthält, die sogenannten Exons, muß von den nichtcodierenden Abschnitten, den Introns, getrennt werden. Das Herausschneiden der Introns aus der RNS und das Verknüpfen der Exons erfolgt mit Hilfe von Enzymen. Die Sequenz der nunmehr aneinandergrenzenden Exons wird weiterverarbeitet, aus dem Zellkern zu einem Ribosom transportiert und in ein Protein übersetzt. Cech stellte – zweifellos mit einem gewissen Erstaunen – fest, daß in manchen Fällen kein Proteinenzym für die Editierung erforderlich ist. Die RNS-Sequenz selbst wirkt als Enzym und schneidet ihre Introns selbst heraus. Dieser Befund verblüffte die Molekularbiologen. Mittlerweile hat man herausgefunden, daß es mehrere Arten dieser Ribozyme gibt und daß sie eine ganze Reihe von Reaktionen katalysieren können, indem sie auf sich selbst oder auf andere RNS-Sequenzen einwirken. So ist man zum Beispiel heute in der Lage, ein C-Nukleotid vom Ende einer Sequenz ans Ende einer anderen zu verlagern: (CCCC) + (CCCC) ergibt (CCC) + (CCCCC).

Ohne Proteinenzyme erweisen sich RNS-Moleküle als recht ungeschickt bei ihrer Selbstreproduktion. Doch vielleicht könnte ein RNS-Ribozym als Enzym wirken und die Vermehrung von RNS-Molekülen katalysieren. Und vielleicht könnte ein solches Enzym sogar auf sich selbst einwirken und seine eigene Reproduktion beschleunigen. In beiden Fällen würde ein selbstreproduzierendes Molekül beziehungsweise Molekularsystem vorliegen. Das Leben wäre im Entstehen begriffen.

Verdeutlichen wir uns noch einmal, was dieses Ribozym leisten muß. Die Sequenz der Nukleotidbasen ist der Träger der genetischen Information. Daher enthält CCC eine andere Information als UAG. Wenn die Basensequenz eines RNS-Stranges UAGGCCUAAU-UGA lautet, dann sollte sein Komplementärstrang die Sequenz AUCCGGAUUAACU aufweisen. Bei der Anlagerung neuer Nukleotidbausteine muß in jedem einzelnen Fall unter den vier möglichen Nukleotiden das richtige ausgewählt und die passende Bindung hergestellt werden. Die Proteinenzyme, die diese subtile Unterscheidung vornehmen, werden Polymerasen genannt. RNS- und DNS-Polymerasen sind für die Synthese von RNS- und DNS-Sequenzen in der Zelle absolut unverzichtbar. Es dürfte jedoch recht schwierig sein, eine RNS-Sequenz aufzuspüren, die diese Polymerasefunktion übernimmt. Dennoch ist eine solche Ribozympolymerase durchaus möglich und könnte am Morgen des Lebens auf der Erde existiert haben.

Vielleicht aber auch nicht! Schließlich sieht sich die Ribozympolymerase-Hypothese einem weiteren Einwand ausgesetzt. Angenommen, ein solches Molekül sei tatsächlich entstanden. Hätte es einer mutationsbedingten Zerstörung widerstehen können? Hätte es eine Entwicklung durchlaufen können? Beide Fragen dürften zu verneinen sein. Das Problem liegt in einer Form der Fehlerkatastrophe, die erstmals von dem Chemiker Leslie Orgel im Zusammenhang mit dem genetischen Code beschrieben wurde. Stellen wir uns ein Ribozym vor, das als Polymerase wirken und jedes beliebige RNS-Molekül einschließlich sich selbst kopieren kann. Dieses Ribozym würde in einem Gemenge aus Nukleotiden ein nacktes, replizierendes Gen darstellen. Doch ein Enzym beschleunigt lediglich genau eine Reaktion unter den möglichen alternativen Nebenreaktionen, die ebenfalls stattfinden könnten. Fehler sind dabei unvermeidlich. Das selbstreproduzierende Ribozym würde zwangsläufig Mutanten erzeugen. Doch diese mutierten Ribozymvarianten wären wahrscheinlich weniger effizient als das normale Standardribozym und würden daher wahrscheinlich häufiger Fehler machen. Die Kopien, die diese unzuverlässigeren Ribozyme bei ihrer Reproduktion hervorbringen, würden sogar noch mehr Mutationen aufweisen als die des Standardribozyms. Noch gravierender aber wäre die Tatsache, daß die nachlässigeren Ribozymmutanten die Reproduktion des Standardribozyms katalysieren könnten und so weitere Mutanten hervorbringen würden. Über mehrere Zyklen hinweg könnte das System ein unkontrolliert anwachsendes Spektrum von Mutanten erzeugen. In diesem Fall könnte das ursprüngliche Ribozym mit seiner Fähigkeit, sich selbst und andere Ribozyme originalgetreu zu kopieren, in einer Flut nachlässiger Katalysen verschwinden, die ein System katalytisch träger RNS-Sequenzen hervorbringen. Das Leben wäre in einer außer Kontrolle geratenen Fehlerkatastrophe zugrunde gegangen. Mir ist keine eingehende Analyse dieses spezifischen Problems bekannt, doch die Möglichkeit, daß ein solches selbstreproduzierendes Ribozym von einer Fehlerkatastrophe heimgesucht wird, sollte meines Erachtens ernsthaft untersucht werden, und sie gebietet eine gewisse Vorsicht gegenüber einer ansonsten sehr reizvollen Hypothese.

Der meiner Ansicht nach gewichtigste Einwand gegen die Hypothese, daß das Leben mit nackten, replizierenden RNS-Molekülen begann, ist zugleich der am seltensten vorgebrachte: Alle Lebewesen weisen offenbar eine gewisse Mindestkomplexität auf, die nicht unterschritten werden kann. Die einfachsten freilebenden Zellen, sehr primitive Bakterien, die den Namen »Pleuromona« tragen, besitzen bereits eine Zellmembran, Gene, RNS, Partikel zur Proteinsynthese, Proteine, kurz: die vollständige Standardausrüstung. Die Schätzungen über die Anzahl der Gene von Pleuromona schwanken zwischen ein paar hundert und über tausend, verglichen mit den geschätzten 3000 von *Escherichia coli,* einem im menschlichen Darm vorkommenden Bakterium. Pleuromona ist das einfachste Lebewesen, das wir kennen. Dies sollte Ihre Neugier anstacheln. Viren, die sehr viel einfacher gebaut sind als Pleuromona, sind nicht freilebend, sondern Parasiten, die in Zellen eindringen, den zellulären Stoffwechselapparat für ihre eigene Vermehrung zweckentfremden, die Wirtszelle verlassen und andere Zellen unterwandern. Sämtliche freilebenden Zellen weisen mindestens die molekulare Diversität von Pleuromona auf. Weshalb ist diese Mindestkomplexität erforderlich? Weshalb ist ein System, das einfacher gebaut ist als Pleuromona, nicht lebensfähig?

Die beste Antwort, die die Verfechter einer RNS-Welt geben können, ist eine evolutionäre »So-ist's-nun-mal«-Geschichte, in Anlehnung an Rudyard Kipling und seine phantastischen Märchen über die Entstehung verschiedener Tiere. Während meines Medizinstudiums lernte ich, daß ein mit winzigen Hohlräumen versehener, spongiöser Knochen, der »Siebbein« genannt wird, die Verbindung zwischen Nase und Stirn bildet. Die evolutionäre Begründung für diesen Knochen lautete: Er sei leicht, stabil und gut an seine Funktion angepaßt. Würde das Siebbein aus einem dicken, knorrigen Knochen mit einer hornförmigen Ausbuchtung bestehen, die meine Nase wie eine Markise überwölbte, dann hätte unser Professor zweifellos auch für diesen festen Höcker, der sich vorzüglich dafür eignen würde, mit dem Kopf gegen die Wand zu schlagen, einen praktischen Nutzen gefunden. Die Evolution steckt voller derartiger »Erklärungen« nach dem Motto »Für irgend etwas muß es gut sein«, voller plausibler Szenarien, die nicht bewiesen werden können, netter Geschichten, die man wissenschaftlich aber nicht ernst nehmen sollte.

Wie würde Kipling (beziehungsweise, was dies betrifft, die meisten Evolutionsbiologen) erklären, weshalb einfache RNS-Replikatoren eine Welt hervorbrachten, in der das Leben offenbar nur oberhalb einer gewissen Komplexitätsschwelle existiert? Weil, würde er antworten, die ersten lebenden Moleküle sich unter Einwirkung von Mutation und natürlicher Selektion die »Kleidungsstücke« des Stoffwechsels, die Zellmembran und andere Strukturen, webten. Schließlich entwickelten sie sich zu den Zellen in ihrer heutigen Gestalt. Voll bekleidet, weist die rezente »Minimalzelle« zufälligerweise die Mindestkomplexität auf. Doch diese Erklärung ist nicht sonderlich tiefgründig. Es ist eine plausible, aber keineswegs zwingende Theorie, das heißt, die tatsächliche Entwicklung hätte auch ganz anders verlaufen können. Wenn die Kette der Zufallsereignisse, der wir unsere Entstehung verdanken, einen anderen Verlauf genommen hätte, dann würden wir vielleicht wirklich eine hornartige Ausbuchtung auf der Stirn tragen. Wenn die Evolution der RNS-Moleküle einen anderen Pfad eingeschlagen hätte, dann würde die Komplexitätsschwelle möglicherweise irgendwo anders liegen: vielleicht könnten sich dann einfachere Gebilde als Pleuromona selbst erhalten. Oder, umgekehrt, die einfachsten möglichen Lebensformen wären die Weichtiere.

Kurz, die nackte RNS oder die nackte Ribozympolymerase liefert keine tiefgreifende Erklärung für die beobachtete Mindestkomplexität aller freilebenden Zellen. Ein Vorzug der Theorie über den Ursprung des Lebens, die ich in Kapitel 3 beschreiben werde, ist meiner Ansicht nach, daß sie erklärt, weshalb die Materie ein gewisses Komplexitätsniveau erreichen mußte, bevor Leben entstehen konnte. Diese Schwelle ist meines Erachtens nicht das Produkt von zufallsbedingter Variation und Selektion, sondern ein dem Leben selbst innewohnendes Erfordernis.

## Die Kristallisation des Lebens

Eigentlich sollte es uns nicht geben. Das Leben kann nicht entstanden sein. Da Ihre bloße Existenz einer direkten Widerlegung des Arguments gleichkommt, das ich Ihnen gleich vorstellen werde, sollten Sie schon aus intellektueller Höflichkeit das Buch nicht zuklappen, sondern noch einmal in aller Ruhe über dieses Problem nachdenken. Das Argument, das ich Ihnen nun darlegen werde, wurde von sehr fähigen Wissenschaftlern vertreten. Es scheitert meiner Meinung nach deshalb, weil es die tiefgreifende Kraft der Selbstorganisation in komplexen Systemen nicht erklären kann. Ich werde mich bemühen, Ihnen zu zeigen, daß die Emergenz des Lebens aufgrund dieser Selbstorganisation vielleicht geradezu unvermeidlich war.

Wir beginnen mit einem Argument, das der Nobelpreisträger George Wald 1954 in einem Artikel im *Scientific American* darlegte und das die Entstehung des Lebens auf der Erde plausibel erklären sollte. Wald fragt sich, wie es möglich gewesen sei, daß sich eine bestimmte Menge von Molekülen in genau der richtigen Weise zusammenschloß, um eine lebende Zelle zu bilden. Man brauche sich nur die Größe dieser Aufgabe vor Augen zu führen, um einzusehen, daß die Urzeugung eines Lebewesens unmöglich sei. Und doch gebe es uns. Wald argumentiert weiter, daß bei sehr vielen Versuchen das unvorstellbar Unwahrscheinliche praktisch zu einem sicheren Ereignis werde. Die Zeit sei in der Tat der Held des Dramas: Der Zeitrahmen, um den es gehe, erstrecke sich über zwei Milliarden Jahre. (Wald schrieb den Artikel im Jahre 1954; heute gehen wir von vier Milliarden Jahren aus.) Wenn soviel Zeit zur Verfügung stehe, werde das Unmögliche möglich, das Mögliche wahrscheinlich und das Wahrscheinliche praktisch sicher. Man brauche nur abzuwarten; die Zeit selbst vollbringe die Wunder.

Doch schon bald meldeten sich namhafte Kritiker mit dem Einwand zu Wort, daß selbst zwei oder vier Milliarden Jahre bei weitem nicht ausreichten, um rein durch Zufall das Leben hervorzubringen. Robert Shapiro errechnete in seinem Buch *Schöpfung und Zufall*, daß es im Verlauf der Geschichte der Erde etwa $2{,}5 \times 10^{51}$ Versuche gegeben haben könnte, das Leben per Zufall zu erschaffen. Das sind höllisch viele Versuche! Doch sind es genügend? Dafür müßten wir die Erfolgswahrscheinlichkeit je Versuch kennen.

Shapiro versuchte außerdem, die Wahrscheinlichkeit zu berechnen, daß ein Lebewesen wie *E. coli* durch Zufall entsteht. Er geht von einem Argument aus, das von zwei Astronomen, Sir Fred Hoyle und N.C. Wickramasinghe, formuliert wurde. Statt die Wahrscheinlichkeit der Entstehung eines vollständigen Bakteriums abzuschätzen, versuchten sie, die Wahrscheinlichkeit der Entstehung eines funktionstüchtigen Enzyms zu berechnen. Sie gehen aus von dem Satz von 20 Aminosäuren, aus denen Enzyme aufgebaut werden. Wie hoch wäre die Wahrscheinlichkeit, ein wirksames Enzym aus 200 Aminosäuren zu erhalten, wenn die Aminosäuren zufällig ausgewählt und in zufälliger Reihenfolge angeordnet würden? Die Antwort erhält man, indem man die Wahrscheinlichkeit jeder richtigen Aminosäure in der Sequenz, 1 zu 20, 200mal multipliziert; die Wahrscheinlichkeit ist dann 1 zu $20^{200}$, also extrem niedrig. Da jedoch mehr als eine Aminosäuresequenz als Katalysator einer bestimmten Reaktion fungieren könnte, gestehen die Autoren eine Wahrscheinlichkeit von 1 zu $10^{20}$ zu. Doch nun kommt der »Gnadenstoß«: Damit sich ein Bakterium verdoppeln kann, reicht ein Enzym allein nicht aus. Vielmehr sind etwa 2000 funktionstüchtige Enzyme erforderlich. Die Wahrscheinlichkeit hierfür beträgt 1 zu $10^{20 \times 2000}$, also 1 zu $10^{40\,000}$. Solche Exponentialzahlen lassen sich leicht ausdrücken, sind aber nur schwer vorstellbar. Die Gesamtzahl der Wasserstoffatome im Universum beträgt etwa $10^{60}$. $10^{40\,000}$ ist also eine hyperastronomische Zahl, die jegliches Vorstellungsvermögen übersteigt. Und 1 zu $10^{40\,000}$ ist unvorstellbar unwahrscheinlich. Wenn sich die Gesamtzahl der

Versuche, Leben hervorzubringen, lediglich auf $10^{51}$ beläuft und die Wahrscheinlichkeit 1 zu $10^{40\,000}$ beträgt, dann hätte das Leben nicht entstehen können. Wie glücklich, wie überglücklich können wir uns schätzen, daß wir trotz dieser Unmöglichkeit auf der Erde leben. Hoyle und Wickramasinghe verwarfen die Hypothese der Urzeugung: Die Wahrscheinlichkeit dieses Ereignisses ist vergleichbar mit der Wahrscheinlichkeit, daß ein Tornado, der über einen Schrottplatz hinwegfegt, aus dem dort gelagerten Altmaterial eine Boeing 747 zusammenbaut.

Da Sie dieses Buch lesen und da ich es geschrieben habe, kann an diesem Argument in der Tat etwas nicht stimmen. Das Problem besteht meines Erachtens darin, daß Hoyle, Wickramasinghe und viele andere die Kraft der Selbstorganisation verkannten. Damit eine spezifische Folge von Reaktionen stattfindet, ist es nicht erforderlich, daß zuvor eine spezifische Menge von Enzymen nacheinander synthetisiert wird. Wie wir in Kapitel 3 sehen werden, gibt es zwingende Gründe für die Annahme, daß sich immer dann, wenn ein Gemenge aus Chemikalien eine hinreichende molekulare Diversität aufweist, ein Stoffwechselsystem herauskristallisiert. Wenn diese Annahme zutrifft, dann müssen Stoffwechselnetzwerke sich nicht sukzessive aus ihren Komponenten aufbauen, sondern können vollentwickelt aus der Ursuppe entstehen. Das nenne ich »Ordnung zum Nulltarif«. Wenn ich recht habe, dann sind wir nicht die Kinder des Zufalls, sondern der Notwendigkeit.

## 3  KINDER DER NOTWENDIGKEIT

An welchem fernen Tag betrat die Urform des Lebens, in der schon alles Künftige angelegt war, die Bühne der Erde? Vom ersten Zyklus metabolischer Zauberkraft bis zu Ihnen und mir dauerte es vier Milliarden Jahre. Reiner Zufall? Das Leben ein extrem unwahrscheinliches Ereignis, das selbst in einem Zeitraum, der mehrere Milliarden mal das Alter des Universums umfaßt, nicht eintreten könnte? Reine Sinnlosigkeit unserer nicht erklärbaren Existenz?

Ist das Leben tatsächlich der unvorstellbar unwahrscheinliche Zufall, wie es nach den Berechnungen von Fred Hoyle und N. C. Wickramasinghe den Anschein hat? Ist die Zeit der ausschlaggebende Faktor, wie George Wald behauptete? Dem widerspricht freilich, daß nach heutigem Erkenntnisstand lediglich etwa 100 Millionen Jahre – und nicht die zwei Milliarden Jahre, auf die sich Wald berief – zwischen der Abkühlung der Erdkruste und den ersten, eindeutig belegten Spuren zellulären Lebens liegen. Walds Geschichte und erst recht die von Hoyle und Wickramasinghe scheitern daran, daß nicht genügend Zeit dafür zur Verfügung stand. Wenn die Entstehung des Lebens auf der Erde extrem unwahrscheinlich ist, dann sind wir unerklärliche Rätsel, unbehaust in der endlosen Wüste von Raum und Zeit. Ist diese Sichtweise dagegen falsch und gibt es Grund zu der Annahme, daß die Entstehung des Lebens ein wahrscheinliches Ereignis ist, dann sind wir keine unerklärlichen Wesen in einem expandierenden Kosmos sondern natürliche Teile davon.

Die meisten meiner Kollegen glauben, daß die ersten Lebensformen einfach waren und dann immer komplexer wurden. Sie gehen davon aus, daß sich nackte RNS-Moleküle immer wieder replizierten und schließlich zufällig das komplizierte chemische Räderwerk zusammensetzten, das wir in lebenden Zellen finden. Die meisten meiner Kollegen glauben überdies, daß die molekulare Logik der Matrizenreplikation – die A-T/G-C-»Watson-Crick«-Paarung, die ich in Kapitel 2 beschrieben habe – eine unabdingbare Voraussetzung des Lebens darstellt. Ich vertrete einen häretischen Standpunkt: Das Leben ist nicht an die magische Kraft der Matrizenreplikation gefesselt, sondern basiert auf einer tieferen Logik. Ich hoffe, Sie davon zu überzeugen, daß das Leben eine inhärente Eigenschaft komplexer chemischer Systeme ist und daß, sobald die Anzahl verschiedener Molekülarten in einer chemischen »Suppe« eine gewisse Schwelle überschreitet, plötzlich ein sich selbst erhaltendes Netzwerk von Reaktionen – ein autokatalytischer Metabolismus – auftritt. Meiner Ansicht nach war das Leben bereits bei seiner Entstehung komplex und ganzheitlich und blieb dies bis heute – nicht aufgrund eines rätselhaften *élan vital,* sondern dank der einfachen, tiefgreifenden Umwandlung unbelebter Moleküle in ein System, in dem die Bildung jedes Moleküls durch ein anderes Molekül des Systems katalysiert wird. Das Geheimnis des Lebens, die Urquelle der Vermehrung, liegt nicht in der eleganten »Watson-Crick«-Basenpaarung, sondern in der Erreichung kollektiv-katalytischer Abgeschlossenheit. Die Wurzeln des Lebens reichen tiefer hinab als bis zur Ebene der Doppelhelix und fußen auf den Gesetzen der Chemie selbst. Das – komplexe, ganzheitliche, emergente – Leben ist somit im Grunde doch einfach, eine zwangsläufige Folge der Welt, in der wir leben.

Die Behauptung, daß das Leben als ein natürlicher Phasenübergang in komplexen chemischen Systemen auftritt, bedeutet eine so radikale Abkehr von allen früheren Theorien, daß ich Ihnen die Vorbehalte nicht verschweigen möchte. Ist dieses Erklärungsmodell zumindest theoretisch kohärent? Steht es in Einklang mit den Gesetzen der Physik und der Chemie? Können wir es durch empirische Beweise untermauern? Wissen wir, ob die Entstehung des Lebens wirklich so abgelaufen ist, wie ich es darstellen werde? Immerhin können wir schon jetzt sagen, daß solide, gründliche theoretische Arbeiten das von mir vorgeschlagene Erklärungsmodell nachhaltig untermauern. Diese Arbeiten scheinen mit unserem Wissen über komplexe chemische Systeme konsistent zu sein. Auch wenn dieses Modell bislang kaum durch experimentelle Befunde verifiziert wurde, so eröffnet die atemberaubende Entwicklung der Molekularbiologie doch die Möglichkeit, diese selbstreproduzierenden Molekülsysteme synthetisch herzustellen, also »künstliches Leben« zu erschaffen. Ich bin überzeugt, daß dies binnen ein bis zwei Jahrzehnten verwirklicht werden wird.

## Die Netzwerke des Lebens

Wie schon in Kapitel 2 erwähnt, konzentrieren die meisten Wissenschaftler ihre Aufmerksamkeit auf die Fähigkeit der RNS beziehungsweise RNS-ähnlicher Polymere, sich durch Matrizenreplikation selbst zu vermehren. Diese Konzentration ist verständlich. Jeder, der sich die wohlgeformte Struktur der DNS- beziehungsweise RNS-Doppelhelix vor Augen führt und die von Watson und Crick formulierten Regeln der Basenpaarung nachvollzieht, wird von der Schönheit der scheinbaren »Wahl« der Natur beeindruckt sein. Die Tatsache, daß es Leslie Orgel und seinen Mitarbeitern bislang nicht gelungen ist, solche Polymere ohne Beifügung von Enzymen zur Replikation anzuregen, bedeutet nicht, daß diese Bemühungen grundsätzlich zum Scheitern verurteilt sind. Orgel arbeitet seit etwa 25 Jahren daran; die Natur hingegen brauchte etwa 100 Millionen Jahre. Orgel ist sehr intelligent, doch 100 Millionen Jahre sind, verglichen mit dem Dreijahreshaushalt der National Institutes of Health, ein hinreichend langer Zeitraum, um sehr viele Möglichkeiten auszuprobieren. Versuchen wir es anders. Angenommen, die Gesetze der Chemie wären etwas anders, als sie tatsächlich sind, so daß etwa Stickstoff vier statt fünf Valenzelektronen hätte und daher nur vier statt fünf Bindungspartner besitzen könnte. Wir ignorieren die Unstimmigkeiten, die dadurch in die Quantenmechanik geraten würden – manchmal kann man sich gut aus der Affäre ziehen, indem man, philosophisch argumentierend, die Quantenmechanik einfach ausblendet. Wäre das auf der Chemie basierende Leben unmöglich, wenn die Gesetze der Chemie ein bißchen anders aussähen, so daß die schöne Doppelhelixstruktur von DNS und RNS nicht mehr möglich wäre? Ich scheue mich anzunehmen, daß wir so viel Glück hatten. Ich hoffe, wir können eine Basis für das Leben finden, die tiefer liegt als die Matrizenkomplementarität.

Der Schlüssel liegt meines Erachtens in dem, was die Chemiker Katalyse nennen. Viele chemische Reaktionen laufen nur sehr langsam ab. In einem langen Zeitintervall werden sich ein paar A-Moleküle möglicherweise mit ein paar B-Molekülen zu C-Molekülen zusammenschließen. Dagegen kommt die Reaktion bei Anwesenheit eines Katalysators, eines anderen Moleküls, das wir D nennen wollen, richtig in Schwung und läuft sehr viel schneller ab. Gewöhnlich wird die Wirkungsweise eines Biokatalysators mit der »Schlüssel-Schloß-Metapher« veranschaulicht: A und B passen genau in die Ausbuchtungen an der Oberfläche von D, und zwar so, daß die Wahrscheinlichkeit der Synthese von C stark erhöht wird. Wie wir sehen werden, stellt dies eine grobe Vereinfachung der tatsächlichen Vorgänge dar, doch es genügt vorläufig, um den springenden Punkt verständlich zu machen. Während D als Katalysator die Synthese von C aus A und B vermittelt, wirken die Moleküle A, B und C ihrerseits möglicherweise als Katalysatoren anderer Reaktionen.

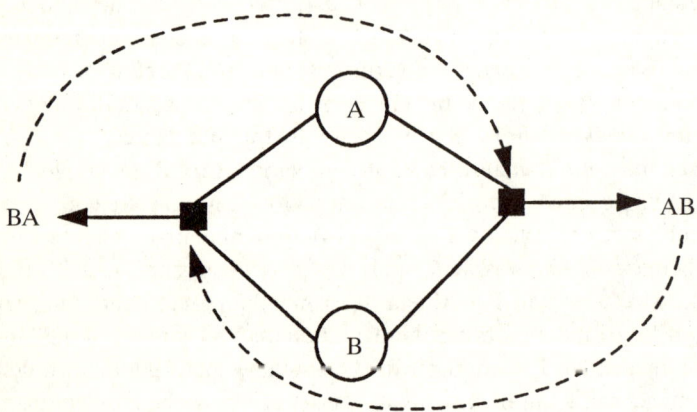

**Abbildung 3.1:** *Ein einfaches autokatalytisches System. Zwei Dimer-Moleküle, AB und BA, werden aus zwei einfachen Monomeren, A und B, gebildet. Da AB und BA genau die Reaktionen katalysieren, die die As und Bs zu Dimeren verbindet, ist das Netzwerk autokatalytisch: Es erhält sich selbst, sofern »Nährstoff«-Moleküle zugeführt werden.*

Ein lebender Organismus ist im Grunde ein System von Chemikalien, das in der Lage ist, seine eigene Reproduktion zu katalysieren. Katalysatoren, wie etwa Enzyme, beschleunigen chemische Reaktionen, die ohne sie gar nicht oder nur sehr langsam ablaufen würden. Ein kollektiv-autokatalytisches System ist ein Molekulargefüge, in dem die Moleküle dieselben Reaktionen beschleunigen, die sie selbst hervorbringen: A erzeugt B, B erzeugt C, C erzeugt wiederum A. Stellen wir uns nun ein ganzes Netzwerk dieser sich selbst antreibenden Rückkopplungsschleifen (Abb. 3.1) vor. Wenn dem Netzwerk fortwährend Nährstoffmoleküle zugeführt werden, kann es sich ständig selbst erneuern. Wie die Stoffwechselnetzwerke, die in jeder lebenden Zelle vorkommen, weist auch dieses Netzwerk die Eigenschaft »Leben« auf. Mir geht es darum, zu zeigen, daß die Wahrscheinlichkeit, daß aus einem Gemenge von Molekülen ein autokatalytisches System – ein sich selbst erhaltender und selbstreproduzierender Metabolismus – entsteht, fast zur Gewißheit wird, sobald eine bestimmte Diversitätsschwelle überschritten ist. Wenn dies zutrifft, dann ist die Emergenz des Lebens möglicherweise sehr viel wahrscheinlicher gewesen, als wir bislang annahmen.

Ich stelle eine einfache, aber radikal neue Theorie des Lebens vor. Meiner Ansicht nach ist die Entstehung des Lebens nicht an die magische Kraft der Watson-Crickschen Basenpaarung oder einen anderen spezifischen Mechanismus der Matrizenreplikation gebunden. Der Ursprung des Lebens besteht vielmehr in der *katalytischen Abgeschlossenheit*, die ein Gemenge von Molekülarten erzielt. Jede Molekülart für sich genommen ist tot. Doch sobald sich das kollektive System der Moleküle katalytisch abgeschlossen hat, ist es lebendig.

Alle Zellen unseres Körpers, alle freilebenden Zellen sind kollektiv autokatalytisch. In freilebenden Organismen replizieren sich DNS-Moleküle niemals allein aus freier Kraft. Vielmehr repliziert sich die DNS in Zellen nur innerhalb eines komplexen, kollektivautokatalytischen Netzwerks aus Reaktionen und Enzymen. Auch RNS-Moleküle replizieren sich nicht von selbst. Die Zelle bildet eine Einheit, deren Ursprünge rätselhaft sein mögen, die aber als solche nichts Rätselhaftes an sich hat. Abgesehen von den »Nährstoffmolekülen«, werden alle Molekülarten, aus denen eine Zelle besteht, durch katalytische Reaktionen erzeugt, und die Katalyse selbst wird von Katalysatoren ausgeführt, die die Zelle produziert. Um den Ursprung des Lebens aufzuklären, müssen wir, behaupte ich, die Bedingungen verstehen, unter denen erstmals derartige autokatalytische Molekülsysteme aufgetreten sind.

Die Katalyse allein ist zwar eine notwendige, aber keine hinreichende Bedingung für Leben. Sämtliche lebenden Systeme »essen«, das heißt, sie nehmen Stoffe und Energie auf, um sich zu vermehren.

Dies bedeutet, daß sie offene thermodynamische Systeme sind, wie wir sie in Kapitel 1 beschrieben haben.

In sich geschlossene thermodynamische Systeme dagegen nehmen keine Stoffe oder Energie aus ihrer Umgebung auf. Wir wissen eine Menge über das Verhalten abgeschlossener thermodynamischer Systeme. Die Theoretiker der Thermodynamik und der statistischen Mechanik erforschen solche Systeme seit über hundert Jahren. Hingegen wissen wir bemerkenswert wenig über die möglichen Verhaltensweisen offener thermodynamischer Systeme. Diese Unkenntnis ist allerdings gar nicht so erstaunlich. Die Entfaltung des Lebens in der gewaltigen Fülle seiner Erscheinungsformen während der vergangenen 3,45 Milliarden Jahre liefert lediglich einen Anhaltspunkt für die möglichen Verhaltensweisen offener thermodynamischer Systeme. Das gleiche gilt für die Entstehung des Weltalls, denn das Universum, das seit dem Urknall stetig expandiert, hat galaktische und supragalaktische Strukturen in riesiger Zahl hervorgebracht. Diese Sternensysteme und die in den Sternen stattfindenden Kernreaktionen, die die Atome und Moleküle erzeugten, aus denen wiederum das Leben hervorging, sind offene Systeme, in denen Nichtgleichgewichtsprozesse ablaufen. Wir haben gerade erst begonnen, die gewaltigen schöpferischen Kräfte von Nichtgleichgewichtsprozessen im expandierenden Universum zu verstehen. Wir alle komplexe Atome, der Planet Jupiter, Spiralnebel, Warzenschwein und Frosch – sind das zwangsläufige Produkt dieser kreativen Kraft.

Da ich Sie davon überzeugen möchte, daß das Leben das natürliche Ergebnis der Wirkung von Katalysatoren in hinreichend komplexen chemischen Nichtgleichgewichtssystemen ist, möchte ich Ihnen zunächst kurz darlegen, was Katalysatoren bewirken und wie sich chemische Gleichgewichts- und Nichtgleichgewichtssysteme verhalten. Chemische Reaktionen laufen spontan ab, einige schnell, andere langsam. In der Regel sind chemische Reaktionen mehr oder minder umkehrbar: A wandelt sich um in B, und B wandelt sich um in A. Da diese Reaktionen umkehrbar sind, kann man sich leicht vorstellen, was in einer Lösung geschehen würde, in der eine bestimmte Anfangskonzentration von A-Molekülen, aber keine B-Moleküle enthalten wären und der keine Stoffe oder Energie von außen zugeführt würden. Die A-Moleküle würden sich in B-Moleküle umzuwandeln beginnen, doch zugleich würde die Rückumwandlung der neu entstandenen B-Moleküle in A-Moleküle einsetzen. Da die Lösung zunächst nur A-Moleküle enthält, würde sich die Konzentration von B-Molekülen so lange erhöhen, bis die Umsatzrate A zu B genau gleich der Umsatzrate B zu A wäre. Diesen ausgewogenen Zustand nennt man chemisches Gleichgewicht. Im chemischen Gleichgewicht bleiben zwar die Nettokonzentrationen von A und B im Zeitablauf gleich, doch jedes A-Molekül kann sich in B umwandeln und wieder zurück in A, und dies mehrere tausendmal pro Minute. Selbstverständlich handelt es sich hierbei um ein statistisches Gleichgewicht. Geringfügige Schwankungen in den Konzentrationen von A und B treten ständig auf.

Das chemische Gleichgewicht ist nicht auf Systeme aus zwei Molekülarten, A und B, beschränkt, sondern tritt in allen abgeschlossenen thermodynamischen Systemen auf. Wenn das System aus Hunderten verschiedener Molekülarten besteht, wird es sich schließlich auf einen Gleichgewichtszustand einpendeln, in dem sich die Hin- und Rückreaktionen zwischen jedem Molekülpaar die Waage halten.

Katalysatoren, zu denen auch die Proteinenzyme und Ribozyme zählen, können sowohl die Hin- als auch die Rückreaktion im selben Ausmaß beschleunigen, das Gleichgewicht von A und B als solches wird dabei jedoch nicht verändert; Enzyme erhöhen lediglich die Geschwindigkeit, mit der dieser Gleichgewichtszustand erreicht wird. Angenommen, das Verhältnis der Konzentrationen von A und B betrage im Gleichgewichtszustand 1, so daß die Konzentrationen gleich sind. Wenn sich das chemische System zu Beginn in einem gleichgewichtsfernen Zustand befindet – also zum Beispiel eine hohe Konzentration von B und praktisch kein A enthält –, dann bewirkt das Enzym eine beträchtliche Verkürzung der Zeit, die das System benötigt, um das Gleichgewichtsverhältnis zu erreichen, in dem die Konzentrationen der beiden Moleküle einander entsprechen. In diesem Fall erhöht das Enzym die Produktionsrate von A.

Wie läuft die Katalyse ab? Es gibt einen Zustand zwischen A und B, den man Übergangszustand nennt und in dem eine oder mehrere Bindungen zwischen den Atomen des Moleküls stark verspannt und verformt sind. Ein Molekül, das sich in diesem Übergangszustand befindet, ist instabil. Das Ausmaß der Instabilität läßt sich an der Energie des Moleküls ablesen. Eine niedrige Energie deutet auf unverformte Moleküle hin. Eine hohe Energie dagegen entspricht einem verspannten Molekül. Verdeutlichen wir uns dies an einer Sprungfeder: In der Länge, die ihrem Ruhezustand entspricht, ist sie stabil. Wird sie nun über ihre Ruhelänge hinaus gedehnt, dann speichert sie Energie – und wird damit instabil –, die sie dadurch freisetzen kann, daß sie in ihre Ruhelänge zurückschnellt, in der sie wieder eine niedrige Energie besitzt.

Erwartungsgemäß entspricht der Übergangszustand zwischen A und B genau dem Übergangszustand zwischen B und A. Wie man annimmt, besteht die Wirkungsweise der Enzyme darin, daß sie sich an den Übergangszustand binden und ihn stabilisieren. Dadurch erleichtern sie sowohl den A- als auch den B-Molekülen den Eintritt in den Übergangszustand, indem sie die Umsatzrate von A in B und B in A erhöhen. Folglich steigert ein Enzym die Geschwindigkeit, mit der sich die Konzentrationen von A und B dem Gleichgewichtsverhältnis nähern.

Wir sollten froh sein, daß sich unsere Zellen nicht im chemischen Gleichgewicht befinden; denn bei einem lebenden System ist der Gleichgewichtszustand gleichbedeutend mit seinem Tod. Lebende Systeme stellen vielmehr offene thermodynamische Systeme dar, die fortwährend aus dem chemischen Gleichgewicht geraten. Wie unsere fernen Vorfahren nehmen wir Nährstoffe auf und scheiden die unverwertbaren Reste aus. Energie und Materie fließen durch uns hindurch, wobei sie komplexe Moleküle aufbauen – die Jetons im Spiel des Lebens.

Offene Nichtgleichgewichtssysteme gehorchen ganz anderen Regeln als geschlossene Systeme. Betrachten wir ein einfaches Beispiel: In eine Lösung in einem Becherglas führen wir von außen in konstantem Verhältnis A-Moleküle zu und entfernen sämtliche B-Moleküle in einem Verhältnis, das proportional ist zur Konzentration von B. Wie zuvor wandeln sich die A-Moleküle in B-Moleküle und die B-Moleküle in A-Moleküle um, doch die beiden Molekülarten können, anders als zuvor, aufgrund der stetigen Zufuhr von A-Molekülen und der Entfernung der B-Moleküle niemals einen Gleichgewichtszustand erreichen. Der gesunde Menschenverstand sagt uns nun, daß das System in ein Fließgleichgewicht übergehen wird, in dem das Verhältnis von A- zu B-Molekülen einen höheren Wert annimmt als in dem oben beschriebenen geschlossenen System. Kurz, das Verhältnis von A zu B fällt aus dem thermodynamischen Gleichgewichtsverhältnis heraus. Die Ansicht des gesunden Menschenverstandes ist im allgemeinen richtig. In einfachen Fällen gehen solche Systeme, die in einem stofflichen und energetischen Austausch mit ihrer Umgebung stehen, in ein Fließgleichgewicht über, das sich von dem Gleichgewichtszustand in abgeschlossenen thermodynamischen Systemen unterscheidet.

Betrachten wir nun ein sehr viel komplexeres offenes System, die lebende Zelle. Die Zellen des menschlichen Körpers koordinieren beim Materie- und Energieaustausch mit ihrer Umgebung das Verhalten von etwa 100 000 Molekülarten. Selbst Bakterien koordinieren die Aktivitäten von Tausenden verschiedener Molekülarten. Es ist eine Illusion zu glauben, wir könnten die Zelle besser verstehen, wenn wir das Verhalten sehr einfacher offener thermodynamischer Systeme verstehen. Niemand weiß, wie sich die komplexen zellulären Netzwerke chemischer Reaktionen und ihre Katalysatoren verhalten und welche Gesetze möglicherweise ihrem Verhalten zugrunde liegen. Dieser unbeantworteten Frage werden wir uns im nächsten Kapitel zuwenden. Doch einfache offene thermodynamische Systeme sind immerhin ein Anfang und schon für sich betrachtet ein faszinierendes Phänomen. Selbst einfache chemische Nichtgleichgewichtssysteme können bemerkenswert komplexe Muster zeitlich und räumlich stark schwankender chemischer Konzentrationen erzeugen. Wie schon in Kapitel 1 erwähnt, nannte Ilya Prigogine diese Systeme dissipativ, weil sie beständig Materie und Energie umwandeln, um ihre Struktur zu erhalten.

Im Unterschied zum einfachen Fließgleichgewichtssystem im thermodynamisch offenen Becherglas gehen die Konzentrationen der Chemikalien in einem komplexeren dissipativen System nicht notwendigerweise in ein Fließgleichgewicht über, das in der Zeit konstant bleibt. Vielmehr können die Konzentrationen in wiederholten Zyklen, sogenannten Grenzzyklen, die sich über lange Zeitspannen erstrecken, nach oben und unten schwanken. Solche Systeme können auch bemerkenswerte räumliche Ordnungsmuster erzeugen. So bringt die berühmte Belousov-Zhabotinsky-Reaktion, an der nur wenige organische Moleküle beteiligt sind, zwei verschiedene räumliche Ordnungsmuster hervor. Das erste Ordnungsmuster besteht aus konzentrischen blauen Wellen, die sich von einem zentralen Schwingungsgenerator aus über einen orangefarbenen Untergrund randwärts ausbreiten. Die Blau- beziehungsweise Orangefärbung ist auf Indikatormoleküle zurückzuführen, die den Säure- beziehungsweise Basengehalt des Reaktionsgemisches an jedem Raumpunkt anzeigen. Das zweite Muster besteht aus blauen Spiralwellen, die sich im Zentrum überlappen (Abbildung 3.2). Solche Muster wurden von mehreren Wissenschaftlern erforscht. In dem hervorragenden Buch *When Time Breaks Down: The Three-Dimensional Dynamics of Electrochemical Waves and Cardiac Arrythmias* faßt mein Freund Arthur Winfree die wichtigsten Forschungsarbeiten zusammen. Die hier gewonnenen Erkenntnisse lassen sich unmittelbar zur Beschreibung der Funktionsweise des menschlichen Herzens heranziehen. Das Herz ist nämlich ein offenes System, und die Muster des Herzschlags lassen sich mit den Mustern der Belousov-Zhabotinsky-Reaktion vergleichen. Ein plötzlicher Tod aufgrund von Herzrhythmusstörungen entspricht dann einer »Umschaltung« des Herzmuskels vom Muster der konzentrischen Wellen (einem gleichmäßigen Herzschlag) auf das Muster von Spiralwellen. Die sich ausbreitende blaue Welle entspricht den chemischen Bedingungen in Muskelzellen, die diese zur Kontraktion veranlassen. Das konzentrische Ausbreitungsmuster der abstandsgleichen blauen Kreise entspricht dann den regelmäßigen Kontraktionswellen. Im Spiralmuster hingegen liegen die blauen Wellen in der Nähe des Mittelpunktes der Spirale sehr dicht beieinander, und ihr Abstand wird um so größer, je weiter sie vom Mittelpunkt entfernt sind. Dieses Muster entspricht dem chaotischen Zucken des Herzmuskels in der Nähe des Spiralmittelpunktes. Winfree hat gezeigt, daß geringfügige Störungen, wie etwa das Schütteln der Petrischale mit den chemischen Ausgangsstoffen für die Belousov-Zhabotinsky-Reaktion, dazu führen können, daß das System vom konzentrischen Muster ins Spiralmuster »umschaltet«. Winfree folgerte daraus, daß das Herz schon durch leichte Störungen dazu gebracht werden kann, von seinem normalen Schlagrhythmus auf einen chaotischen Rhythmus umzuschalten, was zum plötzlichen Tod durch Herzstillstand führt.

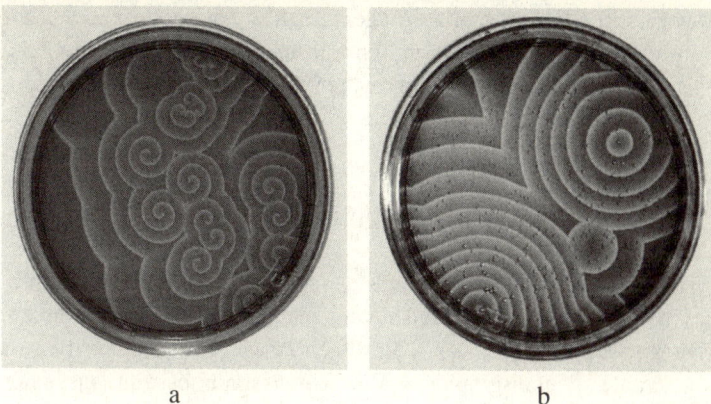

**Abbildung 3.2:** *Die Kraft der Selbstorganisation. Die berühmte Belousov-Zhabotinsky-Reaktion veranschaulicht, wie in einem einfachen chemischen System spontan Ordnung entstehen kann. (a) Konzentrische Wellen breiten sich randwärts aus. (b) Radial expandierende Spiralwellen interferieren im Zentrum.*

Das relativ einfache Verhalten chemischer Nichtgleichgewichtssysteme ist gut erforscht, und unsere diesbezüglichen Kenntnisse erlauben möglicherweise eine Reihe von Rückschlüssen auf biologische Phänomene. So können derartige Systeme beispielsweise ein stabiles Muster erzeugen, in dem Streifen hoher chemischer Konzentration mit Streifen niedriger chemischer Konzentration alternieren. Viele Biologen sind überzeugt, daß die natürlichen Muster, die solche Systeme hervorbringen, uns wichtige Aufschlüsse über die Musterbildung geben, die im Verlauf der Entwicklung von Pflanzen und Tieren zu beobachten ist. Die blauen und orangefarbenen Streifen, die bei der Belousov-Zhabotinsky-Reaktion auftreten, sagen möglicherweise die Streifen des Zebras, die streifenförmigen Muster auf Muschelschalen und andere morphologische Merkmale einfacher und komplexer Organismen voraus.

So faszinierend diese chemischen Muster auch sein mögen, so sind sie doch noch keine lebenden Systeme. Die Zelle ist nicht nur ein offenes chemisches, sondern auch ein kollektiv-autokatalytisches System. In Zellen entstehen nicht nur chemische Muster, sondern Zellen erhalten sich auch selbst als reproduktive Einheiten, die der

Darwinschen Evolution unterliegen. Kraft welcher Gesetze, welcher tiefgreifenden Prinzipien könnten auf der Urerde autokatalytische Systeme entstanden sein? Wir suchen, kurz gesagt, unseren Schöpfungsmythos.

## Ein chemischer Schöpfungsmythos

Wissenschaftler gewinnen oftmals dadurch Einsichten in ein komplexes System, daß sie als Modell ein einfacheres Problem durchdenken. Das Modellproblem, das ich Ihnen darlegen möchte, betrifft sogenannte »Zufallsgraphen«. Ein Zufallsgraph besteht aus einer Menge von Punkten beziehungsweise Knoten, die durch eine Menge von Linien beziehungsweise Kanten regellos miteinander verbunden sind. Abbildung 3.3 zeigt ein Beispiel. Um das Modellproblem anschaulicher zu machen, nennen wir die Punkte »Knöpfe« und die Linien »Fäden«. Stellen wir uns 10 000 Knöpfe vor, die über einen Parkettboden verstreut sind. Wir wählen zwei beliebige Knöpfe aus und verbinden sie mit einem Faden. Nun legen wir dieses Paar wieder hin und wählen aufs Geratewohl zwei weitere Knöpfe aus, die wir aufheben und mit einem Faden verbinden. Wenn wir damit fortfahren, werden wir zunächst mit hoher Wahrscheinlichkeit solche Knöpfe suchen, die wir zuvor noch nicht ausgewählt haben. Nach einiger Zeit jedoch nimmt die Wahrscheinlichkeit zu, daß wir wahllos Knopfpaare auswählen und feststellen, daß wir einen der beiden Knöpfe bereits zuvor ausgewählt haben. Wenn wir nun die zwei neu ausgewählten Knöpfe mit einem Faden verbinden, dann sehen wir, daß wir drei Knöpfe miteinander verbunden haben. Kurz, wenn wir damit fortfahren, zufällige Knopfpaare mit einem Faden zu verbinden, werden die Knöpfe nach einiger Zeit zu immer größeren Clustern verknüpft. Dieses Phänomen ist am Beispiel von 20 statt 10000 Knöpfen in Abbildung 3.3 gezeigt. Von Zeit zu Zeit heben wir einen Knopf auf und prüfen, wie viele weitere Knöpfe daran hängen. Den zusammenhängenden Cluster nennen wir eine Komponente in unserem Zufallsgraphen. Wie in Abbildung 3.3 zu sehen ist, sind manche Knöpfe vielleicht mit keinem anderen verbunden. Andere Knöpfe wiederum können zu Paaren, Dreiergruppen oder noch größeren Gruppen verbunden sein.

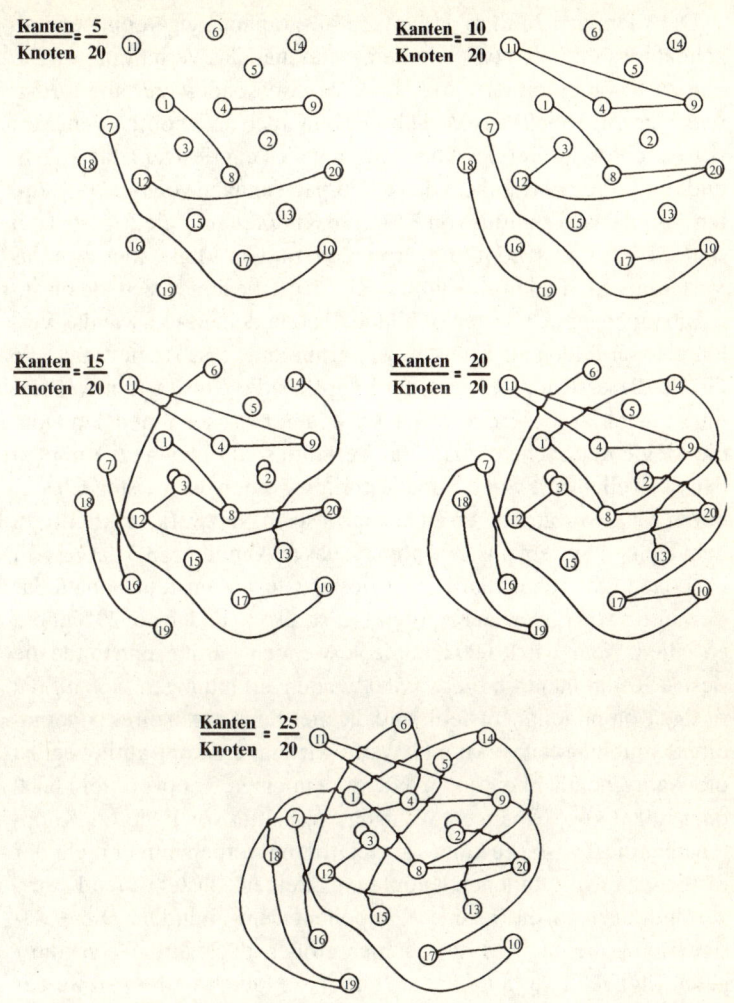

**Abbildung 3.3:** *Kristallisation von Netzwerken. Zwanzig »Knöpfe« (Knoten) werden willkürlich mit einer wachsenden Zahl von »Fäden« (Kanten) verbunden. Sobald das Verhältnis von Fäden zu Knöpfen den Schwellenwert von 0,5 überschreitet, werden bei einer hinreichend großen Zahl von Knöpfen die meisten Punkte zu einer riesigen Komponente verbunden. Sobald das Verhältnis den Schwellenwert von 1,0 überschreitet, beginnen geschlossene Bahnen aller möglichen Längen aufzutreten.*

Die wichtigen Merkmale von Zufallsgraphen zeigen ein sehr regelmäßiges statistisches Verhalten, wenn man das Verhältnis von Fäden zu Knöpfen ändert. So kommt es insbesondere zu einem *Phasenübergang,* sobald das Verhältnis von Fäden zu Knöpfen den Wert von 0,5 überschreitet. Jetzt entsteht plötzlich ein riesiger Cluster. Abbildung 3.3 veranschaulicht diesen Vorgang anhand von nur 20 Knöpfen. Wenn das Verhältnis von Fäden zu Knöpfen sehr niedrig ist, dann sind die meisten Knöpfe unverbunden; in dem Maße aber, wie das Verhältnis von Fäden zu Knöpfen anwächst, beginnen sich kleine zusammenhängende Cluster zu bilden. Und in dem Maße, wie das Verhältnis von Fäden zu Knöpfen weiterhin anwächst, nimmt auch die Größe dieser Knopf-Cluster zu. Je größer die Cluster nun werden, um so mehr Kreuzverbindungen entstehen zwischen ihnen. Und nun die Magie der Sache: Sobald das Verhältnis von Fäden zu Knöpfen den Schwellenwert von 0,5 überschreitet, werden die meisten Cluster durch Kreuzverbindungen zu einem riesigen Netzwerk verknüpft. In dem kleinen System aus 20 Knöpfen, das in Abbildung 3.3 dargestellt ist, können Sie sehen, daß dieser riesige Cluster entsteht, sobald das Verhältnis von Fäden zu Knöpfen 1:2 ist, also 10 Fäden auf 20 Knöpfe entfallen. Wenn wir 10 000 Knöpfe verwenden würden, entstünde die riesige Komponente bei etwa 5000 Fadenverbindungen. Sobald die riesige Komponente entsteht, sind die meisten Knoten direkt oder indirekt miteinander verknüpft. Wenn wir einen Knopf aufheben, ist die Wahrscheinlichkeit hoch, daß an dem einen Knopf weitere 8000 oder 10 000 Knöpfe hängen. Wenn das Verhältnis von Fäden zu Knöpfen über die 0,5-Marke hinaus ansteigt, dann werden immer mehr der restlichen unverbundenen Knöpfe und kleinen Cluster durch Kreuzverbindungen in die riesige Komponente eingebunden. Diese riesige Komponente wird also immer größer, doch ihre Wachstumsgeschwindigkeit verlangsamt sich in dem Maße, wie die Anzahl der verbleibenden unverbundenen Knöpfe und unverbundenen kleinen Komponenten abnimmt.

Die relativ plötzliche Änderung der Größe des größten zusammenhängenden Clusters von Knöpfen, die eintritt, sobald das Verhältnis von Fäden zu Knöpfen den Wert von 0,5 überschreitet, ist eine schematische Veranschaulichung des Phasenübergangs, der meiner Überzeugung nach zur Entstehung des Lebens führte. Abbildung 3.4

zeigt qualitativ, wie sich die Größe des größten Clusters aus 400 Knoten verändert, wenn das Verhältnis von Kanten zu Knoten ansteigt. Beachten Sie, daß es sich um eine S-förmige Kurve handelt. Die Größe des größten Knoten-Clusters nimmt mit wachsendem Quotienten von Kanten zu Knoten zunächst langsam, dann sehr schnell und schließlich wieder langsam zu. Die rasche Zunahme ist charakteristisch für einen Phasenübergang (Abbildung 3.4). In dem Beispiel in Abbildung 3.4, bei dem 400 Knöpfe verwendet wurden, steigt die S-Kurve steil an, sobald das Verhältnis von Kanten zu Knoten den Wert von 0,5 überschreitet. Die Steigung der Kurve am kritischen 0,5-Quotienten hängt von der Zahl der Knoten im System ab. Ist die Zahl der Knoten gering, dann ist der steilste Kurvenabschnitt »flach«; in dem Maße jedoch, wie die Zahl der Knoten im Modellsystem zunimmt – beispielsweise von 400 auf 100 Millionen –, wird der steilste Abschnitt der S-Kurve immer senkrechter. Wäre die Anzahl der

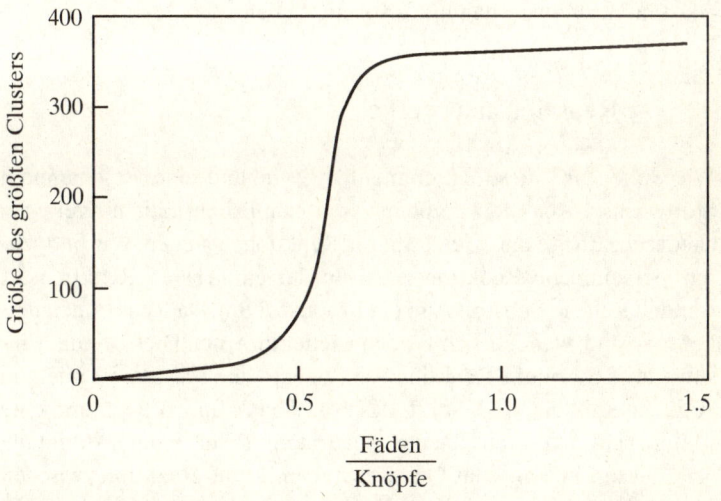

**Abbildung 3.4:** *Ein Phasenübergang. Sobald das Verhältnis von Fäden (Kanten) zu Knöpfen (Knoten) in einem Zufallsgraphen den Wert von 0,5 überschreitet, nimmt die Größe des zusammenhängenden Clusters langsam zu, bis er einen »Phasenübergang« erreicht und sich zu einer riesigen Komponente kristallisiert. (Bei diesem Experiment schwankt die Anzahl der Fäden zwischen 0 und 720, während die Anzahl der Knöpfe mit 400 konstant bleibt.)*

Knöpfe unendlich groß, dann würde sich die Größe der größten Komponente sprunghaft von sehr klein auf riesig groß verändern, sobald das Verhältnis von Fäden zu Knöpfen 0,5 überschritte. Ein solcher Phasenübergang tritt auch auf, wenn einzelne Wassermoleküle zu einem Eisblock gefrieren.

Ich wollte Ihnen anhand dieses Modellbeispiels eine einfache Erkenntnis vermitteln: Steigt das Verhältnis von Fäden zu Knöpfen stetig an, dann sind plötzlich so viele Knöpfe miteinander verbunden, daß in dem System ein riesiges Netz aus Knöpfen entsteht. Diese riesige Komponente hat nichts Rätselhaftes an sich; vielmehr ist ihr Auftreten die natürliche, vorhersehbare Eigenschaft eines Zufallsgraphen. Übertragen auf die Theorie über den Ursprung des Lebens bedeutet diese Erkenntnis: Sobald in einem chemischen Reaktionssystem eine hinreichend große Zahl von Reaktionen katalysiert wird, kristallisiert sich plötzlich ein riesiges Netz katalysierter Reaktionen heraus. Ein solches Netz, so zeigt sich, ist fast immer autokatalytisch – fast immer selbsterhaltend, also »am Leben«.

## Reaktionsnetzwerke

Wir wollen uns diese Zusammenhänge anhand eines sogenannten Stoffwechsel-Reaktionsgraphen veranschaulichen, in dem Kreise für chemische Stoffe und Quadrate für Reaktionen stehen. Wir betrachten vier einfache Reaktionsarten. In der einfachsten Reaktionsart wandelt sich ein Substrat A in ein Produkt B um. Da Reaktionen umkehrbar sind, wandelt sich B auch wieder in A um. Dies ist eine Einsubstrat-Einprodukt-Reaktion. Wir ziehen eine schwarze Linie von A zu einem kleinen Quadrat, das zwischen A und B liegt, und eine weitere schwarze Linie, die das Quadrat mit B verbindet (Abbildung 3.5). Diese Linie und das Quadrat stehen für die Reaktion zwischen A und B. Betrachten wir nun zwei Moleküle, zum Beispiel A und B, die sich zu einem größeren Molekül C verbinden. Bei der Umkehrreaktion wird C in A und B aufgespalten. Wir können diese Reaktionen darstellen durch zwei Linien, die von A und B ausgehen und in ein Quadrat einmünden, das diese Reaktion repräsentiert, und eine weitere Linie, die von dem Quadrat ausgeht und in C mündet.

Schließlich betrachten wir Reaktionen mit zwei Substraten und zwei Produkten. Bei dieser Reaktionsart wird in der Regel eine kleine Gruppe von Atomen von dem einen Substrat abgelöst und an ein oder mehrere Atome des zweiten Substrats gebunden. Wir können Zweisubstrat-Zweiprodukt-Reaktionen durch zwei Linien darstellen, die von den beiden Substraten ausgehen und in ein Quadrat einmünden, das diese Reaktion repräsentiert, und durch zwei weitere Linien, die das Quadrat mit den beiden Produkten verbinden. Betrachten wir nun alle möglichen Molekül- und Reaktionsarten in einem chemischen System. Die Gesamtheit all dieser Linien und Quadrate zwischen den Kreisen, die für die chemischen Stoffe stehen, stellt nun den Reaktionsgraphen dar (Abbildung 3.5).

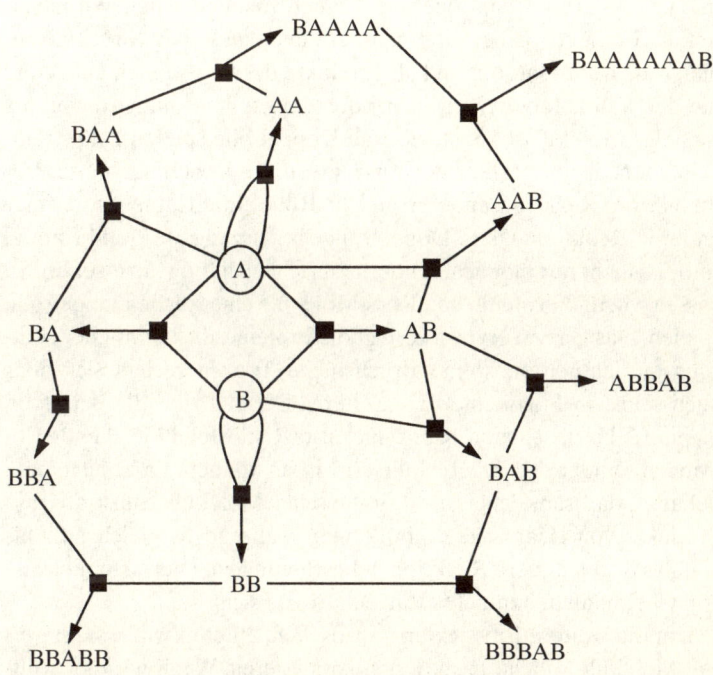

**Abbildung 3.5:** *Von Knöpfen und Fäden zu Chemikalien. In diesem hypothetischen Netzwerk chemischer Reaktionen, einem sogenannten Reaktionsgraphen, verbinden sich kleinere Moleküle (A und B) zu größeren Molekülen*

*(AA, AB usw.), die sich ihrerseits zu noch größeren Molekülen (BAB, BBA, BABB usw.) zusammenschließen. Gleichzeitig werden diese längeren Moleküle wieder in einfache Substrate zerlegt. Jede Reaktion wird durch ein Quadrat dargestellt, das durch Linien mit den jeweiligen zwei Substraten verbunden ist; ein Pfeil führt von dem Reaktionsquadrat zum Produkt. (Da Reaktionen umkehrbar sind, definieren die Pfeile Substrate und Produkte nur in einer Richtung des chemischen Reaktionsverlaufs.) Da die Produkte einiger Reaktionen Substrate anderer Reaktionen darstellen, erhält man ein Netzwerk gekoppelter Reaktionen.*

Da wir die Emergenz kollektiv-autokatalytischer Molekülsysteme verstehen wollen, unterscheiden wir als nächstes zwischen Spontanreaktionen, von denen wir annehmen, daß sie sehr langsam ablaufen, und katalysierten Reaktionen, die schnell ablaufen sollen. Wir möchten die Bedingungen ermitteln, unter denen dieselben Moleküle zugleich als Katalysatoren und als Produkte der Reaktionen auftreten, die den autokatalytischen Verband erzeugen. Dies hängt davon ab, ob jedes Molekül des Systems eine Doppelrolle spielen kann, nämlich einerseits die Rolle eines Ausgangsstoffes beziehungsweise Produkts einer Reaktion, andererseits die Rolle eines Katalysators einer anderen Reaktion. Diese Doppelrolle als Ausgangsstoff und Katalysator ist nicht nur möglich, sondern tatsächlich häufig anzutreffen. So wissen wir, daß Proteine und RNS-Moleküle eine solche Doppelrolle spielen. Das Enzym Trypsin zerlegt die Proteine, die wir mit der Nahrung aufnehmen, in kleine Bruchstücke. Trypsin zerlegt sich aber auch selbst in Fragmente. Ein weiteres Beispiel sind die bereits in Kapitel 2 besprochenen Ribozyme, also RNS-Moleküle, die als Enzyme auf andere RNS-Moleküle einwirken können. Es ist allgemein bekannt, daß sämtliche Arten organischer Moleküle Substrate und Produkte von Reaktionen sein können, während sie gleichzeitig als Katalysatoren andere Reaktionen beschleunigen. Diese Doppelrolle von Chemikalien hat nichts Rätselhaftes an sich.

Um die weitere Entwicklung abzusehen, müßten wir wissen, welche Moleküle welche Reaktionen katalysieren. Wenn wir dies wüßten, dann könnten wir sagen, ob ein beliebiger Molekülverband möglicherweise kollektiv-autokatalytisch ist. Leider verfügen wir bislang im allgemeinen nicht über die erforderlichen Kenntnisse, dennoch können wir anhand einer Reihe plausibler Annahmen fortfahren. Ich werde zwei dieser einfachen Hypothesen verfolgen; sie erlauben uns, in den von uns betrachteten Modellwelten Katalysatoren einigermaßen willkürlich bestimmten Reaktionen zuzuordnen. Manch einer wird diesen Kunstgriff mit Mißtrauen betrachten. So könnte der Einwand vorgebracht werden, man müsse genau wissen, welche Moleküle welche Reaktionen katalysieren, um sicher zu sein, daß ein Molekülsystem einen autokatalytischen Verband beherbergt. Diese Skepsis ist angebracht; sie erlaubt mir, eine Methode der Beweisführung vorzustellen, auf die ich mich stütze. Man könnte leicht einwenden, daß die Schlußfolgerungen unhaltbar wären, wenn die Gesetze der Chemie in der realen Welt chemischer Reaktionen ein geringfügig anderes Zuordnungsmuster von Katalysatoren zu Reaktionen hervorbrächten. Meine Antwort auf diesen Einwand lautet: Wenn wir zeigen können, daß in vielen alternativen »hypothetischen« Chemiewelten, in denen unterschiedliche Moleküle verschiedene Reaktionen katalysieren, autokatalytische Verbände entstehen, dann spielen die spezifischen Details der Chemie möglicherweise keine Rolle. Wir werden zeigen, daß die spontane Emergenz selbsterhaltender Netzwerke eine so tief in der Natur verwurzelte und robuste Gesetzmäßigkeit darstellt, daß sie sogar noch auf einer fundamentaleren Ebene angesiedelt ist als die spezifische Chemie, die zufälligerweise auf der Erde besteht. Diese Emergenz wurzelt nämlich unmittelbar in der Mathematik selbst.

Stellen wir uns wieder eine Reaktion zwischen zwei Molekülen, A und B, vor, wobei A und B durch schwarze Linien beziehungsweise Kanten mit dem zwischen ihnen liegenden Reaktionsquadrat verbunden sind. Stellen wir uns nun ein weiteres Molekül C vor, das die Reaktion zwischen A und B katalysieren kann. Wir stellen diese Einwirkung durch einen gestrichelten Pfeil dar, der von C ausgeht und mit seiner Spitze auf das Reaktionsquadrat zwischen A und B zeigt (Abbildung 3.6). Die Tatsache, daß die Reaktion zwischen A und B katalysiert wird, stellen wir dadurch dar, daß wir die dünne Linie zwischen A und B in eine fette Linie umwandeln. Nun betrachten wir jedes Molekül des Systems und fragen, welche Reaktion beziehungsweise Reaktionen es gegebenenfalls katalysieren kann. Für jeden Katalysator zeichnen wir einen gestrichelten Pfeil, der auf das entsprechende Reaktionsquadrat zeigt, und die jeweilige Reaktionskanten geben wir fett wieder: Nun stellen die fetten Kanten und die Chemikalienknoten, die sie miteinander verbinden, sämtliche katalysierten Reaktionen dar und bilden in ihrer Gesamtheit den *Untergraphen katalysierter Reaktionen* des vollständigen Reaktionsgraphen. Die gestrichelten Pfeile und die Chemikalienknoten, von denen sie ausgehen, entsprechen den Molekülen, die die Katalyse ausführen (Abbildung 3.6).

Nun überlegen wir, welche Voraussetzungen ein System erfüllen

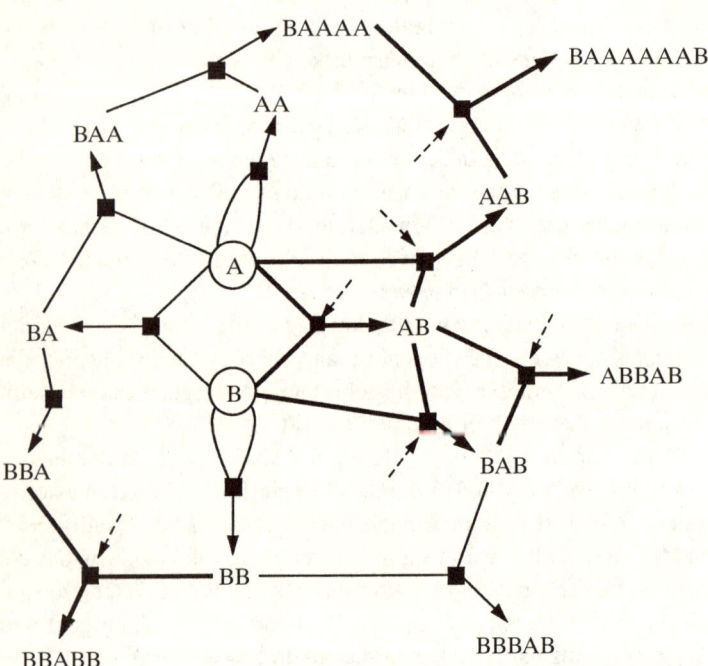

**Abbildung 3.6:** *Moleküle, die chemische Reaktionen katalysieren. In Abbildung 3.5 unterstellten wir, daß sämtliche Reaktionen spontan ablaufen. Was geschieht, wenn wir Katalysatoren hinzufügen, um einige der Reaktionen zu beschleunigen? Auf die Reaktionsquadrate, die durch gestrichelte Pfeile angezeigt werden, wirken Katalysatoren ein, und die fetten Linien verbinden Substrate und Produkte, deren Reaktionen katalysiert werden. Wir erhalten so ein Muster aus fetten Linien, das den Untergraphen katalysierter Reaktionen des Reaktionsgraphen darstellt.*

muß, um ein autokatalytisches Teilsystem zu enthalten. Erstens müssen die Moleküle eines Molekülverbandes durch fette Linien, also katalysierte Reaktionen verbunden sein; zweitens muß die Bildung eines jeden Moleküls aus diesem Verband durch ein Molekül (dargestellt durch einen gestrichelten Pfeil) desselben Verbandes katalysiert werden, oder es muß von außen zugeführt werden; die letzteren Moleküle wollen wir Nährstoffmoleküle nennen. Wenn diese Bedingungen erfüllt sind, liegt ein molekulares Netzwerk vor, das seine eigene Bildung katalysieren kann, indem es sämtliche Katalysatoren erzeugt, die es braucht.

## Die Grundthese

Wie wahrscheinlich ist es, daß ein solches selbsterhaltendes Reaktionsnetzwerk auf natürliche Weise entsteht? Ist die Emergenz der kollektiven Autokatalyse ein mühelos ablaufender Prozeß oder praktisch unmöglich? Müssen wir die Chemikalien sorgfältig auswählen, oder würde quasi jedes Gemisch ausreichen? Die Antwort ist ermutigend: Die Emergenz autokatalytischer Verbände ist nahezu unvermeidlich.

Zunächst ein kurzer Abriß der Vorgänge, die wir anschließend genauer darlegen werden: Je stärker die molekulare Diversität unseres Systems anwächst, desto größer wird das Verhältnis von Reaktionen zu Chemikalien beziehungsweise Kanten zu Knoten. Anders gesagt, der Reaktionsgraph weist immer mehr Verbindungslinien zwischen den einzelnen Chemikalienpunkten auf. Die Moleküle des Systems sind nun ihrerseits potentielle Katalysatoren der Reaktionen, infolge deren die Moleküle selbst entstehen. In dem Maße, wie das Verhältnis von Reaktionen zu Chemikalien ansteigt, erhöht sich auch die Zahl der Reaktionen, die durch die Moleküle des Systems katalysiert werden. Wenn die Zahl der katalysierten Reaktionen in etwa der Zahl der Chemikalienpunkte entspricht, dann bildet sich ein riesiges Netzwerk katalysierter Reaktionen, und es entsteht ein kollektivautokatalytisches System. Ein lebender Stoffwechsel kristallisiert sich heraus. Das Leben entsteht als ein Phasenübergang.

Nun die Vorgänge im einzelnen.

Zunächst möchten wir nachweisen, daß mit zunehmender Diversität und Komplexität der Moleküle in unserem System auch das Verhältnis von Reaktionen zu Chemikalienpunkten im Reaktionsgraphen ansteigt. Dieser Nachweis ist leicht zu führen. Betrachten wir ein Polymer, das aus vier »Monomeren« besteht, ABBB, die wir uns als Atome vorstellen können. Wir können das Polymer dadurch bilden, daß wir A an BBB, AB an BB oder ABB an B kleben. Wir können das Polymer also auf drei verschiedene Weisen und durch drei verschiedene Reaktionen herstellen. Wenn wir das Polymer um ein Atom verlängern, erhöht sich die Zahl der Reaktionen je Molekül. ABBBA kann aus A und BBBA, AB und BBA, ABB und BA oder ABBB und A hergestellt werden. Da ein Polymer der Länge $L$ im allgemeinen $L-1$ innere Bindungen besitzt, kann ein Polymer der Länge $L$ auf $L-1$-Weisen aus kleineren Polymeren zusammengesetzt werden. Doch diese Zahlen gelten nur für die sogenannten Bindungsreaktionen, bei denen Moleküle aus kleineren Bausteinen aufgebaut werden. Doch Moleküle können auch durch Spaltung erzeugt werden. So kann man ABBB auch erzeugen, indem man das A von der rechten Seite von ABBBA »abhackt«. Es liegt also auf der Hand, daß die Anzahl der Reaktionen, durch die sich Moleküle erzeugen lassen, größer ist als die Anzahl der Moleküle selbst. Dies bedeutet, daß der Reaktionsgraph mehr Linien als Punkte aufweist.

Wie verändert sich das Verhältnis von Reaktionen zu Molekülen im Reaktionsgraphen, wenn die Diversität und Komplexität der Moleküle zunimmt? Mit Hilfe einfacher algebraischer Gleichungen läßt sich für einfache lineare Polymere leicht beweisen, daß mit zunehmender Länge der Moleküle die Anzahl der Molekülarten zwar exponentiell anwächst, gleichzeitig aber die Anzahl der Reaktionen, durch die sie ineinander umgewandelt werden, noch schneller ansteigt. Dieser wachsende Quotient bedeutet, daß mit zunehmender Diversität und Komplexität der betrachteten Molekülverbände der zugehörige Reaktionsgraph immer dichter mit Reaktionspfaden bepackt wird, über die sich die Moleküle ineinander umwandeln können. Das Verhältnis von Reaktions»linien« zu Punkten wächst immer weiter an, so daß ein dichter Wald von Möglichkeiten entsteht. Das chemische System erwirbt ein immer größeres Potential an Reaktionen, durch die sich Moleküle in andere Moleküle umwandeln.

Freilich handelt es sich auf dieser Stufe der Entwicklung um langsam ablaufende Spontanreaktionen. Damit das System in Schwung kommt und selbsterhaltende autokatalytische Netzwerke erzeugt, müssen einige der Moleküle als Katalysatoren wirken und die Reaktionen beschleunigen. Das System ist zwar produktiv, aber noch nicht reproduktionsfähig und wird dies auch nicht, bis wir einen Weg finden, um festzustellen, welche Moleküle welche Reaktionen katalysieren. Folglich ist es an der Zeit, einige einfache Modelle aufzustellen. Das einfachste Modell, das sich für die verschiedensten Zwecke hervorragend eignet, basiert auf der Annahme, daß jedes Polymer eine bestimmte Chance besitzt, zum Beispiel eins zu einer Million, als Enzym irgendeine gegebene Reaktion zu katalysieren. Mit Hilfe dieses einfachen Modells werden wir »entscheiden«, welche Reaktionen, wenn überhaupt, jedes Polymer katalysieren kann, indem wir eine speziell gezinkte Münze werfen, die bei einer Million Würfen einmal mit dem Kopf nach oben fällt. Mit Hilfe dieser Regel ordnen wir jedem Polymer nach dem Zufallsprinzip ein für allemal die Reaktionen zu, die es katalysieren kann. Entsprechend dieser »Zufallskatalysator«-Regel können wir nun die katalysierten Reaktionen fett »färben«, unsere gestrichelten Pfeile von den Katalysatoren zu den von ihnen katalysierten Reaktionen zeichnen und uns dann fragen, ob unser chemisches Modellsystem einen kollektiv-autokatalytischen Verband enthält, also ein Netzwerk aus Molekülen, die durch fette Linien miteinander verbunden sind und von denen einige gleichzeitig als Katalysatoren (angezeigt durch die gestrichelten Pfeile) der Reaktionen wirken, aufgrund deren die Moleküle selbst erzeugt werden.

Ein chemisch plausibleres Modell geht von der Annahme aus, daß unsere Polymere RNS-Sequenzen sind, und führt die Matrizenkomplementarität ein. In dieser vereinfachten Version verbinden sich die A- und B-Monomere entsprechend der Watson-Crick-Basenpaarungsregel. Demgemäß könnte das Hexamer BBBBBB die Fähigkeit besitzen, als ein Ribozym zu wirken, das die beiden Substrate BABAAA und AAABBABA über ihre jeweiligen AAA-Tripletts bindet und die Synthese der beiden Substrate zu BABAAAAABBABA katalysiert. Um uns der chemischen Wirklichkeit noch weiter anzunähern, könnten wir die zusätzliche Forderung aufstellen, daß ein potentielles Ribozym, selbst dann, wenn es komplementäre Abschnitte zum linken beziehungsweise rechten Abschnitt seiner Substrate besitzt, nur mit einer Wahrscheinlichkeit von eins zu einer Million auch die übrigen chemischen Eigenschaften aufweist, die ihm erlauben, die Reaktion zu katalysieren. Auf diese Weise berücksichtigen wir die Möglichkeit, daß, abgesehen von der Matrizenkomplementarität, weitere chemische Merkmale erforderlich sein könnten, damit Ribozyme als Katalysatoren auftreten. Wir wollen dies die Katalysator-Eignungsregel nennen.

Hier nun das Ergebnis, das von grundlegender Bedeutung ist: Unabhängig davon, welche dieser »Katalysator«-Regeln wir anwenden – sobald der Verband von Modellmolekülen eine kritische Diversität erreicht –, kristallisiert sich eine riesige Komponente katalysierter Reaktionen heraus, und somit entstehen kollektiv-autokatalytische Verbände. Nun können wir ohne weiteres auch einsehen, weshalb diese Emergenz praktisch unvermeidlich ist. Angenommen, wir wenden die »Zufallskatalysator«-Regel an und gehen davon aus, daß jedes Polymer mit einer Wahrscheinlichkeit von 1:1 000 000 als Enzym auf eine bestimmte Reaktion einwirkt. Mit wachsender Diversität der Moleküle in unserem Modellsystem nimmt das Verhältnis von Reaktionen zu Molekülen zu. Wenn die Diversität der Moleküle hoch genug ist, erreicht das Verhältnis von Reaktionen zu Polymeren den Wert von 1 000 000 : 1. Bei dieser Diversität katalysiert im Schnitt jedes Polymer eine Reaktion. 1 000 000 : 1 multipliziert mit 1 : 1 000 000 ergibt 1. Wenn das Verhältnis der katalysierten Reaktionen zu den Chemikalien 1,0 beträgt, dann entsteht mit außerordentlich hoher Wahrscheinlichkeit eine riesige »rote« Komponente, ein Netzwerk katalysierter Reaktionen, kurz: ein kollektiv-autokatalytischer Molekülverband.

Nach dieser Auffassung über den Ursprung des Lebens muß ein System eine kritische Schwelle molekularer Diversität überschreiten, um die katalytische Abgeschlossenheit zu erreichen, die für lebende Systeme charakteristisch ist. Ein einfaches System aus 10 Polymeren, in dem die Wahrscheinlichkeit katalytischer Beschleunigung 1:1 000 000 beträgt, ist lediglich ein Verband toter Moleküle. Mit an Sicherheit grenzender Wahrscheinlichkeit katalysiert keines der 10 Moleküle auch nur eine der möglichen Reaktionen zwischen den

10 Molekülen. In dieser reaktionsträgen Lösung geschieht, abgesehen von sehr langsamen chemischen Spontanreaktionen, gar nichts. Steigert man nun die Diversität und atomare Komplexität der Moleküle, dann werden immer mehr Reaktionen zwischen ihnen durch Elemente des Systems selbst katalysiert. Sobald eine bestimmte Diversitätsschwelle überschritten wird, kristallisiert sich ein riesiges Netz katalysierter Reaktionen heraus, das in einem Phasenübergang liegt. Der Untergraph katalysierter Reaktionen, der zunächst nur einige sehr kleine, unzusammenhängende Komponenten umfaßt, besteht schließlich aus einer riesigen Komponente und einigen kleineren, isolierten Komponenten. Sie werden vielleicht schon ahnen, daß diese riesige Komponente ein kollektiv-autokatalytisches Subsystem enthält, das sich durch katalysierte Reaktionen unter Nutzung eines Nährstoffvorrats selbst erzeugen kann.

Ich habe nun die Grundideen meiner Theorie über den Ursprung des Lebens dargelegt. Sie sind sehr einfach, wenn auch neuartig. Das Leben kristallisiert sich an einer kritischen Schwelle der molekularen Diversität aus, weil die katalytische Abgeschlossenheit selbst sich auskristallisiert. Ich hoffe, daß diese Überlegungen experimentell bestätigt werden und Eingang finden in unsere neue chemische Schöpfungsgeschichte, die neue Sicht unserer uralten Wurzeln, unser neues Verständnis der Emergenz des Lebens als einer vorhersehbaren Eigenschaft der physikalischen Welt.

In den Computersimulationen, in denen wir diesen Prozeß nachvollzogen, trat diese Kristallisation infolge einer Zunahme entweder der molekularen Diversität oder der Wahrscheinlichkeit, daß irgendein Molekül irgendeine Reaktion katalysiert, auf. Wir nennen diese Parameter $M$ und $P$. Zunächst geschieht in der »toten« chemischen Suppe nicht viel, wenn $M$ oder $P$ anwachsen; doch dann erfolgt urplötzlich der Umschlag in ein lebendes System. Das Experiment wurde bislang noch nicht mit echten Chemikalien durchgeführt (darauf komme ich später noch einmal zurück). Doch in den Computersimulationen sieht man, wie sich ein lebendes System herauskristallisiert. In Abbildung 3.7 ist einer dieser selbstreproduzierenden Modellmetabolismen dargestellt. Wie Sie sehen, basiert dieses Modellsystem auf der kontinuierlichen Zufuhr mehrerer einfacher Nährstoffmoleküle, der Monomere A und B, und den vier möglichen

Dimeren AA, AB, BA und BB. Daraus kristallisiert das System einen kollektiv-autokatalytischen, sich selbst erhaltenden Modellmetabolismus mit 21 Molekülarten aus. Komplexere autokatalytische Verbände bestehen aus Hunderten oder Tausenden molekularer Komponenten.

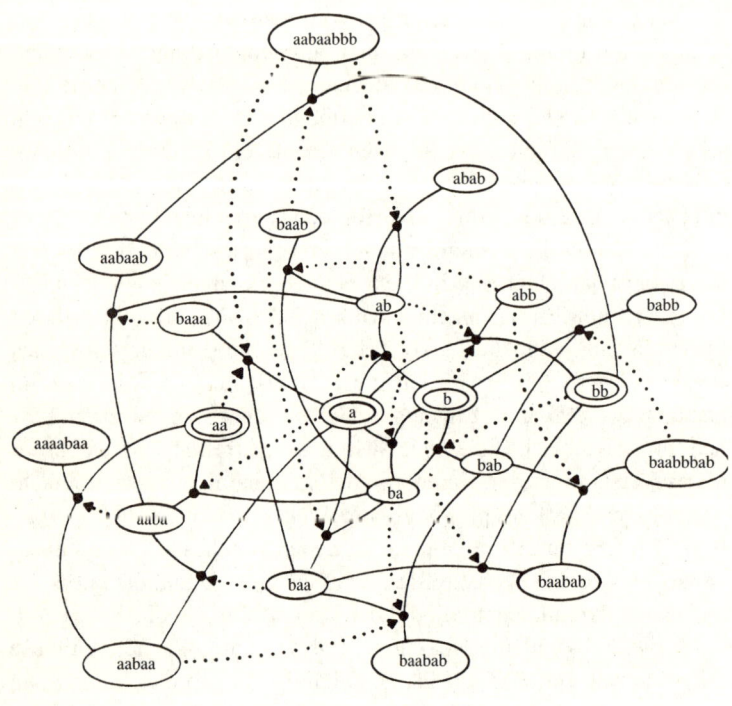

◎ = Nährstoffmolekül

○ = sonstige Chemikalien

⤳ = Reaktionen

◂····· = Einwirkung von Katalysatoren

**Abbildung 3.7:** *Ein autokatalytischer Verband. Ein typisches Beispiel eines kleinen autokatalytischen Verbands, in dem Nährstoffmoleküle (a, b, aa, bb) in ein selbsterhaltendes Netzwerk von Molekülen eingebaut werden. Die Reaktionen sind durch Punkte dargestellt, die größere Polymere mit ihren Abbau-*

*produkten verbinden. Die punktierten Linien weisen auf die Einwirkung von Katalysatoren hin und zeigen von den Katalysatoren auf die katalysierte Reaktion.*

Das Modell der Matrizenkomplementarität führt zu denselben Ergebnissen. Das Verhältnis möglicher Reaktionen zu Polymeren ist so enorm groß, daß schließlich eine riesige katalysierte Komponente und autokatalytische Verbände entstehen. Gleichgültig, wie die Natur bestimmt, welche Chemikalien welche Reaktionen katalysieren, wird auf jeden Fall eine kritische Diversität der Moleküle erreicht, bei der die Zahl der roten, katalysierten Reaktionen einen Phasenübergang durchläuft und sich ein riesiges Netzwerk von Chemikalien im System kristallisiert. Dieses riesige Netzwerk ist, wie sich zeigt, fast immer kollektiv-autokatalytisch.

Ein solches System ist zumindest selbsterhaltend und auch fast schon selbstreproduzierend. Nehmen wir an, unser kollektiv autokatalytisches Reaktionssystem enthält eine Art Kompartiment (einen von Membranen umschlossenen Reaktions- oder Speicherraum). Die Kompartimentierung dürfte unverzichtbar gewesen sein, um eine Verdünnung der reagierenden Moleküle zu verhindern. Das autokatalytische System könnte etwa ein Koazervat sein, wie Alexander Oparin es erstmals beschrieben hat, oder es könnte sich in einem von ihm selbst erzeugten und von einer zweischichtigen Lipidmembran umschlossenen Vesikel befinden. In dem Maße, wie sich die molekularen Konstituenten des Systems selbst erneuern, kann die Anzahl der Kopien jeder Molekülart so lange zunehmen, bis sich die Gesamtzahl verdoppelt hat. Das System kann dann in zwei Koazervate, zwei Vesikel mit zweischichtiger Lipidmembran oder andere kompartimentierte Gebilde zerfallen. Eine derartige Verdoppelung geschieht spontan, wenn das Volumen dieser Systeme zunimmt. Unsere autokatalytische Urzelle hat sich damit selbst reproduziert. Plötzlich ist ein selbstreproduzierendes chemisches System entstanden, dem aufgrund dieser Kriterien das Merkmal »lebendig« zugeschrieben werden kann.

## Die Reaktionen mit Energie versorgen

Nun könnte jemand einwenden, daß das, was für As und Bs gilt, nicht unbedingt für Atome und Moleküle gelten muß. Schon Einstein sagte, daß eine Theorie zwar so einfach wie möglich sein sollte, aber auch wieder nicht zu einfach. Was in unserem Modell bislang fehlt, ist die Energie. Wie wir gesehen haben, sind lebende Systeme offene Nichtgleichgewichtssysteme im thermodynamischen Sinn, die durch einen Stoff- und Energiedurchfluß erhalten werden. Wie bei der sehr viel einfacheren Belousov-Zhabotinsky-Reaktion erhalten lebende Systeme ihre Strukturen aufrecht, indem sie Materie und Energie umwandeln – kurz, indem sie Nährstoffe aufnehmen und unverdauliche Überreste ausscheiden.

Das Problem besteht darin, daß zur Herstellung großer Polymere Energie erforderlich ist, denn die Gesetze der Thermodynamik begünstigen deren Aufspaltung in kleine Bestandteile. Unter realen chemischen Bedingungen muß ein autokatalytischer Verband Energie aufnehmen, um größere Moleküle, die in ihm als Katalysatoren fungieren könnten, zu erzeugen und zu erhalten.

Betrachten wir als konkretes Beispiel ein Protein aus 100 Aminosäuren, die miteinander verbunden sind, oder eine kleinere Aminosäuresequenz, ein sogenanntes Peptid. Die Verknüpfung von je zwei Aminosäuren durch eine Peptidbindung erfordert Energie. Dies kann man leicht daran ersehen, daß nach der Verbindung die Bewegung der beiden Aminosäuren im Verhältnis zueinander eingeschränkt ist. Es bedürfte eines gewissen Kraftaufwandes, um die Aminosäuren voneinander zu trennen. Der erforderliche Kraftaufwand ist ein Maß der Bindungsenergie. Ich erwähnte bereits, daß fast alle Reaktionen spontan reversibel sind. Das gilt auch für die Peptidbindung. Bei der Knüpfung einer Peptidbindung zwischen zwei Aminosäuren wird ein Wassermolekül freigesetzt. Somit ist Wasser selbst ein Produkt der Reaktion. Umgekehrt wird bei der Spaltung einer Peptidbindung ein Wassermolekül verbraucht. Löst man Peptide in Wasser, dann neigen die Wassermoleküle dazu, die Peptidbindungen aufzubrechen.

In einem normalen wäßrigen Milieu beträgt das Gleichgewichtsverhältnis von gespaltenen Aminosäuren zu Aminosäurepaaren (Dipeptiden) etwa 10:1. Die gleiche Rechnung gilt für ein Dipeptid plus eine einzelne Aminosäure, die sich zu einem Tripeptid zusammenschließen. In einem wäßrigen Milieu beträgt daher das Verhältnis von Dipeptid und Aminosäure zum Tripeptid im chemischen Gleichgewicht etwa 10:1. Da im chemischen Gleichgewicht sowohl das Verhältnis von zwei Aminosäuren zum Dipeptid wie auch das Verhältnis vom Dipeptid plus eine einzelne Aminosäure zum Tripeptid 10:1 sind, folgt daraus, daß das Verhältnis von einzelnen Aminosäuren zu Tripeptiden nicht 10:1, sondern etwa 100:1 beträgt. Entsprechend ist das Verhältnis von Aminosäuren zu Tetrapeptiden im chemischen Gleichgewicht etwa 1000:1. Die allgemeine Regel lautet demnach: Erhöht sich die Länge eines Polymers um eine Aminosäure, dann sinkt dessen Gleichgewichtskonzentration im Verhältnis zu den freien Aminosäuren etwa um den Faktor 10 ab.

Aus dieser einfachen Rechenregel folgt nun, daß in einer im Gleichgewicht befindlichen Mischung aus einzelnen Aminosäuren und verschiedenen Peptiden aus maximal beispielsweise 25 Aminosäuren das mittlere Verhältnis der Aminosäurekonzentrationen zu den Konzentrationen eines bestimmten Peptids aus 25 Aminosäuren etwa $1 : 10^{-25}$ betragen würde. Dies bedeutet konkret: Würde man Aminosäuren bis zur Sättigungsgrenze in Wasser lösen, dann würde die Anzahl der Kopien jeder spezifischen 25gliedrigen Aminosäuresequenz weniger als ein Molekül je Liter Wasser betragen! Dagegen könnte die Anzahl der Kopien jeder einzelnen Aminosäure in der Größenordnung von $10^{20}$ bis $10^{23}$ liegen. Autokatalytische Verbände nutzen vielleicht auch lange Polymere. Wie lassen sich nun ungeachtet dieser thermodynamischen Hürde hohe Konzentrationen solcher Moleküle erzielen?

Es gibt wenigstens drei grundlegende Mechanismen, mit denen dieses große Hindernis überwunden worden sein könnte. Jeder davon ist bemerkenswert einfach. Erstens: Reaktionen können auf Oberflächen begrenzt sein, statt in einem Volumen abzulaufen. Dies begünstigt die Bildung größerer Polymere aus einem einfachen Grund: Die Geschwindigkeit einer chemischen Reaktion hängt davon ab, wie schnell die Reaktionspartner aufeinandertreffen. Ist ein Enzym an der Reaktion beteiligt, dann muß auch dieses Enzym sich zur rechten Zeit am rechten Ort einfinden. Läuft die Reaktion in einem Volumen ab, etwa in einem Becherglas, dann muß sich jedes Molekül in drei Dimensionen ausbreiten und seine Reaktionspartner aufspüren. Moleküle, die im dreidimensionalen Raum wandern, verpassen sich aber sehr leicht (Sie erinnern sich an den Cartoon, den ich in Kapitel 2 beschrieben habe). Sind die Moleküle hingegen auf eine sehr dünne Oberflächenschicht begrenzt, wie etwa Ton oder eine zweischichtige Lipidmembran, dann erfolgt die Wanderbewegung der Moleküle lediglich in zwei Dimensionen. Dann ist es für die Moleküle sehr viel schwieriger, sich aus dem Weg zu gehen. Zur Veranschaulichung stellen Sie sich vor, daß die Moleküle in einer eindimensionalen Röhre von sehr kleinem Durchmesser wandern – dann müssen sie praktisch aufeinandertreffen. Kurz gesagt: Die Oberflächenbindung von Reaktionen führt zu einem starken Anstieg der Wahrscheinlichkeit, daß die Substratmoleküle miteinander kollidieren, und erhöht somit die Bildungsrate längerer Polymere.

Ein zweiter einfacher Mechanismus, der die Bildung längerer Polymere begünstigt, besteht in der Dehydratisierung des Systems. Dabei werden Wassermoleküle entfernt, so daß die Spaltung der Peptidbindungen langsamer abläuft. Bei Computersimulationen, die ich gemeinsam mit meinen Kollegen Doyne Farmer, Norman Packard und Richard Bagley durchführte, fanden wir eindeutige Hinweise darauf, daß schon eine einfache Dehydratisierung ausreichen dürfte, um realen autokatalytischen Polymersystemen die Reproduktion zu ermöglichen. Unser Modell steht dabei völlig im Einklang mit den Gesetzen der Chemie und der Physik.

Die Dehydratisierung ist nicht bloß ein theoretischer Trick; sie findet auch in der Wirklichkeit statt. Eine bekannte Reaktion, die sogenannte Plasteinreaktion, wird seit fast 60 Jahren intensiv erforscht. Das im Magen vorkommende Enzym Trypsin hilft bei der Verdauung der Proteine, die wir mit der Nahrung aufnehmen. Mischt man Trypsin in einem wäßrigen Medium mit großen Proteinen, dann spaltet das Enzym die Proteine in kleinere Peptide. Wird das Reaktionssystem nun dehydratisiert, so daß die Konzentration von Wassermolekülen im Verhältnis zu den Peptiden abnimmt, dann verschiebt sich das chemische Gleichgewicht derart, daß es die Synthese größerer Polymere aus den kleineren Peptidfragmenten begünstigt. Trypsin katalysiert diese Verknüpfungsreaktionen, die zur Bildung größerer

Polymere führen. Entfernt man die größeren Polymere und dehydratisiert man das System erneut, dann werden unter Einwirkung von Trypsin noch mehr große Polymere synthetisiert.

Oberflächengebundene Reaktionen und Dehydratisierung können also die Bildung großer Polymere begünstigen. Doch die rezenten Zellen verfügen noch über einen weiteren, flexibleren und höherentwickelten Mechanismus. Sie verschaffen sich nämlich die für Bindungsreaktionen erforderliche Energie dadurch, daß sie die energiereichen Bindungen der überall vorkommenden Helfermoleküle spalten. Das häufigste Helfermolekül ist das Adenosintriphoshat (ATP). Reaktionen, die nur bei Energiezufuhr stattfinden, nennt man endergonisch; Reaktionen, die Energie freisetzen dagegen, heißen exergonisch. Zellen treiben endergonische Reaktionen an, indem sie sie an exergonische Reaktionen koppeln.

Man hat nun eine Reihe plausibler Kandidaten für solche energiereichen Bindungen vorgeschlagen, die die ersten selbstreproduzierenden Metabolismen mit Energie versorgt haben könnten. So ist beispielsweise Pyrophosphat, das aus zwei Phosphatmolekülen besteht, eine in großen Mengen vorkommende Verbindung, die bei ihrer Spaltung viel Energie freisetzt. Pyrophosphat könnte als eine Quelle freier Energie die Syntheseabläufe in den ersten lebenden Systemen angetrieben haben. Farmer und Bagley haben anhand von Computersimulationen gezeigt, daß Modellsysteme, die durch die Spaltung dieser Bindungen mit Energie versorgt werden, plausible thermodynamische Kriterien erfüllen und sich reproduzieren.

Was ist erforderlich, um exergonische und endergonische Reaktionen miteinander zu verknüpfen? Erwartet uns nun, nachdem wir die katalytische Abgeschlossenheit erklärt haben, ein neues Rätsel? Ich glaube nicht. Wir sind zwar mit einem Problem konfrontiert, aber dieses ist wohl kaum ein unerklärliches Rätsel. Denn schließlich genügt es schon, wenn der autokatalytische Verband Katalysatoren enthält, die die exergonischen und endergonischen Reaktionen derart miteinander verknüpfen, daß die einen die Energie für die anderen liefern. Die endergonische Synthese großer Moleküle muß mit der Zerlegung energiereicher Bindungen gekoppelt werden, die von Nährstoffmolekülen beziehungsweise, letzten Endes, vom Sonnenlicht stammen. Dies dürfte jedoch kaum ein unüberwindliches Hindernis darstellen. Die Katalyse solcher gekoppelter Reaktionen unterscheidet sich nicht grundlegend von der anderer Reaktionen: Erforderlich ist lediglich ein Enzym, das den Zwischenzustand überbrücken kann. Alles, was wir brauchen, ist eine hinreichende Diversität von Molekülen.

## Ein neuer Holismus

Diese Theorie über den Ursprung des Lebens beruht auf einem neuen Holismus, der freilich mathematischer Notwendigkeit entspringt und nichts Mystisches an sich hat. Damit sich das Leben kristallisiert, bedarf es einer kritischen Diversität von Molekülarten. Einfachere Systeme erreichen schlichtweg keine katalytische Abgeschlossenheit. Das Leben entstand in einem Stück und nicht in sukzessiven Schritten, und es hat diesen ganzheitlichen Charakter bis heute bewahrt. Anders als die vorherrschende Theorie, nach der das Leben mit der nackten RNS begann und die die evolutionären Gegebenheiten durch beliebige Zwecke nach dem Muster »So ist's nun mal« erklärt, hoffen wir begründen zu können, weshalb Lebewesen offenbar ein Mindestmaß an Komplexität besitzen müssen und weshalb keine einfacheren Lebewesen als Pleuromona existieren können.

Wenn die Theorie richtig ist, dann sollten wir auch in der Lage sein, sie zu beweisen. Wir sollten in der Lage sein, das Leben im Reagenzglas neu zu erschaffen, als seien wir Nachfolger jenes Doktor Faustus, der in der sagenhaften Phiole den Homunkulus schuf. Ist es möglich, daß wir eine neue Lebensform erzeugen? Können wir sein wie Gott? Ich glaube ja. Und Gott in seiner Gnade und Schlichtheit wird unsere Bemühungen, seine Gesetze zu finden, vermutlich gutheißen. Die Wege der Wissenschaft sind unerforschlich. Wie wir in Kapitel 7 sehen werden, ist die Hoffnung, kollektiv-autokatalytische Molekülverbände künstlich zu erzeugen, eng mit einer sich mittlerweile abzeichnenden zweiten Ära der Biotechnologie verknüpft, die uns neue Medikamente, Impfstoffe und medizinische Wunder verheißt. Und das Konzept der katalytischen Abgeschlossenheit von kollektiv-autokatalytischen Molekülverbänden wird sich als ein tiefgreifendes

Merkmal der Komplexitätsgesetze erweisen, die auch unserer Erklärung von Öko-, Wirtschafts- und kulturellen Systemen zugrunde liegen.

Schon vor über zweihundert Jahren hat Immanuel Kant Lebewesen als ganzheitliche Gebilde betrachtet. Das Ganze existiert, schrieb er, aufgrund seiner Teile, und die Teile wiederum existieren wegen des Ganzen, und um das Ganze zu erhalten. In der Biologie geriet dieser Holismus in Vergessenheit und wurde abgelöst durch das Bild des Genoms als der zentralen Steuerungsinstanz, die den »Tanz der Moleküle« koordiniert. Dabei ist ein autokatalytischer Molekülverband die vielleicht einfachste Form, in der man sich den Kantschen Holismus konkret vorstellen kann. Die katalytische Abgeschlossenheit sorgt nämlich dafür, daß das Ganze aufgrund seiner Teile existiert und die Teile wiederum wegen des Ganzen und um das Ganze zu erhalten. Autokatalytische Verbände besitzen die emergente Eigenschaft der Ganzheitlichkeit. Wenn kollektiv-autokatalytische Verbände die Urformen des Lebens darstellen, dann verdienen sie unsere ehrfurchtsvolle Hochachtung, denn das Aufblühen der Biosphäre basiert auf der schöpferischen Kraft, die sie auf der Erde entfesselten – ehrfurchtsvolle Hochachtung und Staunen, nicht aber Mystizismus.

Die wichtigste Folgerung aus dieser Theorie (ihre Wahrheit vorausgesetzt) aber bestünde darin, daß die Entstehung des Lebens sehr viel wahrscheinlicher wäre, als wir bislang annahmen. Nicht genug damit, daß das Universum unser natürliches Zuhause darstellen würde, dürften wir dieses Zuhause auch mit bislang unbekannten Gefährten teilen.

# 4 »ORDNUNG ZUM NULLTARIF«

Die lebende Welt ist ein Hort großartiger Ordnung. Jedes Bakterium reguliert die Synthese und Verteilung von Tausenden von Proteinen und anderen Molekülen. Jede Zelle unseres Körpers koordiniert die Aktivitäten von etwa 100 000 Genen und der von ihnen codierten Enzyme und sonstigen Proteine. Jede befruchtete Eizelle entwickelt sich über eine Reihe von Zwischenstufen zu einem wohlgeformten Ganzen, das wir, sehr treffend, als Organismus bezeichnen. Wenn das, was Jacques Monod den »am Schopf gepackten Zufall« nannte, also das Resultat einer Kette von Zufallsereignissen und sorgfältiger Aussonderung durch Selektion, die einzige Quelle dieser Ordnung darstellt, dann war die Entstehung des Menschen tatsächlich ein unwahrscheinlicher Vorgang. Seit der Vertreibung aus dem Paradies – von Kopernikus bis zu Newton in der Himmelsmechanik, zu Darwin in der Biologie und zu Carnot und dem Zweiten Hauptsatz der Thermodynamik – wirbeln wir um einen Stern mittlerer Größe am Rande einer öden Galaxie und scheinen es einem unvorstellbar glücklichen Zufall zu verdanken, daß wir überhaupt entstanden sind.

Wie anders dagegen ist die Stellung des Menschen, wenn es sich als richtig erweist, daß sich das Leben in hinreichend komplexen Molekülgemengen beinahe zwangsläufig kristallisiert, daß das Leben möglicherweise eine vorhersehbare emergente Eigenschaft von Materie und Energie ist. Wir finden heute erste Hinweise darauf, daß der Kosmos unsere natürliche Heimat ist.

Doch wir haben erst begonnen, die Geschichte der emergenten Ordnung zu erzählen. Ich hoffe, Ihnen im folgenden zeigen zu können, daß spontane Ordnung bei der Entstehung des Lebens eine genauso große Rolle gespielt hat wie die natürliche Selektion. Der Mensch ist das Produkt von zwei Quellen der Ordnung, nicht von einer einzigen Quelle. Wir haben gezeigt, daß autokatalytische Verbände in einem chemischen Gemenge hinreichender Diversität spontan entstehen können. Und wir haben auch gesehen, daß der

Ursprung der kollektiven Autokatalyse und damit der Ursprung des Lebens selbst in dem liegt, was ich »Ordnung zum Nulltarif« nenne – spontane Selbstorganisation. Doch ich glaube, daß diese emergente Ordnung, auf deren Grundlage das Leben selbst entstanden ist, auch der Ordnung, die sich im Verlauf der Evolution in den Organismen herausbildete, und sogar ihrer Evolutionsfähigkeit selbst zugrunde lag.

Wenn kollektiv-autokatalytische Systeme, die in einer »Ursuppe« herumwirbelten, die Urformen des Lebens darstellen, dann beginnt unsere Geschichte erst mit ihnen. Dann sollten sie möglichst nicht aus mangelnder Evolutionsfähigkeit zu einem jähen Ende kommen. Darwin lehrte uns, daß die wichtigste Triebkraft der Evolution Selbstreproduktion und erbliche Variation erfordert. Sobald diese gegeben sind, siebt die natürliche Auslese die Organismen nach dem Grad ihrer Fitneß aus. Die meisten Biologen stehen auf dem Standpunkt, daß die DNS beziehungsweise RNS als stabile Speicher genetischer Information eine unverzichtbare Voraussetzung für die adaptive Evolution sind. Wenn das Leben jedoch mit der kollektiven Autokatalyse begann und erst später lernte, die DNS und den genetischen Code in sich aufzunehmen, müssen wir erklären, wie diese autokatalytischen Verbände erblicher Variation und natürlicher Selektion unterworfen sein konnten, obwohl sie noch kein Genom enthielten. Wenn wir das Wunder der Matrizenreplikation und das Wunder der genetischen Codierung von Proteinen voraussetzen würden, dann stellte sich das Problem, ob zuerst die Henne oder zuerst das Ei da war, mit unlösbarer Schärfe. Einerseits kann die Evolution nicht ohne diese Mechanismen ablaufen, andererseits bastelt erst die Evolution sich diese Mechanismen zusammen. So gelangen wir im Rahmen unserer Suche nach einer Theorie der vorhersehbaren Emergenz des Lebens zu folgender Frage: Könnte ein autokatalytischer Verband auch ohne all die Komplikationen, die mit einem Genom verbunden sind, evolvieren?

Meine Kollegen Richard Bagley und Doyne Farmer haben einen möglichen Lösungsweg aufgezeigt. Wir sahen bereits in Kapitel 3, daß die sich selbst erhaltenden Stoffwechselvorgänge die Anzahl der Kopien jeder Molekülart des Systems erhöhen können, sobald ein autokatalytischer Verband durch ein räumliches Kompartiment –

zum Beispiel ein Koazervat oder ein von einer doppelschichtigen Lipidmembran umschlossenes Vesikel – eingekapselt wird. Grundsätzlich kann sich das kompartimentierte System in zwei Tochtersysteme »teilen«, sobald sich die Gesamtmenge der Moleküle verdoppelt hat: Eine Selbstreproduktion kann stattfinden. Ich erwähnte bereits, daß solche Kompartimentsysteme im Experiment dazu neigen, sich spontan in zwei Tochtersysteme aufzuspalten, sobald ihr jeweiliges Volumen eine bestimmte Größe überschritten hat. Wenn jedoch die Tochter»zellen« immer mit der Mutter»zelle« identisch wären, dann wären erbliche Variationen ausgeschlossen.

Bagley und Farmer stießen nun auf einen natürlichen Mechanismus, der diese Systeme zur Variation und Evolution befähigt. (Bagley führte diese Forschungen im Rahmen seiner Dissertation an der Universität von Kalifornien in San Diego durch, wobei Stanley Miller zu seinen Prüfern gehörte.) Sie stellten die Hypothese auf, daß in einem autokatalytischen Netzwerk hin und wieder zufällige, unkatalysierte Reaktionen ablaufen. Diese spontanen Fluktuationen erzeugen oftmals Moleküle, die bislang noch nicht im Verband enthalten waren. Solche neuen Moleküle kann man sich als eine Art Halbschatten aus Molekülarten, einen chemischen Dunstschleier vorstellen, der den autokatalytischen Verband umgibt. Nähme der Verband nun einige der neuen Molekülarten in sich auf, dann veränderte sich seine Struktur. Und wenn eines dieser neuen Moleküle seine eigene Bildungsreaktion katalysierte, dann würde es zu einem voll funktionstüchtigen Element des Netzwerks. Der Metabolismus würde um eine Reaktionsschleife erweitert. Hingegen würde eine bestehende Reaktionsschleife aus dem Verband ausgeschieden, wenn der molekulare Eindringling eine zuvor ablaufende Reaktion hemmte. In beiden Fällen wäre eine erbliche Variation offenkundig möglich. Entstünde auf diese Weise ein effizienteres Netzwerk, das sich besser in einer unwirtlichen Umgebung behaupten könnte, dann würden diese Mutationen belohnt und die schwächeren Konkurrenten durch das veränderte Netzwerk verdrängt.

Es besteht folglich Grund zu der Annahme, daß autokatalytische Verbände auch ohne ein Genom evolvieren können. Es handelt sich freilich nicht um die Art von Evolution, an die wir gewöhnlich denken. Denn diese Verbände besitzen keine separate DNS-ähnliche

Struktur als Träger genetischer Information. Die Biologen unterscheiden bei Zellen und Organismen zwischen dem Genotyp (die genetische Information) und dem Phänotyp (die Enzyme und sonstigen Proteine sowie die Organe und die morphologische Struktur des Körpers). Bei autokatalytischen Verbänden hingegen gibt es keinen Unterschied zwischen Genotyp und Phänotyp; das System fungiert als sein eigenes Genom. Da diese Systeme jedoch die Fähigkeit besitzen, neue Molekülarten in sich zu integrieren und vielleicht auch vorhandene Molekülformen zu beseitigen, kann eine Population selbstreproduzierender chemischer Netzwerke mit unterschiedlichen Merkmalen entstehen. Darwin lehrte uns, daß solche Systeme unter der Einwirkung der natürlichen Selektion evolvieren.

Solche selbstreproduzierenden, kompartimentierten Urzellen und ihre Töchter werden zwangsläufig ein komplexes Ökosystem bilden. Jede Urzelle wird sich mit erblichen Variationen reproduzieren und zudem selektiv gewisse Molekülarten aus ihrer Umgebung aufnehmen und in sie ausscheiden, wie dies auch die heutigen Bakterien tun. Moleküle, die in einer Urzelle erzeugt wurden, können demnach in andere Urzellen befördert werden und dort Reaktionen fördern oder hemmen. Das auf Stoffwechsel basierende Leben entsteht nicht als Ganzheit und komplexe Struktur, sondern das gesamte Spektrum von Mutualismus und Konkurrenz, das wir als typisch für ein Ökosystem betrachten, ist von Anfang an vorhanden. Die Geschichte solcher Ökosysteme ist nun auf sämtlichen Ebenen nicht nur die Geschichte der Evolution, sondern auch der Koevolution. Seit fast vier Milliarden Jahren beeinflussen die Lebewesen wechselseitig den Verlauf ihrer Evolution. Wie wir in späteren Kapiteln zeigen werden, setzt sich die Geschichte der emergenten Ordnung in dieser molekularen und organismischen Koevolution fort.

Doch die Evolution erfordert mehr als bloß die Fähigkeit, sich zu verändern und die Veränderungen weiter zu vererben. Um an der Darwinschen Saga teilzunehmen, muß ein lebendes System zunächst einmal in der Lage sein, einen *inneren* Kompromiß zwischen Anpassungsfähigkeit und Stabilität zu schließen. In einer veränderlichen Umwelt kann es nur überleben, wenn es stabil ist; die Stabilität aber darf wiederum nicht so groß sein, daß es für immer statisch bleibt. Das System darf jedoch auch nicht so instabil sein, daß schon die kleinste innere chemische Fluktuation das ganze wacklige Gebilde zum Einsturz bringt. Wir brauchen nur ein weiteres Mal die uns mittlerweile vertrauten Begriffe des deterministischen Chaos zu betrachten, um das Problem zu erfassen. Erinnern wir uns an den berühmten Schmetterling in Rio, der durch seinen kräftigen oder auch schwachen Flügelschlag das Wetter in Chicago ändern kann. In chaotischen Systemen können geringfügige Änderungen in den Anfangsbedingungen zu tiefgreifenden Störungen führen. Angesichts unserer bisherigen Darlegungen besteht kein Grund zur Annahme, daß unsere autokatalytischen Verbände nicht übermäßig empfindlich, chaotisch und damit von Anfang an dem Untergang geweiht seien. Eine geringfügige, durch die Aufnahme eines Moleküls aus einer Nachbarzelle verursachte Änderung der Konzentrationen im inneren Metabolismus könnte so extrem verstärkt werden, daß das Netzwerk auseinanderbricht. Die autokatalytischen Verbände, die ich postuliere, müßten das Verhalten von mehreren tausend Molekülen koordinieren. Das Chaos, das sich potentiell in Systemen dieser Komplexität entwickeln könnte, übersteigt jegliches Vorstellungsvermögen.

Das Risiko chaotischer Störungen ist nicht bloß theoretischer Natur. Andere Moleküle können sich an die Enzyme in unseren Zellen binden und deren Aktivität auf diese Weise so hemmen oder fördern. Enzyme können durch andere Moleküle im Reaktionsnetzwerk »ein«- oder »ausgeschaltet« werden. Wir wissen heute, daß solche molekularen Rückkopplungen in den meisten Zellen komplexe chemische Oszillationen in Raum und Zeit auslösen können. Das Risiko chaotischer Störungen ist somit durchaus real.

Wenn unsere Hypothese richtig ist, daß das Leben begann, als sich Moleküle spontan zu autokatalytischen Stoffwechselsystemen zusammenschlossen, dann müssen wir eine Quelle molekularer Ordnung finden, eine Quelle der fundamentalen inneren Homöostase, die Zellen gegen Störungen schützt; einen Kompromiß, der es den chemischen Netzwerken der Urzelle ermöglicht, geringfügige Fluktuationen unbeschadet zu überstehen. Woraus könnte eine solche Ordnung hervorgehen, solange noch kein Genom vorhanden ist? Sie muß irgendwie aus der kollektiven Dynamik des Netzwerks, dem abgestimmten Verhalten der gekoppelten Moleküle entspringen. Es muß sich um einen weiteren Fall von »Ordnung zum Nulltarif« handeln. Wie wir gleich sehen werden, genügen erstaunlich einfache Regeln beziehungsweise Randbedingungen, um die spontane Emergenz dieser unerwarteten und tiefgreifenden dynamischen Ordnung sicherzustellen.

## Die Urquellen der Homöostase

Erlauben Sie mir eine einfache, aber sehr nützliche Idealisierung. Nehmen wir an, jedes Enzym besäße nur zwei Aktivitätszustände – es sei entweder »ein«- oder »ausgeschaltet« und könne von dem einen in den anderen Zustand umschalten. Jedes Enzym ist somit in jedem Augenblick entweder aktiv oder inaktiv. Genaugenommen ist diese Idealisierung wie alle Idealisierungen falsch. In Wirklichkeit nämlich zeigen Enzyme abgestufte katalytische Aktivitäten. Im einfachsten Fall hängt die Reaktionsgeschwindigkeit von den Enzym- und Substratkonzentrationen ab. Dennoch ist die Hemmung oder Aktivierung von Enzymen durch Moleküle, die sich an bestimmte Bindungsstellen des Enzyms anlagern oder das Enzym auf andere Weise verändern, weit verbreitet, und sie geht oftmals mit einer deutlichen Änderung der Enzymaktivität einher. Außerdem unterstelle ich, daß die Substrate beziehungsweise Reaktionsprodukte entweder anwesend oder abwesend sind. Auch dies ist genaugenommen falsch. Doch die Konzentrationen von Substraten und Produkten können in komplexen Reaktionsnetzen in sehr kurzen Zeitabständen starken Schwankungen unterliegen. Die »ein-aus«- beziehungsweise »anwesend-abwesend«-Idealisierung ist sehr nützlich, denn wir werden Netzwerke aus Tausenden von Modellenzymen, -substraten und -produkten betrachten.

Der Vorteil von Idealisierungen in den Naturwissenschaften besteht darin, daß sie uns helfen, die Grundzüge eines Vorgangs zu erfassen. Anschließend muß man dann zeigen, daß die auf diese Weise erfaßten Grundzüge sich nicht ändern, wenn man die Idealisierungen wegläßt. So ging man beispielsweise bei der Analyse der Gesetze der Gaskinetik in der Physik davon aus, daß sich die Gasmoleküle wie feste elastische Kugeln verhielten: Diese Idealisierung erfaßte die wichtigsten Merkmale, die erforderlich waren, um die statistische

Mechanik zu begründen. In Kapitel 3 stellten wir die Moleküle und ihre Reaktionen als Knöpfe und Fäden dar. Nun wollen wir den metaphorischen Bezugsrahmen verändern und uns ein metabolisches Netzwerk von Enzymen, Substraten und Produkten als ein Netzwerk aus miteinander verdrahteten Glühbirnen, als einen elektrischen Schaltkreis vorstellen. Ein Molekül, das die Bildung eines anderen Moleküls katalysiert, kann dann mit einer Glühbirne, die eine andere Glühbirne einschaltet, verglichen werden. Doch Moleküle können ihre Bildungsreaktionen auch wechselseitig hemmen: Dieser Vorgang wäre demnach das Ausschalten durch eine andere Glühbirne.

Nun könnte man ein solches Netzwerk dadurch zu einem geordneten Verhalten veranlassen, daß man es mit großer Sorgfalt und Geschicklichkeit konstruiert. Doch nach unserer Hypothese entstanden autokatalytische Metabolismen in den Urgewässern der Erde spontan aus einer zufälligen Anhäufung von Molekülen. Nun würde man erwarten, daß solch ein ungeordneter Verband aus Tausenden von Molekülarten höchstwahrscheinlich ein regelloses, instabiles Verhalten zeigt. In Wirklichkeit ist das Gegenteil der Fall: Ordnung, »Ordnung zum Nulltarif«, entsteht spontan. Um zu unserer Metapher zurückzukehren: Obgleich wir unsere Glühbirnen nach dem Zufallsprinzip verdrahtet haben, leuchten sie nicht unbedingt wie die blitzschnell blinkenden Lichter eines riesigen Waldes aus Weihnachtsbäumen in zufälliger Aufeinanderfolge auf. Unter den angemessenen Bedingungen gehen sie in kohärente, sich wiederholende Muster über.

Um die Gründe für die Entstehung spontaner Ordnung zu erklären, muß ich einige Begriffe einführen, mit denen die Mathematiker dynamische Systeme beschreiben. Das elektrische Netzwerk, mit dem wir unseren autokatalytischen Verband vergleichen, kann eine riesige Zahl möglicher Zustände annehmen. Sämtliche Glühbirnen können ein- oder ausgeschaltet sein, und zwischen diesen beiden Extremen gibt es unzählige Kombinationen. Stellen wir uns ein Netzwerk aus 100 Knoten vor, die sich jeweils in einem von zwei möglichen Zuständen befinden, also »ein«- oder »ausgeschaltet« sind, dann beträgt die Zahl der möglichen Konfigurationen $2^{100}$. Für unseren autokatalytischen Metabolismus, der aus etwa 1000 Molekülarten besteht, ist die Zahl der Möglichkeiten noch viel größer: $2^{1000}$. Diese

Bandbreite möglicher Verhaltensweisen nennt man einen Zustandsraum. Wir können uns diesen als das mathematische Universum vorstellen, in dem das System beliebig umherwandert.

Um die Begriffe zu veranschaulichen, betrachten wir ein einfaches Netzwerk aus nur drei Glühbirnen – 1, 2 und 3 –, die jeweils »Inputs« (Eingangssignalwerte) von den übrigen beiden empfangen (Abbildung 4.1a). Die Pfeile zeigen an, in welche Richtung die Signale fließen; folglich zeigen Pfeile von den Glühbirnen 2 und 3 auf Glühbirne 1, was bedeutet, daß Glühbirne 1 Inputs von den Glühbirnen 2 und 3 empfängt.

Neben dem Bauschaltplan müssen wir noch wissen, wie jede Glühbirne auf die von ihr empfangenen Signale reagiert. Da jede Glühbirne nur zwei Werte annehmen kann, »ein« und »aus«, die wir als 1 und 0 darstellen können, ist leicht ersichtlich, daß es nur vier mögliche Inputmuster gibt, die sie von ihren beiden Nachbarn empfangen kann. Beide Inputs können »aus« (00) sein, einer der beiden Inputs kann »ein« sein (01 oder 10), oder beide Inputs können »ein« sein (11). Mit Hilfe dieser Informationen können wir eine Regeltabelle erstellen, die für jedes der vier möglichen Inputmuster festlegt, ob

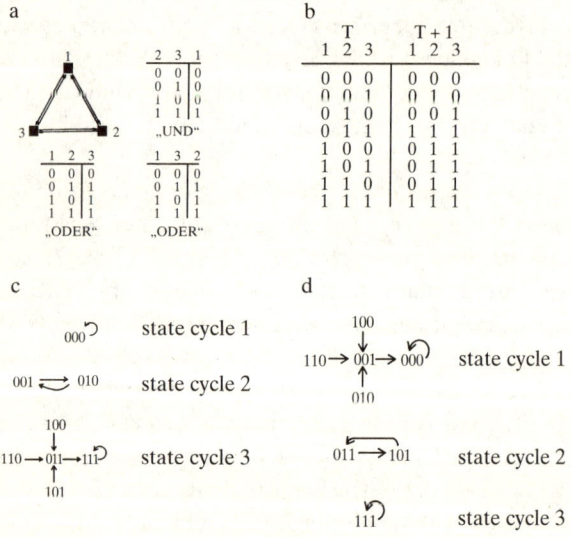

**Abbildung 4.1:** *Ein Boolescher Verband. (a) Der Bauschaltplan eines Booleschen Netzwerks mit drei binären Elementen, von denen jedes als Input der anderen beiden Elemente fungiert. (b) Die Booleschen Regeln von (a), umgeschrieben, um für alle ($2^3$) = 8 Zustände zur Zeit T die Aktivität anzugeben, die jedes Element im nächsten Moment, T+1, zeigt. Von links nach rechts gelesen, gibt diese Tabelle den Folgezustand jedes Zustands an. (c) Den Zustandsübergangsgraphen bzw. das »Verhaltensfeld« des autonomen Booleschen Netzwerks von (a) und (b) erhält man dadurch, daß man die Zustandsübergänge durch Pfeile mit den Folgezuständen verknüpft. (d) Auswirkungen der Umstellung der Regel für Element 2 von ODER auf UND.*

eine Glühbirne aktiv (1) oder inaktiv (2) ist. Diese Regeltabelle könnte beispielsweise vorschreiben, daß Glühbirne 1 nur dann aktiv ist, wenn beide unmittelbar vorangehenden Inputs den Wert 1 hatten. In der Sprache der Booleschen Algebra (benannt nach George Boole, der im 19. Jahrhundert die mathematische Logik begründete) ist Glühbirne 1 ein UND-Gatter; das bedeutet, die Glühbirnen 2 *und* 3 müssen aktiv sein, bevor sie aufleuchtet. Wir könnten statt dessen aber auch festlegen, daß die Glühbirne einer Booleschen ODER-Funktion gehorcht: Glühbirne 1 wird dann aktiviert, wenn unmittelbar zuvor Glühbirne 2 oder Glühbirne 3 oder beide aktiv waren.

Um die Beschreibung dieses sogenannten Booleschen Verbandes zu vervollständigen, werde ich jeder Glühbirne eine der möglichen Booleschen Funktionen zuschreiben, und zwar Glühbirne 1 die UND-Funktion und Glühbirne 2 und 3 die ODER-Funktion (Abbildung 4.1a). In jedem Augenblick prüft jede Glühbirne die Signalwerte ihrer beiden Inputs und geht in den Zustand 1 oder 0 über, der von ihrer Booleschen Funktion spezifiziert wird. Das Ergebnis ist ein kaleidoskopisches Blinken, das von der sukzessiven Entfaltung der einzelnen Muster ausgelöst wird. Abbildung 4.1b zeigt die acht möglichen Zustände, die das Netzwerk annehmen kann, von (000) bis zu (111). Die Spalten in der rechten Hälfte von Abbildung 4.1b beschreiben die Boolesche Regel für jede Glühbirne. Die Zeilen in Abbildung 4.1b hingegen geben, von links nach rechts gelesen, für jeden gegenwärtigen Zustand zum Zeitpunkt *T* an, in welchem Zustand sich das gesamte Netzwerk im unmittelbar darauffolgenden Zeitpunkt, *T* + 1, befinden wird, in dem sämtliche Glühbirnen gleichzeitig ihre neuen Aktivitäten, 1 oder 0, entfalten.

Nunmehr können wir beginnen, das Verhalten dieses kleinen Netzwerks zu erklären. Wir sahen, daß sich das System in einer endlichen Anzahl von Zuständen – in unserem Fall: acht – befinden kann. Das System, das in einem bestimmten Zustand startet, durchläuft mit der Zeit eine Abfolge von Zuständen. Diese Abfolge nennt man Trajektorie (Abbildung 4.1c). Da die Anzahl der Zustände endlich ist, tritt das System schließlich in einen Zustand ein, in dem es sich bereits zuvor befunden hat. Dann wiederholt sich die Trajektorie. Da das System deterministisch ist, durchläuft es unaufhörlich einen wiederkehrenden Kreis von Zuständen, der Zustandszyklus genannt wird.

Je nach Anfangszustand, in dem sich unser Netzwerk beim Systemstart befindet – dem Muster ein- und ausgeschalteter Glühbirnen –, folgt es verschiedenen Trajektorien, tritt aber zu irgendeinem Zeitpunkt in einen sich unentwegt wiederholenden Zustandszyklus ein (Abbildung 4.1c). Das einfachste mögliche Verhalten zeigte sich, wenn das Netzwerk sofort in einen Zustandszyklus einträte, der aus einem einzigen Muster aus Einsen und Nullen bestünde. Ein System, das in einem solchen Zustand gestartet wird, ändert sich nie; man sagt, es ist in einem Zyklus der Länge 1 »eingefroren«. Es ist aber auch möglich, daß die Länge des Zustandszyklus der Gesamtzahl der Zustände im Zustandsraum entspricht. Ein System, das in einem solchen Zyklus verharrt, wiederholt nacheinander alle Muster, die es bieten kann. Für unser System aus drei Glühbirnen würde dies bedeuten, daß es beim Durchlauf durch seine acht möglichen Zustände ständig blinkt. Da die Anzahl der Zustände so gering ist, könnten wir sehr schnell das Blinkmuster ermitteln. Stellen wir uns nun ein größeres Netzwerk vor, das aus 1000 Glühbirnen besteht und somit $2^{1000}$ mögliche Zustände einnehmen kann. Befände sich das Netzwerk in einem Zustandszyklus, der jeden dieser unvorstellbar vielen Zustände durchliefe, und dauerte jeder Zustandsübergang nur *eine billionstel Sekunde,* dann würde die Existenzzeit des Universums nicht ausreichen, um den Zyklus zu vollenden.

Boolesche Netzwerke zeichnen sich also zunächst einmal dadurch aus, daß sie in einen Zustandszyklus eintreten, wobei die Anzahl der Zustände in einem solchen wiederkehrenden Muster sehr gering – bis hin zu einem einzigen stationären Zustand – oder so hyperastronomisch groß sein kann, daß Zahlen jegliche Aussagekraft verlieren. Wenn ein System in einen kurzen Zustandszyklus verfällt, dann wird sein Verhalten Regelmäßigkeiten aufweisen. Ist der Zustandszyklus dagegen zu lang, dann wird das Verhalten des Systems weitgehend unvorhersagbar sein. Die Größe der Zustandsräume, die molekulare Netzwerke aus nur ein paar tausend Molekülarten durchwandern können, übersteigt unser Vorstellungsvermögen. Unsere autokatalytischen Netzwerke weisen nur dann Ordnung auf, wenn sie es vermeiden, ständig von einer scheinbar endlosen Tangente zur anderen überzuwechseln, und wenn sie kurze Zustandszyklen anstreben, also ein Repertoire gleichbleibender Verhaltensweisen zeigen.

Um abzuschätzen, wie hoch die Wahrscheinlichkeit ist, daß autokatalytische Verbände stabil genug sind, um Bestand zu haben, müssen wir die folgenden Fragen beantworten: Wie erzeugt man geordnete Netzwerke mit kurzen Zustandszyklen? Ist es schwer, sehr kurze Zustandszyklen zu erzeugen, so daß es an ein Wunder grenzt, daß überhaupt stabile autokatalytische Metabolismen entstanden sind? Oder geschieht dies von selbst? Ist es Teil der emergenten Ordnung?

Um diese Fragen zu beantworten, müssen wir den Begriff des Attraktors einführen. Mehr als eine Trajektorie kann in denselben Zustandszyklus einmünden. Startet man ein Netzwerk in irgendeinem dieser unterschiedlichen Anfangsmuster, dann wird es, nachdem es eine Folge von Zuständen durchlaufen hat, in denselben Zustandszyklus, dasselbe Blinkmuster, eintreten. In der Terminologie der Wissenschaft von den dynamischen Systemen ist ein Zustandszyklus ein Attraktor, und die Gesamtheit der Trajektorien, die in ihn einmünden, nennt man Attraktionsbereich. Wir können uns einen Attraktor in etwa als einen See vorstellen und den Attraktionsbereich als das Zuflußgebiet dieses Sees.

Wie eine gebirgige Region zahlreiche Seen beherbergen kann, so kann ein Boolesches Netzwerk zahlreiche Zustandszyklen enthalten, die jeweils ihren eigenen Attraktionsbereich »entwässern«. Das kleine Netzwerk in Abbildung 4.1a-c besitzt drei Zustandszyklen. Der erste Zustandszyklus besteht aus einem stationären Zustand (000), der keine Trajektorien anzieht. Es handelt sich um einen isolierten Dauerzustand. Er kann nur erreicht werden, wenn wir das Netzwerk dort starten. Der zweite Zustandszyklus umfaßt zwei Zustände, (001) und (010); das Netzwerk oszilliert zwischen diesen beiden. Dieser Attraktor zieht keine anderen Zustände an. Startet man das Netzwerk in einem dieser beiden Muster, dann wird es in dem Zyklus bleiben und zwischen den beiden Zuständen hin- und herspringen. Der dritte Zustandszyklus besteht aus dem stationären Zustand (111). Dieser Attraktor liegt in einem Attraktionsbereich, der vier andere Zustände anzieht. Startet man das Netzwerk in einem dieser Muster, dann wird es schnell in den stationären Zustand übergehen, darin »einfrieren« und drei leuchtende Glühbirnen zeigen.

Unter den richtigen Bedingungen können diese Attraktoren in großen dynamischen Systemen als Quelle von Ordnung fungieren. Da das System Trajektorien folgt, die zwangsläufig in Attraktoren einmünden, werden sehr kleine Attraktoren das System in sehr kleine Teilbereiche seines Zustandsraums »hineinzwängen«. Das System geht in einige wenige geordnete Zustände aus der riesigen Zahl möglicher Zustände über. Kleine Attraktoren erzeugen Ordnung. Tatsächlich sind winzige Attraktoren eine unabdingbare Voraussetzung jener »Ordnung zum Nulltarif«, nach der wir suchen.

Doch winzige Attraktoren genügen nicht. Ein dynamisches System, wie etwa ein autokatalytischer Verband, geht nur dann in einen geordneten Zustand über, wenn es homöostatische Stabilität aufweist, also unempfindlich gegenüber geringfügigen Störungen ist. Auch diese Homöostase ist letztlich auf Attraktoren zurückzuführen, die dafür sorgen, daß ein System stabil ist. In großen Netzwerken wird ein Zustandszyklus in der Regel aus einem riesigen Attraktionsbereich gespeist; viele Zustände münden in den Attraktor. Zudem können die Zustände innerhalb dieses Bereichs den Zuständen in dem Zustandszyklus, der sie anzieht, sehr ähnlich sein. Weshalb ist dies von Bedeutung? Angenommen, wir würden willkürlich eine einzelne Glühbirne auswählen und sie in den entgegengesetzten Zustand umschalten. Nach allen oder den meisten derartigen Störungen wird sich das System noch immer im selben Attraktionsbereich befinden. Das System kehrt folglich in denselben Zustandszyklus zurück, aus dem es durch die Störung herausgefallen war! Darin liegt das Wesen der homöostatischen Stabilität. Der Zustandszyklus 3 in Abbildung 4.1c ist in dieser Hinsicht stabil; wenn sich das Netzwerk in diesem Bereich befindet, dann wird die Umschaltung der Aktivität einer einzelnen Glühbirne dessen Verhalten langfristig nicht beeinflussen, da das System in denselben Zustandszyklus zurückkehrt.

Doch nicht immer stellt sich eine homöostatische Stabilität ein. Der Zustandszyklus 1 beispielsweise ist ein isolierter stationärer Zustand und empfindlich gegenüber der geringfügigsten Störung. Nach jeder derartigen Umschaltung wird das System in einen anderen Attraktionsbereich gedrängt. Es kehrt nicht wieder in seinen Anfangszustand zurück. Wenn alle Attraktoren eines Netzwerkes auf diese Weise instabil wären, dann können wir uns vorstellen, daß die geringfügigsten Störungen (der Flügelschlag eines Schmetterlings) das System fortwährend aus Attraktoren herausdrängen und auf eine endlose, sich niemals wiederholende Reise durch den Zustandsraum schicken würden. Das System wäre chaotisch.

Unsere Annahme, daß das Leben mit der spontanen Entstehung autokatalytischer Verbände begann, kann nur dann richtig sein, wenn diese Verbände homöostatisch stabil waren. Entwickeln gewisse Arten großer Netzwerke von selbst homöostatische Stabilität? Oder bildet sich die Homöostase nur schwer, so daß die Emergenz stabiler Netzwerke äußerst unwahrscheinlich ist? Oder kann sie Teil der »Ordnung zum Nulltarif« sein? Wir brauchen Gesetze, die beschreiben, in welchen Arten von Netzwerken mit hoher Wahrscheinlichkeit Ordnung entsteht und welche zu chaotischem Verhalten tendieren. Jedes Boolesche Netzwerk besitzt Attraktoren, um die sich ein Attraktionsbereich erstreckt, wobei jedoch Netzwerke aus Tausenden verschiedener Molekülarten eine unvorstellbar große Zahl von Zustandsräumen besitzen. Wenn wir nun den metaphorischen Bezugsrahmen ändern und uns jeden Zustandszyklus als eine Galaxie im Weltraum vorstellen, dann lautet unsere Frage, wie viele Attraktor-Galaxien über die Mega-Megaparsec großen Zustandsräume des Netzwerks verstreut sind. Wenn der Zustandsraum aus Abermillionen von Zuständen besteht, dann könnten Abermillionen von Attraktoren darin enthalten sein. Wenn eine so unermeßlich große Zahl von Attraktoren vorhanden ist und das System in irgendeinen davon eintreten könnte, dann hört sich das kaum nach Ordnung an.

Die treibende Kraft der Evolution kollektiv-autokatalytischer Verbände waren vermutlich Mutationen (wie sie auch die Evolution der rezenten Organismen antreiben), die unentwegt die funktionalen Verknüpfungen zwischen den Molekülarten des Systems veränderten. Führen diese ständigen mutationsbedingten Änderungen dazu, daß das System regellos von einem Zustand in den nächsten übergeht und so seine Fähigkeit zerstört, die eigene Reproduktion zu katalysieren? Führen geringfügige mutationsbedingte Variationen in der Regel zu Änderungen mit katastrophalen Auswirkungen? Eine weitere Möglichkeit, ein Netzwerk zu stören, besteht darin, seinen »Bauschaltplan« – um einen Terminus aus der Booleschen Algebra zu verwenden – ständig zu »mutieren«, indem man die Inputs beziehungsweise die Boolesche Funktion verändert, die die Aktivierung einer Glühbirne steuert. Abbildung 4.1d zeigt die Folgen einer Umstellung der Regel, die das Verhalten von Glühbirne 2 steuert, von einer ODER- auf eine UND-Funktion. Wie Sie sehen, geht das Netzwerk dadurch in eine neue dynamische Form über. Einige Zustandszyklen bleiben erhalten, während sich andere verändern. Durch neue Attraktionsbereiche entstehen neue Blinkmuster.

Darwin nahm an, daß Mutationen, die zu geringfügigen Abwandlungen der Merkmale eines Organismus führen, die treibende Kraft der Evolution lebender Systeme darstellen. Ist diese segensreiche Fähigkeit zu geringfügigen Änderungen schwer zu erlangen? Oder ist auch sie Teil der »Ordnung zum Nulltarif«? Ein orthodoxer Darwinist würde vielleicht behaupten, daß diese Art segensreicher Stabilität erst nach einer Reihe evolutionärer Experimente auftreten könne. Doch diese Antwort setzt genau das als gegeben voraus, um dessen Erklärung es uns geht. Denn wir möchten ja gerade den Ursprung der Evolutionsfähigkeit erklären! Wie immer das Leben begonnen hat – ob mit nackten replizierenden RNS-Molekülen oder mit kollektiv-autokatalytischen Verbänden –, fest steht jedenfalls, daß diese Stabilität nicht von außen, durch die natürliche Auslese, auferlegt worden sein kann. Sie muß innerhalb der Evolution selbst und als deren Voraussetzung entstanden sein.

Sämtliche Eigenschaften und die gesamte Ordnung, die für das Leben erforderlich sind, entstehen meines Erachtens spontan. Wir müssen daher als nächstes zeigen, auf welche Weise die »Ordnung zum Nulltarif« die kleinen geordneten Attraktoren, die Homöostase und die wunderbare Stabilität hervorbringt, die unabdingbare Voraussetzungen des Lebens sind. Die emergente, von selbst entstehende Ordnung wird unsere Sicht des Lebens tiefgreifend verändern.

## Die Voraussetzungen für die Entstehung von Ordnung

Wir haben gesehen, daß Boolesche Verbände ein hohes Maß an Ordnung, aber auch völlig chaotisches Verhalten zeigen können. Daher fragen wir nun nach den Bedingungen, unter denen in solchen Systemen eine geordnete Dynamik entstehen kann. Ich werde nachfolgend die Ergebnisse meiner dreißigjährigen Forschungsarbeiten auf diesem Gebiet darstellen.

Die wichtigsten Ergebnisse lassen sich kurz zusammenfassen: Zwei konstruktive Merkmale von Netzwerken können kontrollieren, ob diese sich in einem geordneten Regime, einem chaotischen Regime oder einem Phasenübergangsregime – dem »Chaosrand« – zwischen den beiden befinden. Das erste Merkmal ist die Anzahl der »Inputs«, die das Verhalten jeder Glühbirne steuern. Wenn das Verhalten jeder Glühbirne von nur ein oder zwei anderen Glühbirnen gesteuert wird, das Netzwerk also »dünn geknüpft« ist, dann weist das System ein erstaunlich hohes Maß an Ordnung auf. Wird das Verhalten jeder Glühbirne dagegen von den Inputs vieler anderer Glühbirnen gesteuert, dann befindet sich das Netzwerk im chaotischen Regime. Folglich hängt es von der Verknüpfungsdichte eines Netzwerks ab, ob es geordnetes oder chaotisches Verhalten aufweist. Das zweite Merkmal, das die Emergenz von Ordnung oder Chaos beeinflußt, sind schlichtweg Vorgaben in den Steuerungsregeln selbst. Einige Steuerungsregeln – die bereits besprochenen Booleschen UND- und ODER-Funktionen – erzeugen eine geordnete Dynamik, während andere Steuerungsregeln Chaos hervorbringen.

Die Methode, die ich und andere bei unserer Arbeit anwandten, ist recht einfach. Um die Frage zu beantworten, welche Klassen von Netzwerken geordnetes beziehungsweise chaotisches Verhalten zeigen, kann man ganz bestimmte Netzwerke anfertigen und deren Verhalten erforschen. In diesem Fall müßten wir jedoch eine riesige, unvorstellbar große Zahl ganz bestimmter Netzwerke untersuchen. Deshalb frage ich, ob bestimmte *allgemeine Klassen* von Netzwerken geordnetes oder chaotisches Verhalten zeigen. Um diese Frage zu beantworten, muß man zunächst die fragliche »Klasse« von Netzwerken sorgfältig definieren und anschließend das Verhalten einer großen Zahl von Netzwerken, die man nach dem Zufallsprinzip aus dem Pool auswählt, im Computer simulieren. Dann können wir wie ein Meinungsforscher ein Bild des typischen oder allgemeinen Verhaltens der Mitglieder der Klasse entwerfen.

Wir könnten zum Beispiel die Klasse der Netzwerke mit 1000 Glühbirnen (wir nennen diese Variable $N$) und 20 Inputs je Glühbirne (die Variable $K$) untersuchen. Mit $N = 1000$ und $K = 20$ läßt sich eine riesige Menge von Netzwerken konstruieren. Wir entnehmen dieser Menge eine Stichprobe, indem wir jeder der 1000 Glühbirnen nach dem Zufallsprinzip 20 Inputs und ebenfalls nach dem Zufallsprinzip eine der möglichen Booleschen Funktionen zuordnen. Dann studieren wir das Verhalten des Netzwerks, indem wir die Anzahl der Attraktoren, ihre jeweilige Länge, ihre Stabilität gegenüber Störungen und Mutationen und anderes mehr messen. Indem wir den Würfel ein weiteres Mal werfen, können wir die Glühbirnen eines anderen Netzwerks mit denselben allgemeinen Merkmalen ebenfalls nach dem Zufallsprinzip verdrahten und sein Verhalten untersuchen. Nachdem wir eine Vielzahl dieser Stichproben analysiert haben, können wir ein Porträt des Verhaltens dieser Klasse Boolescher Netze erstellen. Dann ändern wir die Werte von $N$ und $K$ und erstellen ein weiteres Porträt.

Nach Jahren solcher Experimente sind uns Netzwerke mit verschiedenen Parametern allmählich so vertraut wie alte Freunde. Betrachten wir also Netzwerke, in denen jede Glühbirne nur mit einer anderen verdrahtet ist. In diesen Netzwerken mit $K = 1$ geschieht nichts besonders Interessantes. Sie verfallen schnell in sehr kurze Zustandszyklen – so kurz, daß sie oftmals nur aus einem einzigen Zustand, einem einzigen Blinkmuster bestehen. Startet man ein solches Netzwerk mit $K = 1$, dann »friert« es bald ein und wiederholt immer wieder dasselbe Muster.

Betrachten wir nun am anderen Ende der Skala Netzwerke, in denen $K = N$, so daß jede Glühbirne mit allen Glühbirnen einschließlich sich selbst verdrahtet ist. Man stellt nun sehr bald fest, daß die Länge der Zustandszyklen der Netzwerke gleich der Quadratwurzel aus der Anzahl der Zustände ist. Betrachten wir die Folgen, die sich daraus ergeben. Ein Netzwerk aus nur 200 binären Variablen – Glühbirnen, die ein- oder ausgeschaltet sein können – hat $2^{200}$ beziehungsweise

$10^{30}$ mögliche Zustände. Die Länge der Zustandszyklen liegt folglich in der Größenordnung von $10^{15}$ Zuständen. Wenn wir das Netzwerk mit einem beliebigen Muster aus ein- und ausgeschalteten Glühbirnen, Einsen und Nullen, starten, dann wird es von einem Attraktor in einen sich wiederholenden Zyklus gezogen, dessen Länge jedoch unser Vorstellungsvermögen bei weitem übersteigt. Angenommen, das Netzwerk bräuchte eine Millionstel Sekunde, um von einem Zustand in den nächsten überzugehen. Dann würde der Durchlauf durch den gesamten Zustandszyklus $10^{15}$ Millionstel einer Sekunde dauern. Dies entspricht mehrere Milliarden mal dem Alter des Universums, das auf 15 Milliarden Jahre geschätzt wird! Wir könnten folglich niemals durch Beobachtung herausfinden, ob das System sich in seinen Zustandszyklusattraktor »eingeschwungen« hat. Wir könnten an dem Blinkmuster der Glühbirnen niemals erkennen, ob das Netzwerk nicht einfach regellos durch seinen gesamten Zustandsraum wandert!

Ich hoffe, dies gibt Ihnen zu denken. Wir suchen nach Gesetzen, die ausreichen, um eine geordnete Dynamik hervorzubringen. Unsere Booleschen Netzwerke sind offene thermodynamische Nichtgleichgewichtssysteme. Da ein kleines Netzwerk mit nur 200 Glühbirnen eine Ewigkeit blinken kann, ohne ein Muster zu wiederholen, entsteht in offenen thermodynamischen Nichtgleichgewichtssystemen keineswegs zwangsläufig Ordnung.

Allerdings zeigen solche Netzwerke mit $K=N$ Anzeichen von Ordnung. Die Anzahl der Attraktoren in einem Netzwerk – bildlich gesprochen: die Anzahl der Seen – beträgt nur $N/e$, wobei $e$ die Basis der natürlichen Logarithmen ist und einen Wert von 2,71828 besitzt. Folglich würde ein Netzwerk mit $K=N$ und mit 100 000 binären Variablen etwa 37 000 derartige Attraktoren enthalten. 37 000 ist natürlich eine große Zahl, aber doch viel, viel kleiner als $2^{100\,000}$, die Größe des Zustandsraumes des Netzwerks.

Angenommen nun, wir ließen eine Störung auf das Netzwerk einwirken, indem wir eine Glühbirne von »aus« auf »ein« umschalten oder umgekehrt. In Netzwerken mit $N=K$ zeigt sich eine extreme Version des Schmetterlingseffekts. Man braucht nur ein Bit umzudrehen, und schon gerät das ganze System mit an Sicherheit grenzender Wahrscheinlichkeit unter den Einfluß eines anderen Attraktors.

Da es jedoch 37 000 Attraktoren mit Längen von bis zu $10^{15}$ Zuständen gibt, wird diese minimale Fluktuation die künftige Evolution des Systems völlig verändern. Netzwerke mit $K=N$ zeigen ein stark chaotisches Verhalten. In dieser Klasse gibt es keine »Ordnung zum Nulltarif«.

Noch schlimmer wird es, wenn man versucht, ein solches Netzwerk zur Evolution anzuregen, indem man die Boolesche Regel für eine einzelne Glühbirne willkürlich umstellt. Man ändert so die Hälfte der Zustandsübergänge im Netzwerk und kann alle alten Attraktionsbereiche und Zustandszyklen in den Mülleimer der Geschichte des Netzwerks werfen. Geringfügige Änderungen in diesem Punkt führen zu massiven Verhaltensänderungen. In dieser Klasse gibt es keine minimalen erblichen Variationen als Material für die Selektion.

Die meisten Booleschen Netzwerke zeigen chaotisches Verhalten, und sie sind instabil gegenüber geringfügigen Mutationen. Selbst Netzwerke, in denen $K$ sehr viel kleiner ist als $N$, etwa $K=4$ oder $K=5$, zeigen ein unvorhersagbares, chaotisches Verhalten, ähnlich dem von Netzwerken mit $K=N$.

Woher kommt die Ordnung? Die Ordnung entsteht, plötzlich und wie durch ein Wunder, in Netzwerken mit $K=2$. Bei diesen Netzwerken, die ein wohlgeordnetes Verhalten zeigen, ist die Länge der Zustandszyklen nicht gleich der Quadratwurzel aus der Zahl der Zustände, sondern annähernd gleich der Quadratwurzel aus der Zahl der binären Variablen. Halten wir einen Moment lang inne, um uns die Bedeutung dieses Befundes so klar wie möglich zu machen. Stellen wir uns ein Boolesches Zufallsnetzwerk vor mit $N=100\,000$ Glühbirnen, die jeweils $K=2$ Inputs empfangen. Der dazugehörige »Schaltplan« sähe aus wie ein unvorstellbares Gewirr, ein undurchdringlicher Dschungel. Jeder Glühbirne wird ebenfalls willkürlich eine Boolesche Funktion zugeordnet. Die Logik der Verknüpfungen gleicht daher einem regellosen Durcheinander. Das System hat $2^{100\,000}$ oder $10^{30\,000}$ Zustände – eine gigantische Zahl von Möglichkeiten. Und was geschieht? Das riesige Netzwerk geht sehr bald in einen Zyklus aus nur 317 Zuständen über, was der Quadratwurzel aus 100 000 entspricht.

Ich hoffe, dies erregt in Ihnen das gleiche, tiefe Erstaunen, das ich vor fast dreißig Jahren bei dieser Entdeckung verspürte. Hier zeigt sich das Wunder der Ordnung. Ein stochastisch verknüpftes Netzwerk, das von keiner Intelligenz gesteuert wird, durchläuft bei einem Zustandsübergang, der eine millionstel Sekunde dauert, seinen Attraktor in 317 Millionstel einer Sekunde. Dies ist sehr viel weniger als das milliardenfache Alter des Universums. Dreihundertundsiebzehn Zustände? Um zu verstehen, was dies bedeutet, kann man auch fragen, in welchen Bruchteil des gesamten Zustandsraumes sich das Netzwerk selbst »hineinquetscht«. 317 Zustände sind, gemessen am gesamten Zustandsraum, ein außerordentlich kleiner Teil, nämlich 1, dividiert durch $10^{29\,998}$!

Wir suchen nach Ordnung, die ohne sorgfältige Planung entsteht. Erinnern wir uns an unsere Diskussion abgeschlossener thermodynamischer Systeme, in denen Gasmoleküle von unwahrscheinlichen räumlichen Anordnungen (alle Moleküle sind in einer Ecke eines Behältnisses angehäuft oder parallel zu einer Seitenfläche eines Kastens aufgereiht) in homogene Konfigurationen übergehen. Die unwahrscheinlichen Anordnungen standen für einen hohen Ordnungsgrad. In der jetzt betrachteten Klasse offener thermodynamischer Systeme wird das System durch die spontane Dynamik in eine infinitesimale Ecke seines Zustandsraumes gedrängt und dort für immer festgehalten. Wenn das nicht »Ordnung zum Nulltarif« ist!

Die Ordnung drückt sich in diesen Netzwerken auf mannigfache Weise aus. Benachbarte Zustände konvergieren im Zustandsraum. Mit anderen Worten: Zwei ähnliche Anfangsmuster liegen wahrscheinlich im selben Attraktionsbereich und treiben daher das System zum selben Attraktor. Derartige Systeme zeigen folglich keine empfindliche Abhängigkeit von den Anfangsbedingungen; sie sind nicht chaotisch. So entsteht die Homöostase, die wir suchen. Sobald ein solches Netzwerk auf einem Attraktor liegt, kehrt es nach einer Störung mit sehr hoher Wahrscheinlichkeit zu demselben Attraktor zurück. In diesem Gebiet des Netzwerkes entsteht die Homöostase von selbst.

Aus demselben Grund können diese Netzwerke eine Mutation durchmachen, durch die sich die Verdrahtung beziehungsweise Logik ändert, ohne deshalb in ein chaotisches Regime überzugehen. Die meisten kleinen Mutationen bewirken die von uns erhoffte geringfügige Änderung im Verhalten des Netzwerks. Attraktionsbereiche und Attraktoren ändern sich nur wenig. Derartige Systeme evolvieren von selbst, so daß ihre Evolutionsfähigkeit nicht erst mühsam unter dem Druck der Selektion erzeugt werden muß.

Schließlich weisen diese Netzwerke auch keinen *zu hohen* Ordnungsgrad auf. Anders als ein Netzwerk mit $N=1$ sind sie nicht »eingefroren«, sondern durchaus zu komplexen Verhaltensweisen fähig.

Ich behaupte, daß wir uns jahrtausendelang falsche Vorstellungen von den Voraussetzungen für die Entstehung von Ordnung gemacht haben. Denn es bedarf weder sorgfältiger Konstruktion noch besonderer Kunstfertigkeit, sondern nur äußerst komplexer Netze wechselwirkender Elemente, die locker miteinander verknüpft sind.

Wie ich in meinem Buch *Origins of Order: Self-Organization and Selection in Evolution* zeige, kann man Netzwerke, in denen $K$ größer als 2 ist, so »einstellen«, daß sie ebenfalls geordnetes und kein chaotisches Verhalten zeigen. Meine Kollegen Bernard Derrida und Gérard Weisbuch, die beide als Festkörperphysiker an der Ecole Normale Supérieure in Paris tätig sind, haben gezeigt, daß es eine Variable $P$ gibt, die man so trimmen kann, daß das Netzwerk aus dem chaotischen ins geordnete Regime übergeht.

$P$ ist ein sehr einfacher Parameter. Abbildung 4.2 zeigt drei Boolesche Funktionen mit jeweils vier Inputs. Für jeden der 16 möglichen Zustände der vier Input-Glühbirnen, von (0000) bis (1111), muß man in jeder Funktion die Antwort der regulierten Glühbirne spezifizieren. Für die in Abbildung 4.2a dargestellte Boolesche Funktion wurde die Hälfte der Antworten der regulierten Glühbirne als 1 und die andere Hälfte als 0 definiert. Für die in Abbildung 4.2b gezeigte Boolesche Funktion sind 15 Antworten 0 und nur einem Inputmuster ist eine 1-Antwort der regulierten Glühbirne zugeordnet. Die Boolesche Funktion in Abbildung 4.2c gleicht der in Abbildung 4.2b, außer daß der überwiegende Ausgabewert 1 und nicht 0 ist. Fünfzehn der sechzehn Inputmuster führen zu einer 1-Antwort. $P$ ist einfach ein Parameter, der die Abweichungen von der 50:50-Verteilung der 0- und 1-Antworten in einer Booleschen Funktion vorgibt. Folglich beträgt $P$ für die Boolesche Funktion in Abbildung 4.2a 0,5, für die Boolesche Funktion in Abbildung 4.2b 15/16 oder 0,9375 und für die Boolesche Funktion in Abbildung 4.2c ebenfalls 15/16 oder 0,9375.

Derrida und Weisbuch haben etwas gezeigt, was im nachhinein

recht einleuchtend erscheint. Baut man verschiedene Netzwerke mit wachsenden *P*-Werten, beginnend mit dem Gleichgewichtswert von 0,5 bis zu dem Höchstwert von 1,0, dann sind die Netzwerke mit einem *P*-Wert von oder nahe bei 0,5 im chaotischen Regime, während sich die Netzwerke mit einem *P*-Wert nahe 1,0 im geordneten Regime befinden. Dies kann man leicht erkennen, wenn der Parameter *P* den Grenzwert von 1,0 annimmt. Dann gibt es im Netzwerk nämlich nur zwei Typen von Glühbirnen. Der eine Typus antwortet auf jedes Inputmuster mit einer 0; der andere Typus reagiert auf jedes Inputmuster mit einer 1. Startet man das Netzwerk nun in irgendeinem beliebigen Zustand, dann antworten die Glühbirnen des Typs 0 mit 0 und die Glühbirnen des Typs 1 mit 1, das Netzwerk friert in dem

| A | B | C | D | E |
|---|---|---|---|---|
| 0 | 0 | 0 | 0 | 0 |
| 0 | 0 | 0 | 1 | 1 |
| 0 | 0 | 1 | 0 | 0 |
| 0 | 0 | 1 | 1 | 1 |
| 0 | 1 | 0 | 0 | 0 |
| 0 | 1 | 0 | 1 | 1 |
| 0 | 1 | 1 | 0 | 1 |
| 0 | 1 | 1 | 1 | 0 |
| 1 | 0 | 0 | 0 | 1 |
| 1 | 0 | 0 | 1 | 0 |
| 1 | 0 | 1 | 0 | 0 |
| 1 | 0 | 1 | 1 | 1 |
| 1 | 1 | 0 | 0 | 0 |
| 1 | 1 | 0 | 1 | 0 |
| 1 | 1 | 1 | 0 | 1 |
| 1 | 1 | 1 | 1 | 1 |

a

| A | B | C | D | E |
|---|---|---|---|---|
| 0 | 0 | 0 | 0 | 0 |
| 0 | 0 | 0 | 1 | 0 |
| 0 | 0 | 1 | 0 | 0 |
| 0 | 0 | 1 | 1 | 0 |
| 0 | 1 | 0 | 0 | 0 |
| 0 | 1 | 0 | 1 | 0 |
| 0 | 1 | 1 | 0 | 0 |
| 0 | 1 | 1 | 1 | 0 |
| 1 | 0 | 0 | 0 | 1 |
| 1 | 0 | 0 | 1 | 0 |
| 1 | 0 | 1 | 0 | 0 |
| 1 | 0 | 1 | 1 | 0 |
| 1 | 1 | 0 | 0 | 0 |
| 1 | 1 | 0 | 1 | 0 |
| 1 | 1 | 1 | 0 | 0 |
| 1 | 1 | 1 | 1 | 0 |

b

| A | B | C | D | E |
|---|---|---|---|---|
| 0 | 0 | 0 | 0 | 1 |
| 0 | 0 | 0 | 1 | 1 |
| 0 | 0 | 1 | 0 | 1 |
| 0 | 0 | 1 | 1 | 0 |
| 0 | 1 | 0 | 0 | 1 |
| 0 | 1 | 0 | 1 | 1 |
| 0 | 1 | 1 | 0 | 1 |
| 0 | 1 | 1 | 1 | 1 |
| 1 | 0 | 0 | 0 | 1 |
| 1 | 0 | 0 | 1 | 1 |
| 1 | 0 | 1 | 0 | 1 |
| 1 | 0 | 1 | 1 | 1 |
| 1 | 1 | 0 | 0 | 1 |
| 1 | 1 | 0 | 1 | 1 |
| 1 | 1 | 1 | 0 | 1 |
| 1 | 1 | 1 | 1 | 1 |

c

**Abbildung 4.2:** *Versuche mit dem Parameter P. (a) Eine Boolesche Funktion mit vier Inputs, in der acht der 16 Input-Konfigurationen eine 0 als Antwort ergeben, während den acht übrigen eine 1-Antwort zugeordnet ist. $P = 8/16 = 0{,}50$. (b) 15 der 16 möglichen Input-Konfigurationen ist eine Antwort von 0 zugeordnet. $P = 15/16 = 0{,}9375$. (c) 15 der 16 möglichen Input-Konfigurationen ergeben eine Antwort von 1. $P = 15/16 = 0{,}9375$.*

entsprechenden Muster von 0- und 1-Werten ein und bleibt für immer in diesem stationären Zustand. Daher befinden sich Netzwerke bei maximalem *P*-Wert in einem geordneten Regime. Bei einem *P*-Wert von 0,5 hingegen sind Netzwerke, deren Glühbirnen zahlreiche Inputs aufweisen, in einem chaotischen Regime, in dem sie für immer völlig regellos aufleuchten. Derrida und Weisbuch zeigten darüber hinaus, daß jedes Netzwerk einen kritischen *P*-Wert besitzt, bei dessen Erreichen das Netzwerk abrupt vom chaotischen ins geordnete Regime übergeht. Dies ist der Chaosrand, auf den wir gleich zurückkommen werden.

Fassen wir das Ergebnis zusammen: Nur zwei Parameter genügen, um festzulegen, ob ein Boolesches Zufallsnetzwerk aus Glühbirnen geordnetes oder chaotisches Verhalten zeigt. Dünngeknüpfte Netzwerke zeigen innere Ordnung; dichtgeknüpfte Netzwerke verfallen in ein chaotisches Verhalten; und Netzwerke mit einer Verbindung je Element gehen in ein monotones Verhaltensmuster über. Doch die Vernetzungsdichte ist nicht der einzige Faktor. Indem man den Abweichungsparameter *P* verändert, kann man Netzwerke mit hoher Vernetzungsdichte vom chaotischen ins geordnete Regime übergehen lassen.

Diese Regeln gelten für Netzwerke aller Arten. In Kapitel 5 werde ich zeigen, daß wir uns das Genom selbst als ein Netzwerk im geordneten Regime vorstellen können. Folglich ist ein Teil der Ordnung der Zelle, die lange Zeit der gestaltenden Kraft der Darwinschen Evolution zugeschrieben wurde, wahrscheinlich ein Produkt der Dynamik des genomischen Netzwerks – und somit ein weiteres Beispiel der »Ordnung zum Nulltarif«. Auch damit hoffe ich Sie zu überzeugen, daß die Selektion nicht die einzige Quelle von Ordnung in der belebten Natur darstellt. Die spontane Ordnung, deren Kraft wir nun erörtern werden, hat wahrscheinlich nicht nur bei der Emergenz stabiler autokatalytischer Verbände, sondern auch in der späteren Evolution eine Rolle gespielt.

## Der Rand des Chaos

Lebende Systeme, angefangen von den kollektiv-autokatalytischen Urzellen, die wir in Kapitel 3 beschrieben haben, über die Zellen unseres Körpers bis hin zu ganzen Organismen, müssen Netzwerke besitzen, die sich durch Verhaltensstabilität und Homöostase auszeichnen und auf Mutationen mit geringfügigen Modifikationen reagieren. Andererseits dürfen Zellen und Organismen in ihrem Verhalten auch wiederum nicht allzu unelastisch sein, wenn sie mit einer komplexen Umwelt zurechtkommen sollen. Für die Urzelle wäre es optimal gewesen, wenn sie die Fähigkeit besessen hätte, auf neuartige Moleküle, die ihren Weg kreuzen, zu reagieren. Das im menschlichen Darm vorkommende Bakterium *E. coli* kommt mit einer riesigen Zahl unterschiedlicher Moleküle zurecht, indem es interne molekulare Signale aussendet, die sich kaskadenförmig unter seinen Enzymen und Genen ausbreiten und eine Vielzahl von Änderungen der Enzym- und Genaktivitäten herbeiführen mit dem Zweck, die Zelle vor Giftstoffen zu schützen, Nahrungsstoffe umzusetzen und gelegentlich DNS mit anderen Bakterienzellen auszutauschen.

Wie erreichen zelluläre Netzwerke Stabilität und Flexibilität zugleich? Eine neue und sehr interessante Hypothese besagt, daß ihnen dies möglicherweise dadurch gelingt, daß sie eine Art Gleichgewichtszustand am Rand des Chaos aufrechterhalten.

Wir sahen bereits Hinweise auf ein Kontinuum, das von geordnetem zu chaotischem Verhalten bei unseren Glühbirnenmodellen verläuft. Dünngeknüpfte Netzwerke mit $K=1$ oder $K=2$ zeigen spontan ein hohes Maß an Ordnung. Netzwerke mit mehr Inputs je Glühbirne, $K=4$ oder mehr, zeigen dagegen chaotisches Verhalten. Netzwerke gehen also vom geordneten ins chaotische Verhalten über, wenn man die Anzahl der Inputs je Glühbirne – und damit die Vernetzungsdichte zwischen den Birnen – erhöht. Wir sahen außerdem, daß Netzwerke auch dann von einem chaotischen in ein geordnetes Regime übergehen, wenn man den Abweichungsparameter $P$ von 0,5 auf 1,0 verändert.

Es sollte uns nicht allzusehr überraschen, wenn irgendwo entlang diesem Kontinuum ein jäher Verhaltensumschwung, eine Art Phasenübergang von Ordnung zu Chaos, stattfände. Tatsächlich haben wir in Kapitel 3 in unserem schematischen Modell über den Ursprung des Lebens eine solche plötzliche Verhaltensänderung beobachtet. Erinnern wir uns daran, daß wir Knöpfe mit Fäden verbanden und feststellten, daß sich die Größe des größten zusammenhängenden Clusters plötzlich von klein zu riesig groß änderte, sobald das Verhältnis von Fäden zu Knöpfen den magischen Wert von 0,5 überschritt. Unterhalb dieses Werts existierten nur kleine zusammenhängende Cluster von Knöpfen. Oberhalb dieses Wertes entstand eine riesige Komponente, die den größten Teil der Knöpfe umfaßte. Dies ist ein Phasenübergang.

Eine ganz ähnliche Art von Phasenübergang läßt sich in unseren Netzwerkmodellen aus Glühbirnen beobachten. Auch hier bildet sich plötzlich ein riesiger Cluster zusammenhängender Elemente. Doch der zusammenhängende Cluster besteht hier nicht aus Knöpfen, sondern aus Glühbirnen, die jeweils in einem bestimmten Aktivitätszustand, 1 oder 0, eingefroren sind. Wenn diese riesige eingefrorene Komponente entsteht, befindet sich das Netzwerk aus Glühbirnen im geordneten Regime. Bildet sie sich nicht, dann befindet sich das Netzwerk im chaotischen Regime. Dazwischen, in unmittelbarer Nähe dieses Phasenübergangs, direkt am Rand des Chaos, können sich die komplexesten Verhaltensweisen ereignen, die einerseits einen so hohen Ordnungsgrad aufweisen, daß die Stabilität gewährleistet ist, andererseits aber ein hohes Maß an Flexibilität und Überraschung besitzen. Genau das verstehen wir unter Komplexität.

Die Vorgänge in den Zufallsnetzwerken aus Glühbirnen lassen sich dadurch veranschaulichen, daß wir einen »mentalen Film« darüber drehen. Stellen wir uns vor, wir starten das Netzwerk in irgendeinem Anfangszustand. In dem Maß, wie sich das Netzwerk auf seiner Trajektorie in Richtung auf seinen Zustandszyklus hin- und dann in diesem herumbewegt, wird jede Glühbirne wahrscheinlich eine von zwei verschiedenen Verhaltensweisen zeigen. Sie kann ein mehr oder minder komplexes Blinkmuster aufweisen oder in einen unveränderlichen Aktivitätszustand übergehen, nämlich immer ein- oder immer ausgeschaltet sein. Nun wollen wir diese beiden Verhaltensweisen durch zwei Farben voneinander unterscheiden: Wir stellen uns vor, daß die blinkenden Glühbirnen grün und die dauerhaft ein- oder ausgeschalteten Glühbirnen rot leuchten.

Nun betrachten wir ein Netzwerk, das sich im chaotischen Regime befindet, sagen wir ein Netzwerk mit $N=1000$ und $K=20$. Da fast alle Glühbirnen blinken, sind sie grün. Einige wenige Birnen oder kleine Cluster von Birnen sind möglicherweise dauerhaft ein- oder ausgeschaltet und demnach rot. Kurz, in einem riesigen Meer blinkender grüner Glühbirnen gibt es nur sehr kleine Cluster eingefrorener roter Glühbirnen. Folglich besteht ein Netzwerk im chaotischen Regime aus einem riesigen Meer blinkender grüner Glühbirnen und vielleicht aus einigen wenigen Inseln eingefrorener roter Glühbirnen.

Nun betrachten wir den umgekehrten Fall und simulieren ein Netzwerk aus Glühbirnen, das sich im geordneten Regime befindet, sagen wir mit $N = 100\,000$ und $K = 2$. Dieses sehr große Netzwerk besitzt eine Komplexität, die der des menschlichen Genoms beziehungsweise eines sehr großen autokatalytischen Verbandes entspricht. Wir starten das Netzwerk in einem beliebigen Anfangszustand und folgen ihm auf seiner Trajektorie, auf der es sich auf seinen Zustandszyklus hin- und dann in diesem herumbewegt. Zunächst blinken die meisten Glühbirnen und sind grün. Doch in dem Maße, wie das Netzwerk gegen seinen Zustandszyklus konvergiert und ihn daraufhin immer wieder durchläuft, gehen immer mehr Glühbirnen in dauerhafte Aktivitätszustände über, das heißt, sie gefrieren entweder im »Ein«- oder im »Aus«-Zustand ein. Daher leuchten die meisten Glühbirnen jetzt rot.

Und nun das Wunder. Wenn wir uns sämtliche roten Glühbirnen vorstellen und uns fragen, ob sie miteinander verbunden sind, genauso wie wir uns fragen, ob die Knöpfe durch Fäden miteinander verbunden sind, dann stellen wir fest, daß die eingefrorenen roten Glühbirnen einen riesigen Cluster zusammenhängender Glühbirnen bilden! In Booleschen Netzwerken, die sich im geordneten Regime befinden, existiert eine riesige, eingefrorene Komponente aus Glühbirnen, die jeweils im »Ein«- oder »Aus«-Zustand eingefroren sind.

Natürlich müssen nicht alle Glühbirnen in unserem Netzwerk mit $N = 100\,000$ und $K = 2$ eingefroren sein; in der Regel werden kleine und große Cluster zusammenhängender Glühbirnen auch weiterhin blinken. Diese blinkenden Cluster sind grün. Nur diese Blinkmuster der Cluster zusammenhängender grüner Glühbirnen machen nun das zyklische Verhalten von Booleschen Netzwerken aus, die sich im geordneten Regime befinden. Die Glühbirnen in dem riesigen eingefrorenen Cluster aus roten Glühbirnen blinken dagegen nicht.

Betrachteten wir ein typisches Netzwerk mit $N = 100\,000$ und $K = 2$, fiele uns ein weiteres wichtiges Detail auf. Die Cluster blinkender grüner Glühbirnen sind nämlich nicht alle miteinander verbunden. Vielmehr bilden sie unabhängige Cluster blinkender Glühbirnen, wie blinkende grüne Inseln in einem riesigen Meer eingefrorener roter Glühbirnen.

Ein Boolesches Netzwerk, das sich im chaotischen Regime befindet, besteht also, wie bereits dargelegt, aus einem Meer sich fortwährend ändernder, blinkender grüner Glühbirnen und, möglicherweise, aus ein paar Clustern roter Glühbirnen, die im »Ein«- oder »Aus«-Zustand eingefroren sind. Ein Boolesches Netzwerk im geordneten Regime hingegen besteht aus einem riesigen Cluster roter Glühbirnen, die entweder im »Ein«- oder »Aus«-Zustand eingefroren sind, also einem riesigen roten Cluster, und isolierten Inseln blinkender grüner Glühbirnen. Jetzt sollte es bei Ihnen klingeln. Verändert man Parameter wie die Zahl der Inputs je Glühbirne, $K$, oder den Abweichungsparameter, $P$, dann ereignet sich der Phasenübergang von Chaos zu Ordnung, wenn sich der riesige eingefrorene rote Cluster bildet, in den vereinzelt blinkende grüne Inseln eingesprengt sind.

Man kann dies sehr leicht erkennen, wenn man ein ganz einfaches Boolesches Netzwerkmodell in Form eines quadratischen Gitters konstruiert. Jede Glühbirne ist hier mit ihren vier benachbarten Glühbirnen in nördlicher, südlicher, östlicher und westlicher Richtung verbunden. Außerdem wird das Verhalten jeder Glühbirne von einer Booleschen Funktion gesteuert, die festlegt, bei welchen Inputkonfigurationen sie ein- beziehungsweise ausgeschaltet ist. Abbildung 4.3 zeigt ein solches Gitternetzwerk, wie es von Derrida und Weisbuch untersucht wurde. Sie stellten den Abweichungsparameter $P$ auf einen Wert so nahe bei 1,0 ein, daß sich das Netzwerk im geordneten Regime befand. Dann ließen sie das Netzwerk gegen seinen Zustandszyklus konvergieren und registrierten die Zyklusperiode jeder Glühbirne. Eine Glühbirne mit einer Zyklusperiode von 1 befindet sich daher entweder in einem eingefrorenen »Ein«- oder einem eingefrorenen »Aus«-Zustand. In unserem »mentalen Film« sollten alle derartigen Glühbirnen rot leuchten. Andere Glühbirnen blinken und sollten daher grün sein. Wie in Abbildung 4.3 zu sehen, bilden die eingefrorenen Glühbirnen mit einer Periode von 1 eine riesige zusammenhängende Komponente, die sich über das gesamte Gitter erstreckt und in die nur ein paar kleinere und größere Cluster blinkender Birnen eingesprengt sind.

Anhand von Abbildung 4.3 läßt sich nun leicht erklären, weshalb chaotische Netzwerke auf Änderungen der Anfangsbedingungen empfindlich reagieren und weshalb geordnete Netzwerke gegenüber solchen Störungen unempfindlich sind. Wird eine Glühbirne umgeschaltet, dann kann man die kaskadenartige Ausbreitung dieser Störung verfolgen. Im geordneten Regime, wie es in Abbildung 4.3 dargestellt ist, können solche sich wellenförmig ausbreitenden Änderungen nicht in die eingefrorene rote Komponente mit einer Periode von 1 eindringen. Die riesige eingefrorene Komponente scheint von einer gigantischen »Mauer der Konstanz« umschlossen zu sein, die die blinkenden Inseln voneinander isoliert. Störungen können sich zwar innerhalb der blinkenden Inseln kaskadenartig ausbreiten, pflanzen sich jedoch nur selten über deren Grenzen hinaus fort. Das ist der Hauptgrund, weshalb unsere Netzwerke aus Glühbirnen im geordneten Regime homöostatische Stabilität zeigen.

Im chaotischen Regime dagegen erstreckt sich ein riesiges Meer blinkender Glühbirnen über das gesamte Netzwerk. Wird nun irgendeine dieser Glühbirnen umgeschaltet, dann pflanzen sich die Folgen kaskadenartig durch dieses »nichtgefrorene« Meer fort und erzeugen massive Änderungen in den Aktivitätsmustern der Glühbirnen. Chaotische Systeme zeigen demnach eine massive Empfindlichkeit gegenüber geringfügigen Störungen. In Booleschen Netzwerken, die sich im chaotischen Regime befinden, kommt somit der Schmetterlingseffekt zum Tragen. Schlage mit deinen Flügeln, Schmetterling, Nachtfalter oder Star, schnell oder langsam, und du wirst das Verhalten der Glühbirnen von Alaska bis Florida verändern.

Urzellen und heutige Zellen, die frühen und alle späteren Lebensformen mußten und müssen zu geordnetem und gleichzeitig flexiblem Verhalten in der Lage sein. Welche Arten wechselwirkender Moleküle oder wechselwirkender Elemente im allgemeinen sind von

```
  8   8   1     1228228228228228228228   1   1   1   1   1   1   1   1   1   1   1   1
  8   8   1   1   1   1   1228228228228   1   1   1   1   1   1   1   1   1   1   1   1
  8   8   84564564562282282282282288228   1   1   1   1   1  10  10  10   1   1   1   1
  1   8   1     1228228228228228   1   1   1   1   1   1   1  10  10  10   1   1   1   1
  1   1   1228228228228228228228   1   1   1   1   1   1   1   1   1   1   1   1   1   1
  1   1   1   1     1228228228228228228   1   1   1   1   1   1   1   1   1   1   4   4
  1   1   1   1   1   1   1228228228228   1   1   1   1   1   1   1   1   1   1   1   1
  1   1   1   1   6   1     1228228228228   1   1   1   4   1   1   1   1   1   1   1   1
  1   4   1   6   6   6   1   1228228228228228228   4   1   4   1   1   1   1   1   1
  1   4   1   1   6   6   6228228228228   1   1   1   4   1   4   1   1   1   1   1   1
  4   4   1   6   6   6   6   6228228228   1   1   1   1   1   1   1   1   1   1   4   4
  1   4  12   6   6   6   1228228228228   1   1   1   1   1   8   8   8   1   1   1   4
220   1   1   1   1   1   1   1228228228   1   1   1   1   8   8   8   8   1  1220
220 220   1   1   1   1   1   1228228228228   1   1   1   1   8   8   4   8   1   1   1
220 220   1   1   1   1   1   1   1228228   1   1   1   1   1   1   1   1  1220 110   1
 1220 110 110   1   1   1   1   1   1   1228228   1   1   1   1   1   1   1  20  20 110 110
1110 110 110   1   1   1   4   1   1228   1   1   2   4   1   1   1   1   1  20  20 110 110
110 110110110 110   1   4   1   1   1   1   1   2   4   1   1   1  20  20  20  20   1110
110 110 110  22   1   1   1   1   1   1   4  4228   1   1   1  20  20  20  20  20  20 110
110 110   1   1   1   1   1   1   1   1   1228   1   4   1  20  20  20  20  20  20 20110
110  22  22  22  22   1  1228228   1  1228228   1   4   4   1   1   1   1   4  20   2  22
 22  88  22  22   1   1   1  1228  1228228228   1   1   1   1   1   1   1  20   2   1
  1  88   1   1  1228228228228228228228228228   1   1   1   1   1   1   1   4   4   4   1
  1   8   1   1  12282282282282282282282282288228   1   1   1   1   1   1   1   1   1   1
```

**Abbildung 4.3:** »*Ordnung zum Nulltarif*«. *In diesem zweidimensionalen Gitter ist jede Gitterstelle (Glühbirne) mit ihren vier Nachbarn verbunden und durch eine Boolesche Funktion beschrieben. Wenn P, die Abweichung zugunsten einer 1- oder 0-Antwort durch eine einzelne Variable, einen kritischen Wert, $P_k$, überschreitet, dann bildet sich plötzlich eine eingefrorene Komponente aus Glühbirnen, die jeweils im 1- oder 0-Zustand fixiert werden; diese Komponente erstreckt sich über das gesamte Gitter und umschließt isolierte Inseln blinkender Glühbirnen, die frei zwischen 1- und 0-Werten variieren können. Die Zahl an jedem Punkt gibt die Zyklusperiode jeder Glühbirne an. Gitterstellen mit einer 1 stehen demnach für rote Glühbirnen, die entweder im »Ein«- oder »Aus«-Zustand eingefroren sind. Gitterstellen mit Zahlen über 1 stehen für grüne, blinkende Glühbirnen und bilden isolierte »nichteingefrorene« Inseln inmitten des Meeres eingefrorener Gitterstellen. (Man kann dieses zweidimensionale Gitter zu einem Torus [Ringkörper] biegen, indem man zunächst die obere Kante an die untere Kante und dann die linke Kante an die rechte Kante »klebt«. Daher haben sämtliche Glühbirnen vier Nachbarn.)*

sich aus zu einem solchen geordneten und gleichzeitig flexiblen Verhalten in der Lage? Ist ein solches Verhalten leicht zu erreichen? Oder ist es vielleicht ebenfalls Teil der emergenten Ordnung? Heute, da wir Ordnung und Chaos in Netzwerken, die Hunderttausende von Glühbirnen miteinander verkoppeln, zu verstehen beginnen, drängt sich eine klare, schöne und vielleicht sogar richtige Antwort geradezu von selbst auf: Vielleicht sind Netzwerke, die sich genau am Phasenübergang, in einem Gleichgewicht zwischen Ordnung und Chaos befinden, am besten in der Lage, geordnete und gleichzeitig flexible Verhaltensweisen zu entfalten.

Dies ist eine faszinierende Arbeitshypothese. Chris Langton, der am Santa-Fe-Institut arbeitet, hat mehr als irgendein anderer Wissenschaftler diese bedeutsame Möglichkeit hervorgehoben. Und es leuchtet uns intuitiv ein, daß der Chaosrand ein geeignetes Regime für die Koordinierung komplexer Verhaltensweisen sein könnte. Angenommen, wir wollten ein Gitter aus Glühbirnen anfertigen, das die Aktivitäten zweier Glühbirnen auf weit auseinanderliegenden Gitterstellen koordiniert; nehmen wir des weiteren an, das Gitter befinde sich im chaotischen Regime und bestehe aus einem Meer »nichteingefrorener« Glühbirnen. Geringfügige Störungen der Aktivitäten einer Glühbirne würden dann sich kaskadenförmig ausbreitende Aktivitätsänderungen auslösen, die sich durch das gesamte Gitter fortpflanzten und auf drastische Weise jegliche erhoffte Koordination zunichte machten. Chaotische Systeme sind eben zu chaotisch, als daß sie das Verhalten von Elementen auf weit auseinanderliegenden Gitterstellen koordinieren könnten. Das System kann kein Signal zuverlässig über größere Entfernungen auf dem Gitter senden.

Nehmen wir nun umgekehrt an, das Gitter befinde sich tief im geordneten Regime. Dann erstreckt sich ein eingefrorenes rotes Meer über das Gitter, in das sehr kleine blinkende grüne Inseln eingesprengt sind. Nehmen wir weiterhin an, wir wollten eine Reihe von Verhaltensweisen an weit auseinanderliegenden Gitterstellen koordinieren. Nun kann sich jedoch kein Signal durch das eingefrorene Meer fortpflanzen. Die blinkenden nichteingefrorenen Inseln sind in funktioneller Hinsicht voneinander isoliert, so daß keine komplexe Koordination stattfinden kann.

Am Rand des Chaos jedoch bestehen zwischen den blinkenden nichteingefrorenen Inseln »Kontaktbahnen«. Durch Umschalten einer einzelnen Glühbirne werden dann unter Umständen kleine oder große Signalkaskaden an weit entfernte Stellen des Systems gesendet, so daß die Verhaltensweisen mit der Zeit und innerhalb des gesamten Netzwerks koordiniert werden könnten. Da sich das System am Rand des Chaos und nicht völlig im chaotischen Regime befindet, wird es nicht in ein unkoordiniertes Blinken abgleiten. Vielleicht besitzen solche Systeme die Fähigkeit, jene Arten komplexen Verhaltens zu koordinieren, die wir mit dem Leben assoziieren.

Zum Abschluß dieses Kapitels möchte ich Beweise für eine Hypothese darlegen, die ich im folgenden Kapitel im einzelnen entwickeln werde: *Komplexe Systeme existieren deshalb am – oder im geordneten Regime nahe dem – Rand des Chaos, weil die Evolution sie dorthin treibt.* Während die Komplexitätsgesetze dafür verantwortlich sind, daß autokatalytische Netzwerke spontan und von selbst entstehen, werden anschließend deren Parameter $K$ und $P$ von der natürlichen Selektion so lange eingestellt, bis sich die Netzwerke im geordneten Regime nahe dem Rand des Chaos befinden, das heißt in jener Übergangsregion zwischen Ordnung und Chaos, in der sich komplexe Verhaltensmuster entwickeln. Schließlich haben Systeme, die zu komplexem Verhalten fähig sind, einen eindeutigen Überlebensvorteil, und so findet die natürliche Selektion zu ihrer Rolle als Bildner und Gestalter der spontanen, emergenten Ordnung. Um diese Hypothese zu überprüfen, ließen Bill Macready, Emily Dickinson und ich mit Hilfe von Computersimulationen Boolesche Netzwerke eine »Evolution« durchlaufen, in der sie einfache und schwierige Spiele miteinander spielen konnten. In diesen Spielen muß jedes Netzwerks aus Glühbirnen mit einem »angemessenen« Aktivitätsmuster auf das vorangehende Aktivitätsmuster des Netzwerks, mit dem es spielt, reagieren. Wir erlauben unseren evolvierenden Netzwerken, die Verbindungen zwischen Glühbirnen innerhalb jedes Netzwerks und die Booleschen Regeln, die die Glühbirnen in jedem Netzwerk ein- und ausschalten, zu verändern. Unsere Netzwerke können somit die verschiedenen Parameter ändern, die ihre Positionen auf der Ordnung-Chaos-Achse einstellen. Um die Lage der Netzwerke auf der Ordnung-Chaos-Achse zu bestimmen, machen wir uns ein einfaches Merkmal zunutze, durch das sich das geordnete Regime vom chaotischen Regime unterscheidet. Im chaotischen Regime werden ähnliche Anfangszustände mit der Zeit immer unähnlicher, so daß sie im Zustandsraum immer weiter *divergieren,* je länger sich Netzwerke auf ihren Trajektorien bewegen. Dies ist nichts anderes als der

Schmetterlingseffekt und die empfindliche Abhängigkeit von den Anfangsbedingungen. Geringfügige Störungen schaukeln sich auf. Im geordneten Regime hingegen gleichen sich ähnliche Anfangszustände immer mehr einander an, das heißt, sie *konvergieren* immer stärker, je länger sie sich auf ihren Trajektorien bewegen. Dies ist nur ein anderer Ausdruck für Homöostase. Störungen, durch die das System in benachbarte Zustände verschoben wird, »klingen ab«. Wir messen nun die mittlere Konvergenz beziehungsweise Divergenz der Trajektorien eines Netzwerks, um dessen Position auf der Ordnung-Chaos-Achse zu bestimmen. Tatsächlich zeichnen sich Netzwerke im Phasenübergang, wie sich bei dieser Messung zeigt, dadurch aus, daß benachbarte Zustände weder divergieren noch konvergieren.

Wie sahen nun die Ergebnisse dieser Experimente aus? In unseren Computersimulationen ergab sich, daß sich mit der Zeit unter den Netzwerken, die miteinander spielen und dabei versuchen, ihre Aktivitätsmuster anzugleichen, Mutanten höherer Fitneß – also Netzwerke, die besser spielen – durchsetzen. Wir fanden heraus, daß sich die Netzwerke – soweit es um die von uns geforderten Verhaltensweisen geringer Komplexität geht – anpassen und verbessern und nicht unmittelbar zum Chaosrand hin evolvieren, sondern zum geordneten Regime, nicht allzuweit vom Chaosrand entfernt. Offenbar gewährt eine Position im geordneten Regime unweit des Übergangs ins Chaos die beste Mischung von Stabilität und Flexibilität.

Es ist noch viel zu früh, um die Gültigkeit unserer Arbeitshypothese, derzufolge komplexe adaptive Systeme zum Chaosrand evolvieren, zu beurteilen. Sollte sie sich als richtig erweisen, dann wäre sie einfach und ästhetisch. Doch ebenso wundervoll wäre es, wenn sich als richtig erweisen sollte, daß komplexe adaptive Systeme zu einer Position innerhalb des geordneten Regimes nahe am Chaosrand evolvieren. Vielleicht wird sich herausstellen, daß eine solche geordnete, stabile und dennoch flexible Position auf der Ordnung-Chaos-Achse eine Art universelles Merkmal komplexer adaptiver Systeme in der Biologie und anderen Wissenschaften darstellt.

Wir werden uns in den folgenden Kapiteln mit diesen wunderbaren Möglichkeiten eingehender befassen, denn die Hypothese, daß komplexe Systeme zum Chaosrand oder zum geordneten Regime nahe dem Rand hin evolvieren, könnte sehr viele Merkmale der Ontogenese erklären – jenes wunderbaren, wohlgeordneten Prozesses der Entwicklung von der befruchteten Keimzelle zum Vogel, Farn, Floh oder Baum. Doch gilt dies natürlich unter Vorbehalt, denn in diesem Stadium können wir dieses potentiell allgemeingültige Gesetz bestenfalls als eine faszinierende Arbeitshypothese betrachten.

Unterdessen wächst in uns vielleicht die Überzeugung, daß die außerordentliche Kraft der Selbstorganisation, die wir anhand unserer einfachen Modelle riesiger Boolescher Netzwerke zu verstehen beginnen, möglicherweise die Urquelle dynamischer Ordnung darstellt. Die Ordnung in diesen offenen thermodynamischen Nichtgleichgewichtssystemen stammt aus dem geordneten Regime; die Ordnung in diesem Bereich rührt wiederum daher, daß benachbarte Zustände konvergieren. Aus diesem Grund »quetscht« sich das System selbst in sehr kleine Attraktoren hinein. Letztlich ist es diese »Selbsteinquetschung« in unendlich kleine Volumen des Zustandsraumes, die Ordnung darstellt. Obgleich diese Ordnung von selbst und spontan entsteht (daher der Begriff »Ordnung zum Nulltarif«), ist sie in thermodynamischer Hinsicht nicht »kostenlos«. Vielmehr »bezahlen« die offenen Systeme ihre »Selbsteinquetschung« in infinitesimale Regionen des Zustandsraumes in thermodynamischer Hinsicht damit, daß sie Wärme an die Umgebung abgeben. Diese Vorgänge stehen folglich in Einklang mit den Gesetzen der Thermodynamik. Neu ist nur die Erkenntnis, daß diese in hohem Maße offenen thermodynamischen Systeme von selbst im geordneten Regime liegen können. Solche Systeme sind vielleicht die natürliche Quelle der Ordnung, die für eine stabile Selbstreproduktion, Homöostase und erbliche Variation erforderlich ist.

Weder Darwin noch irgendein anderer Naturwissenschaftler hat bislang die Kraft der Selbstorganisation als Quelle der Ordnung auch nur im Ansatz verstanden. Die Ordnung, die in riesigen Netzwerken aus stochastisch verknüpften binären Variablen entsteht, ist mit an Sicherheit grenzender Wahrscheinlichkeit lediglich eine Vorform der gleichartigen emergenten Ordnung in den vielfältigsten komplexen Systemen. Vielleicht werden wir neue Grundlagen der Ordnung entdecken, mit der die belebte Natur sich schmückt. In diesem Fall dürfte sich unsere Sicht des Lebens und der Stellung des Menschen im Universum tiefgreifend verändern. Die Selektion wäre nicht die einzige Quelle von Ordnung. Unermeßliche Ordnung, schicksalhafte Ordnung, »Ordnung zum Nulltarif«. Vielleicht sind wir im Universum auf eine Weise zu Hause, die wir heute noch nicht einmal erahnen.

## 5   DAS GEHEIMNIS DER ONTOGENESE

Zumindest seit der kambrischen Explosion vor 550 Millionen Jahren, wahrscheinlich aber bereits seit 700 Millionen Jahren, beherrschen die Vielzeller einen rätselhaften Prozeß, den wir bis heute nicht verstehen: die Ontogenese oder Individualentwicklung. Irgendeine unbekannte evolutionäre Schöpfungskraft sorgte dafür, daß die neuen Geschöpfe des Kambriums – und der *Homo sapiens* in der jüngsten Vergangenheit – ihren Lebensweg als Einzelzelle, Zygote, die das Produkt der Verschmelzung der elterlichen Geschlechtszellen darstellt, begannen. Irgendwie vermochte diese Einzelzelle, eine vollständige Struktur, eine wohlgefügte Ganzheit, einen Organismus hervorzubringen. Ebenso wie uns die Scharen von Sternen in einem Spiralnebel, die auf eng verschlungenen Bahnen im tiefschwarzen Weltraum umeinander kreisen, durch die Ordnung der sich gegenseitig anziehenden Massen in tiefes Staunen versetzen, sollte uns auch unsere eigene Ontogenese Anlaß zum Staunen geben. Wie ist es möglich, daß eine einzige Zelle, die nur aus einigen Zehntausend sich eng umklammernder Moleküle besteht, die komplexen Strukturen des menschlichen Kindes erzeugen kann? Wir wissen es nicht. Wie schon für den *Homo habilis* und den Chromagnonmenschen stellt sich auch noch für den heutigen Menschen die Frage, wie er entstanden ist.

Beginnen wir also mit der Zygote. Nach der Befruchtung der Eizelle durch die Samenzelle wird die menschliche Zygote durch viele, rasch aufeinanderfolgende Zellteilungen in eine relativ kleine Zahl von Furchungszellen zerlegt. Dieser Zellhaufen wandert durch den Eileiter in die Gebärmutter. Während der Wanderung bildet der Zellhaufen im Innern einen Hohlraum aus und nimmt eine kugelförmige Gestalt an. Eine kleine Anzahl von Zellen, genannt die innere Zellmasse, wandert von einem Pol der Hohlkugel nach innen und schmiegt sich an die verbleibende Außenschicht an. Alle Säugetiere entwickeln sich aus der inneren Zellmasse. Die äußere Zellschicht, der Trophoblast, nistet sich in der Gebärmutterschleimhaut ein und bildet die extraembryonalen Membranen, die Plazenta und sonstigen Strukturen, die uns vor der Geburt ernähren und stützen.

Bereits in diesem frühesten Stadium lassen sich die beiden fundamentalen Prozesse der Ontogenese, das heißt der Individualentwicklung erkennen: erstens, die Zelldifferenzierung; zweitens, die Morphogenese. Die Zygote besteht aus einer Zelle und stellt somit zwangsläufig einen Zelltyp dar. Im Verlauf der etwa 50 aufeinanderfolgenden Zellteilungen, die zwischen der Zygote und dem neugeborenen Kind liegen, bringt diese Einzelzelle eine Vielzahl verschiedener Zelltypen hervor. Der menschliche Körper enthält schätzungsweise 256 verschiedene Zelltypen, die alle auf bestimmte Funktionen in den Geweben und Organen spezialisiert sind. Allgemein gesprochen entstehen unsere Gewebe aus drei sogenannten Keimblättern: Entoderm, Mesoderm und Ektoderm. Aus dem Entoderm bilden sich die Zellen und Gewebe des Darmtrakts, der Leber und anderer Gewebe. Dieses Keimblatt bringt eine Fülle unterschiedlicher Zelltypen hervor, angefangen von den spezialisierten Zellen in der Deckschicht des Magens, die Salzsäure zur Verdauung der Nahrung absondern, bis hin zu den Leberzellen, die eine wichtige Rolle bei der Entgiftung des Blutes spielen. Aus dem Mesoderm gehen die Muskel-, Knochen-, Knorpel- und Blutzellen hervor, und zwar sowohl die für den Sauerstofftransport zuständigen roten Blutkörperchen als auch die weißen Blutkörperchen des Immunsystems. Das Ektoderm schließlich bringt die Hautzellen und die enorme Vielfalt der Nervenzellen hervor, die das periphere und das zentrale Nervensystem bilden.

Kurz, die menschliche Zygote macht etwa 50 Zellteilungen durch, aus der die $2^{50}$ oder $10^{15}$ Zellen unseres Körpers hervorgehen. Diese Primordialzelle differenziert sich entsprechend einem sukzessiven Verzweigungsmuster in die 256 Zelltypen, aus denen die Gewebe und Organe des neugeborenen Kindes bestehen. Die wachsende Mannigfaltigkeit der Zelltypen nennt man Zelldifferenzierung. Ihre Zusammenfassung zu Geweben und Organen nennt man Morphogenese.

Ich studierte Biologie, weil mich das unerhörte Wunder der Zelldifferenzierung in seinen Bann schlug. Wenn ich in diesem Kapitel nichts anderes zuwege bringen sollte, als Ihnen dieses Wunder vor Augen zu führen, wäre ich schon zufrieden. Ich erhoffe mir natürlich mehr, denn ich glaube, daß die in den vorangehenden Kapiteln erörterte spontane Ordnung die fundamentale Quelle der ontogenetischen Ordnung ist.

Erinnern wir uns an die Behauptung der Präformationisten: Die Zygote enthält einen winzigen Homunkulus, der sich im Verlauf der Ontogenese irgendwie vergrößert und das erwachsene Individuum hervorbringt. Erinnern wir uns auch an die Probleme, mit denen jede präformationistische Theorie in Anbetracht der sehr großen Zahl von Vorfahren und einer potentiell unendlichen Zahl von Nachkommen konfrontiert ist. Erinnern wir uns daran, daß Hans Driesch den Froschembryo im Zweizellstadium mit einem Haar abschnürte und feststellte, daß aus jeder Zelle ein vollständiger, wenn auch etwas kleinerer Frosch entstand. Wie konnten beide Zellen die zur Erzeugung eines vollständigen Frosches erforderliche Information bewahren?

Nicht nur der Frosch beherrscht diesen Trick. Die Entwicklungsfähigkeit der Karotte ist sogar noch phänomenaler. Zerteilt man eine Karotte in einzelne Zellen, dann kann praktisch jede Zelle, gleich welchen Typs, die vollständige Pflanze erzeugen. Wie ist es möglich, daß sich einerseits alle Zellen differenzieren und andererseits jede einzelne Zelle die zur Bildung des Gesamtorganismus erforderliche Information bewahrt?

Vor einigen Jahrzehnten, bald nach der Wiederentdeckung der Mendelschen Gesetze und der Begründung der Theorie von den Chromosomen als Träger der Gene, vermutete man, daß die Zygote zwar die Gesamtheit der Gene enthalte, aber verschiedene Teilmengen der Gene auf die unterschiedlichen Zelltypen des Organismus aufgeteilt würden. Nur das Keimplasma, aus dem die Samen- beziehungsweise Eizellen entstehen, bewahrte, wie man meinte, die Gesamtheit der Gene. Doch mikroskopische Zelluntersuchungen zeigten schon bald, daß von seltenen Ausnahmen abgesehen, sämtliche Zelltypen eines Organismus den vollständigen Chromosomensatz enthalten. Sämtliche Zellen verfügen demnach über dieselbe genetische Information wie die Zygote. Neuere Arbeiten, die auf der Ebene der DNS ansetzen, untermauern die Allgemeingültigkeit dieser Feststellung. Praktisch sämtliche Zellen nahezu aller Vielzeller enthalten dieselbe DNS. Doch es gibt Ausnahmen. Bei einigen Organismen geht der gesamte väterliche Chromosomensatz verloren. In einigen Zellen mancher Organismen werden bestimmte Gene einige Male zusätzlich repliziert. In den Zellen des Immunsystems werden die Chromosomen neu geordnet und geringfügig verändert, damit die Zellen all die Antikörper erzeugen können, die sie zur Abwehr von Eindringlingen brauchen. Doch im großen und ganzen sind die Gensätze in sämtlichen Zellen des menschlichen Körpers identisch.

Die Erkenntnis, daß sämtliche Zellen eines vielzelligen Organismus denselben Gensatz enthalten, führte zu dem, was man als das »Grunddogma« der Entwicklungsbiologie bezeichnen könnte: Zellen differenzieren sich, weil in den einzelnen Zelltypen eines Organismus unterschiedliche Gene aktiv sind. So sind die roten Blutkörperchen die Ausprägung des Gens, das Hämoglobin codiert, die B-Zellen des Immunsystems sind das Produkt der Gene, die Antikörpermoleküle codieren, und Skelettmuskelzellen sind die Produkte der Gene, die Actin- und Myosinmoleküle codieren, aus denen die Muskelfasern bestehen. Nervenzellen sind die Ausprägung der Gene für die Proteine, die spezifische ionenleitende Kanäle in der Zellmembran bilden, und gewisse Magenzellen sind die Genexpression des Codes für die Enzyme, mit deren Hilfe Salzsäure gebildet und abgesondert wird.

Doch welcher Mechanismus steuert die Umsetzung und die Unterdrückung bestimmter genetischer Information? Und woher wissen die verschiedenen Zelltypen, welche Gene sie im Verlauf der Individualentwicklung umsetzen sollen?

## Jacob, Monod und genetische Schaltkreise

Zwei französische Biologen, François Jacob und Jacques Monod, wurden Mitte der sechziger Jahre für Arbeiten, in denen sie die theoretischen Grundlagen für die Erklärung der Zelldifferenzierung und Ontogenese legten, mit dem Nobelpreis ausgezeichnet.

Wie bereits erwähnt, erfordert die Synthese eines Proteins, daß das proteincodierende Gen von der DNS in RNS transkribiert wird. Die entsprechende Messenger-RNS wird anschließend durch Übersetzung des genetischen Codes in ein Protein translatiert. Jacob und Monod machten ihre Entdeckung, als sie das Verhalten des Darmbakteriums *E. coli* und seine Reaktion auf einen bestimmten Zucker, Laktose, untersuchten. Es war bekannt, daß Bakterienzellen die einem Nährmedium beigemengte Laktose zunächst nicht verwerten. Das liegt daran, daß das geeignete Enzym für die Aufspaltung der Laktose, die Beta-Galaktosidase, zunächst nicht in ausreichender Konzentration in der Bakterienzelle vorhanden ist. Doch schon wenige Minuten nachdem man dem Nährmedium Laktose beigemengt hat, beginnen *E.coli*-Zellen, Beta-Galaktosidase zu synthetisieren und dann Laktose als Kohlenstoffquelle für das Zellwachstum und die Zellteilung zu verwerten.

Jacob und Monod fanden schon nach kurzer Zeit heraus, auf welche Weise diese Enzyminduktion – also die Fähigkeit der Laktose, die Synthese von Beta-Galaktosidase auszulösen – gesteuert wird. Es zeigte sich nämlich, daß diese Steuerung auf der Ebene der Transkription des Beta-Galaktosidase-Gens in die entsprechende Messenger-RNS erfolgt. Jacob und Monod stellten fest, daß sich neben diesem Strukturgen – das deshalb so genannt wird, weil es die Struktur eines Proteins codiert – in der DNS eine kurze Nukleotidsequenz befindet, an die sich ein Protein bindet. Diese kurze Sequenz nennt man Operator. Das Protein, das sich an den Operator bindet, heißt Repressor. Wie der Name schon andeutet, wird die Transkription des Beta-Galaktosidase-Gens unterdrückt, wenn sich das Repressorprotein an den Operator anlagert. Dann wird für das Enzym keine Messenger-RNS gebildet, und das Enzym selbst wird nicht durch Translation der Messenger-RNS synthetisiert.

Nun kommt der genetische Steuerungstrick: Wenn Laktosemoleküle in die *E.coli*-Zelle eindringen, lagern sie sich an den Repressor an und verändern dessen Form so, daß er nicht mehr in die Bindungsstelle des Operators paßt. Daher führt die Beimengung von Laktose dazu, daß der Operator freigelegt wird. Sobald dies der Fall ist, kann die Transkription des angrenzenden Beta-Galaktosidase-Strukturgens erfolgen, so daß nach kurzer Zeit das Enzym Beta-Galaktosidase hergestellt wird.

Jacob und Monod entdeckten also, daß ein kleines Molekül ein »Gen einschalten« kann. Da der Repressor selbst das Produkt eines anderen *E. coli*-Gens ist, erkannte man schon bald, daß Gene genetische Schaltkreise bilden und sich gegenseitig ein- und ausschalten können. 1963 schrieben Jacob und Monod einen bahnbrechenden Artikel, in dem sie die Behauptung aufstellten, die Zelldifferenzierung werde von eben solchen genetischen Schaltkreisen gesteuert. Im einfachsten Fall könnten zwei Gene sich gegenseitig unterdrücken. Denken wir einen Augenblick über ein solches System nach. Wenn Gen 1 von Gen 2 unterdrückt wird und umgekehrt, dann könnte ein derartiges System zwei verschiedene Muster der Genaktivität aufweisen. Im ersten Muster wäre Gen 1 aktiv und würde Gen 2 unterdrücken; im zweiten Muster wäre Gen 2 aktiv und würde Gen 1 unterdrücken. Mit zwei verschiedenen, stabilen Mustern der Genumsetzung könnte dieser kleine genetische Schaltkreis zwei verschiedene Zelltypen erzeugen. Jede dieser Zellen wäre das Produkt eines alternativen Musters desselben genetischen Schaltkreises. Beide Zelltypen hätten dann zwar denselben »Genotyp«, dasselbe Genom, könnten aber verschiedene Gensätze realisieren.

Jacob und Monod haben uns einen ganz neuen Erkenntnishorizont eröffnet. Ihre Arbeiten lieferten nicht nur einen theoretischen Ansatz zur Erklärung der Zelldifferenzierung, sondern enthüllten auch eine unerwartete und weitreichende Freiheit auf molekularer Ebene. Das Repressorprotein lagert sich mit einer bestimmten Stelle an den Operator an. Das Laktosemolekül (genaugenommen ein Stoffwechselderivat des Milchzuckers, Allolaktose) bindet sich an eine zweite Stelle auf dem Repressorprotein. Durch die Anlagerung des Allolaktosemoleküls verändert sich die Form des Repressorproteins und dadurch auch die Form von dessen erster Bindungsstelle, wodurch sich die Empfänglichkeit des Repressorproteins für den Operator auf der DNS vermindert. Die Allolaktose, die sich an eine zweite Stelle auf dem Repressor anlagert, »zieht« diesen vom Operator weg und ermöglicht dadurch die Synthese des Enzyms, das Laktose umsetzt, Beta-Galaktosidase. Da die Allolaktose jedoch an einer zweiten Stelle auf dem Repressorprotein angreift, dem sogenannten allosterischen Zentrum, das sich von der Koppelungsstelle zwischen dem Repressor und den Operatorabschnitten der DNS unterscheidet, bedeutet dies, daß die Form des Allolaktose-Moleküls in keinem offenkundigen Bezug zu den Endfolgen seiner Wirkung stehen muß, nämlich seiner Fähigkeit, die Genaktivität zu steuern. Ein Substrat hingegen muß zu seinem Enzym passen, und ein zweites Molekül, ein sogenannter kompetitiver Hemmstoff, der das Enzym durch Bindung an dieselbe Stelle des Enzyms hemmen soll, muß dieselbe Form wie das echte Substrat besitzen. In diesem häufigen Fall müssen das Substrat und der kompetitive Hemmstoff notwendigerweise ähnliche molekulare Merkmale aufweisen. Da jedoch die Allolaktose auf eine andere Stelle des Repressors einwirkt als die, mit der sich der Repressor an die DNS bindet, könnte die Allolaktose genausogut als ein Signal zur Steuerung der Transkription eines Gens genutzt werden, das Actin, Myosin oder ein an der Bildung von Salzsäure beteiligtes Enzym codiert. Die Form des Regulatormoleküls braucht in keinem Zusammenhang mit dem Endprodukt des gesteuerten Prozesses zu stehen. Beide Autoren betonen, daß dieser Steuerungsmechanismus durch Bindung an Zweitstellen die völlige Freiheit für die Moleküle bedeutet, genetische Schaltkreise beliebiger Logik und Komplexität zu erzeugen.

## Die Selektion als einzige Quelle von Ordnung

Monod war von dieser Freiheit der Moleküle, beliebige genetische Schaltkreise aufzubauen, so tief beeindruckt, daß er ein wunderbares Buch mit dem Titel *Zufall und Notwendigkeit* schrieb. Darin prägte Monod den schönen, poetischen Ausdruck: »Die Evolution ist der am Schopf gepackte Zufall.« Dieser Ausdruck verdeutlicht auf eine unübertreffliche Weise unsere von Darwin begründete Auffassung über die unermeßliche Freiheit für die Suche nach Zufallsmutationen, für die Selektion, die die wenigen nützlichen Formen von der Spreu der nutzlosen trennt.

Wie bereits erwähnt, betrachten wir seit Darwin die Selektion als die einzige Quelle der Ordnung in Organismen. Das ist keine belanglose Nebensächlichkeit, denn diese Annahme bildet die Grundlage unserer Anschauung, daß das Leben, daß sämtliche Organismen und damit auch der Mensch, das Produkt völlig kontingenter historischer Zufallsereignisse sind. Jacob verglich die Evolution mit einem Opportunisten, der auf stümperhafte Weise lebende Apparate zusammenbastele: Wir, die Ad-hoc-Lösungen historisch entstandener

Konstruktionsprobleme. Wir, die molekularen Bastelwerke dieses Zeitalters, Nachkommen der Bastelwerke vor uns.

Doch wenn die auf Zufallsvarianten einwirkende Selektion die einzige Quelle von Ordnung ist, dann haben wir gleich zwei Anlässe zu maßlosem Staunen: zum einen die Großartigkeit dieser Ordnung, zum anderen die enorme Zufälligkeit, Seltenheit und Kostbarkeit der Ordnung. Wir, die Unerwarteten, verwaist in der faszinierenden Leere des Weltalls. Doch war die Selektion tatsächlich die einzige Quelle von Ordnung in der Emergenz des Lebens und dessen nachfolgender Evolution? Ich glaube nicht. Meine Intuition, meine Träume, meine dreißigjährigen Forschungen und die Studien einer wachsenden Zahl anderer Wissenschaftler sagen mir, daß die Selektion allein zur Erklärung nicht ausreicht.

Mein Weg zur Biologie führte über die Philosophie, Psychologie und Physiologie. Ich hatte das Glück, bereits sechs Monate vor der offiziellen Graduierung im Juni 1961 meine Abschlußprüfung am Dartmouth College zu bestehen. Nachdem ich sechs Monate lang als stark beanspruchtes Mitglied einer Skimannschaft Berge erklommen und Abhänge hinabgejagt war, wobei ich (in einem primitiv eingerichteten VW-Wohnmobil) an der ersten Adresse im österreichischen Sankt Anton – auf dem Parkplatz des Hotels Post – residierte, nahm ich das Studium an der Universität Oxford auf, das mir durch ein Marshall-Stipendium ermöglicht wurde.

Meine Lehrer, der Philosoph Geoffrey Warnock und der Psychologe Stuart Sutherland, legten großen Wert auf unkonventionelle, kreative Problemlösungen. Geht die Sprache dem Denken voraus? Auf welche Weise erlaubt ein neuronaler Schaltkreis dem Auge, zwei parallele Linien auseinanderzuhalten, wenn der Abstand zwischen beiden kleiner ist als die Breite eines Zapfens oder eines Stäbchens in der Netzhaut? Die Phantasie der Studenten wurde zielgerichtet gefördert – wobei diese Schulung von einer englischen Tradition ermöglicht und unterstützt wurde, die nachzuahmen sich lohnt: die Briten mögen ihre Exzentriker. Ein Universitätslehrer sang im Bad gregorianische Choräle. Ein solches Umfeld erzeugt eine Geisteshaltung, die auch von vielen Physikern bewundert wird. Als ein junger Physiker Wolfgang Pauli seine Theorie darlegte, soll dieser geantwortet haben: »Das ist verrückt, aber nicht verrückt genug!« Wenn nach Ansicht von Monod und Jacob die uneingeschränkte molekulare Freiheit die Basis der Evolution bildet, dann stellt sich die Frage, ob wir die uneingeschränkte intellektuelle Freiheit nicht als Basis der Wissenschaft betrachten sollten. Wir sollten uns selbst und unseren Kollegen immer erlauben, »verrückt genug« zu sein. Die Welt wird uns sagen, ob wir recht oder unrecht haben.

Letztlich sind es die Fragen, die wir stellen, die wissenschaftliche Erkenntnis vorantreiben. Woraus speisen sich diese Fragen? Ich weiß es nicht. Doch ich weiß, daß ich immer gehofft habe, die in Organismen zum Vorschein kommende Ordnung werde sich als zwangsläufig und vorhersehbar erweisen. Ich habe immer geglaubt, daß das Leben nicht von der Selektion allein, sondern im Zusammenspiel mit der Selbstorganisation geformt wurde.

Wäre die Suche der Selektion nach einem genetischen Mechanismus, der die wundervolle Entwicklung der Zygote ermöglicht, zu schwierig gewesen, dann würde das Ergebnis allzusehr den Charakter eines zusammengeschusterten Jacobschen Bastelwerks tragen. Daher faßte ich als Student der Medizin die Hoffnung, daß große genetische Netzwerke spontan die für die Ontogenese erforderliche Ordnung zustande brächten, daß es ein Gesetz gäbe, das unserer Existenz ein Moment der Notwendigkeit und Unvermeidlichkeit verliehe.

## Die spontane Ordnung der Ontogenese

Nun gibt es, wie ich in Kapitel 4 dargelegt habe, eine Fülle von Beispielen für die Selbstorganisation, von der ich träumte. Ich behaupte, daß Ordnung, und zwar »Ordnung zum Nulltarif«, die eigentliche Quelle der ontogenetischen Ordnung ist. Ich möchte Sie allerdings darauf hinweisen, daß dies eine häretische Auffassung ist. Doch die spontane Ordnung, der wir bereits begegnet sind, besitzt eine so große Macht, daß es töricht oder dickköpfig wäre, die Möglichkeit, daß ein Großteil der ontogenetischen Ordnung spontan entstanden ist und anschließend durch die Selektion weiter ausgestaltet wurde, nicht mit der allergrößten Ernsthaftigkeit zu erkunden.

Jacob und Monod hatten einer gespannten Gemeinschaft von Biologen mitgeteilt, daß Gene sich wechselseitig ein- und ausschalten können und daß genetische Schaltkreise alternative Muster der Genaktivitäten, aus denen die verschiedenen Zelltypen eines Organismus hervorgehen, aufweisen können. Wie sind derartige genetische Netzwerke strukturiert? Welche Regeln steuern das Verhalten der Gene und deren Produkte, die in den Regulationsnetzwerken der Ontogenese miteinander verkoppelt sind?

Ich führte die in Kapitel 4 erörterten Booleschen Netzwerkmodelle speziell zu dem Zweck ein, diese Fragen zu erkunden. Erinnern wir uns daran, daß die Netzwerke aus Glühbirnen bestehen, die sich gegenseitig ein- und ausschalten, und daß ich diese Glühbirnen als Enzyme interpretierte, die ihre Produktion wechselseitig fördern oder hemmen. Dieses Modell läßt sich nun jedoch auch auf die genetischen Schaltkreise des Jacob-Monod-Modells anwenden. Wir können uns das Strukturgen für Beta-Galaktosidase als ein- oder ausgeschaltet vorstellen, das heißt, daß es entweder transkribiert oder nicht transkribiert wird; ebenso können wir uns vorstellen, daß das Repressorprotein entweder an den Operator gebunden oder nicht gebunden ist, also ebenfalls ein- oder ausgeschaltet ist. Wir können uns den Operator als frei (»ein«) oder blockiert (»aus«) vorstellen. Schließlich können wir uns vorstellen, daß sich die Allolaktose entweder an die zweite Bindungsstelle auf dem Repressorprotein angelagert hat oder nicht. Diese Idealisierung können wir nun auf Netzwerke aus Genen und deren Produkten erweitern, die innerhalb von riesigen Systemen regulatorischer Schaltkreise miteinander wechselwirken.

Mit einem Wort: Wir können ein genetisches Regulationssystem schematisch als ein Boolesches Netzwerk darstellen. Der »Schaltplan« für die Glühbirnen steht jetzt für die Summe der molekularen regulatorischen Verknüpfungen zwischen den Genen und deren Produkten. Das Repressorprotein entspricht in diesem Kontext einem molekularen regulatorischen Input an den Operator, während der Operator selbst einen regulatorischen Input an die Aktivität des Beta-Galaktosidase-Gens darstellt. Den Booleschen Funktionen oder Regeln, die festlegen, welche Muster der Glühbirnenaktivität eine regulierte Glühbirne ein- oder ausschalten, entsprechen hier die Kombinationen molekularer Signale, die eine bestimmte Genaktivität fördern oder hemmen. So wird beispielsweise der Operator vom Repressor und der Allolaktose gesteuert (Abbildung 5.1). Der Operator wird durch den Repressor blockiert, es sei denn, die Allolaktose lagert sich an den Repressor an und zieht den Repressor vom Operator ab. Der Operator wird somit von der Booleschen NICHT, WENN-Funktion gesteuert. Das Gen, das Beta-Galaktosidase produziert, ist inaktiv, aber *nicht, wenn* Allolaktose vorhanden ist.

In Kapitel 4 wurde gezeigt, daß Boolesche Netzwerkmodelle beziehungsweise genetische Netzwerkmodelle, wie ich sie fortan nennen werde, mit $N$-Genen einen von $2^N$-Zuständen einnehmen können, in denen jeweils unterschiedliche Kombinationen von Genen ein- oder ausgeschaltet sind. In der Sprache der Theorie der dynamischen Systeme ausgedrückt, können wir sagen, daß ihr Zustandsraum aus $2^N$ verschiedenen möglichen Genaktivitäten besteht. Erinnern wir uns daran, daß ein solches Netzwerk in dem Maße, wie die Gene Booleschen Regeln gehorchen und sich entsprechend den Aktivitäten ihrer molekularen Inputs ein- oder ausschalten, einer Trajektorie in seinem Zustandsraum folgt. Schließlich konvergiert die Trajektorie gegen einen Zustandszyklusattraktor, in dem das System von nun an dauernd umherkreist. Eine Vielzahl unterschiedlicher Trajektorien kann gegen denselben Zustandszyklus konvergieren, ähnlich wie Wasserläufe, die alle in denselben See münden. Der Zustandszyklusattraktor entspricht dem See, und die Trajektorien, die gegen diesen Attraktor konvergieren, stellen dessen Attraktionsbereich dar. Jedes Boolesche Netzwerk und damit jedes genomische Regulationsnetzwerk muß mindestens einen derartigen Zustandszyklusattraktor besitzen, kann aber auch viele davon aufweisen, die jeweils ihren eigenen Attraktionsbereich »entwässern«.

Der Zweck von Kapitel 4 – ja die Hoffnung, die meinen frühen Forschungsarbeiten über Netzwerkmodelle zugrunde lag – bestand darin, herauszufinden, ob riesengroße Netzwerke aus Tausenden miteinander verknüpfter Glühbirnen spontan eine Ordnung aufweisen können. Zu unserer Überraschung stießen wir auf ein sehr hohes Maß an Ordnung. Wir fanden nämlich heraus, daß Netzwerke mit mindestens 100 000 Glühbirnen und Zustandsräumen von $2^{100\,000}$, also $10^{30\,000}$, gegen einen sehr, sehr kleinen Zustandszyklus aus bloß 317 Zuständen konvergieren und diesen immer wieder durchlaufen.

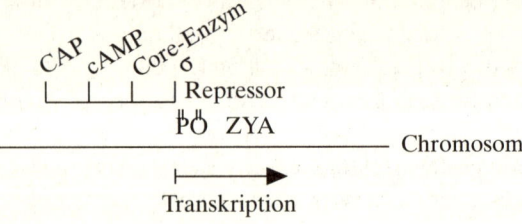

| Allolaktose | Repressor | Operator |
|---|---|---|
| 0 | 0 | 0 |
| 0 | 1 | 1 |
| 1 | 0 | 0 |
| 1 | 1 | 0 |

„NICHT, WENN"

| CAP | cAMP | Core-Enzym | Sigma-Faktor | PROMOTER |
|---|---|---|---|---|
| 0 | 0 | 0 | 0 | 0 |
| 0 | 0 | 0 | 1 | 0 |
| 0 | 0 | 1 | 0 | 0 |
| 0 | 0 | 1 | 1 | 0 |
| 0 | 1 | 0 | 0 | 0 |
| 0 | 1 | 0 | 1 | 0 |
| 0 | 1 | 1 | 0 | 0 |
| 0 | 1 | 1 | 1 | 0 |
| 1 | 0 | 0 | 0 | 0 |
| 1 | 0 | 0 | 1 | 0 |
| 1 | 0 | 1 | 0 | 0 |
| 1 | 0 | 1 | 1 | 0 |
| 1 | 1 | 0 | 0 | 0 |
| 1 | 1 | 0 | 1 | 0 |
| 1 | 1 | 1 | 0 | 0 |
| 1 | 1 | 1 | 1 | 1 |

„UND"

**Abbildung 5.1:** *Genetische Schaltkreise. Die obere Skizze zeigt das Laktose-Operon im Erbgut des Bakteriums E.coli. Z, Y und A sind Strukturgene; O ist die Operatorstelle. P ist die Promotorstelle, und R ist das Repressorprotein, das* an den Operator andockt und die Transkription blockiert, sofern es nicht selbst durch Laktose oder dessen Stoffwechselprodukt Allolaktose gebunden wird. (Die Promotoraktivität wird durch vier molekulare Faktoren gesteuert: zyklisches AMP, Core-Enzym der RNS-Polymerase, Sigma-Faktor und CAP.) Die mittlere Tafel zeigt eine Boolesche Funktion, die die Regulation des Operators durch den Repressor und die Allolaktose beschreibt. Für die Operatorstelle bedeutet 0 = frei und 1 = blockiert. Für den Repressor und die Laktose bedeutet 0 = nicht vorhanden und 1 = vorhanden. Die Boolesche Funktion »NICHT, WENN« spezifiziert die Aktivität des Operators im nächsten Moment, und zwar in Abhängigkeit von den vier möglichen gegenwärtigen Zuständen der regulatorischen Inputs.

Wenn das keine »Ordnung zum Nulltarif« ist! Wie bereits erwähnt, bedeutet 317 im Vergleich zu $10^{30\,000}$, daß sich das Netzwerk in einen Bruchteil seines Zustandsraumes »hineinquetscht«, der gleich 1 dividiert durch $10^{29\,998}$ ist.

Ich kann Ihnen keinen Attraktor in einem solch unermeßlich großen Zustandsraum zeigen. In Abbildung 5.2 sehen Sie vier Attraktoren in einem kleinen Netzwerk aus nur 15 Glühbirnen, die etwa 32 000 Zustände beziehungsweise Blinkmuster einnehmen können. Stellen wir uns jeden Attraktor als ein punktförmiges schwarzes Loch in dem riesigen Zustandsraum des Netzwerks vor, wobei dieses schwarze Loch alles in sich einsaugt, was in seinen Attraktionsbereich fällt. Der gesamte, unvorstellbar große Zustandsraum zerfällt in eine geringe Zahl dieser schwarzer Löcher, die jeweils über den gesamten Fluß von Megaparsecs des umgebenden Zustandsraumes verfügen. Wenn wir das System an irgendeinem beliebigen Punkt starten, dann strebt es, wie ein Raumschiff, das auf seinen Zielort zurast, rasch gegen jenen winzigen Raumpunkt, den Attraktor, der es unentrinnbar an sich zieht.

Winzige Attraktoren, unermeßliche Ordnung.

Jacob und Monod behaupteten, daß die alternativen stabilen Muster ihres genetischen Schaltkreises – Gen 1 aktiv, Gen 2 inaktiv und Gen 1 inaktiv, Gen 2 aktiv – den verschiedenen Zelltypen eines genomischen Netzwerks entsprechen. Ich behaupte, daß jedes schwarze Loch, also jeder Zustandszyklusattraktor in dem riesig großen Zustandsraum eines genomischen Netzwerks einem anderen Zelltyp entspricht. Selbst ein Netzwerk, das nur aus einer geringen Anzahl von Genen besteht, kann einen riesengroßen Zustandsraum erkun-

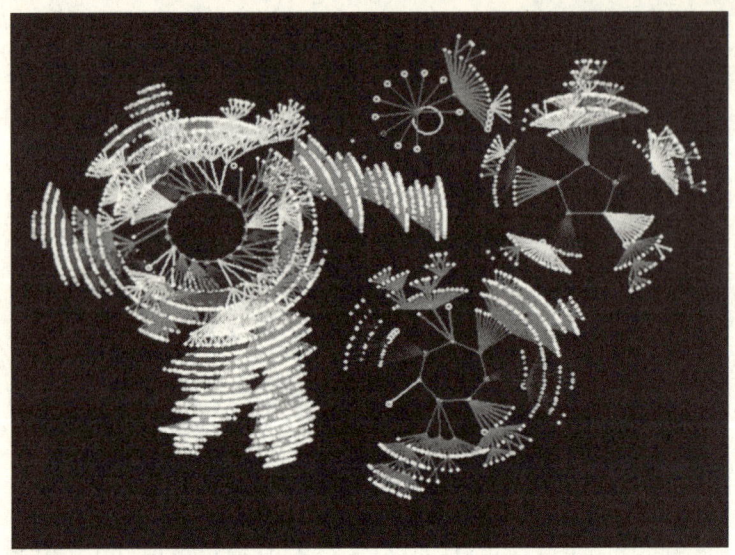

**Abbildung 5.2:** *Attraktionsbereiche. Vier Attraktionsbereiche und Attraktor-Zustandszyklen im Repertoire (Verhaltensfeld) eines Booleschen Zufallsnetzwerkes mit $N = 15$ binären Variablen und $K = 2$ Inputs je binärer Variable.*

den. Wenn ich recht habe, wird es jedoch durch eine Handvoll von Attraktoren in einige wenige Richtungen gezogen. Je nachdem, welchen Zustandszyklus das Netzwerk durchläuft, sind unterschiedliche Gene ein- oder ausgeschaltet, so daß verschiedene Proteine erzeugt werden. Das genomische Netzwerk erzeugt auf diese Weise je unterschiedliche Zelltypen.

Aus dieser einen Hypothese läßt sich eine Fülle von Vorhersagen ableiten. Sehr viele Merkmale genomischer Systeme und der Ontogenese scheinen mit diesem neuen theoretischen Rahmenmodell in Einklang zu stehen. Wenngleich diese neue Hypothese noch empirisch bestätigt werden muß, so gibt es doch bereits eine Vielzahl von Befunden, die sie untermauern.

Wir wollen das Problem der Ontogenese neu formulieren. Das menschliche Genom codiert etwa 100 000 Strukturgene und eine unbekannte Anzahl von Operatoren, Repressoren, Promotoren (die andere Gene ein- oder ausschalten) und so weiter. Diese Gene sind zusammen mit den RNS-Typen und den von ihnen codierten Proteinen in ein engmaschiges Gefüge regulatorischer Wechselwirkungen eingebunden, das Netzwerk der Genomregulation, dessen Gesamtverhalten die Entwicklung von der Zygote zum erwachsenen Individuum koordiniert. Der Körper des Menschen besteht aus 256 Zelltypen. Eine Fruchtfliegenart, *Drosophila melanogaster*, besitzt etwa 15 000 Strukturgene und 60 Zelltypen. Der Süßwasserpolyp hat ein sehr viel kleineres Genom und etwa 13 bis 15 Zelltypen. Welche Prinzipien sorgen dafür, daß solche genetischen Regulationsnetzwerke die unermeßliche Ordnung der Ontogenese hervorbringen?

Wenn man die genetischen Schaltkreise von Bakterien und höheren Organismen untersucht, stößt man auf drei Merkmale:

1. Die Aktivität jedes Gens beziehungsweise jeder sonstigen molekularen Variablen wird unmittelbar von einigen wenigen molekularen Inputs gesteuert. So wird beispielsweise der oben beschriebene Laktose-Operator von zwei molekularen Inputs reguliert: von der Allolaktose und dem Repressorprotein.
2. Die Booleschen Regeln, die die Aktivitäten verschiedener Gene beschreiben, unterscheiden sich voneinander. So wird beispielsweise der Laktose-Operator gemäß der Booleschen »NICHT, WENN«-Regel reaktiviert. Andere Gene werden durch molekulare Inputs entsprechend den Booleschen ODER- beziehungsweise UND-Regeln aktiviert, oder sie gehorchen komplexeren Regeln.
3. Mit Hilfe der idealen Annahme, daß Gene binäre Variablen sind, also entweder transkribiert oder nicht transkribiert werden, je nachdem, ob die Inputs, die ihre Aktivität steuern, vorhanden oder nicht vorhanden sind, das heißt mit Hilfe der Idealisierung der in Kapitel 4 eingeführten Booleschen Funktionen, können wir sagen, daß bekannte Gene von einer speziellen Teilmenge der Booleschen Funktionen reguliert werden, die ich kanalisierende Funktionen nennen und gleich genauer charakterisieren möchte.

Nun ein überraschender Befund: Praktisch alle genomischen Regulationsnetzwerke, die diese drei bekannten Eigenschaften besitzen, weisen bereits soviel »Ordnung zum Nulltarif« auf, wie wir uns nur wünschen können. Diese bekannten Eigenschaften sagen bereits einen Großteil der Ordnung in der biologischen Welt voraus.

In Kapitel 4 sahen wir, daß große Netzwerke aus binären Elementen, Boolesche Zufallsnetzwerke, sich im allgemeinen in einem von drei Regimen befinden: einem chaotischen Regime, einem geordneten Regime und einem komplexen Chaosrandregime. Wie wir gesehen haben, genügen zwei einfache Randbedingungen, um sicherzustellen, daß die meisten Elemente der Verbände im geordneten Regime liegen. Es genügt, wenn jedes binäre Element $K=2$ oder weniger Inputs besitzt. Weist das Netzwerk mehr als $K=2$ Inputs je Glühbirne auf, dann kann man gewisse Abweichungen in den Booleschen Regeln, die von dem Parameter $P$ erfaßt werden, korrigieren, um das System ins geordnete Regime zu versetzen.

Eine andere Möglichkeit, geordnetes Verhalten hervorzubringen, besteht darin, Netzwerke unter Verwendung sogenannter kanalisierender Boolescher Funktionen zu konstruieren. Diese Booleschen Regeln besitzen die angenehme Eigenschaft, daß zumindest einer der molekularen Inputs einen Wert von 1 oder 0 annimmt, der für sich allein die Antwort des regulierten Gens vollständig determiniert. Die ODER-Funktion ist ein Beispiel für solch eine kanalisierende Funktion (Abbildung 5.3a). Ein Element, dessen Verhalten von dieser Funktion gesteuert wird, ist im nächsten Moment aktiv, wenn sein erster oder sein zweiter oder beide Inputs im gegenwärtigen Moment aktiv sind. Wenn der erste Input aktiv ist, dann ist folglich das regulierte Element, unabhängig von der Aktivität des zweiten Inputs, im nächsten Moment mit Sicherheit aktiv. Diese Eigenschaft definiert eine kanalisierende Boolesche Funktion. Zumindest ein Input muß einen Signalwert von 1 oder 0 annehmen, der für sich allein garantiert, daß die regulierte Variable einen Wert annimmt.

Fast alle regulierten Gene von Viren, Bakterien und höheren Organismen, die mir bekannt sind, werden in ihrer Booleschen Idealisierung durch kanalisierende Boolesche Funktionen gesteuert. Wie in Abbildung 5.1 gezeigt, wird der Operator von der kanalisierenden Booleschen »NICHT, WENN«-Funktion gesteuert. Fehlt der Repressor, dann ist der Operator in jedem Fall frei, unabhängig davon, ob Allolaktose vorhanden ist oder nicht. Ist Allolaktose vorhanden, dann ist die Operatorstelle ebenfalls auf jeden Fall frei, unabhängig davon, ob das Repressorprotein vorhanden ist oder nicht. Dies ist darauf zurückzuführen, daß die Allolaktose sich an das allosterische Zentrum des Repressors anlagert und diesen dadurch von der Operatorstelle wegzieht.

Die meisten Booleschen Funktionen mit zahlreichen Inputs sind nicht kanalisierend, das heißt, sie weisen nicht die Eigenschaft auf, daß ein einzelner Input für sich allein den nächsten Zustand der regulierten Glühbirne determinieren kann. Das einfachste Beispiel ist die AUSSCHLIESSENDES-ODER-Funktion mit zwei Inputs (Abbildung 5.3b). Ein Gen, das durch diese Funktion reguliert wird, ist im nächsten Moment aktiv, wenn im gegenwärtigen Moment einer der beiden Inputs, nicht aber wenn beide Inputs aktiv sind. Wie Sie sehen, wird die Aktivität des regulierten Gens nicht allein durch die Aktivität von einem der beiden Inputs, 1 oder 0, festgelegt. Wenn der erste Input 1 ist, kann folglich das regulierte Gen aktiv sein, falls der zweite Input 0 ist, oder es kann inaktiv sein, wenn der zweite Input 1 ist. Ist der erste Input 0, dann kann das regulierte Gen inaktiv sein, falls der zweite Input 0 ist, oder es kann aktiv sein, falls der zweite Input 1 ist. Das gleiche gilt für den zweiten Input. Er weist keine Aktivität auf, die das Verhalten des regulierten Gens garantiert.

| A | B | C |   | A | B | C |
|---|---|---|---|---|---|---|
| 0 | 0 | 0 |   | 0 | 0 | 0 |
| 0 | 1 | 1 |   | 0 | 1 | 1 |
| 1 | 0 | 1 |   | 1 | 0 | 1 |
| 1 | 1 | 1 |   | 1 | 1 | 0 |

a
ODER

b
AUSSCHLIESSENDES ODER

**Abbildung 5.3:** *Boolesche Funktionen. (a) Die Boolesche ODER-Funktion für zwei Inputs. Wenn A oder B (oder beide) = 1, dann ist C = 1. (b) Die Boolesche AUSSCHLIESSENDES-ODER-Funktion für zwei Inputs. Wenn entweder A oder B (nicht aber beide) = 1, dann ist C = 1.*

Es ist vermutlich kein Zufall, daß die Genaktivität und die meisten anderen biochemischen Prozesse offenbar kanalisierenden Funktionen gehorchen, denn die kanalisierenden unter den möglichen Booleschen Funktionen sind selten, und ihre Häufigkeit nimmt mit wachsender Zahl der Inputs $K$ immer stärker ab. Sie sind jedoch chemisch leicht zu synthetisieren. Daher spiegelt sich in der Häufigkeit kanalisierender Funktionen entweder die Selektion einer seltenen Booleschen Regel oder die chemische Einfachheit wider. Im einen wie im anderen Fall ist die Häufigkeit kanalisierender Funktionen offenbar für das geordnete Verhalten genomischer Regulationssysteme von sehr großer Bedeutung.

Die Anzahl möglicher Boolescher Funktionen mit $K$ verschiedenen Inputs beträgt $(2^{2^k})$. Dies ist leicht zu erkennen. Bei $K$ Inputs gibt es $2^K$ mögliche Aktivitätskombinationen. Eine Boolesche Funktion muß nun für jede dieser Inputkombinationen eine Antwort von 1 oder 0 festlegen, so daß man die angegebene Formel erhält. Für $K=2$ ist der Anteil der kanalisierenden Funktionen an den Booleschen Funktionen sehr hoch: 14 der 16 Booleschen Funktionen mit $K = 2$ Inputs sind kanalisierende Funktionen (Abbildung 5.4). Nur zwei Funktionen, die AUSSCHLIESSENDES-ODER-Funktion und ihr Gegenstück, die WENN, UND NUR WENN-Funktion, sind keine kanalisierenden Funktionen. Doch von den etwa 64 000 Booleschen Funktionen für $K = 4$ Inputs, sind nur fünf Prozent kanalisierende Funktionen. Mit wachsendem $K$ nimmt der Anteil der kanalisierenden Funktionen weiter ab.

Vom molekularen Standpunkt aus betrachtet sind kanalisierende Funktionen leicht herzustellen. Betrachten wir ein Enzym mit zwei Inputs, das aktiviert ist, wenn einer der beiden Inputs aktiv ist. Dies läßt sich leicht konstruieren; wir brauchen nur ein Enzym mit bloß einem allosterischen Zentrum herzustellen. Lagert sich einer der beiden molekularen Inputs an diese Stelle an, dann ändert sich die Gestalt des Enzyms, und es wird aktiviert. Dies ist die kanalisierende ODER-Funktion. Doch wie könnte man ein Enzym herstellen, das die nichtkanalisierende AUSSCHLIESSENDES-ODER-Funktion verwirklicht? Dazu wären zwei verschiedene allosterische Zentren erforderlich. Die Bindung an nur eine der beiden Stellen durch ihren molekularen Input müßte das Enzym so ändern, daß es akti-

| 1 | 2 | 3 |
|---|---|---|
| 0 | 0 | 0 |
| 0 | 1 | 0 |
| 1 | 0 | 0 |
| 1 | 1 | 0 |

| 1 | 2 | 3 |   | 1 | 2 | 3 |   | 1 | 2 | 3 |   | 1 | 2 | 3 |
|---|---|---|---|---|---|---|---|---|---|---|---|---|---|---|
| 0 | 0 | 0 |   | 0 | 0 | 0 |   | 0 | 0 | 0 |   | 0 | 0 | 1 |
| 0 | 1 | 0 |   | 0 | 1 | 0 |   | 0 | 1 | 1 |   | 0 | 1 | 0 |
| 1 | 0 | 0 |   | 1 | 0 | 1 |   | 1 | 0 | 0 |   | 1 | 0 | 0 |
| 1 | 1 | 1 |   | 1 | 1 | 0 |   | 1 | 1 | 0 |   | 1 | 1 | 0 |

| 1 | 2 | 3 |   | 1 | 2 | 3 |   | 1 | 2 | 3 |   | 1 | 2 | 3 |   | 1 | 2 | 3 |   | 1 | 2 | 3 |
|---|---|---|---|---|---|---|---|---|---|---|---|---|---|---|---|---|---|---|---|---|---|---|
| 0 | 0 | 0 |   | 0 | 0 | 0 |   | 0 | 0 | 1 |   | 0 | 0 | 1 |   | 0 | 0 | 1 |   | 0 | 0 | 0 |
| 0 | 1 | 0 |   | 0 | 1 | 1 |   | 0 | 1 | 0 |   | 0 | 1 | 0 |   | 0 | 1 | 1 |   | 0 | 1 | 1 |
| 1 | 0 | 1 |   | 1 | 0 | 0 |   | 1 | 0 | 0 |   | 1 | 0 | 1 |   | 1 | 0 | 0 |   | 1 | 0 | 1 |
| 1 | 1 | 1 |   | 1 | 1 | 1 |   | 1 | 1 | 1 |   | 1 | 1 | 0 |   | 1 | 1 | 0 |   | 1 | 1 | 0 |

| 1 | 2 | 3 |   | 1 | 2 | 3 |   | 1 | 2 | 3 |   | 1 | 2 | 3 |
|---|---|---|---|---|---|---|---|---|---|---|---|---|---|---|
| 0 | 0 | 1 |   | 0 | 0 | 1 |   | 0 | 0 | 1 |   | 0 | 0 | 0 |
| 0 | 1 | 1 |   | 0 | 1 | 1 |   | 0 | 1 | 0 |   | 0 | 1 | 1 |
| 1 | 0 | 1 |   | 1 | 0 | 0 |   | 1 | 0 | 1 |   | 1 | 0 | 1 |
| 1 | 1 | 0 |   | 1 | 1 | 1 |   | 1 | 1 | 1 |   | 1 | 1 | 1 |

| 1 | 2 | 3 |
|---|---|---|
| 0 | 0 | 1 |
| 0 | 1 | 1 |
| 1 | 0 | 1 |
| 1 | 1 | 1 |

**Abbildung 5.4:** *Die 16 möglichen Booleschen Funktionen für K = 2 Inputs.*

viert wird. Die gleichzeitige Bindung beider allosterischer Zentren oder keines der beiden dürfte hingegen nicht dieselbe Änderung bewirken, die das Enzym aktiviert. Ein solcher molekularer Apparat ist gewiß schwieriger zu realisieren als die ODER-Funktion. Es scheint grundsätzlich leichter zu sein, molekulare Apparate herzustellen, die kanalisierende Funktionen verwirklichen, als solche, die nichtkanalisierende Funktionen realisieren.

Mit der offenbaren chemischen Einfachheit kanalisierender Funktionen hat es folgende Bewandtnis: Große Netzwerke aus binären Elementen, die überwiegend durch kanalisierende Funktionen reguliert werden, liegen von selbst im geordneten Regime. »Ordnung zum Nulltarif« in unermeßlicher Fülle steht für die weitere Aussonderung durch die Selektion zur Verfügung. Wenn kanalisierende Funktionen in Zellen deshalb so häufig vorkommen, weil sie chemisch einfach zu verwirklichen sind, dann genügt diese chemische Einfachheit als solche, um eine massive und umfassende spontane Ordnung zu erzeugen.

Meines Erachtens ist diese spontane Ordnung entscheidend, um das Verhalten des Genoms zu verstehen. Da jede Zelle des menschlichen Körpers etwa 100 000 Gene beherbergt, umfaßt der Zustandsraum des genetischen Regulationssystems des Menschen mindestens $2^{100000}$ beziehungsweise $10^{30000}$ Zustände. Wie bereits erwähnt, ist diese Zahl im Vergleich zu allem, was wir kennen, so groß, daß sie keinerlei Aussagekraft mehr besitzt. Was ist nun ein Zelltyp im Hinblick auf diesen riesengroßen Zustandsraum? Das Grunddogma der Entwicklungsbiologie besagt lediglich, daß verschiedene Zelltypen verschiedenen Aktivitätsmustern desselben genomischen Systems entsprechen. Das hilft uns nicht viel weiter, wenn das menschliche Genom mindestens $10^{30000}$ Kombinationen der Genaktivität zuläßt. Das Spektrum der Möglichkeiten ist sogar noch größer, wenn wir die »Ein«-»Aus«-Idealisierung aufgeben und uns daran erinnern, daß Gene zu abgestufter Expression und Enzyme zu abgestufter Aktivität fähig sind. Ob »Ein«-»Aus«-Idealisierung oder abgestufte Aktivitätsniveaus: Zellen konnten unmöglich ein solches Spektrum von Mustern der Genaktivitäten erkunden, nicht einmal, wenn man die Lebenszeiten sämtlicher Organismen in sämtlichen Welten, die vielleicht seit dem Urknall existieren, zusammenzählt.

Das Rätsel beginnt sich aufzulösen, wenn wir die Möglichkeit in Betracht ziehen, daß genomische Netzwerke aufgrund ihrer spezifischen Konstruktionsweise im geordneten Regime liegen. Statt den gesamten Zustandsraum zu durchwandern, wird ein solches Netzwerk von einer Handvoll Attraktoren – gleichsam schwarzen Löchern im Zustandsraum des Genoms – angezogen. Eine Zelle, die einen bestimmten Attraktor umläuft, exprimiert bestimmte Gene und Proteine, so daß sie sich zu einem bestimmten Zelltyp differenziert. Dieselbe Zelle wird dann, wenn sie einen anderen Attraktor umläuft, andere Gene und Proteine exprimieren. Demnach lautet unsere Ausgangshypothese, daß Zelltypen Attraktoren im Repertoire des genomischen Netzwerks sind.

Viele bekannte Merkmale der Ontogenese stehen völlig mit dieser Hypothese in Einklang. Erstens muß jeder Zelltyp auf einen infinitesimalen Teil der möglichen Muster der Genaktivität eingegrenzt sein. Genau dieses Verhalten entsteht spontan im geordneten Regime. Die Längen der Zustandszyklusattraktoren entsprechen der Quadratwurzel aus der Zahl der Gene; das Genomsystem des Menschen mit seinen 100 000 Genen und $10^{30\,000}$ möglichen Mustern der Genexpression sollte demnach gegen Zustandszyklen aus lediglich 317 Zuständen, also einen unendlich kleinen Teil der möglichen Muster der Genaktivität, streben und diese immer wieder durchlaufen. Die kleinen Attraktoren des geordneten Regimes stellen die »Ordnung zum Nulltarif« dar.

Die vorausgesagte Zeit, die Zellen benötigen sollten, um ihre Attraktoren zu umlaufen, liegt völlig im Rahmen des biologisch Möglichen. Es dauert zwischen einer und zehn Minuten, um ein Gen ein- oder auszuschalten. Die Zeit, die eine Zelle braucht, um ihren Zustandszyklus zu durchlaufen, sollte demnach zwischen 317 und 3170 Minuten beziehungsweise zwischen fünf und fünfzig Stunden betragen, was völlig innerhalb des normalen Zeitrahmens des Zellverhaltens liegt!

Tatsächlich ist der auffälligste Zyklus, den Zellen durchlaufen, der Zyklus der Zellteilung selbst. Bei Bakterien dauert der Zellzyklus im schnellsten Fall etwa zwanzig Minuten. In den sogenannten Lieberkühnschen Krypten innerhalb des Darmtrakts gibt es Zellen, die sich alle acht Stunden teilen; andere Zellen des menschlichen Körpers teilen sich etwa alle fünfzig Stunden. Wenn Zelltypen Zustandszyklusattraktoren entsprechen, dann können wir uns demnach einen Zellzyklus als eine Zelle vorstellen, die die Länge ihres Zustandszyklus durchläuft. Und das resultierende Zeitmaß für die Dauer des Durchlaufs durch den Attraktor ist das Echtzeitmaß des Zellzyklus.

Ein genetisches Netzwerk mit zwei Inputs je Gen ($K = 2$) beziehungsweise ein Netzwerk, das eine Vielzahl kanalisierender Funktionen aufweist, zeigt nicht nur spontane Ordnung, sondern auch eine Ordnung ähnlich der, die man in echten Zellen findet. Erinnern wir uns aus Kapitel 4 daran, daß in einem Netzwerk aus 100 000 Genen, in dem $K = N$, ein Zyklus aus $10^{15\,000}$ Zuständen bestehen würde. Jetzt können wir berechnen, wie lange es dauern würde, einen Durchlauf durch einen Zustandszyklusattraktor zu vollenden, wenn jeder Zustandsübergang eine Minute dauern würde. Vom biologischen Standpunkt aus betrachtet, können wir dies vergessen. Selbst Netzwerke mit $K = 4$ oder $K = 5$, die sich bereits tief im chaotischen Regime befinden, haben Zustandszyklen von astronomischer Länge. Hier betrachten wir genomische Netzwerke, die völlig stochastisch aufgebaut sind und nur den bekannten Randbedingungen, die man bei realen genomischen Netzwerken antrifft, unterliegen, und wir stoßen auf Zykluszeiten, die völlig im Rahmen biologisch relevanter Zeitspannen liegen.

Wenn diese Sichtweise zutrifft, dann sollten die Zellzykluszeiten annähernd gleich der Quadratwurzel aus der Zahl der Gene sein. Abbildung 5.5 zeigt, daß dies bei Organismen – angefangen von Bakterien über Hefen und Süßwasserpolypen bis hin zu Menschen – der Fall ist. Das bedeutet, daß die mittlere Zellzykluszeit annähernd mit der Quadratwurzel aus der Zahl der Gene des jeweiligen Organismus schwankt. Bei einem Bakterium beträgt die Teilungszeit etwa 20 Minuten, während bei einer menschlichen Zelle, die etwa 100 000 Gene enthält, die Teilungszeit etwa 22 bis 24 Stunden beträgt.

In Abbildung 5.5 sehen wir, daß die mittleren Zellzykluszeiten tatsächlich ungefähr mit der Quadratwurzel aus der Zahl der Gene eines Organismus zunehmen, wie es unsere Hypothese vorhergesagt hatte. Außerdem können wir aufgrund von Abbildung 5.5 sagen, daß – wie ebenfalls von unserem Modell vorhergesagt – die Verteilung um den Median stark asymmetrisch ist, das heißt, daß die meisten Zellen beliebiger genetischer Komplexität kurze Zykluszeiten und nur wenige lange Zykluszeiten besitzen. Die gleiche asymmetrische Verteilung finden wir in genomischen Netzwerkmodellen mit $K = 2$ Inputs je Gen. Doch ich schulde Ihnen einen warnenden Hinweis: Obgleich der Zellzyklus gründlich erforscht worden ist, können wir aufgrund unseres gegenwärtigen Wissensstandes doch nur von einer starken statistischen Übereinstimmung zwischen Theorie und Empirie sprechen.

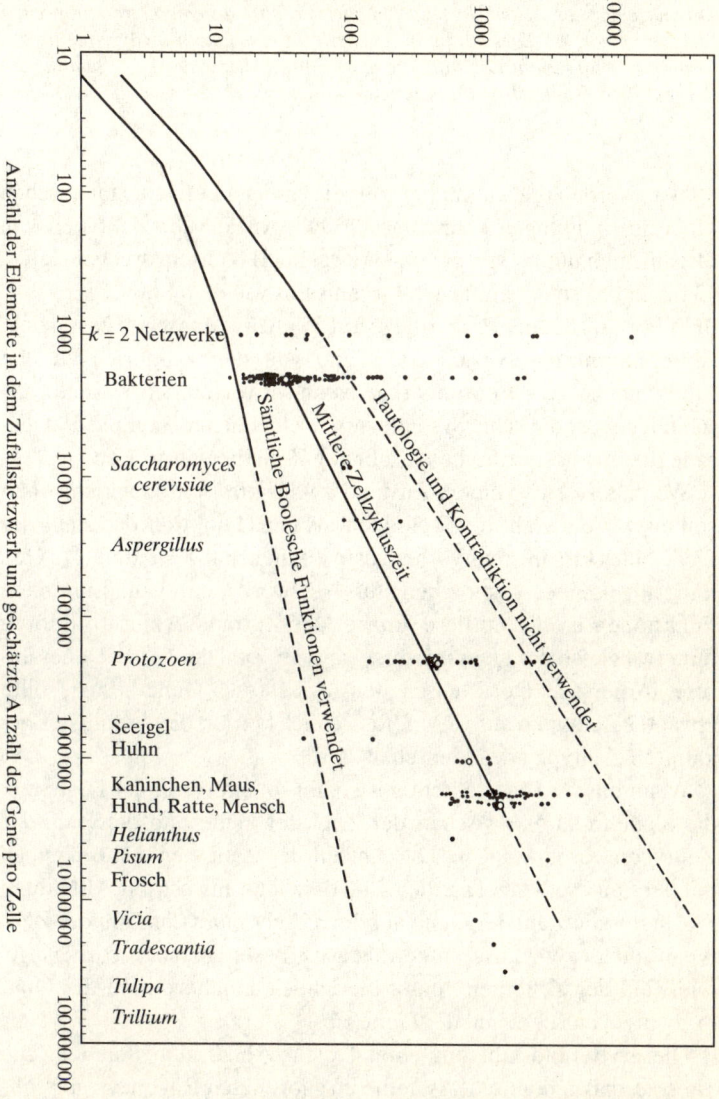

**Abbildung 5.5:** *Ein Gesetz biologischer Organisation? Die Anzahl der Elemente in einem Zufallsnetzwerk ist (unter Verwendung logarithmischer Maß-*

*stäbe) gegen die Länge des Zustandszyklus aufgetragen und die geschätzte Anzahl der Gene verschiedener Organismenarten gegen die mittleren Replikationszeiten der Zellen. In beiden Fällen erhält man eine Gerade mit einer Steigerung von 0,5. Dies ist charakteristisch für eine Quadratwurzelrelation. (Tautologie und Kontradiktion, die erste und die letzte der in Abbildung 5.4 dargestellten Booleschen Funktionen, wurden in den Netzwerken nicht verwendet.)*

Wir werden gleich mehr von diesen eindeutigen statistischen Übereinstimmungen kennenlernen. Die Anzahl der Zelltypen von Organismen nimmt von einem bis zwei bei Bakterien, drei bei Hefen, 13 bis 15 bei einem einfachen Organismus wie dem Süßwasserpolyp, über etwa 60 bei der Fruchtfliege auf 256 beim Menschen zu. Gleichzeitig nimmt die Anzahl der Gene von den Bakterien zu den Menschen zu. Es wäre wunderbar, wenn wir verstünden, weshalb verschiedene genomische Systeme unterschiedlicher Komplexität gerade die für sie spezifische Anzahl von Zelltypen aufweisen.

Wenn ein Zelltyp einem Zustandszyklusattraktor entspricht, dann sollten wir die Zahl der Zelltypen als eine Funktion der Zahl der Gene eines Organismus vorhersagen können. Für $K=2$ Inputs je Gen und, allgemeiner gesprochen, für Netzwerke mit kanalisierenden Funktionen ist die mittlere Anzahl der Zustandszyklusattraktoren nur etwa gleich der Quadratwurzel aus der Zahl der Gene. Daher unsere Vorhersage: Der Mensch, der etwa 100 000 Gene besitzt, sollte etwa 317 Zelltypen aufweisen. Tatsächlich beträgt die Anzahl der bekannten Zelltypen des Menschen 256.

Wenn unsere Theorie richtig ist, dann sollten wir in der Lage sein, die Skalenrelation zwischen der Zahl der Gene und der Zahl der Zelltypen vorherzusagen. Die Anzahl der Zelltypen sollte nämlich mit der Quadratwurzel aus der Zahl der Gene anwachsen. Abbildung 5.6, in der die Zahl der Gene auf der x-Achse und die Zahl der Zelltypen auf der y-Achse aufgetragen ist, bestätigt diese Vorhersage. Die Zahl der Zelltypen nimmt tatsächlich annähernd mit der Quadratwurzel aus der Zahl der Gene zu.

Dieser Befund gibt uns einmal mehr Anlaß zum Staunen. Die Theorie, daß genomische Systeme im geordneten Regime liegen sollten, stimmt nicht nur näherungsweise, sondern völlig mit den biologischen Erfordernissen überein. Weshalb sollte eine Theorie der all-

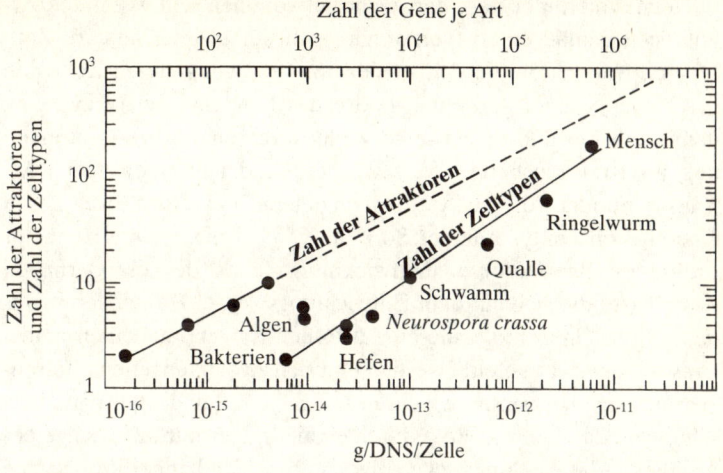

**Abbildung 5.6:** *Ein weiteres potentielles Gesetz. Der Logarithmus der Zahl der Zelltypen von Organismen verschiedener Stämme ist gegen den Logarithmus des DNS-Gehalts je Zelle aufgetragen. Wir erhalten wieder eine Gerade mit einer Steigung von 0,5; dies bedeutet, daß die Zahl der Zelltypen mit der Quadratwurzel aus der DNS-Menge je Zelle zunimmt. Wenn wir annehmen, daß die Zahl der Struktur- und Regulatorgene proportional zum DNS-Gehalt je Zelle ist, dann wächst die Zahl der Zelltypen mit der Quadratwurzel aus der Zahl der Gene.*

gemeinen Verhaltensweisen parallel verarbeitender genomischer Netzwerke, die sich im geordneten Regime befinden, die Skalenrelation zwischen Zelltypen und genomischer Komplexität (auch nur näherungsweise) vorhersagen können, und weshalb sollten die absoluten Werte so nahe an den beobachteten liegen?

Wie bereits erwähnt, ist die Homöostase, also die Tendenz von Zelltypen, Störungen unverändert zu überstehen, von grundlegender Bedeutung für das Leben. Nehmen wir ein Boolesches Netzwerk mit Tausenden von Variablen, und erlauben wir ihm, gegen einen Zustandszyklusattraktor zu streben. Nun »invertieren« wir vorübergehend die Aktivität jedes einzelnen Modellgens. Nach fast allen diesen Störungen kehrt das System in den Zustandszyklus zurück, aus dem es durch die Störung herausgefallen war. Genau dies versteht man unter Homöostase, und sie stellt sich im geordneten Regime von selbst ein.

Doch die Homöostase darf nicht vollkommen sein. Wenn die Zygote sich gemäß einem Verzweigungsmuster in intermediäre Zelltypen differenziert, die sich wiederum in die endgültigen Zelltypen des Neugeborenen beziehungsweise des Erwachsenen verzweigen, dann muß hin und wieder eine Zelle durch eine Störung in einen neuen Attraktionsbereich versetzt werden, der in einen neuen Attraktor mündet – das heißt, auf einen neuen Entwicklungsweg, der in einen neuen Zelltyp mündet. So weiß man beispielsweise, daß in der Frühphase der Embryonalentwicklung Zellen des ektodermalen Keimblatts, die sich auf dem Entwicklungsweg zu Hautzellen befinden, durch einen molekularen Auslöser (Trigger) auf einen neuen Entwicklungsweg geleitet werden und sich zu Nervenzellen differenzieren. Zugleich wissen wir aufgrund nahezu hundertjähriger Forschungen, daß jeder Zelltyp durch einen Trigger nur auf wenige benachbarte Entwicklungswege umgeleitet werden kann. Ektodermale Zellen junger Embryonen können sich von Haut- in Nervenzellen umwandeln, aber nicht in die Zellen, die den Magen auskleiden und Salzsäure absondern.

Bleiben wir bei dem Bild der sich teilenden Zygote, deren Tochterzellen sich nach einem Verzweigungsmuster entwickeln, das an jedem Verzweigungspunkt zwei bis drei Optionen eröffnet, um schließlich die vollständige Diversität der Zelltypen hervorzubringen. Soweit wir wissen, verlief die Entwicklung der Vielzeller schon immer nach einem solchen Verzweigungsmuster der Differenzierung. Weisen unsere genomischen Modellsysteme, die sich im geordneten Regime befinden, von Natur aus diese Eigenschaften auf?

Ja. Nach den meisten Störungen kehrt ein genomisches System, das einen beliebigen Attraktor durchläuft, zu demselben Attraktor zurück, so daß es homöostatische Stabilität aufweist. Die Zelltypen zeichnen sich durch eine grundlegende Stabilität aus. Nach gewissen Störungen jedoch strebt das System gegen einen anderen Attraktor, die Differenzierung ist somit ein zwangsläufiger Prozeß. Die zweite entscheidende Eigenschaft besteht darin, daß ein genomisches System von einem beliebigen Attraktor nur auf einige wenige benachbarte Attraktoren übergehen kann und daß es von dort durch Störungen auf wieder einige wenige andere Attraktoren umgeleitet wird. Jeder See ist sozusagen von nur wenigen anderen Seen umgeben. Eine ektodermale Zelle kann leicht auf einen Attraktor versetzt werden, auf dem sie sich zu einer Netzhautzelle entwickelt, doch die ektodermale Zelle kann nicht ohne weiteres in den Bereich versetzt werden, in dem sie sich zu einer Darmzelle entwickeln würde.

Genomische Netzwerke im geordneten Regime besitzen von selbst, das heißt ohne weitergehende Gestaltung durch die natürliche Selektion, eine grundlegende Eigenschaft, die die Ontogenese seit etwa einer Milliarde Jahren kennzeichnet: die Differenzierung der Zellen erfolgt über sich verzweigende Entwicklungswege, die von der Zygote ausgehen und in die zahlreichen Zelltypen des ausgereiften Individuums münden. Hat die Selektion eine Milliarde Jahre darum gerungen, dieses grundlegende Merkmal der Ontogenese zu erhalten? Weisen alle Vielzeller aufgrund ihrer gemeinsamen Abstammung dieses Merkmal auf? Oder sind sich verzweigende Differenzierungswege ein Merkmal, das so tief in kanalisierenden genomischen Netzwerken verankert ist, daß dieser grundlegende Aspekt der Ontogenese sich als eine Manifestation der emergenten Ordnung darstellt, die unabhängig ist von der weiteren Gestaltung durch die Selektion? In diesem Fall ist die Selektion nicht die einzige Quelle von Ordnung in der Ontogenese.

Es gibt noch weitere Beweise. Erinnern wir uns daran, daß im geordneten Regime eine »rote« Komponente von Genen, die entweder im aktiven oder im inaktiven Zustand eingefroren sind, einen riesigen Cluster bildet, der sich über das gesamte genomische Netzwerk erstreckt und in den funktional isolierte »grüne Inseln« aus Genen eingesprengt sind, die nach komplexen Mustern blinken. Wenn sich das genomische System tatsächlich im geordneten Regime befindet, dann sollte sich eine solche eingefrorene Komponente mit eingesprengten nichteingefrorenen Inseln bilden. In diesem Fall sollte sich ein großer Teil der Gene in sämtlichen Zelltypen des Körpers im selben Aktivitätszustand befinden, und zwar entsprechend der »eingefrorenen Komponente«, die sich über das gesamte Netzwerk erstreckt. Tatsächlich geht man davon aus, daß etwa 70 Prozent der Gene einen Kernbestand bilden, der gleichzeitig in sämtlichen Zelltypen eines Säugetierorganismus aktiv ist. Ähnliche Zahlen erhält man für Pflanzen. Dies könnten Teile einer eingefrorenen Komponente sein.

Daraus folgt weiterhin, daß nur ein Teil der Gene die Unterschiede zwischen den Zellen determiniert. Bei einer Pflanze mit etwa 20 000 Genen liegen die typischen Unterschiede in der Genausprägung zwischen verschiedenen Zelltypen in der Größenordnung von 1000 Genen oder 5 Prozent. Dies liegt sehr nahe an dem Prozentsatz, der auf der Grundlage der erwarteten Anzahl der Gene in den nichteingefrorenen, blinkenden Inseln vorhergesagt wird.

Erinnern wir uns schließlich daran, daß die Störung der Aktivität eines einzelnen Gens lediglich an einen kleinen Teil der Gene des gesamten Netzwerks weitergeleitet wird. Außerdem sollte praktisch kein Gen eine Lawine von Änderungen auslösen, die sich kaskadenartig über Zehntausende anderer Gene fortpflanzt. Auch dies ist der Fall.

## Der Traum von der endgültigen Theorie

Als ich 1964 mein Medizinstudium aufnahm, beseelte mich ein Traum, dessen Ursprünge für mich selbst im dunkeln liegen. Die Biologie war damals Neuland für mich, und ihre eng miteinander verwobenen Wunder der historischen Kontingenz, Selektion, Konstruktion, genetischen Drift, Zufälligkeit und das reine Staunen waren mir genauso unbekannt wie vielleicht Ihnen heute. Ich glaube, daß ich als junger Wissenschaftler noch nicht einmal ansatzweise die Macht der natürlichen Selektion erfassen konnte, deren Subtilität mich im Verlauf der letzten dreißig Jahre immer stärker beeindruckt hat. Doch der Traum, der aus irgendeiner unerkennbaren Quelle gespeist wurde, erfüllt mich noch immer. Wenn die Biologen die Selbstorganisation ignoriert haben, so nicht deshalb, weil die Selbstordnung nicht überall vorkäme und nicht tiefgreifend wäre, sondern deshalb, weil wir Biologen erst noch lernen müssen, Systeme zu verstehen, die gleichzeitig von zwei Quellen der Ordnung determiniert werden. Doch wer eine Schneeflocke sieht, wer die einfachen Lipidmoleküle sieht, die im Wasser umhertreiben und sich zu zellenförmigen, hohlen Lipidvesikeln zusammenschließen, wer die Möglichkeit der Kristallisation des Lebens in Schwärmen miteinander reagierender Moleküle erkennt, wer das erstaunliche Maß von »Ordnung zum Nulltarif« in

Netzwerken sieht, die Tausende von Variablen miteinander verknüpfen, kann sich einer grundlegenden Einsicht nicht verschließen: Sollten wir je eine endgültige biologische Theorie aufstellen, dann müßte diese auf jeden Fall das Zusammenwirken von Selbstorganisation und Selektion erklären. Wir werden verstehen müssen, daß wir die natürliche Manifestation einer grundlegenden Ordnung sind. Unser neuer Schöpfungsmythos wird uns letztlich vor Augen führen, daß unsere Existenz vorhersehbar war.

# 6  DIE ARCHE NOAH

*D*er hochbetagte Noah, gewarnt vor der kommenden Sintflut, erbaute eine viele Ellen lange Arche aus stabilem Holz, in die er alle Arten von Tieren aufnahm. Zu zweit, je ein Männchen und ein Weibchen, marschierten sie in feierlicher Prozession über das feste Fallreep in das Innere der Arche, um die Flut zu erwarten. Dicht bevölkert von der verschwenderischen Vielfalt der göttlichen Schöpfung – so geht die Erzählung weiter –, trieb die Arche auf dem Wasser, bis sie schließlich auf dem Berg Ararat aufsetzte, von wo aus Gottes prächtige Werke sich erneut über die Erde ausbreiteten.

Hätte es wirklich einen Noah gegeben, der eine Bestandsaufnahme der frühen Biosphäre gemacht hätte, und könnten wir uns Zugang zu seinen Ergebnissen verschaffen, dann würden wir vermutlich feststellen, daß die Diversität der Moleküle und die Diversität der Organismen seit der wirklichen Geburt unseres Planeten vor vier Milliarden Jahren stark zugenommen hat. Man vermutet, daß die Diversität der organischen Moleküle auf dem neu entstandenen Urplaneten sehr niedrig war. Und die Vielfalt der Arten kurz nach der Entstehung des Lebens war vermutlich ebenfalls sehr niedrig.

Zahllose Arten organischer Moleküle tummeln sich heute in den Millionen von Zellarten, die innerhalb eines Quadratkilometers der meisten von Menschen bewohnten Orte vorkommen. Niemand weiß, wie groß diese Vielfalt anorganischer und organischer Moleküle genau ist; doch in einem Punkt können wir völlig sicher sein: die Diversität organischer Moleküle in der Biosphäre ist heute sehr viel größer als vor vier Milliarden Jahren, als sich die ersten kleinen Moleküle in der Uratmosphäre und den Urmeeren von selbst zusammenfügten. Irgendwie, durch einen bis heute rätselhaften Prozeß, hat die Diversität organischer Moleküle auf diesem rotierenden Planeten Energie aufgenommen – in Form von erhaschten Bruchstücken Sonnenlicht, hydrothermalen Energiequellen oder Blitzen – und sich aus einfachen Atomen und Molekülen selbst zu den komplexen organischen Molekülen zusammengesetzt, die wir heute vorfinden.

Auf unserer Suche nach Anhaltspunkten dafür, daß die Ordnung der Biosphäre von Gesetzen gestaltet wird, die fundamentaler sind als die natürliche Selektion allein, versuchen wir nun die Urquellen dieser erstaunlichen molekularen Diversität zu verstehen. Es besteht die frappierende Möglichkeit, daß die Diversität der Moleküle in der Biosphäre ihren eigenen sprunghaften Anstieg herbeigeführt hat! Die Diversität nährt sich aus sich selbst und treibt sich selbst vorwärts. Zellen, die miteinander und mit ihrer Umgebung wechselwirken, erzeugen neue Molekülarten, die in einem Ausbruch schöpferischer Kraft wieder andere Molekülarten hervorbringen. Dieser Ausbruch, den ich »suprakritisches Verhalten« nennen will, hat seine Ursache in derselben Art von Phasenübergang zu zusammenhängenden Netzen katalysierter Reaktionen, der möglicherweise Moleküle zu den ersten lebenden Systemen zusammengefügt hat.

Bei einer nuklearen Kettenreaktion entstehen durch den Zerfall eines Urankerns mehrere Neutronen. Jedes Neutron kann mit einem weiteren Urankern zusammenstoßen, so daß ein regelrechter Schauer von Neutronen entsteht, die nun ihrerseits weitere Kerne bombardieren. Die Kettenreaktion speist sich aus sich selbst, wobei Neutronen weitere Neutronen erzeugen, die wiederum neue Neutronen erzeugen... bis eine verhängnisvolle Wolke pilzförmig in den Himmel wächst. In suprakritischen chemischen Systemen bringen Molekülarten neue Molekülarten hervor, die ihrerseits neue Molekülarten hervorbringen, bis die wunderbare Wolke die Diversität des Lebens – von Trilobiten bis zu Flamingos – aus sich gebiert.

Die Suche nach Komplexitätsgesetzen, den Regulatoren der schöpferischen Vorgänge in unserem expandierenden, gleichgewichtsfernen Universum, dessen Überfülle an Energie sprungbereit ist, Galaxien, komplexe Moleküle und Leben hervorzubringen, ist ein kühnes Unterfangen. Wir haben bereits erste Hinweise gesehen. In Kapitel 3 erkundeten wir die Möglichkeit, daß Gemenge wechselwirkender Chemikalien von hinreichender Diversität »Feuer fangen«, sich katalytisch abschließen und plötzlich in lebende, selbstreproduzierende Metabolismen verwandeln, die der Evolution unterliegen. Als Teil dieser »Ordnung zum Nulltarif« können sich auch autokatalytische Verbände kristallisieren. In den Kapiteln 4 und 5 sahen wir weitere Spuren davon in der verblüffenden und kohärenten dynamischen Ordnung in Netzwerken aus Glühbirnen und somit auch in autokatalytischen Netzwerken aus Molekülen sowie in den rezenten Zellen und ihrer Ontogenese. Sehr kleine Attraktoren erzeugen in derartigen Molekülsystemen eine kohärente Ordnung. Doch weder die Urzellen noch die heutigen Zellen leb(t)en ganz für sich allein. Vielmehr sind Zellen in komplexe Gemeinschaften eingefügt, in denen die einzelnen Zellen die von ihnen erzeugten Moleküle austauschen. Das Ökosystem unserer Umgebung, das gemeinhin unter dem Gesichtswinkel der Artenvielfalt betrachtet wird, ist zugleich ein Netzwerk aus Metabolismen, die ihre Produkte austauschen. Die Ökosysteme der Erde bilden in ihrer Gesamtheit die vielleicht komplexeste chemische Fabrik, die in unserem winzigen Teil des Kosmos existiert – die Maschinerie, mit der die Nichtgleichgewichtsprozesse in unserer Region des Universums die Diversität der molekularen Formen erhöhen und so dafür sorgen, daß überall Komplexität und Kreativität anzutreffen sind.

Wenn wir heute sämtliche Tiere des Landes und Fische der Gewässer einsammeln könnten, wie viele Arten von Organismen, kleinen organischen Molekülen und größeren Polymeren würden wir dann finden? Niemand weiß das. Einige schätzen die Zahl der Arten in der Biosphäre auf 100 Millionen. Um unseren eigenen taxonomischen Stellenwert zu erkennen, brauchen wir uns nur klarzumachen, daß es mehr Arten von Insekten als von sämtlichen Wirbeltieren zusammen gibt. Wie viele Arten kleiner Moleküle gibt es? Auch dies weiß keiner, doch wir haben einige Anhaltspunkte. Denn wir verfügen mittlerweile über umfangreiche Bestandsaufnahmen organischer Moleküle. Mein Freund David Weininger, der Gründer von Daylight Chemicals, einem Unternehmen, das hochdifferenzierte, computergestützte Analysen der Struktur organischer Moleküle durchführt, erklärte mir, daß weltweit die Strukturen von etwa zehn Millionen verschiedenen organischen Molekülen verzeichnet seien. Viele dieser Verbindungen wurden von Pharma- und Chemieunternehmen synthetisiert. Da jedoch sehr viele kleine Moleküle, die in der riesigen Fülle der Organismenarten enthalten sind, sehr wahrscheinlich noch nicht isoliert und beschrieben wurden, ist es vernünftig davon auszugehen, daß die Zahl der in der Natur vorkommenden organischen Molekülarten der Biosphäre sich auf mindestens 10 Millionen beläuft, wobei wir uns hier auf kleine Molekülarten mit nicht mehr als etwa 100 Kohlenstoffatomen beschränken.

Wie viele Arten großer Polymere mag es auf der Erde wohl geben? Wenn wir uns auf Proteine beschränken, können wir sehr grobe Schätzwerte nennen. Das Genom des Menschen – das heißt die Gesamtheit der Gene, die in jeder Zelle Ihres Körpers enthalten sind – codiert etwa 100 000 Proteine. Wenn wir von der grob vereinfachenden Annahme ausgehen, daß jede der geschätzten 100 Millionen Spezies auf der Erde völlig verschiedene Proteine herstellen, dann läge die Proteinvielfalt der Biosphäre bei 100 000 x 100 000 000, also etwa 10 Billionen. Natürlich sind die Proteine verwandter Arten einander sehr ähnlich, so daß dieser Schätzwert nicht nur eine grobe Näherung darstellt, sondern wahrscheinlich zu hoch gegriffen ist. Allerdings dürften wir nicht allzuweit danebenliegen, wenn wir schätzen, daß die Biosphäre etwa eine Billion verschiedene Proteine beherbergt.

Zehn Millionen kleine organische Moleküle und eine Billion Proteine? Nichts dergleichen war vor vier Milliarden Jahren auf der Erde vorhanden. Woher kommt diese Vielfalt?

Wir brauchen neue Gesetze. Selbst umstrittene, noch nicht endgültig bewiesene Gesetze könnten uns hilfreich sein. In diesem Kapitel werde ich versuchen, Sie davon zu überzeugen, daß die Biosphäre als Ganzes in einem exakten und völlig unmystischen Sinne möglicherweise kollektiv-autokatalytisch und – ähnlich wie eine nukleare Kettenreaktion – kollektiv-suprakritisch ist, daß sie durch kollektive Katalyse die unerhörte Mannigfaltigkeit organischer Moleküle hervorgebracht hat, die wir auf der Erde antreffen.

Doch während die Biosphäre als Ganzes, wie eine Masse gespaltener Atomkerne, suprakritisch ist, müssen die Einzelzellen, aus denen die Biosphäre aufgebaut ist, subkritisch sein; andernfalls wäre die sprunghafte Zunahme der zellinternen Diversität tödlich. Dies, so werde ich Sie zu überzeugen versuchen, ist die Ursache der kreativen Spannung, die die ständig wachsende Diversität der Biosphäre hervorbringt. In dieser Spannung finden wir vielleicht ein neues Gesetz. Ich möchte der Frage nachgehen, ob Zellverbände durch diese Spannung in einen Gleichgewichtszustand am Phasenübergang zwischen dem subkritischen und dem suprakritischen Regime getrieben werden, wodurch wiederum die Entstehung neuer Molekülarten in der Biosphäre angetrieben wird.

## Biologische Explosionen

Wenn das Leben in Form von kollektiv-autokatalytischen Verbänden entstand, wenn das Feuer der katalytischen Abgeschlossenheit des Lebens durch einen Phasenübergang in chemischen Reaktionsgraphen entzündet wurde, in denen sich plötzlich ein riesiges, reproduktionsfähiges Netz katalysierter Reaktionen bildet, dann war das Leben von Anfang an suprakritisch, von Anfang an von einer explodierenden Produktivität. Wenn dem so ist, dann hat das Leben von jeher darum gerungen, diese schöpferischen Explosionen unter Kontrolle zu halten.

Erinnern wir uns an das Modellspiel in Kapitel 3: Ihr Fußboden ist übersät mit 10 000 Knöpfen, und Sie versuchen beharrlich, zufällig ausgewählte Paare von Knöpfen durch Fäden miteinander zu verbinden, wobei Sie immer wieder eine Pause einlegen, um einen Knopf aufzuheben und zu prüfen, wie viele Knöpfe mit diesem Knopf in einem zusammenhängenden Cluster verbunden sind. Erinnern wir uns auch an den Phasenübergang, sobald das Verhältnis von Knöpfen zu Fäden den kritischen Wert von 0,5 überschreitet – ganz plötzlich bildet sich in dem Zufallsgraphen ein riesiger zusammenhängender Cluster, eine riesige Komponente, so daß Sie mit dem einen Knopf vielleicht 8000 weitere Knöpfe aufheben.

Dies ist noch kein suprakritisches Verhalten. Die Fäden verbinden die Knöpfe lediglich. Der Verknüpfungsakt als solcher erzeugt noch keine weiteren Knöpfe und weitere Fäden. Doch wie, wenn dies doch der Fall wäre? Knöpfe und Fäden würden sich auf Ihrem Fußboden ungezügelt vermehren, bis sie aus dem Fenster quellen und die Umgebung überwuchern würden.

Nun sind zwar Knöpfe und Fäden zu solchen sonderbaren Dingen nicht fähig, wohl aber Chemikalien und chemische Reaktionen. Chemikalien können als Katalysatoren auf andere chemische Substrate einwirken und so weitere chemische Produkte erzeugen. Diese neuen chemischen Produkte können weitere Reaktionen katalysieren, an denen sie selbst und alle ursprünglich vorhandenen Moleküle teilnehmen und aus denen wiederum neue Moleküle hervorgehen. Diese Moleküle reagieren nun ihrerseits mit sich selbst und allen älteren Molekülen als Substraten, und alle Moleküle in der Nähe können als Katalysatoren jeder beliebigen dieser neuen Reaktionen wirken. Was Knöpfe und Fäden nicht können, dazu sind Chemikalien und chemische Reaktionen sehr wohl in der Lage: sich aus dem Fenster ergießen, die Umgebung überschwemmen, Leben erzeugen und die Biosphäre ausfüllen.

Unter suprakritischem Verhalten verstehe ich diese explosionsartige Vermehrung von Molekülarten. Die Suprakritizität ist bereits in unserem Modell der Emergenz des Lebens in Form von kollektiv-autokatalytischen Verbänden enthalten. Erinnern wir uns daran, daß wir diese Frage untersuchten, indem wir eine Menge von Polymeren, wie etwa kleine Proteine oder RNS-Moleküle, betrachteten. Wir wählten diese Moleküle aus, weil sie imstande sind, gleichzeitig als Substrate von Reaktionen und als Katalysatoren derselben Reaktionen zu fungieren. Der entscheidende Punkt ist, daß Moleküle sowohl Substrate als auch Katalysatoren sein können.

Wir verwendeten ein sehr einfaches Modell, das festlegt, welches Polymer welche Reaktion katalysiert; für jedes Polymer, so sagten wir, gibt es eine bestimmte Wahrscheinlichkeit, zum Beispiel eins zu einer Million, daß es als Katalysator auf eine bestimmte Reaktion einwirken kann. Sobald die Vielfalt der Molekülarten in unserem Topf ein kritisches Niveau erreichte, katalysierten die Moleküle so viele verschiedene Reaktionen, daß ein riesiges Netz katalysierter Reaktionen entstand. Innerhalb dieses riesigen Netzes bildeten sich kollektiv-autokatalytische Molekülverbände – chemische Netzwerke, die sich selbst erhalten konnten.

Doch das ist nicht die ganze Geschichte. Die nächste Episode besteht darin, daß ein solches System seine Diversität stetig erhöhen kann, indem es immer mehr Molekülarten erzeugt, bis es an eine Grenze stößt, die durch andere Faktoren, wie etwa das Angebot an Nährstoffmolekülen, die Molekülkonzentrationen, die Verfügbarkeit von Energie und so fort, bestimmt wird. Ein solches System ist, zumindest in den Computersimulationen, die wir »in silico« durchführen, suprakritisch.

Wir sahen bereits subkritisches Verhalten in unserem Modell von der Entstehung des Lebens in Form der Kristallisation kollektivautokatalytischer Verbände: Wenn die Wahrscheinlichkeit, daß ein beliebiges Polymer eine beliebige Reaktion katalysiert, sagen wir, eins zu einer Million beträgt, und wenn die Diversität der Polymere innerhalb des Systems zu gering ist, dann werden keine oder nahezu keine Reaktionen katalysiert, so daß nur wenige neue Moleküle entstehen und der Strom molekularer Innovationen rasch versiegt.

Wir können diesen Prozeß auf eine einfache Weise untersuchen, indem wir uns vorstellen, daß wir unserem hypothetischen Eintopf aus Chemikalien konstant einfache Nährstoffmoleküle zuführen. Erinnern wir uns daran, daß wir einen autokatalytischen Verband aus den Monomeren A und B und den vier möglichen Dimeren: AA, AB, BA und BB aufbauten (Abbildung 3.7). Diese Moleküle schlossen sich zu komplexeren Molekülen zusammen, und sobald ein Schwellenwert der Komplexität erreicht wurde, kristallisierten sich in der Mischung autokatalytische Verbände heraus. Um herauszufinden, an welchem Punkt ein solches System suprakritisch wird und eine explosionsartige Vermehrung neuer Molekülarten einsetzt, könnte man die Diversität der »Nährstoffmischung« so »einstellen«, daß sie alle möglichen Trimere – AAA, AAB, ABB... – oder alle Tetramere, und so fort, enthält. Außerdem könnte man die Wahrscheinlichkeit, daß ein beliebiges Polymer als Katalysator irgendeiner möglichen Bindungs- beziehungsweise Spaltungsreaktion unter den Polymersubstraten wirkt, ebenfalls verändern. Abbildung 6.1 zeigt das Resultat, wobei die Länge des längsten Nährstoffmoleküls – Dimer, Trimer, Tetramer und so weiter – auf der $x$-Achse und die Wahrscheinlichkeit, daß ein beliebiges Polymer eine Reaktion katalysieren kann, auf der $y$-Achse aufgetragen ist.

Nun geschieht genau das, was Sie vielleicht schon vermuten werden. In Abbildung 6.1 gibt es eine Phasenübergangslinie, die die beiden Regime voneinander trennt. Wenn die Katalysewahrscheinlichkeit oder die Diversität der Nährstoffmoleküle oder beides gering ist, dann werden bald keine neuen Molekülarten mehr erzeugt. Das Verhalten ist subkritisch. Ist dagegen die Katalysewahrscheinlichkeit oder die Diversität der Nährstoffmoleküle oder beides hinreichend hoch, dann ist das System suprakritisch, und es kommt zu einer explosionsartigen Vermehrung neuer Molekülarten, die ihrerseits die Bildung wieder neuer Molekülarten katalysieren, die wiederum neue Molekülarten hervorbringen. In diesem Fall erzeugen unsere chemischen Knöpfe und Fäden endlos weitere Knöpfe und Fäden.

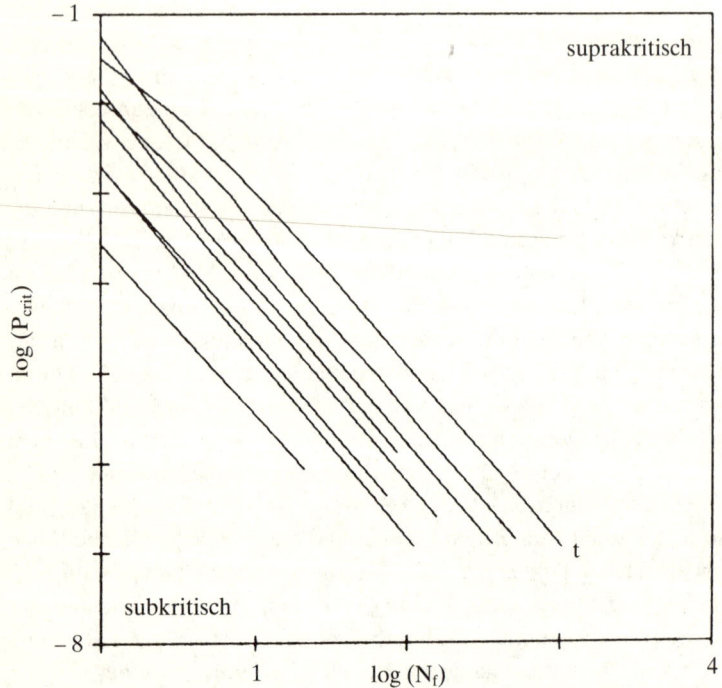

**Abbildung 6.1:** *Ein Phasenübergang. Der Logarithmus der Zahl der Molekülarten in einem autokatalytischen Netzwerk ist gegen den Logarithmus der Wahrscheinlichkeit aufgetragen, daß ein beliebiges Molekül eine bestimmte Reaktion katalysiert. Die Katalysewahrscheinlichkeit ist im oberen Abschnitt der y-Achse höher als im unteren Abschnitt. Die mit t bezeichnete Linie sagt eine kritische Phasenübergangskurve voraus, die das suprakritische Verhalten von Molekülverbänden höherer Diversität beziehungsweise höherer Katalysewahrscheinlichkeit von dem subkritischen Verhalten von Molekülverbänden geringerer Diversität beziehungsweise geringerer Katalysewahrscheinlichkeit trennt. Andere, parallel zur t-Kurve verlaufende Linien basieren auf numerischen Simulationen mit Polymeren, die sich aus zwei bis 20 verschiedenen Monomeren zusammensetzen. Je höher die Anzahl der verschiedenen Monomere,*

*um so größer wird der Abstand der numerischen Kurven von der vorhergesagten t-Kurve, zu der sie jedoch weiterhin parallel verlaufen.*

## Suprakritische Suppe

Es ist eine Sache, über suprakritische Reaktionssysteme zu sprechen, die in Computersimulationen ihre geballte chemische Schöpfungskraft entfesseln. Eine ganz andere Sache ist es zu ergründen, was in einem realen chemischen System vor sich gehen könnte. Wir wollen deshalb eine suprakritische Suppe zubereiten, deren vielfältige Zutaten weit über das hinausgehen, was irgendein Koch je an kulinarischer Phantasie entfaltet hat. Wenn wir diese Suppe in einem Bottich zubereiten können, dann steht außer Frage, daß die Natur diese Suppe in der ihr zur Verfügung stehenden Zeit allemal herstellen konnte. Denken Sie daran, daß wir nach den Gesetzen suchen, die der Explosion der molekularen Diversität und Komplexität der Biosphäre zugrunde liegen.

Zunächst müssen wir uns überlegen, welche Molekülarten wir in unseren Topf geben wollen und welche Reaktionen zwischen ihnen stattfinden können. Außerdem brauchen wir eine Reihe von Enzymen, die diese Reaktionen katalysieren, wobei wir jedem Enzym eine Wahrscheinlichkeit zuschreiben, mit der es tatsächlich eine bestimmte Reaktion katalysieren kann. Dann können wir uns fragen, ob wir erwarten, daß unsere reale Molekülsuppe suprakritisch oder subkritisch sein wird.

Als erstes überlegen wir, wie viele Molekül- und Reaktionsarten mit unserem Rezept hergestellt werden können. Dies ist in der Tat eine sehr schwierige Frage. Organische Moleküle sind nicht einfach gerade Ketten miteinander verbundener Atome, sondern oftmals komplexe Strukturen mit Zweigen und verketteten Ringen. Die chemische Formel eines Moleküls erhält man dadurch, daß man die Anzahl der Exemplare jedes Atomtyps abzählt. So setzt sich beispielsweise $C_5H_{12}O_4S$ aus fünf Kohlenstoff-, zwölf Wasserstoff-, vier Sauerstoffatomen und einem Schwefelatom zusammen. Es ist äußerst schwierig, die Anzahl der möglichen Moleküle zu berechnen, die mit dieser chemischen Formel hergestellt werden können. Doch soviel ist sicher: Die Zahl der möglichen Molekülarten nimmt mit steigender Zahl von Atomen je Molekül außerordentlich schnell zu. Wenn ich Sie bitten würde, alle möglichen Molekülarten aus beispielsweise 100 Atomen der Elemente Kohlenstoff, Stickstoff, Sauerstoff, Wasserstoff und Schwefel herzustellen, dann würden Sie bei dem Versuch, alle Möglichkeiten aufzuführen, verrückt werden. Es ist wieder einmal eine dieser astronomischen Zahlen.

Genauso schwierig ist es, die Zahl der chemischen Reaktionstypen zu bestimmen, die mit den Gesetzen der Quantenmechanik und der Chemie vereinbar sind. Wir können allgemein folgende Reaktionstypen unterscheiden: Ein Substrat wandelt sich in ein Produkt um; zwei Substrate verbinden sich zu einem Produkt; ein Substrat zerfällt in zwei Produkte; zwei Substrate tauschen Atome aus und bilden zwei neue Produkte. Zweisubstrat-Zweiprodukt-Reaktionen sind sehr häufig; dabei werden in der Regel ein oder mehrere Atome von einem Molekül abgespalten und an das zweite gebunden.

Auch wenn wir nicht wissen, wie viele Reaktionen in einem komplexen Gemenge von Molekülen tatsächlich ablaufen können, möchte ich einen groben Näherungswert angeben, der für unsere Zwecke genügt. Ich gehe davon aus, daß zwei beliebige, hinreichend komplexe organische Moleküle mindestens eine Zweisubstrat-Zweiprodukt-Reaktion durchlaufen können.

Dieser Schätzwert ist höchstwahrscheinlich zu niedrig angesetzt. Betrachten wir kleine Polynukleotide (sogenannte Oligonukleotide), wie wir sie bereits in Kapitel 2 erörtert haben – zum Beispiel CCCCCCC und GGGGGGG, die jeweils aus sieben Nukleotiden bestehen. In beiden Molekülen kann jede beliebige innere Bindung aufgebrochen werden, und durch Austausch der »rechten Enden« können zwei neue Moleküle entstehen, zum Beispiel CCCGGGG und GGGCCCC. Da jedes Molekül sechs Bindungen aufweist, gibt es 36 (und nicht bloß eine) mögliche Zweisubstrat-Zweiprodukt-Reaktionen zwischen diesen beiden Substraten.

Wenn jedes beliebige Paar hinreichend komplexer organischer Moleküle mindestens eine Zweisubstrat-Zweiprodukt-Reaktion durchlaufen kann, dann ist die Zahl der Reaktionen in einem komplexen Gemenge von Molekülarten mindestens gleich der Zahl der *Paare* organischer Molekülarten. Besteht die Mischung aus 100

Arten organischer Moleküle, dann beläuft sich die Zahl der Paare auf 100 x 100, also 10 000.

Somit ergibt sich der folgende wichtige Zusammenhang: Ist die Zahl der Molekülarten gleich $N$, dann ist die Zahl der Reaktionsarten gleich $N^2$. Mit wachsendem $N$, nimmt $N^2$ sehr schnell zu. Bei 10 000 Molekülarten betrüge die Zahl der Zweisubstrat-Zweiprodukt-Reaktionen bereits etwa 100 Millionen!

Schließlich wollen wir annehmen, daß wir Proteine als unsere potentiellen Enzyme benutzen. Dann müssen wir überlegen, wie hoch die Wahrscheinlichkeit ist, daß ein beliebiges Protein als Enzym irgendeine der möglichen Reaktionen katalysieren kann. Wenn wir eine echte suprakritische Suppe zubereiten wollen, dann sollten wir Antikörpermoleküle als unsere potentiellen Enzyme verwenden. Die Wahl ist nicht von entscheidender Bedeutung – die nachfolgende Beschreibung sollte auch dann gelten, wenn wir andere Proteine als Katalysatoren verwenden. Künftige Experimente mit suprakritischen Lösungen können sich jedoch die erstaunliche Tatsache zunutze machen, daß Antikörpermoleküle, die auf die Abwehr von Eindringlingen spezialisiert sind, Reaktionen katalysieren können. Antikörpermoleküle, die diese Funktion erfüllen, werden katalytische Antikörper oder Abzyme genannt. Bei dem experimentellen Verfahren zur Erzeugung derartiger Abzyme geht es darum, Antikörpermoleküle zu finden, die sich an den Übergangszustand einer Reaktion binden können. Nahezu jeder zehnte derartige Antikörper kann dann tatsächlich die Reaktion selbst katalysieren. Aus den Daten, die wir über Abzyme besitzen, geht mittlerweile recht deutlich hervor, daß ein willkürlich ausgewähltes Antikörpermolekül eine willkürlich ausgewählte Reaktion mit einer Wahrscheinlichkeit von etwa eins zu einer Million katalysiert. Auf jeden Fall werden wir nicht falsch liegen, wenn wir annehmen, daß die Wahrscheinlichkeit zwischen 1:1 Million und 1:1 Milliarde liegt.

Jetzt können wir einen Topf suprakritischer Suppe kochen. Stellen wir uns ein chemisches Reaktionssystem in einem geeigneten Gefäß vor. Nun verändern wir die Zahl der verschiedenen organischen Moleküle einerseits und die Zahl der verschiedenen Antikörper andererseits. Wir tragen die Antikörperdiversität auf der $x$-Achse und die Diversität organischer Moleküle auf der $y$-Achse auf (Abbildung

6.2). Sodann betrachten wir, was sich in der Nähe des »Ursprungs« dieses Koordinatensystems, wo das Reaktionssystem aus zwei organischen Molekülen und einem Antikörpermolekül besteht, vermutlich ereignen wird. Die Wahrscheinlichkeit, daß der Antikörper irgendeine der vier möglichen Zweisubstrat-Zweiprodukt-Reaktionen katalysiert, beträgt lediglich etwa eins zu einer Milliarde, die Wahrscheinlichkeit, daß eine der vier Reaktionen katalysiert wird, ist daher praktisch gleich Null. Folglich wird die Bildung neuer Molekülarten mit an Sicherheit grenzender Wahrscheinlichkeit nicht katalysiert. Das Verhalten der Suppe ist subkritisch – sie ist eine dünne Hühnerbrühe.

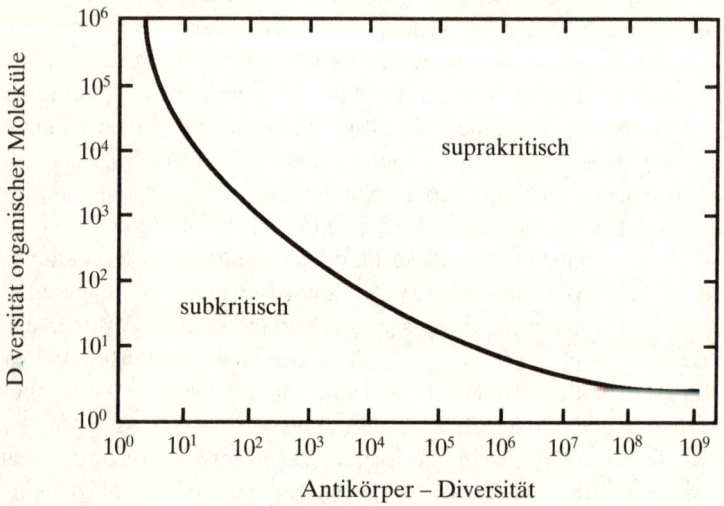

**Abbildung 6.2:** *Ein Topf suprakritischer Suppe. Der Logarithmus der Diversität der Antikörper, die als potentielle Katalysatoren dienen, ist gegen den Logarithmus der Diversität der organischen Moleküle aufgetragen, die als Substrate und Produkte dienen. Die Kurve gibt den näherungsweisen Verlauf des Phasenübergangs zwischen dem subkritischen Verhalten unterhalb der Kurve und dem suprakritischen Verhalten oberhalb der Kurve an.*

Stellen wir uns nun vor, daß das System aus 10 000 Arten organischer Moleküle und einer Million Arten von Antikörpern besteht. Dann beträgt die Zahl der Reaktionen 10 000 x 10 000 oder

100 000 000. Jeder der eine Million verschiedenen Antikörper kann eine der möglichen hundert Millionen Reaktionen katalysieren. Die Wahrscheinlichkeit, daß ein Antikörper eine Reaktion katalysiert, sei wiederum eins zu einer Milliarde. Dann ist die erwartete Zahl von Reaktionen, für die Antikörperkatalysatoren im System vorhanden sind, gleich der Zahl von Reaktionen, multipliziert mit der Zahl der potentiellen Katalysatoren, dividiert durch die Wahrscheinlichkeit, daß ein bestimmter Katalysator eine bestimmte Reaktion beschleunigt. Die erwartete Zahl katalysierter Reaktionen ist folglich 100 000.

Wenn das System Katalysatoren für 100 000 Reaktionen besitzt, dann werden die ursprünglich vorhandenen 10 000 verschiedenen Typen organischer Moleküle rasch etwa 100 000 Reaktionen durchlaufen. Der gesunde Menschenverstand sagt uns, daß die meisten Produkte dieser Reaktionen völlig neu sein werden. Die Diversität organischer Moleküle im System wird daher nach kurzer Zeit von 10 000 auf etwa 100 000 zunehmen.

Sobald das System einmal »gezündet« ist, nimmt seine Diversität weiterhin explosionsartig zu. Die erste Runde katalysierter Reaktionen erbringt etwa 100 000 Molekülarten. Infolgedessen erhöht sich nun die Zahl der potentiellen Reaktionen auf $100 000^2$, also auf zehn Milliarden! Dieselbe Million Antikörpermoleküle sind nun potentielle Katalysatoren dieser neuen Reaktionen, und etwa zehn Millionen Reaktionen werden durch Antikörper katalysiert. In der nächsten Runde katalysierter Reaktionen entstehen somit etwa zehn Millionen neue Molekülarten. Die anfänglichen 10 000 Arten haben sich vertausendfacht, und der Prozeß setzt sich fort, so daß die Mannigfaltigkeit der Molekülarten rapide anwächst. Diese explosionsartige Zunahme der Diversität entspricht suprakritischem Verhalten.

Wenn wir ein wenig nachdenken, wird uns klar, daß in unserem kartesischen Koordinatensystem eine Kurve das subkritische vom suprakritischen Verhalten trennt (Abbildung 6.2). Wenn das System wenige organische Moleküle und wenige Antikörper enthält, dann ist es subkritisch. Wird dagegen die Zahl der verschiedenen Antikörpermoleküle konstant auf einem niedrigen Niveau gehalten, beispielsweise 1000, und die Zahl der verschiedenen organischen Moleküle erhöht, dann wird es schließlich so viele potentielle Reaktionen zwischen diesen organischen Molekülen geben, daß die 1000 Antikörpermoleküle Reaktionen katalysieren, die zu einer suprakritischen explosionsartigen Zunahme der Diversität organischer Moleküle führen. Wird umgekehrt die Zahl der Arten organischer Moleküle konstant gehalten, etwa bei 500, und die Diversität der Antikörpermoleküle erhöht, dann wird schließlich ein so hoher Grad an Mannigfaltigkeit erreicht, daß die Antikörper Reaktionen katalysieren, die zu einer suprakritischen »Explosion« führen. Daraus folgt, daß die kritische Kurve in unserem Koordinatensystem näherungsweise so verläuft wie in Abbildung 6.2 gezeigt. Liegt die Diversität organischer Moleküle und Antikörper unterhalb der kritischen Kurve, ist das System subkritisch. Liegt die Diversität organischer Moleküle und Antikörper hingegen oberhalb dieser Kurve, ist das System suprakritisch.

Suprakritische Suppe – eine gehaltvolle Minestrone.

Da immer mehr Gründe für die Annahme sprechen, daß reale chemische Reaktionssysteme suprakritisch sein können, zeichnet sich die Möglichkeit ab, daß die Biosphäre selbst suprakritisch ist. Diesen Punkt werden wir als nächstes erkunden, denn meines Erachtens ist die Suprakritizität die fundamentale Quelle der molekularen Diversität in der Biosphäre. Doch eben diese schöpferische Kraft stellt für die Zellen, die sie erzeugen, darin nisten, davon erhalten werden und sie gleichzeitig bändigen müssen, die größte Bedrohung dar. Wenn die Biosphäre suprakritisch ist, stellt sich die Frage, wie sich die Zellen vor dem molekularen Chaos schützen, das die Suprakritizität mit sich bringt. Die Antwort liegt meines Erachtens darin, daß Zellen von jeher subkritisch waren. Doch wenn dem so ist, dann müssen wir erklären, wie es möglich ist, daß eine suprakritische Biosphäre aus subkritischen Zellen aufgebaut sein kann. Vielleicht sind wir nun einem neuen biologischen Gesetz auf der Spur.

## Das Noah-Experiment

Irgendwann im Verlauf des gestrigen Tages haben Sie zu Abend gegessen. Messer und Gabel, Eßstäbchen, hungrige Hände – wir sind daran gewöhnt, unsere Nahrung zu zerkleinern, zum Mund zu führen, zu kauen und hinunterzuschlucken. Die Nahrungsmittel, die wir essen, werden bei der Verdauung in einfache, kleine Moleküle zerlegt, die wir aufnehmen und wieder zu körpereigenen komplexen Molekülen zusammensetzen. Weshalb plagen wir uns mit dieser Form der Aufnahme von Stoff und Energie ab? Weshalb gehen wir nicht einfach zu einem appetitlich garnierten Salatblatt, rufen aus: »Sei mein!« und verschmelzen damit? Weshalb verschmelzen wir nicht einfach unsere Zellen mit denen des Spinatauflaufs und vermischen deren metabolischen Reichtum mit unserem eigenen? Kurz, weshalb mühen wir uns mit der unbeholfenen Unsicherheit der Verdauung ab, die Moleküle aufspaltet, nur um sie anschließend wieder zusammenzusetzen?

Die Tatsache, daß wir unsere Speisen essen und nicht mit ihnen verschmelzen, weist meines Erachtens auf einen grundlegenden Sachverhalt hin: Die Biosphäre selbst ist suprakritisch. Unsere Zellen dagegen sind subkritisch. Würden wir mit dem Salat verschmelzen, dann würde die molekulare Diversität, die eine solche Verschmelzung in unseren Zellen erzeugt, eine umwälzende suprakritische Explosion auslösen. Die explosionsartige Zunahme neuer Molekülarten wäre für die unglückseligen Zellen, in denen dieser Prozeß stattfände, schon nach kurzer Zeit tödlich. Die Tatsache, daß wir essen, ist kein Zufall, nicht einfach eine der zahlreichen möglichen Methoden, auf die die Evolution gekommen ist, um neue Moleküle in unsere metabolischen Netzwerke einzuspeisen. In den Vorgängen Essen und Verdauen spiegelt sich meiner Meinung nach die Notwendigkeit wider, uns vor der suprakritischen molekularen Diversität der Biosphäre zu schützen.

Wir wollen nun ein Gedankenexperiment – das »Arche-Noah-Experiment« – durchführen. Wir nehmen zwei Exemplare von jeder Spezies – Fliege, Floh, Erbse, Moos, Mantarochen –, wobei wir uns bemühen, die Größenunterschiede auszugleichen, daß heißt, wir fügen für jeden Farnwedel, den wir in unsere Arche aufnehmen, einen Schöpflöffel Pferdegewebe hinzu. Einhundert Millionen Arten, vertreten durch je zwei Exemplare. Dann zerkleinern wir die ganze Sammlung mit der Fertigkeit eines geübten Biochemikers. Ein Stößel genügt. Wir vermahlen die Lebewesen, wobei wir die Zellmembranen und die Membranen der innerzellulären Organellen auflösen und so den gesättigten Lebenssaft jedes Organismus freisetzen, der sich mit dem fruchtbaren Lebenssaft aller übrigen Organismen vermengt.

Was geschieht? 10 Millionen kleine organische Moleküle schmiegen sich in der gehaltvollen Suppe an etwa 1 Billion Proteine. Die 10 Millionen organischen Moleküle lassen etwa 100 Billionen mögliche Reaktionen zu! Jedes der 1 Billion Proteine, die von der Evolution für ihre spezifische Funktion in den Zellen maßgeschneidert wurden, ist dennoch mit Ritzen und Spalten überzogen und weist infolge puren Zufalls Ausbuchtungen und Vertiefungen auf, die, wie die zahlreichen molekularen Schlösser des Antikörperrepertoires, möglicherweise die Übergangszustände von einer oder mehrerer der 100 Billionen möglichen Reaktionen binden. Nehmen wir an, die Wahrscheinlichkeit, daß ein Protein eine Bindungsstelle aufweist, die ihm erlaubt, eine zufällig ausgewählte Reaktion zu katalysieren, ist niedriger als 1:1 Milliarde – sagen wir 1:1 Billion. Wie viele Reaktionen werden dann katalysiert? Einhundert Billionen Reaktionen, multipliziert mit 10 Billionen Proteinen, dividiert durch 1 Billion, ist gleich $10^{15}$ oder 1 Billiarde. Dies ist mehr als die Gesamtzahl möglicher Reaktionen im System. Tatsächlich würde jede der 100 Billionen Reaktionen durch zehn Proteinkatalysatoren beschleunigt. Aus den ursprünglich vorhandenen 10 Millionen organischen Molekülen würden 100 Billionen Produkte entstehen. Eine gewaltige Explosion von Diversität würde gegen die verdutzten Wände der knarrenden Arche Noah prallen.

Auch wenn unsere Schätzungen um mehrere Größenordnungen (Zehnerpotenzen) danebenliegen sollten, wäre unsere allgemeine Schlußfolgerung nach wie vor gültig: Die Biosphäre ist suprakritisch. Und eben diese Suprakritizität bildet meines Erachtens die Grundlage für die Zunahme der molekularen Diversität und Komplexität innerhalb der langen Zeitspanne, die vergangen ist, seit die Erde von den ersten Lebensformen geschmückt wurde. Wenn die Erde suprakritisch ist, dann muß uns dies Aufschluß geben über die Komplexitätsgesetze – und über die Art und Weise, wie das gleichgewichtsferne Universum das Leben und letztlich uns erschaffen hat.

Doch wenn die Biosphäre als Ganzes suprakritisch ist, wie verhält es sich dann mit den Zellen? Wie konnten sie in einer so unbeständigen Welt überleben, sich behaupten und eine Evolution durchlaufen?

Betrachten wir eine menschliche Zelle, zum Beispiel eine Leberzelle. Im Genom des Menschen sind etwa 100 000 Proteine codiert. Keine Zelle exprimiert all diese Gene gleichzeitig; doch wir wollen einmal annehmen, daß dies bei der Leberzelle der Fall sei. Betrachtet man die schematische Darstellung eines Stoffwechselnetzwerks (zum Beispiel Abbildung 6.3), dann sieht man, daß etwa 700 bis 1000 kleine organische Moleküle darin einbezogen sind. Diese durchlaufen eine Vielzahl von Reaktionen, die den Zellstoffwechsel darstellen. Es ist nun wichtig, daß die Proteine in der Leberzelle soweit evolviert sind, daß sie nur die gewünschten und *nicht* die unerwünschten Nebenreaktionen katalysieren. Allerdings weist, wie bereits erwähnt, jedes der 100 000 Proteine in einer Leberzelle zahlreiche Ecken und Spalten auf, die neue Übergangszustände binden und neue Reaktionen katalysieren können.

Denken wir uns nun ein neues Experiment aus. Wir injizieren dabei ein neues organisches Molekül, das wir Q nennen wollen, in eine Leberzelle. Was geschieht? Wir wollen annehmen, daß jedes der 1000 organischen Moleküle zusammen mit Q eine neue Zweisubstrat-Reaktion durchläuft. Durch die Injektion von Q werden also etwa 1000 neue Reaktionen erzeugt. Wir schätzen die Wahrscheinlichkeit, daß eines unserer 100 000 Proteine eine dieser neuen Reaktionen katalysiert, vorsichtig auf eins zu einer Milliarde. Wie viele Reaktionen werden dann katalysiert? Die Antwort erhalten wir wieder dadurch, daß wir das Produkt aus der Zahl von Reaktionen und der Zahl potentieller Enzyme durch die Katalysewahrscheinlichkeit dividieren: 1000 x 100 000/1 000 000 000 = 0,1. Die Wahrscheinlichkeit, daß auch nur eine Reaktion, an der Q beteiligt ist, durch ein Protein katalysiert wird, beträgt also ungefähr 1/10. Dies aber bedeutet, daß unsere Leberzelle subkritisch ist. Daraus folgern wir intuitiv, daß durch die Injektion von Q in die Zelle keine Lawine von molekülerzeugenden Reaktionen ausgelöst wird. Es ist unwahrscheinlich, daß Q ein neues Produkt hervorbringt. Doch selbst wenn Q ein solches Produkt, nennen wir es R, bilden würde, wäre es genauso unwahrscheinlich, daß R eine Reaktion auslöst, aus der ein weiteres neues Molekül, S, hervorgeht. Jegliche Wirkung von Q verpufft sehr schnell.

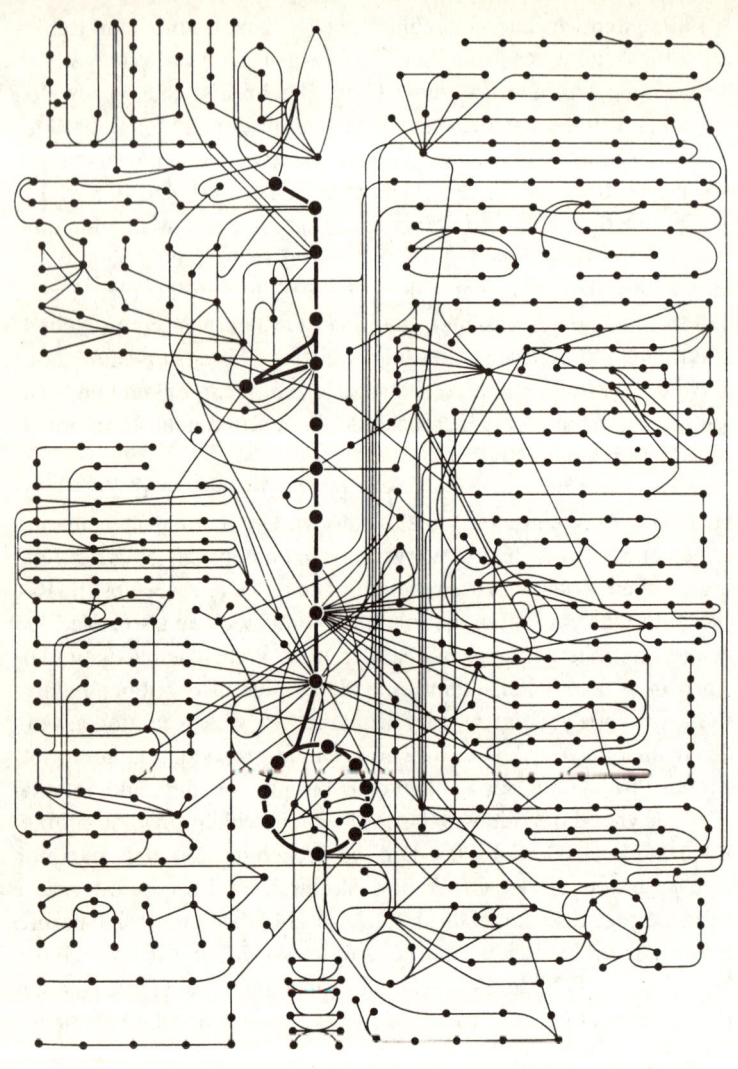

**Abbildung 6.3:** *Das zelluläre Netzwerk chemischer Umsetzungen. In diesem Schema des menschlichen Intermediärstoffwechsels sind die Wechselwirkungen zwischen etwa 700 kleinen Molekülen dargestellt. Die Knoten entsprechen den Stoffwechselprodukten, die Kanten den chemischen Umsetzungen.*

Unsere intuitive Schlußfolgerung erweist sich als richtig. Eine mathematische Theorie, die sogenannte Verzweigungsprozesse beschreibt, zeigt, daß eine Linie sich wahrscheinlich unbegrenzt verzweigen und ihre Diversität stetig erhöhen wird, wenn die erwartete Anzahl der »Nachkommen« eines »Elternteils« größer als 1,0 ist. Ist die erwartete Anzahl der Nachkommen kleiner als 1,0, dann wird die Linie wahrscheinlich aussterben. (Kettenreaktionen bei nuklearen Explosionen treten nur dann auf, wenn die Anzahl der Tochterneutronen, die bei der Kollision eines einzelnen Neutrons mit einem Urankern entstehen, größer als 1,0 ist.) Da die erwartete Anzahl der Nachkommen des Ausgangsmoleküls Q lediglich 0,1 beträgt und somit weit unter 1,0 liegt, zeigt unsere grobe Schätzung, daß unsere Leberzellen subkritisch sind.

Sollen wir die Einzelheiten dieser überschlägigen Berechnung glauben? Keineswegs. Die einfache Formel benutzt zu viele grobe Schätzungen. Ich weiß nicht wirklich, wie viele neue Reaktionen durch die Injektion von Q hervorgerufen werden, noch weiß ich genau, wie viele Protein- und sonstige potentielle Enzyme jede unserer Zellen tatsächlich bereitstellt. Noch schwerer aber wiegt die Tatsache, daß niemand die genaue Wahrscheinlichkeit kennt, mit der ein zufällig ausgewähltes Protein in einer Leberzelle eine zufällig ausgewählte Reaktion katalysiert. Diese Wahrscheinlichkeit kann so hoch sein wie 1:100 000 oder so gering wie 1:1 Billion. Doch unsere überschlägige Berechnung genügt, um folgendes zu beweisen: Wenn die Biosphäre als Ganzes suprakritisch ist, liegen Zellen vermutlich unterhalb der subkritisch-suprakritischen Grenzkurve.

Wenn Zellen tatsächlich subkritisch sind, dann ist dies eine Tatsache von sehr weitreichender Bedeutung – eines der potentiellen biologischen Gesetze, die wir suchen. Angenommen, Zellen wären suprakritisch. Dann würde die Injektion eines neuen Moleküls Q eine Kettenreaktion auslösen, die mehrere neue Moleküle erzeugen würde: Q, R, S. Diese Kettenreaktion würde sich fortpflanzen, da jedes neue Molekül seinerseits Reaktionen auslöste, die wiederum neue Moleküle hervorbrächten. Mit an Sicherheit grenzender Wahrscheinlichkeit würden zahlreiche dieser neuen Moleküle die homöostatische molekulare Koordination in den Zellen zerstören und so zum Zelltod führen. Kurz, die Suprakritizität von Zellen wäre schon nach kurzer Zeit tödlich. Welche Schutzvorrichtung könnten die Zellen entwickelt haben? Sie könnten sorgfältig gearbeitete Membranen verwenden, um alle »fremden« Moleküle abzuhalten, oder sie könnten ein Immunsystem entwickeln. Doch die einfachste Schutzvorrichtung bestünde zweifellos darin, subkritisch zu bleiben.

Vielleicht sind wir auf ein neues, universelles Gesetz der Biologie gestoßen: Wenn unsere Zellen subkritisch sind, dann vermutlich auch alle anderen Zellen – Bakterien, Farnkraut, Vogel und Mensch. Seit Beginn der suprakritischen Explosion der Biosphäre, seit dem Paläozoikum, seit 3,45 Milliarden Jahren, seit der Entstehung des Lebens müssen die Zellen subkritisch geblieben sein. Wenn dem so ist, dann muß die subkritisch-suprakritische Grenze immer eine obere Schranke für die molekulare Diversität einer Zelle festgesetzt haben. Das bedeutet, daß auch die molekulare Komplexität der Zelle begrenzt ist.

Doch obgleich die einzelnen Zellen als solche subkritisch sind, schließen sie sich zu Gemeinschaften wechselwirkender Elemente zusammen, so daß die Erde als Ganzes suprakritisch ist und die molekulare Vielfalt hervorbringt, die wir von unserem Fenster aus sehen. Wie kam dieses empfindliche Gleichgewicht zustande? Wir wenden uns nun der Frage zu, wie die Biosphäre, die aus subkritischen Zellen besteht, suprakritisch werden kann. Die Antwort könnte lauten, daß Zellgemeinschaften zur subkritisch-suprakritischen Grenze evolvieren.

### Lawinen neuer Moleküle

Wir leben nicht allein. Ich meine damit nicht unser hektisches Miteinander auf diesem immer dichter bevölkerten Planeten, sondern unseren Darm, der eine Fülle von Einzellern – überwiegend Bakterien – beherbergt. Durch ihre Stoffwechselaktivitäten tragen sie maßgeblich zu unserem Wohlergehen bei. Diese Bakterien und andere Lebewesen bilden kleine Ökosysteme. Es gibt viele von diesen relativ isolierten Ökosystemen, angefangen bei den Lebensgemeinschaften im Umkreis heißer, hydrothermaler Quellen auf dem Meeresboden, über Gemeinschaften an den Rändern der Geysire auf den isländischen Lavafeldern, bis hin zu den komplexen Gemeinschaften aus Bakterien und Algen, eine Nachahmung jener Gemeinschaften, die die Stromatolithe der Urmeere formten.

Kann ein lokales Ökosystem im Darm oder an einem anderen Ort suprakritisch sein? Wenn ja, dann wäre das Ökosystem selbst in der Lage, eine explosionsartige Zunahme der molekularen Diversität zu erzeugen. Wir wollen Abbildung 6.2, mit der Diversität der Antikörpermoleküle auf der $x$-Achse und der Diversität der organischen Moleküle auf der $y$-Achse, neu interpretieren. Wir tragen jetzt auf der $x$-Achse die Diversität der Bakterienarten auf und auf der $y$-Achse

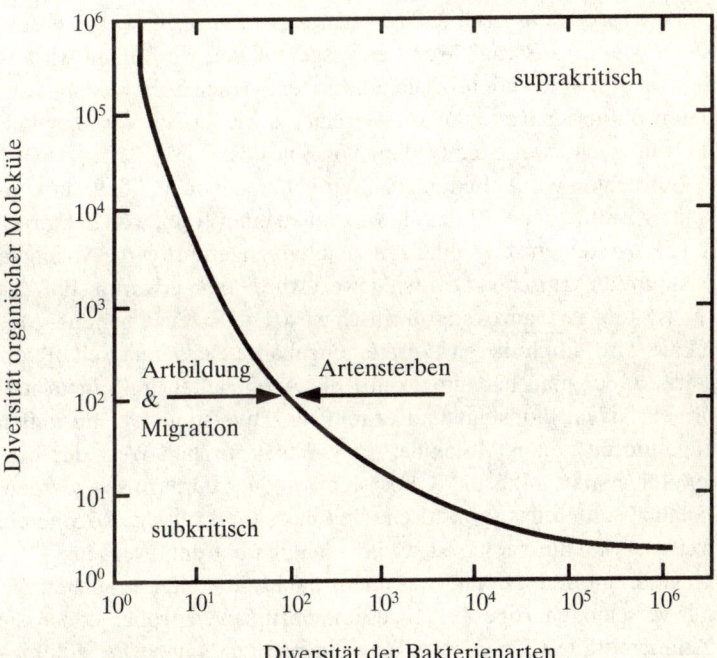

**Abbildung 6.4:** *Eine suprakritische Explosion. Die Artenvielfalt eines hypothetischen Ökosystems aus Bakterien ist (unter Verwendung logarithmischer Maßstäbe) gegen die Vielfalt von außen zugeführter organischer Moleküle aufgetragen. Wieder trennt eine Kurve das subkritische vom suprakritischen Verhalten. Pfeile, die auf die kritische Phasenübergangskurve gerichtet sind, zeigen die hypothetische Evolution der Diversität des Ökosystems in Richtung auf die Grenze an.*

die Diversität neuer Moleküle, die der Lebensgemeinschaft von außen zugeführt werden (Abbildung 6.4). Mit zunehmender Diversität der Bakterienarten steigt die Gesamtdiversität der im Ökosystem enthaltenen Polymere. Die $y$-Achse zeigt uns, welche Auswirkungen die Zuführung steigender Mengen neuer Moleküle ins Ökosystem hat.

Was wird geschehen? Nehmen wir unseren alten Bekannten Q. Wenn Q von selbst in eine Zelle eindringt, dann wird das Molekül entweder in der Zelle zurückbehalten oder unverändert aus der Zelle ausgeschieden – oder es durchläuft eine Reaktion, die ein neues Molekül, R, hervorbringt. R kann nun seinerseits in der Zelle zurückbehalten oder ausgeschieden beziehungsweise freigesetzt werden. Doch was wird R tun? Wenn es ausgeschieden wird, dann wird es vielleicht in eine andere Zelle eindringen, vielleicht in die einer anderen Bakterienart, so daß die Geschichte wieder von vorn beginnt, da R möglicherweise die Bildung von S auslöst.

Betrachten wir Abbildung 6.4. Wir gehen davon aus, daß ein konstanter Zufluß neuer Moleküle von außen einer Reihe von bakteriellen Ökosystemen steigender Artenvielfalt zugeführt wird. Ab einem bestimmten kritischen Diversitätswert würde man erwarten, daß das Ökosystem als Ganzes suprakritisch wird. Die Erzeugung neuer Moleküle wird durch die eng zusammengeballte Zellgemeinschaft verstärkt. Oder man hält umgekehrt die Artenvielfalt auf einem niedrigen Niveau konstant und erhöht die Diversität der von außen zugeführten neuen Moleküle. Ab einem kritischen Wert der Moleküldiversität sollte das Ökosystem erneut suprakritisch werden. Folglich sollten das subkritische und das suprakritische Regime ein weiteres Mal durch eine Kurve voneinander getrennt werden.

Kurz, um dem Noah-Experiment nahezukommen, brauchen wir nur verschiedenartige Zellen zusammenzupacken, wobei jedoch die Zellmembranen den Vorgang ein wenig verlangsamen. Die Moleküle wandern von Zelle zu Zelle, treffen aufeinander und wandeln sich um. Zelle für Zelle schreiben die Moleküle ihre eigene Schöpfungsgeschichte, wobei sie die zelluläre Maschinerie nutzen, um den Prozeß zu beschleunigen. Enzyme können ihre Aktivität nur innerhalb der Grenzen der organischen Chemie entfalten. Die suprakritische Explosion der Biosphäre ist im kombinatorischen Charakter der

Chemie selbst angelegt, die durch das Leben, den höchsten Triumph der Suprakritizität, vorwärtsgetrieben wird.

Allerdings muß jedes Ökosystem diese explosive Tendenz irgendwie zähmen. Die explosionsartig zunehmende molekulare Diversität wird für bestimmte Mitglieder des Ökosystems toxisch sein. Was geschieht? Wird ein neues Gleichgewicht, ein neuer Kompromiß zwischen Subkritizität und Suprakritizität erzielt?

Nehmen wir an, das kleine Ökosystem wäre zufällig suprakritisch. Eine Bakterienart besitzt nun die verhängnisvolle Fähigkeit, die neuen Molekültypen, auf die sie trifft, in ein virulentes inneres Toxin umzuwandeln. Dieses Toxin tötet die Zelle. Wir müssen uns klarmachen, daß sämtliche Exemplare dieser Bakterienart im Ökosystem aussterben und in den Bakterienhimmel kommen werden. Dieser auf seine Weise tragische Verlust, dieses Aussterben einer Bakterienart im Ökosystem hat eine einfache Konsequenz: Ihr Aussterben *vermindert* die Artenvielfalt des Ökosystems. Da die Lebensgemeinschaft suprakritisch ist, werden fortwährend zahlreiche neue Moleküle gebildet, die jedoch ihrerseits eine Folge derartiger Extinktionsereignisse in Gang setzen, und diese wiederum sollten die Diversität der Arten des Ökosystems so weit herabsetzen, daß es vom suprakritischen ins subkritische Regime übergeht (Abbildung 6.4).

Nehmen wir nun statt dessen an, das Ökosystem sei subkritisch. Zu wenige Bakterientypen, deren metabolische Austauschprozesse, Symbiosen und sanfte Konkurrenz aufeinander wohlabgestimmt sind, wandern über die Stoffwechselbühne, um neue Molekülarten in größerer Zahl hervorzubringen. Doch von links hinter der Bühne tritt eine Reihe einwandernder Arten auf, Neulinge aus angrenzenden Bereichen. Schlimmer noch: Einige der alten Schauspieler, ihrer immer gleichen genetischen Identität überdrüssig und die Möglichkeiten zufälliger Mutationen und genetischer Drift ausnutzend, entwickeln neue lange Polymere – DNS, RNS und Proteine, die neue Reaktionen katalysieren können. Diese unentwegte Einwanderung und Speziation erhöht die Vielfalt der Bakterienarten im Ökosystem und verlagert dieses dadurch vom subkritischen ins suprakritische Regime (Abbildung 6.4).

Somit haben wir ein potentielles biologisches Gesetz entdeckt. Die doppelte Dynamik vom suprakritischen zum subkritischen Regime und vom subkritischen zum suprakritischen Regime könnte in der Mitte, an der Grenze zwischen subkritischem und suprakritischem Verhalten, zum Ausgleich kommen. Diese Annahme ist sehr verlockend. Die Frage drängt sich auf, ob lokale Ökosysteme zur subkritisch-suprakritischen Grenze evolvieren und dann für immer dort verharren, weil sie durch den Druck evolutionärer Gelegenheiten aus dem subkritischen Regime und durch den Extinktionsdruck aus dem suprakritischen Regime herausgedrängt werden. Vielleicht evolvieren Ökosysteme zur subkritisch-suprakritischen Grenze!

Eine weitere Hypothese: Während jedes einzelne Ökosystem an der Grenze zwischen Sub- und Suprakritizität angesiedelt ist, erzeugen die Ökosysteme in ihrer Gesamtheit aufgrund ihrer stofflichen Wechselwirkungen eine suprakritische Biosphäre, die zwangsläufig immer komplexer wird.

Wenn diese Hypothesen zutreffen, dann ist das Verhalten der Biosphäre vergleichbar mit einer Kernreaktion und nicht mit einer Kernexplosion. Bei einer Kernexplosion kommt es zu einem autokatalytischen »Durchgehen« der Kettenreaktion. Aber in einem Kernreaktor absorbieren Kohlestäbe die überschüssigen Neutronen und stellen sicher, daß die Verzweigungswahrscheinlichkeit der Kettenreaktion kleiner gleich dem kritischen Wert von 1,0 bleibt. So wird nützliche Energie erzeugt und eine massive Explosion verhindert. Wenn lokale Ökosysteme zur subkritisch-suprakritischen Grenze hin evolvieren, dann sollte die Verzweigungswahrscheinlichkeit für molekulare Innovationen nahe bei 1,0 liegen, so daß es zu kleinen und großen Explosionen oder Lawinen neuer Moleküle kommt. Verzweigungsprozesse nach Überschreiten des kritischen Werts führen zu einer Potenzverteilung der Lawinen, ähnlich der, die wir bereits in dem Sandhaufenmodell von Per Bak, Chao Tang und Kurt Wiesenfeld antrafen. Doch wie in einem kontrollierten Kernreaktor laufen die Lawinen aus neuen Molekülen schließlich aus. Die nächste – kleine oder große – Lawine wird durch die nächste Fluktuation ausgelöst, die ein neues Molekül Q in das System einbringt. Wie bei den Sandhaufen, bei denen jedes einzelne Sandkorn eine kleine oder große Lawine hervorrufen kann, erzeugt auch das im Gleichgewicht befindliche Ökosystem kleine und große Explosionen neuer Moleküle.

Wenn diese Hypothese richtig ist, dann erhöht die im Gleichgewicht befindliche Biosphäre die molekulare Diversität durch kontrollierte Erzeugung neuer Moleküle und nicht durch ungesteuerte Explosion. Eine ungesteuerte Explosion würde eintreten, wenn in der Biosphäre die gleichen Bedingungen herrschten wie in unserem Arche-Noah-Experiment, in dem wir sämtliche Zellmembranen zerstörten. Die Zellmembranen verhindern zahlreiche molekulare Wechselwirkungen und damit eine suprakritische Explosion, genauso, wie die Kohlenstoffstäbe in einem Reaktor Neutronen absorbieren und dadurch die Zusammenstöße dieser Neutronen mit Atomkernen verhindern, die zu einer suprakritischen Kettenreaktion führen würden.

Ist bereits erwiesen, daß lokale Ökosysteme zur subkritisch-suprakritischen Grenze evolvieren? Keineswegs. Ist es eine plausible Annahme? Ich meine ja, wenn auch unter Vorbehalten. Wir haben beispielsweise nicht ausdrücklich die Tatsache in Betracht gezogen, daß sich die Produktkonzentrationen in dem Maße, wie die molekulare Diversität in einem suprakritischen System explosionsartig ansteigt, vermindern können, wodurch die Geschwindigkeiten nachfolgender Hinreaktionen zurückgehen. Auch wenn die Konzentrationseinflüsse eine wichtige Rolle spielen, so dürften sie doch nichts an den grundlegenden Schlußfolgerungen ändern. Können wir die Hypothese überprüfen, indem wir mit Hilfe moderner Meßverfahren wie etwa der Massenspektroskopie die Anzahl der neu erzeugten Moleküle erfassen? Ich meine ja.

Und wenn unsere Hypothese richtig ist? Wenn lokale Ökosysteme sich an der subkritisch-suprakritischen Grenze im Stoffwechselgleichgewicht befinden, während die Biosphäre als Ganzes suprakritisch ist? Was für eine großartige neue Geschichte können wir dann erzählen – von Lebensformen, die kooperieren, um ständig neue Molekülarten zu erzeugen, und von einer Biosphäre, in der die einzelnen lokalen Ökosysteme zwar an der subkritisch-suprakritischen Grenze verharren, ihre Gesamtheit aber aufgrund des suprakritischen Charakters des ganzen Planeten langsam die Gesamtdiversität erhöht hat. Die Biosphäre als Ganzes ist weitgehend kollektiv-autokatalytisch, das heißt, sie katalysiert ihre eigene Erhaltung und die laufenden molekularen Neubildungen. Wir erzählen die Geschichte von den Organismen der Biosphäre, die in ihrer Gesamtheit eine stetige

Tendenz zu wachsender molekularer Diversität und Komplexität katalysieren. Wir erzählen die Geschichte von Zellen, die die vorteilhaften und die nachteiligen Folgen ihrer eigenen katalytischen Aktivitäten bewältigen müssen – Zellen, zu ewigem Wandel verdammt und doch dem Tode geweiht. Gleich den Sandkörnern in einem Sandhaufen wissen die Akteure nie, ob ihr nächster Schritt, ihr jüngstes Experiment ein kleines Rinnsal molekularen Wandels oder eine alles mit sich reißende Lawine auslösen wird. Und die Lawine kann eine schöpferische oder eine vernichtende sein.

Wir erzählen die Geschichte von Zellen, von Lebensformen, die immer wieder ihre Ärmel hochkrempeln, immer wieder ihre Galoschen anlegen und immer wieder auf lokaler Ebene ihr Bestes tun. Wir erzählen die Geschichte einer demütigen Weisheit, denn jedes Lebewesen, das im Verlauf der Evolution unentwegt sein Bestes gibt, bringt zwangsläufig die Bedingungen hervor, die in letzter Konsequenz zu seiner Vernichtung führen.

Wir, bescheiden Behauste, die uns bemessene Zeit eitel und mühsam ableistend, Teil des festlichen Umzugs der Evolution, Teil der sich entfaltenden Lebensfülle, von Noah gezählt in einem kurzen Augenblick der Geschichte.

## 7  DAS GELOBTE LAND

Wir geben uns selbst viele Namen: *Homo sapiens,* der vernunftbegabte Mensch; *Homo habilis,* der geschickte Mensch, der Werkzeugmacher; und, vielleicht die angemessenste Bezeichnung, *Homo ludens,* der spielende Mensch. Jeder Aspekt liefert einen Beitrag zur Wissenschaft. Einer allein reicht nicht aus, denn die Forschung beruht auf allen dreien: auf Vernunft, um einen im Dunkeln liegenden Weg einzuschlagen; auf Techniken, um die Antworten zu finden; aber immer auch, wenngleich immer unter der Oberfläche, auf Verspieltheit. »Eine Theorie ist eine freie Erfindung des menschlichen Geistes«, sagte Einstein – ein Mensch, dessen Intelligenz und Geschicklichkeit nahezu übermenschlich waren, der aber gleichzeitig mit der größten Freiheit spielen konnte.

Es ist die Fertigkeit des *Homo ludens,* in der sich die wertvollste kreative Fähigkeit der Menschheit manifestiert. Hier wird Wissenschaft zur Kunst. Welch eine Ehre und Freude, die Gesetze zu suchen. Einstein wollte die Geheimnisse Gottes lüften. Wir, obgleich weit hinter ihm zurückstehend, erhoffen uns nichts Geringeres. Und manchmal, öfter, als es der Fall sein sollte, fördert die spielerische Freude wissenschaftlicher Praxis unerwartet Neuigkeiten aus einem Gelobten Land jenseits des Sinai zutage – Technologien, die unsere Lebensweise verändern.

Ob schlecht geplant oder nicht, ob Zufall oder nicht, wir stehen im Begriff, eine neue Schwelle in der Menschheitsgeschichte zu überschreiten. »Überschreiten« ist allerdings eine Untertreibung: Wir rasen geradezu über eine Schwelle unermeßlicher Hoffnungen und vielleicht auch unermeßlicher Gefahren hinweg. Erstmals in der Geschichte der Menschheit können wir in Wettstreit treten mit der molekularen Vielfalt, die sich in der Biosphäre angesammelt hat. Wir können riesige Paletten neuer Moleküle erzeugen. Darunter mögen wir phantastische neue Heilmittel finden, aber auch gefährliche neue Giftstoffe. Faust schloß einen Pakt; Adam und Eva aßen vom Baum der Erkenntnis. Wir haben keine andere Wahl, als vorwärts zu gehen.

Wir können unsere Vision nicht aufgeben; und zugleich können wir die Folgen nicht vorhersehen. Genauso war es auch, als der *Homo habilis* eine Steinaxt in der Hand wog und sich in seinem Innern eine unzähmbare Eroberungslust regte. Ebensowenig wie der *Homo habilis* können wir die Folgen der Versuche, die wir machen müssen, absehen. Wir leben auf einem Sandhaufen; wir selbst erzeugen den Sand; wir selbst gehen über den Sandhaufen und treten bei jedem Schritt Lawinen los. Dahin ist unser vermessener Glaube, mehr als nur einen kleinen Ausschnitt vorhersagen zu können!

Wie sieht der neue faustische Vertrag aus? Wir erfuhren in Kapitel 6, daß die Biosphäre etwa zehn Millionen kleine organische Moleküle und etwa zehn Billionen Proteine und sonstige Polymere beherbergt. Wir führten Indizien für die Hypothese an, daß sich die Biosphäre an der subkritisch-suprakritischen Grenze im Gleichgewicht befindet und kleine und große Schübe molekularer Schöpfungskraft auslöst. Wir fragten uns, ob die miteinander gekoppelten Stoffwechselsysteme aller auf der Erde verbreiteten Organismen vielleicht die komplexeste Chemiefabrik darstellen, die wir innerhalb einer mehrere Dutzend Megaparsec großen Region des Weltalls antreffen.

Die Revolution in der Biotechnologie, das Rätsel und die Beherrschung der Klonierung von genetischem Material, sagt uns, daß wir eine Vielfalt von Molekülformen erzeugen können, wie es sie in der 15 Milliarden alten Geschichte des Kosmos vermutlich noch an keinem Ort und zu keiner Zeit gegeben hat. »Neue Heilmittel« und »neue Gifte« sind eine Untertreibung. Wir wissen nicht, was wir mit unseren »Sandmolekülen«, die wir voller Stolz zu einem hohen Haufen aufgeschüttet haben, anrichten werden.

## Evolutionäre Biotechnologie

Wir erkühnen uns heute, die überlieferte Weisheit von 3,45 Milliarden Jahren molekularer Evolution mit einem neuen »Sandkasten«, der evolutionären Biotechnologie, zu übertreffen. Wir, das heißt Molekularbiologen, Chemiker, Biologen, Biotechnologiefirmen und die Pharmaindustrie, stehen im Begriff, neue Moleküle so schnell und in so großer Zahl herzustellen wie noch niemals zuvor.

Bevor wir zu unserer Reise ins neue Grenzgebiet der Biotechnologie aufbrechen – von einigen bereits überschwenglich die zweite Geburt der Biotechnologie genannt –, lohnt es sich, noch einmal die mittlerweile zwar bekannten, aber noch immer verblüffenden Tricks des Genspleißens und der Genklonierung mit ihrem verheißungsvollen medizinischen Anwendungspotential darzustellen. Wie bereits erwähnt, enthält jede Zelle des menschlichen Körpers DNS, die etwa 100 000 Proteine codiert. Diese Proteine erfüllen im Leben unserer Zellen strukturelle und funktionelle Rollen. Seit den siebziger Jahren sind wir in der Lage, Sequenzen aus den menschlichen Genen herauszuschneiden, die Fragmente in die DNS von Viren oder anderen Trägern einzupflanzen und mit ihrer Hilfe Bakterien- oder andere Zellen zu infizieren. Die Wirtszellen werden durch diesen Trick dazu gebracht, das vom menschlichen Gen codierte Protein herzustellen. Dieser ganze Prozeß wird unter dem Begriff »Genklonierung« zusammengefaßt.

Das medizinische Potential der Genklonierung ließ die Wissenschaft und die Privatwirtschaft nicht lange gleichgültig. Zahlreiche Krankheiten werden dadurch verursacht, daß die DNS-Sequenz, die ein wichtiges Protein codiert, sich durch eine Zufallsmutation verändert. Durch Klonierung der normalen Version eines menschlichen Gens können wir das normale Proteinprodukt herstellen und es zur Behandlung der entsprechenden Krankheit einsetzen. Das kommerziell wohl erfolgreichste Produkt ist EPO, das Hormon Erythropoietin, das die Produktion der roten Blutkörperchen anregt und sich daher zur Behandlung der Blutarmut eignet. Erythropoietin ist ein kleines Protein, ein sogenanntes Peptid. Die Firma AMGEN gewann eine bedeutende gerichtliche Auseinandersetzung mit einem anderen Unternehmen und vermarktet heute dieses Produkt von 3,45 Milliarden Jahren evolutionärer Forschung mit sehr großem Erfolg. Man schätzt, daß die medizinischen Anwendungsmöglichkeiten klonierter menschlicher Gene auf ein gewaltiges Marktpotential stoßen. In Anbetracht des Anteils am Bruttosozialprodukt, der in den USA und in anderen Industrie- und Entwicklungsländern für das Gesundheitswesen aufgewendet wird, und des Bedarfs an medizinischer Hilfe für eine weltweit immer älter werdende Bevölkerung ist es nicht erstaunlich, daß Wall Street mit soviel Enthusiasmus und ohne

Zögern in diese Technologie investiert hat. Obgleich bislang erst wenige Produkte auf den Markt gekommen sind und die Begeisterung der Anleger kommt und geht, wurden doch viele Milliarden Dollar aufgebracht und in diese besondere Vision des Gelobten Landes investiert.

Auch das *Human Genome Project* ist in vollem Gange. Da das menschliche Genom alle in unserem Körper vorhandenen Proteine codiert, ist der Zeitpunkt nicht mehr fern, da sämtliche normalen Proteine des Menschen und ihre Variationsmuster in menschlichen Populationen bekannt sein werden. Dies verheißt eine enorme Fülle neuer Erkenntnisse, da jedes dieser Proteine in seiner Funktion gestört sein kann. Wenn wir die Proteine kennen, sollten wir in der Lage sein, geeignete Therapien zu entwickeln, von immer wirkungsspezifischeren Medikamenten bis hin zur Ersetzung defekter Gene im Rahmen der Gentherapie.

Was meine ich mit wirkungsspezifischen Medikamenten? Wir erörterten bereits das in jeder Zelle enthaltene genomische Regulationsnetzwerk, das die Genaktivitäten im Verlauf der Ontogenese, der Entwicklung des Embryos, koordiniert. Unsere Netzwerkmodelle aus Glühbirnen veranschaulichen, daß eine geringfügige Störung der Aktivität einer Glühbirne Änderungen verursachen kann, die sich kaskadenförmig durch das gesamte Netzwerk fortpflanzen. Unsere Medikamente wirken deshalb auf unsere Gewebe, weil sie sich an Moleküle in unseren Zellen anlagern; durch diese Bindung löst das Medikament eine Kaskade von Änderungen aus. Einige dieser Änderungen sind nützlich, andere stellen die vertrauten unerwünschten Nebenwirkungen dar, die im Kleingedruckten der Beipackzettel versteckt sind, soweit man sie überhaupt kennt. Mit »wirkungsspezifisch« meine ich, daß wir präzise molekulare Meißel brauchen, um den gewünschten therapeutischen Effekt zu erzielen und die Nebenwirkungen auszuschließen. Woher werden diese wirkungsspezifischen Medikamente kommen? Aus der unermeßlichen Vielfalt neuer Arten von Molekülen, DNS, RNS, Proteinen und kleinen Molekülen, die wir heute erzeugen können.

Die herkömmliche Biotechnologie hat versucht, menschliche Gene und die von diesen codierten Proteine zu klonen. Doch weshalb sollten nur die Proteine nützlich sein, die bereits in uns existieren? Überlegen wir einen Augenblick, wie viele mögliche Proteine es gibt, wobei wir uns auf Proteine mit nur 100 Aminosäuren beschränken wollen. (Die meisten Bioproteine bestehen aus mehreren hundert Aminosäuren.) Die Bioproteine setzen sich aus 20 verschiedenen Aminosäuren zusammen – Glyzin, Alanin, Lysin, Arginin und so weiter. Ein Protein ist eine lineare Sequenz aus diesen Bausteinen. Stellen wir uns Perlen vor, die 20 verschiedene Farben aufweisen. Ein Protein aus 100 Aminosäuren entspricht dann einer Kette aus 100 Perlen. Die Anzahl möglicher Ketten ist gleich der Anzahl der Perlentypen, hier 20, einhundertmal multipliziert mit sich selbst. Nun ist $20^{100}$ annähernd gleich $10^{120}$, was einer Eins mit 120 Nullen entspricht. Selbst in der heutigen Zeit riesiger staatlicher Haushaltsdefizite ist $10^{120}$ noch immer eine unvorstellbar große Zahl. Die geschätzte Anzahl der Wasserstoffmoleküle im gesamten Universum beträgt nur $10^{60}$. Somit ist die Anzahl der möglichen Proteine der Länge 100 gleich dem Quadrat der Anzahl der Wasserstoffmoleküle im Universum.

Wir könnten auf den Gedanken kommen, daß die Natur durch die natürliche Selektion diese gigantische Zahl von Kombinationen durchprobiert hat, wobei sie mit Ausnahme der kleinen Teilmenge, die in die irdischen Lebensformen Eingang fand, alle Kombinationen verwarf, so daß wir keinen Anlaß hätten, über den Rand unseres eigenen Genoms hinauszublicken. Doch diese Annahme erweist sich bei genauerer Betrachtung als nicht haltbar. Erinnern wir uns aus Kapitel 2 an die Berechnungen der Wahrscheinlichkeit, mit der eine Zelle, die aus einem bestimmten Satz von Proteinen bestehen soll, rein durch Zufall vollständig zusammengefügt wird. Robert Shapiro schätzte die Anzahl der Versuche, die in sämtlichen Meeren, von denen Kolumbus je geträumt hat, stattgefunden haben könnten. Meines Erachtens ist dieser Teil seiner Argumentation überzeugend. Unter der Annahme, daß pro Kubikmikrometer und pro Mikrosekunde ein »Versuch« stattfand, errechnete Shapiro, daß die Zeit seit der Entstehung der Erde höchstens für $10^{51}$ Versuche ausreichte. Wenn bei jedem Versuch ein neues Protein ausprobiert wurde, dann können seit Bestehen der Erde maximal $10^{51}$ von $10^{120}$ möglichen Proteinen der Länge 100 geprüft worden sein. Folglich hat nur ein sehr kleiner Teil der Gesamtdiversität solcher Proteine je auf der Erde existiert!

Das Leben hat lediglich einen infinitesimalen Teil der möglichen Proteine sondiert.

Wenn ein solcher winziger Teil der potentiellen Diversität der Proteine aus 100 Aminosäuren je die Wärme der Sonne gespürt hat, dann bleiben den Wissenschaftlern immer noch riesige Räume zu erforschen. Die Evolution kann nur die kleinsten Bereiche des »Proteinraums« erkundet haben. Und da die Selektion in der Regel an den vorteilhaften Formen festhält, die sie einmal gefunden hat, war der Suchbereich der Evolution vermutlich noch begrenzter.

Die evolutionäre Biotechnologie fußt auf der grundlegenden Erkenntnis, daß die nahen und fernen Regionen des Proteinraums, des DNS- beziehungsweise RNS-Raums höchstwahrscheinlich neue Moleküle mit einem enormen praktischen Nutzenpotential beherbergen. Die Grundidee ist einfach: Man erzeuge Milliarden, Billionen, Milliarden von Billionen zufälliger DNS-, RNS- oder Proteinsequenzen und suche in dieser unermeßlichen, schwindelerregenden Vielfalt molekularer Formen nach nützlichen Molekülen. Wir werden phantastische neue Medikamente finden, und wir werden auf furchtbare neue Toxine stoßen. Segen und Fluch in einem – wie es schon immer war.

Ich möchte diese neue Methode der pharmakologischen Forschung evolutionäre Biotechnologie (*»applied molecular evolution«*) nennen. Eine der Koryphäen der Molekularbiologie, Sidney Brenner, der den genetischen Triplettcode entdeckt hat und dem wir zahlreiche leicht skandalöse Kommentare verdanken, nennt diese neue Ära der Arzneimittelforschung gern mit einem einfacheren Schlagwort »irrationales Pharma-Design«.

Eine große Anzahl von Molekülen erzeugen und diejenigen auswählen, die die gewünschten Eigenschaften besitzen. Und gegebenenfalls die Moleküle verbessern. Warum nicht? Genauso macht es Mutter Natur. Dank der Intelligenz einer immer größeren Zahl von Molekularbiologen und Chemikern hat sich dieser neue Ansatz mittlerweile etabliert, ja er floriert regelrecht. Gegenwärtig suchen einige kleine Biotechnologiefirmen Peptid-, DNS- und RNS-»Bibliotheken« mit Billionenbeständen auf nützliche Moleküle ab.

Eine Bibliothek aus einer Billion verschiedener DNS-, RNS- und Proteinmolekküle? Das hört sich nach viel Arbeit an, ist aber in Wirklichkeit relativ einfach zu bewerkstelligen. Ich könnte die erste derartige Bibliothek mit etwa einer Milliarde verschiedener DNS-Zufallssequenzen, eingepflanzt in das Genom einer Milliarde verschiedener Kopien eines speziellen, Lambda genannten Virus, aufbauen. Wenn Sie so schnell wie möglich eine eigene Bibliothek anlegen wollen, dann empfehle ich Ihnen folgende Vorgehensweise: Bitten Sie einen Freund, der ein DNS-Synthesegerät besitzt, DNS-Sequenzen aus 100 Nukleotiden herzustellen. Normalerweise wollen Forscher Billionen von Kopien derselben DNS-Sequenz aus 100 Nukleotiden produzieren, aber Sie können auch ohne weiteres Billionen verschiedener DNS-Zufallssequenzen aus 100 Nukleotiden erzeugen. Wenn Sie geeignete Nukleotide am Anfang und am Ende angliedern und so spezifische Bindungsstellen erzeugen, dann können Sie die Bibliothek von Molekülen in einen viralen Vektor oder einen sonstigen Wirt übertragen. Hierzu muß die doppelsträngige DNS des Wirts selbst durch ein Enzym in zwei einzelsträngige »Enden« aufgespalten werden, die jeweils in ein paar Nukleotide auslaufen, passend (gemäß der Watson-Crick-Basenpaarung) zu den spezifischen Endnukleotiden, die Sie in Ihre Bibliothek von einzelsträngigen DNS-Sequenzen einbauen. Nun mischen Sie Ihre Bibliothek aus Billionen von DNS-Zufallsmolekülen mit Billionen von Kopien der viralen DNS, deren »Enden« in einem sehr kleinen Reagenzglas freiliegen, fügen ein paar bekannte Enzyme bei, um Ihre DNS-Sequenzen mit der viralen DNS zu verkleben, warten ein paar Stunden und...

Wenn Sie Glück haben, werden Sie eine Bibliothek aus einer Billion verschiedener DNS-Zufallsmoleküle erhalten, die durch Klonung in eine Billion verschiedener Kopien eines Virus eingebaut wurden. Nun brauchen Sie diese Billion von Zufallsgenen nur noch nach dem abzusuchen, was Sie möchten; Sequenzen, die bestimmte biochemische Funktionen ausführen.

Welche potentiellen Nutzanwendungen dürfen Sie sich erhoffen? Neue Medikamente, neue Impfstoffe, neue Enzyme, neue Biosensoren. Letztlich vielleicht die experimentelle Erzeugung kollektivautokatalytischer Verbände, also neuen Lebens. Ich werde diese Möglichkeiten später darlegen.

Doch wie können Sie unter den Milliarden mehr oder minder zufälligen Moleküle die nützlichen herausfinden? Eine Suche nach der Nadel im Heuhaufen – so scheint es zumindest auf den ersten Blick.

Eine Methode, die Nadel zu finden, basiert auf einer sehr einfachen Überlegung: Wenn man einen Schlüssel hat und eine Kopie davon anfertigen möchte, dann nimmt man zunächst einen Abdruck von dem Schlüssel, zum Beispiel aus Ton, und erzeugt so das »Negativ« des Schlüssels, sein »Formkomplement«. Nun benutzt man den Tonabdruck, um entweder einen neuen Schlüssel aus flüssigem Metall zu gießen oder, wenn dies nicht möglich ist, um sämtliche anderen Schlüssel in einer umfangreichen Schlüsselsammlung mit dem Abdruck zu vergleichen. Wenn ein zweiter Schlüssel in die Form paßt, dann sieht er genauso aus wie der erste Schlüssel. Und wahrscheinlich wird er dasselbe Schloß öffnen.

Erinnern wir uns daran, daß ein Antikörpermolekül sich nach dem Schlüssel-Schloß-Prinzip an das entsprechende Antigen bindet. Angenommen, wir möchten ein Peptid finden, dessen Form einem Hormon, sagen wir Insulin, gleicht. Wir immunisieren zunächst ein Kaninchen mit menschlichem Insulin. Das Immunsystem des Tieres reagiert auf diesen Fremdkörper mit der Produktion von Antikörpermolekülen. Stellen wir uns das Insulin als den ersten Schlüssel vor und das Antikörpermolekül als das Schloß, das zum Antigen-Schlüssel paßt. Wir können jedes beliebige dieser Antikörpermoleküle nehmen und es klonen, um zahlreiche identische Kopien zu erhalten. Nun werfen wir das Insulin weg und führen den folgenden Trick aus: Wir erzeugen etwa 100 Millionen mehr oder minder zufällige DNS- oder RNS-Sequenzen, klonen sie in einen viralen Vektor ein und exprimieren die mehr oder minder zufälligen Peptide oder Polypeptide, die diese Genbibliothek codiert. (Eigentlich gibt es eine ganze Reihe von Methoden, um Milliarden von Zufallspeptiden zu erzeugen.) Anschließend bringen wir sämtliche 100 Millionen Peptide gleichzeitig mit den identischen Kopien des Antikörper-Schlosses zusammen. Alle Peptide, die durch das Antikörpermolekül gebunden werden, müssen eine ähnliche Form aufweisen wie das Insulin. Somit sind alle derartigen Peptide »Zweitschlüssel«, die möglicherweise die Aktivitäten des Insulins imitieren.

Wir brauchen nicht den ganzen Antikörper zu verwenden, der sich an das Hormon selbst bindet. Wenn wir den Rezeptor für Insulin oder ein anderes Hormon besitzen – das Molekül, an das sich das Hormon anlagern muß, um seine Funktion erfüllen zu können –, können wir den Rezeptor als »Schloß« verwenden, um einen zweiten molekularen Schlüssel aufzuspüren, der in dieses Schloß paßt und daher die Aktivität des ursprünglichen Hormons imitiert. Der zweite molekulare Schlüssel ist auf jeden Fall ein potentielles Medikament, ein potentielles Heilmittel, das vielleicht die Hürden nehmen und zu einem echten Heilmittel ausreifen wird, das Sie eines Tages zur Behandlung einer hormonellen Störung verwenden werden.

Und wir sind auch nicht auf die Suche nach Molekülen beschränkt, die ein Hormon nachahmen. Die evolutionäre Biotechnologie sollte schon bald in der Lage sein, neue Moleküle aufzuspüren, die sich an nahezu jedes Peptid beziehungsweise Protein im menschlichen Körper binden und dessen Aktivitäten imitieren, fördern oder hemmen können. Dies bedeutet, daß wir maßgeschneiderte neue Therapien für zahlreiche Erkrankungen aufgrund defekter Proteine entwickeln können. So kann man dieses Verfahren beispielsweise einsetzen, um Peptide aufzufinden, die die Hunderte bis Tausende von Signalstoffmolekülen, die sich an jeden der Hunderte bis Tausende von spezifischen Rezeptoren im Körper anlagern, imitieren. Das Nervensystem ist nur ein Beispiel. Hunderte verschiedener Rezeptortypen wurden bislang allein im menschlichen Gehirn nachgewiesen, und die Liste wird rasch länger. Die Rezeptoren reagieren auf Neurotransmitter wie etwa Serotonin, Azetylcholin, Adrenalin und Hunderte anderer. Die Fähigkeit, neue Moleküle zu finden, die sich selektiv an spezifische Rezeptoren oder an Enzyme anlagern, die auf Neurotransmitter einwirken, verheißt sehr wirkungsvolle und nützliche neue Therapien für neurologische und psychische Erkrankungen. Die Wirkungsweise von Prozac, einem sehr effizienten Antidepressivum, beruht auf der Hemmung eines Enzyms, das Serotonin abbaut. Prozac vermittelt uns einen ersten Eindruck von den molekularen Präzisionsinstrumenten, die wir im Rahmen der sich abzeichnenden Therapien erwerben werden.

Schlüssel – Schloß – Schlüssel. Wenn dieser einfache Mechanismus uns in der nahen Zukunft ein ganzes Füllhorn von Medikamenten bescheren wird, dann gehört die potentielle Entwicklung neuer Impfstoffe zu den verheißungsvollsten Aussichten im neuen Gelobten Land.

Es gibt zwei grundlegende Verfahren zur Herstellung von Impfstoffen. Nehmen wir an, ein Virus, etwa das Polio-Virus, verursacht eine Krankheit. Die klassische Methode zur Erzeugung eines Impfstoffes besteht darin, tote Viren zu gewinnen und zu verwenden. Ebenso kann man nach Mutanten des Virus suchen (oder sie erzeugen), die das Virus so schwächen, daß es Immunität verleiht, ohne die Krankheit hervorzurufen. In beiden Fällen wird das Virusmaterial in den Körper injiziert, und das Immunsystem reagiert mit der sogenannten Immunantwort, um künftige Angriffe desselben Virus abzuwehren. Die damit verbundene Gefahr liegt auf der Hand. Was ist, wenn einige der abgetöteten Viren nicht völlig inaktiviert sind? Was geschieht, wenn sich unter abgeschwächten Viren »Rückmutationen« ansammeln, die wieder uneingeschränkt virulent sind? Bei dem neueren Verfahren zur Herstellung von Impfstoffen versucht man dieses Problem mit Hilfe gentechnischer Methoden zu umgehen, nämlich durch Klonung der Gene mit dem Code für die Proteine auf der Oberfläche des Virus, die das Immunsystem erkennt. Anschließend werden diese Proteine selbst als Impfstoff injiziert. Dem Patienten wird also nicht das Virus selbst verabreicht.

Dieses neue Verfahren kann hervorragend funktionieren. Doch es ist ebenfalls nicht unproblematisch. Erstens muß man die Ursache der Krankheit kennen, das Virus oder einen sonstigen Erreger. Zweitens muß der Erreger Proteine enthalten, die eine Immunantwort zur Desaktivierung des Erregers auslösen können. Drittens muß man das Protein in ausreichender Menge herstellen – normalerweise durch Zucht des Erregers im Labor. Viertens muß man die genetische Information für das Protein klonen und den Impfstoff herstellen. Der vierte Schritt ist in der Regel machbar, wenn man die ersten drei gemeistert hat.

Das »Schlüssel – Schloß – Schlüssel«-Verfahren und die evolutionäre Biotechnologie legen eine völlig andere Methode der Impfstoffentwicklung nahe, der sich weitreichende Anwendungsmöglichkeiten erschließen dürften. Nehmen wir an, wir hätten statt Insulin das Hepatitis-Virus verwendet und ein Kaninchen damit immunisiert. Wir erhielten damit Antikörpermoleküle, die an spezifischen molekularen Merkmalen, sogenannten Epitopen, des Hepatitis-Virus angreifen würden. Mit diesen Antikörper-»Schlössern« könnten wir eine Bibliothek von mehr oder minder zufälligen Peptiden nach denjenigen absuchen, die sich an den Antikörper anlagern, und auf diese Weise »Zweitschlüssel« erhalten, die die gleiche Form wie das Epitop auf dem Hepatitis-Virus besitzen. Nun sollte ich mit Hilfe dieser Peptide einen Impfstoff gegen das Hepatitis-Virus selbst erzeugen können, denn eine Immunisierung mit solchen Ersatzstoffen sollte eine Immunantwort sowohl gegen das Imitat als auch gegen das Hepatitis-Virus selbst hervorrufen.

Wir werden bald über neue Impfstoffe verfügen. Und diese neue Methode der Impfstoffherstellung wird möglicherweise beträchtliche Vorteile aufweisen. Erstens müssen wir überhaupt nicht mehr wissen, um welchen Krankheitserreger es sich handelt! Angenommen, Saddam Hussein hätte während des Golfkrieges ungeachtet internationaler Abkommen tödliche Bakterienarten als Waffe eingesetzt. Das Blutserum infizierter Soldaten hätte hohe Konzentrationen von Antikörpern gegen die Erreger enthalten. Man hätte nun mit Hilfe dieser Seren nach neuen Peptiden suchen können, die sich an die Antikörper anlagern, und dann nachweisen müssen, daß die Peptide von dem Serum nichtinfizierter, gesunder Menschen nicht gebunden werden. Die neuen Peptide müßten folglich die Epitope der virulenten, aber unbekannten Bakterienart imitieren, und damit wären wir auf dem Weg, einen Impfstoff gegen den unbekannten Erreger zu entwickeln. Mögen diese Forschungen eines Tages schon den bloßen Gedanken an biologische Kriegsführung zum Verschwinden bringen.

Der Schlüssel – Schloß – Schlüssel-Ansatz hat noch weitere Vorteile. Bei der gegenwärtig zur Impfstoffherstellung eingesetzten Klonungsmethode muß das Epitop, das die Immunantwort auslöst, ein Protein sein. Dabei klont man das Gen, das dieses Protein codiert, und verwendet es zur Erzeugung des Proteins. Bei zahlreichen Krankheitserregern bestehen die Epitope, die eine Immunantwort auslösen, jedoch nicht aus Proteinen, sondern aus anderen Molekülarten wie etwa komplexen Polymeren aus Zuckern, die Kohlenhydrate genannt werden. Immunologische Studien haben bereits vor längerer Zeit nachgewiesen, daß der Schlüssel – Schloß – Schlüssel-Mechanismus auch dann funktioniert, wenn der erste Schlüssel, das pathogene Epitop, ein Kohlenhydratmolekül ist. Dennoch kann der zweite Schlüssel ein Peptid sein! Peptide können demnach andere Molekülklassen imitieren. Vielleicht haben Sie dies schon vermutet. Der Zuckeraustauschstoff Equal schmeckt süß, ist aber eigentlich ein kleines Peptid aus zwei Aminosäuren. Ein Dipeptid imitiert Zucker. Tatsächlich scheinen Peptide in der Lage zu sein, fast alle molekularen Formen zu imitieren.

Die allgemeine medizinische Bedeutung dieser neuen, einfacheren Methode der Impfstoffherstellung besteht darin, daß sie uns bei der Bekämpfung »exotischer« Krankheiten helfen kann. Das sind Krankheiten, die nur wenige oder vielleicht auch viele Menschen betreffen; allerdings ist der Markt für potentielle Medikamente zu klein, als daß sich die durchschnittlichen Kosten für die Entwicklung eines neuen Medikaments, die unter Umständen bis zu 200 Millionen Dollar betragen, amortisieren könnten. Diese Kosten stellen eine offensichtliche Hürde für die Entwicklung vieler Medikamente einschließlich vieler Impfstoffe dar. Ich hoffe, daß die evolutionäre Biotechnologie die Behandlungsmöglichkeiten für zahlreiche »exotische« Krankheiten verbessern wird, indem sie die Kosten für die Entwicklung von Medikamenten und Impfstoffen senkt.

Wird alldem Erfolg beschieden sein? Die Entwicklung in diese Richtung hat begonnen und kann sich nur beschleunigt fortsetzen. Im Sommer 1990 erschienen nahezu gleichzeitig drei wissenschaftliche Artikel, in denen dieselbe Idee dargestellt wurde. Die Verfasser dieser Artikel plädierten dafür, sich nicht länger mit dem Aufbau von Bibliotheken mehr oder minder zufälliger Gene zu begnügen, die wahllos irgendwelche beliebigen Proteine codieren, sondern statt dessen eine Virenbibliothek anzulegen, in der jedes Virus auf seiner Hülle ein anderes Zufallspeptid exprimiert. Jedes Virus würde dann sein spezifisches molekulares Etikett, sein einzigartiges Peptid aufweisen. Da sich dieses Etikett auf der *Außenseite* des Virus befände, könnte man mit Hilfe von Molekülen, die sich an das Etikett selbst binden, ohne weiteres das markierte Virus isolieren.

Die Idee besteht nun darin, den Schlüssel – Schloß – Schlüssel-Ansatz zum Auffinden von »Nadeln in Heuhaufen« einzusetzen. Wir beginnen mit dem Originalschlüssel, in diesem Fall einer spezifischen Sequenz aus sechs Aminosäuren; einem Hexamerpeptid. Dann stellen wir einen passenden Antikörper zu diesem Hexamer her. Der Antikörper ist das Schloß. Anschließend suchen wir mit Hilfe des Antikörperschlosses und einer umfangreichen Bibliothek aus zufälligen Hexapeptiden Zweitschlüssel-Hexamere, die in das Antikörperschloß passen. Die Zweitschlüssel sind potentielle Imitate des ersten Hexamerschlüssels. Ich sollte betonen, daß die ersten Experimente nur die praktische Anwendbarkeit des Schlüssel – Schloß – Schlüssel-Ansatzes nachweisen sollten und daß es dabei nicht um das Auffinden medizinisch nützlicher Moleküle ging.

In den ersten Experimenten benutzten die Wissenschaftler DNS-Zufallssequenzen, die Ketten aus sechs Aminosäuren codierten, und bauten diese in die genetische Information für das Hüllprotein einer bestimmten Virusart ein. Auf diese Weise stellt jedes Virus seine spezifische Sequenz aus sechs Aminosäuren als Etikett auf seiner Außenhülle gleichsam »zur Schau«. Die Anzahl möglicher Sequenzen aus sechs Aminosäuren beträgt bei 20 verschiedenen Aminosäurearten $20^6$ oder etwa 64 Millionen. So wurden Bibliotheken mit 21 der möglichen 64 Millionen verschiedener Peptide angelegt.

Nachdem die Wissenschaftler diese Bibliothek fertiggestellt hatten, wählten sie ein spezifisches Hexapeptid als Erstschlüssel aus und produzierten Antikörperschlösser, die zu diesem Schlüssel paßten. Man beabsichtigte nun, mit Hilfe der Antikörperschlösser die Viren, die die Zweitschlüssel in Form von Hexamer-Etiketten aufwiesen, »herauszufischen«. Hierzu wurden die Antikörpermoleküle chemisch an den Boden einer Petrischale gebunden. Dann wurde die Bibliothek aus 21 Millionen verschiedenen Viren in der Schale gezüchtet. Man hoffte, daß einige Viren Hexamer-Etiketten besaßen, die als Zweitschlüssel ins Schloß der Antikörpermoleküle paßten. Die Viren, die nicht an Antikörpermoleküle andockten, wurden ausgewaschen, und dann änderte man die Bedingungen, um sämtliche Viren freizusetzen, deren Hexamer-Etiketten sich in die Antikörperschlösser eingefügt hatten. Mit Hilfe dieser Vorgehensweise gelang es bei den Experimenten tatsächlich, Zweitschlüssel zu finden.

Die Ergebnisse waren verblüffend und förderten eine Reihe grundlegender Erkenntnisse zutage: Bei der Sichtung von Bibliotheken aus etwa 21 Millionen Hexapeptiden fand man 19 Zweitschlüssel-Peptide. Folglich beträgt die Wahrscheinlichkeit, daß zwei Hexapeptide einander ähnlich genug sind, um sich an dasselbe Antikörpermolekül anzulagern, etwa eins zu einer Million. Es ist also nicht übermäßig schwierig, molekulare Dubletten zu finden. In unserem Heuhaufen beträgt das Verhältnis von Nadeln zu Halmen etwa eins zu einer Million. Im Schnitt unterschieden sich diese Hexapeptide vom ursprünglichen Hexapeptid in drei von sechs Aminosäurepositionen. Ein Hexapeptid wich sogar in allen sechs Positionen vom Ausgangspeptid ab! Ähnlich geformte Moleküle können also weit über den Proteinraum verstreut sein – für die meisten Biologen war das eine große Überraschung. Gemeinhin geht man davon aus, daß nahezu identische Moleküle oftmals nahezu identische Formen aufweisen. Diese Befunde untermauern die Vermutung, die sich immer stärker zur Gewißheit verdichtet, daß völlig verschiedene Moleküle sehr ähnlich geformt sein können! Das ist eine sehr bedeutsame Tatsache, auf die ich später zurückkommen werde.

Der Wettlauf hat begonnen. Biotechnologie- und Pharmaunternehmen in den Vereinigten Staaten, Europa, Japan und in anderen Ländern beginnen, in diese neue Methode der pharmakologischen Forschung zu investieren: Ersparen wir uns die Mühe, das gewünschte Molekül durch »Design« herzustellen. Seien wir klug, indem wir uns dumm stellen. Legen wir riesige Molekülbibliotheken an und lernen wir, das gewünschte Molekül zu selektieren.

Der wachsende Enthusiasmus ist wohlbegründet. Nützliche Moleküle finden sich nicht nur unter Proteinen und Peptiden. Die evolutionäre Biotechnologie wird vielleicht auch medizinisch verwertbare RNS- und DNS-Moleküle entdecken und optimieren. Ein kleines Unternehmen namens Gilead erprobt gegenwärtig ein von ihm selbst entwickeltes DNS-Molekül, das sich an Thrombin anlagert, ein Molekül, das eine wichtige Rolle bei der Blutgerinnung spielt. Man hofft, daß dieses DNS-Molekül die Bildung gefährlicher Blutgerinnsel zu unterbinden hilft.

Wer hätte gedacht, daß die DNS, der stabile Träger der genetischen Information, zur Erzeugung eines Moleküls verwendet werden könnte, das sich an Thrombin anlagert und sich möglicherweise als medizinisch nützlich erweisen wird? Aber die DNS-Moleküle, die sich mit solchen Liganden verbinden können, sind nicht die einzigen DNS-Moleküle, die wir suchen sollten. Erinnern wir uns daran, daß sich die 100 000 Gene in jeder Zelle des menschlichen Körpers gegenseitig ein- und ausschalten, indem sie Proteine herstellen, die sich an spezifischen DNS-Bindungsstellen, die Steuerungszentralen für die Aktivitäten der angrenzenden Strukturgene, anlagern. Nichts hindert uns daran, Bibliotheken annähernd zufälliger DNS-Sequenzen anzulegen und völlig neue Sequenzen zu erzeugen, diese in Genome einzubauen und so ganze Kaskaden von Genaktivitäten zu steuern. Auch kann uns nichts davon abhalten, neue Gene zu züchten, den Code für neue Proteine, die sich an die Regulatorgene der Zellen anlagern können und dadurch die Muster der Genaktivität verändern. So entsteht beispielsweise Krebs in vielen Fällen infolge von Mutationen zellulärer Gene, sogenannter Tumor-Suppressorgene. Tumor-Suppressorgene inaktivieren Krebsgene, sogenannte Onkogene, in den Zellen. Nichts sollte uns daran hindern, völlig neue Tumor-Suppressorgene zu entwickeln, deren Proteinerzeugnisse zelluläre Krebsgene ausschalten können. Ein riesiges Füllhorn neuer Pharmaka erwartet uns.

Jack Szostak und Andy Ellington von der Harvard Medical School veröffentlichten vor ein paar Jahren einen von den oben erwähnten faszinierenden Artikeln. Sie fanden heraus, daß sie 10 Billionen zufällige RNS-Moleküle gleichzeitig »durchsieben« und die RNS-Moleküle, die sich an ein kleines organisches Molekül anlagern, sortieren können. Zehn Billionen gleichzeitig?

Wir wissen bereits, daß RNS-Moleküle in der Lage sind, Reaktionen zu katalysieren. Szostak und Ellington fragten sich, ob sie RNS-Moleküle finden könnten, die sich an beliebig kleine Moleküle bänden. Solche RNS-Moleküle ließen sich als Medikamente verwenden, oder man könnte sie modifizieren, um völlig neue Ribozyme zu erzeugen. Die beiden Wissenschaftler stellten eine sogenannte »Affinitätssäule« her, die ein kleines organisches Molekül, einen Farbstoff, enthält. Derartige Säulen bestehen in der Regel aus einer Art Kügelchen, an die sich die Farbstoffmoleküle anlagern. Man läßt nun durch die Säule eine Lösung strömen, die um die Kügelchen fließt. Sämtliche Moleküle in der Lösung, die sich an den Farbstoff auf den Kügelchen binden, werden festgehalten; Moleküle, die sich nicht an den Farbstoff auf den Kügelchen anlagern, fließen rasch durch die Säule hindurch und strömen an ihrer unteren Öffnung heraus. Szostak und Ellington schufen Bibliotheken aus etwa 10 Billionen zufällig ausgewählten RNS-Molekülen, die sie durch die Säule strömen ließen. Einige der RNS-Sequenzen lagerten sich an die Farbstoffmoleküle in der Säule an, die übrigen liefen rasch hindurch. Die Wissenschaftler entfernten die bindenden RNS-Sequenzen, indem sie die chemischen Bedingungen veränderten und die RNS-Sequenzen auswuschen. Nach einigen weiteren Schritten konnten die Autoren zeigen, daß sie etwa 10 000 Sequenzen »herausgefischt« hatten, die sich selektiv an die Farbstoffmoleküle anlagern konnten. Da die beiden Forscher mit 10 Billionen Sequenzen arbeiteten, von denen sich 10 000 an den Farbstoff anlagerten, beträgt die Wahrscheinlichkeit, daß eine zufällig ausgewählte RNS-Sequenz an ein Farbstoffmolekül bindet, etwa 10 000, dividiert durch 10 Billionen, das heißt eins zu einer Milliarde.

Das ist phantastisch! Die Ergebnisse besagen folgendes: Man nehme eine beliebige molekulare Form, einen Farbstoff, ein Epitop auf einem Virus, eine molekulare Furche in einem Rezeptormolekül. Dann baue man eine Bibliothek aus 10 Billionen zufällig ausgewählten RNS-Sequenzen auf. Eine von einer Milliarde Sequenzen wird sich an die gewünschte Bindungsstelle anlagern. Eine von einer Milliarde, das ist eine winzige Nadel in einem großen Heuhaufen. Das Phantastische aber besteht darin, daß wir heute Billionen von Molekülarten parallel, also *gleichzeitig*, erzeugen und testen können, um die gewünschten Moleküle, die potentiellen Medikamente auszusortieren.

Wir erfuhren in Kapitel 6, daß die Proteindiversität der gesamten Erde auf etwa 10 Billionen Arten veranschlagt wird. Szostak und Ellington und mittlerweile viele andere erzeugen eine solche Diversität von RNS-Sequenzen schon beinahe routinemäßig in winzigen Reagenzgläsern und suchen in dieser riesigen Menge gleichzeitig nach dem infinitesimalen Teil, der die gewünschte Funktion besitzt. Wir nehmen es heute in einem winzigen Reagenzglas mit der gesamten Diversität der Erde auf. Und wo die Evolution vielleicht Äonen brauchte, um die gewünschten Moleküle auszuwählen, schaffen wir das gleiche in wenigen Stunden.

Prometheus, was hast du in Gang gesetzt!

## Universelle molekulare Werkzeugkästen

Wir haben gehört, daß Peptide andere Moleküle imitieren können. Und wir haben ebenfalls gehört, daß sich ein Peptid mit einer Wahrscheinlichkeit von eins zu einer Million an ein Antikörpermolekül anlagert und daß ein RNS-Molekül sich mit einer Wahrscheinlichkeit von eins zu einer Milliarde an ein kleines organisches Farbstoffmolekül bindet. Dies ist bereits verblüffend genug, doch diese Fakten kündigen eine noch weiterreichende Umwälzung hinsichtlich der Verwendungsmöglichkeiten von Molekülen an. Wir können nämlich heute ernsthaft die Hypothese in Betracht ziehen, daß endliche Mengen von Polymeren, Proteinen, DNS-, RNS- oder sonstigen Molekülen *universelle molekulare Werkzeugkästen* darstellen, die weitgehend jede gewünschte Funktion ausführen können. Die für einen voll bestückten Werkzeugkasten erforderliche Diversität dürfte sich in der Größenordnung von 100 Millionen bis 100 Milliarden Polymeren bewegen.

Ich möchte Sie warnen: Der Glaube an die Realisierbarkeit universeller molekularer Werkzeugkästen wird keineswegs allgemein geteilt. Wenn er sich indes als richtig erweist, dann können wir mit Hilfe dieser Werkzeugkästen praktisch jede gewünschte molekulare Funktion erzeugen.

Der Grundgedanke ist einfach: Es gibt sehr viel mehr mögliche Sequenzen als Formen! Proteine aus 100 Aminosäuren können etwa $10^{120}$ verschiedene Sequenzen realisieren. Aber wie viele wirklich unterschiedliche Formen können diese Sequenzen annehmen? Wir wissen es nicht. Doch es sprechen gute Argumente dafür, daß auf der atomaren Ebene, auf der die Moleküle miteinander wechselwirken, nur etwa 100 Millionen wirklich verschiedene Molekülformen existieren.

Meine Freunde Alan Perelson und George Oster, die in Los Alamos beziehungsweise Berkeley arbeiten, sind meines Wissens die ersten Forscher, die dieses Problem klar formuliert haben. Perelson und Oster fragten sich, weshalb das menschliche Immunsystem offenbar eine Diversität in Höhe von etwa 100 Millionen verschiedenen Antikörpermolekülen besitzt. Weshalb keine Billionen? Weshalb nicht 42, die universelle Antwort auf sämtliche Fragen in Douglas

Adams' *Per Anhalter ins All*? Perelson und Oster definieren einen abstrakten »Formenraum« mit drei Dimensionen für die drei räumlichen Dimensionen und einigen weiteren Dimensionen für bestimmte Molekülmerkmale wie etwa die elektrische Gesamtladung, die Wasserlöslichkeit einer »Ausstülpung« auf dem Molekül und so weiter. Wir können uns den Formenraum als eine Art von $N$-dimensionalem Kasten oder Zimmer vorstellen. Jede Form ist dann ein Punkt in diesem Zimmer. Nun kommt die erste entscheidende Feststellung: Wenn ein Antikörpermolekül ein Antigen bindet, dann passen beide nicht nahtlos, sondern nur grob zusammen, so wie ein Dietrich nur näherungsweise in ein Schloß paßt. Ein Antikörpermolekül bindet demnach eine »Kugel« ähnlich gestalteter Antigene im Formenraum.

Das Konzept des Formenraums beinhaltet eine evidente und zwei nichttriviale Annahmen. Die evidente Annahme lautet, daß ähnliche Moleküle ähnliche Formen haben können und daher in derselben Kugel im Formenraum liegen. Die erste nichttriviale Annahme besagt folgendes: Da jeder Antikörper eine Kugel im Formenraum abdeckt, wird der gesamte Formenraum von einer endlichen Zahl von Kugeln abgedeckt! Dies ist ein sehr wichtiger Punkt. Da der molekulare Erkennungsmechanismus nachlässig und nicht präzise arbeitet, kann eine endliche Zahl von Antikörpermolekülen alle möglichen Formen binden! Eine endliche Zahl von Antikörpermolekülen stellt somit einen universellen Werkzeugkasten dar, der sämtliche Formen erkennen kann. Eine endliche Zahl molekularer Dietriche paßt in sämtliche molekularen Schlösser.

Wie viele Schlüssel braucht man? Wie viele Kugeln sind erforderlich, um den Formenraum abzudecken? Um dies beantworten zu können, müssen wir wissen, wie groß eine Kugel ist.

Zur Schätzung des Volumens einer Kugel im Formenraum, die von einem Antikörpermolekül abgedeckt wird, machen sich Perelson und Oster die Tatsache zunutze, daß die einfachsten Immunsysteme, wie etwa die von Wassermolchen, eine Diversität von 10 000 verschiedenen Antikörpermolekülen aufweisen. Ein solches Repertoire von Antikörperformen sollte einen angemessenen Teil des Formenraumes abdecken, da es andernfalls seinem Träger keinen selektiven Vorteil verschaffen würde. Nur wenn das Immunsystem einen hohen

Prozentsatz des Formenraumes bindet, kann es einen Großteil der Eindringlinge abwehren. Perelson und Oster schätzen, daß das Immunsystem nur dann einen selektiven Vorteil aufweist, wenn es mindestens 1/$e$ oder 37 Prozent des Formenraumes bindet. Daraus folgt, daß jedes der 10000 Antikörpermoleküle 1/10000 von 37 Prozent des Formenraumes abdecken sollte. Auf diese Weise erhalten sie einen Schätzwert für das Volumen einer Kugel im Formenraum. Der Mensch besitzt ein Repertoire von etwa 100 Millionen verschiedenen Antikörpermolekülen. Da Antikörper mehr oder minder zufällig verteilte Bindungsstellen aufweisen, die mehr oder minder zufällig im Formenraum verteilte Kugeln abdecken, fragen Perelson und Oster nun, was geschehen würde, wenn man 100 Millionen Kugeln dieses Volumens zufällig in den Formenraum würfe. Stellen Sie sich zur Veranschaulichung vor, daß Tischtennisbälle, die sich gegenseitig durchdringen können, wahllos in Ihr Wohnzimmer geworfen würden. Wie viele bräuchte man, um das ganze Zimmer – mit Ausnahme einer verkümmerten Begonie – ziemlich dicht anzufüllen? Perelson und Oster zeigen nun anhand mathematischer Argumente über die zufällige räumliche Verteilung von Tischtennisbällen, daß 100 Millionen fast den gesamten Formenraum ausfüllen beziehungsweise abdecken würden.

100 Millionen Dietriche sind also alles, was man braucht. Es gibt nur etwa 100 Millionen verschiedene Grundformen, obgleich die Zahl der möglichen Polymere und anderen Moleküle mit diesen Formen hyperastronomisch hoch ist.

Nun folgt die zweite nichttriviale Annahme über den Formenraum: Ähnliche Moleküle haben nicht nur ähnliche Formen, sondern kleine Teile sehr verschiedener Moleküle, die jeweils nur aus einigen Dutzend Atomen bestehen, können »dieselbe« lokale Form besitzen. Chemisch grundverschiedene Moleküle, wie etwa Peptid- und Kohlenhydratepitope oder Endorphin und Opium, können über molekulare Merkmale verfügen, die in lokal umschriebenen Bereichen gleichförmig sind und daher in derselben Kugel des Formenraums liegen, auch wenn jeweils andere Atome beteiligt sind.

Wir kommen somit zu der entscheidenden Schlußfolgerung: Unser Immunsystem, das etwa 100 Millionen Antikörpermoleküle produziert, kann wahrscheinlich jedes mögliche Antigen erkennen! Anders ausgedrückt: Unser Immunsystem ist bereits ein universeller Werkzeugkasten und in der Lage, jedes molekulare Epitop zu erkennen.

Nicht nur Antikörpermoleküle besitzen diese Fähigkeit. Universelle molekulare Werkzeugkästen lassen sich höchstwahrscheinlich aus hinreichend diversen Gemengen zahlreicher Molekülarten herstellen. Wir sollten in der Lage sein, mit Hilfe von zufällig ausgewählten Proteinen oder RNS-Molekülen universelle Werkzeugkästen anzufertigen, die sich an jedes Epitop anlagern können. Ein universeller Werkzeugkasten aus etwa 100 Millionen bis 100 Milliarden Molekülen sollte ausreichen, weitgehend jedes Molekül zu binden.

Die Bindung ist eine Sache, die Katalyse eine andere. Doch es zeichnet sich noch eine weitere erstaunliche Möglichkeit ab: Vielleicht kann eine endliche Menge von Polymeren als ein universeller enzymatischer Werkzeugkasten fungieren. In diesem Fall könnte eine Bibliothek aus etwa 100 Millionen bis 100 Billionen Molekülen ausreichen, um jede beliebige katalytische Aufgabe zu bewältigen.

Perelson und Oster führten uns in den Formenraum ein. Wir wollen nun einen Schritt weitergehen und uns in den »Katalyseraum« begeben. Ein Enzym führt eine bestimmte katalytische Aufgabe aus – indem es sich an den Übergangszustand einer Reaktion bindet – und beschleunigt dadurch eine Reaktion, die andernfalls höchstwahrscheinlich nicht stattfinden würde. Das Enzym katalysiert die Reaktion, indem es sich an den Übergangszustand bindet. Im Formenraum können ähnliche Moleküle ähnliche Formen besitzen, andererseits weisen unter Umständen auch grundverschiedene Moleküle dieselbe Form auf. Ebenso können im Katalyseraum ähnliche Reaktionen ähnliche Aufgaben darstellen, andererseits stellen grundverschiedene Reaktionen möglicherweise dieselbe Aufgabe dar. So haben beispielsweise zwei chemisch unterschiedliche Reaktionen unter Umständen sehr ähnliche Übergangszustände. Ein Enzym, das den einen Übergangszustand bindet, würde auch den anderen binden, und folglich könnte das Enzym beide Reaktionen katalysieren. Beide Reaktionen würden im katalytischen Aufgabenraum in derselben Kugel liegen. Ein Antikörper deckt eine Kugel im Formenraum ab, und eine endliche Zahl von Antikörpermolekülen deckt das gesamte Volumen des Formenraums ab. In ähnlicher Weise deckt ein Enzym eine Kugel ähnlicher Reaktionen ab. Folglich kann auch eine endliche Zahl von Enzymen den gesamten Katalyseraum abdecken und als ein universeller enzymatischer Werkzeugkasten fungieren.

Eigentlich kennen wir bereits ein Beispiel dafür – wir haben es uns nur noch nicht klargemacht: Unser eigenes Immunrepertoire stellt vermutlich einen solchen universellen enzymatischen Werkzeugkasten dar.

Erinnern wir uns daran, daß es möglich ist, katalytische Antikörper zu erzeugen – das heißt Antikörpermoleküle, die eine Reaktion katalysieren können. Hierzu würde man gerne eine Immunisierung gegen ein Zwischenprodukt der Reaktion bewirken und ein Antikörpermolekül gewinnen, das sich an das Zwischenprodukt anlagern kann und somit die Reaktion katalysiert. Leider ist das Zwischenprodukt jedoch instabil, es bleibt nur wenige Nanosekunden erhalten und taugt nicht zur Immunisierung. Statt dessen kann man ein anderes Molekül verwenden, dessen stabile Form dem Zwischenprodukt der Reaktion gleicht. Das stabile Imitat ist mithin eine zweite Form, die dieselbe katalytische Aufgabe übernimmt wie das Zwischenprodukt. Man verwendet nun das stabile Analogon des Zwischenproduktes zur Immunisierung. Und einer von zehn Antikörpern, die gegen das stabile Analogon des Zwischenproduktes ins Feld geführt werden, katalysiert tatsächlich die Anfangsreaktion.

Wir erwähnten bereits, daß das menschliche Immunrepertoire aus etwa 100 Millionen verschiedenen Antikörpermolekülen unseres Erachtens einen universellen Paßschlüssel darstellt, das heißt, daß ein oder mehrere Antikörpermoleküle jedes beliebige Antigen erkennen und binden können. Dies aber bedeutet, daß das menschliche Immunrepertoire möglicherweise bereits einen universellen enzymatischen Werkzeugkasten darstellt. Dann würden die Antikörper unseres Immunsystems praktisch jede beliebige Reaktion katalysieren können.

Die evolutionäre Biotechnologie verheißt enorme praktische Nutzanwendungen. Mit Hilfe von DNS-, RNS- und Proteinbibliotheken werden wir bald neue Medikamente, Impfstoffe, Enzyme, DNS-Regulationsstellen, die Kaskaden von Genaktivitäten in genomischen Regulationsnetzwerken steuern, und weitere nützliche Biomoleküle entdecken. Doch – gleich hinter dem Berg Sinai – erwartet uns noch mehr.

## Kombinatorische Chemie

In Kapitel 6 erörterten wir den fundamentalen suprakritischen Charakter der Biosphäre und dessen mutmaßliche Rolle bei der Entstehung des Lebens. Wir sahen, daß molekulare Reaktionssysteme hinreichender Diversität »Feuer fangen« und kollektiv-autokatalytische Verbände erzeugen können. Und wir hörten auch, daß solche Systeme subkritisches oder suprakritisches Verhalten zeigen können. Im letzten Fall kommt es im chemischen Reaktionssystem zu einer explosionsartigen Zunahme der molekularen Diversität, sobald die Vielfalt organischer Moleküle und potentieller Enzyme über einen Schwellenwert hinaus ansteigt. Vergleichbare Prinzipien werden uns vielleicht bei der Suche nach nützlichen neuen Molekülen helfen. Diese Suche nenne ich »kombinatorische Chemie«.

Peptide und Proteine sind bislang als pharmakologische Wirkstoffe von eher begrenztem Wert. Der Grund dafür ist einfach. Proteine, wie etwa Fleisch, werden im Magen und im Darm verdaut. Daher sind Medikamente aus Proteinen nicht oral verabreichbar. Pharmaunternehmen entwickeln nun aber bevorzugt kleine organische Moleküle, die man schlucken kann.

Die Pharmakonzerne haben im Verlauf von Jahrzehnten Bibliotheken aus Hunderttausenden kleiner organischer Moleküle angelegt, die auf medizinisch nützliche Eigenschaften hin getestet werden. Diese Moleküle wurden entweder synthetisiert oder aus Proben von Bakterien, tropischen Pflanzen und anderem Material isoliert. (Wie Sie wissen, wird für die Bewahrung der genetischen Vielfalt auch das Argument ihres potentiellen medizinischen Nutzens angeführt, was ich persönlich bestürzend finde. Die bloße Achtung vor den Ergebnissen einer seit vier Milliarden Jahren andauernden Evolution sollte vollends ausreichen, um uns alle zu überzeugen. Haben wir denn jegliche Demut und Ehrfurcht verloren?)

Unsere Untersuchung des subkritischen und suprakritischen Verhaltens chemischer Systeme deutet darauf hin, daß es durchaus möglich sein sollte, die gegenwärtig in den Pharmabibliotheken vorhandenen Bestände von »nur« etwa 100 000 verschiedenen Molekülen in gewaltigem Umfang zu erweitern. Wir können vielleicht Milliarden oder sogar Billionen neuer organischer Moleküle erzeugen und in dieser riesigen Menge eine Fülle neuer Arzneimittel aufspüren.

Wie müssen wir dabei vorgehen? Wir erzeugen eine »suprakritische Explosion«. Erinnern Sie sich an unser Experiment mit organischen Molekülen und Antikörpern als potentiellen Enzymen (Abbildung 6.3, S. 192). Wir nehmen etwa 1000 verschiedene organische Moleküle und bringen sie in eine Lösung ein. Anschließend rühren wir etwa 100 Millionen verschiedene Antikörpermoleküle, unsere potentiellen Enzyme, ein. Wenn dieses Gemisch suprakritisch ist, dann werden sich mit der Zeit Tausende, Millionen und sogar Milliarden neuer Arten organischer Moleküle bilden. Einige Reaktionswege laufen schnell, andere sehr langsam ab. Doch bestimmte Punkte sind klar: Wenn wir mit 1000 Molekülarten in millimolaren Konzentrationen beginnen und die Diversität um den Faktor 1 Million ansteigt, so daß wir 1 Milliarde verschiedener organischer Moleküle erhalten, dann verringern sich deren mittlere Konzentrationen im chemischen Gleichgewicht etwa um den Faktor 1 Million. Dies bedeutet, daß sich die mittleren Konzentrationen in unserer Bibliothek hoher Diversität in der Größenordnung von einem Milliardstel Mol, also im Nanomol-Bereich bewegen werden. Das ist im Grunde recht hoch. Viele Zellrezeptoren binden ihre hormonellen Liganden, wenn die Konzentration des Hormons in diesem Bereich liegt oder sogar bei noch niedrigerer Konzentration. Genau solche Reaktionen brauchen wir, um interessante Moleküle auszusieben.

Nun geben wir einen Zellrezeptor, der auf Konzentrationen im Nanomol-Bereich anspricht, in unser Gemisch. Der Einfachheit halber verwenden wir einen geklonten Rezeptor für ein Hormon wie zum Beispiel Östrogen. Außerdem fügen wir dem Gemisch sehr »heißes«, radioaktiv markiertes Östrogen in geringer Konzentration bei. Das markierte Östrogen bindet sich fest an seinen Rezeptor. Wenn nun in dem suprakritischen Reaktionsgemisch ein oder mehrere neue Moleküle vorhanden sind, die sich mit etwa der gleichen Affinität wie Östrogen an den Östrogenrezeptor anlagern, dann werden diese neuen Moleküle das hochradioaktive, gebundene Östrogen von seinem Rezeptor verdrängen. Man kann diese Verdrängung dadurch nachweisen, daß man die Menge der freigesetzten radioaktiven Östrogenmoleküle mißt. Auf diese Weise können wir feststellen, ob sich in unserem suprakritischen Reaktionsgemisch irgendwelche unbekannten Molekülarten gebildet haben, die das Östrogenmolekül hinreichend gut imitieren, um sich an den Östrogenrezeptor binden zu können. Solche unbekannten Moleküle sind potentielle Medikamente, die Östrogen imitieren beziehungsweise modifizieren können.

Nun brauchen wir das unbekannte Molekül nur noch zu isolieren und seine chemische Identität aufzuklären. Das Molekül wurde vermutlich in einer Folge von Reaktionen synthetisiert, in denen die 1000 verschiedenen organischen Moleküle unseres Ausgangsgemischs als Bausteine fungierten. Nehmen wir nun an, in unserem Ausgangsgemisch würden vier Reaktionen katalysiert, die sieben Moleküle bilden, aus denen sich der Östrogennachahmer zusammensetzt.

Wir gehen nun folgendermaßen vor: Wir nehmen 32 Gefäße und füllen in jedes Gefäß sämtliche 1000 molekularen Bausteine. Dann geben wir in jedes Gefäß eine andere, zufällig ausgewählte Stichprobe von 50 Prozent der 100 Millionen enzymatischen Antikörpermoleküle. Die Wahrscheinlichkeit, daß in irgendeinem Gefäß die kritischen vier Antikörpermoleküle enthalten sind, die die kritischen vier Reaktionen katalysieren, beträgt nun 1/2 x 1/2 x 1/2 x 1/2 oder 1/16. Folglich sollten, statistisch betrachtet, zwei der 32 Gefäße die kritische Menge von vier verschiedenen Antikörpermolekülen enthalten. Wir lassen nun die Reaktionen in den 32 Gefäßen ablaufen. In zwei von den 32 Behältnissen sollte das unbekannte Östrogenimitat gebildet werden, was man anhand der Verdrängung des radioaktiv markierten Östrogens vom Östrogenrezeptor nachweisen kann. Wir greifen eines der beiden Gefäße, die jeweils die zufällig ausgewählten 50 Prozent des anfänglichen Antikörpergemischs enthalten, heraus. Nun haben wir die Antikörperdiversität um einen Faktor von 50 Prozent *verringert*. Wenn wir diesen »Halbierungsprozeß« 26 mal wiederholen, sind wir bei den etwa vier Antikörpermolekülen angelangt, die für die Herstellung des unbekannten Östrogen-Nachahmermoleküls erforderlich sind. Kurz, wir haben die Menge von vier katalytischen Antikörpern, die für die Synthese des Imitats benötigt werden, aus den 1000 Bausteinen ausgesondert, und zwar ohne das Imitat zu kennen. In dem Maße, wie weitere Antikörpermoleküle ausgeschieden werden, verringert sich die Zahl der katalysierten Nebenreaktionen. Weshalb? Die Nebenreaktionen wurden von einigen dieser Antikörpermoleküle katalysiert. Je mehr Antikörpermoleküle man daher aussondert, um so weniger Nebenreaktionen werden katalysiert; daher nimmt die Konzentration des unbekannten Östrogenimitats zu. Schließlich verfügt man einerseits über eine hinreichend hohe Konzentration des Östrogen-Nachahmermoleküls, um dieses zu charakterisieren und auf irgendeine Weise zu synthetisieren. Andererseits kann man mit den selektierten katalytischen Antikörpern ein Östrogenimitat synthetisieren, ohne im voraus die wahrscheinliche Struktur dieses Imitats kennen zu müssen. Wir haben ein Verfahren praktiziert, das man »kombinatorische Chemie« nennen könnte.

Ein unvorstellbar großes Füllhorn neuer Medikamente könnte bald über uns ausgeschüttet werden.

## Experimentelle Schöpfung von Leben?

*Homo ludens,* der spielende Mensch. Ich habe zwei Gebiete beschrieben, die möglicherweise von großer medizinischer Relevanz sind: die evolutionäre Biotechnologie und die kombinatorische Chemie. Wissenschaftliche Entdeckungen haben immer etwas Unergründliches an sich, und sie zeichnen sich durch ein Geheimnis der Gleichzeitigkeit aus. Viele Menschen nähern sich aus unterschiedlichen Richtungen neuen Gedanken. In meinem Fall waren es Spiele, die mich auf die Ideen der evolutionären Biotechnologie und der kombinatorischen Chemie brachten. Ich spielte nämlich mit Gedanken darüber, wie das Leben quasi zwangsläufig, als eine nahezu unvermeidliche Manifestation chemischer Komplexität entstanden sein könnte. Ich kam auf die Idee autokatalytischer Verbände, die Sie mittlerweile kennen. Diese Theorie gründet sich auf Modelle der Wahrscheinlichkeit, mit der ein zufällig ausgewähltes Protein eine zufällig ausgewählte Reaktion katalysiert. Während eines Seminars über die experimentelle Entwicklung von Enzymen, die zur Katalyse neuer Reaktionen fähig sein sollten, kam ich plötzlich auf eine verblüffende Idee: Weshalb keine Zufallsproteine herstellen und die Wahrscheinlichkeit herausfinden, mit der ein zufällig ausgewähltes Protein eine zufällig ausgewählte Reaktion katalysiert?

In der Tat, warum nicht? Evolutionäre Biotechnologie.

Und wenn Reaktionsgraphen subkritisches und suprakritisches Verhalten zeigen, weshalb sollte man dann nicht Antikörpermoleküle und organische Moleküle miteinander mischen und eine »suprakritische Explosion« katalysieren?

In der Tat, warum nicht? Die kombinatorische Chemie zeichnet sich ab.

Doch die evolutionäre Biotechnologie verheißt mittlerweile nicht mehr nur eine reiche Ausbeute an neuen Molekülen, sondern auch eine Fülle von Polymeren, die zufällig ausgewählte Reaktionen katalysieren können. Und die kombinatorische Chemie verheißt nicht nur riesige Bibliotheken organischer Moleküle, aus denen die Medikamente der Zukunft gewonnen werden können, sondern auch eine Explosion der chemischen Diversität.

Warum nicht die Frage stellen, ob man einen kollektiv-autokatalytischen Verband experimentell erzeugen kann?

In der Tat, warum nicht? Ich wäre nicht allzu erstaunt, wenn irgendein Forscherteam in den kommenden Jahrzehnten diese Urform des Lebens noch einmal erschaffen würde, wenn sich in einem Chemostaten plötzlich Leben kristallisierte, wenn Urzellen entstünden, die miteinander zur subkritisch-suprakritischen Grenze koevolvieren. Ich wäre nicht allzu erstaunt. Aber ich wäre begeistert.

Der *Homo ludens* braucht den *Homo habilis* und den *Homo sapiens*. Wir stehen kurz davor, eine größere Diversität von Molekülformen zu erzeugen, als je zuvor an irgendeinem Ort und zu irgendeiner Zeit in der Geschichte der Erde und wohl auch der Geschichte des Universums erschaffen wurden. Eine unermeßliche Fülle nützlicher neuer Moleküle. Eine unbekannte Gefahr furchtbarer neuer Moleküle. Werden wir es tun? Natürlich! Wir haben schon immer nach dem technologisch Machbaren gestrebt. Schließlich sind wir beides: *Homo ludens* und *Homo habilis*. Aber können wir als *Homo sapiens* auch die Folgen absehen? Nein. Wir konnten es noch nie, und wir werden es niemals können. Wie die Sandkörner in einem selbstorganisierten Sandhaufen werden wir *nolens volens* von unseren eigenen Erfindungen mitgerissen. Wir alle laufen Gefahr, von den großen und kleinen Wogen des Wandels, die wir selbst auslösen, fortgespült zu werden.

# 8  ABENTEUER IM HOCHGEBIRGE

»Keile im Haushalt der Natur«, schrieb Darwin in sein Tagebuch und gab uns damit eine schwache Ahnung seiner eigenen ersten Ahnung von natürlicher Selektion. Wie ein Keil wolle sich jeder Organismus, der taugliche wie der weniger taugliche, in die engen Winkel und Ritzen des Lebensbaumes drängen, gegen alle anderen kämpfend, um sich einen Platz in einer der vielen Spalten und Nischen im Raum der Möglichkeiten zu erobern. Die Natur mit blutigen Zähnen und Klauen – das war das Bild, das man sich im 19. Jahrhundert von der natürlichen Selektion machte. Und die natürliche Selektion, so glaubte man, siebe unentwegt die Tauglicheren aus den weniger Tauglichen aus, so daß über sehr lange Zeiträume gut angepaßte Formen nützliche Variationen anhäufen und sich stark vermehren würden. In den vierziger Jahren des 20. Jahrhunderts erfanden Biologen dann das Bild einer »adaptiven Landschaft«, deren Gipfel die bestangepaßten Lebensformen repräsentieren, und sie betrachteten die Evolution nunmehr als den Versuch von Populationen unterschiedlichster Organismen, angetrieben von Mutation, Rekombination und Selektion, diese hohen Gipfel zu erklimmen.

Das Leben ist ein Abenteuer im Hochgebirge.

Damit wir uns nicht falsch verstehen: Seit Darwin basieren die biologischen Wissenschaften auf der Grundannahme, daß die natürliche Selektion unter Mutationen, die im Hinblick auf ihre voraussichtlichen Folgen für den betroffenen Organismus zufällig sind, die nützlichen Variationen aussortiert. Diese Vorstellung beherrscht unsere gegenwärtige Sicht des Lebens. Die wichtigste Folgerung daraus ist unsere Überzeugung, daß die Selektion die einzige Quelle von Ordnung ist. Ohne Selektion, so schließen wir, könne es keine Ordnung sondern nur Chaos geben. Wir, die Zufallsprodukte; wir, die unwahrscheinlichen Glückspilze.

In diesem Buch lernten wir nun aber fundamentale Quellen spontaner Ordnung kennen. Ist es wirklich so sicher, daß es ohne Selektion keine Ordnung gäbe? Ich glaube nicht. Meines Erachtens treten wir in eine neue Epoche ein, in der man das Leben als einen natürlichen Ausdruck von Ordnungsbestrebungen in einem gleichgewichtsfernen Universum ansehen wird. Ich glaube, daß Phänomene, angefangen beim Ursprung des Lebens über die Ordnung der Ontogenese bis hin zur Gleichgewichtsordnung in Ökosystemen, die wir in Kapitel 10 erörtern werden, Beispiele der »Ordnung zum Nulltarif« sind. Gewiß, auch ich bin Darwinist und als solcher von der Gestaltungskraft der natürlichen Selektion überzeugt. Doch brauchen wir heute unbedingt ein neues theoretisches Rahmenmodell, das uns erlaubt, einen evolutionären Prozeß zu verstehen, auf den Selbstorganisation, Selektion und historischer Zufall in ihrer natürlichen wechselseitigen Verknüpfung einwirken. Bislang fehlt uns ein solches Rahmenmodell. In diesem Kapitel möchte ich die Wirkung der Selektion in den »Hochgebirgsabenteuern«, aber auch ihre Grenzen aufzeigen und anschließend versuchen, die Grundzüge einer neuen Synthese von Selbstorganisation, Selektion und Zufall zu skizzieren.

Es ist eine Sache, den Nichtbiologen unter Ihnen zu erklären, daß die Selbstorganisation in der Geschichte des Lebens eine Rolle spielt. Weshalb nicht, so werden Sie vielleicht sagen. Und ich gebe zu, daß es einleuchtend erscheint. Schließlich bilden Lipide in Wasser Hohlkugeln, umschlossen von einer zweischichtigen Lipidmembran, die auch die Zellen nach außen abgrenzt, und zwar ohne Einwirkung der natürlichen Selektion. Die Selektion muß nicht alles leisten. Aber Nichtbiologen begreifen in aller Regel nicht die fundamentale Bedeutung, die postdarwinistische Biologen der Hypothese von der Selektion als einziger Quelle von Ordnung zuerkennen. Die Rationalen Morphologen vor Darwin, die an die Unwandelbarkeit der Spezies glaubten, suchten in der äußeren Gestalt der von ihnen gesammelten Lebewesen nach morphologischen Gesetzmäßigkeiten. Die Ähnlichkeiten zwischen den Wirbelsäulen der Reptilien, Vögel und Säugetiere sind ein bekanntes Beispiel. Doch trotz all ihrer Bemühungen konnten die Biologen des 18. und 19. Jahrhunderts keine befriedigende Erklärung für die Ordnung finden, die in den Organismen zum Vorschein kommt. Mit Darwin wurde eine völlig neue, eine radikal neue Idee geboren. Während Bischof William Paley, Darwins Landsmann, argumentierte, die Ordnung einer Uhr lasse auf einen Uhrmacher schließen, und folglich setze die in Organismen zutage tretende

Ordnung einen göttlichen Uhrmacher voraus, fußte die Darwinsche Theorie von der Ordnung der Organismen nicht auf Gott, sondern auf dem neuen Mechanismus der natürlichen Selektion, die die Lebewesen unablässig aussiebt. Und so sind die Biologen heute der festen Überzeugung, daß die natürliche Selektion die unsichtbare Hand ist, die wohlgestaltete Formen erzeugt. Die Behauptung, die Selektion werde von den Biologen als die einzige Quelle von Ordnung in der Biologie betrachtet, ist, wenn überhaupt, dann allenfalls eine geringfügige Übertreibung. Wenn die moderne Biologie ein Grundprinzip hat, dann haben Sie es hiermit kennengelernt.

Das Prinzip der Selektion als die einzige oder auch nur primäre Quelle von Ordnung ist der Urgrund des Glaubens an die völlige Zufälligkeit unserer Existenz – wir könnten in nahezu jeder Beziehung auch ganz anders aussehen oder aber gar nicht existieren.

Damit wir uns nicht falsch verstehen: Dies ist die bestimmende, festverwurzelte Auffassung beinahe aller zeitgenössischer Biologen. Auch wenn sich ein Großteil meiner wissenschaftlichen Arbeit um den Versuch drehte, Gründe zu erkunden, aus denen diese Auffassung völlig unzureichend ist, möchte ich betonen, daß vieles für die herrschende Meinung spricht. Für die Biologen sind Organismen zusammengeschusterte Apparate, und die Evolution ist der Bastler. Organismen sind hochkomplexe Maschinen; der Kiefernknochen eines Urfischs wurde zum Innenohr eines Säugetiers. Organismen gleichen in der Tat einem Sammelsurium der sonderbarsten Lösungen von Konstruktionsproblemen. Die Biologen freuen sich, wenn sie solche Lösungen entdecken und ihresgleichen – insbesondere den theoretischen Biologen – entgegenhalten können: »Das hätten Sie niemals vorhergesagt!« Diese Aussage ist natürlich richtig. Lebewesen finden die sonderbarsten Wege, und diese Tatsache müssen wir uns immer eindringlich bewußt machen. Und bevor Sie die Ideen eines Biologen lesen, der häretische Auffassungen vertritt, möchte ich Sie warnen. Häretische Anschauungen sind nicht schon deshalb wahr, weil sie häretisch sind, in einem Buch dargelegt werden und sich interessant anhören. Aber ich hoffe, Sie davon zu überzeugen, daß es zwingende Gründe für die Annahme gibt, diese Auffassungen könnten sich als wahr erweisen.

Man kann ohne weiteres Beweise für offensichtliche Ad-hoc-Bildungen finden. Nehmen wir einen Kiefernzapfen und zählen wir die spiraligen Schuppenreihen. Vielleicht finden wir acht linksdrehende und 13 rechtsdrehende Spiralen oder auch 13 linksdrehende und 21 rechtsdrehende Spiralen oder andere Zahlenpaare. Das Verblüffende ist nun, daß diese Zahlenpaare benachbarte Zahlen in der berühmten Fibonacci-Folge sind: 1, 1, 2, 3, 5, 8, 13, 21 ... Jeder Term dieser Folge ist die Summe der beiden vorangehenden Terme. Dieses Phänomen ist wohlbekannt und wird in der Biologie als Phyllotaxis (typische Blattstellung) bezeichnet. Die Biologen haben sich intensiv bemüht, zu verstehen, weshalb Kiefernzapfen, Sonnenblumen und viele andere Pflanzen diese bemerkenswerten Blattstellungsmuster zeigen. Organismen tun die sonderbarsten Dinge, doch in all diesen Merkwürdigkeiten muß sich nicht unbedingt der Einfluß der Selektion oder historischer Zufälle spiegeln. Einige der besten Erklärungsversuche für das Phänomen der Phyllotaxis basieren auf einem Konzept der Selbstorganisation. Paul Green, der an der Universität Stanfort lehrt, hat auf überzeugende Weise dargetan, daß die Fibonacci-Folge dem einfachsten erwartbaren Muster der Selbstwiederholung entspricht, das durch die spezifischen Wachstumsprozesse in den Sproßspitzen der Gewebe von Sonnenblumen, Kiefernzapfen und so weiter ausgelöst wird. Wie eine Schneeflocke und ihre sechsfache Symmetrie sind auch der Kiefernzapfen und seine Blattstellung möglicherweise Manifestationen der »Ordnung zum Nulltarif«.

Die herrschende Lehrmeinung, wonach Organismen Ad-hoc-Konstruktionen sind, gründet sich auf einige Prämissen von grundlegender Bedeutung. Die wichtigste Prämisse – und eine der zentralen Voraussetzungen der gesamten Darwinschen Theorie – ist der *Gradualismus*, also die Annahme, daß Genom- oder Genotypmutationen geringfügige Veränderungen an den Merkmalen, also dem Phänotyp, eines Organismus hervorrufen können. Außerdem setzt diese Ad-hoc-Auffassung voraus, daß die geringfügigen, vorteilhaften Variationen über lange Zeiträume nach und nach angesammelt werden können, um die komplexe Ordnung, die in den Organismen sichtbar wird, hervorzubringen.

Doch sind diese Prämissen wahr? Ist es evident, daß der »Gradualismus« immer gilt? Und selbst wenn die Voraussetzungen des Gradualismus für die rezenten Organismen gültig sind, stellt sich die Frage, ob sie immer zutreffen müssen. Können also alle komplexen Systeme »verbessert« und letztlich durch Anhäufung einer Serie geringfügiger Modifikationen zusammengebaut werden? Und falls dies nicht für sämtliche komplexen Systeme gilt, sondern nur für Organismen, stellt sich die Frage, aufgrund welcher Merkmale einige komplexe Systeme durch einen evolutionären Prozeß zusammengebaut werden können. Des weiteren: Was ist die Quelle dieser Merkmale, dieser Evolutionsfähigkeit? Besitzt die Evolution genügend Kraft um Organismen zu konstruieren, die sich durch Mutation, Rekombination und Selektion anpassen können? Oder ist eine andere Quelle von Ordnung – spontane Selbstorganisation – erforderlich?

Man muß gerechterweise sagen, daß Darwin lediglich annahm, schrittweise Verbesserung sei grundsätzlich möglich. Er stützte seine Behauptung auf die künstliche Auslese, die Züchter von Rindern, Tauben, Hunden und anderen domestizierten Pflanzen und Tieren vornehmen. Aber es ist ein sehr großer Schritt von der künstlichen Zuchtwahl, bei der es um die Änderung der Ohrform geht, zu der Schlußfolgerung, sämtliche Merkmale komplexer Organismen könnten durch schrittweise Anhäufung nützlicher Variationen entstehen.

Darwins Annahme war, wie ich zu zeigen versuchen werde, höchstwahrscheinlich falsch. Offenbar besitzt der Gradualismus keine universelle Gültigkeit. In einigen komplexen Systemen bewirkt jede beliebig kleine Störung katastrophale Änderungen im Verhalten des Systems. Wie wir gleich darlegen werden, kann die Selektion in diesen Fällen keine komplexen Systeme aufbauen; hierin liegt eine grundlegende Begrenzung der Selektion. Es gibt noch eine zweite fundamentale Begrenzung: Selbst wenn der Gradualismus in dem Sinne gilt, daß geringfügige Mutationen kleine Änderungen des Phänotyps verursachen, so folgt daraus noch keineswegs, daß die Selektion die geringfügigen Verbesserungen auch erfolgreich anhäufen kann. Vielmehr kann es zu einer »Fehlerkatastrophe« kommen. In einer adaptierenden Population sammeln sich dann kleinere Katastrophen und nicht etwa geringfügige Verbesserungen an. Trotz der Aussonderung durch die Selektion löst sich die Ordnung des Organismus allmählich auf. Wir werden die Fehlerkatastrophe weiter unten in diesem Kapitel behandeln.

Kurz, die Selektion ist mächtig, aber nicht allmächtig. Darwin hätte dies vielleicht erkannt, wenn er mit unseren heutigen Computern vertraut gewesen wäre.

Stellen wir uns vor, wir wollten ein Rechnerprogramm entwickeln, das eine Aufgabe mittleren Schwierigkeitsgrades lösen soll, etwa die Berechnung der Trajektorien dreier sich wechselseitig anziehender Objekte oder die siebte Wurzel aus einer beliebigen reellen Zahl. Wir beginnen mit einem willkürlich ausgewählten Rechnerprogramm, das als eine Folge von Einsen und Nullen geschrieben ist, und invertieren dann zufällig ausgewählte Bits, indem wir Einsen in Nullen und Nullen in Einsen umschalten. Anschließend prüfen wir jedes mutierte Programm mit einer Reihe von Inputdaten, um herauszufinden, ob es die gewünschte Berechnung durchführt. Wenn Sie diese Aufgabe ausprobieren, werden Sie feststellen, daß sie gar nicht so einfach ist. Warum nicht? Und was würde geschehen, wenn wir nicht bloß irgendein Rechnerprogramm entwickeln wollten, sondern noch ehrgeiziger wären und versuchten, das kürzest mögliche Programm zu entwickeln, das die Aufgabe ausführt? Ein solches »kürzestes Programm« weist eine maximale Verdichtung auf; das heißt, daß es keinerlei Redundanzen mehr aufweist.

Die Entwicklung eines seriellen Rechnerprogramms ist entweder sehr schwierig oder weitgehend unmöglich, weil es äußerst empfindlich ist. Serielle Rechnerprogramme enthalten Befehle wie »vergleiche zwei Zahlen, und tue dieses oder jenes, je nachdem, welche der beiden größer ist« oder »wiederhole die folgende Aktion eintausendmal«. Die Berechnung weist eine extrem hohe Empfindlichkeit gegenüber der Reihenfolge auf, in der die Aktionen ausgeführt werden, gegenüber den genauen Details der Logik, der Anzahl der Iterationen und so weiter. Dies führt dazu, daß praktisch jede zufällige Änderung in einem Rechnerprogramm einen »Datensalat« erzeugt. Die geläufigen Rechnerprogramme stellen genau jene Art komplexer Systeme dar, bei denen kleine Änderungen in der Struktur eben nicht zu kleinen Änderungen im Verhalten führen. Vielmehr lösen alle kleinen Änderungen in der Struktur katastrophale Verhaltensänderungen aus. Außerdem verschärft sich dieses Problem in dem Maße, wie man die Redundanzen aus dem Programm entfernt, um ein Minimalprogramm zur Ausführung des Algorithmus zu erhalten. Kurz, je »komprimierter« das Programm ist, um so katastrophaler sind die Folgen einer geringfügigen Änderung der Befehle. Je mehr das Programm verdichtet ist, um so schwerer läßt es sich folglich durch einen evolutionären Suchprozeß erreichen.

Und doch gibt es auf der Erde eine Fülle komplexer Systeme, die eine erfolgreiche Evolution durchlaufen haben – Lebewesen, Wirtschaftssysteme, Rechtssysteme. Wir sollten uns daher fragen: Welche Arten komplexer Systeme können durch einen Evolutionsprozeß zusammengebaut werden? Ich möchte betonen, daß wir zwar keine allgemeingültige Antwort auf diese Frage kennen, daß aber Systeme mit gewissen Redundanzen höchstwahrscheinlich viel schneller evolvieren als solche ohne Redundanzen. Leider haben wir nur eine grobe Vorstellung von dem, was »Redundanz« in evolvierenden Systemen bedeutet.

Informatiker haben den Begriff der sogenannten algorithmischen Komplexität definiert. Ein Rechnerprogramm besteht aus einer endlichen Folge von Befehlen, die das gewünschte Ergebnis berechnet, wenn sie eingehalten wird. In einem intuitiven Sinn könnte man »schwierige« Probleme als solche definieren, die mehr Befehle erfordern als »einfache« Probleme. Die algorithmische Komplexität eines Programms ist definiert als die Länge des kürzesten Programms, das die Berechnung ausführt. In der Praxis kann man jedoch im allgemeinen nicht beweisen, ob ein bestimmtes Programm tatsächlich das kürzeste ist. Es könnte immer noch ein kürzeres existieren. Dennoch gibt es einige recht intelligente Anwendungen dieses Maßes. So kann man insbesondere zeigen, daß die Zeichenfolge eines Minimalprogramms keine internen Redundanzen aufweist. Angenommen, das kürzeste Programm wäre (1010001...), aber man hätte statt dessen ein Programm, in dem jedes »Bit« verdoppelt wäre: (11001100000011...). In diesem Beispiel könnte man die Redundanz offensichtlich dadurch beseitigen, daß man jedes Doppelbit durch ein Bit ersetzt. Auch kompliziertere Muster lassen sich komprimieren. Vielleicht stellen wir nach Beseitigung der Doppelbits fest, daß nach jedem 226. Bit ein identisches Muster von Einsen und Nullen erscheint. Mittels kleinerer Änderungen kann man dieses Wiederholungsmuster durch eine Routine mit der Anweisung ersetzen: »Füge nach jedem 226. Bit XYZ ein.« Auf diese Weise wird das Programm noch kürzer. Könnten wir sämtliche Redundanzen identifizieren und beseitigen, so erhielten wir ein maximal verdichtetes Minimalprogramm. Es wiese keinerlei Regelmäßigkeiten auf, so daß wir keine Redundanzen daraus entfernen könnten. Daraus folgt, daß jedes derartige Minimalprogramm nicht von einer Zufallsfolge aus Einsen und Nullen unterschieden werden kann! Wenn wir eine Regelmäßigkeit finden könnten, dann gäbe es eine Redundanz, die wir beseitigen könnten.

Wahrscheinlich gibt es keine Möglichkeit, ein maximal komprimiertes Programm in einer kürzeren Zeit zu entwickeln als der, die man brauchte, um erschöpfend alle möglichen Programme zu generieren und jedes daraufhin zu testen, ob es die gewünschte Aufgabe ausführt. Wenn aus einem Programm sämtliche Redundanzen entfernt wurden, dann würde man erwarten, daß praktisch jede Änderung irgendeines Zeichens zu katastrophalen Variationen im Verhalten des Algorithmus führt. Sehr ähnliche Programmvarianten berechnen folglich grundverschiedene Algorithmen.

Die Adaptation (Anpassung) wird häufig mit einem Prozeß des »Bergsteigens« verglichen, der über geringfügige Variationen zu »Gipfeln« hoher Fitneß (Angepaßtheit) in einer Fitneßlandschaft führt. Und die natürliche Selektion wird dabei als die Kraft vorgestellt, die eine adaptierende Population auf diese Gipfel »zieht«. Stellen wir uns einen Gebirgszug vor, auf dem Populationen von Organismen (oder, in diesem Fall, von Rechnerprogrammen) ihren Weg zu den Gipfeln erkunden. Eine zufällige Änderung des Genoms (des Rechnercodes) versetzt die Mutante auf eine höhere oder niedrigere Stelle der Landschaft, je nachdem, ob die Mutation vorteilhaft ist oder nicht. Ist die Gebirgslandschaft zerklüftet, sieht aber dennoch wie ein wirklicher Gebirgszug aus, dann ist das Gelände gleichförmig genug, um in unmittelbarer Nähe Anhaltspunkte dafür zu liefern, welche Richtungen die Population einschlagen sollte. Manche Pfade führen zu den entfernten Gipfeln, und bei der Aussonderung der bestangepaßten Varianten zieht die natürliche Selektion die Population zu diesen Gipfeln hin.

Das Suchproblem wird dadurch erschwert, daß die evolvierende Population die Konturen der Landschaft eigentlich nicht sehen kann. Sie kann sich nicht in die Lüfte schwingen und gleichsam mit dem

Auge Gottes die Szenerie überblicken. Vielmehr streckt die Population sozusagen »Fühler« aus, indem sie verschiedenartige Zufallsmutationen erzeugt. Wenn eine Mutante in der Landschaft eine höhere Position einnimmt, dann besitzt sie eine höhere Fitneß, und die Population als Ganzes wird zu dieser Position gezogen. Anschließend erkunden Zufallsmutanten von hier aus das Gelände in alle Richtungen. Wieder wird die Population von der Selektion einen Schritt weiter bergaufwärts befördert. Das ist Gradualismus im Darwinschen Sinne. Zweifellos vollzieht sich die Evolution der Organismen in Form eines solchen schrittweisen Aufstiegs. Und zweifellos löst auch der Mensch komplexe Konstruktionsprobleme oftmals schrittweise, indem er gute Entwürfe über eine Folge von Suchvorgängen nach dem Prinzip Versuch und Irrtum zusammenstellt. Die Prozesse der Evolution von Organismen und von Artefakten weisen große Übereinstimmungen auf – dieses Thema werde ich in Kapitel 9 behandeln.

Wenn aber alle geringfügigen Variationen katastrophale Änderungen im Verhalten des Systems, wie etwa eines Organismus oder Artefakts, hervorrufen, dann ist die Geländeformation einer Fitneßlandschaft weitgehend zufallsbestimmt. Das bedeutet, daß es keine lokalen Anhaltspunkte dafür gibt, welche Änderungsrichtungen zu den entfernten Gipfeln führen. Wir werden dies später noch eingehender darlegen. Vorerst wollen wir uns einfach eine extrem zerklüftete Mondlandschaft vorstellen; wir sitzen auf einem vorspringenden Felsen inmitten zahlreicher Steilwände, die in verschiedenen Richtungen abfallen beziehungsweise auf mehrere Gipfel führen. Wir können keine größeren Entfernungen überblicken. Auch wenn sich möglicherweise ganz in der Nähe sehr hohe Bergspitzen befinden, sind sie für uns unsichtbar. Es gibt keine lokalen Anhaltspunkte, die uns Aufschluß darüber geben könnten, welchen Weg wir einschlagen sollten. Die Suche wird zu einem reinen Zufallsprozeß.

Wenn aber die Suche ein rein stochastischer Vorgang ist und keinerlei Hinweise auf ansteigende Pfade existieren, kann man den höchsten Gipfel nur dadurch erreichen, daß man den gesamten Raum absucht! Statt den Mont Blanc von Chamonix aus zu sehen und auf kürzestem Weg zu erklimmen, mit Wein, Käse, Pâté und Brot im Gepäck – oder besser: echter Bergsteigerausrüstung –, muß man systematisch die gesamten Alpen erkunden, jeden Quadratmeter absuchen, um den Gipfel des Mont Blanc zu finden.

Maximal verdichtete Rechnerprogramme lassen sich höchstwahrscheinlich nicht in weniger Zeit entwickeln, als erforderlich ist, um den gesamten Raum möglicher Programme abzusuchen. Solche Systeme gehören nicht zu der Art komplexer Systeme, die in einer dem Alter des Universums entsprechenden Zeitspanne unter Einwirkung der natürlichen Selektion entstanden sein könnten. Nehmen wir an, das von uns gesuchte Minimalprogramm erfordere $N$ Bits. Dann ist der Raum aller möglichen Programme dieser Länge gleich $2^N$. Schon für ein relativ kleines Programm aus 1000 Bits, $N = 1000$, erhalten wir einmal mehr eine der uns mittlerweile schon geläufigen hyperastronomischen Zahlen: $2^{1000}$ beziehungsweise $10^{300}$. Unsere erste Schlußfolgerung lautet nun: Da das Programm maximal verdichtet ist, verursacht jede beliebige Änderung katastrophale Variationen in der ausgeführten Berechnung. Die Fitneßlandschaft weist keinerlei Regelmäßigkeiten auf. Unsere nächste Feststellung lautet: Die Landschaft hat nur einige Gipfel, die den gewünschten Algorithmus ausführen. Tatsächlich hat der Mathematiker Gregory Chaitin vor einiger Zeit bewiesen, daß es für die meisten Probleme nur ein oder bestenfalls wenige derartige Minimalprogramme gibt. Es ist intuitiv einleuchtend, daß das optimale Suchverfahren in einer Zufallslandschaft, die keinerlei Hinweise auf aussichtsreiche Wege gibt, eine stochastische oder systematische Suche durch alle $10^{300}$ möglichen Programme sein muß, um die Nadel im Heuhaufen, das vielleicht einzige Minimalprogramm, zu finden. Das ist genauso, als könnte man den Mont Blanc nur finden, indem man jeden Quadratmeter der Alpen absucht; die Suchzeit ist, bestenfalls, proportional zur Größe des Programmraums.

Wir kommen somit zu folgendem Ergebnis: Wenn es $10^{300}$ mögliche Programme gibt und man alle absuchen muß, um sicherzugehen, daß man das beste aufspürt, und wenn man jede Milliardstel Sekunde ein anderes Programm »ausprobieren« könnte, dann würde es $10^{291}$ Sekunden dauern, um das beste Programm zu finden. Ein weiteres Mal versuchen wir Zahlen zu begreifen, die sich über unvorstellbar größere Zeitspannen erstrecken, als das Universum alt ist.

Vielleicht denken Sie an ein Gegenargument: »Schön«, sagen Sie sich, »die Evolution ist nicht imstande, auf Anhieb ein maximal komprimiertes Programm oder einen maximal komprimierten Organismus – was immer das sein mag – zusammenzubauen. Doch vielleicht kann die Evolution ein solches maximal verdichtetes Programm oder einen solchen Organismus ja dadurch erzeugen, daß sie zunächst ein redundantes Programm oder einen redundanten Organismus erschafft und dann maximal komprimiert.« Kurz, Sie werden vielleicht einräumen, daß die Evolution nicht zu dem Minimalprogramm aus 1000 Bits gelangen konnten, wenn sie von Anfang an darauf beschränkt war, nur den Raum der Minimalprogramme abzusuchen, und zwar innerhalb einer Zeitspanne, die kürzer ist als das Alter des Universums. Was aber, wenn der Suchvorgang bei einem hochredundanten Programm begann und dieses allmählich auf die Minimallänge von $N = 1000$ Bits verdichtete? Könnte ein solches Verfahren das Minimalprogramm aufspüren? Wir wissen es nicht, doch ich wette: nein. Hier beginnt die Intuition. Es sollte nicht schwer sein, ein hochredundantes Programm zu entwickeln. Wenn es uns egal ist, wie lang unsere Programme sind, dann gibt es sehr viele Programme, die dieselbe Aufgabe ausführen. Und diese hochredundanten Programme sind nicht so empfindlich wie komprimierte Programme; geringfügige Änderungen des Codes können kleine Änderungen im Verhalten des Programms auslösen. Nehmen wir an, ein Unterprogramm führe eine bestimmte Aufgabe aus. Wenn wir nun ein Duplikat dieses Unterprogramms einfügen, muß sich das Verhalten nicht unbedingt ändern. Durch die anschließende mutationsbedingte Änderung einer Kopie wird die Funktion nicht unbedingt zerstört, denn die zweite, redundante Kopie kann die Funktion der ersten übernehmen. Unterdessen ist die mutierte Kopie in der Lage, neue Möglichkeiten zu »erkunden«. Daher können redundante Algorithmen einen allmählichen Evolutionsprozeß durchlaufen. Nehmen wir an, ein erstes, relativ kurzes Programm sei doppelt so lang wie das Minimalprogramm der Länge $N$. Nun versuchen wir, die Redundanzen langsam durch die Entwicklung kürzerer Programme zu beseitigen. Wir beginnen mit dem $2N$-Programm, entfernen ein zufällig ausgewähltes Bit und invertieren einige weitere zufällig ausgewählte Bits; wir versuchen auf diese Weise, ein um ein Bit kürzeres Programm der Länge $2N - 1$ zu entwickeln. Dann mutieren wir dieses kürzere Programm, um ein noch kürzeres Programm der Länge $2N-2$ zu finden, und setzen dieses Verfahren so lange fort, bis wir das kürzestmögliche Programm der Länge $N$ erhalten.

Hier liegt meines Erachtens der grundlegende Fehler: Dieses Verfahren – die sukzessive Annäherung an das Programm minimaler Länge – ist nämlich nur dann von Nutzen, wenn das auf jeder Stufe gefundene Programm das um 1 kürzere Programm auf der nächsten Stufe aufzufinden hilft. Doch je tiefer wir die Leiter hinabsteigen und je kürzere Programme wir erzeugen, um so weniger redundant – um so zufälliger also – werden die Programme. Das bedeutet, daß die Programme immer empfindlicher werden und sich immer weniger für eine evolutionäre Entwicklung durch Zufallsmutationen eignen. In diesem Fall aber liefert das gerade gefundene Programm immer weniger Anhaltspunkte darüber, wo das nächstkürzere Programm zu suchen ist. Und ich wette, daß das unmittelbar dem kürzesten Programm vorausgehende Programm der Länge $N+1$ überhaupt keine Hinweise darauf enthält, wo der Raum der möglichen Programme der Länge $N$ zu suchen ist.

Ich weiß nicht, ob die Annahme richtig ist; vielleicht könnten kluge Mathematiker sie beweisen. Ich möchte dieser Annahme daher den Stellenwert einer Vermutung im mathematischen Sinne einräumen: Je mehr man sich dem Minimalprogramm nähert, um so mehr erfolgt die Suche in einer reinen Zufallslandschaft, die nicht durch frühere Hinweise aus redundanteren Programmen erleichtert wird. Wenn dem so ist, dann gehören Minimalprogramme nicht zu den komplexen Systemen, die durch einen Evolutionsprozeß zusammengefügt werden können.

Dieses Beispiel verdeutlicht, daß nicht alle komplexen Systeme in angemessener Zeit durch adaptive Suche gefunden werden können. Es muß einige weitgehend unbekannte, aber mit Redundanzen verbundene Bedingungen geben, die ein Merkmal der durch einen evolutionären Suchvorgang herstellbaren Arten komplexer Systeme sind. John Koza von der Stanford University beispielsweise entwickelt derzeit Rechnerprogramme für eine Vielzahl mäßig komplexer Aufgaben. John ist der Ansicht, daß seine Programme genau jene Art von Bastelwerken und Ad-hoc-Fügungen sind, wie sie nach Ansicht von Biologen auch Organismen darstellen – sie sind zweifellos nicht hochkomprimiert, sondern auf vielfältige, noch immer kaum verstandene Weise hochredundant. Wir werden darauf zurückkommen, nachdem wir die Struktur von Fitneßlandschaften und ihren Einfluß auf die adaptive Suche erörtert haben.

Die Frage, welche Arten komplexer Systeme durch einen evolutionären Suchvorgang zusammengebaut werden können, ist nicht nur für das Verständnis biologischer Abläufe von Bedeutung, sondern möglicherweise auch für das Verständnis der technologischen und kulturellen Evolution. Die Anfälligkeit unserer komplexesten Artefakte für einen Totalausfall aufgrund geringfügiger Ursachen – die *Challenger*-Katastrophe, die fehlgeschlagene *Mars-Observer*-Mission und weiträumige Stromausfälle – deutet darauf hin, daß wir gegenwärtig mit unseren Köpfen gegen ein Problem stoßen, an dem sich das Leben über sehr viel längere Zeiträume die Nase gerieben hat: Wie lassen sich komplexe Systeme erzeugen, die sich nicht am Rand des Kollaps bewegen? Vielleicht liegen all diesen verschiedenartigen Evolutionsprozessen allgemeine Prinzipien zugrunde, die die Suche in riesigen Möglichkeitsräumen steuern und die uns bei der Konstruktion – oder vielleicht auch der Evolution – robusterer Systeme helfen werden.

## Leben in Landschaften

Zurück zum Anfang, zu den frühesten Erdzeitaltern. Fast drei Milliarden Jahre pulsierte das Leben still und sanft – wartend. Drei Milliarden Jahre lang perfektionierten die Bakterien ihr molekulares Wissen, tummelten sich in Billionen von Tümpeln, Spalten, heißen Quellen und Ritzen, und erfüllten, wie ich glaube, in einer suprakritischen Explosion molekularer Formen den ganzen Erdball. Die ersten Lebensformen verknüpften ihre Metabolismen, indem sie ihre molekularen Produkte – Gift-, Nährstoffe und reinen Abfall – austauschten, um eine sich ausbreitende suprakritische Welle molekularer Diversität zu erzeugen. Im Verlauf dieser drei Milliarden Jahre ereigneten sich kleine, großartige, richtungsweisende Veränderungen. Die eukaryontischen, das heißt kernhaltigen, Zellen entstanden und beherbergten – laut einer gängigen Theorie – gefangene Bakterien, aus denen Organellen hervorgingen: Chloroplasten und Mitochondrien, die als Schrittmacher der Photosynthese und des Energiestoffwechsels wirkten. Die frühesten Spuren einer kernhaltigen Zelle, die Organellen in sich trug, finden sich nach Darstellung von Bruce Runnegar von der UCLA in 2,15 Milliarden Jahre altem Felsgestein. Diese spiraligen Organismen, die komplexe Bandenmuster aufwiesen, wurden bis zu einem halben Meter lang (Abbildung 8.1). Nach Ansicht von Runnegar handelt es sich bei diesen Organismen möglicherweise um große Einzeller, ähnlich dem rezenten *Acetabularium*. Unter Hinweis auf die komplexe Morphologie der *Acetabularia* mit ihrem eleganten, schirmförmigen Hut am Ende eines langen Stiels und auf andere Einzeller mit ihren fein ausgearbeiteten Morphologien und komplexen Lebenszyklen sagte der Embryologe und theoretische Biologe Lewis Wolpert: »Die moderne eukaryontische Zelle weiß alles, was man wissen muß. Nach der eukaryontischen Zelle kam alles andere wie von selbst.« Lewis will damit sagen, daß fast alles, was zur Bildung eines vielzelligen Lebewesens erforderlich, bereits in der eukaryontischen Zelle enthalten ist.

Zellen mußten also erst lernen, sich zu vielzelligen Organismen zusammenzuschließen; außerdem mußten sie lernen, Individuen hervorzubringen. Keine allzu leichte Sache, diese Evolution von Individuen, denn die meisten Zellen im Körper sterben ab, wenn der Organismus stirbt – ihre Chance auf Unsterblichkeit, die sie hätten, wenn sie sich wie Bakterien für immer und ewig teilten, geben sie damit preis. Die sterblichen Zellen bilden das Soma, den Körper. Nur die Keimzellen, aus denen Samen- und Eizellen hervorgehen, haben eine Chance auf Unsterblichkeit. Das Rätsel, das uns die Entstehung von Vielzellern und damit von Individuen aufgibt, läßt sich auf die Frage verkürzen, weshalb eine Kolonie genetisch identischer Zellen gelernt hat, einen vielzelligen Organismus zu bilden. Dies ist unser erstes Beispiel für ein allgemeines und schwieriges Problem, der »Nutzen des Individuums« im Widerstreit mit dem »Nutzen der Gruppe«. Leo Buss von der Universität Yale hat sich eingehend mit diesem Problem auseinandergesetzt, denn der Ursprung des Individuums ist in der Tat problematisch. Die natürliche Selektion begünstigt »besser angepaßte« Individuen. Wenn die Welt aus sich teilenden, eukaryontischen Einzellern besteht und ich einer von diesen

**Abbildung 8.1:** *Ein Urahn des Menschen. Das früheste bekannte Fossil einer eukaryontischen Zelle,* Grypanica spiralis, *eine 2,15 Milliarden Jahre alte photosynthetisch aktive Alge.*

Einzellern bin, wieso sollte es dann für mich von Nutzen sein, Teil eines Vielzellers zu werden und mich damit dem Tod zu weihen? Wenn nur die Keimzellen sich in der endlosen Abfolge der Generationen verewigen und die übrigen Zellen eines Vielzellers dazu bestimmt sind, zu Staub zu zerfallen, wieso sollten diese verurteilten Zellen mit ihrem Los zufrieden sein? Im Fall der Evolution des individuellen Vielzellers ist die Antwort einigermaßen klar. Da sämtliche Zellen eines Organismus dieselben Gene besitzen, sind alle Zellen genetisch identisch. Selbst wenn die meisten Zellen eines Organismus absterben und nur die Keimzellen sich fortpflanzen, kann es vorteilhaft sein, den Verlust an Einzelzellen in Kauf zu nehmen, weil der vielzellige Organismus als solcher das genetische Erbe erfolgreicher verbreiten kann als die Einzelzellen für sich. Vermutlich geht mit der Zugehörigkeit zu einem Vielzeller eine erhöhte Chance einher, in neue Nischen vorzustoßen und viele Nachkommen zu hinterlassen.

Wir wissen, daß Vielzeller bereits lange vor der berühmten kambrischen Explosion existierten. Vor etwa 700 bis 560 Millionen Jahren, in der letzten präkambrischen Periode, entfaltete sich die Ediacara-Fauna, die nach einer Region in Australien benannt ist. Dort fanden Runnegar und seine Kollegen wurmartige Formen mit weichen Körpern, bis zu einem Meter lang, die sich eingerollt im Urgestein erhalten hatten (Abbildung 8.3). Dann ereignete sich die kambrische Explosion, in der es zu einem sprunghaften Anstieg der Formendiversität kam; alles, was danach kommt, gehört, aus der evolutionsgeschichtlichen Perspektive von vier Milliarden Jahren, zur neueren Geschichte des Lebens.

Seit der Entstehung des Lebens vor 3,45 Milliarden Jahren passen sich einfache und komplexe Organismen ihrer Umwelt an, indem sie vorteilhafte Variationen ansammeln und in Fitneßlandschaften Gipfel höherer Eignung erklimmen. Allerdings wissen wir sehr wenig darüber, wie diese Fitneßlandschaften aussehen und wie sich die Landschaftsstruktur auf den Erfolg eines evolutionären Suchvorgangs auswirkt. Landschaften können gleichförmig und eingipfelig oder zerklüftet und mehrgipfelig oder auch völlig regellos sein. Die Evolution sucht diese Landschaften mit Hilfe von Mutation, Rekombination und Selektion ab. Doch wie wir bereits bei den maximal verdichteten Programmen gesehen haben, können solche Suchvorgänge

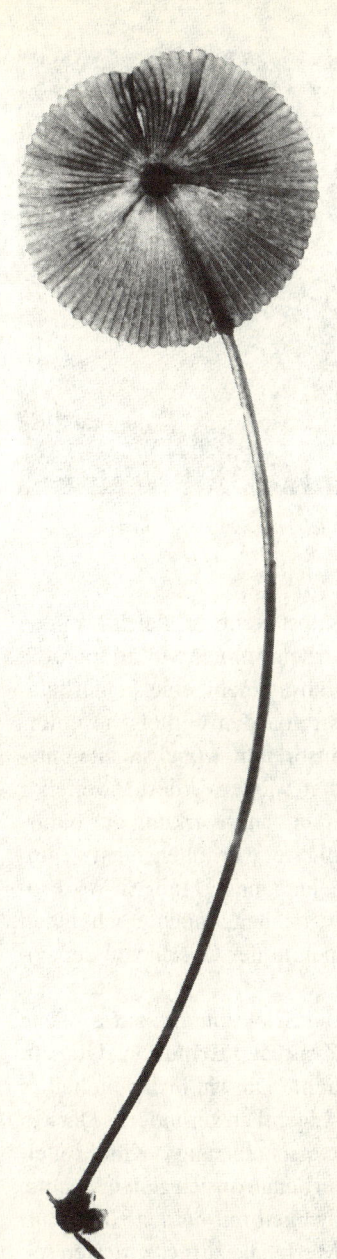

**Abbildung 8.2:** Acetabularium, *ein rezenter Einzeller mit einer hochkomplexen Morphologie und einem hochkomplexen Lebenszyklus, der möglicherweise frühen eukaryontischen Lebensformen gleicht. Ausgewachsene Exemplare erreichen eine Länge von etwa einem Millimeter.*

**Abbildung 8.3:** *Ein früher wurmähnlicher Vielzeller,* Dickinsonia, *etwa 1 Meter lang und 700 Millionen Jahre alt.*

die höchsten Gipfel verfehlen. Und selbst wenn in gleichförmigen Landschaften hohe Gipfel gefunden werden, können Mutationen, die sich in der adaptierenden Population ansammeln, eine Fehlerkatastrophe auslösen. Die Population kann von den Gipfeln heruntergleiten und sich über die Landschaft ausbreiten, wobei sie alle nützlichen Varianten, die sie angesammelt hat, wieder verliert. Zweifellos ist die Vorstellung, daß die Lebewesen unter Einwirkung der natürlichen Selektion ihre Fitneß zwangsläufig stetig erhöhen, nicht so einfach, wie sie auf den ersten Blick erscheinen mag. Damit Sie die Probleme und ihre Bedeutung besser verstehen, möchte ich einen kurzen Überblick über wichtige Etappen in der Geschichte der Populationsbiologie geben.

Darwin lehrte uns, daß die natürliche Selektion, die auf erbliche Variationen einwirkt, die treibende Kraft der Evolution darstellt. Doch die Quelle dieser Mutationen kannte Darwin nicht; ein halbes Jahrhundert lang blieb unklar, was sich eigentlich veränderte. Darwin und andere dachten an eine »Erbgutverschmelzung«. Kinder gleichen beiden Eltern. Wie immer die Vererbung vor sich gehen mochte, nahm man jedenfalls an, daß die Ähnlichkeit mit beiden Eltern auf eine Art Mischung und Mittelung der Merkmale zurückzuführen sei, etwa so, wie bei der Mischung von Gelb und Blau Grün entsteht. Doch die Verschmelzung warf ein Problem auf: Nach vielen Generationen würde die genetische Variation in einer Fortpflanzungsgemeinschaft verschwinden. Wenn Gelb und Blau Augenfarben sind, dann würde nach einer anhaltenden Erbgutverschmelzung über viele Generationen hinweg die gesamte Population aus grünäugigen Individuen bestehen. Es gäbe keine erbliche Variation mehr, auf welche die Selektion einwirken könnte.

Die Mendelschen Vererbungsstudien wiesen schließlich einen Ausweg aus dem Problem der Erbgutverschmelzung, auch wenn fast fünzig Jahre vergingen, ehe die von ihm gewonnenen Erkenntnisse aufgegriffen wurden, und zwar zunächst von dem berühmten Mathematiker George H. Hardy und dem Biologen W. Weinberg und später von Ronald A. Fisher, einem jungen Mathematiker von der Universität Cambridge. Erinnern wir uns an Mendels Erbsen und das zugrundeliegende Konzept von Erbatomen. Mendel untersuchte sieben gutgewählte Merkmalspaare – rauhe versus glatte Samen beispielsweise. Er stellte fest, daß die Nachkommen der ersten Generation rauher und glatter Eltern nur einem Elter glichen, daß aber bei den Enkeln wieder beide Formen beziehungsweise Phänotypen auftraten. Offenbar wurden die »rauhen« und die »glatten« Erbatome, mittlerweile Gene genannt, unverändert und unvermischt von den Kindern an die Enkel weitergegeben.

In den ersten Jahrzehnten dieses Jahrhunderts hatte sich immer klarer gezeigt, daß die Chromosomen in den Zellkernen die Träger der genetischen Information sein mußten. Außerdem hatte man erkannt, daß viele verschiedene Gene, die viele verschiedene Merkmale beeinflußten, in jedem Chromosom in einer Reihe angeordnet waren und daß viele Gene, wie »rauh« und »glatt«, in alternativen Ausprägungen, die man nunmehr Allele nannte, vorlagen. Auf der Basis dieser Erkenntnisse wiesen Hardy und Weinberg nach, daß es in einer sich geschlechtlich fortpflanzenden Population nicht zur Verschmelzung verschiedener Allele kommt. Vielmehr bleiben bei der geschlechtlichen Fortpflanzung die verschiedenen Allele, die sogenannte genetische Varianz, in der Population erhalten, so daß die Selektion auf sie einwirken kann.

Die Mendelschen Gesetze waren die Voraussetzungen dafür, daß

Fisher eine einzige grundlegende Frage stellen konnte, die positiv beantwortet werden mußte, wenn Darwins Theorie richtig war: Angenommen, ein einzelnes Gen in einer Population hat zwei Allele, $A$ und $a$ – die blauen beziehungsweise braunen Augen entsprechen –, und das Allel $A$ verschaffe seinem Träger einen geringfügigen Selektionsvorteil. Kann die auf eine Population einwirkende natürliche Selektion die Häufigkeit des Allels $A$ in der Population erhöhen?

Die Antwort, die Fisher, J.B.S. Haldane und Sewall Wright fanden, kann »ja« lauten. Der Darwinismus kann also gültig sein. Die Ermittlung der Bedingungen, unter denen er gültig ist, schuf die Grundlagen der modernen Populationsgenetik. Es stellte sich jedoch heraus, daß die Antwort von der Struktur der Fitneßlandschaft abhängt, die von der sich anpassenden Population erkundet wird, also davon, ob sie gleichförmig und eingipfelig, zerklüftet und mehrgipfelig oder völlig unregelmäßig ist. Wir wissen noch immer sehr wenig über die Struktur solcher Landschaften und die Effektivität einer adaptiven Suche darin. Wann können Populationen unter der Einwirkung von Mutation, Rekombination und Selektion tatsächlich die hohen Gipfel erklimmen? Fast 140 Jahre nach Darwins zukunftsweisendem Buch kennen wir immer noch nicht die Leistungsfähigkeit und die Grenzen der natürlichen Selektion, wissen immer noch nicht, welche Arten komplexer Systeme durch einen Evolutionsprozeß zusammengebaut werden können, und verstehen noch nicht einmal ansatzweise, wie durch das Zusammenwirken von Selektion und Selbstorganisation die herrliche Pracht eines Sommernachmittags auf einer Almwiese entsteht, auf der sich das bunte Gemisch von Erdreich, Blumen, Insekten, Würmern und sonstigem Getier mit den rastenden Wanderern zu einem harmonischen Ganzen fügt.

## Genotypräume und Fitneßlandschaften

Es ist an der Zeit, daß wir uns nun ausführlicher mit einfachen Modellen von Fitneßlandschaften befassen. Auch wenn diese Modelle nur erste Anfänge darstellen, so liefern sie uns doch heute schon Hinweise auf die Leistungsfähigkeit und die Grenzen der natürlichen Selektion.

Der Mensch gehört wie fast alle höheren Pflanzen und Tiere zu den Diplonten. Wir erhalten zwei Exemplare von jedem Chromosom: eines von unserer Mutter und eines von unserem Vater. Bakterien sind Haplonten, da sie nur einen einfachen Chromosomensatz besitzen. In der Regel pflanzen sich Bakterien durch schlichte Teilung fort; sie haben keine Eltern und keinen Sex. (Dies ist zwar nicht ganz richtig: Bakterien paaren sich manchmal und tauschen dabei ihr Erbmaterial aus. Doch den »Bakteriensex« können wir in der folgenden Darstellung bedenkenlos vernachlässigen.) Während die meisten populationsgenetischen Erkenntnisse anhand diploider Populationen mit geschlechtlicher Fortpflanzung gewonnen wurden, werden wir uns auf Populationen von Haplonten, wie Bakterien, konzentrieren und die Paarung ausblenden. Diese Beschränkung verschafft uns eine erste anschauliche Vorstellung vom Aussehen einer Fitneßlandschaft; später können wir die Komplikationen von Diploidie und Paarung wieder hinzufügen.

Betrachten wir einen haploiden Organismus mit $N$ verschiedenen Genen, die jeweils in zwei Ausprägungen (Allelen), 1 und 0, vorliegen. Bei $N$ Genen, von denen jedes zwei Allelzustände besitzt, beträgt die Anzahl der möglichen Genotypen $2^N$. Das Bakterium *E. coli*, das im Gedärm der Warmblütler ein Schlaraffendasein führt, besitzt etwa 3000 Gene; daher besteht sein Genotypraum aus maximal $2^{3000}$ oder $10^{900}$ möglichen Genotypen. Sogar Mykoplasmen, die einfachsten freilebenden Organismen mit nur 500 bis 800 Genen, besitzen zwischen $10^{150}$ und $10^{240}$ potentielle Genotypen. Betrachten wir nun diploide Organismen, die zwei Kopien jedes Gens in sich tragen. Pflanzen haben möglicherweise bis zu 20 000 Gene. Wenn jedes davon zwei Allele besitzt, dann beträgt die Anzahl der diploiden Genotypen $2^{20\,000}$ für die mütterlichen Chromosomen, multipliziert mit $2^{20\,000}$ für die väterlichen Chromosomen, also etwa $10^{12\,000}$. Genotypräume sind also zweifellos riesig, so daß selbst ein Genom mittlerer Länge eine astronomische Anzahl von Zuständen einnehmen kann. Jede Population einer Spezies repräsentiert zu jeder Zeit einen sehr, sehr kleinen Bruchteil des Raumes seiner möglichen Genotypen.

Die natürliche Selektion liest besser angepaßte Varianten aus. Wie geschieht dies konkret? Betrachten wir eine Population von Bakterien, die alle zur selben Spezies gehören; eine Subpopulation enthält ein Gen, *B*, das die Bakterien blau färbt, während in der restlichen Population das entgegengesetzte Allel desselben Gens, *R*, verbreitet ist, das den entsprechenden Bakterien eine rote Farbe verleiht. Nehmen wir nun an, eine Rotfärbung sei in einer bestimmten Umwelt vorteilhafter als eine Blaufärbung. Wenn die Biologen dann sagen, das Rot-Allel vermittle eine höhere Fitneß als das Blau-Allel, dann meinen sie damit, grob gesprochen, daß sich die roten Bakterien mit höherer Wahrscheinlichkeit teilen und Nachkommen hinterlassen als die blauen Bakterien. Im einfachsten Fall würden sich die roten Bakterien schlichtweg zügiger teilen und reproduzieren. Angenommen, die Teilungszeit der roten Bakterien beträgt 10 Minuten, die der blauen Bakterien 20 Minuten. Dann würde jedes rote Bakterium in einer Stunde sechs Verdoppelungen durchlaufen und $2^6$, also 64 rote Nachkommen erzeugen, während jedes blaue Bakterium drei Verdoppelungen durchlaufen und $2^3$, also 8 Nachkommen hervorbringen würde. Sowohl die rote als auch die blaue Population wird mit der Zeit exponentiell wachsen, doch die exponentielle Zuwachsrate ist bei den roten Bakterien größer als bei den blauen. Solange mindestens ein rotes Bakterium in der Population vorhanden ist, wird folglich die Gesamtpopulation, unabhängig vom Anfangsverhältnis von roten zu blauen Bakterien, mit der Zeit fast ganz aus roten Bakterien bestehen, während der Anteil der blauen Bakterien immer mehr schwindet. Die Selektion zugunsten des »besser angepaßten« Rot-Allels wird die Häufigkeit des Gens *R* im Vergleich zum Gen *B* in der Bakterienpopulation erhöhen. So wirkt die natürliche Selektion, die ein Allel geringerer Fitneß durch eines höherer Fitneß ersetzt.

Nun habe ich freilich ein wesentliches Detail stillschweigend übergangen. Angenommen, die Anfangspopulation besteht aus nur einem roten Bakterium und zahlreichen blauen Bakterien. Dann wird das einzelne rote Bakterium möglicherweise getötet, noch bevor es sich teilen kann. Pech. Entscheidend ist die Tatsache, daß solche Fluktuationen und zufallsbedingte Störungen den Evolutionsprozeß beeinflussen können. Ganz allgemein gilt folgender Zusammenhang: Sobald die Anzahl der roten Bakterien einen gewissen Schwellenwert überschritten hat, wird die Wahrscheinlichkeit, daß sie alle durch Zufall ins »Bakteriennirwana« befördert werden, bevor ein exponentielles Wachstum der roten Population einsetzt, verschwindend gering. Sobald der Schwellenwert überschritten wurde, ist es äußerst unwahrscheinlich, daß die unbeirrbare Entwicklung zu einer roten Bakterienpopulation noch aufgehalten wird.

Ich werde später eine adaptierende Population von Organismen beschreiben, die sich unter dem Druck der natürlichen Selektion durch einen Genotypraum bewegt. Merken Sie sich das Beispiel der gefärbten Bakterien. Wenn die Population von Anfang an nur aus blauen Bakterien bestand und auch so blieb, dann würde nichts geschehen. Doch wenn nur ein $B$-Gen in einem Bakterium zufällig zu einem $R$-Allel mutierte, dann würde sich diese glückliche rote Mikrobe schneller teilen und schließlich die blauen Bakterien verdrängen. Die Population würde sich von dem Genotyp mit dem $B$-Allel zu dem Genotyp mit dem $R$-Allel »bewegen«. (Allerdings bliebe ein verschwindend geringer Teil blauer Bakterien erhalten. Wir können unser Experiment jedoch abwandeln und in einem Chemostaten durchführen, in dem wir die Anzahl der Bakterien konstant halten, während Nährstoffe zugeführt und überzählige Bakterien sowie unverwertete Nährstoffe und Abfallprodukte entfernt werden. Die Konzentration der blauen Bakterien in diesem begrenzten Populationssystem wird so immer stärker verdünnt, bis schließlich nur noch rote Bakterien übrig sind.)

Nachdem wir die Begriffe »Fitneßlandschaft« und »Genotypraum« eingeführt haben, möchten wir sie nun als Instrumente benutzen, um herauszufinden, wie effektiv die natürliche Selektion die Gestalt der Organismen in der Biosphäre tatsächlich beeinflussen kann. Wie sehen diese Fitneßlandschaften eigentlich aus? Und wie beeinflußt die Form einer solchen Landschaft den Erfolg oder Mißerfolg eines evolutionären Montageprozesses?

Nehmen wir an, es sei möglich, die »Fitneß« jedes Genotyps zu messen. Stellen wir uns diese Fitneß als »Anhöhe« vor. Besser angepaßte Genotypen liegen dann auf einer höheren Erhebung als schlechter angepaßte Genotypen. Wir müssen nun einen weiteren grundlegenden Begriff einführen, den »benachbarter« Genotypen. Betrachten wir einen Genotyp mit nur vier Genen, die jeweils in zwei allelen Formen vorliegen können: 1 und 0. Es gibt somit 16 mögliche Genotypen – (0000), (0001), (0010)... bis (1111). Jeder Genotyp liegt

»unmittelbar neben« den Genotypen, die sich in einem Allel von ihm unterscheiden. Folglich liegt (0000) gleich neben (0001), (0010), (0100) und (1000). Abbildung 8.4a zeigt die 16 möglichen Genotypen als Eckpunkte dessen, was die Mathematiker einen vierdimensionalen Booleschen Hyperkubus nennen. Die Anzahl der Dimensionen des Booleschen Hyperkubus ist genau gleich der Anzahl der Nachbarn jedes Genotyps. Bei $N$ Genen hat jeder Genotyp $N$ benachbarte Genotypen, und es gibt insgesamt $2^N$ mögliche Genotypen, die alle auf einem anderen Eckpunkt des Hyperkubus liegen.

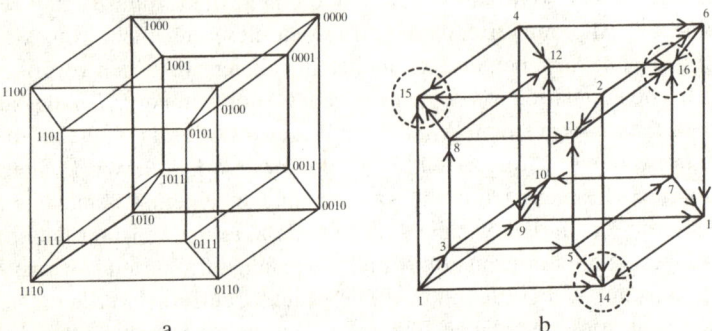

**Abbildung 8.4:** *Ein Boolescher Hyperkubus. (a) Alle möglichen Genotypen eines Genoms aus vier Genen, die jeweils in zwei Zuständen (Allelen) vorliegen können, lassen sich als Eckpunkte eines vierdimensionalen Booleschen Hyperkubus darstellen. Jeder Genotyp ist mit seinen vier Nachbarn verbunden, deren Genome sich nur in einem mutierten Allel von ihm unterscheiden. Daher liegt 0010 »unmittelbar neben« 0000, 0011, 1010 und 0110. (b) Jedem Genotyp wurde nach dem Zufallsprinzip ein bestimmter Fitneßrang zugeordnet, vom schlechtesten, 1, bis zum besten, 16. Die von einem gestrichelten Kreis umgebenen Eckpunkte zeigen die lokalen »Optima« an – Genotypen, die eine höhere Fitneß besitzen als ihre in einem Allel abweichenden Nachbarn. Die Pfeile zeigen von jedem Genotyp zu seinen Nachbarn höherer Fitneß.*

Betrachten wir nun den folgenden Sonderfall: Wir weisen jedem der 16 Genotypen rein nach dem Zufallsprinzip eine bestimmte Fitneß zu, etwa indem wir unter den Dezimalzahlen zwischen 0,0 und 1,0 eine stochastische Auswahl treffen. Anschließend bilden wir eine Rangfolge der Genotypen, beginnend mit 1, dem Genotyp geringster Fitneß, bis 16, dem Genotyp größter Fitneß. Um diesen Sonderfall zu realisieren, braucht man also nur eine der Zahlen von 1 bis 16 zufällig einem Eckpunkt des Booleschen Hyperkubus zuzuweisen (Abbildung 8.4b).

Wir haben auf diese Weise eine *zufällige Fitneßlandschaft* erzeugt. Unsere Entscheidung, Fitneßwerte nach dem Zufallsprinzip zuzuweisen, bedeutet, daß unsere Zufallslandschaft eine sehr große Ähnlichkeit mit der Fitneßlandschaft maximal komprimierter Rechnerprogramme aufweist. In beiden Fällen genügt die Umschaltung eines einzelnen Bits – einer einzigen Mutation –, um die Verteilung von Fitneßwerten vollständig dem Zufall zu überlassen.

Sobald wir das Wesen dieser Zufallslandschaften und der darin ablaufenden Evolution verstehen, werden wir besser beurteilen können, worin sich Organismen unterscheiden, inwieweit ihre Landschaften Regelmäßigkeiten aufweisen und inwiefern diese Nichtzufälligkeit für den evolutionären Zusammenbau komplexer Organismen entscheidend ist. Wir werden Gründe für die Annahme finden, daß die Biosphäre nicht allein von der natürlichen Selektion gestaltet wird. Die Evolution erfordert Landschaften, deren Gestalt nicht zufallsbestimmt ist. Der tiefste Ursprung derartiger Landschaften liegt möglicherweise in eben den Gesetzen der Selbstorganisation, nach denen wir suchen. Darin liegt ein Teil der Verknüpfung von Selbstorganisation und Selektion.

Betrachten wir die einfachste Version einer *adaptiven Wanderung* in einer Fitneßlandschaft. Unser vereinfachtes Spiel läuft nach folgender Regel ab: Man startet an einem Eckpunkt beziehungsweise Genotyp. Dann betrachtet man einen Nachbarn, der sich in einem Allel unterscheidet. Wenn diese Variante eine höhere Fitßneß besitzt, geht man dorthin; besitzt der benachbarte Genotyp keine höhere Fitneß, geht man nicht dorthin. Vielmehr wählt man ein weiteres Mal zufällig einen Nachbarn mit einem mutierten Allel aus und geht zu diesem neuen Genotyp, sofern dieser eine höhere Fitneß besitzt.

Diese Regel erlaubt uns, Pfeile einzuzeichnen, die von jedem Genotyp »bergauf« auf die Nachbarn mit einem mutierten Allel und höherer Anpassung (sofern es solche gibt) zeigen (Abbildung 8.4b). Eine adaptierende Population, die an einem Eckpunkt »ausgesetzt« wird – deren Individuen folglich alle zum selben Genotyp gehören –, wird dort bleiben. Wenn es nun jedoch zu einer Mutation in einem der vier Gene kommt und der neue, mutierte Genotyp eine höhere

Fitneß besitzt, dann wird die besser angepaßte Population infolge schnellerer Vermehrung mit der Zeit die schlechter angepaßte Population verdrängen; daher wird sich die Gesamtpopulation von der Ursprungsecke des Hyperkubus zur entsprechenden Nachbarecke »bewegen«.

Wenn wir uns die Fitneß eines Genotyps als »Höhe« der Landschaft vorstellen, dann beginnt die adaptive Wanderung auf einer bestimmten Höhenstufe und führt von dort bergauf. Wir können nun fragen, wie solche adaptiven Wanderungen auf Zufallslandschaften aussehen und weshalb die Evolution mühsam verlaufen kann.

Das erste wichtige Merkmal adaptiver Wanderungen besteht darin, daß sie so lange aufwärts führen, bis ein lokaler Gipfel erreicht wird. Wie eine Bergspitze in einer Gebirgsgegend ist ein solcher lokaler Gipfel höher als jeder Punkt in seiner unmittelbaren Nachbarschaft, aber möglicherweise auch sehr viel niedriger als der höchste, der globale Gipfel, das Optimum schlechthin. Adaptive Wanderungen kommen auf solchen lokalen Gipfeln zum Stillstand. Da es in der unmittelbaren Nachbarschaft keinen höheren Punkt gibt, ist die Population auf dem lokalen Gipfel gefangen und hat keine Möglichkeit, zu den entfernten hohen Gipfeln zu gelangen. Die Landschaft in Abbildung 8.4b hat drei lokale Gipfel. Es handelt sich hier um eine sehr kleine Landschaft mit nur vier Genen und 16 Genotypen. Was geschieht in sehr großen Genotypräumen? Wie viele lokale Gipfel gibt es dort?

Zufallslandschaften sind zum Bersten voll mit lokalen Gipfeln. Die Anzahl lokaler Gipfel beläuft sich auf unglaubliche $(2^N)/(N+1)$. (Es ist leicht einzusehen, weshalb dies der Fall ist. Jeder Genotyp hat $N$ Nachbarn. Die Wahrscheinlichkeit, daß er unter seinen $N$ Nachbarn einschließlich sich selbst die höchste Fitneß besitzt und damit einen lokalen Gipfel darstellt, ist gleich $1/[N+1]$. Da es $2^N$ Genotypen gibt, ist der Anteil der Genotypen, die lokale Gipfel darstellen, schlichtweg gleich der Zahl der Genotypen, dividiert durch die Wahrscheinlichkeit, daß ein Genotyp einen lokalen Gipfel darstellt, was die obengenannte Formel ergibt.) Aus dieser kleinen Formel folgt, daß Zufallslandschaften hyperastronomische Zahlen lokaler Gipfel enthalten. Für $N = 100$ beispielsweise gibt es $10^{28}$ lokale Gipfel!

Es zeigt sich immer deutlicher, weshalb die adaptive Suche in Zufallslandschaften tatsächlich ein sehr mühsames Unterfangen ist. Angenommen, wir möchten den höchsten Gipfel finden. Unsere Suche führt bergauf. Schon nach kurzer Zeit sitzen wir bei unserer adaptiven Wanderung auf einem lokalen Gipfel fest. Die Wahrscheinlichkeit, daß der lokale Gipfel der höchste Punkt ist, ist umgekehrt proportional zur Zahl der lokalen Gipfel. Selbst für unseren kleinen Genotyp, der aus nur 100 Genen besteht – ganz zu schweigen vom menschlichen Genom mit seinen 100 000 Genen –, beträgt die Wahrscheinlichkeit, daß wir bei der Suche den höchsten Gipfel erklimmen, nur etwa $1:10^{28}$. In Zufallslandschaften ist es somit völlig aussichtslos, den globalen Gipfel durch »Bergsteigen« aufspüren zu wollen, denn man müßte den gesamten Raum von Möglichkeiten absuchen. Selbst bei Genotypen beziehungsweise Programmen geringer Komplexität würde dafür das Alter des Universum nicht ausreichen.

Von jedem beliebigen Ausgangspunkt in einer Fitneßlandschaft führen adaptive Wanderungen schon nach wenigen Schritten auf einen lokalen Gipfel (Abbildung 8.4b). Wir können somit fragen, wie lang solche Gipfelwanderungen sind. Da Zufallslandschaften mit Gipfeln übersät sind, sind die erwarteten Längen der Wanderungen zu den Gipfeln sehr kurz (nur ln $N$, wobei ln $N$ der Logarithmus von $N$ zur Basis $e$ ist. Der Logarithmus einer Zahl ist einfach die Potenz, in die eine andere Zahl erhoben werden muß, um die erste Zahl zu erhalten. So ist beispielsweise von der Zahl 1000 der Logarithmus zur Basis 10 gleich 3; von 100 gleich 2.) Mit wachsendem $N$ – sagen wir $N$ erhöht sich von 10 auf 10 000 – nimmt die Zahl der Genotypen enorm – genaugenommen: exponentiell – zu, während die erwartete Weglänge zu den Optima nur leicht ansteigt (von etwa 2,3, dem Logarithmus von 10, auf etwa 9,2, den Logarithmus von 10 000). Wie auf einer stark zerklüfteten Mondlandschaft liegt jeder Punkt sehr nahe an lokalen Gipfeln, die die adaptierenden Populationen einfangen und von einer weiteren Suche nach entfernten hohen Gipfeln abhalten.

Doch damit nicht genug, denn die Wanderung zu den Gipfeln wird um so schwieriger, je höher man klettert. Abbildung 8.4b zeigt dieses zentrale Merkmal adaptiver Wanderungen. Wenn man an einem Punkt niedriger Fitneß startet, dann führen zahlreiche Pfade aufwärts. Mit jedem Schritt aufwärts, schwindet die Zahl der weiterhin aufsteigenden Pfade, bis schließlich an einem lokalen Optimum überhaupt keine Pfade mehr weiterführen. Gibt es ein Skalierungsgesetz, das die Abnahme der aufsteigenden Pfade in Abhängigkeit von der zurückgelegten Wegstrecke beschreibt? Für Zufallslandschaften gibt es auf diese Frage eine bemerkenswerte und einfache Antwort. Nach jedem Schritt bergaufwärts, *halbiert* sich die erwartete Zahl der aufsteigenden Pfade. Wenn $N = 10\,000$ und wir am Punkt niedrigster Fitneß starten, dann beträgt die erwartete Zahl der aufsteigenden Pfade nacheinander 10 000, 5000, 2500, 1250... Das heißt, je höher man kommt, um so schwieriger wird es, einen Pfad zu finden, der weiter aufwärts führt. Bei jedem Schritt aufwärts muß man *doppelt* so viele Routen ausprobieren. Natürlich verdoppelt sich nach jedem Schritt aufwärts auch die voraussichtliche Wartezeit für den nächsten Schritt aufwärts: Für den ersten Schritt braucht man nur einen Versuch, für den zweiten Schritt zwei Versuche, dann vier, acht, 16. Nach dem zehnten Schritt aufwärts sind 1024 Versuche erforderlich. Und nach dem dreißigsten Schritt muß man $2^{30}$ Pfade ausprobieren, um eine aufsteigende Route zu finden! Diese Art des »Langsamerwerdens« mit steigender Fitneß ist ein fundamentales Merkmal sämtlicher adaptiven Prozesse in bereits nur leicht zerklüfteten Fitneßlandschaften. Diese Verlangsamung liegt wesentlichen Merkmalen der biologischen und technologischen Evolution zugrunde, wie ich in Kapitel 9 zu zeigen versuchen werde.

Beleuchten wir einen weiteren Aspekt der mißlichen Lage einer Population von Organismen, die in einer so unwirtlichen Gegend evolutionäre Pfade hinaufwandern will. Zufallslandschaften besitzen eine riesige Zahl lokaler Optima; eines davon ist das globale Optimum. Wenn eine Population an einem Punkt startet und alle möglichen alternativen Wege bergauf einschlagen kann, dann stellt sich die Frage, wie viele lokale Gipfel von diesem Ausgangspunkt aus zu erreichen sind. In Zufallslandschaften kann eine Population, unabhängig vom Ausgangspunkt ihrer adaptiven Wanderung und unter der Bedingung, daß sie sich nur bergauf bewegen kann, lediglich einen infinitesimalen Bruchteil der lokalen Gipfel erreichen. Die Wanderung in Zufallslandschaften gleicht dem Trampen in Neuengland: Der Zielort ist sehr abgelegen und der Weg dorthin schwer zu beschreiben. Eine Population, die in einer Zufallslandschaft zu den höchstmöglichen Gipfeln wandern will, bleibt in unendlich kleinen Regionen des Möglichkeitsraums eingeschlossen.

In diesen völlig unregelmäßigen Mondlandschaften aus surealen Felswänden, die in allen Richtungen steil aufragen und abfallen, gibt es keinerlei Anhaltspunkte dafür, welche Richtung man einschlagen soll – nur das Gewirr einer hyperastronomischen Zahl lokaler Gipfel; Zacken, verstreut über den riesigen Möglichkeitsraum. Alle ansteigenden Pfade führen den verdutzten und verwirrten Wanderer schon nach wenigen Schritten auf einen niedrigen Gipfel – einen von so vielen, daß im Vergleich dazu die Anzahl der Sterne am Himmel sehr klein ist. Gleich, wo die Population ihre Wanderung beginnt, wird sie für immer in dieser winzigen Region des Raumes gefangen.

## Korrelierte Fitneßlandschaften

Kein komplexes Objekt hat sich in reinen Zufallsfitneßlandschaften entwickelt. Die Lebewesen, die wir von unseren Fenstern aus sehen, die Zellen, aus denen sie bestehen, die DNS-, RNS- und Proteinmoleküle in diesen Zellen, das Ökosystem eines Waldes, einer Almwiese oder einer Prärie, selbst die technologischen Ökosysteme, in denen wir unseren Lebensunterhalt verdienen – die Standardbetriebsverfahren auf einem Kriegsschiff, die verbundenen Fertigungsverfahren in einem Werk von General Motors, das britische Gewohnheitsrecht, ein Fernmeldenetz –, sie alle evolvieren in Landschaften, in denen geringfügige »Mutationen« sowohl kleine als auch große Änderungen erzeugen können.

Evolutionsfähige Objekte – molekulare Stoffwechselnetzwerke, Einzelzellen, vielzellige Organismen, Ökosysteme, Wirtschaftssysteme, Menschen – leben und evolvieren in Landschaften, die selbst eine besondere Eigenschaft aufweisen: Sie erlauben der Evolution zu »funktionieren«. Diese realen Fitneßlandschaften, die dem Darwinschen Gradualismus zugrunde liegen, sind »korreliert«. Das bedeutet, daß benachbarte Punkte oftmals ähnliche Höhen besitzen. Die hohen Punkte sind leichter zu finden, weil das Gelände Anhaltspunkte für die besten Pfade liefert, auf denen man die Wanderung fortsetzen sollte. Anders als die zerklüftete Mondlandschaft, in der jeder Rastplatz von steil abfallenden und aufragenden Felswänden umgeben ist, können diese Landschaften weit und flach wie Nebraska, leicht gewellt wie die sanften Hügel der Normandie oder auch wild wie die Alpen sein. In solchen Landschaften kann die Evolution gelingen. Die Berge der Alpen sind gegeneinander versetzt, und doch sind sie verglichen mit einer regellosen Mondlandschaft leicht zu erklimmen. Mit einem Kompaß, einem Rucksack, einer Vesper und guter Kletterausrüstung versehen, kann man den Weg zum Gipfel des Mont Blanc und wieder zurück in einem Tag schaffen. Ein anstrengender Tag, ein wundervoller Tag. Ein Abenteuer im Hochgebirge.

Doch wie gehen wir nun vor, um die korrelierten realen Fitneßlandschaften zu untersuchen? Bei der Erstellung einer nützlichen Theorie stehen wir hier vor einem Problem. Eine Zufallslandschaft ist annähernd eindeutig definiert: Wir ordnen einer Verteilung von Genotypen in einem Genotypraum einfach zufällig ausgewählte Fitneßwerte zu. Doch wie ist es bei korrelierten Landschaften? Soweit wir wissen, gibt es womöglich unbegrenzt viele Wege, korrelierte Landschaften herzustellen. Können wir einen erfolgversprechenden Weg finden?

Ich wußte nicht, wie ich weiterkommen sollte, bis ich vor ein paar Jahren von einigen neuen Mitgliedern des Santa-Fe-Instituts – den Festkörperphysikern Dan Stein (Universität von Arizona), Richard Palmer (Duke University) und Phil Anderson (Universität Pinceton) – von Spingläsern hörte. Spingläser sind eine Art von ungeordnetem magnetischem Stoff, und Anderson war einer der ersten Physiker, die Modelle zur Beschreibung ihres Verhaltens entwickelten. Das *NK*-Modell, das ich nun vorstellen werde, ist eine Art genetische Version eines physikalischen Spinglasmodells. Die Vorteile des *NK*-Modells liegen darin, daß es uns exakt zeigt, wie verschiedene Merkmale des Genotyps Landschaften mit unterschiedlichen Graden der Zerklüftung hervorbringen, und daß wir so eine Klasse von Landschaften auf eine nachprüfbare Weise erforschen können.

Wir werden Organismen ein weiteres Mal durch die abstrakten Linsen der theoretischen Biologie betrachten. Nehmen wir einen Organismus mit $N$ Merkmalen, die jeweils zwei alternative Zustände annehmen können: 0 und 1. Diese Symbole können zum Beispiel für

»kurznasig« und »langnasig« oder für »O-beinig« und »geradbeinig« stehen. Ein gegebener Organismus ist dann eine einzigartige Kombination der 1- und 0-Zustände jedes der $N$ Merkmale. Mittlerweile wissen wir, daß es $2^N$ mögliche Merkmalskombinationen gibt, die jeweils einen möglichen Gesamtphänotypus unseres hypothetischen Organismus darstellen. So könnte unser Organismus beispielsweise eine kurze Nase und O-Beine, eine lange Nase und O-Beine, eine kurze Nase und gerade Beine oder eine lange Nase und gerade Beine besitzen. Wir können diese Kombinationen als 00, 01, 10 und 11 wiedergeben.

Die Fitneß eines Organismus ist von seinen Merkmalen abhängig. Angenommen, wir wollen die Fitneß eines jeden dieser hypothetischen Organismen in Abhängigkeit von der spezifischen Kombination seiner Merkmale herausfinden. Dabei stellt sich uns folgendes Problem: In einer unveränderlichen Umwelt wird der Beitrag eines Merkmals – zum Beispiel »kurze« oder »lange Nase« – zur Fitneß des Organismus möglicherweise von anderen Merkmalen – etwa »O-beinig« oder »geradbeinig« – beeinflußt. Vielleicht ist es sehr vorteilhaft, eine kurze Nase zu haben, wenn man gleichzeitig O-beinig ist, doch eine kurze Nase könnte nachteilig sein, wenn man geradbeinig ist. (Ein wirklichkeitsnäheres Beispiel: Dicke Knochen mögen für einen massigen Organismus vorteilhaft sein, doch für ein schlankes, flinkes Lebewesen sind sie zweifellos von Nachteil.)

Kurz, der Beitrag, den ein Merkmalszustand zur Gesamtfitneß des Organismus leistet, ist möglicherweise auf eine sehr komplexe Weise von den Zuständen vieler anderer Merkmale abhängig. Ähnliche Probleme tauchen auf, wenn wir an einen haploiden Genotyp mit $N$ Genen denken, die jeweils zwei Allele haben. Der Beitrag, den ein Allel eines Gens zur Gesamtfitneß des Organismus leistet, ist möglicherweise auf sehr komplexe Weise von den Allelen der übrigen Gene abhängig. Die Genetiker nennen dieses Zusammenwirken von Genen Epistasie beziehungsweise epistatische Kopplung; dies bedeutet, daß Gene an anderen Chromosomenorten den Fitneßbeitrag eines Gens an einem gegebenen Ort beeinflussen. Nehmen wir zwei Gene, $B$ und $N$, die jeweils zwei Allele, $B$ und $b$, $N$ und $n$, besitzen. Das Gen $B$ steuert die Beinform: $B$ bewirkt die Ausbildung gerader Beine, $b$ die Entwicklung von O-Beinen. Das Gen $N$ steuert die Nasengröße: *N* bewirkt die Ausprägung einer großen Nase; *n* realisiert eine kleine Nase. Da die Allele der beiden Gene diese Merkmale steuern und da die Vorteilhaftigkeit einer großen Nase möglicherweise von der Beinform abhängig ist, wird der Fitneßbeitrag jedes Allels jedes Gens zur Gesamtfitneß des Organismus möglicherweise von dem Allel beeinflußt, das im anderen Gen ausgeprägt ist.

Wir können uns das Phänomen, daß Gene die Fitneßbeiträge anderer Gene beeinflussen, als ein Netzwerk epistatischer Wechselwirkungen vorstellen. Erinnern wir uns an die genomischen Netzwerke aus Kapitel 4, in denen Gene sich wechselseitig ein- und ausschalten. Hier verfolgen wir eine etwas andere Hypothese. Wenn wir jedes Gen als einen Knotenpunkt darstellen, dann können wir jedes Gen mit allen Genen verbinden, die sich auf seine Fitneß auswirken.

Das *NK*-Modell erfaßt solche Netzwerke epistatischer Kopplungen und veranschaulicht die Komplexität der Kopplungseffekte. Es modelliert außerdem die Epistasie selbst, indem es jedem Merkmal beziehungsweise Gen epistatische »Inputs« von *K* anderen Merkmalen beziehungsweise Genen zuordnet. Der Fitneßbeitrag jedes Gens ist somit abhängig von seinem eigenen Allelzustand und von den Allelzuständen der *K* übrigen Gene, die das Gen beeinflussen.

Die tatsächlichen epistatischen Wechselwirkungen zwischen Genen sind sehr komplex. So mag ein Allel eines bestimmten Gens den Fitneßbeitrag eines bestimmten Allels eines zweiten Gens erhöhen, während das andere Allel des ersten Gens den Fitneßbeitrag desselben Allels des zweiten Gens vermindert. Die Genetiker wissen zwar, daß es solche epistatischen Wechselwirkungen gibt, doch um die Einzelheiten derartiger Kopplungen zwischen auch nur zwei Genen in einem Organismus aufzuklären, sind schwierige Experimente erforderlich. Der Versuch, sämtliche epistatischen Wechselwirkungen zwischen Tausenden von Genen nachzuweisen, ist gegenwärtig schon bei nur einer Spezies undurchführbar, ganz zu schweigen von mehreren Spezies.

Mehrere Faktoren deuten darauf hin, daß wir komplexe epistatische Wechselwirkungen möglicherweise dadurch erfolgreich modellieren können, daß wir die Wirkungen *stochastisch* zuordnen. Erstens können wir durchaus unsere gegenwärtige Unkenntnis in den biologischen Fällen einräumen. Zweitens versuchen wir, recht allgemeine

Modelle zerklüfteter, aber korrelierter Landschaften aufzustellen, um eine Vorstellung davon zu gewinnen, wie solche Landschaften aussehen und welche Merkmale von Organismen sich auf den Grad der Zerklüftung der Landschaft auswirken. Wenn wir die Fitneßwirkungen epistatischer Kopplungen »stochastisch« nachbilden, werden wir jene Art allgemeiner Landschaftsmodelle erhalten, nach denen wir suchen. Wenn wir Glück haben, werden wir, drittens, feststellen, daß reale Landschaften in manchen Fällen eine sehr große Ähnlichkeit mit unseren Modellandschaften aufweisen. Wir haben dann mit unseren korrelierten Modellandschaften die richtigen statistischen Merkmale wirklicher Landschaften erfaßt. Und wir sind dann möglicherweise in der Lage, die in Organismen auftretende Epistasie und ihre Wirkungen auf Fitneßlandschaften und die Evolution zu verstehen, ohne daß wir zuvor sämtliche Details der epistatischen Kopplungen in jedem einzelnen Organismus experimentell aufklären müßten. In einem Wort: Wir können allgemeingültige biologische Gesetzmäßigkeiten der Struktur und sogar der Evolution von Fitneßlandschaften finden, indem wir Modelle davon entwerfen.

Unser Beispiel einer $NK$-Fitneßlandschaft läßt sich nun ohne weiteres vervollständigen. Wir ordnen jedem der $N$ Gene $K$ andere Gene zu. Diese können zufällig oder auf andere Weise ausgewählt werden. Der Beitrag jedes Gens zur Gesamtfitneß des Genotyps ist abhängig von *seinem eigenen Allel*, 1 oder 0, *plus* den 1- oder 0-Allelen der $K$ übrigen Gene, mit denen es gekoppelt ist. Sein Fitneßbeitrag ist also abhängig von den Allelen, die in den $K + 1$ Genen ausgeprägt sind. Da sich jedes Gen in einem von zwei Allelzuständen, 1 oder 0, befinden kann, ist die Gesamtzahl der möglichen Allelkombinationen gleich $2^{(K+1)}$. Wir ordnen nun jeder dieser Allelkombinationen eine Dezimalzahl zwischen 0,0 und 1,0 zu, die den Fitneßbeitrag des Gens zum Organismus angibt. Für eine Kombination mag der Fitneßbeitrag 0,76 sein, für eine andere 0,21. Nun tun wir dasselbe mit jedem der $N$ Gene und mit den $K + 1$ Genen, mit denen es gekoppelt ist, indem wir jedem Gen nach dem Zufallsprinzip einen anderen Fitneßbeitrag zuordnen (Abbildung 8.5). Nun bleibt noch die Fitneß des gesamten Genotyps zu betrachten, die ich als mittleren Fitneßbeitrag der $N$ Gene definiere. Um die Fitneß des Gesamtorganismus zu ermitteln, addieren wir die Fitneßbeiträge von jedem der *N* Gene und dividieren die Summe durch *N*.

a

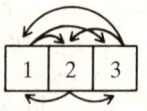

b

| 1 2 3 | $w_1$ $w_2$ $w_3$ | $w = \frac{1}{N}\sum_{j=1}^{N} w_j$ |
|---|---|---|
| 0 0 0 | 0.6 0.3 0.5 | 0.47 |
| 0 0 1 | 0.1 0.5 0.9 | 0.50 |
| 0 1 0 | 0.4 0.8 0.1 | 0.43 |
| 0 1 1 | 0.3 0.5 0.8 | 0.53 |
| 1 0 0 | 0.9 0.9 0.7 | 0.83 |
| 1 0 1 | 0.7 0.2 0.3 | 0.40 |
| 1 1 0 | 0.6 0.7 0.6 | 0.63 |
| 1 1 1 | 0.7 0.9 0.5 | 0.70 |

c

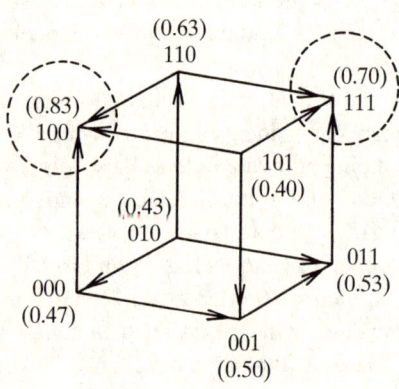

**Abbildung 8.5:** *Entwurf einer Fitneßlandschaft. Das NK-Modell eines genomischen Netzwerks aus drei Genen (N = 3), die sich jeweils in einem von zwei Zuständen, 1 oder 0, befinden können. Jedes Gen ist mit zwei anderen Genen verschaltet (K = 2). (a) Jedem Gen werden willkürlich zwei Inputs zugeordnet. (b) Jedem Gen in jedem der $2^3$ = 8 möglichen Genome wird nach dem Zufallsprinzip ein Fitneßbeitrag zwischen 0,0 und 1,0 zugeordnet. Dann wird die Fitneß jedes Genoms als Mittelwert der Fitneßbeiträge der drei Gene berechnet. (c) Es wird eine Fitneßlandschaft entworfen. Die eingekreisten Eckpunkte repräsentieren die lokalen Optima.*

Das ist das ganze Geheimnis des *NK*-Models. Abbildung 8.5 zeigt ein Beispiel mit $N = 3$ und $K = 2$ – das bedeutet, daß das Genom aus drei Genen besteht, die jeweils von den beiden anderen beeinflußt werden. In diesem Fall ist somit der Fitneßbeitrag jedes Gens von allen Genen des Genoms, also von ihm selbst und den übrigen, abhängig. Anders gesagt, *K* erreicht seinen Maximalwert: $N - 1$.

Das *NK*-Modell in Abbildung 8.5 liefert eine Fitneßlandschaft für jeden der $2^3$ oder acht möglichen Genotypen, die auf den Eckpunkten eines dreidimensionalen Booleschen Würfels liegen: (000), (001)...(111). Man beachte, daß sämtliche Merkmale, die wir diesen Landschaften zuschrieben, zu sehen sind: Es gibt zwei lokale Optima, die über mehrere Wege erreichbar sind; die Anzahl der ansteigenden Pfade nimmt mit zurückgelegter Weglänge ab und so weiter.

Das Faszinierende am *NK*-Modell ist die folgende grundlegende Beobachtung: Ändert man die Anzahl der epistatischen Inputs je Gen, *K*, dann verändern sich die Zerklüftung und die Anzahl der Gipfel der Landschaft. Die Änderung von *K* läßt sich mit dem Drehen eines Bedienungsknopfs vergleichen. Weshalb geschieht dies? Weil unser Modellorganismus mit seinem Netzwerk epistatischer Wechselwirkungen zwischen seinen Genen in einem Gefüge widerstreitender Randbedingungen gefangen ist. Je größer *K* wird – je stärker die Gene miteinander gekoppelt sind –, um so mehr widerstreitende Randbedingungen liegen vor, so daß die Landschaft immer stärker von lokalen Gipfeln zerklüftet wird.

Es ist leicht einzusehen, weshalb die Zahl widerstreitender Randbedingungen mit wachsendem *K* zunimmt. Nehmen wir an, daß zwei Gene weitgehend dieselben *K* Inputs empfangen. Wir haben jeder Kombination von Allelzuständen nach dem Zufallsprinzip einen Fitneßbeitrag zugeordnet. Folglich wird sich die beste Auswahl der Allelzustände der gemeinsamen epistatischen Inputs für Gen 1 von der für Gen 2 unterscheiden. Dies sind widerstreitende Randbedingungen. Es gibt keine Möglichkeit, Gen 1 und Gen 2 so »glücklich« zu machen, wie sie vielleicht wären, wenn es keine Kreuzkopplung zwischen ihren epistatischen Inputs gäbe. Mit wachsendem *K* nimmt somit die Zahl der Kreuzkopplungen und der widerstreitenden Randbedingungen immer stärker zu.

Diese widerstreitenden Randbedingungen sind dafür verantwortlich, daß die Landschaft zerklüftet ist und viele Gipfel aufweist. Da so viele Randbedingungen miteinander kollidieren, gibt es eine Vielzahl recht mittelmäßiger Kompromißlösungen und keine offenkundige Optimallösung. Anders ausgedrückt: Es gibt viele lokale Gipfel sehr geringer Höhe. Da die Landschaften zerklüfteter sind, wird die Adaptation schwieriger. Nun kann man das Anwachsen von $K$ mit der Zunahme der Verdichtung eines Rechnerprogramms vergleichen. In beiden Fällen wirkt sich eine Änderung in einem beliebig kleinen Teil des Systems auf andere Teile des Gesamtsystems aus. Mit zunehmender Koppelungsdichte breiten sich die Folgen der Umschaltung eines einzelnen Gens (beziehungsweise eines Bits im Rechnerprogramm) immer stärker im Gesamtsystem aus. Eine stetige Evolution, in der kleine Änderungen im Genom entsprechend kleine Fitneßänderungen hervorrufen, wird damit für das System immer schwieriger. Wir können demnach die Effekte folgendermaßen resümieren: Mit wachsendem $K$ nimmt die Höhe der Gipfel ab, während ihre Anzahl zunimmt und gleichzeitig die Evolution in der Landschaft immer schwieriger wird.

Um unsere Erkenntnisse über den Aufbau von Fitneßlandschaften und deren Auswirkungen auf die Evolutionsfähigkeit zu vertiefen, wollen wir bei unserem Modellgenom mit $K = 0$ beginnen, so daß jedes Gen unabhängig ist von allen anderen. Es existieren keine widerstreitenden Randbedingungen, weil es keine epistatischen Inputs und keine Kreuzkopplungen gibt. Wir erhalten eine »Fudschijama-Landschaft«: ein einziger Gipfel, dessen Hänge sanft und gleichmäßig abfallen. Das ist einleuchtend. Angenommen, der »1«-Zustand entspräche nun zufällig dem »besser angepaßten« Allel jedes Gens, ohne daß dadurch die Allgemeingültigkeit beeinträchtigt würde. Dann gibt es einen einzigen Genotyp (1111111111), der offenkundig das globale Optimum darstellt. Jeder andere Genotyp, beispielsweise (0001111111), könnte jedoch das globale Optimum erklimmen, indem er nacheinander jedes der 0-Allele in ein 1-Allel »umschaltet«. Die Landschaft enthält also keine weiteren Gipfel, da jeder andere Genotyp zum globalen Optimum hinaufklettern kann. Außerdem können unmittelbare Nachbarn keine allzu großen Fitneßunterschiede aufweisen, da die Umschaltung eines einzelnen Gens von 1 auf 0 die Genotypfitneß allenfalls um $1/N$ verändern kann. Der Fitneßberg hat somit sanft abfallende Flanken. Der einzige Gipfel ist weit entfernt vom typischen Ausgangspunkt einer Wanderung. Würde man mit einem zufällig ausgewählten Genotyp starten, dessen Genom sich erwartungsgemäß aus je 50 Prozent 0- und 1-Allelen zusammensetzt, dann beliefe sich der Erwartungswert der Weglänge beziehungsweise der Entfernung zum Gipfel in der Mitte des Raumes auf $N/2$ Mutationsschritte. Und bei jedem Schritt bergauf würde die Zahl der ansteigenden Pfade nur um 1 abnehmen. Würde man mit dem schlechtesten Genotyp starten, dann gäbe es zunächst $N$ ansteigende Pfade, dann $N-1$, dann $N-2$ und so weiter auf einer adaptiven Wanderung, die zwangsläufig zum globalen Optimum führt. Diese schrittweise Abnahme der ansteigenden Pfade steht in deutlichem Gegensatz zu Zufallslandschaften, in denen sich die Zahl der ansteigenden Pfade bei jedem Schritt um 50 Prozent vermindert. In einer solchen gleichmäßigen, eingipfeligen Landschaft würde eine Population adaptierender Organismen, deren Gene Zufallsmutationen unterliegen und deren Genotypen nach ihrer Fitneß ausgelesen werden, rasch zum Gipfel des Fudschijama gelangen. Dies ist ein idealtypisches Beispiel für den Darwinschen Gradualismus.

Angenommen nun, wir würden den »Knopf« $K$ in die umgekehrte Richtung drehen und auf den Maximalwert $N-1$ einstellen, so daß jedes Gen von allen anderen Genen beeinflußt würde. Wenn $K$ auf seinen Maximalwert $N-1$ erhöht wird, dann besitzt die Fitneßlandschaft keinerlei Regelmäßigkeiten mehr. Das ist leicht zu erkennen. Die Umschaltung eines beliebigen Gens auf das andere Allel beeinflußt dieses und alle anderen Gene. Der Fitneßbeitrag jedes betroffenen Gens nimmt einen neuen Zufallswert zwischen 0,0 und 1,0 an. Da dies für alle $N$ Gene gilt, ist die Fitneß des neuen Genotyps, der nur ein mutiertes Gen aufweist, völlig unabhängig von der des anfänglichen Genotyps.

Da $K = N-1$ Landschaften keinerlei Regelmäßigkeiten aufweisen, besitzen sie sämtliche Eigenschaften, die wir angeführt haben. Da die Landschaft $2^N/(N+1)$ Optima enthält, besitzt sie bei großen Genzahlen eine hyperastronomische Zahl lokaler Gipfel. Wanderungen zu den Optima sind folglich sehr kurz. Ein adaptierendes System kann unabhängig von seinem Ausgangspunkt nur einen infinitesimalen Teil der lokalen Optima erklimmen, so daß es in einer unendlich kleinen Region seines Zustandsraums einfriert. Mit jedem Schritt bergauf nimmt die Anzahl der ansteigenden Pfade um 50 Prozent ab, so daß sich die Geschwindigkeit der adaptiven Verbesserungen mit zunehmender Fitneß des Systems rasch verringert. Aus all diesen Gründen ist eine adaptive Evolution zu den höchsten Gipfeln praktisch unmöglich.

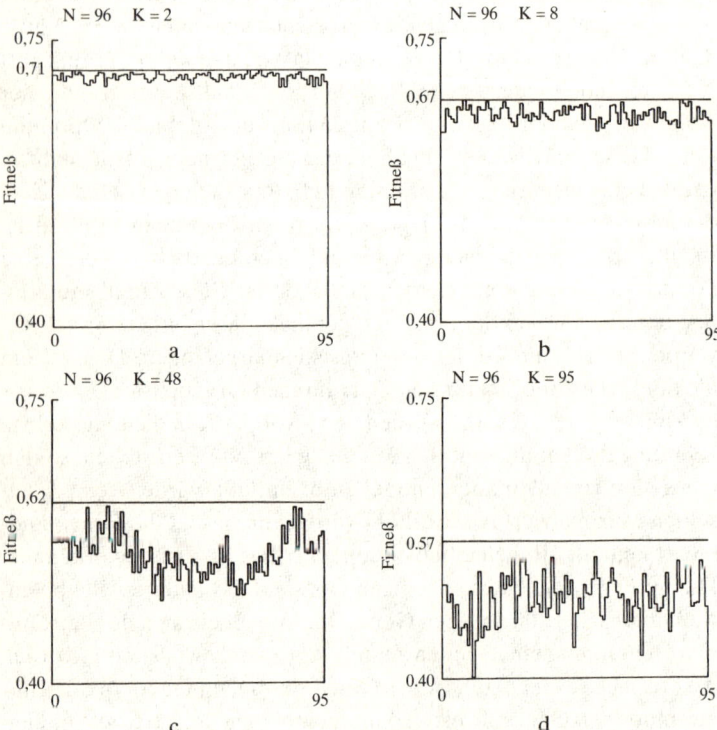

**Abbildung 8.6:** *Regulierung der Zerklüftung. Die Zerklüftung einer Fitneßlandschaft läßt sich dadurch einstellen, daß man die Anzahl der Inputs je Gen, K, verändert. Hier ist die Landschaft in der unmittelbaren Nachbarschaft eines lokalen Optimums gegen steigende Werte von K aufgetragen. Von (a) bis (d) wird K immer größer; der Fitneßwert der Gipfel nimmt ab, während die Umgebung der Gipfel eine immer stärkere Zerklüftung aufweist.*

Wenn $K$ von seinem Minimalwert 0 auf seinen Maximalwert 1 eingestellt wird, entsteht eine Gruppe korrelierter, aber zunehmend zerklüfteter Landschaften. Während die Anzahl der Gipfel steigt, nimmt gleichzeitig deren Höhe ab. Dies ist in Abbildung 8.6 zu sehen, die für steigende Werte von $K$ die Gestalt der Landschaft in der unmittelbaren Nachbarschaft eines lokalen Gipfels zeigt. Die Gipfel werden mit steigendem $K$ immer niedriger, während sich in die Umgebung der Gipfel immer tiefere Klüfte einschneiden. Ich habe das $NK$-Modell deshalb eingeführt, weil es uns die Untersuchung solcher zerklüfteter, aber korrelierter Landschaften erlaubt.

## Die Evolution in zerklüfteten Fitneßlandschaften

Reale Fitneßlandschaften sind weder so ebenmäßig geformt wie die »Fudschijama-Landschaft«, noch besitzen sie keinerlei Regelmäßigkeiten. Die Evolution sämtlicher Lebewesen – und generell aller Arten komplexer Systeme – vollzieht sich auf korrelierten Fitneßlandschaften, deren $K$-Wert irgendwo zwischen dem der »Fudschijama-Landschaft«, $K = 0$, und dem der »Mondlandschaften«, $K = N - 1$, liegt – also in Landschaften, die zwar zerklüftet, aber nicht völlig regellos sind. Nun müssen wir fragen, ob es allgemeine Merkmale dieser zerklüfteten Landschaft gibt, die unsere Erkenntnisse über die Funktionsweise der Evolution vertiefen.

Mit Hilfe einer Computersimulation können wir gleichsam eine »Luftaufnahme« von $NK$-Landschaften machen und darauf einige überraschende Grundmerkmale erkennen. Abbildung 8.7 zeigt, daß die Gipfel bei niedrigen $K$-Werten wie die hohen Gipfel der Alpen Gruppen bilden. Da nur wenige widerstreitende Randbedingungen gegeben sind, ist die Landschaft *nichtisotrop:* Es gibt eine spezielle Region, in der sich die hohen Gipfel häufen. Daher ist es für einen adaptiven Prozeß vorteilhaft, diese spezielle Region im Raum der Möglichkeiten aufzuspüren. Doch in dem Maße, wie $K$ größer wird und die Zerklüftung der Landschaften zunimmt, verteilen sich die hohen Gipfel immer weiter über die gesamte Landschaft. In stark zerklüfteten Landschaften sind die hohen Gipfel daher zufällig über die Landschaft verstreut. Wenn dies geschieht, wird die Landschaft *isotrop*, das heißt, alle Bereiche sind weitgehend gleichförmig. Dies wiederum bedeutet, daß es sinnlos ist, in einer isotropen Landschaft weiträumig nach Regionen mit hohen Gipfeln zu suchen; derartige Regionen sind nämlich schlichtweg nicht vorhanden.

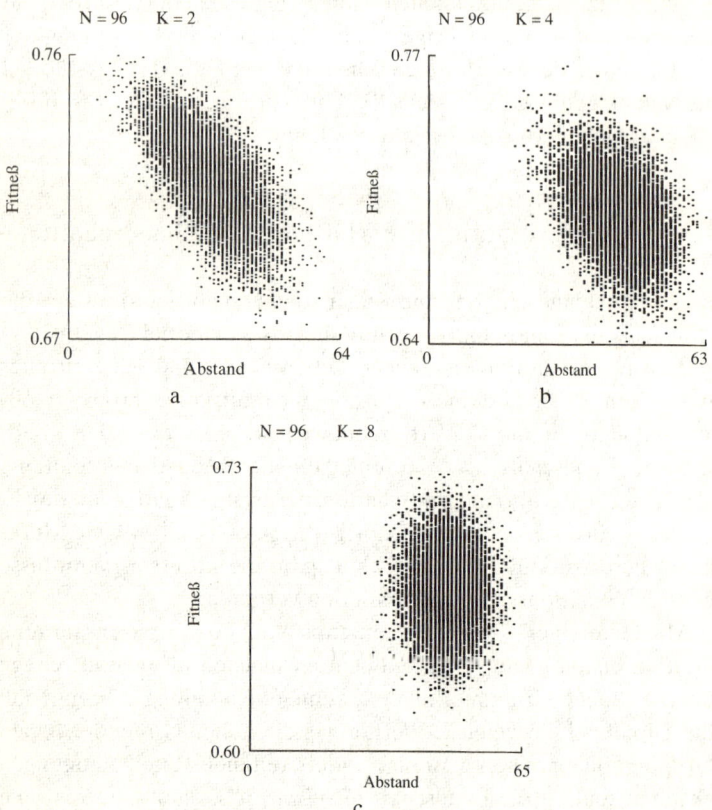

**Abbildung 8.7:** *Regulierung des Abstands. Die Fitneß jedes Gipfels ist gegen dessen »Abstand« vom höchsten vorgefundenen Gipfel aufgetragen. (a) Ist die Anzahl der epistatischen Inputs niedrig, $K = 2$, dann ballen sich die hohen Gipfel eng zusammen und bilden eine gestreckte Form, die von links oben nach rechts unten verläuft. (b) Wenn K auf 4 ansteigt, dann beginnen die hohen Gipfel auseinanderzustreben, und die gestreckte Form nähert sich einer vertikalen Ausrichtung. (c) Wenn K den Wert 8 erreicht, dann sind die hohen Gipfel über die Landschaft verstreut, und die längliche Form ist vertikal ausgerichtet.*

In Abbildung 8.8 sehen wir, daß sich mittelstark zerklüftete Landschaften durch ein bemerkenswertes Merkmal auszeichnen: Die höchsten Gipfel können von der größten Zahl an Ausgangspositionen erklommen werden! Das ist sehr vielversprechend, denn es hilft uns vielleicht, zu erklären, weshalb eine evolutionäre Suche in einer solchen Landschaft so erfolgreich ist. Eine adaptive Wanderung in einer zerklüfteten (aber nicht völlig unregelmäßigen) Landschaft führt mit größerer Wahrscheinlichkeit zu einem hohen als zu einem niedrigen Gipfel. Wenn eine adaptierende Population viele Male wahllos in eine solche Landschaft »hineinspringen« und jedesmal auf einen Gipfel klettern könnte, würden wir einen Zusammenhang zwischen der Höhe des Gipfels und der Häufigkeit seiner Besteigung feststellen. Wenn wir unsere Landschaften auf den Kopf stellen und statt dessen die tiefsten Täler suchen würden, dann fänden wir heraus, daß die *tiefsten Täler die ausgedehntesten Einzugsgebiete entwässern.*

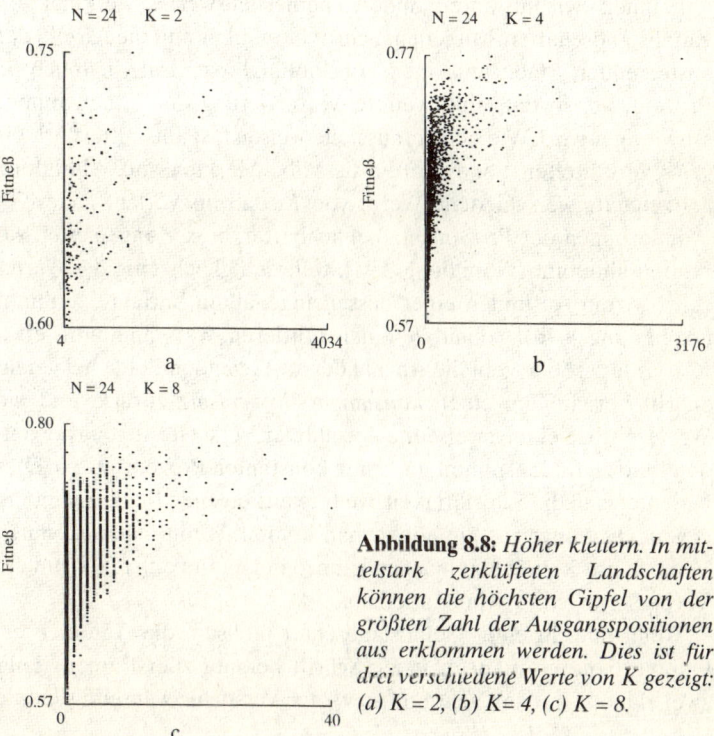

**Abbildung 8.8:** *Höher klettern. In mittelstark zerklüfteten Landschaften können die höchsten Gipfel von der größten Zahl der Ausgangspositionen aus erklommen werden. Dies ist für drei verschiedene Werte von K gezeigt: (a) K = 2, (b) K = 4, (c) K = 8.*

Es versteht sich keineswegs von selbst, daß der größte Teil der Genotypen auf die höchsten Gipfel klettern kann. Unter Umständen sind die höchsten Gipfel sehr schmale, aber sehr hohe Bergspitzen in einem Tiefland mit vielen mäßig breiten Gipfeln. Wenn eine adaptierende Population wahllos an einer Stelle ausgesetzt würde und sich von dort aus bergaufwärts bewegte, säße sie auf dem Gipfel eines bloß lokalen Gipfels fest. Die faszinierende Tatsache, auf die wir gerade gestoßen sind, besteht darin, daß bei einer riesigen Klasse zerklüfteter Landschaften, der *NK*-Klasse, die höchsten Gipfel von den größten Einzugsgebieten gespeist werden. Dies könnte durchaus ein sehr allgemeines Merkmal der meisten zerklüfteten Landschaften sein, in dem sich komplexe Gefüge widerstreitender Randbedingungen widerspiegeln. Es könnte sich folglich auch um ein grundlegendes Merkmal jener Arten von Landschaften handeln, in denen sich die biologische (und technologische) Evolution vollzieht.

Erinnern wir uns an ein anderes bemerkenswertes Merkmal von Zufallslandschaften: Mit jedem Schritt bergauf nimmt die Anzahl der ansteigenden Pfade um einen konstanten Prozentsatz, nämlich 50 Prozent, ab, so daß eine weitere Verbesserung der Fitneß immer schwieriger wird. Wie sich herausstellt, weisen fast alle mittelstark bis stark zerklüfteten Landschaften dasselbe Merkmal auf. Abbildung 8.9 zeigt für verschiedene Werte von $K$, daß im Verlauf adaptiver Wanderungen der Prozentsatz benachbarter, besser angepaßter Varianten abnimmt (Abbildung 8.9a), während gleichzeitig die Wartezeit bis zum Auffinden einer besser angepaßten Variante zunimmt (Abbildung 8.9b). Sobald $K$ einen mittleren Wert annimmt, etwa $K = 8$ oder größer, geht die Anzahl der ansteigenden Pfade bei jedem Schritt bergauf um einen *konstanten Prozentsatz* zurück, und die Wartezeit beziehungsweise die Anzahl der Versuche, den ansteigenden Pfad zu finden, nimmt um einen konstanten Prozentsatz zu. Dies bedeutet, daß die Schwierigkeit, weitere ansteigende Pfade zu finden, *exponentiell* anwächst, je höher man kommt. Wenn man also einen Versuch pro Zeiteinheit machen kann, dann nimmt entsprechend die Verbesserungsrate exponentiell ab.

Wenn man in einer Zufallslandschaft mühsam die Anhöhen erklimmt, benötigt man für jeden Schritt bergauf zuerst einen, dann zwei, dann vier, dann acht und so weiter Versuche; während sich die

Anzahl der ansteigenden Pfade bei jedem Schritt halbiert, verdoppelt sich entsprechend die Anzahl der Versuche. Mithin kommt es zu einer exponentiellen Abnahme der Verbesserungsrate. In regelmäßigeren Landschaften nimmt die Anzahl der ansteigenden Pfade bei jedem Schritt um weniger als die Hälfte ab. Doch nimmt die Verbesserungsrate exponentiell ab. In dem Maß, wie die Anzahl der epistatischen Kreuzkopplungen ansteigt, nimmt die Zerklüftung der Landschaft zu, und die Adaptation verlangsamt sich immer mehr.

Wir haben gerade ein fundamentales Merkmal sehr vieler zerklüfteter Landschaften kennengelernt. Die Steigerungsrate nimmt mit jedem Schritt aufwärts exponentiell ab. Das ist keine bloße Abstraktion. Wir werden noch sehen, daß eine solche exponentielle Verlangsamung sowohl für die biologische als auch für die technologische Evolution kennzeichnend ist.

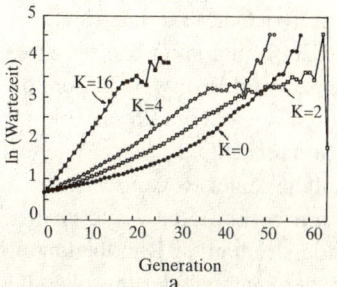
a

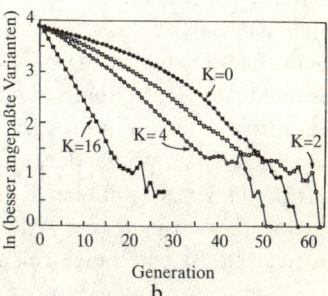
b

**Abbildung 8.9:** »*Abnehmende Erträge*«. *In zerklüfteten Landschaften nimmt die Anzahl der ansteigenden Pfade und die Anzahl der benachbarten Varianten höherer Fitneß bei jedem Schritt bergauf (zu einem höheren Fitneßwert) um einen konstanten Prozentsatz ab. (a) Für verschiedene Werte von K ist der natürliche Logarithmus der Wartezeit (beziehungsweise der Anzahl der Versuche), die man benötigt, um bei jedem adaptiven Schritt (mit jeder Generation) eine benachbarte Variante höherer Fitneß zu finden, angegeben. (b) Für verschiedene Werte von K ist der natürliche Logarithmus des Prozentsatzes benachbarter Varianten höherer Fitneß, die bei jedem Schritt gegeben sind, aufgezeichnet.*

Weshalb? Weil sowohl die biologische als auch die technologische Evolution Prozesse sind, bei denen es um die Optimierung von Systemen geht, die einer Fülle widerstreitender Randbedingungen unterliegen. Organismen, Artefakte und Organisationen evolvieren in korrelierten, aber zerklüfteten Landschaften. Angenommen, wir entwerfen ein Überschalltransportflugzeug und müssen irgendwo die Treibstofftanks unterbringen; zudem müssen wir feste, aber flexible Tragflügel konzipieren, Kontrollsensoren an den Außenseiten des Flugzeugs anbringen, Sitzplätze montieren, die Hydraulik installieren und so weiter. Optimallösungen für einen Teil des umfassenden Konstruktionsproblems kollidieren mit Optimallösungen für andere Teile des Gesamtentwurfs. Wir müssen folglich *Kompromißlösungen* für das Gesamtproblem finden, mit denen sich die widerstreitenden Randbedingungen aufgrund verschiedener Teilprobleme zu einem Ausgleich bringen lassen. In gleicher Weise muß ein Organismus, der auf Nahrung angewiesen ist, Zeit und Mittel für die Nahrungssuche aufwenden. Aber das Durcheilen des Reviers kollidiert bei ihm mit dem möglichen Nutzen einer gründlichen Durchsuchung sämtlicher Stellen nach Nahrungsquellen. Wie lassen sich diese widerstreitenden Bedürfnisse gemeinsam optimieren? Ein Baum kann Stoffwechselprodukte zur Herstellung chemischer Giftstoffe verwenden, um damit Insekten abzuwehren, statt dieselben Ressourcen für die Bildung von Blättern zu verwenden, die das Sonnenlicht einfangen. Wie löst der Baum den Konflikt bei der Aufteilung seiner Ressourcen?

Daß Organismen und Artefakte auf zerklüfteten Landschaften evolvieren, ist eine Folge solcher widerstreitenden Randbedingungen. Aus diesen kollidierenden Anforderungen wiederum folgt, daß die Geschwindigkeit evolutionärer Verbesserungen exponentiell abnimmt, je mehr sich adaptive Suchvorgänge den Gipfeln nähern.

## Gottes Perspektive

Uns, den Schöpfern dieser Modelle, fällt es relativ leicht, auf die Gipfel und Täler hinabzublicken und ihre allgemeinen Merkmale zu erkennen. Doch wie steht es mit den Organismen selbst? In sämtlichen Beispielen, die wir bislang erörtert haben, wird die evolvierende Population dadurch eingeschränkt, daß sie nur in ihrer unmittelbaren Umgebung Anhaltspunkte für den weiteren Aufstieg in der Fitneßlandschaft findet. Eine nur von Mutation und Selektion angetriebene

Evolution kann nur örtlich begrenzte Bereiche des Möglichkeitsraums absuchen und findet nur dort Hinweise auf ansteigende Pfade.

Könnte eine adaptierende Population doch nur einen Überblick aus »Gottes Perspektive« erlangen und die grundlegenden Merkmale der Landschaft erkennen – absehen, wohin ihre Wanderung führt, statt von ihrer jeweiligen Position einfach blindlings draufloszuklettern, nur um dann auf lokalen Gipfeln festzusitzen. Könnte eine adaptierende Population doch nur über ihre Nasenspitze hinaus sehen.

Aber genau das vermag sie ja. Und Sex ist vermutlich die Antwort – Sex als eine Art der genetischen Variation, die wir bislang noch nicht betrachtet haben.

Die Gründe für die evolutionsgeschichtliche Entstehung der Sexualität gehören zu den großen ungeklärten Fragen der Biologie. Für das glückliche Bakterium, das sich endlos teilt, ist Fitneß einfach gleich seiner Teilungsrate. Doch sobald die Sexualität auf den Plan tritt, bedarf es zweier Wesen – Mutter und Vater –, um auch nur einen Nachkommen zu zeugen. Dies führt zu einer augenblicklichen doppelten Fitneßeinbuße! Warum sollte etwas Besonderes daran sein, wenn zwei Eltern erforderlich sind, um auch nur einen Nachkommen zu zeugen? Weil, nach Ansicht der Biologen, die Sexualität entstanden ist, um die genetische Rekombination zu ermöglichen. Und die Rekombination gewährt annähernd eine Art von Überblick aus Gottes Sicht über die Grundmerkmale von Fitneßlandschaften.

Organismen, die sich geschlechtlich fortpflanzen, beherbergen in ihren Zellen den doppelten, nicht nur den einfachen Chromosomensatz. Erinnern wir uns daran, daß die Eizelle die Hälfte des diploiden Chromosomensatzes der Mutter enthält, während die Samenzelle den halben diploiden Chromosomensatz des Vaters trägt. Diese werden an die Zygote weitergegeben, wodurch wieder der vollständige diploide Chromosomensatz hergestellt ist. In der Reifungsphase der Ei- beziehungsweise Samenzelle kommt es zur sogenannten Meiose. Eine zufällig ausgewählte Hälfte der Chromosomen der Frau, die von ihren eigenen Eltern stammen, wird an die Eizelle weitergegeben. Ebenso gelangt eine zufällig ausgewählte Hälfte der von seinen Eltern stammenden Chromosomen des Mannes in die Samenzelle. Doch bevor die Hälfte der elterlichen Chromosomen nach dem Zufallsprinzip ausgewählt wird, kann es in der Zelle, aus der die Eizelle beziehungsweise die Samenzelle entsteht, zu einer Rekombination der mütterlichen und väterlichen Chromosomen kommen. Nehmen wir die Zelle, aus der die Eizelle hervorgeht. Diese Zelle enthält die von der Mutter und vom Vater stammenden Kopien einer Reihe verschiedener Chromosomen. Alle einander entsprechenden Kopien der aus dem mütterlichen und dem väterlichen Genom stammenden Chromosomen lagern sich parallel aneinander. Bei der Neukombination kommt es in beiden Chromosomen an derselben Stelle zu einem Bruch; anschließend wird der linke Abschnitt des väterlichen Chromosoms an den rechten Abschnitt des mütterlichen Chromosoms gekoppelt, so daß ein rekombiniertes neues Chromosom zustande kommt, während sich der rechte Abschnitt des väterlichen Chromosoms mit dem linken Abschnitt des mütterlichen Chromosoms verbindet, wodurch das zweite rekombinierte Chromosom entsteht. Wenn die Allelsequenz der beiden Chromosomen (000000) und (111111) lautet und der Bruch zwischen dem zweiten und dem dritten Gen stattfindet, dann lautet die Allelsequenz der beiden Rekombinanten (001111) und (110000).

Inwieweit ist es nun gerechtfertigt zu sagen, die Sexualität verschaffe gleichsam einen Überblick aus Gottes Perspektive über eine Landschaft? Nehmen wir an, eine adaptierende Population sei über eine Region einer Fitneßlandschaft verteilt. Genetische Rekombinationen zwischen Organismen, die sich an verschiedenen Stellen der Landschaft aufhalten, ermöglichen der adaptierenden Population, sich die Regionen *zwischen* den elterlichen Genotypen »anzuschauen«. Nehmen wir an, die Allelsequenz des mütterlichen und des väterlichen Chromosoms ist (111100) und (111111); die Rekombination bewirkt zwar keine Neuanordnung unter den ersten vier Genen, aber zwei Neukombinationen (111101) und (111110) unter den letzten beiden Genen auf Einzelchromosomen. Die Rekombination gleicht dann einer Entnahme von Stichproben aus den elterlichen Genotypen. Angenommen, die beiden elterlichen Chromosomen bestehen aus völlig unterschiedlichen Allelsequenzen, (111111) und (000000). Die Rekombination kann an jeder beliebigen Stelle ansetzen, zwischen dem ersten und dem zweiten Gen, dem zweiten und dem dritten Gen und so weiter. Folglich könnte die Rekombination eine große Zahl verschiedener Genotypen, (111110),

(111100) ... (000001), hervorbringen, die alle zwischen den beiden elterlichen Genotypen im Genotypraum liegen.

Die genetische Rekombination ermöglicht einer adaptierenden Population, sich die Grundmerkmale einer Fitneßlandschaft zunutze zu machen, um hohe Gipfel aufzufinden. Dieselben Grundzüge wären für eine haploide Population weitgehend oder völlig unsichtbar, und sie wäre bei ihrer adaptiven Klettertour ganz auf die Anhaltspunkte in ihrer unmittelbaren Umgebung angewiesen.

Wenn die Landschaft so ähnlich aussieht wie die Alpen, dann liegen die höchsten Gipfel alle dicht beisammen. Die Standorte hoher Gipfel liefern somit zuverlässige Anhaltspunkte für die Standorte noch höherer Gipfel. Wenn Sie sich auf oder in der Nähe eines hohen Gipfels befinden und ich mich auf oder in der Nähe eines anderen hohen Gipfels aufhalte, dann ist die Region *zwischen* uns ein Ort, der sich hervorragend dazu eignet, nach noch höheren Gipfeln Ausschau zu halten! Wenn Sie in Genf weilen und ich mich in Mailand aufhalte, dann ist der Landstrich zwischen uns zweifellos bestens geeignet, um sich nach guten Wintersportorten umzusehen.

Wenn die höchsten Gipfel von den größten Einzugsgebieten gespeist werden, dann kann sich die Rekombination auch dieses Grundmerkmal zunutze machen. Wenn Sie und ich an den Flanken hoher Berge schon weit nach oben gelangt sind, wenn wir dann heiraten und, dank der Rekombination, unseren Nachwuchs wahllos irgendwo zwischen uns aussetzen, dann haben unsere Kinder eine sehr gute Chance, an einem Ort hoher Fitneß zu landen – und was noch wichtiger ist: einem Ort, von dem aus sie noch höhere Gipfel erklimmen können!

Übersetzen wir nun diese Metapher in die exakte Sprache der Wissenschaft: Wenn eine Population mit Hilfe einfacher Mutation und Selektion die Gipfel in ihrer unmittelbaren Umgebung erklimmt und zudem mit Hilfe der Rekombination den Genotypraum zwischen den Mitgliedern der Population erkundet, dann kann sie sich auf ihrer adaptiven Wanderung sowohl an den lokalen als auch an den allgemeinen Merkmalen der Fitneßlandschaft orientieren. Sie kann ihre Fitneß also sehr viel schneller steigern. Genau dies geschieht in unseren *NK*-Landschaften; Populationen, die sich bei ihrer Adaptation auf Mutation, Rekombination und Selektion stützen, erhöhen ihre

Fitneß sehr viel leichter als Populationen, die nur Mutation und Selektion nutzen.

Kein Wunder, daß sich die meisten Spezies geschlechtlich fortpflanzen! Doch unser kniffliges Problem ist erst halb gelöst. Die Rekombination ist in einigen Fitneßlandschaften eine hervorragende Suchtaktik, in anderen dagegen eine Katastrophe. So ist sie beispielsweise auf einer Zufallslandschaft nutzlos, ja noch schlimmer als nutzlos. Wenn Sie und ich lokale Gipfel erklommen haben, dann befinden wir uns immerhin auf lokalen Gipfeln. Verpfuschen wir nun die Rekombination, dann werden unsere Nachkommen im Niemandsland ausgesetzt, und ihre Fitneß wird im Schnitt sehr viel geringer sein als die unsere. Die Rekombination ist auf den »falschen« Arten von Fitneßlandschaften ausgesprochen schädlich.

Da die meisten Spezies sich geschlechtlich fortpflanzen und dafür eine zweifache Fitneßeinbuße hinnehmen, muß die Rekombination im allgemeinen vorteilhaft sein. Aus diesem Grund sind es entweder die in Organismen wirkenden widerstreitenden Randbedingungen, die Fitneßlandschaften hervorbringen, in denen die Rekombination vorteilhaft ist, oder die Selektion selbst hat für Organismen »optiert«, die aus der Rekombination Vorteile ziehen.

Welche dieser Alternativen ist die richtige? Ich weiß es nicht. Ich würde aber sagen, eine Kombination aus beiden. Ein weiteres Mal erhalten wir einen flüchtigen Einblick in das Geheimnis der Evolution. Die Selektion hat nicht nur die bestehenden Organismenarten geformt, sondern möglicherweise auch die Landschaftstypen mitgestaltet, in denen die Evolution stattfindet, indem sie nämlich jene Landschaften aussonderte, die optimale Bedingungen für die Evolution schaffen – nicht allein durch Mutation, sondern auch durch Rekombination. Die Fähigkeit zur Evolution als solche ist bereits ein Triumph. Um von Mutation, Rekombination und natürlicher Selektion zu profitieren, muß eine Population in zerklüfteten, aber »wohlkorrelierten« Landschaften evolvieren. In der Sprache des Modells der $NK$-Landschaften ausgedrückt: Der »Steuerknopf $K$« muß richtig eingestellt sein. Entweder hatten wir verdammt viel Glück und besitzen aus purem Zufall genau die epistatische Kopplungsdichte, die unsere Evolutionsfähigkeit begründet, oder es gab irgend etwas, das diesen Knopf regulierte. Die Wissenschaftler, die die natürliche Selektion als einzige Quelle der biologischen Ordnung ansehen, müssen voraussetzen, daß die Selektion selbst Organismen mit dem geeigneten Epistasieniveau, dem richtigen Wert von $K$, hervorbrachte. Aber reicht die Kraft der Selektion aus, um die Struktur von Fitneßlandschaften zu prägen? Oder ist die Macht der Selektion begrenzt? Wenn die Selektion zu schwach ist, um die Evolutionsfähigkeit zu begründen, erhebt sich die Frage, wie die Evolutionsfähigkeit dann entstanden ist und erhalten wurde. Könnte die Selbstorganisation dabei eine Rolle spielen? Hier liegt ein großes Problem, das ein grundlegendes Umdenken erforderlich macht.

## Die Grenzen der Selektion

Wenn die Selektion grundsätzlich »alles« vollbringen könnte, dann würde die gesamte Ordnung, die in den Lebewesen zum Vorschein kommt, allein das Wirken der Selektion widerspiegeln. Doch in Wirklichkeit hat die Selektion ihre Grenzen. Diese Grenzen verlangen ein Umdenken in den biologischen Wissenschaften und darüber hinaus.

Wir haben bereits eine erste, entscheidende Grenze der Selektion kennengelernt. Darwins Hypothese einer schrittweisen Anhäufung nützlicher Varianten basierte, wie wir sahen, auf dem Gradualismus. Mutationen müssen geringfügige Änderungen in den Phänotypen herbeiführen. Doch wir kennen mittlerweile zwei alternative »Modellwelten«, in denen der Gradualismus nicht funktioniert. Die erste Modellwelt betrifft maximal verdichtete Rechnerprogramme. Da diese völlig regellos sind, wird mit an Sicherheit grenzender Wahrscheinlichkeit die Leistung eines Programmes durch jede beliebige Änderung randomisiert. Um eines der wenigen nützlichen Minimalprogramme aufzufinden, muß der gesamte Raum abgesucht werden – was selbst bei Programmen mittlerer Länge eine im Vergleich zum Alter des Universums unvorstellbar lange Zeitspanne erfordert. Mithin kann die Selektion kein maximal komprimiertes Programm hervorbringen. Unsere zweiten Beispiele sind $NK$-Landschaften. Wenn $K$, die Anzahl epistatischer Kopplungen, sehr groß ist und sich dem oberen Grenzwert $K = N - 1$ nähert, dann weisen die Landschaften immer weniger Regelmäßigkeiten auf, bis sie schließlich völlig regellos werden. Auch in diesem Fall muß man den gesamten Möglichkeitsraum absuchen, um den höchsten Gipfel oder einen der wenigen höchsten Gipfel ausfindig zu machen. Bereits für Genome mittlerer Länge ist dies schlichtweg unmöglich.

Doch damit nicht genug! Wenn die Evolution einer adaptierenden Population in einer solchen Zufallslandschaft ausschließlich von Mutation und Selektion angetrieben wird, dann bleibt die Population in eine infinitesimale Region des Gesamtraums eingeschlossen, für immer gefangen in der Gegend, in der sie aufbrach. Sie kann auf der Suche nach den hohen Gipfeln keine großen räumlichen Entfernungen zurücklegen. Und doch wird es ihr im Durchschnitt schaden und nicht helfen, wenn sie es wagen sollte, die Rekombination auszuprobieren.

Es gibt noch eine zweite Grenze der Selektion. Die Auslese versagt nämlich nicht nur in Zufallslandschaften. Selbst in gleichförmigen Landschaften, dem Kernland des Gradualismus, in dem die Darwinschen Annahmen gültig sind, kann die Selektion scheitern, und zwar vollkommen: sie rennt schnurstracks in eine »Fehlerkatastrophe«, in der sich sämtliche akkumulierten vorteilhaften Merkmale auflösen.

Kehren wir nun zu unserem Beispiel einer Bakterienpopulation zurück, deren Evolution sich in einer zerklüfteten Fitneßlandschaft vollzieht. Das Verhalten der Population ist abhängig von der Populationsgröße, der Mutationsrate und der Form der Landschaft. Betrachten wir folgenden Fall: Wir halten die Populationsgröße konstant – etwa indem wir einen Chemostaten benutzen –, ebenso die Form der Landschaft, und stellen die Mutationsrate mit Hilfe eines experimentellen Verfahrens von niedrig auf hoch ein. Was wird geschehen? Nehmen wir an, alle Individuen der Population sind am Anfang genetisch identisch; dann liegen alle Bakterien auf demselben Punkt im Genotypraum. Wenn die Mutationsrate sehr niedrig ist, dann entsteht über einen längeren Zeitraum eine Variante höherer Fitneß, die sich zügig in der Population ausbreitet. Die Population als Ganzes »hüpft« also auf den benachbarten Genotyp höherer Fitneß. Mit der Zeit unternimmt die Population genau jene Art von adaptiver Wanderung, die wir betrachtet haben: Sie erklimmt kontinuierlich ein lokales Optimum, auf dem sie dann sitzenbleibt.

Was aber geschieht, wenn die Mutationsrate so hoch ist, daß zahlreiche Varianten höherer und niedrigerer Fitneß in sehr kurzen Intervallen angetroffen werden? Die Population wird sich dann von ihrem Ausgangspunkt im Genotypraum aus in viele Richtungen bergauf bewegen. Dabei machen wir folgende überraschende Feststellung: Selbst wenn die Population auf einem lokalen Gipfel ausgesetzt wird, verharrt sie möglicherweise nicht dort! Einfach ausgedrückt: Die Mutationsrate ist so hoch, daß sie die Population schneller vom Gipfel »zerstreut«, als die selektiven Unterschiede zwischen Mutanten niedrigerer und höherer Fitneß die Population zurück auf den Gipfel bringen können. Eine Fehlerkatastrophe, wie sie erstmals von dem Nobelpreisträger Manfred Eigen und dem theoretischen Chemiker Peter Schuster beschrieben wurde, ist eingetreten, denn die in der Population angesammelte nützliche genetische Information geht in dem Maße verloren, wie die Population sich vom Gipfel weg zerstreut.

Fassen wir zusammen: Wenn die Mutationsrate ansteigt, dann erklimmt eine Population zunächst einen lokalen Berg und hält sich in dessen Umgebung auf. Wächst die Mutationsrate weiter an, gleitet die Population vom Gipfel herab und breitet sich in der Fitneßlandschaft entlang den Graten annähernd gleicher Fitneß aus. Wenn sich die Mutationsrate nun noch weiter erhöht, dann gleitet die Population immer tiefer ins Flachland niedriger Fitneß ab.

Eigen und Schuster waren die ersten, die die Bedeutung dieser Fehlerkatastrophe betonten; daraus folgt nämlich, daß der Macht der natürlichen Selektion eine Grenze gesetzt ist. Bei einer hinreichend hohen Mutationsrate kann eine adaptierende Population die vorteilhaften genetischen Varianten nicht mehr zu einem funktionstüchtigen Ganzen zusammenfügen; vielmehr gewinnt eine mutationsinduzierte »Streuung« über den Raum die Oberhand über die Selektion und zieht die Population auf adaptive Gipfel.

Diese Begrenzung wird sogar noch deutlicher, wenn man sie unter einem anderen Blickwinkel betrachtet. Eigen und Schuster wiesen auch nach, daß es bei einer konstanten Mutationsrate je Gen zu einer Fehlerkatastrophe kommt, sobald die Anzahl der Gene im Genotyp einen kritischen Schwellenwert überschreitet. Es gibt also für ein Genom, das von Mutation und Selektion zusammengebaut werden kann, offenbar eine *Grenze der Komplexität!*

Somit unterliegt die Selektion einer doppelten Beschränkung: In stark zerklüfteten Landschaften ist sie in lokalen Regionen gefangen oder »eingefroren«, während sie in gleichförmigen Landschaften von einer Fehlerkatastrophe heimgesucht wird und Gipfel »zum Schmelzen bringt«, so daß die Fitneß des Genotyps abnimmt. Die Selektion mag diesen Beschränkungen nicht ohnmächtig gegenüberstehen, denn sie kann die Zerklüftung der Landschaften, in denen Organismen evolvieren, mitgestalten. Wir haben bereits einige dieser Gestaltungsmöglichkeiten kennengelernt, denn aus dem *NK*-Modell selbst geht hervor, daß die Veränderung der epistatischen Wechselwirkungen zwischen Genen die Zerklüftung beeinflußt. Doch da ihre Macht begrenzt ist, kann man bezweifeln, daß die Selektion allein günstige Landschaften hervorbringen kann. Vielleicht ist noch eine andere Quelle der Ordnung erforderlich. Die Evolution kann möglicherweise nur mit Systemen arbeiten, die bereits eine innere Ordnung aufweisen, mit Fitneßlandschaften, die bereits von selbst so »eingestellt« sind, daß die natürliche Selektion Fuß fassen und ihr Werk verrichten kann.

Und hier könnte meines Erachtens eine grundlegende Verknüpfung zwischen Selbstorganisation und Selektion liegen. Die Selbstorganisation könnte nämlich die *Vorbedingung* der Evolutionsfähigkeit als solcher sein. Möglicherweise können nur Systeme, die zu spontaner Selbstorganisation fähig sind, eine weitere Evolution durchlaufen. Wie weit haben wir uns damit vom einfachen Bild der Selektion entfernt, deren Wirken sich darauf beschränkt, besser angepaßte Varianten auszusieben! Die Evolution ist ein sehr viel komplexeres, sehr viel wundervolleres Schauspiel.

### Selbstorganisation, Selektion und Evolutionsfähigkeit

Woher stammt die Ordnung, die ich von meinem Fenster aus sehe? Meines Erachtens aus dem Zusammenwirken von Selbstorganisation *und* Selektion. Wir, Kinder der Notwendigkeit, *und* wir, die Ad-hoc-Bildungen. Wir, die Kinder des Urgesetzes. Wir, die Filigranarbeiten des historischen Zufalls.

Nach welchem Webmuster ist all dies gewirkt? Wir wissen es noch nicht. Doch der Gobelin des Lebens ist reicher verziert, als wir glaubten. Es ist ein Gobelin mit Fäden aus zufälligem Gold, geschürft von schrulligen, launenhaften Quantenereignissen, die auf Nukleotidbausteine einwirken, und geformt von der natürlichen Selektion. Aber der Gobelin hat ein übergeordnetes Muster, eine bestimmte Gestaltungsform, einen gewirkten Rhythmus, in denen sich ein fundamentales Gesetz widerspiegelt – die Prinzipien der Selbstorganisation.

Wie fangen wir es an, wenigstens zu einem ansatzweisen Verständnis dieser neuen Vereinigung zu gelangen? Denn ein »ansatzweises Verständnis« ist alles, was wir uns gegenwärtig erhoffen dürfen. Wir betreten Neuland. Es wäre vermessen zu meinen, wir verstünden einen neuen Kontinent, wenn wir zum ersten Mal seine Küste betreten. Wir suchen nach einem neuen theoretischen Rahmenmodell, das noch nicht existiert. Nirgendwo in der Wissenschaft gibt es eine geeignete Methode, um die Verzahnung von Selbstorganisation, Selektion, Zufall und planmäßiger Gestaltung zu erfassen und zu erforschen. Wir haben keinen angemessenen Bezugsrahmen, um den Ort des Gesetzes in einer historischen Wissenschaft und den Ort der Geschichte in einer gesetzmäßigen Naturwissenschaft zu bestimmen.

Doch wir beginnen, Themen – Fäden im Gobelin – herauszugreifen. Das erste Thema ist die Selbstorganisation. Ob wir uns mit Lipiden befassen, die spontan ein von einer zweischichtigen Membran umschlossenes Vesikel bilden, mit einem Virus, das sich selbst zusammensetzt und dabei einen energiearmen Zustand aufrechterhält, mit einer Fibonacci-Folge im Blattstellungsmuster eines Kiefernzapfens, mit der emergenten Ordnung eines parallelverarbeitenden genetischen Netzwerks, das sich im geordneten Regime befindet, mit dem Ursprung des Lebens als einem Phasenübergang in chemischen Reaktionssystemen, mit dem suprakritischen Verhalten der Biosphäre oder mit den Mustern der Koevolution auf höheren Ebenen – Ökosystemen, Wirtschaftssystemen, sogar kulturellen Systemen: Überall stoßen wir auf die Signatur eines Gesetzes. All diese Phänomene enthalten Zeichen einer nicht rätselhaften, sondern emergenten Ordnung. Wir sind mit einem doppelten Problem konfrontiert: erstens kennen wir noch immer nicht die Vielzahl von Quellen spontaner Ordnung; zweitens haben wir die allergrößten Schwierigkeiten, die möglichen Wechselwirkungen zwischen Selbstorganisation und Selektion zu begreifen.

Die Selektion ist das zweite Thema. Wie an der Selbstorganisation ist auch an der Selektion nichts Rätselhaftes. Ich hoffe, Sie davon überzeugt zu haben, daß die – wenn auch große – Macht der Selektion begrenzt ist. Keineswegs alle komplexen Systeme fügen sich allein durch einen Evolutionsprozeß zusammen. Wir müssen versuchen zu verstehen, welche Arten komplexer Systeme auf diese Weise entstehen können.

Die Zwangsläufigkeit historischer Zufälle ist das dritte Thema. Wir können eine Morphologie der Kristalle entwerfen, weil die Anzahl der Raumgruppen, die Atome in einem Kristall besetzen können, recht begrenzt ist. Wir können ein Periodensystem der Elemente erstellen, weil die Anzahl stabiler Konfigurationen der subatomaren Bestandteile relativ überschaubar ist. Doch auf der Ebene der Chemie ist der Raum möglicher Moleküle sehr viel größer als die Anzahl der Atome im Universum. Daraus folgt nun aber, daß die Moleküle, die tatsächlich in der Biosphäre vorhanden sind, nur einen winzigen Bruchteil des Raumes möglicher Moleküle darstellen. Dann aber sind die real vorhandenen Moleküle bis zu einem gewissen Grad das Produkt historischer Zufälle in der Geschichte des Lebens. Die Geschichte tritt zutage, wenn der Raum der Möglichkeiten viel zu groß ist, als daß die Wirklichkeit sie alle ausschöpfen könnte.

Es ist leicht, diese Themen zu formulieren. Das ungemein Schwierige ist ihre Verzahnung.

Immerhin können wir von der folgenden gesicherten Annahme ausgehen: Ein Evolutionsprozeß ist nur dann erfolgreich, wenn die Landschaften, die er absucht, mehr oder minder korreliert sind. Welche Arten realer physikalisch-chemischer Systeme evolvieren in korrelierten Landschaften, in denen der von Darwin vorausgesetzte Gradualismus gilt? Auch wenn ich darauf keine erschöpfende Antwort weiß, so gibt es doch erste Anhaltspunkte. Unser Lipidvesikel ist in dem von Darwin geforderten Sinne stabil. Viele geringfügige Änderungen der Molekularstruktur der Lipide, der Mischung der Lipide oder der Lipid- und sonstigen Moleküle, des Mediums – all dies läßt ein Lipidvesikel im wesentlichen unversehrt. Ein solches Vesikel befindet sich in einem stabilen energiearmen Gleichgewichtszustand.

(In Kapitel 1 veranschaulichten wir diesen Zustand am Beispiel einer Kugel, die zum Boden einer Schüssel rollt.) Die stabile Gestalt kann im Hinblick auf detaillierte Änderungen zumindest annähernd erhalten werden. Das gleiche gilt für ein sich selbst zusammenbauendes Virus, für die DNS- und RNS-Doppelhelix und für die gefalteten Proteine, die von den Genen codiert werden. Zellen und Organismen machen reichlich von solchen stabilen energiearmen Strukturen Gebrauch. Mit vollem Recht bezeichnen wir die von solchen Systemen gebildeten Strukturen als »robust«.

Auch Nichtgleichgewichtssysteme können robust sein. Ein dissipatives Wirbelsystem ist robust in dem Sinne, als ein weites Spektrum von unterschiedlichen Behältnisformen, Strömungsgeschwindigkeiten, Flüssigkeiten und Anfangsbedingungen in den Flüssigkeiten Wirbel hervorbringt, die möglicherweise über längere Zeiträume erhalten bleiben. Geringfügige Änderungen der Konstruktionsparameter des Systems und der Anfangsbedingungen führen somit zu geringfügigen Verhaltensänderungen.

Wirbel sind Attraktoren in einem dynamischen System. Attraktoren können jedoch sowohl stabil als auch instabil sein. Die Instabilität entsteht auf zwei verschiedene Weisen. Erstens führen kleine Änderungen im Aufbau des Systems unter Umständen zu drastischen Änderungen des Systemverhaltens. Solche Systeme werden als strukturell instabil bezeichnet. Außerdem sind kleine Änderungen der Anfangsbedingungen imstande, tiefgreifende Änderungen des nachfolgenden Verhaltens zu bewirken (unser »Schmetterlingseffekt«). Umgekehrt können stabile dynamische Systeme in zweierlei Hinsicht stabil sein. Kleine Änderungen im Aufbau lösen typischerweise kleine Verhaltensänderungen aus. Das System ist strukturell stabil. Ebenso können kleine Änderungen der Anfangsbedingungen zu kleinen Verhaltensänderungen führen. Der Schmetterling schläft.

Wir haben dynamische Systeme untersucht, die sowohl in die instabile als auch in die stabile Kategorie fallen. Große Boolesche Netzwerke, die uns als Modelle für genomische Regulationssysteme dienten, können im chaotischen Regime, im geordneten Regime oder in der Nähe des Phasenübergangs, im komplexen Chaosrandregime, liegen.

Wir wissen, daß es einen eindeutigen Zusammenhang gibt zwischen der Stabilität eines dynamischen Systems und der Zerklüftung der Landschaft, in der das System seine adaptive Wanderung unternimmt. Chaotische Boolesche Netzwerke und viele andere Klassen chaotischer dynamischer Systeme sind strukturell instabil. Geringfügige Änderungen wirken sich verheerend auf ihr Verhalten aus. Die Adaptation solcher Systeme erfolgt auf stark zerklüfteten Landschaften. Dagegen werden Boolesche Netzwerke, die sich im geordneten Regime befinden, durch strukturelle Mutationen nur geringfügig verändert. Die adaptive Evolution dieser Netzwerke ereignet sich in relativ gleichförmigen Fitneßlandschaften.

Wir wissen von den *NK*-Landschaftsmodellen, die wir in diesem Kapitel erörtert haben, daß ein Zusammenhang besteht zwischen der Anzahl widerstreitender Randbedingungen, denen ein System unterliegt, und der Zerklüftung der Landschaft, in der seine Evolution stattfindet. Wir vermuten, daß die Selektion Organismen und deren Bauteile verändern kann, so daß die Form der Fitneßlandschaften, in denen sich die Evolution dieser Lebewesen vollzieht, umgestaltet wird. Indem die Selektion genomische Netzwerke vom chaotischen ins geordnete Regime überführt, stimmt sie das Verhalten des Netzwerks ab. Und indem sie die Anzahl der epistatischen Kopplungen von Genen abstimmt, moduliert sie die Landschaftsform von zerklüftet zu gleichförmig. Erhöht man die Anzahl der widerstreitenden Randbedingungen im Bauplan eines Organismus, dann steigt die Zerklüftung der Landschaft, die dieser Organismus erkundet.

Nicht nur Organismen evolvieren, sondern, so müssen wir annehmen, auch die Struktur der Landschaften, die von Organismen durchwandert werden, durchläuft eine Evolution. Da die Selektion in sehr gleichförmigen Landschaften von einer Fehlerkatastrophe bedroht ist und in stark zerklüfteten Landschaften in kleinen Regionen des Möglichkeitsraumes »eingesperrt« werden kann, drängt sich die Vermutung auf, daß die Selektion »gute« Landschaften sucht. Wir wissen bislang noch nicht im einzelnen, welche Landschaftstypen »gut« sind, obgleich wir ohne weiteres davon ausgehen dürfen, daß solche Landschaften hochkorreliert und nicht regellos sein müssen.

Doch gerade die dargelegten Grenzen der Selektion wecken Zweifel daran, daß die Selektion selbst jene Arten von Organismen hervorbringen und erhalten kann, die die Landschaften mit gut funktionierender Selektion durchwandern. Es versteht sich keineswegs von selbst, daß die Selektion aus eigenem Antrieb die Evolutionsfähigkeit hervorbringen und erhalten kann. Wenn Zellen und Organismen nicht schon an sich die Einheiten darstellten, an denen die Selektion erfolgreich angreifen konnte, wie konnte die Selektion dann Fuß fassen? Wie konnte die Evolution selbst die Evolutionsfähigkeit erzeugen und es so, gleichsam ganz aus eigener Kraft, zu etwas bringen?

Und so kehren wir zu der verlockenden Möglichkeit zurück, daß die Selbstorganisation eine Vorbedingung der Evolutionsfähigkeit darstellt und die Strukturen schafft, die von der natürlichen Selektion profitieren können. Die Selbstorganisation erzeugt Strukturen, die eine schrittweise Evolution durchlaufen können und robust sind, denn es gibt einen notwendigen Zusammenhang zwischen spontaner Ordnung, Robustheit, Redundanz, Gradualismus und korrelierten Fitneßlandschaften. Redundante Systeme zeichnen sich dadurch aus, daß selbst viele Mutationen gar keine oder nur geringfügige Verhaltensänderungen bewirken. Redundanz bringt Gradualismus hervor. Eine andere Bezeichnung für Redundanz aber ist Robustheit. Robuste Merkmale sind unempfindlich gegenüber zahlreichen geringfügigen Änderungen. Die Robustheit eines Lipidvesikels oder der Zelltypattraktoren in genomischen Netzwerken, die sich im geordneten Regime befinden, ist nur eine weitere Erscheinungsform von Redundanz. Gerade aufgrund dieser Robustheit können solche Systeme durch die schrittweise Anhäufung von Variationen umgestaltet werden. Eine weitere Bezeichnung für Redundanz ist somit strukturelle Stabilität – ein gefaltetes Protein, ein aggregiertes Virus, ein Boolesches Netzwerk im geordneten Regime. Nur stabile Strukturen und Verhaltensweisen können weiter ausgeformt werden.

Wenn diese Auffassung auch nur annähernd richtig ist, dann sind selbstorganisierte und robuste Einheiten genau das, woran die Selektion überwiegend angreift. Dann besteht kein notwendiger und grundlegender Gegensatz zwischen Selbstorganisation und Selektion. Dann ergänzen sich diese beiden Quellen der Ordnung gegenseitig auf natürliche Weise. Die Zellmembran besteht aus einer doppelten Lipidschicht, die sich seit fast vier Milliarden Jahren unverändert erhalten hat, weil sie robust ist und weil solche robusten Formen leicht von der natürlichen Selektion bearbeitet werden können. Meines Erachtens liegt das genomische Netzwerk deshalb im geordneten Regime – möglicherweise in der Nähe des Chaosrandes –, weil sich solche Netzwerke als Produkte der »Ordnung zum Nulltarif« ohne weiteres von selbst bilden, aber auch weil solche Systeme in struktureller und dynamischer Hinsicht stabil sind, so daß ihre Adaptation in korrelierten Fitneßlandschaften verläuft und sie für weitere Aufgaben umgestaltet werden können.

Wenn aber die Selektion Organismen zusammenbaut, indem sie sich selbstorganisierte und robuste Eigenschaften zunutze macht – weil diese Merkmale in der Evolution direkt verfügbar sind und weil sich dieselben selbstorganisierten Merkmale auch leicht ausformen lassen –, dann sind wir nicht bloß zusammengestückelte Bastelwerke, nicht bloß molekulare Ad-hoc-Apparate. Auf den unterschiedlichsten Ebenen – angefangen bei Molekülen über Zellen und Gewebe bis zu Organismen – bilden genau diese robusten, selbstorganisierten und emergenten Eigenschaften die Bausteine des Lebens. Wenn die Selektion sich darauf beschränkt, die stabilen Eigenschaften ihrer Bausteine weiter auszuformen, dann bleibt die emergente gesetzmäßige Ordnung, die solche Systeme aufweisen, in den Organismen fortbestehen. Die spontane Ordnung wird immer durchschimmern, gleich, wie kräftig die Selektion im weiteren Verlauf ihr Sieb schlägt.

Kann sich die Selektion über die spontane Ordnung ihrer Bausteine hinaus erstrecken? Vielleicht. Doch wir wissen nicht, wie weit. Je seltener und unwahrscheinlicher die Formen sind, nach denen die Selektion sucht, und je untypischer und weniger robust sie sind, um so stärker wird der von den Mutationen ausgehende Druck sein, zum Typischen und Robusten zurückzukehren. Diese natürliche Ordnung, so dürfen wir vermuten, wird tatsächlich durchschimmern.

Und so sind wir der Hort des Gesetzes. Die Evolution ist zweifellos »der am Schopf gepackte Zufall«, aber auch der Ausdruck einer tieferen Ordnung.

Wir, Kinder der Notwendigkeit. Zu Hause im Universum.

# 9  ORGANISMEN UND ARTEFAKTE

Organismen sind Produkte der Kunstfertigkeit von natürlicher Ordnung und natürlicher Selektion, Artefakte das Ergebnis der Kunstfertigkeit des *Homo sapiens*. Auch wenn die Größe, die Komplexität und die Pracht der Lebewesen so ganz anders ist und auch wenn sie über sehr viel längere Zeiträume evolvierten, drängen sich gewisse Parallelen doch geradezu auf.

Die Ausbreitung des Lebens in Raum und Zeit erfolgt gemäß den Verzweigungsmustern adaptiver Auffächerungen (Radiationen). Die kambrische Explosion ist das berühmteste Beispiel. Bald nach der Erfindung vielzelliger Lebensformen ereignete sich ein gewaltiger Ausbruch evolutionärer Innovation. Man gewinnt geradezu den Eindruck, als hätten die vielzelligen Lebensformen in dieser Epoche in einer Art von unbändigem Erkundungsrausch alle möglichen Verästelungen ausprobiert. Gleichsam das Linnésche System von oben nach unten, vom Allgemeinen zum Besonderen auffüllend, entstehen in einem Schub der Experimentierfreude in rascher Abfolge neue Spezies, in denen verschiedene elementare Baupläne realisiert werden und sich dann weiter auffächern. Die Hauptvariationen treten bereits nach kurzer Zeit in Erscheinung und begründen neue Stämme, die im Rahmen ihrer immer feineren Ausformung die sogenannten niederen Taxa hervorbringen: die Klassen, Ordnungen, Familien und Gattungen. Später, nach dem anfänglichen Paroxysmus, nach der orgiastischen Party, starben viele der ursprünglichen Formen wieder aus, gingen viele der neuen Stämme zugrunde, und das Leben beschränkte sich auf die dominanten Konstruktionstypen, die verbliebenen etwa dreißig Stämme – Wirbeltiere, Gliederfüßer und so weiter –, die die Biosphäre eroberten und beherrschen.

Unterscheidet sich dieses Muster grundlegend von dem der technologischen Evolution? Hier gehen die wesentlichen Erfindungen auf menschliche Urheber zurück. Auch hier kommt es von Zeit zu Zeit, wenn die menschlichen Bastler die Überfülle neuer Möglichkeiten ausprobieren, die durch die richtungweisenden Grundinnovationen eröffnet wurden, zu einer anfänglichen Explosion mannigfaltiger Formen. Auch hier werden die Möglichkeiten auf eine geradezu ausgelassene Weise erkundet. Und nach der Party begnügen wir uns mit einer immer feineren Ausarbeitung der wenigen elementaren Konstruktionstypen, die die technologische Landschaft eine Zeitlang beherrschen – bis ein vollständiger lokaler Stamm von Technologien ausstirbt. Niemand stellt heutzutage noch römische Belagerungsmaschinen her. Haubitze und Kurzstreckenrakete haben die Belagerungsmaschinen zum Aussterben gebracht.

Könnten wesentliche Aspekte der biologischen und der technologischen Evolution von denselben allgemeingültigen Gesetzen gesteuert werden? Sowohl Organismen als auch Artefakte unterliegen widerstreitenden Konstruktionsanforderungen. Wie gezeigt, sind es diese Randbedingungen, die zerklüftete Fitneßlandschaften hervorbringen. Die Evolution erkundet ihre Landschaften ohne bestimmte Absicht. Wir erkunden die Landschaften technologischer Innovation dagegen unter dem selektiven Druck der Marktkräfte ganz zielgerichtet. Wenn aber die grundlegenden Konstruktionsprobleme ähnlich zerklüftete Landschaften widerstreitender Randbedingungen erzeugen, dann wäre es nicht weiter erstaunlich, wenn dieselben Gesetze sowohl die biologische wie die technologische Evolution steuerten. Die Evolution der Gewebe und der Terrakottafiguren vollzieht sich möglicherweise nach sehr ähnlichen Gesetzen.

In diesem Kapitel werde ich damit beginnen, den Parallelen zwischen Organismus und Artefakt nachzugehen – ein Thema, das in den restlichen Kapiteln dieses Buches immer wieder zur Sprache kommen wird. Ich werde zwei Merkmale zerklüfteter, aber korrelierter Landschaften näher untersuchen. Das erste Merkmal erklärt, wie ich glaube, die allgemeine Tatsache, daß auf grundlegende Innovationen umgehend tiefgreifende Verbesserungen in den unterschiedlichsten Richtungen folgen, an die sich wiederum sukzessive Verbesserungen immer geringeren Ausmaßes anschließen. Wir wollen dies »kambrisches« Muster der Diversifikation nennen. Als zweites möchte ich das Phänomen betrachten, daß nach jeder Verbesserung die Anzahl der Pfade zu weiteren Verbesserungen um einen konstanten Prozentsatz abnimmt. Wie wir in Kapitel 8 sahen, führt dies zu einer exponentiellen Abnahme der Verbesserungsrate. Dieses Merkmal erklärt meines Erachtens den exponentiellen Rückgang der Verbesserung, der in vielen technologischen »Lernkurven« und auch in der Biologie selbst anzutreffen ist. Wir wollen dieses Phänomen als »Lernkurven«-Muster bezeichnen. Beide Muster ergeben sich, wie ich glaube, schlicht aus den statistischen Merkmalen von zerklüfteten, aber korrelierten Landschaften.

## Sprünge über Landschaften

Im Rahmen unserer gegenwärtigen Fragestellung werde ich weiterhin das in Kapitel 8 eingeführte $NK$-Modell korrelierter Fitneßlandschaften verwenden. Es ist eines der ersten mathematischen Modelle von Fitneßlandschaften, deren Zerklüftung »einstellbar« ist. Ich glaube – kann es aber nicht beweisen –, daß nahezu jede Klasse zerklüfteter, aber korrelierter Fitneßlandschaften die Merkmale aufweist, die ich nachfolgend untersuchen werde. Wie bereits dargelegt, erzeugt das $NK$-Modell eine Klasse von Landschaften, deren Zerklüftung mit wachsendem $K$, also wachsender Anzahl der »epistatischen« Inputs je »Gen«, zunimmt. Erinnern wir uns daran, daß mit wachsendem $K$ auch die Anzahl der widerstreitenden Randbedingungen zunimmt, und dies wiederum führt dazu, daß die Zerklüftung und die Anzahl der Gipfel einer Landschaft steigen. Wenn $K$ sein Maximum erreicht ($K = N - 1$, so daß jedes Gen mit allen anderen gekoppelt ist), besitzt die Landschaft keinerlei Regelmäßigkeiten mehr.

Ich beginne mit der Beschreibung einer einfachen, idealisierten Version einer adaptiven Wanderung – der »Weitsprung«-Adaptation – in einer korrelierten, aber zerklüfteten Landschaft. Wir haben bereits adaptive Wanderungen betrachtet, die durch Erzeugung und Auslese einzelner Mutationen höherer Fitneß vorankommen. Hier schreitet die adaptive Wanderung Schritt für Schritt im Möglichkeitsraum vorwärts und steuert dabei unbeirrbar auf einen lokalen Gipfel zu. Nehmen wir nun an, wir induzieren gleichzeitig zahlreiche Mutationen, die viele Merkmale auf einmal verändern, so daß der Organismus in seiner Fitneßlandschaft einen »weiten Sprung« vollführt. Angenommen, wir befinden uns in den Alpen und machen einen normalen Schritt. Die Höhe des Punktes, an dem wir aufkommen, ist eng korreliert mit der Höhe unseres Ausgangspunkts. Es gibt natürlich Ausnahmen, die in Katastrophen enden; hier und da springt man in eine steile Schlucht. Angenommen nun, wir würden 50 Kilometer weit springen. Die Höhe des Punkts, an dem wir aufkommen, steht kaum noch im Verhältnis zur Höhe unseres Absprungpunkts, weil wir über die sogenannte *Korrelationslänge* der Landschaft hinaus gesprungen sind.

Nun betrachten wir *NK*-Landschaften mit relativ niedrigen *K*-Werten, sagen wir $N = 1000$ und $K = 50$; das entspricht 1000 Genen, deren jeweilige Fitneßbeiträge von 50 anderen Genen abhängig sind. Die Landschaft ist zwar zerklüftet, aber noch immer hochkorreliert. Benachbarte Punkte besitzen weitgehend übereinstimmende Fitneßwerte. Wenn wir ein, fünf oder zehn Gene von den 1000 Genen umschalten, erhalten wir eine Kombination, deren Fitneß sich nicht wesentlich von der Ausgangsfitneß unterscheidet. Wir haben die Korrelationslänge nicht überschritten.

*NK*-Landschaften haben eine wohldefinierte Korrelationslänge. Diese Länge gibt im wesentlichen an, wie weit zwei Punkte in einer Landschaft maximal auseinanderliegen können, damit wir aus der Fitneß des einen Punkts noch eine Vorhersage ableiten können über die Fitneß des zweiten Punkts. In *NK*-Landschaften nimmt diese Korrelation mit der Entfernung exponentiell ab. Wenn man daher einen sehr weiten Sprung macht, etwa indem man 500 der 1000 Allelzustände ändert – was einem Sprung über die Hälfte des Raumes entspricht –, dann wäre man so weit über die Korrelationslänge der Landschaft hinaus gesprungen, daß der Fitneßwert des Punktes, an dem man aufkommt, keinerlei Beziehung zum Fitneßwert des Absprungpunktes aufweisen würde.

Solchen »Weitsprung«-Adaptationen liegt ein sehr einfaches Gesetz zugrunde. Das Ergebnis, das adaptive Wanderungen mit Hilfe von Varianten, die ein mutiertes Gen und eine höhere Fitneß aufweisen, in Zufallslandschaften exakt beschreibt, lautet: Jedesmal, wenn man eine »Weitsprung«-Variante höherer Fitneß findet, verdoppelt sich die erwartete Anzahl der Versuche, um eine *noch bessere* »Weitsprung«-Variante zu finden! Diese einfache Gesetzmäßigkeit ist in Abbildung 9.1 veranschaulicht. Abbildung 9.1a zeigt die Ergebnisse von »Weitsprung«-Adaptationen auf *NK*-Landschaften mit $K = 2$ für verschiedene Werte von $N$. Alle Kurven zeigen auf der $y$-Achse die erreichte Fitneß und auf der $x$-Achse die Anzahl der Versuche. Alle Kurven steigen zunächst steil an und flachen dann immer mehr ab, was nachdrücklich auf eine exponentielle Verlangsamung hindeutet. Wenn die Verlangsamung tatsächlich exponentiell ist und die Tatsache widerspiegelt, daß sich nach jeder Verbesserung die Anzahl der für die nächste Steigerung erforderlichen Versuche verdoppelt und wenn wir dann die Daten aus Abbildung 9.1a unter Verwendung logarithmischer Maßstäbe ein weiteres Mal graphisch darstellen, sollten wir eine lineare Beziehung erhalten. Abbildung 9.1b zeigt, daß dies tatsächlich der Fall ist. Die erwartete Anzahl der Verbesserungsschritte ist gleich dem Logarithmus der Anzahl der Versuche: $S = \ln G$.

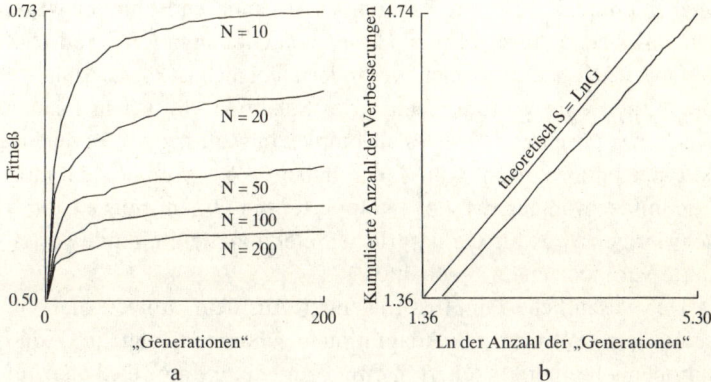

**Abbildung 9.1:** *Weitsprünge. NK-Landschaften können mit »Weitsprüngen« durchquert werden, das heißt durch Mutationen, die mehr als ein Gen gleichzeitig betreffen. In einer korrelierten Landschaft verdoppelt sich jedoch jedesmal, wenn eine Weitsprungvariante höherer Fitneß gefunden wurde, die erwartete Anzahl der Versuche, um eine Variante noch höherer Fitneß zu finden. Die Fitneß nimmt zunächst rasch, dann immer langsamer zu und pendelt sich dann auf dem erreichten Niveau ein. (a) Diese Verlangsamung ist für mehrere Landschaften mit $K = 2$ gezeigt. »Generation« ist die kumulative Anzahl unabhängiger Weitsprungversuche. Jede Kurve entspricht dem arithmetischen Mittelwert von 100 Wanderungen. (b) Unter Verwendung logarithmischer Maßstäbe ist die Anzahl der Verbesserungen gegen die Anzahl der Generationen aufgetragen; die Kurve deutet darauf hin, daß die Geschwindigkeit, mit der Verbesserungen gefunden werden, exponentiell abnimmt.*

Diese Gesetzmäßigkeit ist einfach und von großer Bedeutung, da sie offenbar universelle Gültigkeit besitzt. Bei Adaptationen mit Hilfe von »Weitsprüngen«, die die Korrelationslängen von Landschaften überschreiten, verdoppelt sich nach jedem Verbesserungsschritt die Anzahl der Versuche, die zum Auffinden von Varianten höherer Fitneß erforderlich sind, mithin nimmt die Geschwindigkeit der Verbesserungen exponentiell ab. Um die ersten zehn Varianten höherer Fitneß zu finden, bedarf es 1000 Versuche, für die nächsten zehn besser angepaßten Mutanten sind schon eine Million Versuche erforderlich, für die darauffolgenden zehn Varianten bereits eine Milliarde.

(Abbildung 9.1a zeigt noch ein weiteres wichtiges Merkmal: In dem Maße, wie $N$ anwächst und den Möglichkeitsraum erweitert, erzielen »Weitsprung«-Adaptationen nach derselben Anzahl von Versuchen immer schlechtere Ergebnisse. Aus anderen Befunden wissen wir, daß sich die tatsächlichen Höhen von Gipfeln in $NK$-Landschaften mit wachsendem $N$ nicht verändern. Folglich ist diese Abnahme der Fitneß eine weitere Grenze der Selektion, die ich in meinem Buch *The Origins of Order* als Komplexitätskatastrophe bezeichne. Mit steigender Anzahl von Genen haben »Weitsprung«-Adaptationen immer weniger Erfolg; je komplexer ein Organismus ist, um so schwieriger ist es für die natürliche Selektion, tiefgreifende vorteilhafte Veränderungen anzuhäufen.)

Der wesentliche Punkt ist folgender: Aus dem »universellen Gesetz«, dem »Weitsprung«-Adaptationen gehorchen, folgt, daß Adaptationen auf einer korrelierten Fitneßlandschaft drei Zeitskalen aufweisen sollten – eine Beobachtung, die möglicherweise auch auf die kambrische Explosion zutrifft. Angenommen, wir adaptieren auf einer korrelierten, aber zerklüfteten $NK$-Landschaft und beginnen unsere evolutionäre Wanderung bei einem mittleren Fitneßwert. Da die Ausgangsposition eine mittlere Fitneß besitzt, weist die Hälfte aller nahegelegenen Varianten eine höhere Fitneß auf. Doch aufgrund der Korrelationsstruktur beziehungsweise der Gestalt der Landschaft haben die umliegenden Varianten nur eine *geringfügig* höhere Fitneß. Betrachten wir im Gegensatz dazu die entfernten Varianten. Da der Ausgangspunkt eine mittlere Fitneß aufweist, besitzt wiederum die Hälfte der entfernten Varianten eine höhere Fitneß. Da jedoch die entfernten Varianten weit außerhalb der Korrelationslänge der Landschaft liegen, können einige von ihnen eine *sehr viel höhere Fitneß* als der Ausgangspunkt besitzen. (Aus dem gleichen Grund können einige entfernte Varianten auch eine sehr viel niedrigere Fitneß besitzen.) Betrachten wir nun einen Anpassungsprozeß, in dem einige Varianten nur ein paar Gene mutieren und folglich nur ihre unmittelbare Umgebung absuchen, während andere Varianten zahlreiche Gene mutieren und somit weit entfernte Bereiche sondieren. Angenommen die »bestangepaßten« Varianten breiten sich am schnellsten in der Population aus. Dann würden wir erwarten, daß die entfernten Varianten, die eine sehr viel höhere Fitneß besitzen als die nahen Varianten, in diesem Anpassungsprozeß schon frühzeitig die Oberhand gewinnen. Wenn die adaptierende Population sich in mehr als eine Richtung verzweigen kann, dann sollte dies einen Verzweigungsprozeß in Gang setzen, in dem schon nach kurzer Zeit entfernte Varianten des anfänglichen Genotyps auftreten, die sich ebenfalls in vielfältiger Weise voneinander unterscheiden. Folglich sollten aus dem ursprünglichen Stamm schon frühzeitig stark abweichende Formen hervorgehen: Genau wie in der kambrischen Explosion erscheinen die Spezies mit verschiedenen Bauplantypen (den Phyla oder Stämmen) als erstes.

Nun zur zweiten Zeitskala: In dem Maße, wie entferntere Varianten höherer Fitneß gefunden werden, sollte das universelle Gesetz der »Weitsprung«-Adaptation eingreifen. Jedesmal, nachdem eine entfernte Variante höherer Fitneß aufgespürt wurde, verdoppelt sich die Anzahl der Mutationsversuche beziehungsweise die Wartezeit, die erforderlich ist, um eine weitere entfernte Variante noch höherer Fitneß aufzufinden. Für die ersten zehn Verbesserungen sind vielleicht tausend Versuche erforderlich; die nächsten zehn Verbesserungen mögen eine Million Versuche erfordern; und für die folgenden zehn sind dann bereits eine Milliarde Versuche notwendig. Sobald die exponentielle Abnahme der Leichtigkeit und Geschwindigkeit, mit der sich entfernte Varianten höherer Fitneß aufspüren lassen, eintritt, wird es leichter, auf den nahegelegenen lokalen Gipfeln Varianten höherer Fitneß zu finden. Wieso? Weil deren Prozentsatz sehr viel langsamer abnimmt als der entsprechende Prozentsatz entfernter Varianten. Kurz, in der Mitte des Prozesses sollten die sich verzweigenden adaptiven Populationen beginnen, lokale Gipfel zu besteigen. Genau dies geschah in der kambrischen Explosion. Nachdem die Arten mit ihren zahlreichen grundverschiedenen Bauplantypen entstanden waren, erschlaffte die unbändige Schöpfungskraft, und die weitere Entwicklung wurde immer mehr zu einem oberflächlichen Ausfeilen. Die Evolution konzentrierte sich auf das bereits Erreichte und ziselierte ihre Werke mit kunstvollem Filigran.

Auf lange Sicht – dies ist die dritte Zeitskala – erreichen die Populationen möglicherweise lokale Gipfel, auf denen ihre Wanderung zum Stillstand kommt, oder sie wandern, wie in Kapitel 8 gezeigt, an Graten hoher Fitneß entlang, sofern die Mutationsraten hoch genug sind, oder die Landschaft selbst ändert ihre Form, die Gipfel verschieben sich, und die Organismen folgen den sich verschiebenden Gipfeln.

Unlängst beschlossen Bill Macready und ich, das Problem der drei Zeitskalen anhand von *NK*-Landschaften eingehender zu untersuchen. Bill führte numerische Studien durch, wobei die Suchvorgänge sich über unterschiedliche Entfernungen in der Landschaft erstreckten und die adaptiven Wanderungen stetig bergauf führten. Abbildung 9.2 zeigt die Ergebnisse.

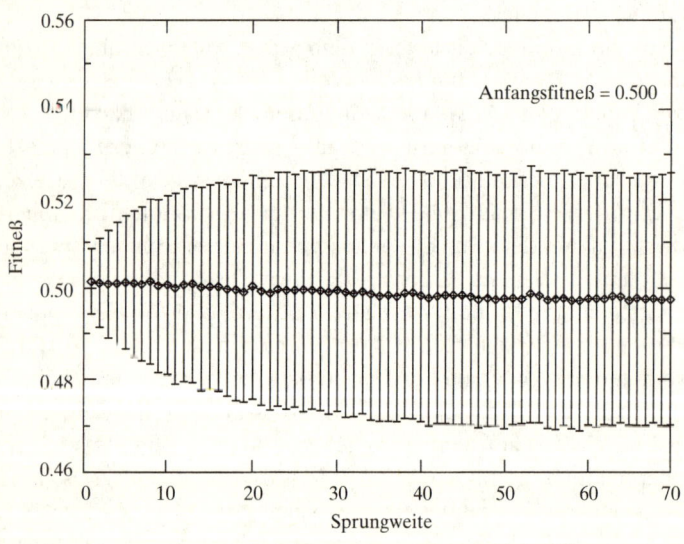

a

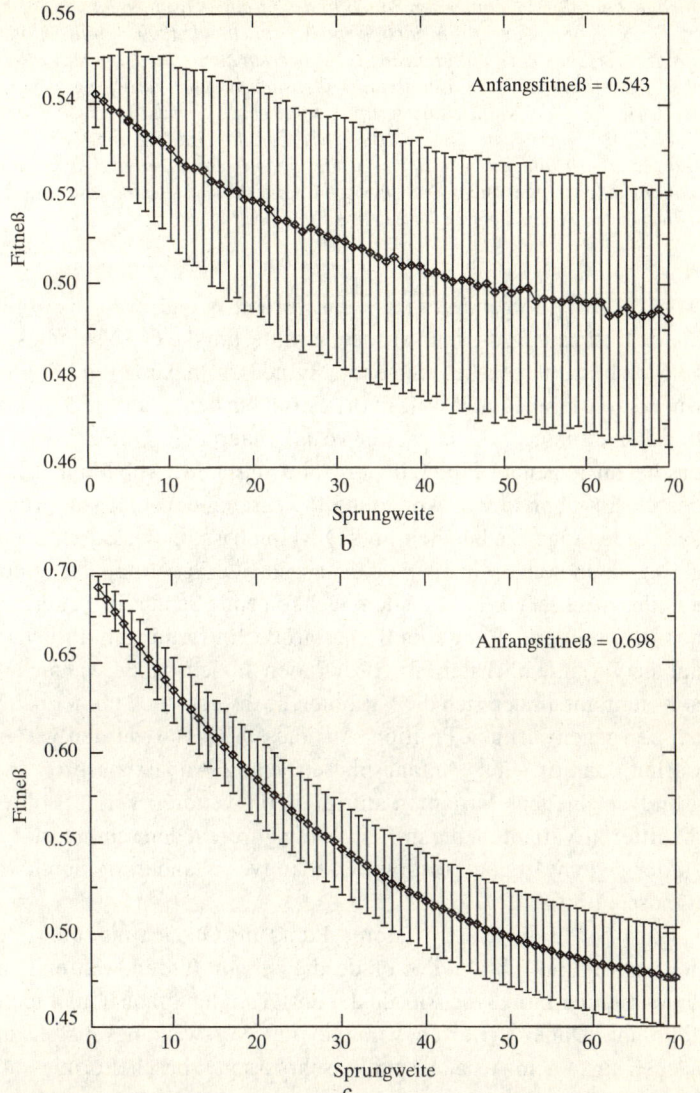

**Abbildung 9.2:** *Je mehr die Fitneß ansteigt, um so ratsamer ist es, die nähere Umgebung abzusuchen. In einer korrelierten Landschaft haben benachbarte Punkte ähnliche Fitneßwerte. Entfernte Punkte können eine sehr viel höhere, aber auch eine sehr viel niedrigere Fitneß besitzen. Daher wächst der optimale*

*Suchabstand mit abnehmender Fitneß und fällt mit steigender Fitneß. (a) bis (c) Die Ergebnisse unseres Modellbeispiels, bei dem wir 1000 »Kundschafter« mit drei verschiedenen anfänglichen Fitneßwerten aussandten, um jede mögliche Entfernung auf der Landschaft abzusuchen. Die Verteilung der Fitneßwerte für jede Kundschaftergruppe folgt einer glockenförmigen Gauß-Kurve. Die Querstriche an den Balken geben für jede Gruppe von 1000 Kundschaftern und für jede Sprungweite die einfache positive und negative Standardabweichung an und entsprechen folglich dem besten beziehungsweise schlechtesten Sechstel der angetroffenen Fitneßwerte.*

Wir wollten folgende Frage beantworten: Wie groß ist die »optimale« Entfernung, die man absuchen sollte, um die Geschwindigkeit von Verbesserungen bei steigender Fitneß zu maximieren? Sollten wir bei mittlerer Fitneß weit in die Ferne blicken, über die Korrelationslänge hinaus, wie ich weiter vorn behauptete? Und sollten wir uns bei ansteigender Fitneß in der Nähe umsehen? Abbildung 9.3, in der die Ergebnisse von Abbildung 9.2 zusammengefaßt sind, zeigt, daß beide Fragen zu bejahen sind. Die Fitneß ist auf der $x$-Achse aufgetragen, und die optimale Suchdistanz zur Verbesserung der Fitneß auf der $y$-Achse. Wir können demnach folgende Schlußfolgerung ziehen: Bei mittlerer Fitneß muß man große Entfernungen absuchen, um die Variante höchster Fitneß zu finden. In dem Maße, wie die Fitneß zunimmt, finden sich die Varianten höchster Fitneß immer näher bei der gegenwärtigen Position. Aus diesem Grund würden wir erwarten, daß in den Anfangsphasen eines Anpassungsprozesses grundverschiedene Varianten auftreten. Im weiteren Verlauf sollten die fitteren Varianten, die in Erscheinung treten, dann immer näher an der gegenwärtigen Position der adaptiven Wanderung durch die Landschaft liegen.

Wir müssen uns einen weiteren Punkt ins Gedächtnis rufen. Bei niedriger Fitneß gibt es viele Pfade, die bergauf führen, während mit zunehmender Fitneß die Anzahl der ansteigenden Pfade immer mehr abnimmt. Daher erwarten wir, daß der Verzweigungsprozeß zunächst, an seinem Ausgangspunkt, sehr rasant, »büschelförmig« abläuft und sich mit wachsender Fitneß zunehmend verlangsamt.

Wenn wir diese beiden Merkmale zerklüfteter, aber korrelierter Landschaften verbinden, sollten wir Radiationen finden, die sich zunächst büschelförmig auffächern und dabei grundverschiedene Va-

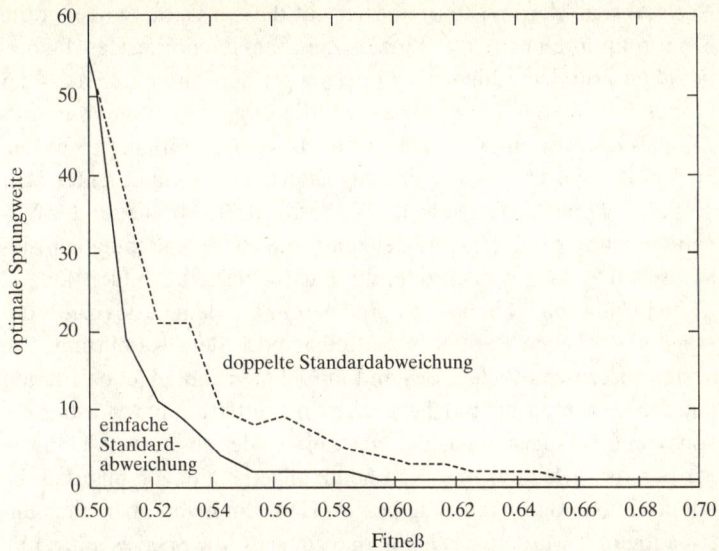

**Abbildung 9.3:** *Der optimale Suchabstand. Wie groß ist die optimale Entfernung, die man absuchen sollte, um bei steigender Fitneß die Geschwindigkeit der Verbesserung zu maximieren? Dieser Graph zeigt, daß bei wachsender Fitneß der optimale Suchabstand von der Hälfte des Raumes auf die unmittelbare Umgebung abnimmt. Bei mittlerer Fitneß sollte man in die Ferne blicken; wenn die Fitneß zunimmt, sollte man hingegen die Nähe absuchen.*

rianten hervorbringen und dann, mit zunehmender Fitneß, immer mehr dazu tendieren, die Lücken durch ähnliche Varianten auszufüllen.

Meines Erachtens sind es genau diese Merkmale, die sowohl die biologische als auch die technologische Evolution auszeichnen.

## Die kambrische Explosion

Vom ersten Kapitel dieses Buches an kredenzte ich Ihnen Bilder von der kambrischen Explosion und der tiefgreifenden Asymmetrie zwischen diesem Schub biologischer Schöpfungskraft und dem folgenden, der sich nach dem späteren Massensterben im Perm zutrug.

Nach Ansicht der meisten Forscher auf diesem Gebiet entstand im Kambrium in einer relativ kurzen Zeitspanne eine riesige Mannigfaltigkeit grundverschiedener morphologischer Formen. Getreu der Linnéschen Taxonomie ordneten wir die Organismen in ein hierarchisches Kategoriensystem ein. Die höchsten Kategorien, Reiche und Stämme (Phyla), erfassen die allgemeinsten Merkmale einer sehr großen Gruppe von Organismen. So besitzen alle Mitglieder des Wirbeltierstammes – Fische, Vögel und Säugetiere einschließlich des Menschen – eine Wirbelsäule, die ein Innenskelett bildet. Die 32 heute bekannten Stämme existieren bereits seit dem Ordovizium, der erdgeschichtlichen Periode unmittelbar nach dem Kambrium. Die besten wissenschaftlichen Bestandsaufnahmen deuten jedoch darauf hin, daß im Kambrium möglicherweise bis zu 100 Stämme existierten, von denen die meisten nach kurzer Zeit wieder ausstarben. Und wie wir bereits darlegten, geht man heute allgemein davon aus, daß die höheren taxonomischen Gruppen im Kambrium von oben nach unten aufgefüllt wurden, das heißt, daß zunächst die Spezies auftraten, die neue Stämme begründeten. Diese Lebewesen, die sich voneinander stark unterschieden, spalteten sich dann in Tochterarten auf, die sich bereits etwas ähnlicher sahen, aber immer noch so deutliche Unterschiede aufwiesen, daß sie eigene taxonomische Klassen begründen konnten. Diese fächerten sich ihrerseits in Tochterarten auf, die sich wiederum ein wenig ähnlicher sahen, aber immer noch so deutliche Unterschiede aufwiesen, daß man sie, zu Recht, als Begründer von Ordnungen klassifiziert. Diese spalteten sich abermals in Tochterarten auf, aus denen Familien hervorgingen, die sich ihrerseits in Gattungen verzweigten. Das Muster der kambrischen Explosion zeigt demnach sehr große Unterschiede zwischen den Arten, die sich zu Beginn des Prozesses verzweigen, und eine sich kontinuierlich abschwächende Variation bei den späteren Verzweigungen.

Im Massensterben im Perm hingegen, vor etwa 245 Millionen Jahren und etwa 300 Millionen Jahre nach der kambrischen Explosion, trat ein ganz anderes Entwicklungsmuster auf. Etwa 96 Prozent aller Spezies starben aus, auch wenn Mitglieder sämtlicher Stämme und zahlreicher niedrigerer Taxa überlebten. In der anschließenden Regenerationsphase entstanden sehr viele neue Gattungen und viele neue Familien sowie eine neue Ordnung. Aber keine einzige neue

Klasse und kein einziger neuer Stamm traten in Erscheinung. Die höheren Taxa wurden von unten nach oben aufgefüllt. Wie lassen sich die gewaltige Explosion der Mannigfaltigkeit im Kambrium und die tiefgreifende Asymmetrie zwischen den Vorgängen im Kambrium und im Perm erklären?

Eng damit verwandt ist das allgemeine Phänomen, daß die meisten grundlegenden Diversifikationen während der Regenerationsphase im Anschluß an ein Massensterben bereits frühzeitig im Prozeß der phylogenetischen Verzweigung auftreten. Die Paläontologen nennen eine solche sich verzweigende Linie eine *Klade*. Sie sprechen von »basislastigen« Kladen, die am Ausgangspunkt ihrer Evolution ein dichtes Verzweigungsmuster aufweisen, und machen darauf aufmerksam, daß sich Gattungen in der Regel schon früh in der Geschichte der Familien, zu denen sie gehören, auffächern, während sich Familien zu einem frühen Zeitpunkt in der Geschichte der Ordnungen, zu denen sie gehören, aufspalten. Kurz, der Fossilbefund scheint darauf hinzudeuten, daß während der Erholungsphasen nach Massensterben der größte Teil der Mannigfaltigkeit relativ rasch entsteht und der Prozeß sich dann verlangsamt. Obgleich sich also in der kambrischen Explosion die Taxa von oben nach unten auffüllten, bei der Wiederherstellung der Diversität im Perm hingegen von unten nach oben, erfolgte doch in beiden Fällen der größte Innovationsschub am Anfang, an den sich dann eine Phase des vorsichtigeren Experimentierens anschloß.

Könnte es sein, daß die allgemeinen Merkmale zerklüfteter Fitneßlandschaften uns Aufschluß geben über diese scheinbaren Merkmale der Evolution während der letzten 550 Millionen Jahre? Wie bereits erwähnt, weist die wahrscheinliche Existenz dreier Zeitskalen in der adaptiven Evolution auf korrelierten, zerklüfteten Fitneßlandschaften, die in Abbildung 9.3 zusammenfassend dargestellt wurden, verblüffende Übereinstimmungen mit der kambrischen Explosion auf. Bereits zu einem frühen Zeitpunkt des Verzweigungsprozesses stoßen wir auf eine Vielzahl von »Weitsprung«-Mutationen, die sich drastisch von der Stammform und voneinander unterscheiden. Diese Spezies weisen so grundlegende morphologische Unterschiede auf, daß man sie als Begründer eigener Stämme klassifizieren kann. Diese Gründer verzweigen sich nun ebenfalls, aber mit Hilfe von Varianten, die etwas kürzere »Weitsprünge« machen; auf diese Weise entstehen Verzweigungen, die von jedem Gründer eines Stammes zu einander unähnlichen Tochterarten führen, die ihrerseits neue Klassen begründen. Im weiteren Verlauf werden besser angepaßte Varianten in immer näheren Gegenden angetroffen, so daß nacheinander die Gründer von Ordnungen, Familien und Gattungen auftreten.

Doch weshalb verlief dann das Wiederaufblühen nach dem Massensterben im Perm anders als das nach der kambrischen Explosion? Kann unser Verständnis von Fitneßlandschaften hier Anhaltspunkte liefern? Vielleicht. Wir müssen hierzu einige weitere biologische Annahmen einführen. Die Biologen stellen sich die Entwicklung von der befruchteten Eizelle zum erwachsenen Individuum als einen Prozeß vor, der dem Bau einer Kathedrale ähnelt. Wenn mit den Fundamenten etwas nicht stimmt, dann wird auch alles andere schiefgehen. Folglich gibt es die weitverbreitete – und vermutlich richtige – Auffassung, daß Mutanten in frühen Entwicklungsstadien die Individualentwicklung stärker beeinträchtigen als Mutanten in späten Entwicklungsstadien. Eine Mutation, die die Bildung der Wirbelsäule und des Rückenmarks stört, führt mit höherer Wahrscheinlichkeit zum Tod als eine Mutation, die sich auf die Anzahl der Finger auswirkt. Nehmen wir an, diese weitverbreitete Auffassung sei richtig. Dann können wir ebensogut sagen, daß Mutanten in frühen Entwicklungsstadien in einer stärker zerklüfteten Landschaft adaptieren als Mutanten in der späteren Entwicklung. Wenn dies der Fall ist, dann nimmt der Prozentsatz der benachbarten Punkte höherer Fitneß für Mutanten in der frühen Entwicklung schneller ab als für Mutanten in späteren Entwicklungsstadien. Folglich entstehen Mutanten, die späte Entwicklungsstadien stören, im Evolutionsprozeß meist eher als Mutanten, die die frühe Entwicklung beeinträchtigen. Wenn dies richtig ist, dann neigt die frühe Entwicklung dazu, vor der späteren Entwicklung »zementiert zu werden«. Doch gerade Änderungen in den frühen Entwicklungsstadien würden grundlegende morphologische Umgestaltungen bewirken, die als Änderungen auf der Ebene des Stammes oder der Klasse angesehen werden könnten. Da der Evolutionsprozeß voranschreitet und die frühe Entwicklung sich abschließt, sollte die rascheste Antwort auf ökologische Gelegenheiten nach einem Massensterben in einer Regeneration mit massiver Artbildung und Radiation bestehen, wobei jedoch die Mutationen spätere Entwicklungsstadien betreffen sollten. Es sollten also keine neuen Stämme oder Klassen auftreten. Die Radiation wird entsprechend den geringfügigen Veränderungen infolge von Mutationen, die späte Entwicklungsstadien betreffen, auf der Ebene von Gattungen und Familien stattfinden. Dann sollten die höheren Taxa von unten nach oben aufgefüllt werden.

Kurz, wenn wir annehmen, daß im Perm die frühen Entwicklungsstadien der Organismen der meisten Stämme und Klassen weitgehend »zementiert waren«, dann ließen sich, nachdem 96 Prozent der Arten ausgestorben waren, nur Merkmale von nachrangiger Bedeutung – vermutlich solche, die durch Mutationen in den späteren Stadien der Entwicklung eines Organismus entstehen – finden und zügig verbessern.

Wenn diese Annahmen richtig sind, dann erklären sich wesentliche Merkmale des Fossilbefundes einschließlich breit gefächerter adaptiver Radiationen, die im Kambrium die Taxa von oben nach unten auffüllten, und die Asymmetrie zur Diversifikation im Perm möglicherweise als natürliche, einfache Folgen der Struktur von Fitneßlandschaften. Außerdem sollten büschelförmige Radiationen die größten morphologischen Variationen in einer frühen Phase des Aufspaltungsprozesses hervorbringen. So würde man erwarten, daß in den Erholungsphasen nach einem Artensterben die Gattungen frühzeitig in der Geschichte ihrer Familien und die Familien frühzeitig in der Geschichte ihrer Ordnungen auftreten. Genau solche »basislastige« Kladen wurden wiederholt im Fossilbefund nachgewiesen.

## Die technologische Evolution in zerklüfteten Landschaften

Auf den ersten Blick scheinen die adaptive Evolution von Organismen und die Entwicklung menschlicher Artefakte nichts miteinander gemein zu haben. Dennoch verglich Bischof Paley einen Uhrmacher, der Uhren herstellt, mit dem göttlichen Uhrmacher, der Organismen herstellt, und später setzte Darwin in seiner Theorie von der Zufallsvariation und der natürlichen Selektion sein Bild eines »blinden Uhrmachers« durch. Nach Auffassung der Biologen sind Mutationen im Hinblick auf ihren künftigen Nutzen zufällig. Der Werkzeugmacher Mensch strebt unentwegt nach Erfindungen und Verbesserungen, angefangen bei den mindestens zwei Millionen Jahre alten ersten einschneidigen Steinwerkzeugen über die zweischneidigen Faustkeile der jüngeren Altsteinzeit bis hin zu den meisterlich gefertigten Klingen aus Feuerstein. Was in aller Welt kann der blinde Prozeß der adaptiven Evolution von Organismen mit der technologischen Evolution gemein haben? Vielleicht nichts, vielleicht sehr viel.

Ungeachtet der Tatsache, daß der Mensch bei der Herstellung von Artefakten mit Vorbedacht und Intelligenz zu Werke geht, sind beide Prozesse doch oftmals mit ähnlichen Problemen widerstreitender Randbedingungen konfrontiert. Zudem vermute ich, daß ein Großteil der technologischen Neuerungen durch Herumbasteln ohne wahres Verständnis für die Folgen zustande kommt, ganz ähnlich wie bei Darwins blindem Uhrmacher, der seine Werke ohne vorherige Kenntnis des künftigen Nutzens von Mutationen zusammenbastelt. Der Mensch denkt; die biologische Evolution denkt nicht. Doch bei sehr schwierigen Problemen mag bloßes Nachdenken nicht viel bringen. Vielleicht sind wir alle relativ blinde Uhrmacher.

Bekannte Merkmale der technologischen Evolution scheinen auf einen Suchvorgang in zerklüfteten Landschaften hinzudeuten. Tatsächlich weisen qualitative Merkmale der technologischen Evolution verblüffende Ähnlichkeiten mit der kambrischen Explosion auf: das Verzweigungsmuster der Radiation, das eine reiche Formenmannigfaltigkeit hervorbringt, ist am Ausgangspunkt büschelförmig; die Verzweigungsrate nimmt dann stetig ab, das Aussterben beginnt, nur einige wenige Grundformen, beispielsweise Stämme, überleben. Außerdem scheint die anfängliche Formenmannigfaltigkeit extrem hoch zu sein und sich dann auf ein immer feineres Ausgestalten zu beschränken. Die »Taxa« füllen sich von oben nach unten auf. Das bedeutet, daß sich anscheinend an jede fundamentale Innovation – Gewehr, Fahrrad, Auto, Flugzeug – eine Phase des radikalen Experimentierens mit grundverschiedenen Formen anschließt, die sich weiter auffächern und dann zu einigen dominanten Linien zusammenlaufen. Ich habe bereits in Kapitel 1 die Formenvielfalt der ersten Fahrräder im 19. Jahrhundert erwähnt: einige ohne Lenkstange, dann

Formen mit kleinen Hinter- und großen Vorderrädern oder mit gleich großen Rädern oder auch mit mehr als zwei Rädern in einer Reihe, wobei sich das zunächst vorherrschende Hochrad weiter auffächerte. Diese Formenfülle der Klasse »Fahrrad« (Mitglieder des Stammes der »Wunder auf Rädern«) reduzierte sich schließlich auf die drei heute dominierenden Formen: Straßenrad, Rennrad und Mountainbike. Oder denken wir an die mannigfaltigen Formen von dampf- und benzinbetriebenen Gefährten zu Beginn des 20. Jahrhunderts, als das Automobil Gestalt annahm. Oder an die ersten Entwürfe von Flugzeugen, Hubschraubern und Motorrädern. Diese qualitativen Eindrücke sind natürlich kein Ersatz für sorgfältige Analysen; dennoch sagten mir mehrere Wirtschaftswissenschaftler unter meinen Kollegen, daß sich dieses Muster in den bekannten Daten ständig wiederholt. Nach einer fundamentalen Innovation wird mit drastischen Abwandlungen dieser Innovation experimentiert, um Verbesserungsmöglichkeiten zu finden. In dem Maße, wie man auf bessere Entwürfe stößt, wird es schwieriger, weitere Verbesserungen zu finden, so daß die Variationen immer bescheidener werden. Soweit dies richtig ist, erinnert es offensichtlich an den Ablauf der kambrischen Explosion, in der die höheren Taxa von oben nach unten aufgefüllt wurden. In beiden Evolutionsformen spiegeln sich möglicherweise die generischen Merkmale adaptiver Verzweigungen auf zerklüfteten, aber korrelierten Fitneßlandschaften wider.

## Lernkurven

Ein zweiter Anhaltspunkt dafür, daß die technologische Entwicklung auf zerklüfteten Landschaften stattfindet, betrifft »Lernkurven« (auch »Erfahrungskurven« genannt) entlang technologischen Trajektorien. Darunter versteht man zweierlei. Erstens: Je größer die Menge eines Produktes ist, die in einer bestimmten Fabrik hergestellt wird, um so effizienter wird die Produktion. Der allgemeine Grundsatz, der von den meisten Wirtschaftswissenschaftlern anerkannt wird, lautet: Bei jeder Verdopplung der in einer Fabrik von einem bestimmten Produkt hergestellten Stückzahl sinken die Stückkosten (ausgedrückt in inflationsbereinigten Währungseinheiten oder Arbeitsstunden) um einen konstanten Prozentsatz, häufig um etwa 20 Prozent. Zweitens: Lernkurven entstehen auch auf sogenannten technologischen Trajektorien. Offenbar nimmt allgemein die Verbesserungsrate bei zahlreichen Technologien mit der Höhe der industriellen Gesamtinvestitionen ab; das bedeutet, daß die Leistungsfähigkeit einer Technologie zunächst sehr schnell und dann immer langsamer verbessert wird.

Derartige Lernkurven gehorchen sogenannten Potenzgesetzen. Betrachten wir ein einfaches Beispiel: Die Kosten in Arbeitsstunden für das $N$te Stück sind gleich $1/N$ der Kosten des ersten gefertigten Stücks. Wenn man also 100 Geräte herstellt, dann kostet das letzte nur 1/100 des ersten. Die besondere Eigenart eines Potenzgesetzes zeigt sich, wenn man den Logarithmus der Stückkosten gegen den Logarithmus der Gesamtproduktionsmenge aufträgt. Man erhält dann nämlich eine Gerade, die zeigt, daß die Stückkosten mit wachsender Produktionsmenge $N$ sinken.

Die Wirtschaftswissenschaftler sind sich der Bedeutung der Lernkurven durchaus bewußt. Das gleiche gilt für Unternehmen, die Lernkurven in ihre Entscheidungen über Budgets für Fertigungsserien und bei der Berechnung des geplanten Verkaufspreises sowie des erwarteten Deckungsumsatzes einbeziehen. Die Tatsache, daß Lernkurven Potenzgesetzen gehorchen, ist sogar von grundlegender Bedeutung für das Wirtschaftswachstum im technologischen Sektor einer Volkswirtschaft, denn während der Anfangsphase rascher Verbesserungen führen Investitionen in die neue Technologie zu zügigen Leistungssteigerungen. Diese wiederum können zu sogenannten steigenden Erträgen führen, die zu weiteren Investitionen anregen und weitere Innovationen begünstigen. Wenn sich der Lerneffekt dann mit der Zeit abschwächt, werden die Verbesserungen pro investierte Geldeinheit immer geringer, und die »reife« Technologie befindet sich nunmehr in einer Periode der sogenannten abnehmenden Erträge. Es wird schwieriger, Kapital für weitere Innovationen aufzubringen. Das Wachstum dieses Technologiesektors läßt nach, die Märkte sind gesättigt, und weiteres Wachstum setzt einen grundlegenden Innovationsschub in einem anderen Sektor voraus.

Trotz der Allgegenwart und der Bedeutung dieser wohlbekannten Merkmale der technologischen Evolution und des Wirtschaftswachstums erklärt anscheinend keine Theorie die Existenz von Lernkurven. Sind unsere einfachen Erkenntnisse über adaptive Prozesse auf Landschaften irgendwie hilfreich? Vielleicht. Der Anstoß zur näheren Erkundung dieser Frage erfolgte auf eine Weise, wie sie für das Santa-Fe-Institut typisch ist. 1987 bat John Reed (der Vorstandsvorsitzende von Citicorp) die beiden Nobelpreisträger Phil Anderson (Physik) und Ken Arrow (Wirtschaftswissenschaften), eine Konferenz zu organisieren, bei der Wirtschaftswissenschaftler, Physiker, Biologen und Experten anderer Gebiete zusammenkämen. Das Institut veranstaltete seine erste Konferenz über Wirtschaftswissenschaften und richtete ein wirtschaftswissenschaftliches Studienprogramm ein, zu dessen erstem Leiter der Wirtschaftswissenschaftler Brian Arthur von der Universität Stanford berufen wurde. Ich selbst versuchte das Konzept der Fitneßlandschaften auf die technologische Evolution zu übertragen. Einige Jahre später nahmen zwei junge Studenten der Wirtschaftswissenschaften, Phil Auerswald von der Universität Washington und José Lobo von der Cornell-Universität, an den Sommerseminaren des Santa-Fe-Instituts zum Thema Komplexität teil und fragten mich, ob sie mit mir zusammenarbeiten könnten, um das Fitneßlandschaftsmodell auf die Wirtschaft anzuwenden. Lobo erzählte dem Ökonom Karl Shell von der Cornell-Universität, der bereits enge Kontakte zum Institut pflegte, von unserem Vorhaben. Im Sommer 1994 machten wir vier uns dann gemeinsam an die Arbeit, unterstützt von Bill Macready, einem Festkörperphysiker am Santa-Fe-Institut, und Thanos Siapas, der am MIT Informatik studiert. Unsere ersten Ergebnisse deuten darauf hin, daß das Ihnen mittlerweile vertraute *NK*-Modell vielleicht tatsächlich eine Reihe wohlbekannter Merkmale von Lernkurven erklären kann: die potenzgesetzliche Beziehung zwischen Stückkosten und Gesamtproduktionsmenge; die Tatsache, daß nach immer längeren Perioden ohne Verbesserungen oftmals plötzliche Verbesserungen zustande kommen; und die Tatsache, daß die Verbesserungskurve typischerweise zunächst abflacht und dann gegen Null strebt.

Erinnern wir uns daran, daß in Zufallslandschaften bei jedem Schritt aufwärts die Anzahl der ansteigenden Pfade konstant um 50 Prozent abnimmt. Allgemein gilt für *NK*-Modelle die Feststellung, daß die Anzahl der benachbarten Varianten höherer Fitneß nach jedem Verbesserungsschritt um einen konstanten Prozentsatz sinkt, sobald $K$ auf einen Wert über 8 ansteigt. Umgekehrt nimmt die Anzahl der »Versuche«, eine Variante höherer Fitneß zu finden, nach jeder Verbesserung um einen konstanten Prozentsatz zu. Folglich verlangsamt sich die Geschwindigkeit, mit der Varianten höherer Fitneß gefunden werden – die Geschwindigkeit schrittweiser Verbesserungen – exponentiell. Wie schnell die exponentielle Verlangsamung jeweils vor sich geht, hängt im $NK$-Modell von $K$ ab: Die Verbesserungen werden um so seltener, je mehr widerstreitende Randbedingungen ($K$) es gibt und je zerklüfteter die Landschaft ist. Erinnern wir uns schließlich daran, daß adaptive Wanderungen auf zerklüfteten Landschaften zu guter Letzt ein lokales Optimum erreichen und keine weiteren Verbesserungen erzielen.

Hier zeigt sich eine verblüffende Ähnlichkeit zu technologischen Trajektorien und Lerneffekten: Die Geschwindigkeit, mit der Varianten höherer Fitneß gefunden werden (das heißt, mit der bessere Produkte hergestellt beziehungsweise die Produktion verbilligt wird), nimmt exponentiell ab und fällt auf Null, sobald ein lokales Optimum erreicht wird. Das ist praktisch nichts anderes als eine Umformulierung von zwei der wohlbekannten Aspekte von Lerneffekten. Erstens: Die Gesamtzahl der »Versuche«, die erforderlich ist, um Varianten höherer Fitneß zu finden, nimmt exponentiell zu; entsprechend erwarten wir, daß immer längere Zeiträume ohne irgendeine Verbesserung vergehen, aber daß es dann zu raschen Verbesserungen kommt, sobald plötzlich eine besser angepaßte Variante auftritt. Zweitens: Adaptive Wanderungen, die auf lokale Bereiche begrenzt sind, enden schließlich auf lokalen Optima, weitere Verbesserungen finden nicht statt.

Doch läßt sich aus dem $Nk$-Modell auch die beobachtete potenzgesetzliche Beziehung ableiten? Zu meiner Freude scheint die Antwort »ja« zu lauten. Wir wissen bereits, daß die Geschwindigkeit, mit der Varianten höherer Fitneß auftreten, exponentiell abnimmt. Doch wie groß ist die Verbesserung bei jedem einzelnen Schritt? Wenn wir im $NK$-Modell statt der »Fitneßwerte« die »Energie« oder die »Stückkosten« betrachten und davon ausgehen, daß adaptive Wanderungen nach einer Minimierung des Energieeinsatzes beziehungsweise der »Kosten« streben, dann zeigt sich, daß die Stückkosten bei jeder Verbesserung um einen annähernd konstanten Prozentsatz sinken. Die Höhe der ersparten Aufwendungen nimmt folglich bei jedem Schritt exponentiell ab, während die Geschwindigkeit, mit der solche Verbesserungen gefunden werden, ebenfalls exponentiell abnimmt. Das für uns vier so erfreuliche Ergebnis lautet also: Die Stückkosten nehmen als eine Potenzfunktion der Gesamtzahl der Versuche beziehungsweise hergestellten Stücke ab. Wenn wir nun den Logarithmus der Stückkosten auf der $y$-Achse und den Logarithmus der Gesamtzahl der Versuche beziehungsweise hergestellten Stücke auf der $x$-Achse auftragen, dann erhalten wir unsere erhoffte lineare (oder annähernd lineare) Beziehung.

Doch damit nicht genug. Zu unserer Überraschung – und trotz unserer in diesem Stadium durchaus angebrachten Skepsis – scheint sich aus unserem guten alten *NK*-Modell nicht nur ein Potenzgesetz ableiten zu lassen, sondern wir stoßen sogar auf Potenzgesetze, deren Steigungskoeffizienten in etwa denen realer Lernkurven entsprechen.

Sie sollten diese Ergebnisse nicht als Beweis dafür betrachten, daß das *NK*-Modell eine angemessene mikroskopische Beschreibung der technologischen Entwicklung darstellt. Das *NK*-Modell beschreibt eine hypothetische Modellwelt und soll uns lediglich eine grobe Orientierung geben. Die recht guten Erfolge dieses ersten Landschaftsmodells lassen darauf schließen, daß ein besseres Verständnis technologischer Landschaften möglicherweise zu einem besseren Verständnis der technologischen Evolution führt.

Ich bin kein Experte auf dem Gebiet der technologischen Evolution, nicht einmal auf dem der kambrischen Explosion. Doch die Parallelen sind verblüffend, und es dürfte sich lohnen, ernsthaft die Möglichkeit in Betracht zu ziehen, daß die Muster der radiativen Verzweigung in der biologischen und der technischen Evolution ähnlich allgemeinen Gesetzen unterliegen. Dies ist nicht sonderlich überraschend, denn alle Formen der adaptiven Evolution erkunden riesige Möglichkeitsräume auf mehr oder minder zerklüfteten »Fitneß«- beziehungsweise »Kosten«-Landschaften. Wenn diese Landschaften weitgehend ähnliche Strukturen aufweisen, dann sollten auch die adaptiven Verzweigungsprozesse ähnlich vor sich gehen.

Vielleicht durchlaufen Gewebe und Terrakottafiguren tatsächlich ähnliche Evolutionen. Vielleicht liegen der Evolution komplexer Gegenstände, gleich, ob es sich um Werke der Natur oder um Werke des Menschen handelt, tatsächlich allgemeine Gesetze zugrunde.

## 10   EINE STUNDE AUF DER BÜHNE

Darwins eigenes Bild für ein Ökosystem ist ein wirres Geflecht, das überschäumt von Leben – Weißdorn, Efeu, Regenwürmer, Finken, Sperlinge, Nachtfalter, Rollassel, unzählige Käferarten, ganz zu schweigen von Eichhörnchen, Füchsen, Fröschen, Farnen, Flieder, Holunderbeere und Moosen. Ein Jahrhundert später sang Dylan Thomas über seine Heimat Wales:

> *On a breakneck of rocks*
> *Tangled with chirrup and fruit,*
> *Froth, flute, fin and quill*
> *At a wood's dancing hoof.\**

Die Lebewesen – in ein Beziehungsgeflecht verwoben, in Rhythmen und Kadenzen ausgelassen miteinander tanzend. Das Wunder ist außerordentlich, und dies um so mehr, als es keinen Choreographen gibt. Jeder Organismus lebt in der Nische, die er der Geschicklichkeit anderer Lebewesen verdankt. Auf der Suche nach seinem eigenen Auskommen bereitet ein jedes unwillkürlich den Boden für andere Lebensformen. Ein Ökosystem ist ein wirres Geflecht miteinander verwobener – metabolischer, morphologischer und verhaltensbezogener – Rollen, das sich auf magische Weise selbst erhält. Die Organismen fangen das Sonnenlicht ein, bauen aus Kohlendioxid und Wasser Zucker auf, binden Stickstoff und bauen ihn in Aminosäuren ein, und die eingefangene Energie treibt die wechselwirkenden Stoffwechselsysteme in Zellen, in Organismen und zwischen Organismen an.

Vor vier Milliarden Jahren traf eine Masse von Molekülen aufeinander, die sich zum Tanz aufforderten und sich blindlings gegenseitig katalysierten, bis eine kritische Diversitätsschwelle erreicht wurde,

---

\*Auf steil abfallenden Felsen, / verstrickt in Gezwitscher und Frucht, / Schaum, Flöte, Flosse und Feder / am tanzenden Huf eines Waldes

an der die ersten selbsterhaltenden Reaktionsnetzwerke entstanden und Leben erschufen. Aus ziellosen Wechselwirkungen gingen die emergenten Phänomene des zellulären Lebens hervor, und die Zellen, die durch metabolische Austauschvorgänge miteinander verbunden waren, erschufen blindlings die ersten Ökosysteme. Diese Ökosysteme brachten im Lauf der Jahrmilliarden eine verschwenderische Fülle von Arten hervor, die schon nach kurzer Zeit wieder von der Bühne des Lebens verschwanden. Und auf jeder Ebene des Entfaltungsprozesses spüren wir eine emergente Gesetzmäßigkeit.

David Raup, ein renommierter Paläontologe von der Universität Chicago schätzt, daß zwischen 99 und 99,9 Prozent aller Arten, die jemals existiert haben, wieder ausgestorben sind. Heute beherbergt die Erde vermutlich zwischen 10 und 100 Millionen Arten. Demnach sind in der Geschichte des Lebens möglicherweise zwischen 10 und 100 Milliarden Arten entstanden und wieder verschwunden. Einhundert Milliarden Schauspieler, die eine Stunde lang auf der Bühne herumstolzierten und ihr Bestes gaben, um dann auf Nimmerwiedersehen zu verschwinden.

Wir wissen sehr wenig über die Methoden, mit denen offene thermodynamische Systeme wie die Erde Ordnung erzeugen. Doch viele von uns ahnen, daß hinter der verschwenderischen Fülle eine Gesetzmäßigkeit stecken muß – Hinweise darauf gibt es, ungeachtet unserer gewaltigen Unwissenheit, und zwar auf drei Ebenen. Die erste Ebene ist die einer Lebensgemeinschaft oder eines Ökosystems, in dem sich Spezies vergesellschaften und ihr Auskommen in den Nischen finden, die sie füreinander schaffen. Die zweite Ebene, die oftmals längere Zeiträume umfaßt als der Aufbau von Lebensgemeinschaften und der ökologische Wandel, ist die der Koevolution. Die Arten evolvieren auf ihren Fitneßlandschaften nämlich nicht allein (wie in den Kapiteln 8 und 9 beschrieben), sondern in Wechselwirkung miteinander. Unsere Idealisierung, die von beständigen und unveränderlichen Fitneßlandschaften ausging, ist falsch. Fitneßlandschaften verändern sich, weil sich die Umwelt verändert. Und die Fitneßlandschaft einer Art verändert sich, weil die anderen Arten, die ihre Nische schaffen, sich an ihre eigenen Fitneßlandschaften anpassen. Fledermaus und Frosch, Räuber und Beute, koevolvieren. Jede adaptive Bewegung der Fledermäuse formt die Landschaft der Frösche um. Die Arten evolvieren auf gekoppelten, »tanzenden« Fitneßlandschaften.

Doch gibt es eine noch höhere, dritte Ebene, die vermutlich noch längere Zeiträume überspannt als koevolutionäre Prozesse. Die Koevolution von Organismen ändert sowohl die Organismen selbst als auch die Formen ihrer Wechselwirkung. Im Lauf der Zeit ändert sich daher nicht nur die Zerklüftung der Fitneßlandschaften, sondern auch ihre Elastizität – die angibt, wie leicht eine Landschaft durch die adaptiven Schritte der Mitspieler verformbar ist. Der Prozeß der Koevolution unterliegt also selbst einer Evolution!

Keiner dieser Rhythmen wurde von einem Choreographen ersonnen. Die Selektion setzt auf der Ebene des Einzelorganismus an. Die Selektion siebt die besser angepaßten *Individuen* aus – jene, die wahrscheinlich die meisten Nachkommen hinterlassen werden. Dagegen greift sie, meinen die Biologen, höchstwahrscheinlich nicht auf der Ebene von Gruppen an, sondern also nicht die bestangepaßte aus mehreren konkurrierenden Gruppen aus. Und sie greift auch nicht auf der Ebene ganzer Arten oder Ökosysteme an. Das große Rätsel besteht darin, daß die emergente Ordnung auf der Ebene der Lebensgemeinschaften – in der Vergesellschaftung als solcher, in der Koevolution und in der Entwicklung der Koevolution – höchstwahrscheinlich die Selektion auf der Ebene der Einzelorganismen widerspiegelt. Adam Smith war der erste, der in seiner Abhandlung *Der Reichtum der Nationen* das Konzept einer »unsichtbaren Hand« einführte: Danach mehrt jedes Wirtschaftssubjekt, das rein aus eigennützigen Motiven handelt, unwillkürlich auch den Nutzen der Allgemeinheit. Wenn die Selektion lediglich auf der Ebene des Individuums ansetzt und unablässig Varianten höherer Fitneß aussiebt, die aus »purem Eigennutz« mehr Nachkommen hinterlassen, dann ist die emergente Ordnung von Lebensgemeinschaften, Ökosystemen und koevolvierenden Systemen sowie die Koevolution selbst das Werk eines unsichtbaren Choreographen. Wir suchen die Gesetze, die als Choreograph wirken. Und wir werden Hinweise auf solche Gesetze finden, denn die Entwicklung der Koevolution kann womöglich koevolvierende Spezies dazu bringen, in einem dauerhaften Schwebezustand zwischen Ordnung und Chaos zu verharren: in der Region, die ich »Rand des Chaos« genannt habe.

## Lebensgemeinschaften

Die Ökologen, die sich mit dem Aufbau und der Dynamik von Lebensgemeinschaften befassen, können sich dabei auf eine Reihe bewährter Theorien stützen. Die erste Theorie betrifft die Populationsdynamik in Ökosystemen, die sich aus Räubern und Beutetieren oder aus anderen Netzen von Wechselbeziehungen zusammensetzen. In den ersten Jahrzehnten des 20. Jahrhunderts legten zwei theoretische Biologen, A. J. Lotka und V. J. Volterra, die wichtigsten, noch immer gültigen theoretischen Grundlagen der Populationsdynamik und formulierten einfache Modelle über die Zu- und Abnahme der Populationsdichte verschiedener, miteinander wechselwirkender Arten in einer Gemeinschaft.

Betrachten wir ein hypothetisches Ökosystem aus Gras, Hasen und Füchsen – also aus je einem Vertreter der Pflanzen, der Pflanzenfresser und der Fleischfresser. Die einfachsten Modelle gehen davon aus, daß das Gras wächst und, im einfachsten Fall, in gleichbleibender Menge je Quadratkilometer zur Verfügung steht. Die Hasen fressen das Gras und tun das, was Hasen tun, um kleine Hasen zur Welt zu bringen. Die Füchse jagen Hasen, fressen diese, paaren sich und bringen Fuchsbabys zur Welt. Ausgangspunkt der Theorie ist eine Gleichung für die Zuwachs- beziehungsweise Abnahmerate der Hasenpopulation in Abhängigkeit von der gegenwärtigen Hasen- und Fuchspopulation und eine weitere Gleichung der Zuwachs- beziehungsweise Abnahmerate der Fuchspopulation in Abhängigkeit von der gegenwärtigen Hasen- und Fuchspopulation. Es handelt sich beide Male um eine sogenannte Differentialgleichung, also um eine Gleichung, die die Änderungsrate einer Größe angibt – zum Beispiel der Anzahl der Mitglieder einer Population –, in unserem Fall der gegenwärtigen Anzahl der Füchse und Hasen. Man »löst« die Gleichungen einfach dadurch, daß man mit einer bestimmten Population von Füchsen und Hasen je Quadratkilometer beginnt und dann den »Vorhersagen« der Gleichungen folgt, die angeben, wie diese Populationen mit der Zeit zu- oder abnehmen.

In den Modellen zeigt sich nun im allgemeinen, daß die Gemeinschaft entweder in einen stationären Zustand übergeht oder aber anhaltende Schwankungen zeigt. Abbildung 10.1 zeigt die beiden Verhaltensmuster; die Fuchs- und die Hasenpopulation sind auf der *y*-Achse aufgetragen und die verstrichene Zeit auf der *x*-Achse. Im ersten Fall pendeln sich die Hasen- und Fuchspopulationen, die durchaus eine Zeitlang Schwankungen nach oben und unten durchmachen können, letztlich auf konstanten Höhen ein. Im zweiten Fall treten die Hasen- und Fuchspopulationen in ein Muster der Zu- und Abnahme ein – also in ein beständiges Schwanken, das Grenzzyklus genannt wird. Zunächst ist die Fuchspopulation klein, so daß die Anzahl der neugeborenen Hasen größer ist als die Anzahl der von den Füchsen gefressenen Hasen. Die Hasenpopulation wächst also zunächst. Bald aber gibt es so viele Hasen als Nahrung für die Füchse, daß die Fuchspopulation wächst. In dem Maße aber, wie die Fuchspopulation größer wird, übersteigt die Anzahl der gefressenen die der neugeborenen Hasen, und die Hasenpopulation schrumpft. Wenn die Hasenpopulation abnimmt, reicht die Anzahl der Hasen nicht mehr aus, um die Füchse zu ernähren, so daß die Fuchspopulation ebenfalls schrumpft. Doch sobald die Fuchspopulation wieder klein

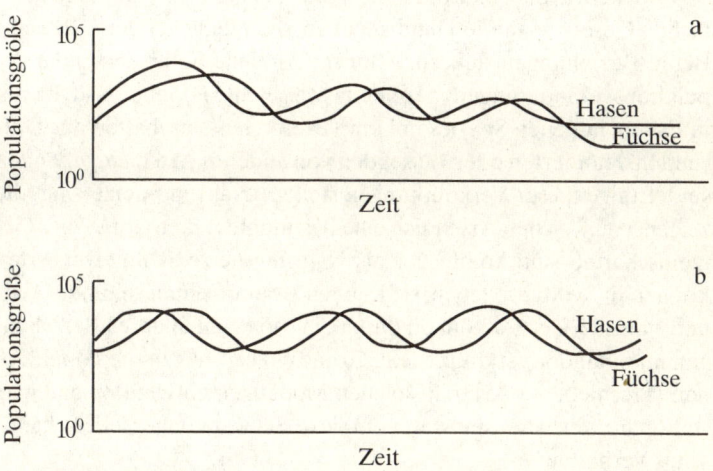

**Abbildung 10.1:** *Ein hypothetisches Ökosystem aus Füchsen und Hasen. Die aktuelle Populationsgröße ist aufgetragen gegen die verstrichene Zeit. (a) Das System geht in einen stationären Zustand über, in dem die Größe beider Populationen konstant bleibt. (b) Die Hasen- und Fuchspopulationen durchlaufen langzeitige Schwankungen, einen sogenannten Grenzzyklus.*

ist, beginnen sich die Hasen, unbehelligt von den Füchsen, erneut stark zu vermehren. Auf diese Weise geht die Oszillation endlos weiter.

Solche Schwankungen sind in realen Ökosystemen häufig anzutreffen. Es waren Berichte über Schwankungen der Fischfangquoten in der Adria, die Volterra zu seinem Beitrag zu den Lotka-Volterra-Gleichungen anregten. Langzeitschwankungen in den Populationsgrößen von Polarfuchs und Hase wurden über zahlreiche Zyklen dokumentiert. Sogar komplexere Verhaltensweisen einschließlich des Chaos mit seinem berühmten Schmetterlingseffekt können im Modell und wahrscheinlich auch in realen Ökosystemen auftreten. Tatsächlich wurde ein Großteil der frühen Arbeiten über die Chaostheorie von mathematischen Ökologen durchgeführt. In chaotischen Systemen können beliebig kleine Änderungen der Anfangsbedingungen – der Anzahl der Hasen oder Füchse zum Beispiel – zu einer drastischen Änderung der künftigen Evolution des Systems führen.

Modelle wie die von Lotka und Volterra haben den Ökologen einfache »Gesetze« an die Hand gegeben, die möglicherweise Räuber-Beute-Beziehungen steuern. Ähnliche Modelle untersuchen die Populationsveränderungen beziehungsweise die Populationsdynamik in Fällen, in denen Spezies in komplexere Gemeinschaften aus Dutzenden, Hunderten oder Tausenden von anderen Arten eingebunden sind. Einige dieser Verknüpfungen stellen »Nahrungsnetze« dar, die zeigen, von welchen Arten sich eine bestimmte Art ernährt. Aber Gemeinschaften sind komplexer als Nahrungsnetze, denn zwei Arten können in Symbiose leben, sie können Konkurrenten sein oder Wirt und Parasit, oder sie können durch eine Vielzahl anderer Beziehungen miteinander verknüpft sein. Grundsätzlich zeigen die Populationen verschiedener Arten in solchen Modellgemeinschaften einfache stationäre Verhaltensmuster, komplexe Schwankungen oder chaotisches Verhalten.

Erwartungsgemäß schwinden die Populationen einiger Spezies mitunter so sehr, daß sie kurz vor dem Aussterben stehen. Unterdessen aber wandern vielleicht andere Arten in die Gemeinschaft ein, wodurch sie das Netz der Wechselbeziehungen und die Populationsdynamik verändern. Eine neue Art, die in eine Gemeinschaft einwandert, erhöht möglicherweise die Populationsdichte anderer Arten oder bringt wieder andere Arten zum Aussterben.

Diese Tatsachen führen uns zur nächsten Ebene der ökologischen Theorie: dem Aufbau einer Lebensgemeinschaft. Die Grundfrage hier lautet: Wie schließen sich Arten zu stabilen Gemeinschaften zusammen? Wir kennen die Antwort nicht. Allerdings wurden zahlreiche Einzelprobleme experimentell erforscht. Angenommen beispielsweise, wir umzäunen ein Stück Prärie oder auch ein Stück der Sonora-Wüste, so daß gewisse Kleintierarten nicht mehr in den abgegrenzten Bezirk eindringen können. Die Zusammensetzung der Pflanzengemeinschaft in dieser »Landschaftszelle« (Ökotop) würde sich im Lauf der Zeit ändern. Nun scheint die Vermutung nahezuliegen, daß nach Beseitigung des Zaunes die ursprüngliche Pflanzengemeinschaft wiedersteht. Aber sie ist offenbar falsch. Denn in der Regel erhält man eine *andere* stabile Gemeinschaft! Bei einem gegebenen »Reservoir« von Arten, die in eine Landschaftszelle einwandern können, ist die Zusammensetzung der Lebensgemeinschaft, die sich dort bildet, anscheinend in hohem Maße von der Reihenfolge der einwandernden Arten abhängig. Mein Freund, der Ökologe Stuart Pimm, hat den Begriff des »Humpty-Dumpty-Effekts«* geprägt: Nicht immer läßt sich der ursprüngliche Zustand eines Ökosystems wiederherstellen, wenn nur noch ein paar Restarten in der Gemeinschaft verblieben sind. Pimm führt ein lehrreiches Beispiel an: die Änderungen der Pflanzen- und Tiergemeinschaften in der nordamerikanischen Prärie von einer Zwischeneiszeit zur nächsten. In den letzten zehntausend Jahren gab es in diesem Lebensraum Menschen, Bisons und Antilopen. In der vorangegangenen Zwischeneiszeit gab es sehr viel mehr Großsäugerarten – Pferde, Kamele, Riesenfaultiere und weitere Spezies. Und auch die Pflanzengemeinschaften veränderten sich. Die Gemeinschaften setzten sich in jeder Periode aus verschiedenen Kombinationen von Arten zusammen.

Pimm und seine Kollegen versuchten, diese Phänomene zu verstehen, und gelangten schließlich zu einer Erklärung, die große Ähnlichkeit hat mit den Modellen von Fitneßlandschaften, die wir in den

---

* *Humpty-Dumpty:* etwas Zerbrechliches, das nicht wiederhergestellt werden kann. A. d. Ü.

Kapiteln 8 und 9 behandelten. Sie betrachteten verschiedene Gemeinschaften als Punkte in einer *Gemeinschaftslandschaft*. Änderten sie nun den ursprünglichen Artenbestand, dann erklomm die Gemeinschaft einen anderen Gipfel, das heißt, sie wurde zu einer stabilen Gemeinschaft mit einer anderen Zusammensetzung. Sie modellierten den Vergesellschaftungsprozeß mit Hilfe von Gleichungen des Lotka-Volterra-Typs. Dabei gingen sie von einem hypothetischen Reservoir von Arten aus: Einige Arten, wie Gras, vermehren sich lediglich; andere Arten, wie Hasen, fressen Gras und vermehren sich; wieder andere Arten, wie Füchse, fressen Hasen und vermehren sich.

In diesen Modellen bevölkern Pimm und seine Kollegen eine Landschaftszelle mit zufällig ausgewählten Arten und beobachten die Populationsentwicklung. Wenn die Populationsgröße einer Art gegen Null geht, die Art also ausstirbt, wird sie aus der Landschaftszelle »entfernt«. Die Ergebnisse ihrer Untersuchungen sind faszinierend, aber harren noch immer einer befriedigenden Erklärung. Zunächst, so hat sich gezeigt, kann man leicht neue Arten hinzufügen, doch wird dies um so schwerer, je mehr Arten bereits eingeführt wurden. Das bedeutet, daß man mehr zufällig ausgewählte Arten in die Landschaftszelle einbringen muß, um eine Art zu finden, die mit den übrigen Arten der im Aufbau befindlichen Gemeinschaft koexistieren kann. Schließlich ist die Modellgemeinschaft *gesättigt* und stabil, das heißt, es können keine weiteren Arten mehr aufgenommen werden. Wenn man die Simulation mit demselben Reservoir hypothetischer Arten immer wieder ausführt, zeigt sich jedoch, daß man je nach der Reihenfolge, in der die Arten eingeführt werden, sehr unterschiedliche stabile Gemeinschaften erhält. Was geschieht mit einer stabilen Gemeinschaft, wenn eine Art entfernt wird? Man stellt fest, daß die Gemeinschaft möglicherweise von lawinenartigen Extinktionsereignissen heimgesucht wird. Eine solche Extinktionslawine wird durch Kettenreaktionen ausgelöst. Das Aussterben einer bestimmten Grasart führt zum Aussterben eines Pflanzenfressers, der sich von ihr ernährt hat; dies wiederum führt dazu, daß manche Fleischfresser, die sich von den nunmehr verschwundenen Pflanzenfressern ernährten, aussterben. Umgekehrt kann die Beseitigung eines Fleischfressers den Druck auf zwei Arten von Pflanzenfressern vermindern, wodurch eine der beiden Arten möglicherweise die andere im Wettbewerb um die Nahrungsquelle Gras überflügelt und sie so zum Aussterben bringt. Diese Studien zeigen ferner, daß zahlreiche kleine und nur wenige große Extinktionslawinen auftreten.

Die Ergebnisse der Experimente von Pimm und seinen Kollegen sind möglicherweise von sehr weitreichender, sehr grundlegender Bedeutung. Es scheint sich nämlich abzuzeichnen, daß die Extinktionslawinen einer ganz speziellen Verteilung folgen, der sogenannten Potenzverteilung. Angenommen, wir tragen die Größe eines Extinktionsereignisses, gemessen an der Anzahl der ausgestorbenen Arten, auf der $x$-Achse auf und die Anzahl der Extinktionsereignisse einer bestimmten Größe auf der $y$-Achse (Abbildung 10.2a). Es gibt, wie gesagt, zahlreiche kleine Extinktionslawinen und wenige große. Bei einer echten Potenzverteilung sollte die Anzahl der Lawinen einer bestimmten Größe proportional zu der mit einem gegebenen Exponenten versehenen Lawinengröße abnehmen. Dies läßt sich auf eine einfache Weise überprüfen. Wir tragen den Logarithmus der Größe der Extinktionslawine auf der $x$-Achse und den Logarithmus der Anzahl der Extinktionsereignisse einer bestimmten Größe auf der $y$-Achse auf. Wenn wir nun in einem sogenannten doppeltlogarithmischen Diagramm eine Potenzbeziehung darstellen, erhalten wir eine Gerade – das ist sozusagen der »Lackmustest« dafür, ob wirklich eine solche Beziehung vorliegt (Abbildung 10.2b).

Zwei Merkmale solcher Verteilungen sind von allergrößtem Interesse. Erstens bedeutet ein Potenzgesetz, daß Extinktionen in allen Größenklassen auftreten können. Die einzige Größenbeschränkung, der die größte Lawine unterliegt, ist die Anzahl der Arten des Gesamtsystems. Kleine Extinktionslawinen sind häufig, doch wenn man nur lange genug wartet, wird man schließlich ein Extinktionsereignis beliebiger Größe antreffen. Das zweite höchst aufschlußreiche Merkmal besteht darin, daß dasselbe kleine Anfangsereignis, in diesem Fall die Beseitigung einer Art, sowohl kleine als auch sehr große Extinktionsereignisse auslösen kann. Systeme, deren Verhalten einem Potenzgesetz gehorchen, befinden sich oftmals in einem labilen Gleichgewicht, so daß ein und dasselbe kleine Ereignis eine kleine, aber ebensogut eine katastrophale Lawine von Änderungen in Gang setzen kann.

Wir finden auf verschiedensten Ebenen weitere Anhaltspunkte für

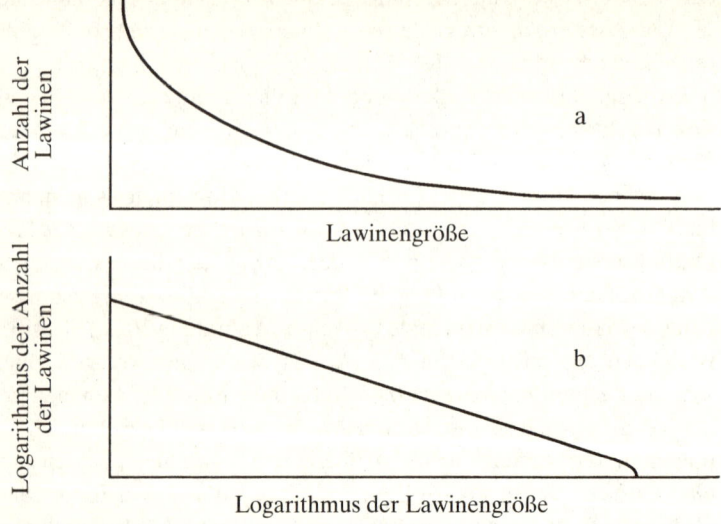

**Abbildung 10.2:** *Extinktionslawinen. Eine hypothetische Verteilung von Extinktionslawinen. (a) Die Größe (Anzahl der betroffenen Arten) eines Extinktionsereignisses ist aufgetragen gegen die Anzahl der Lawinen der einzelnen Größen. Man sieht, daß viele kleine und wenige große Lawinen auftreten. (b) Dieselben Daten sind unter Verwendung logarithmischer Maßstäbe neu aufgetragen. Man erhält eine lineare Beziehung, die typisch ist für eine Potenzverteilung.*

Potenzverteilungen. In den Kapiteln 4 und 5 erkundeten wir den »Chaosrand« in Booleschen Genomnetzwerken. Erinnern wir uns, daß die Umschaltung eines einzelnen binären Gens eine ganze Kaskade von Änderungen auslösen kann. In der Phasenübergangsregion zwischen Ordnung und Chaos folgen die Größen solcher Kaskaden oder Lawinen höchstwahrscheinlich einer Potenzverteilung, wobei zahlreiche kleine und wenige große Lawinen Änderungssignale aussenden, die sich durch das ganze System fortpflanzen. Tatsächlich treten an zahlreichen Phasenübergängen Potenzverteilungen auf. Als wir in Kapitel 6 die komplexe Stoffwechselvernetzung in Ökosystemen betrachteten, ergab sich die Möglichkeit, daß Ökosysteme zur subkritisch-suprakritischen Grenze evolvieren. Dort beträgt die »Verzweigungswahrscheinlichkeit« von Kettenreaktionen, bei denen neue Moleküle gebildet werden, genau 1,0. Die Innovationsschübe auf molekularer Ebene sollten daher ebenfalls einer Potenzverteilung gehorchen. Nun haben wir Anhaltspunkte für Potenzverteilungen bei Extinktionsereignissen in Modellen der ökologischen Vergesellschaftung kennengelernt. Weiter unten in diesem Kapitel werden wir sehen, daß in anderen Koevolutionsmodellen ebenfalls Potenzverteilungen bei Extinktionsereignissen vorkommen. Und wir werden fossile Belege dafür finden, daß das reale Artensterben näherungsweise Potenzgesetzen gehorcht. Dies alles sind Modelle für gleichgewichtsferne Systeme; sie alle zeigen ähnliche emergente Regelmäßigkeiten. Vielleicht stehen wir vor der Aufklärung eines allgemeingültigen Gesetzes.

Nicht nur wegen der Verteilung von Extinktionsereignissen, sondern auch noch aus anderen Gründen sind Simulationsstudien über den Aufbau von Lebensgemeinschaften von besonderem Interesse. So versteht es sich keineswegs von selbst, daß Modellgemeinschaften eine »Sättigungsgrenze« aufweisen, weshalb es immer schwerer und endlich unmöglich wird, neue Arten in sie einzuführen. Wenn man eine »Gemeinschaftslandschaft« entwirft, in der jeder Geländepunkt eine andere Kombination von Arten darstellt, dann repräsentieren die Gipfel Punkte hoher Fitneß – also Kombinationen, die stabil sind. Während eine Art eine Fitneßlandschaft mit Hilfe von Genmutationen durchwandert, bewegt sich eine Gemeinschaft in einer Gemeinschaftslandschaft dadurch, daß sie eine neue Art entweder aufnimmt oder ausmerzt. Pimm behauptet, daß der Aufstieg einer Gemeinschaft um so schwieriger wird, je näher sie einem Fitneßgipfel kommt. Je höher die Gemeinschaft klettert, um so weniger ansteigende Pfade findet sie, und um so schwieriger wird folglich die Einführung neuer Arten. Sobald die Gemeinschaft einen Gipfel erreicht hat, kann sie keine neue Art mehr aufnehmen: Die Sättigungsgrenze ist erreicht. Und von einem Ausgangspunkt kann die Gemeinschaft verschiedene lokale Gipfel erklimmen, die jeweils eine andere stabile Gemeinschaft darstellen.

Pimm räumt ein, daß die Verwendung der Landschaftsmetapher in diesem Zusammenhang problematisch ist. Die Schwierigkeit ist, daß er den Raum aller möglichen Gemeinschaften veranschaulicht, die aus seinem hypothetischen Artenreservoir hervorgehen können. Die

Gemeinschaftsdynamik besteht dann darin, durch Hinzufügen oder Tilgen einer Art von einer Gemeinschaft zu einer benachbarten Gemeinschaft überzugehen. Wenn es nun so etwas wie die »Fitneß der Lebensgemeinschaft« gäbe, dann erhielten wir konsequenterweise auch unsere altbekannte Fitneßlandschaft. Der Haken bei der Sache ist aber, daß es nicht von vornherein sinnvoll ist, von einer »Gemeinschafts«fitneß zu sprechen. Ob ich, das Östliche Moskitogras oder Eichhörnchen in eine Landschaftszelle eindringt, hängt davon ab, ob ich in der neuen Umgebung mit den anderen Arten zusammenleben kann. Der Erfolg meiner Einwanderung ist nicht unmittelbar davon abhängig, daß ich die Fitneß der Gemeinschaft erhöhe. Und doch verhalten sich die Simulationen von Pimm so, *als ob* es eine solche »Gemeinschaftsfitneß« gäbe, als ob Gemeinschaften tatsächlich Fitneßgipfel erklömmen. Aber so sehen wir immerhin im Modell, wenn auch nicht im wirklichen Leben, ein emergentes Phänomen. Die Entscheidungen darüber, wie die Wechselbeziehungen zwischen den Arten gestaltet sind – wer Räuber ist, wer Beute, wer Parasit und wer Wirt und so weiter –, basieren auf einer Zufallsverteilung. Und deshalb verhalten sich die Modellgemeinschaften so, als ob sie lokale Gipfel erkletterten und einen stabilen Zustand anstrebten, ohne daß Stuart Pimm und seine Kollegen als planvoll handelnde Choreographen fungieren, ja, ohne daß sie auch nur verstehen, weshalb dies geschieht. Eine »unsichtbare Hand« scheint das Geschehen zu steuern.

## Koevolution

In den vereinfachten Modellen, die wir bislang betrachtet haben, waren die Arten selbst unveränderlich; sie durchliefen keine Evolution. Wenn wir Modelle entwerfen wollen, die uns helfen, reale Ökosysteme zu verstehen, dann müssen wir beobachten, was mit Arten geschieht, die sich in Wechselwirkung miteinander verändern, mit koevolvierenden Arten also.

Arten leben in Nischen, die durch andere Arten geschaffen wurden. Das war schon immer so und wird vermutlich auch immer so sein. Sobald die ersten Lebensformen entstanden waren und sich zu diversifizieren begannen, wobei sie Moleküle austauschten, die ihre

Partner vergiften oder ernähren konnten, traten sie in einen koevolutionären Reigen ein und rangelten um die besten Plätze als Symbionten, Konkurrenten, Räuber und Beute oder Wirte und Parasiten.

Blumen koevolvierten mit den Insekten, die sie bestäubten und sich von ihrem Nektar ernährten. Dieser sich über Jahrmillionen erhaltende Mutualismus erzeugt die Schönheit einer Spätsommerwiese, auf der Bienen noch immer Nahrung sammeln und ihren Artgenossen durch ihren Tanz neuentdeckte Fundorte mitteilen. Die Wurzelknöllchen bestimmter Pflanzenarten versorgen Bakterien mit Kohlehydraten, und die Bakterien ihrerseits binden Stickstoff, der damit der Pflanze zur weiteren Verwertung zur Verfügung steht. Wir versorgen die Pflanzen mit Kohlendioxid, und die Pflanzen versorgen uns mit Sauerstoff. Wir alle tauschen unsere Produkte aus. Das Leben ist ein gigantisches Monopoly-Spiel mit der Energie als Basiswährung und der Sonne als Notenbank.

Dieser koevolvierende Mutualismus ist weiter verbreitet, als man ursprünglich annahm, und er kann zwei Lebewesen sehr eng aneinander binden. Wie bereits erwähnt, gibt es immer mehr Anhaltspunkte dafür, daß die komplexen eukaryontischen Zellen, aus denen die Vielzeller bestehen, durch ein endosymbiotisches Bündnis entstanden sind, in dem sich ursprünglich freilebende Bakterien in Mitochondrien und Chloroplasten umwandelten. In den Mitochondrien findet man noch immer ein autonomes Genomsystem, das, zumindest in Teilen, als Überrest des Genomsystems der freilebenden Ahnenform gilt. Man stelle sich vor, wie kompliziert es ist, die Stoffwechselsysteme zweier Zellen – Wirt und Endosymbiont – so zu verknüpfen, daß beide Teile Nutzen daraus ziehen, wobei sich die Mitochondrien mit einer Geschwindigkeit teilen, die in jeder Zelle eine stabile Population aufrechterhält, während die Zelle die energetischen Früchte dieser Mühe genießt. Bakterien beherbergen ebenfalls etwas ähnliches wie Endosymbionten – ringförmig geschlossene DNS-Moleküle, sogenannte Plasmide –, die sich nur in bakteriellen Wirtszellen teilen können und bestimmte molekulare Tricks beherrschen, wie etwa die Resistenz gegen gewisse Antibiotika.

Doch die Koevolution ist nicht auf Mutualismus und Symbiose beschränkt. Wirt-Parasit-Systeme koevolvieren, vom Malaria- bis hin zum AIDS-Erreger HIV. Der Malariaerreger verändert seine Oberflächenantigene, um nicht vom Wirt erkannt zu werden; das Immunsystem des Wirts evolviert, um sich auf den Malariaerreger einzustellen, ihn aufzuspüren und zu vernichten. Es entspinnt sich ein molekulares Versteckspiel. Dasselbe koevolutionäre Versteckspiel findet in einer dramatischen Form und mit oftmals tödlichem Ausgang im Körper eines HIV-Infizierten statt. In der wachsenden Viruspopulation einer HIV-positiven Person kommt es zu einer raschen Folge von Mutationen. Wir wissen dies aufgrund detaillierter DNS-Sequenzierungen der Viruspopulation einzelner Individuen. Wie in der kambrischen Explosion und in der Erholungsphase nach einem Massensterben scheint es auch hier zu einer schnellen Radiation der viralen DNS-Sequenzen zu kommen. Einer Theorie zufolge wird diese Diversifikation durch die Evolution der Viren angetrieben, die der durch die HIV-Infektion ausgelösten Immunantwort zu entgehen suchen. Aber auch die Antikörper evolvieren in dem Maße, wie sich das Immunsystem auf das Virus einzustellen bemüht. Auch hier findet also ein molekulares Versteckspiel statt. Das menschliche Immunsystem und HIV koevolvieren. Fatalerweise gewinnt das HIV gegenwärtig in vielen Fällen die tödliche Oberhand, denn es dringt nicht zum Beispiel in die Schleimhautzellen des Kehlkopfs ein (wo es zu einer Kehlkopfentzündung führen würde), sondern in die T-Helferzellen des Immunsystems selbst. Verschiedene Therapieansätze versuchen deshalb auch, die Bindung und das Eindringen des HIV in die T-Helferzellen zu blockieren. Leider scheint jedoch das Virus so schnell zu evolvieren, daß sein jeweiliger Wirt nicht mit ihm Schritt halten kann.

Eine Koevolution findet auch zwischen Räuber- und Beutearten statt. Die Evolution kalkhaltiger Verstärkungen wie etwa Stacheln auf bestimmten Muschelschalen wurde vermutlich gefördert durch die Fähigkeit von Seesternen, weniger komplexe Muschelformen zu erbeuten und zu öffnen. Die Seesterne reagierten darauf mit schärferen und stärkeren Mundwerkzeugen, erhöhter Körpergröße und verstärktem Saugdruck. Diese Form dauerhafter Koevolution wird als »Wettrüsten« oder »Rote-Königin-Effekt« bezeichnet. Lee Van Valen, ein an der Universität Chicago lehrender Paläontologe, prägte diesen Begriff in Anlehnung an eine Äußerung der Roten Königin aus *Alice im Wunderland* gegenüber Alice: »Du mußt so schnell laufen, wie du kannst, um am selben Ort zu bleiben.« Bei einem koevolutionären Wettrüsten, in dem der Rote-Königin-Effekt dominiert, ändern sämtliche Arten unentwegt ihre Genotypen, nur um ihr Fitneßniveau zu halten.

Die Koevolution ist offenbar ein wesentlicher Gestaltungsfaktor der biologischen Evolution. Es ist nicht leicht, nachzuweisen, daß ein beliebiges Paar von Arten oder von Organismen einer Art eine Koevolution durchläuft, und einige Evolutionsbiologen zweifeln, ob die Koevolution wirklich ein so verbreiteter und mächtiger Prozeß ist. Doch die meisten Biologen sind der Ansicht, daß der genetische Tanz eines der Grundmerkmale der biologischen Evolution darstellt.

Auch in unseren Wirtschafts- und kulturellen Systemen finden koevolutive Prozesse statt. Die Güter und Dienstleistungen in einem ökonomischen Netzwerk existieren nur deshalb, weil sie entweder als ein Zwischenerzeugnis für die Herstellung beziehungsweise die Erbringung einer anderen Ware oder Dienstleistung gebraucht werden, oder weil sie für einen Endverbraucher nützlich sind. Güter und Dienstleistungen »leben« in den Nischen, die von anderen Gütern und Dienstleistungen geschaffen werden. Der Mutualismus der Biosphäre, in der Austauschprozesse vorteilhaft sind, findet sein Spiegelbild in Wirtschaftssystemen, in denen Austauschprozesse in dem riesigen Netz von Gütern und Dienstleistungen ebenfalls Vorteile verschaffen. Ich werde diese Parallele später weiterverfolgen. Offenbar besteht zumindest eine Analogie zwischen dem sich entfaltenden Panorama wechselwirkender, koevolvierender Arten – jede Art entsteht und lebt in der Nische, die durch die anderen Arten geschaffen wird – und der Art und Weise, wie die technologische Evolution die Diversifikation und das Verschwinden von Technologien, Gütern und Dienstleistungen antreibt. Wir alle verhökern das, was wir zu bieten haben – egal, ob Bakterium, Fuchs oder Spitzenmanager. Außerdem schaffen wir alle Nischen füreinander. Ich vermute, daß mehr dahintersteckt als eine bloße Analogie. Ich vermute, daß die biologische Koevolution und die technologische Koevolution, die wachsende Mannigfaltigkeit der Biosphäre und der menschlichen »Technosphäre«, von denselben oder ähnlichen fundamentalen Gesetzen gesteuert werden.

Mit welchem analytischen Instrumentarium erforschen die Biologen die Koevolution? Das vorherrschende – und meiner Ansicht nach gut geeignete – Rahmenmodell basiert auf der *Spieltheorie*. Die Spieltheorie wurde von dem Mathematiker John von Neumann begründet, der sie gemeinsam mit dem Wirtschaftswissenschaftler Oskar Morgenstern weiterentwickelte, um damit das Verhalten rational handelnder Wirtschaftssubjekte zu beschreiben. Bevor wir einen kurzen Ausflug in die Welt der Spieltheorie unternehmen, möchte ich jedoch einen wesentlichen Unterschied hervorheben. Während Wirtschaftssubjekte wie Sie und ich planen und die Folgen unseres Handelns absehen können, muß bei der Anwendung der Spieltheorie auf die Evolution unsere Grundannahme gelten, dergemäß Mutationen hinsichtlich ihrer Auswirkungen auf die künftige Fitneß zufällig auftreten. Ich kann rationale, eigennützige Pläne verfolgen; eine evolvierende Population von Bakterien kann dies nicht. Die natürliche Selektion wird vielleicht die besser angepaßten Varianten herauspicken, aber die mutierten Bakterien »strebten« nicht aus Eigennutz bestimmte Mutationen an.

Das einfachste Muster eines Spiels wird durch das berühmte »Gefangenendilemma« veranschaulicht. Sie und ich wurden verhaftet. Jeder von uns wird in einer eigenen Zelle in die Mangel genommen. Die Polizisten sagen mir, daß ich freigelassen werde, wenn ich Sie verpfeife und Sie mich nicht verpfiffen haben. Das gleiche sagen sie Ihnen. Wenn Sie singen und ich dichtgehalten habe, läßt man Sie laufen. In jedem der beiden Fälle bekommt der anständige Gauner, der dichtgehalten hat, zwanzig Jahre Knast. Wenn wir uns gegenseitig verpfeifen, werden wir beide zu hohen Freiheitsstrafen verurteilt, die aber nicht so hoch sind, wie wenn nur einer singt und der andere den Mund hält. Nehmen wir an, wir bekommen beide zwölf Jahre. Wenn wir beide Stillschweigen wahren, erhalten wir niedrigere Strafen, vier Jahre.

Sie sehen das Dilemma. Wir wollen das Stillschweigen als »Kooperation« bezeichnen und das Verpfeifen als »Verrat«. Ein natürliches Verhaltensmuster besteht darin, daß wir beide am Ende »Verrat« begehen und uns gegenseitig verpfeifen. Ich rechne damit, daß ich besser abschneide, wenn ich singe, denn wenn Sie dichthalten, werde ich freigelassen. Doch selbst wenn Sie singen, sitze ich nicht so lange im Knast, wie wenn ich dichthalte und Sie »Verrat« begehen. Sie überlegen sich dasselbe. So begehen wir beide »Verrat« und landen für zwölf Jahre im Gefängnis.

Die Spieltheorie basiert auf folgenden Grundannahmen: Ein Spiel besteht aus einer Reihe von »Gewinnen« für jedes Mitglied einer bestimmten Menge von Spielern. Jedem Spieler steht eine bestimmte Anzahl von »Strategien« zur Auswahl. Der »Gewinn«, den eine Strategie abwirft, hängt von den Strategien der anderen Spieler ab. Wenn jeder Spieler seinen eigenen Vorteil anstrebt, dann stellt sich die Frage, welche *koordinierten Handlungen* auftreten. Die Spieltheorie versucht nun exakt zu beschreiben, welche unsichtbaren Hände die Handlungen der voneinander unabhängigen Akteure koordinieren.

Ein bemerkenswertes Theorem von John Nash, der wegweisende Beiträge zur Spieltheorie verfaßt hat, lautet, daß es für jeden Spieler immer mindestens eine »Nash«-Strategie gibt. Jeder Spieler erzielt mit dieser Strategie einen höheren »Gewinn« als mit allen anderen Strategien – solange alle übrigen Spieler ebenfalls ihre Nash-Strategien verfolgen. Wenn alle Spieler Nash-Strategien verfolgen, liegt ein sogenanntes Nash-Gleichgewicht vor. Die Strategie des beiderseitigen Verrats beim Gefangenendilemma ist ein Beispiel dafür: Wenn Sie Verrat begehen, dann bin ich schlechter dran als Sie, wenn ich keinen Verrat begehe. Da für Sie das gleiche gilt, ist die Strategie des beiderseitigen Verrats ein Nash-Gleichgewicht. Das Konzept des Nash-Gleichgewichts stellte einen bedeutenden Erkenntnisfortschritt dar, denn es liefert eine Erklärung dafür, wie unabhängige, eigennützige Akteure ihr Verhalten ohne einen Choreographen koordinieren können.

Auch wenn Nash-Gleichgewichte faszinierend sind, besitzt dieses Konzept für die »Lösung« eines Spiels doch erhebliche Schwächen. Im Nash-Gleichgewicht sind die »Gewinne« für die Akteure unter Umständen nicht besonders hoch. Außerdem kann es bei großen Spielen mit vielen Mitspielern, von denen jeder über viele alternative Strategien verfügt, zahlreiche Nash-Gleichgewichte geben. Keines davon mag im Vergleich zu einer anderen Handlungsfolge hohe »Gewinne« abwerfen, und es gibt keine sichere Methode für die Spieler, das beste unter den Nash-Gleichgewichten auszuwählen oder überhaupt Nash-Strategien in den großen Möglichkeitsräumen »aufzufinden«.

Gerade die Tatsache, daß Nash-Gleichgewichte nicht notwendigerweise den bestmöglichen »Gewinn« abwerfen, hat das Interesse am Gefangenendilemma gesteigert. Das Nash-Gleichgewicht, in dem beide Spieler Verrat begehen und zwölf Jahre Gefängnis bekommen, ist für beide Spieler viel schlechter als die Strategie beiderseitiger Kooperation, in der beide den Mund halten und nur für vier Jahre ins Gefängnis gehen. Leider ist die Strategie, die den höchsten »Gewinn« abwirft – die beiderseitige Kooperation – nicht »verratsfest«, denn wenn Sie auspacken und ich dichthalte, dann kommen Sie frei. Wenn ich mich dafür entscheide, den Mund zu halten, also zu kooperieren, laufe ich folglich Gefahr, daß Sie Verrat begehen. Ich gehe für zwanzig Jahre ins Gefängnis, während Sie ungeschoren davonkommen. Sie gehen dasselbe Risiko ein.

Das Gefangenendilemma ist sehr intensiv untersucht worden, um die Bedingungen aufzuklären, unter denen es zu einer Kooperation kommt. Dies ist, grob gesprochen, dann der Fall, wenn Sie und ich mehrmals miteinander spielen und wenn wir nicht wissen, wie oft wir dasselbe Spiel spielen werden. Beim Einzelspiel ist die rationale Strategie der beiderseitige Verrat, doch überraschenderweise tauchen bei mehrmaligem Spiel völlig andere Strategien auf. Um dies genauer zu untersuchen, veranstaltete Robert Axelrod, ein Politikwissenschaftler von der Universität Michigan und Kollege am Sante-Fe-Institut, ein »Turnier«, bei dem Populationen von Programmen mehrfach das Gefangenendilemma-Spiel miteinander spielten. Die Ergebnisse waren sehr aufschlußreich. Zu den besten »Strategien«, die auftraten, gehörte die »Wie du mir, so ich dir«-Strategie. Hierbei kooperiert jeder Spieler so lange, bis der andere abtrünnig wird. In diesem Fall begeht der erste Spieler gemäß der »Wie du mir, so ich dir«-Strategie in der nächsten Runde Verrat und setzt dann die Kooperation fort. »Wie du mir, so ich dir« ist in dem Sinne eine stabile Strategie, als sie vielen anderen Strategien überlegen ist und sich auszahlt, wenn alle Spieler ihr folgen. Da die Anzahl möglicher Strategien bei mehrmaligem Gefangenendilemma-Spiel riesig ist – eine Kooperation für zwei Kooperationen, durchgängiger Verrat, durchgängige Kooperation und weitere komplexe Reaktionsmuster –, weiß man nicht, ob »Wie du mir, so ich dir« bei wiederholten Gefangenendilemma-Spielen die bestmögliche Strategie ist. Dennoch ist es verblüffend, daß trotz der fortwährenden Versuchung, Verrat zu üben, eine wechselseitig vorteilhafte Kooperation zwischen egoistischen Akteuren entsteht.

John Maynard Smith, ein berühmter Evolutionsbiologe und alter Freund, kam 1971 an die Universität Chicago, an der ich kurz zuvor zum Doktor der Medizin promoviert worden war und wo ich arbeitete. Smith suchte nach Möglichkeiten, die Spieltheorie auf die Evolution anzuwenden. Sein Aufenthalt war eine wahre Wonne, denn er ist ein Meister der britischen Tradition des Nachmittagtees. Bei diesen Ritualen beschrieb Smith, wie er Gemeinschaftsmodelle und die Populationsdynamik zu erforschen versuchte. Zu dieser Zeit enthielten seine Computersimulationen einen grundlegenden Fehler: die Anzahl der Hasen fiel weit unter Null. Es ist höchst verhängnisvoll, wenn eine Theorie das Vorhandensein negativer Hasen vorhersagt! Smith muß sich darüber sehr aufgeregt haben, denn er zog sich eine leichte Lungenentzündung zu, die ich in der Notaufnahme, in der ich arbeitete, diagnostizierte. Ich verordnete ihm Medikamente, die ihn bald kurierten. Smith brachte mir im Gegenzug bei, wie man mit Booleschen Verbänden »rechnet«, wie er sich ausdrückte. Mit seiner Hilfe konnte ich einige der ersten Theoreme über die (in den Kapiteln 4 und 5 beschriebene) Emergenz der eingefrorenen Komponenten in Booleschen Netzwerken beweisen.

Smith wollte eine evolutionsbiologische Version der Spieltheorie formulieren, in der er das Konzept des Nash-Gleichgewichts zu einer »evolutionär stabilen Strategie« (ESS) verallgemeinert. Wir haben bereits in Kapitel 8 das Konzept eines Genotypraums beschrieben: Jede Gensequenz wird durch einen Punkt in einem hochdimensionalen Raum möglicher Genotypen dargestellt. Stellen wir uns nun jeden Genotyp als eine »Strategie« vor – die Codierung einer Reihe von Merkmalen und Verhaltensweisen, die für das große Überlebensspiel benötigt werden. Wir können uns vorstellen, daß die Organismen *innerhalb* einer Art miteinander »spielen« oder auch daß die Organismen *verschiedener* Arten miteinander spielen. Wie beim Gefangenendilemma ist der »Gewinn« für einen bestimmten Organismus mit einem bestimmten Genotyp abhängig von den anderen Organismen, denen er begegnet und mit denen er spielt. Smith definierte den »Gewinn« einer Strategie als deren Fitneß. Die mittlere

Fitneß Ihrer Genotypstrategie hängt davon ab, mit wem Sie während Ihres Lebens zusammentreffen und spielen. Dasselbe gilt für sämtliche Organismen und damit Genotypen, die in Wechselbeziehung zueinander stehen.

Ausgehend von diesem Rahmenmodell können Sie erraten, was Smith als nächstes tat. Jede Population von Organismen kann dieselbe Genotypstrategie verfolgen, sie kann aber auch mehr als eine Strategie anwenden. Die Muschelpopulation mag eine Reihe unterschiedlich verzierter Muschelschalen aufweisen; die Seesternpopulation mag aus Individuen bestehen, die unterschiedlich große Mundwerkzeuge, Saugnäpfe, Tentakel und so weiter besitzen. Diese Genotypstrategien koevolvieren. In jeder Generation sind ein oder mehrere Genotypen in jeder der koevolvierenden Populationen von Mutationen betroffen. Dann konkurrieren die Strategien miteinander, und die Strategien höchster Fitneß breiten sich am schnellsten durch die Population aus. Das bedeutet, daß die Organismen »miteinander spielen«, und die Fortpflanzungsrate jedes Genotyps in der Lebensgemeinschaft ist proportional zu dessen Fitneß. Folglich steigt die Populationsdichte der Genotypen höherer Fitneß, während die der Genotypen niedrigerer Fitneß abnimmt. Sowohl wechselwirkende Populationen einer Art als auch Populationen verschiedener Arten koevolvieren auf diese Weise.

Smith definierte den Begriff einer evolutionär stabilen Strategie folgendermaßen: In einem Nash-Gleichgewicht fährt jeder Spieler am besten, wenn er seine Strategie so lange nicht ändert, wie die übrigen Spieler ihre eigenen Nash-Gleichgewichtsstrategien verfolgen. Entsprechend gibt es eine evolutionär stabile Strategie zwischen mehreren Arten, wenn jede Art einen Genotyp besitzt, den sie im eigenen Interesse bewahren sollte, solange die anderen Arten ihren eigenen ESS-Genotyp erhalten. Keine Art hat Anlaß, ihre Strategie zu ändern, solange die anderen Arten ihre ESS-Strategien »spielen«. Wenn eine Art von ihrer Strategie abwiche, nähme ihre eigene Fitneß ab.

Evolutionär stabile Strategien sind ein ausgezeichnetes Konzept. Ich bin froh, daß ich Smiths Lungenentzündung heilte, denn schließlich wurde er seine negativen Hasen los und kam auf die ESS-Idee. Manchmal wird gesagt, Morgensterns wichtigster Beitrag zu den

Wirtschaftswissenschaften habe darin bestanden, das Interesse von von Neumanns zu wecken. Es ist durchaus möglich, daß mein bedeutendster Beitrag zur Evolutionsbiologie ein Ampicillin-Rezept war.

Fassen wir den gegenwärtigen Erkenntnisstand zusammen, denn er stellt das Rahmenmodell dar, das von den meisten Populationsbiologen und Ökologen, die sich mit Fragen der Koevolution befassen, verwendet wird. Man unterscheidet zwei grundlegende Verhaltensmuster. Erstens das Rote-Königin-Verhalten, bei dem alle Organismen ihre Genotypen in einem permanenten »Wettrüsten« ständig verändern, so daß die koevolvierende Population nie eine konstante Mischung von Genotypen erreicht. Zweitens eine evolutionär stabile Strategie, bei der koevolvierende Populationen einer Art oder verschiedener Arten ein stabiles Verhältnis von Genotypen erreichen und ihre Genotypen dann nicht mehr ändern. Das Rote-Königin-Verhalten ist, wie wir gleich sehen werden, eine Art von chaotischem Verhalten. Das ESS-Verhalten, bei dem es zu einer genetischen Stabilisierung der Spezies kommt, ist eine Art von geordnetem Regime.

In den letzten zehn Jahren ist man intensiv der Frage nachgegangen, ob und wann in realen koevolvierenden Systemen der Rote-Königin-Effekt oder evolutionär stabile Strategien auftreten. Gleichzeitig hat man sich bemüht zu verstehen, was in den feuchten, trockenen, blühenden, baumbestandenen eng verzahnten Gemeinschaften wirklicher Lebewesen vor sich geht. Es gibt allerdings noch immer keine klaren Antworten. Manche koevolutionären Prozesse finden möglicherweise im chaotischen Rote-Königin-Regime statt, während andere im geordneten Regime evolutionär stabiler Strategien liegen. Zweifellos durchläuft der Prozeß der Koevolution über lange, evolutionäre Zeiträume hinweg selbst eine Evolution und driftet dabei vielleicht ins Rote-Königin-Regime, vielleicht auch ins Regime evolutionär stabiler Strategien.

Es ist nun Zeit, auf einer tieferen Ebene nach den Gesetzen zu suchen, die möglicherweise diese Evolution der Koevolution steuern. Denn vielleicht gibt es einen Phasenübergang zwischen dem chaotischen und dem geordneten Regime. Vielleicht begünstigt die Evolution der Koevolution Strategien, die in diesem Regime liegen, nahe am Rand des Chaos.

## Die Evolution der Koevolution

Um die Evolution der Koevolution zu untersuchen, brauchen wir ein theoretisches Rahmenmodell. Ich werde dieses Modell zunächst in seinen Grundzügen vorstellen und dann im weiteren Verlauf dieses Kapitels eingehender erörtern. Wie wir bereits sahen, betrifft die Koevolution Populationen, die sich an gekoppelte Fitneßlandschaften anpassen. Die adaptiven Schritte einer Population, die die Gipfel ihrer Landschaften erklettert, verändern die Form der Landschaften ihrer koevolutionären Partner. Durch diese Verformungen verschieben sich die Gipfel selbst. Adaptierende Populationen können die Gipfel erfolgreich ersteigen, doch dann verharren sie darauf, so daß der koevolutionäre Wandel zum Stillstand kommt. In diesem Fall befindet sich die Population in einem geordneten Regime, das von den evolutionär stabilen Strategien von Maynard Smith erfaßt wird. Die Landschaften können sich durch den Aufstieg der Populationen aber auch so rasch verformen, daß alle Arten im Rote-Königin-Chaos ständig zurückweichenden Gipfeln nachjagen. Ob der koevolutionäre Prozeß im geordneten Regime, im chaotischen Regime oder im Übergangsbereich zwischen beiden abläuft, hängt von der Struktur der Fitneßlandschaften ab und davon, wie leicht sie durch die adaptiven Wanderungen der Populationen verformbar sind.

Die in den Kapiteln 8 und 9 beschriebenen *NK*-Modelle von Fitneßlandschaften helfen uns zu verstehen, weshalb dies geschieht. Betrachten wir zwei Populationen: Frösche und Fliegen. Wenn ein Frosch infolge einer glücklichen genetischen Zufallsmutation eine klebrige Zunge ausbildet, dann breitet sich das entsprechende Allel wie ein Lauffeuer durch die Froschpopulation aus. Die Froschpopulation hüpft also gewissermaßen von dem Nicht-Haftzungen-Allel zum Haftzungen-Allel und damit zu einem Genotyp höherer Fitneß in ihrem Genotypraum. Wenn sich die Fliegenpopulation nun nicht ändert, dann erklimmt die Froschpopulation einen lokalen Gipfel in ihrer Fitneßlandschaft und quakt vor Freude.

Die unglückliche Fliegenpopulation hingegen, konfrontiert mit den neuen Fröschen mit Haftzungen, muß feststellen, daß ihre eigene Fitneßlandschaft verformt ist. Einst steil aufragende Fitneßgipfel sind geschrumpft, vielleicht sogar zu Tälern geworden. Die Fliegen sollten nun auf diesen neuen Schachzug der Frösche mit der Entwicklung schlüpfrigerer Füße oder sogar Körper antworten. Im Genotypraum der Fliegen tauchen neue Gipfel auf, von denen viele als Gipfelmerkmal »schlüpfrige Füße« aufweisen. Die Koevolution ist die Geschichte des Tanzes gekoppelter Fitneßlandschaften.

Aus der Tatsache, daß jede Landschaft durch die adaptiven Schritte eines anderen Partners verformt wird, ergibt sich eine weitreichende Folgerung. In einer unveränderlichen Fitneßlandschaft erklimmt eine Population bei niedriger Mutationsrate einen bestimmten Fitneßgipfel und verharrt dort. Mathematiker und Physiker, die die Bewegung auf unveränderlichen Fitneßlandschaften beschreiben, sagen, das System habe eine »Potentialfunktion«. Wenn wir beispielsweise unsere Fitneßlandschaft auf den Kopf stellen und die umgedrehte »Fitneß« umbenennen in »Energie«, dann stellen sich die Physiker vor, wie physikalische Systeme auf einfachen oder komplexen Potentialflächen zur Energieminimierung tendieren. Wenn es eine unveränderliche Potentialfläche gibt, dann sind die tiefsten Punkte der lokalen Täler oder lokalen Minima und die höchsten Punkte der lokalen Fitneßgipfel oder lokalen Maxima die natürlichen Endattraktoren des Systems. Eine Kugel auf einer komplexen Potentialfläche kommt am tiefsten Punkt eines lokalen Tals zur Ruhe.

Doch sobald die Frosch- und Fliegenpopulationen beginnen, sich gegenseitig ihre Fertigkeiten vorzuführen, sobald die Fitneßlandschaft jeder Population sich in dem Maß verformt, wie die andere Population ihre eigene Landschaft durchwandert, ist der Ausgang des Spiels völlig offen. Vielleicht kommt keine der beiden Populationen je auf einem Fitneßgipfel zur Ruhe, denn die Gipfel selbst können sich fortwährend verschieben, so daß die adaptierenden Populationen unentwegt Gipfeln nachjagen, die sich ihnen fortwährend entziehen. Folglich haben koevolvierende Systeme keine Potentialfunktion. Für die Mathematiker gehören koevolvierende Systeme zu den allgemeinen, komplexen, dynamischen Systemen.

In einem solchen System können, grob gesprochen, langfristig nur zwei Verhaltensweisen auftreten. Jede Population durchläuft bei ihrer Evolution ihren eigenen riesigen Genotypraum. Wenn jede Population zufällig einen Fitneßgipfel erklimmt, der auch mit den Gipfeln ihrer koevolvierenden Partner konsistent ist, dann kommt die Koevolution sämtlicher Populationen zum Stillstand. Das Wort »konsistent« deckt sich hier weitgehend mit dem Begriff Nash-Gleichgewicht oder evolutionär stabile Strategie. Für jede Art zahlt es sich aus, auf ihrem eigenen Gipfel zu verharren, solange alle anderen Arten ebenfalls auf ihren eigenen Gipfeln bleiben. Die Symbiose zwischen eukaryontischen Zellen und mitochondrialen Endosymbionten ist vermutlich ein Beispiel für eine solche gegenseitige Übereinstimmung, denn die genetischen Kopplungen zwischen den Zellen und diesen innerzellulären Organellen sind wahrscheinlich seit einer Milliarde Jahren konstant. Diese Menge gegenseitig übereinstimmender, unveränderlicher Genotypen, die lokale Optima besetzen, entspricht einem spieltheoretischen Nash-Gleichgewicht – wie die Strategie des beiderseitigen Verrats beim Gefangenendilemma. Kein Spieler hat Anlaß, etwas anders zu machen, solange der andere Spieler nichts ändert.

Die andere mögliche Verhaltensweise besteht darin, daß die meisten oder alle Arten nie zur Ruhe kommen. Sie jagen fortwährend zurückweichenden Gipfeln nach und sind für immer dazu verdammt, durch ihre eigenen Bemühungen die Landschaften ihrer Nachbarn zu verformen und folglich, über indirekte Rückkopplungen, auch ihre eigenen Landschaften. Alle mühen sich wie Sisyphos unentwegt bergauf. Das ist das Rote-Königin-Verhalten.

Somit haben wir ein geordnetes ESS-Regime, in dem die Arten auf lokalen Gipfeln festsitzen und sich nicht verändern, und ein chaotisches Rote-Königin-Regime, in dem die Arten unaufhörlich durch ihre Genotypräume wandern. Auch bei den Booleschen Modellen genetischer Netzwerke begegneten wir einem geordneten Regime, dessen eingefrorene Komponenten sich über das Netzwerk erstreckten, und einem chaotischen Regime. Bei den genetischen Netzwerken stießen wir auf ein *Kontinuum*, eine Achse zwischen Ordnung und Unordnung. Und wir fanden Anhaltspunkte dafür, daß die komplexesten Berechnungen möglicherweise im geordneten Regime unweit des Phasenübergangs zwischen Ordnung und Chaos, dem »komplexen Regime« am Chaosrand, stattfinden. Im geordneten Regime unweit des Chaosrandes können sich komplexe, aber nichtchaotische Aktivitätskaskaden durch ein Netzwerk fortpflanzen und auf diese Weise komplexe Ereignisfolgen koordinieren. Finden wir ein ähnliches Kontinuum zwischen Ordnung und Chaos vielleicht auch bei koevolvierenden Systemen?

Ich bin der festen Überzeugung, daß ein solches Kontinuum existiert, daß zwischen dem geordneten ESS-Regime und dem chaotischen Rote-Königin-Regime etwas Ähnliches wie der Phasenübergang liegt, den wir Chaosrand genannt haben. Es gibt erste Anhaltspunkte dafür, daß die Evolution der Koevolution diesen Phasenübergang »bevorzugt«. Ein Ökosystem, das weit im geordneten ESS-Regime liegt, ist zu starr, zu festgefahren, um von schlechten lokalen Gipfeln wegzukommen. Im chaotischen Rote-Königin-Regime hingegen bewegen sich die Arten in wogenden Fitneßlandschaften, klettern und stürzen wieder ab und besitzen aus diesem Grund eine geringe Gesamtfitneß. Es zeigt sich, daß die Fitneß in einem Zwischenbereich auf der Ordnung–Chaos-Achse, unweit des Phasenübergangs, am höchsten sein kann. Doch wie gelangen Ökosysteme zu diesem labilen Gleichgewicht am Chaosrand? Ganz einfach: Die Evolution lenkt sie dorthin.

Ob ein koevolvierendes System im geordneten oder im chaotischen Regime liegt, hängt davon ab, wie zerklüftet die Landschaft ist, die jede Art erkundet, und wie stark die Landschaft jeder Art durch die adaptiven Schritte ihrer Partner verformt wird. Wenn jede Landschaft nur wenige Gipfel hat und deren Standorte durch die Wanderungen der anderen Arten in ihren jeweils eigenen Landschaften drastisch verändert werden, dann sind die Arten nur selten in der Lage, die zurückweichenden Gipfel auf ihren eigenen Landschaften »einzuholen«. Das System befindet sich dann im chaotischen Rote-Königin-Regime. Weist dagegen jede Landschaft zahlreiche Gipfel auf, die ihre Lage kaum verändern, wenn sich andere Arten auf ihren eigenen Landschaften bewegen, dann kann jede Art relativ leicht Gipfel erklimmen. Das System befindet sich dann im geordneten ESS-Regime. Daraus geht hervor, daß es von der Struktur und der Verformbarkeit der Landschaft abhängt, ob ein koevolutionäres System im geordneten oder im chaotischen Regime liegt. Dies führt uns nun aber zu fundamentaleren Fragen.

Wovon hängt die Struktur und Verformbarkeit einer Fitneßlandschaft ihrerseits ab? Gibt es so etwas wie eine »optimale« Struktur und Verformbarkeit, bei der sämtliche wechselwirkenden Partner auf bestmögliche Weise koevolvieren? Wenn ja, dann liegt möglicherweise eine Gesetzmäßigkeit in der Evolution der Koevolution – eine Gesetzmäßigkeit, die quasi zwangsläufig Ökosysteme hervorbringt, die die bestmöglichen Lebensbedingungen für alle garantieren.

## Gekoppelte Fitneßlandschaften

Erinnern wir uns, daß im *NK*-Modell für zerklüftete Fitneßlandschaften *N* für die Anzahl der Merkmale eines Organismus beziehungsweise der Gene seines Genoms steht. Jedes Merkmal oder Gen kann in mehreren Versionen, sogenannten Allelen, vorliegen. Im einfachsten Fall ist jedes Merkmal oder Gen in nur zwei Allelen, 1 und 0, vorhanden; 1 kann beispielsweise für blaue Augen stehen und 0 für braune Augen. Wir modellierten die »epistatischen Wechselwirkungen« zwischen Genen, indem wir annahmen, daß der Fitneßbeitrag eines Gens von dem 1- oder 0-Zustand dieses Gens und den 1- oder 0-Zuständen von *K* anderen Genen abhängt. Schließlich modellierten wir den »Fitneßbeitrag«, den ein Gen zur Fitneß des Gesamtgenoms oder Organismus liefert, indem wir jeder Kombination von Genzuständen und *K* epistatischen Inputs eine zufällig ausgewählte Dezimalzahl zwischen 0,0 und 1,0 zuordneten. Dann definierten wir die Fitneß des Gesamtgenotyps als den Mittelwert der Fitneßbeiträge jedes einzelnen Gens. So erhielten wir eine Fitneßlandschaft.

Wie können wir den Prozeß der Koevolution modellieren? Wenn der Frosch eine klebrige Zunge entwickelt, dann beeinflußt seine Zunge die Fitneß der Fliege wegen deren spezifischer Merkmale – eines davon sind ihre nichtschlüpfrigen oder schlüpfrigen Füße. Doch bei der Reaktion auf die klebrige Zunge spielen vielleicht auch andere Merkmale eine Rolle: schlecht schmeckende Fliegen, Fliegen mit schnellwirkenden Klebstofflösemitteln, Fliegen, deren Geruchssinn speziell auf die Chemikalien im Klebstoff anspricht, so daß sie rechtzeitig davonfliegen können, und so fort. Folglich liegt es nahe anzunehmen, daß sich ein bestimmtes Merkmal des Frosches über mehrere der *N* Merkmale der Fliege auf deren Fitneß auswirkt. Umgekehrt beeinflussen einige der Fliegenmerkmale über spezifische

Froschmerkmale die Fitneß des Frosches. Die schneller fliegende Fliege vermindert die Fitneß des Frosches. Vielleicht kontert der Frosch mit einer längeren Zunge, einer rascher herausschnellenden Zunge oder einem weniger stark riechenden Klebstoff. Wir können mit dem *NK*-Modell nicht nur veranschaulichen, wie Gene mit Genen beziehungsweise Merkmale mit Merkmalen innerhalb eines Organismus wechselwirken, sondern auch zeigen, wie Merkmale mit Merkmalen zwischen Organismen in einem Ökosystem interagieren.

Wir wollen nun ein einfaches Modell von Organismen entwerfen, deren Fitneßlandschaften miteinander gekoppelt sind. Wir wollen annehmen, daß jedes der $N$ Merkmale der Fliege, wie bereits zuvor, einen Fitneßbeitrag liefert, der von $K$ anderen Merkmalen dieser Fliege, aber auch von den 1- oder 0-Zuständen von $C$ Merkmalen des Frosches abhängig ist. Als nächstes müssen wir die Merkmale des Frosches und der Fliege miteinander koppeln. Dies läßt sich am leichtesten dadurch bewerkstelligen, daß man annimmt, der Fitneßbeitrag jedes Merkmals der Fliege sei von dessen Ausprägung, 1 oder 0, den Ausprägungen der $K$ übrigen Merkmale der Fliege, 1 oder 0, und *zudem* von den Ausprägungen der $C$ Merkmale des Frosches, 1 oder 0, abhängig. Anschließend ordnet man sämtlichen möglichen Kombinationen sämtlicher Eingaben eine zufällig ausgewählte Dezimalzahl zwischen 0,0 und 1,0 zu, die den Beitrag des betreffenden Fliegenmerkmals zur Gesamtfitneß der Fliege beschreibt.

Nachdem wir dies für sämtliche $N$ Merkmale der Fliege und die $N$ Merkmale des Frosches durchgeführt haben, sind die Fitneßlandschaften von Fliege und Frosch gekoppelt. Wenn die Fliege in ihrer Landschaft einen Schritt bergauf macht, dann ändert sich dadurch das 1–0-Muster ihrer $N$ Merkmale, und die Fitneßlandschaft des Frosches verformt sich entsprechend. Umgekehrt verformt sich die Fitneßlandschaft der Fliege, wenn sich die Froschpopulation auf ihrer Landschaft bewegt.

Nun sind noch zwei weitere Arbeitsschritte erforderlich. Wie viele Arten sollte unser Modellökosystem beherbergen? Und an wie viele Arten sollte jede Art gekoppelt sein und nach was für einem Muster? Um diese Probleme in einem Anfangsmodell in den Griff zu bekommen, genügt es, mit einem recht eigenartig aussehenden Ökosystem zu beginnen. Es soll 25 Arten umfassen, die wie quadratische Kacheln auf einem 5 x 5 Felder großen quadratischen Gitter angeordnet sind, so daß jede Art mit ihren vier Nachbarn im Norden, Süden, Osten und Westen verknüpft ist.

Um eine Computersimulation dieses Modells durchzuführen, benötigen wir noch ein paar weitere Details. Eine mögliche Vorgehensweise besteht darin, jede Art so zu behandeln, als bestehe ihre gesamte Population aus genetisch identischen Individuen. In jeder »Generation« sucht die Population einen besser angepaßten Genotyp, indem sie ein einzelnes, zufällig ausgewähltes Gen zu dessen alternativem Allel mutiert. Wenn der neue, mutierte Genotyp eine höhere Fitneß besitzt, dann wird sich die Population zu dieser neuen Stelle in ihrer Landschaft begeben. Die Population wird also in jeder Generation eine adaptive Wanderung unternehmen, wobei sie entweder unverändert bleibt oder einen Schritt »bergauf« macht. Jede Art hat also in jeder Generation Gelegenheit zu einem adaptiven Schritt. Der Parameter »Generation« mißt dabei die verstrichene Zeit. Es geschieht nun folgendes.

Das Ökosystem driftet ins geordnete Regime evolutionär stabiler Strategien, wenn entweder die Anzahl der epistatischen Verbindungen, $K$, innerhalb jeder Art hoch ist, so daß es viele Gipfel gibt, auf denen eine Population sich festfahren kann, oder wenn die Anzahl der Kopplungen zwischen den Arten, $C$, niedrig ist, so daß die Landschaften durch die adaptiven Bewegungen der Partner kaum verformt werden. Das Ökosystem kann auch dann ins ESS-Regime driften, wenn ein dritter Parameter $S$, die Anzahl der Arten, mit der jede Art in Wechselbeziehung steht, niedrig ist, so daß die Bewegungen einer Art die Landschaften vieler anderer Arten nicht verformen (Abbildung 10.3 und 10.4).

Außerdem gibt es das chaotische Rote-Königin-Regime, in dem die Koevolution der Arten praktisch endlos weitergeht (Abbildung 10.4c). Dieses Rote-Königin-Regime tritt auf, wenn Landschaften nur wenige Gipfel haben, auf denen eine Population eingefangen werden kann, also bei niedrigem $K$; wenn jede Landschaft durch die adaptiven Schritte anderer Arten stark verformt wird, also bei hohem $C$; oder wenn $S$ hoch ist, so daß jede Art unmittelbar von sehr vielen anderen Arten beeinflußt wird. In diesem Fall jagt jede Art Gipfeln nach, die schneller entweichen, als die Art sie einholen kann.

N = 24  K = 13  Benachbart  C = 1  Populationen = 8

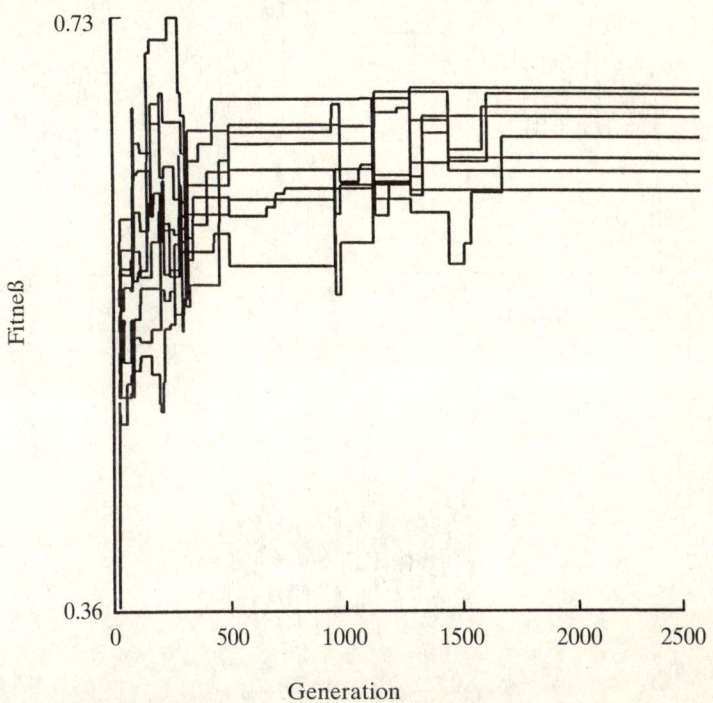

**Abbildung 10.3:** *Eine evolutionär stabile Strategie (ESS). Die Koevolution von acht Arten, die jeweils auf einer NK-Landschaft adaptieren. Jedes der N Merkmale jeder Art wird von C = 1 Merkmalen jeder der sieben übrigen Arten beeinflußt. Das System erreicht nach etwa 1600 Generationen einen stationären Zustand, der auf eine evolutionär stabile Strategie hindeutet.*

Es mag zunächst überraschen, daß niedrige $K$-Werte zu chaotischen Ökosystemen führen; bei den Booleschen $NK$-Netzwerken führten hohe $K$-Werte zu Chaos. Je mehr Verknüpfungen vorhanden waren, um so eher pflanzte sich eine kleine Änderung durch das gesamte Boolesche System fort, das daraufhin in ein chaotisches »Schmetterlings«verhalten verfiel. Doch in gekoppelten Landschaften kommt es auf die Anzahl der Kopplungen zwischen den Arten an. Wenn die Anzahl der Kopplungen, $C$, hoch ist, führen die adaptiven

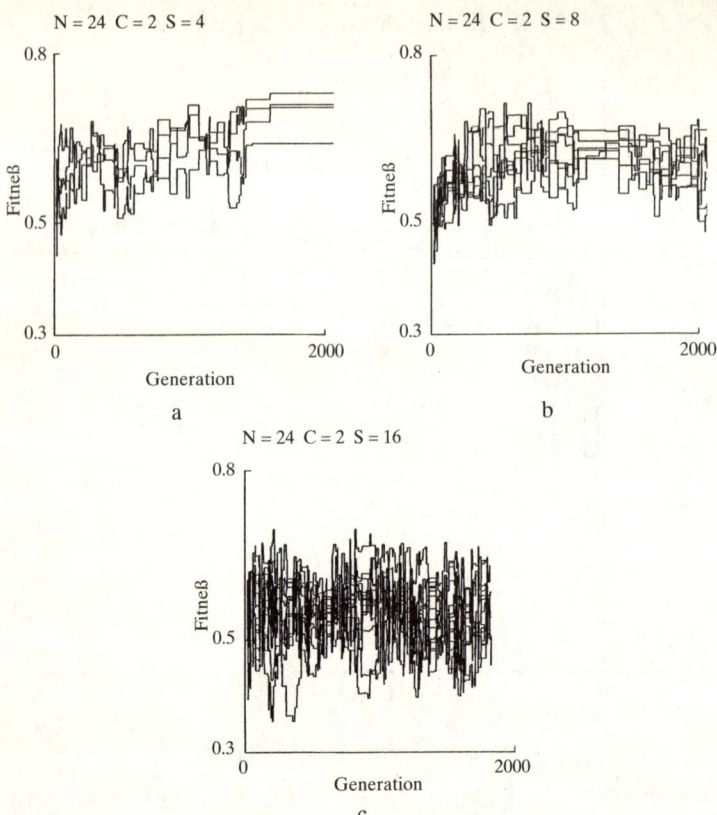

**Abbildung 10.4:** *Der Rote-Königin-Effekt. Koevolution von (a) vier, (b) acht und (c) 16 Arten. Beachten Sie, daß mit steigender Artenzahl die mittlere Fitneß abnimmt und die Fitneßschwankungen zunehmen. Für (b) und (c) wurde über 8000 Generationen kein evolutionär stabiles Gleichgewicht erreicht. Die Systeme blieben im chaotischen Rote-Königin-Regime.*

Bewegungen einer Art dazu, daß die Fitneßlandschaften ihrer Partner stark verformt werden. Wenn ein Merkmal des Frosches durch zahlreiche Merkmale der Fliege beeinflußt wird und umgekehrt, dann bewirkt eine geringfügige Änderung von Merkmalen der einen Art eine erhebliche Umgestaltung der Landschaft der anderen Art. Umgekehrt tendiert das Ökosystem ins geordnete Regime, wenn die Anzahl der Kopplungen zwischen den Arten, *C*, hinreichend niedrig ist. Würden wir *K* und *C* konstant halten, aber *S*, die Anzahl der Arten, verändern, mit denen eine beliebige Art unmittelbar wechselwirkt, dann würden wir weitgehend aus demselben Grund feststellen, daß das System bei niedrigem *S* mit der Zeit ins geordnete Regime übergeht, während es bei hohem *S* dauerhaft chaotisches Verhalten zeigt (Abbildung 10.4).

Vielleicht kommt Ihnen das irgendwie bekannt vor. Wenn bestimmte Parametereinstellungen ein chaotisches Regime hervorbringen, während andere Einstellungen ein geordnetes Regime bewirken, stellt sich die Frage, was geschieht, wenn wir die Parameter ändern. Wie kommt man von Ordnung zu Chaos? Und bei welchen Parametereinstellungen der koevolvierenden Ökosysteme ist die mittlere Fitneß aller Arten am höchsten?

Der erste interessante Befund besteht darin, daß die mittlere Fitneß in dem Maße, wie die Parameter *K, C* und *S* entlang der Achse verändert werden, zunächst *zunimmt* und dann *abnimmt*. Die höchste mittlere Fitneß erreichen die Spieler auf einer *mittleren Position* auf der Ordnung-Chaos-Achse, also weder tief im chaotischen noch tief im geordneten Regime. Abbildung 10.5 zeigt dies für Simulationen, in denen nur die Anzahl der epistatischen Wechselwirkungen innerhalb der Arten, *K,* geändert wird, während *C* und *S,* die Anzahl der Partner, konstant bleiben. Weshalb sollten Positionen an den Randpunkten der Ordnung-Chaos-Achse zu einer niedrigen Fitneß führen? Tief im chaotischen Regime steigt und fällt die Fitneß so chaotisch, daß die mittlere Fitneß niedrig ist (Abbildung 10.4c). Tief im geordneten Regime wiederum hat *K* einen sehr hohen Wert: Da die Genome der Organismen so eng miteinander verknüpft sind, ist jeder Organismus in einem Netz widerstreitender Randbedingungen gefangen, was zur Folge hat, daß die Fitneßlandschaft zahlreiche niedrige Gipfel aufweist, die sehr schlechte Kompromisse darstellen. Der Fitneßgipfel, an den sich jede Art klammert, ist ein sehr niedriger Gipfel. Folglich ist tief im geordneten Regime die mittlere Fitneß gering und erreicht ihr Maximum auf einer mittleren Position auf der Ordnung-Chaos-Achse.

Tatsächlich deuten die Ergebnisse unserer Simulationen darauf hin, daß die höchste Fitneß *exakt* zwischen geordnetem und chaotischem Verhalten erreicht wird! Woher wissen wir das? Wir können

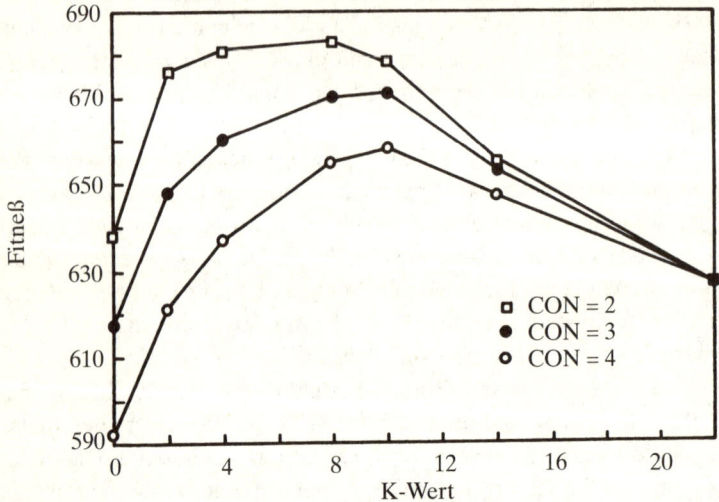

**Abbildung 10.5:** *Einstellung eines Ökosystems. In dem Maße, wie die Anzahl der epistatischen Verknüpfungen zwischen den Arten, K, anwächst – wobei das Ökosystem vom geordneten ins chaotische System übergeht –, nimmt die mittlere Fitneß zunächst zu und später ab. Sie erreicht ihren höchsten Wert in der Mitte zwischen den Extremen. Das Experiment basiert auf einem Ökosystem aus 5 x 5 in einem quadratischen Gitter angeordneten Arten, wobei jede Art maximal mit vier anderen Arten wechselwirkt. (An den Gitterecken lokalisierte Arten wechselwirken mit zwei Nachbarn [CON = 2]; an den Gitterrändern plazierte Arten wechselwirken mit drei Nachbarn [CON = 3]; und im Innern des Gitters angeordnete Arten interagieren mit vier Nachbarn [CON = 4]. N = 24, C = 1, S = 25.)*

feststellen, wie tief sich Ökosysteme im geordneten Regime befinden, indem wir ermitteln, wie leicht sie in evolutionär stabilen Strategien »einfrieren«. Wir starten einfach 100 ähnliche Ökosysteme und beobachten, wann jedes einzelne eine ESS erreicht und die Koevolution zum Stillstand kommt. Nach einer bestimmten Anzahl von Generationen sind 50 ähnliche Ökosysteme in ihren eigenen ESS eingefroren (Abbildung 10.6). Wir nehmen diese Anzahl von Generationen als einen Schätzwert der mittleren »Einfrierzeit« solcher Modellökosysteme. Im chaotischen Regime ist diese Halbwertzeit tatsächlich sehr hoch; im geordneten Regime dagegen sehr kurz. Abbildung 10.6 zeigt den »Durchlauf« unserer Modellökosysteme durch 200 Generationen. Die Anzahl der Kopplungen zwischen den Arten, C, wird konstant bei 1 gehalten. Jede Art ist auf unserem Ökosystemgitter mit 5 x 5 Feldern an ihre Partner im Norden, Süden, Osten und Westen gekoppelt. In dem Maß, wie die Anzahl der epi-

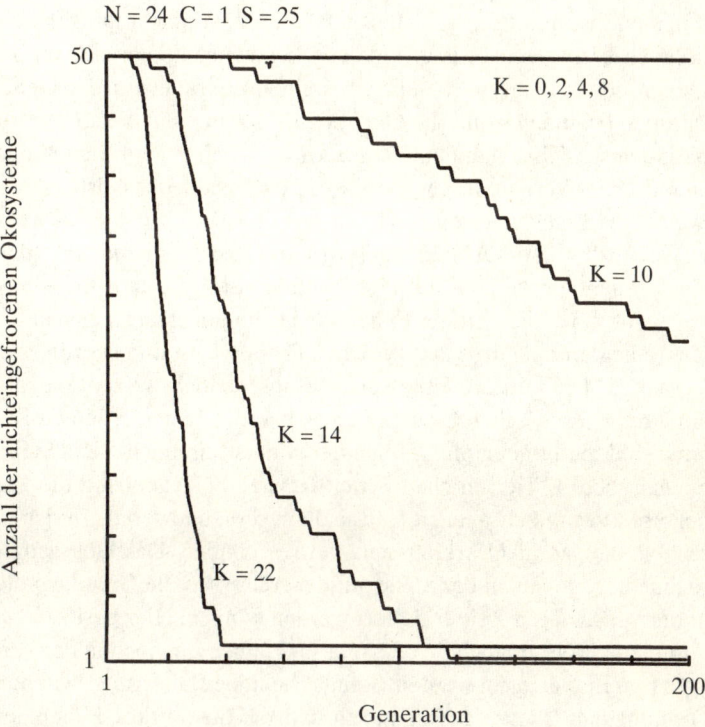

**Abbildung 10.6:** *Der Rand des Chaos. Der Anteil der 5 x 5 Ökosysteme, die noch nicht in evolutionär stabilen Gleichgewichten eingefroren sind, ist gegen die Anzahl der vergangenen Generationen aufgetragen. Man beachte, daß im chaotischen Regime (K < 10) keines der Ökosysteme im Verlauf der 200 verfügbaren Generationen in einer ESS einfriert. Im geordneten Regime (K ≥ 10) frieren einige oder die meisten Systeme in Nash-Gleichgewichten ein, und dies um so schneller, je größer K wird. Folglich befinden sich die Ökosysteme bei K = 10 am Rand des Chaos und beginnen teilweise im Verlauf der 200 verfügbaren Generationen einzufrieren.*

statischen Wechselwirkungen innerhalb jeder Art, $K$, von einem niedrigen Wert, $K = 0$, auf einen hohen Wert, $K = 22$, eingestellt wird, gehen die Ökosysteme vom chaotischen ins geordnete Regime über. Abbildung 10.6 zeigt, daß die Modellökosysteme bei hohem $K$ nach kurzer Zeit in ESS-Gleichgewichten einfrieren. Bei $K \leq 8$ zeigt das Ökosystem chaotisches Verhalten, und keines der 100 ähnlichen Ökosysteme erreicht im Verlauf der 200 Generationen eine ESS. Entscheidend ist nun folgender Befund: Wenn $K$ von acht auf zehn erhöht wird, friert ein gewisser Teil der Ökosysteme im Verlauf von 200 Generationen in ihren ESS ein. Über einen Zeitraum von 200 Generationen beginnen somit die Ökosysteme genau dann einzufrieren – befinden sie sich genau dann in der Mitte zwischen geordnetem und chaotischem Verhalten –, wenn unsere Parameter der epistatischen Wechselwirkungen, $K$, auf $K = 10$ eingestellt wird.

Wenn wir nun die Abbildungen 10.5 und 10.6 miteinander vergleichen, sehen wir, daß die mittlere Position auf der Chaos-Ordnung-Achse, dort, wo die mittlere Fitneß ihr Maximum erreicht, genau bei $K = 10$ liegt und damit exakt zwischen chaotischem und geordnetem Verhalten! Die mittlere Fitneß erreicht ihren Höchstwert also exakt am Übergang zwischen Ordnung und Chaos. Tief im geordneten Regime sind die Fitneßgipfel infolge der widerstreitenden Randbedingungen niedrig. Tief im chaotischen Regime hingegen sind die Fitneßgipfel zwar hoch, aber sie sind so dünn gesät und verlagern sich so schnell, daß sie nicht erklommen werden können. Das Übergangsregime liegt genau an der Stelle auf der Achse, wo die Gipfel gerade in der verfügbaren Zeit erklettert werden können. Hier besitzen die Gipfel die größtmögliche Höhe, und sie können dennoch in der verfügbaren Zeit erreicht werden. Somit scheint der Übergang zwischen Ordnung und Chaos das Regime zu sein, das die mittlere Fitneß des Ökosystems als Ganzes optimiert.

Zeigen sich hier Anhaltspunkte für ein allgemeines Gesetz? Ist die Übergangszone zwischen Ordnung und Chaos das »optimale« Regime für ein koevolutionäres System? Und kann ein evolutionärer Prozeß – die an den Individuen angreifende natürliche Auslese – als »unsichtbare Hand« automatisch ein koevolvierendes System so regeln, daß es sich in diesem Regime befindet? Wir sind nun bereit für den letzten Schritt – die Evolution der Koevolution.

Gemeinsam mit meinen jungen Kollegen Kai Neumann und Kevin Murphy habe ich die Bedingungen betrachtet, unter denen koevolvierende Arten von selbst ins Regime der höchsten mittleren Fitneß evolvieren. Wir wollen $N$ und $S$ in unserem Modellökosystem konstant halten; das bedeutet, daß die Anzahl der Arten als solche und die Anzahl der Arten, mit denen jede Art wechselwirkt, gleich bleiben. Wir nehmen, wie immer, an, daß jede Art in ihrer eigenen verformbaren Fitneßlandschaft evolviert. Zudem soll jede Art die *Zerklüftung ihrer Landschaft beeinflussen* können, indem sie ihr internes epistatisches Kopplungsniveau, $K$, ändert. Schließlich wollen wir das Aussterben von Arten zulassen. Hierzu nehmen wir an, daß jede Art, aus der das Ökosystem besteht, in jeder Generation eine von vier »Erfahrungen« machen kann:

1. Sie kann unverändert bleiben.
2. Sie kann ein einzelnes Gen mutieren und sich auf einen benachbarten Punkt in der Landschaft bewegen.
3. Sie kann mutieren, indem sie $K$ für jedes ihrer Gene um 1 erhöht oder vermindert, was die Zerklüftung ihrer Fitneßlandschaft verändert.
4. Eine andere zufällig ausgewählte Art im Ökosystem kann eine Kopie von sich selbst aussenden und versuchen, in die Nische der betreffenden Spezies »einzudringen«.

Alle vier Möglichkeiten werden mit den koevolutionären Partnern im Norden, Süden, Osten und Westen ausprobiert. Dabei setzt sich unter den vier Möglichkeiten diejenige mit der Aussicht auf die höchste Fitneß durch:

1. Wenn die nichtmutierte Art in ihrer »Nische«, die durch ihre spezifischen Partner im Norden, Süden, Osten und Westen definiert wird, die höchste Fitneß besitzt, dann ändert sich nichts.
2. Wenn eine benachbarte Variante mit einem mutierten Gen die höchste Fitneß besitzt, dann bewegt sich die Art in ihrer Landschaft.
3. Wenn die Mutation, die $K$ ändert, die höchste Fitneß aufweist,

behält die Art denselben Genotyp, ändert aber die Zerklüftung ihrer Landschaft.
4. Wenn der Eindringling die höchste Fitneß besitzt, stirbt die ursprünglich ansässige Art aus; der Eindringling besetzt deren Nische und koevolviert nun mit den Arten in Norden, Süden, Osten und Westen.

In dieser Modellwelt »in silicio« geht es recht mörderisch zu.

Man könnte das System nun unter der Annahme starten, daß sämtliche Arten sehr hohe $K$-Werte aufweisen und in stark zerklüfteten Landschaften koevolvieren, oder daß sie sehr niedrige $K$-Werte besitzen und in gleichförmigen Landschaften koevolvieren. Wenn $K$ sich nicht ändern dürfte, dann würden die Arten tief im geordneten Regime, das bei hohen $K$-Werten auftritt, rasch eine ESS annehmen; das heißt, die Arten würden niedrige lokale Gipfel erklimmen und sich daran festklammern. Im chaotischen Rote-Königin-Regime hingegen, das sich bei niedrigen $K$-Werten einstellt, würden die Arten niemals Fitneßgipfel erreichen. Aber die Geschichte endet nicht mehr hier, denn die Arten können jetzt die Zerklüftung ihrer Landschaften beeinflussen, und die unentwegten Versuche der Arten, in neue Nischen einzudringen, führen im Erfolgsfall dazu, daß eine neue Art eine bestehende Nische besetzt, und sie können jede einmal erreichte ESS zerstören.

Die Ergebnisse unserer Modellsimulationen sind faszinierend und verblüffend in einem. Gleich, mit welcher Verteilung von $K$-Werten zwischen den Arten man das Modellökosystem startet, konvergiert das System offenbar gegen einen optimalen, mittleren $K$-Wert, bei dem die mittlere Fitneß am höchsten und die mittlere Extinktionsrate am niedrigsten ist! Wie von einer unsichtbaren Hand geführt, stellt das koevolvierende System seine Parameter selbst auf einen für alle optimalen $K$-Wert ein.

Die Abbildungen 10.7 und 10.8 veranschaulichen diese Befunde. Jede Art hat $N = 44$ Merkmale; folglich beträgt der Maximalwert der epistatischen Kopplungen 43 (in diesem Fall entstehen Zufallslandschaften) und der Minimalwert 0 (in diesem Fall entstehen Fudschijama-Landschaften). Mit wachsender Anzahl der Generationen konvergiert der Mittelwert von $K$ gegen einen Wert mittlerer Höhe zwischen 15 und 25 und bewegt sich weitgehend innerhalb dieses schmalen Bereichs von Landschaften mittelstarker Zerklüftung (Abbildung 10.7). In diesem Bereich ist die Fitneß hoch, und die Arten erreichen ESS-Gleichgewichte, in denen sämtliche Genotypen über beträchtliche Zeiträume konstant bleiben, bis schließlich ein oder mehrere Eindringlinge die Balance zerstören, indem sie eine oder mehrere der koadaptierten Arten zum Aussterben bringen.

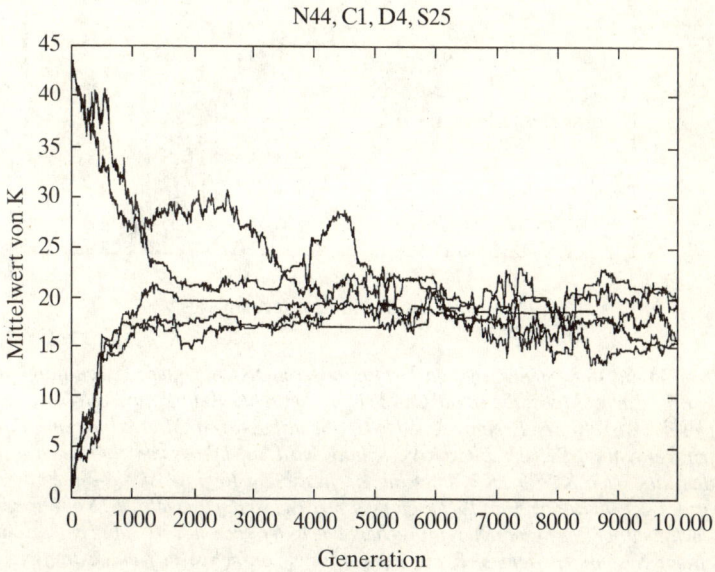

**Abbildung 10.7:** *Die Evolution der Koevolution. Verschiedene Modellökosysteme mit unterschiedlichen anfänglichen Mittelwerten von K durchlaufen eine Evolution. Mit wachsender Anzahl von Generationen konvergiert der Wert von K gegen den Zwischenbereich zwischen Ordnungen und Chaos. Infolgedessen nimmt die mittlere Fitneß zu, während die Häufigkeit der Extinktionsereignisse sinkt. Wie von unsichtbarer Hand gesteuert, stellt sich das System von selbst auf die für alle Arten optimalen K-Werte ein.*

Das Aussterben einer Art kann eine kleine oder große Extinktionslawine auslösen, die über einen Teil oder das gesamte Ökosystem hereinbricht. Weshalb? Wenn eine Art ausstirbt, wird sie von

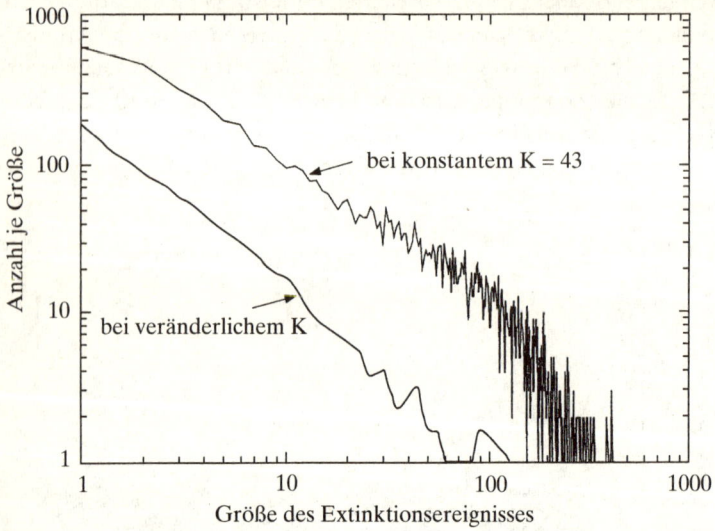

**Abbildung 10.8:** *Steuerung von Extinktionsereignissen. Unter Verwendung logarithmischer Maßstäbe ist die Größe hypothetischer Extinktionsereignisse gegen die Anzahl der Ereignisse jeder Größe aufgetragen. Man erhält eine Potenzverteilung. Bei der oberen Verteilung wird ein Ökosystem künstlich auf dem höchsten K-Wert, K = 43, gehalten. In diesem Regime ist die Fitneß aufgrund gegenläufiger Randbedingungen niedrig, so daß gewaltige Extinktionslawinen über das System hereinbrechen. Die untere Potenzverteilung entspricht einem System, in dem sich die Zerklüftung von selbst auf einen mittleren K-Wert, K = 22, einpendeln konnte. Hier entstehen weniger und kleinere Extinktionslawinen.*

einem Eindringling ersetzt. Die eindringende Art ist nicht auf die Nische abgestimmt, befindet sich in aller Regel nicht auf einem lokalen Gipfel und paßt sich daher durch Änderung ihres Genotyps an die neue Umwelt an. Diese adaptiven Schritte verändern die Fitneßlandschaften ihrer Nachbarn im Norden, Süden, Osten und Westen und vermindern in der Regel deren Fitneß. Mit sinkender Fitneß aber fallen sie leichter erfolgreichen Invasionen und Extinktionen zum Opfer. Aus diesem Grund lösen einzelne Extinktionsereignisse oftmals ganze Lawinen aus.

Die Extinktionslawinen, deren Größe an der Anzahl der Arten, die in einer Lawine umkommen, gemessen wird, folgen offenbar einer Potenzverteilung (Abbildung 10.8). Tragen wir den Logarithmus der Größe einer Extinktionslawine auf der $x$-Achse auf und den Logarithmus der Anzahl der Lawinen jeder Größe auf der $y$-Achse auf, dann erhalten wir annähernd eine Gerade; das heißt, daß viele kleine und nur wenige große Lawinen auftreten. Selbst wenn $K$ auf einem hohen oder niedrigen Wert konstant gehalten wird, gehorcht die Verteilung der Extinktionsereignisse in solchen Modellökosystemen offenbar einem Potenzgesetz.

Wenn $K$ auf einem hohen oder einem niedrigen Wert konstant bleibt, wenn das System mithin tief im geordneten Regime oder tief im chaotischen Regime liegt, dann donnern gewaltige Extinktionslawinen durch das Ökosystem. Das riesige Ausmaß dieser Ereignisse spiegelt die Tatsache wider, daß die Fitneß tief im geordneten Regime aufgrund der Vielzahl widerstreitender Randbedingungen, die mit hohen $K$-Werten verbunden sind, niedrig ist; und tief im chaotischen Regime ist die Fitneß ebenfalls niedrig, weil die Fitneßwerte regellos steigen und fallen. In beiden Fällen führt die niedrige Fitneß dazu, daß eine Art sehr leicht Eindringlingen und Extinktionen zum Opfer fällt. Von größtem Interesse ist der Befund, daß ein koevolvierendes System, das den Schwankungsbereich von $K$ ändern kann, von selbst $K$-Werte einstellt, bei denen die mittlere Fitneß den höchsten möglichen Wert erreicht; folglich sind hier die Arten optimal vor Eindringlingen und vor dem Aussterben geschützt, so daß Extinktionslawinen offenbar so selten wie möglich vorkommen. Das zeigt sich in Abbildung 10.8, in der die Größenverteilung und die Gesamtzahl der Extinktionsereignisse in einem Ökosystem, das sich tief im geordneten Regime befindet, und in einem Ökosystem, das die Zerklüftung seiner Fitneßlandschaft selbst auf einen optimalen $K$-Wert eingestellt hat, miteinander verglichen werden. Auch nachdem sich das Ökosystem selbst reguliert hat, folgt die Verteilung der Extinktionslawinen noch immer einem Potenzgesetz – der Steigungskoeffizient ist ungefähr derselbe wie tief im geordneten Regime. Doch über dieselbe Gesamtzahl von Generationen treten sehr viel weniger Extinktionsereignisse auf, gleich welcher Größe. Und dasselbe gilt im Vergleich zum chaotischen Regime. Kurz, das Ökosystem stellt sich von selbst so ein, daß die Extinktionsrate so gering wie möglich ist! Wie von einer unsichtbaren Hand geführt, scheinen alle koevolvierenden Arten die Zerklüftung der Landschaften, auf denen sie evolvieren, so zu verändern, daß im Schnitt alle Arten die höchste Fitneß erreichen und so lange wie möglich überleben.

Wir sind nicht sicher, wie diese unsichtbare Hand funktioniert. Unsere bislang beste Vermutung lautet folgendermaßen: Wir sahen, daß die mittlere Fitneß im Verlauf von 200 Generationen bei einem $K$-Wert optimiert wurde, der den Arten gerade erlaubte, in der verfügbaren Zeit die höchsten Gipfel zu erreichen. Bei diesem Zeitrahmen erklommen die Ökosysteme mit $K = 10$ die höchsten Gipfel und konnten eine ESS erreichen, woraufhin die Arten auf wechselseitig konsistenten lokalen Gipfeln einfroren und sich nicht mehr veränderten. In diesem Fall bestimmten Neumann, Murphy und ich den Zeitrahmen von 200 Generationen. In unseren gegenwärtigen Studien geben wir keinen Zeitrahmen mehr vor. Das Modellökosystem legt durch Extinktionen seine Zeitrahmen selbst fest.

Wie geschieht dies? Wenn Arten in Nischen eindringen und alte Arten zum Aussterben bringen, dann zerstören die neuen Arten in der Regel jede evolutionär stabile Strategie, die die alten Arten womöglich ausfindig gemacht haben. Ein in ein ESS eingefrorenes System, in dem keine Extinktionsereignisse vorkommen, »taut« sich folglich selbst »auf«. Wir vermuten, daß unser Modell zwangsläufig und auf selbstkonsistente Weise seine Zeitrahmen festsetzt. Es stellt sich selbst auf die Zerklüftung der Landschaft ein, bei der die Arten gerade noch die höchsten Gipfel finden und die ESS *ein bißchen schneller* erreichen können, als die Ökosysteme im Schnitt durch Extinktionsereignisse zerstört werden. Wenn die Landschaften aufgrund höherer $K$-Werte eine stärkere Zerklüftung aufwiesen, dann würden die Arten zwar schneller ESS-Gleichgewichte erreichen, aber sie wären auch anfälliger für Extinktionen, weil die Gipfel niedriger wären. Wären die Landschaften hingegen aufgrund niedrigerer $K$-Werte gleichförmiger und die Gipfel höher, dann würden die Arten chaotisch hin- und herpendeln und in der verfügbaren Zeit kein ESS erreichen, so daß sie ebenfalls leichter aussterben würden. Genau in der ausgewogenen Position, in der die Arten im Mittel evolutionär stabile Strategien ein bißchen schneller erreichen, als die ESS-

Organisation durch episodische Extinktionsereignisse zerstört wird, läßt sich die Fitneß optimieren und die Extinktionsrate möglichst gering halten.

Eine unsichtbare Hand beginnt sichtbar zu werden. Es ist durchaus möglich, daß die Evolution der Koevolution von potentiellen Gesetzen gesteuert wird. Vielleicht stellen sich Ökosysteme über evolutionäre Zeitspannen selbst auf ein Übergangsregime zwischen Ordnung und Chaos ein, das die Fitneß maximiert, die durchschnittliche Extinktionsrate minimiert und kleine und große Extinktionslawinen erzeugt, die durch das Ökosystem rieseln oder donnern. Wir alle sind nur Schauspieler, stolzieren während der uns bemessenen Zeit auf der Bühne herum, wobei wir unser Bestes geben, und fallen dann auf immer der Vergessenheit anheim. Aber vielleicht gestalten wir gemeinsam, und ohne es zu wollen, die Bühne so, daß jeder die größten Chancen zu einem sehr langen Auftritt hat.

## Sandhaufen und selbstorganisierte Kritizität

1988 wurde eine einfache, schöne und vielleicht sogar richtige Theorie geboren. Phil Anderson und die anderen Festkörperphysiker am Santa-Fe-Institut sprachen mit großem Enthusiasmus von Sandhaufen und selbstorganisierter Kritizität sowie den Physikern Per Bak, Chao Tang und Kurt Wiesenfeld. Schließlich stattete Per Bak, der an den Brookhaven National Laboratories arbeitet, dem Institut einen Besuch ab. Was einmal eine herzliche Freundschaft werden sollte, begann mit einem Streit. Bak beharrte darauf, daß autokatalytische Verbände nicht funktionieren könnten. Nach zwei Mittagessen und einem darauffolgenden lauten Wortwechsel hatte ich ihn vom Gegenteil überzeugt. Per Bak ist nicht leicht zu überzeugen, doch die Mühe lohnt sich, denn er ist ein sehr kreativer Mensch. Er und seine Freunde haben möglicherweise ein sehr allgemeines Phänomen entdeckt, eines, das mit zahlreichen Themen dieses Buches in Zusammenhang steht: selbstorganisierte Kritizität.

Stellen Sie sich einen Tisch vor. Darüber schwebt eine Hand, ähnlich der nach Adam ausgestreckten Hand Gottes an der Decke der Sixtinischen Kapelle, und läßt unentwegt Sand auf den Tisch rieseln.

Es bildet sich ein Sandhaufen, der ständig größer wird, bis schließlich an seinen Flanken Sandlawinen niedergehen. Er wächst immer höher, erreicht schließlich seinen Ruhewinkel und geht in einen annähernd stationären Zustand über. In dem Maß, wie der Haufen weiter mit Sand berieselt wird, gehen zahlreiche kleine Sandstürze nieder, und einige große und massive Lawinen ergießen sich über den Tischrand auf den Fußboden.

Wie bereits früher festgestellt, erhalten wir eine uns mittlerweile vertraute Potenzverteilung, wenn wir die Größen dieser Lawinen graphisch darstellen. Die Größenverteilung der Sandlawinen gleicht der Größenverteilung der Extinktionsereignisse in unserem Modellökosystem (Abbildung 10.8). Es gibt zahlreiche kleine und einige wenige große Lawinen. Sandlawinen können *in allen Größenordnungen* auftreten. Für viele Dinge – die menschliche Körpergröße, die Lautstärke eines Froschgequakes – gibt es eine typische Größe. Für Sandlawinen dagegen gibt es keine typische Größe. Wenn wir die mittlere Körpergröße des Menschen abschätzen wollen, dann wird unser Schätzwert um so *besser*, je mehr Individuen wir messen. Wenn wir die mittlere Größe von Lawinen abschätzen wollen, dann wird unser Schätzwert um so *größer*, je mehr Einzelereignisse wir messen. Das größtmögliche Ausmaß wird ausschließlich von der Größe des Tischs festgelegt. Wenn der Tisch riesig und ein gewaltiger Sandhaufen darauf aufgeschüttet wäre, würden viele kleine und wenige große Lawinen niedergehen; wenn man jedoch lange genug wartete, dann würde eine der seltenen massiven Lawinen abgehen. Wie vom Potenzgesetz vorhergesagt, treten immer größere Lawinen in allen möglichen Größenmaßstäben in immer längeren Zeitintervallen auf. Außerdem ist die Größe der Lawine unabhängig von der Größe des Sandkorns, das die Lawine auslöst. Dasselbe winzige Sandkorn kann eine kleine Lawine oder die größte Lawine des Jahrhunderts auslösen. Große und kleine Ereignisse können demnach durch dieselbe geringfügige Ursache in Gang gesetzt werden. Gleichgewichtssysteme brauchen keine massiven Auslöser, um massiv in Bewegung zu geraten.

Genau das verstehen Bak, Tang und Wiesenfeld unter selbstorganisierter Kritizität. Wie von einer unsichtbaren Hand gesteuert, stellt sich das System von selbst auf den kritischen Ruhewinkel von Sand ein und bleibt für immer in diesem Gleichgewichtszustand, auch wenn unentwegt Sand von oben auf den Haufen herabrieselt.

Bak und seine Kollegen behaupten, daß zahlreiche Merkmale der physikalischen, biologischen und vielleicht sogar ökonomischen Welt dem Prinzip der selbstorganisierten Kritizität gehorchen. So folgt beispielsweise die Größenverteilung von Erdbeben, gemessen nach der bekannten Richter-Skala, die schlicht den Logarithmus der bei einem Beben freigesetzten Energie angibt, einem Potenzgesetz; es gibt also viele kleine und einige wenige große Erdbeben. Die Überschwemmungen des Nil folgen einem ähnlichen Potenzgesetz: Es kommt zu vielen kleinen und zu wenigen großen Überflutungen. (Mögliche wirtschaftliche Beispiele stelle ich später dar.) Bak fragt sich sogar, ob die haufenförmige Anordnung der Materie im Universum in Gestalt von Galaxien und Nebelhaufen einem ähnlichen Potenzgesetz gehorcht und somit zahlreiche kleine Haufen neben wenigen großen Haufen existieren, weil sich das Universum in einem Gleichgewicht zwischen ewiger Expansion und einem gigantischen Endkollaps befindet. Wir haben in diesem Buch weitere Beispiele für Gleichgewichtssysteme und Potenzgesetze kennengelernt: Lokale Ökosysteme befinden sich möglicherweise im Gleichgewicht zwischen subkritischem und suprakritischem Verhalten, wobei die Größe der molekularen Innovationsschübe ebenfalls einem Potenzgesetz gehorcht. Genomische Netzwerke evolvieren möglicherweise zum geordneten Regime in der Nähe des Chaosrands, wobei die Auswirkungen der Umschaltung einzelner Gene ebenfalls einem Potenzgesetz folgen. Und wir haben nun erfahren, daß Ökosysteme, wie von einer unsichtbaren Hand gesteuert, womöglich ihre Struktur von selbst so regulieren, daß sie in einem Übergangsregime zwischen Ordnung und Chaos liegen, wobei die Extinktionsereignisse einer Potenzverteilung gehorchen.

Ist diese Auffassung richtig? Wir wissen es noch nicht. Doch es gibt Anhaltspunkte, vielleicht sehr bedeutsame Anhaltspunkte dafür, daß das von mir gezeichnete Bild der Wahrheit entsprechen könnte.

Einige Anhaltspunkte betreffen die Größenverteilung von Extinktionsereignissen. Diese scheinen näherungsweise, wenn auch nicht exakt, Potenzgesetzen zu folgen. Wir kennen Daten aus zumindest zwei verschiedenen Bereichen: reale Extinktionsereignisse, die fossile Spuren in Felsen hinterlassen haben, und hypothetische Extinktionsereignisse, auf die Tom Ray (ein Ökologe, der die Wälder von Costa Rica erforscht, und ein häufiger Gast am Santa-Fe-Institut) in Computersimulationen über künstliches Leben stieß.

David Raup hat die gesamten 550 Millionen Jahre, die seit dem Kambrium vergangen sind und als Phanerozoikum bezeichnet werden, in 77 Perioden von jeweils etwa 7 Millionen Jahren Dauer unterteilt. Für jede Periode sammelte Raup die Daten über die Anzahl der ausgestorbenen Familien. Er fand viele kleine und wenige große Extinktionsereignisse. Abbildung 10.9 zeigt die Größenverteilung und das doppeltlogarithmische Diagramm der Größenverteilung. Wie Sie sehen, erhält man keine Gerade; vielmehr ist die Kurve nach außen gewölbt (Abbildung 10.9b). Man erhält also keine richtige Potenzverteilung. Die großen Extinktionsereignisse sind seltener, als man aufgrund der Anzahl der kleineren Extinktionsereignisse erwarten würde.

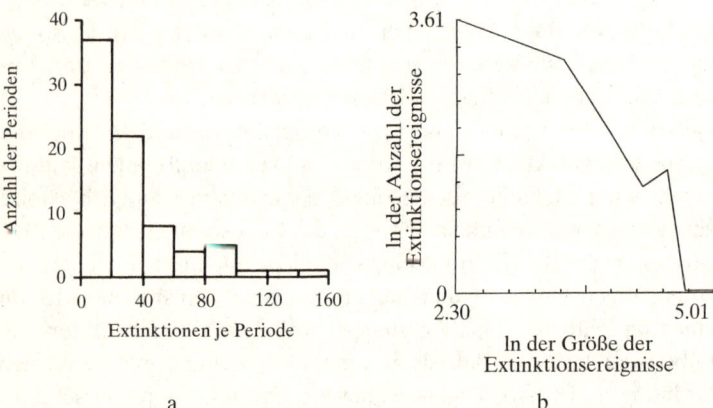

**Abbildung 10.9:** *Die Wirklichkeit. David Raup analysierte historische Extinktionsereignisse entsprechend der Anzahl der ausgestorbenen Familien. (a) Seine Daten zeigen viele kleine und ein paar große Extinktionsereignisse. (b) Werden die Daten in einem doppeltlogarithmischen Diagramm dargestellt, dann erhält man keine exakte Potenzverteilung, es gibt weniger große Extinktionen, als man erwarten würde.*

Was verursacht die großen und kleinen Extinktionsereignisse? Nun, am Ende der Kreidezeit kam es zu einer gewaltigen Katastrophe, die nach Ansicht vieler Wissenschaftler zum Untergang der Dinosaurier führte. Es gibt Anhaltspunkte dafür, daß ein riesiger Meteor unweit der Küste Mexikos, dort, wo später die Maya-Kultur ihre Blüte erlebte, in die Karibik stürzte. Die Existenz dieses Meteors ist empirisch sehr gut belegt. Manche Wissenschaftler sind der Ansicht, daß sämtliche Extinktionsereignisse durch solche äußeren Katastrophen verursacht werden. Kleine Extinktionsereignisse würden durch kleine Meteore herbeigeführt, während große Meteore große Extinktionsereignisse auslösten. Vielleicht haben sie recht. Die meisten Extinktionsereignisse könnten aber auch endogene Prozesse in Ökosystemen widerspiegeln, entsprechend unseren Modellen. Tatsächlich werden kleine und große Extinktionsereignisse möglicherweise durch dieselben kleinen Anfangsereignisse ausgelöst. Unsere Ergebnisse beweisen hinlänglich, daß uns die Existenz kleiner und großer Extinktionsereignisse nicht dazu zwingt, kleine und große Ursachen zu postulieren.

Wenn sich in den meisten Extinktionsereignissen innere Prozesse der Biosphäre widerspiegeln, dann stimmen die Daten von Raup eher mit Ökosystemen im geordneten Regime überein als mit solchen, die in einem Phasenübergang zwischen Ordnung und Chaos liegen. Andererseits lassen sich aus 77 Einzeldaten keine besonders zuverlässigen Schlußfolgerungen ableiten: Sehr hilfreich wären dagegen Angaben über Gattungen und Arten. Der Fossilienbestand liefert uns also gegenwärtig lediglich einen Anhaltspunkt, aber keinen Beweis.

Tom Ray schuf eine künstliche Welt, die er Tierra nannte, um ökologische Fragestellungen »in silicio« zu untersuchen. Er entwickelte Rechnerprogramme, die im Hauptspeicher des Computers »leben«. Jedes Programm kann sich selbst auf eine benachbarte Stelle im Hauptspeicher kopieren. Außerdem können die Programme mutieren und sich zu einer Gesellschaft zusammenschließen. Auf dieser »Siliziumbühne« geschehen aufregende Dinge. Es tauchen Geschöpfe auf, die sich, ganz wie ein wirklicher Parasit, die Maschinenbefehle ihrer Wirte borgen, um sich zu replizieren. Die Wirte reagieren darauf, indem sie Grenzen errichten, um die Parasiten abzuwehren, woraufhin diese zu Hyperparasiten evolvieren, die durch die Verteidigungswälle der Wirte hindurchschlüpfen.

Nach einer gewissen Zeit aber sterben Rays Geschöpfe aus: Sie verschwinden auf Nimmerwiedersehen von der Bühne. Ich bat Ray, die Größenverteilung der Extinktionsereignisse in Tierra graphisch darzustellen. Abbildung 10.10 zeigt das doppeltlogarithmische Diagramm der Ergebnisse: Die Verteilung gehorcht annähernd einem Potenzgesetz, das heißt, es kommt zu vielen kleinen und einigen großen Extinktionsereignissen. Wie die Kurve von Raup ist auch diese Kurve nach außen gewölbt. Gemessen an einer echten Potenzverteilung, gibt es zu wenige massive Extinktionsereignisse. Vielleicht ist dies eine Folge der »endlichen Größe«, denn die Kapazität von Rays Hauptspeicher ist begrenzt, so daß die Lawinen ebenfalls nur ein begrenztes Ausmaß erreichen können. Auch die Erde hat nur eine bestimmte Größe, und folglich können die Extinktionslawinen ebenfalls nur eine gewisse Größe erreichen. Dem Massensterben im Perm fielen angeblich 96 Prozent aller Arten zum Opfer. Viel mehr ist nicht möglich. Vielleicht spiegelt sich in Raups gewölbter Kurve die endliche Größe der gesamten Biosphäre wider (Abbildung 10.9b).

Ein weiteres Merkmal, das wir untersuchen können, liefert uns ebenfalls einen Anhaltspunkt. Aufgrund der kleinen und großen Extinktionsereignisse und der ihnen vorausgehenden Artbildungen hat jede Art und folglich jede Gattung sowie jedes höhere Taxon eine begrenzte Lebensdauer. Die Art entstand zu irgendeinem Zeitpunkt und starb irgendwann wieder aus. Die Gattung tritt mit der ersten Art, die ihr angehört, ins Leben und stirbt aus, wenn die letzte ihr zugeordnete Art ausgelöscht wird. Raup analysierte Daten über meeresbewohnende Wirbeltiere und Wirbellose, die der Paläontologe Jack Sepkowski gesammelt hat und die etwa 17 500 Gattungen und 500 000 Arten umfassen. Mit Hilfe dieser Daten ermittelte er die Verteilung der Lebensspannen der einzelnen Gattungen. Abbildung 10.11 veranschaulicht die Ergebnisse. Die Verteilungskurve fällt steil ab, das heißt, die meisten Gattungen sterben »jung«, aber ein langes »Verteilungsende« läuft langsam nach rechts aus: Manche Gattungen haben eine Lebensdauer von 150 Millionen Jahren und mehr. Abbildung 10.12 zeigt die entsprechende Verteilung der Lebensspannen für die Modellspezies in den Simulationen, die Kai Neumann, Kevin Murphy und ich ausführten. Die Verteilungen weisen große Übereinstimmungen auf; beide Kurven fallen zunächst steil ab, laufen

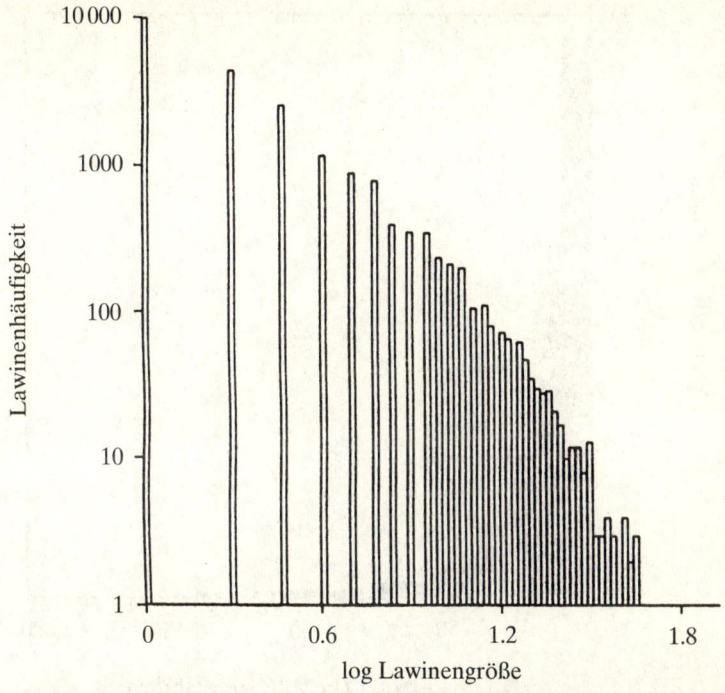

**Abbildung 10.10:** *Das Aussterben künstlicher Lebensformen. Ein logarithmisches Diagramm der Größenverteilung von Extinktionsereignissen in den Tierra-Simulationen von Tom Ray.*

dann aber langsam aus. Die meisten Modellarten sterben jung, doch einige wenige halten sich über sehr lange Zeiträume. Wir wissen noch nicht, ob Ökosysteme über evolutionsgeschichtliche Zeiträume zu einem selbstregulierten Chaosrandregime koevolvieren, doch die Parallelen zwischen der Größe der Extinktionsereignisse und den Verteilungen der Lebensspannen erhärten diese Vermutung.

Was für Organismen gilt, trifft möglicherweise auch auf Artefakte zu. Beide durchlaufen nicht nur, wie in Kapitel 9 dargestellt, eine Evolution in Landschaften, die aufgrund widerstreitender Randbedingungen zerklüftet sind, sondern beide *koevolvieren*. Auch Unternehmen und Technologien stolzieren kurze Zeit auf der Bühne umher und geben ihr Bestes, bis sie auf Nimmerwiedersehen ver-

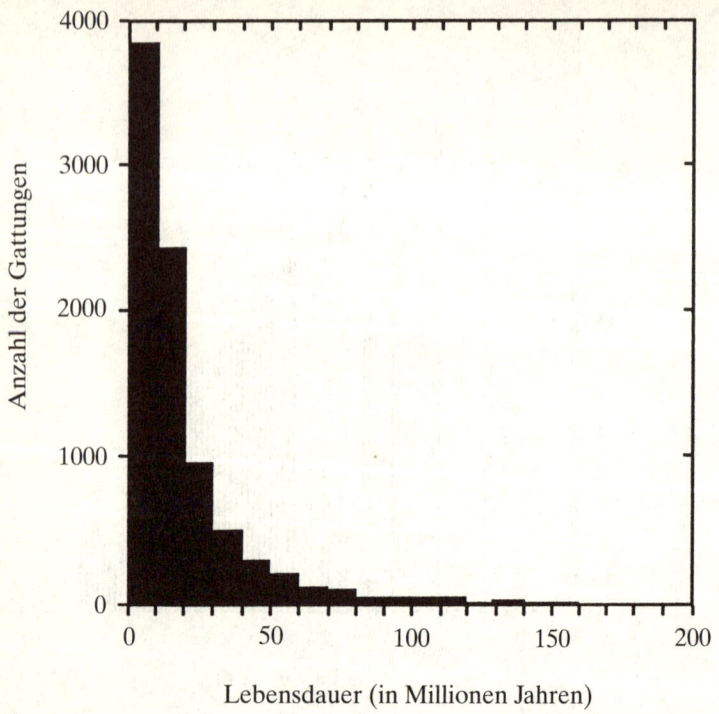

**Abbildung 10.11:** *Die »Kindersterblichkeit« bei meeresbewohnenden Lebensformen. Die Anzahl der Gattungen fossiler meeresbewohnender Wirbeltiere und Wirbelloser ist nach ihren jeweiligen Lebensspannen geordnet. Die meisten Gattungen sterben jung, einige wenige aber werden sehr alt.*

schwinden. Die Entwicklung des Automobils führte zum Verschwinden des Pferdes als Transportmittel. Mit dem Pferd verschwanden die Kutsche, die Peitsche, die Schmiede, die Sattlerei, der Geschirrmacher. Mit dem Auto entstanden die Mineralöl- und Kraftstoffindustrie, Motels, gepflasterte Straßen, Verkehrsgerichte, Vorstädte, Ladenstraßen und Schnellgaststätten. Arten spalten sich in neue Arten auf und besiedeln dann die Nischen, die von anderen Arten geschaffen wurden. Wenn eine Art ausstirbt, verändert sich die Nische, die sie zusammen mit anderen Arten hervorgebracht hat, und ihre Nachbarn werden möglicherweise mit in den Untergang gerissen. Waren

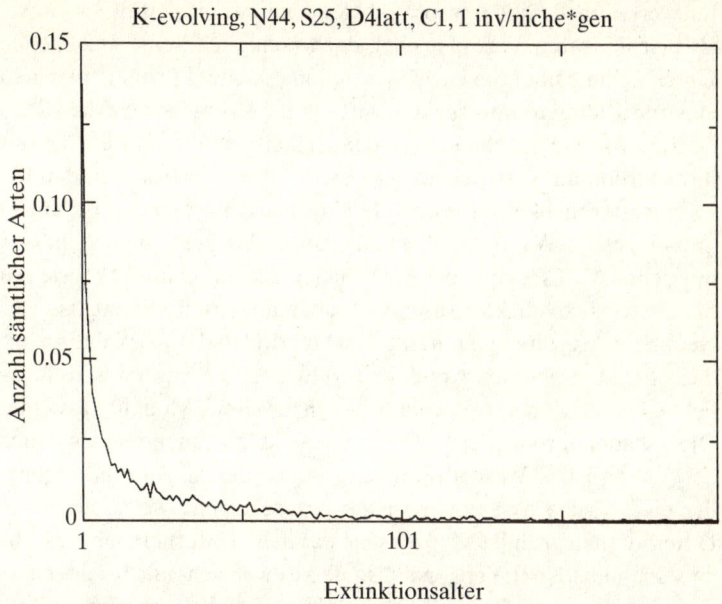

**Abbildung 10.12:** *Die »Kindersterblichkeit« bei künstlichen Lebensformen. Das Alter, in dem simulierte Arten in einem Modell von Kauffman und Neumann ausstarben, ist aufgetragen gegen den Anteil sämtlicher Arten, die in jedem Alter ausstarben. Die Verteilung gleicht der in Abbildung 10.11: Die meisten Arten sterben jung; einige werden sehr alt.*

und Dienstleistungen »leben« in einer Volkswirtschaft in den Nischen, die von anderen Waren und Dienstleistungen geschaffen werden. Genauer gesagt: Wir verdienen unseren Lebensunterhalt, indem wir Waren und Dienstleistungen herstellen und verkaufen, die innerhalb der von anderen Waren und Dienstleistungen geschaffenen Nischen ökonomisch sinnvoll sind. Eine Volkswirtschaft ist wie ein Ökosystem ein Netzwerk koevolvierender Akteure. Der österreichische Wirtschaftswissenschaftler Joseph Schumpeter sprach in diesem Zusammenhang von Schüben schöpferischer Zerstörung: Dabei entstehen neue Technologien, und alte Technologien sterben aus.

Wir wissen, daß sich kleine und große Lawinen technologischen Wandels durch Wirtschaftssysteme ausbreiten. Folgen sie einer Potenzverteilung? Gibt es also viele kleine und wenige große Lawinen? Es erscheint durchaus plausibel, doch kenne ich keine eingehende Untersuchung über die Größenverteilung solcher Lawinen. In einem engeren Rahmen untersuchen Wirtschaftswissenschaftler die »Sterberate« von Unternehmen in Abhängigkeit von den Jahren, die seit ihrer Gründung verstrichen sind. Es ist allgemein bekannt, daß die »Kindersterblichkeit« hoch ist. Je älter ein Unternehmen ist, um so größer ist die Wahrscheinlichkeit, daß es bis zum folgenden Jahr überleben wird. Es gibt noch keine allgemein anerkannte Theorie, die diese Sterblichkeitskurven erklärt, aber immerhin stimmt das von Neumann, Murphy und mit untersuchte Modell der Koevolution mit diesen Fakten überein. Abbildung 10.13 zeigt die Sterbewahrscheinlichkeit in Abhängigkeit vom Alter in unserem Modellökosystem. Die »Kindersterblichkeit« ist hoch und geht mit zunehmendem Alter der Arten zurück. Weshalb? Stellen wir uns vor, daß ein Eindringling, der eine Nische besetzt, eine neue Art beziehungsweise ein neues Unternehmen gründet. Zunächst ist das neue Unternehmen schlecht an seine neue Nische angepaßt, so daß es wahrscheinlich seinerseits von einem neuen Eindringling verdrängt wird. Zudem wird das koevolutionäre Gerangel, das daraufhin in der nächsten Umgebung ausbricht, seine Fitneß vermutlich eine Zeitlang auf niedrigem Niveau halten, so daß es in seiner Jugend leicht wieder sterben kann. Doch in dem Maße, wie sich das Unternehmen und seine Region im »Ökosystem« zu einem ESS-Gleichgewicht emporarbeiten, steigt seine mittlere Fitneß. Seine Invasions- und Extinktionsresistenz nimmt zu. Folglich sinkt seine Sterberate je Generation so lange, bis es eine ESS erreicht. Am Ende aber wird es wahrscheinlich jemandem gelingen, in seine Nische einzudringen, und das Unternehmen wird den Weg allen Fleisches gehen. Damit diese schematische Erklärung mit den ökonomischen Fakten übereinstimmt, muß der Begriff Fitneß natürlich durch ein direktes ökonomisches Erfolgskriterium wie etwa die Kapitalisierung, den Marktanteil oder eine andere Leistungskennzahl interpretiert werden. Mit zunehmender Reife erhöhen sich in aller Regel die Kapitalausstattung und der Marktanteil eines Unternehmens. Sobald sich Unternehmen einmal etabliert haben, lassen sie sich nicht mehr so schnell vom Markt verdrängen.

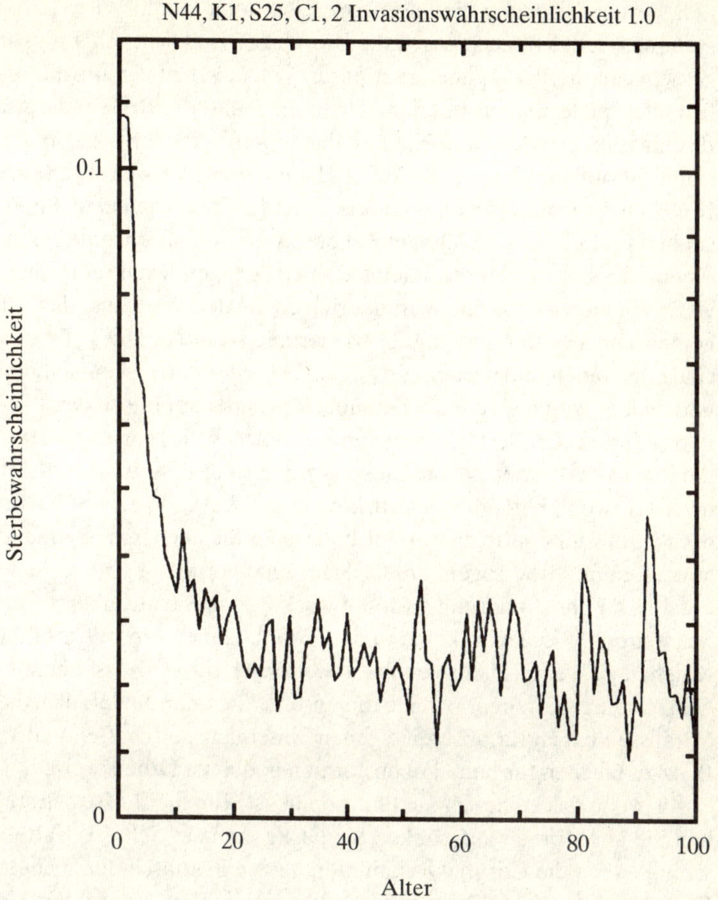

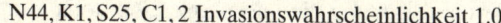

**Abbildung 10.13:** *Das Sterbealter in einem Modellökosystem. Je jünger die »Arten« sind, um so höher ist die Extinktionswahrscheinlichkeit.*

Vielleicht verläuft die Evolution und Koevolution von Organismen und Artefakten auf sehr ähnliche Weise. Beide Formen der Evolution – die vom blinden Uhrmacher gesteuerte und die von uns, den gewöhnlichen Uhrmachern, gestaltete – unterliegen möglicherweise denselben allgemeingültigen Gesetzen. Vielleicht hat Schumpeter recht, und es donnern tatsächlich kleine und große Extinktionslawinen, deren Verteilung einem Potenzgesetz folgt, durch Wirtschaftssysteme. Vielleicht auch durch die Biosphäre. Vielleicht schaffen wir gemeinsam die Bedingungen für unser Leben, indem wir, unwillkürlich, die Spiele, die wir miteinander spielen, und die Rollen, die wir füreinander erfüllen, auf einen selbstorganisierten kritischen Zustand einstellen. Wenn dies zutrifft, dann haben Per Bak und seine Kollegen ein wunderschönes Gesetz gefunden, denn eine neue Philosophie des Lebens schleicht auf Zehenspitzen über ihren mathematischen Sandhaufen. Unsere kleinsten Bewegungen lösen möglicherweise kleine oder große Veränderungen in der Welt aus, die wir gemeinsam schaffen und immer wieder neu schaffen. Die Trilobiten sind entstanden und wieder vergangen; *Tyrannosaurus* ist entstanden und wieder vergangen. Jeder bemühte sich; jeder strebte zu den Gipfeln; jeder tat sein Bestes. Bedenken Sie, daß 99,9 Prozent aller Arten, die jemals existierten, wieder ausgestorben sind. Passen Sie auf! Ihr nächster, wohlüberlegter Schritt könnte die Kaskade auslösen, von der Sie selbst mitgerissen werden, und weder Sie noch irgend jemand anders kann vorhersagen, ob ein Korn eine geringfügige oder eine kataklysmische Änderung auslösen wird. Passen Sie auf, aber gehen Sie weiter – Sie haben keine andere Wahl. Gehen Sie mit größter Klugheit zu Werke, aber seien Sie so weise, sich Ihre Unwissenheit im Ganzen einzugestehen. Wir alle tun unser Bestes, nur um letztlich die Voraussetzungen für unseren eigenen Untergang zu schaffen und so Platz zu machen für neue Lebensformen und neue Lebensweisen.

Na, wenn das keine schöne Philosophie ist! Tun Sie Ihr Bestes, stehen Sie am Morgen auf, trinken Sie hastig ein paar Schluck Kaffee, schlingen Sie die Cornflakes hinunter, hetzen Sie durch den dichten Berufsverkehr zur U-Bahn, drängen Sie sich in den Aufzug, der Sie ins Büro bringt, arbeiten Sie sich durch die Stapel von Papieren, die andere schon vor Ihnen durchgearbeitet haben, erklimmen Sie die Karriereleiter, die Ihnen Ihr Beruf eröffnet... Und was ist zu guter Letzt der Lohn all dieser Mühe? Ein kurzer Auftritt auf der Bühne. Ein unerbittliches Los, Freund, doch der Ediacara-Flora und -Fauna erging es auch nicht besser!

Wir leben also weder in der besten noch in der schlechtesten aller möglichen Welten. Vielleicht ist genau dies die Wahrheit, die wir immer geahnt haben. Geben wir unser Bestes; wir werden letztlich doch wie die Trilobiten und andere stolze Schauspieler, die am endlosen Festzug des Lebens mitwirkten, für immer hinter den Kulissen der Geschichte verschwinden. Wenn wir schon zugrunde gehen müssen, was für ein herrliches Abenteuer, überhaupt Schauspieler sein zu dürfen.

## 11  AUF DER SUCHE NACH SPITZEN-LEISTUNGEN

Sidney Winter, ein Wirtschaftswissenschaftler, der heute an der Wharton School der Universität von Pennsylvania lehrt, nachdem er vier Jahre lang als Leiter der volkswirtschaftlichen Abteilung des US-Bundesrechnungshofs tätig war, hielt unlängst bei einer Konferenz des Santa-Fe-Instituts einen Vortrag zum Thema »Organisationsentwicklung«, der sofort unsere Aufmerksamkeit fesselte. Schließlich sind die meisten von uns theoretische Wissenschaftler. Winter berichtete von Erfahrungen, die er nahe am Zentrum der US-Regierung gesammelt hatte, über globale Änderungen im nationalen Wirtschaftsleben. »Es gibt vier Kräfte, die den Wandel des Arbeitsplatzes vorantreiben«, sagte er.

Technologie, globaler Wettbewerb, Umstrukturierung und die Umstellung von militärischer auf zivile Produktion. Die Faktoren sind bestimmend für die Zeit nach dem Ende des Kalten Kriegs. Wir brauchen Arbeitsplätze, gute Arbeitsplätze, aber wir wissen nicht, wie wir dafür sorgen können, daß die Wirtschaft sie bereitstellt. Die Reform des Gesundheitswesens, die Reform des sozialen Wohlfahrtssystems und eine neue Außenhandelspolitik stehen uns ins Haus. Wir wissen nicht, wie wir diese Herausforderungen erfolgreich bewältigen können, noch, welche Auswirkungen sie haben werden. Die Anzahl der Beschäftigten in US-Unternehmen geht de facto zurück. Und die Unternehmen stellen sich zunehmend auf Fremdbeschaffung um. Statt den gesamten Fertigungsprozeß firmenintern auszuführen, werden zahlreiche Teilaufgaben an andere, oftmals ausländische Unternehmen vergeben. Dies führt zur Auflösung der vertikalen Organisationsstruktur von Unternehmen. Alteingesessene Unternehmen werden durch Fusionen und Akquisitionen umgestaltet, wobei durch Ausgliederung einzelner Bereiche neue Strukturen entstehen. Die Liberalisierung des Handels steht unmittelbar bevor. Die Unternehmen werden verkleinert. Das alles läuft unter dem allgemeinen Oberbegriff

Umstrukturierung. Wir verlagern ganze Aktivitätsbereiche in neue, kleinere Einheiten. Das herkömmliche Modell der hierarchisch gegliederten und zentral gesteuerten Organisation ist veraltet. Die Hierarchie wird flacher und die Entscheidungsfindung stärker dezentralisiert.

Ich hörte diese Worte mit großer Überraschung. Organisationen rund um die Erde bauen Hierarchien ab und dezentralisieren die Entscheidungsfindung in der Hoffnung, dadurch ihre Flexibilität und ihre Wettbewerbsposition zu verbessern. Ich fragte mich, ob es eine kohärente Theorie der Dezentralisation gab. Denn ich war gerade dabei, überraschende, neue Phänomene zu entdecken, auf eine neue Chaosrand-Geschichte zu stoßen, die möglicherweise ein tieferes Verständnis der Frage erlaubte, ob und weshalb flachere, stärker dezentralisierte Organisationen – in der Wirtschaft, im Staat und in anderen Bereichen – flexibler sind und über einen globalen Wettbewerbsvorteil verfügen.

Ein paar Wochen später, als ich dabei war, diese neuen Anregungen zu verarbeiten, veranstaltete das Santa-Fe-Institut eine »externe« Konferenz an der Universität von Michigan. Die Wissenschaftler beider Institutionen wollten die Erfahrungen austauschen, die sie bei ihren Forschungen auf dem Gebiet der »Komplexitätswissenschaften« gesammelt hatten. Der Informatiker John Holland, der maßgeblich an der Entwicklung des »genetischen Algorithmus« beteiligt war, der Konzepte wie Fitneßlandschaft, Mutation, Rekombination und Selektion zur Lösung schwieriger mathematischer Probleme verwendet, ist das Bindeglied zwischen dem Institut und der Hochschule in Ann Arbor. Der Dekan der Abteilung für Ingenieurwissenschaften, Peter Banks, machte eine Prophezeiung. »Die ›Totale Qualitätssicherung‹ ist unaufhaltsam auf dem Vormarsch und wird neue modulare Teams in unsere Unternehmen integrieren«, sagte er. »Doch es fehlt uns eine solide theoretische Basis, um eine optimale Umsetzung zu erreichen. Vielleicht können uns die Forschungsarbeiten, die in Santa Fe betrieben werden, weiterhelfen.« Ich nickte energisch, hoffnungsvoll, aber nicht unbedingt überzeugt.

Weshalb sollte ich mich, weshalb sollten sich die übrigen Wissenschaftler am Santa-Fe-Institut und unsere Kollegen in aller Welt für die potentiellen Verbindungen unserer Forschung mit den praktischen Problemen der Wirtschaft, der Unternehmensführung, des Staates und von Organisationen interessieren? Was haben Biologen und Physiker auf diesem für sie neuen Schauplatz verloren? Die Kräfte der Selbstorganisation und der Selektion, des blinden Uhrmachers und der unsichtbaren Hand, die in der historischen Entfaltung des Lebens zusammenwirken, angefangen bei den ersten Biomolekülen über Organismen zu Ökosystemen und schließlich zu den emergenten Gesellschaftsstrukturen, die wir Menschen entwickelt haben – all dies könnten Manifestationen eines Gesetzes sein, das tief in der Geschichte verwurzelt ist. Kein einzelnes Molekül in dem Bakterium *E. coli* »kennt« die Welt, in der *E. coli* lebt, und doch findet sich *E. coli* darin zurecht. Kein Mitarbeiter des Unternehmens IBM, das gegenwärtig Personal und Hierarchien abbaut, kennt die gesamte Welt von IBM, und doch handelt IBM als Ganzes. Lebewesen, Artefakte und Organisationen sind Gebilde, die eine Evolution durchlaufen haben. Selbst wenn menschliche Akteure zielgerichtet planen und gestalten, spielt der blinde Uhrmacher dabei eine größere Rolle, als wir gewöhnlich zugeben. Welche Gesetze steuern die Emergenz und Koevolution solcher Gebilde?

Die Evolution und Koevolution sämtlicher Organismen, Artefakte und Organisationen vollzieht sich auf zerklüfteten, sich verformenden Fitneßlandschaften. Alle komplexen Organismen, Artefakte und Organisationen unterliegen widerstreitenden Randbedingungen. Daher ist es nicht verwunderlich, wenn bei Versuchen, gute Kompromißlösungen und -entwürfe zu erzielen, Gipfel auf zerklüfteten Landschaften gesucht werden müssen. Und es kann auch nicht überraschen, daß menschliche Akteure mehr oder minder blind suchen müssen, da der Möglichkeitsraum in der Regel riesengroß ist. Schach ist ein endliches Spiel, und doch kann kein Großmeister schon nach zwei Zügen seine Niederlage eingestehen, weil er das Schachmatt durch seinen Gegner nach dem hundertdreißigsten Zug schon jetzt als unabwendbar vorhersieht. Und Schach ist im Vergleich zum wirklichen Leben einfach. Auch wenn wir bestimmte Pläne hegen, bleiben wir doch blinde Uhrmacher. Wir alle – Zellen genauso wie Spitzenmanager – erklimmen weitgehend mit verbundenen Augen Fitneßlandschaften, die sich ständig verformen. Wenn dem so ist, dann besteht das Hauptproblem jeder Organisation – sei es eine zelluläre, organismische, wirtschaftliche, staatliche oder sonstige –, die in den von anderen Organisationen geschaffenen Nischen lebt, in der Frage, welche Richtung sie bei der Evolution in ihrer sich ständig verformenden Landschaft einschlagen soll und wie sie die sich bewegenden Gipfel verfolgen kann.

Das Verfolgen von Gipfeln auf sich verformenden Landschaften ist für das Überleben von entscheidender Bedeutung. Kurz, Landschaften sind ein fester Bestandteil der Suche nach Spitzenleistungen – nach den besten Kompromissen, die wir erreichen können.

## Die Logik der »Felder«

Ich möchte in diesem Kapitel neuere Forschungsarbeiten darstellen, die ich gemeinsam mit Bill Macready und Emily Dickinson durchführte. Die Ergebnisse liefern eine grundlegende und einfache Erklärung dafür, daß flachere, dezentrale Organisationen erfolgreich sein können: Die Aufspaltung einer Organisation in »Felder«, die jeweils ihren eigenen Nutzen zu optimieren trachten, auch wenn dies auf Kosten des Ganzen geschieht, kann entgegen unserer intuitiven Überzeugung unwillkürlich das Wohl der gesamten Organisation fördern. Wie wir sehen werden, besteht der Trick darin, wie man die Felder auswählt. Wir werden auf ein geordnetes Regime stoßen, in dem Kompromisse geschlossen werden, die für die Organisation als Ganzes unergiebig sind, ein chaotisches Regime, in dem man sich nie auf eine Lösung einigt, und einen Phasenübergang zwischen Ordnung und Chaos, in dem man zügig hervorragende Lösungen findet. Wir werden die Logik der »Felder« eingehend untersuchen. In Anbetracht der Ergebnisse, die ich darlegen werde, drängt sich mir die Frage auf, ob diese neuen Erkenntnisse uns Aufschluß darüber geben werden, wie komplexe Organisationen evolvieren, und vielleicht sogar darüber, weshalb die Demokratie einen hervorragenden politischen Mechanismus darstellt, um Kompromisse zwischen den widerstreitenden Interessen der Bürger zu erzielen.

Die Forschungsarbeiten basieren auf dem uns mittlerweile vertrauten $NK$-Modell zerklüfteter Fitneßlandschaften. Deshalb sind auch hier gewisse Vorbehalte angebracht. Das *NK*-Modell bezieht sich nur auf eine Klasse zerklüfteter, konfliktträchtiger Fitneßlandschaften; bei Verallgemeinerungen muß man sehr vorsichtig verfahren. So müssen wir beispielsweise noch sehr viel sicherer sein, als ich es heute bin, daß die im folgenden dargelegten Ergebnisse sich auf andere konfliktträchtige Probleme erweitern lassen, angefangen beim Entwurf komplexer Artefakte wie etwa Flugzeugen über Produktionsstätten und Organisationsstrukturen bis hin zu politischen Systemen.

*NK*-Fitneßlandschaften sind Beispiele für das, was die Mathematiker schwierige kombinatorische Optimierungsprobleme nennen. Das Optimierungsproblem besteht bei *NK*-Landschaften darin, entweder das globale Optimum, also den höchsten Gipfel, oder zumindest sehr hohe Gipfel zu finden. In *NK*-Landschaften stellen Genotypen kombinatorische Objekte dar, bestehend aus $N$ Genen, die wiederum in den Allelzuständen 1 oder 0 vorliegen. Mit wachsendem $N$ kommt es dann zu einer sogenannten »Kombinationsexplosion« der möglichen Genotypen, da die Anzahl der Genotypen $2^N$ beträgt. Einer dieser Genotypen ist der globale Gipfel, den wir suchen. Mit wachsendem $N$ kann es folglich sehr viel schwieriger werden, den Gipfel zu finden. Erinnern wir uns, daß bei $K = N - 1$, also bei maximaler Kopplungsdichte, die Landschaften keinerlei Regelmäßigkeit mehr aufweisen und die Anzahl der lokalen Gipfel $2^N/(N+1)$ beträgt. In Kapitel 8 erörterten wir die Frage, wie man maximal komprimierte Algorithmen auffindet, um damit Berechnungen auszuführen, und wir fanden heraus, daß solche Algorithmen in Zufallslandschaften »leben«. Daher ist das Auffinden eines maximal komprimierten Programms für einen Algorithmus gleichbedeutend mit dem Auffinden eines oder, bestenfalls, einiger weniger der höchsten Gipfel in einer solchen Zufallslandschaft. Erinnern wir uns daran, daß »Bergwanderungen« in Zufallslandschaften sehr bald auf lokalen Gipfeln, weit vom globalen Optimum entfernt, zum Stillstand kommen. Aus diesem Grund ist es eine praktisch nichtlösbare Aufgabe, den globalen Gipfel oder einen der wenigen hohen Gipfel zu finden. Man müßte den gesamten Raum absuchen, um mit Sicherheit Erfolg zu haben. Derartige Probleme werden als *NP*-vollständig bezeichnet. Dies bedeutet, grob gesprochen, daß die für die Lösung des Problems erforderliche Suchzeit proportional zur Größe des Problemraumes zunimmt, der seinerseits aufgrund der Kombinationsexplosion exponentiell wächst.

Die Evolution ist ein Suchverfahren in zerklüfteten Fitneßlandschaften, die entweder unveränderlich sind oder sich ständig verformen. Kein Suchverfahren kann den globalen Gipfel eines *NP*-vollständigen Problems mit Sicherheit in kürzerer Zeit auffinden, als für die Erforschung des gesamten Möglichkeitsraums erforderlich ist. Und der kann, wie wir schon mehrfach sahen, aus einer hyperastronomischen Anzahl von Möglichkeiten bestehen. Reale Zellen, Organismen, Ökosysteme und, wie ich vermute, auch komplexe Artefakte und Organisationen finden nie die globalen Optima ihrer unveränderlichen oder sich wandelnden Landschaften. Die eigentliche Aufgabe besteht daher darin, die herausragenden Gipfel aufzuspüren und ihnen nachzusetzen, während sich die Landschaft verformt. Unsere Logik der »Felder« ist offenbar eine Möglichkeit, wie komplexe Systeme und Organisationen dies bewerkstelligen können.

Bevor ich diese Logik darstelle, möchte ich Ihnen ein bekanntes Verfahren zum Aufspüren guter Fitneßgipfel schildern. Es wird als *simulated annealing* (»simuliertes Tempern«) bezeichnet und wurde vor einigen Jahren von Scott Kirkpatrick und seinen Kollegen bei IBM entwickelt. Das von ihnen ausgewählte Testbeispiel für ein schwieriges kombinatorisches Optimierungsproblem ist das berühmte Problem des Handlungsreisenden; wenn man es lösen könnte, dann hätte man den schwierigsten Teil zahlreicher Optimierungsprobleme bewältigt. Das Problem gestaltet sich folgendermaßen: Sie sind Vertreter und leben in Lincoln, Nebraska. Sie müssen nun nacheinander 27 Städte in Nebraska aufsuchen, bevor Sie wieder nach Hause zurückkehren können. Die Schwierigkeit besteht darin, daß Sie bei Ihrer Rundreise die kürzestmögliche Strecke nehmen sollen.

Das ist schon alles. Packen Sie 27 Lunchpakete in Ihre tragbare Kühltasche, steigen Sie in Ihren Wagen und los geht's. Kinderleicht. Zumindest hört es sich so an.

Wenn die Anzahl der Städte, $N$, die in unserem Beispiel 27 beträgt, auf 100 oder 1000 steigt, dann bietet sich Ihnen eine hyperastronomische Zahl von Möglichkeiten, und die Komplexität des Problems wächst ins Unermeßliche. Wenn Sie in Lincoln starten, dann müssen

Sie die erste Stadt auswählen, die Sie anfahren wollen, und Sie haben 26 Möglichkeiten. Nachdem Sie sich für die erste Stadt entschieden haben, müssen Sie die zweite auswählen, also bleiben noch 25 Möglichkeiten. Und so weiter. Die Anzahl möglicher Rundwege beträgt am Ausgangspunkt Ihrer Reise (27 x 26 x 25 x ... x 3 x 2 x 1)/2. (Wir dividieren durch 2, weil man bei jeder Rundreise eine von zwei Routen auswählen kann und wir auf diese Weise verhindern, daß wir dieselbe Route doppelt zählen.)

Man könnte meinen, es gebe eine einfache Möglichkeit, den kürzesten Rundweg zu finden; doch das ist offenbar eine vergebliche Hoffnung. Vielmehr scheint es so zu sein, daß man sämtliche Rundwege in Erwägung ziehen muß, um den kürzesten zu finden. Wenn $N$, die Anzahl der Städte, groß ist, kommt es zu einer jener Kombinationsexplosionen von Möglichkeiten, denen Genotyp- und andere Kombinationsräume ihre gewaltige Größe verdanken. Selbst bei Einsatz des leistungsfähigsten Computers kann es unmöglich sein, selbst in einem Zeitraum, der dem Alter der menschlichen Spezies oder sogar dem Alter des Universums entspricht, mit Sicherheit den kürzesten Rundweg zu finden.

Das Beste – ja, praktisch gesehen, das einzige –, was man tun kann, besteht darin, einen sehr kurzen Rundweg auszuwählen, der aber nicht notwendigerweise der beste ist. Wie im Leben überhaupt, muß der Handlungsreisende, der nach Perfektion strebt, sich mit einer nichtoptimalen Lösung zufriedengeben.

Wie kann man wenigstens einen erstklassigen, sehr kurzen Rundweg finden? Kirkpatrick und seine Kollegen haben mit ihrem Konzept des *simulated annealing* in sehr gutes Näherungsverfahren entwickelt. Zunächst brauchen wir eine Fitneß- beziehungsweise Kostenlandschaft, die wir nach sehr kurzen Rundwegen absuchen. Die fragliche Landschaft ist einfach gestaltet. Wir betrachten unsere 27 Städte und alle möglichen Rundwege, die sie miteinander verbinden. Wie wir sahen, gibt es eine sehr große Anzahl solcher Rundwege. Nun führen wir das Konzept »benachbarter« Rundwege ein, genauso, wie wir bei Genotypen das Konzept benachbarter Mutanten brauchten. Wir können dieses Konzept in Form eines »Tausches« umsetzen, bei dem die Lagen zweier Städte auf einer Rundreise ausgetauscht werden. Nehmen wir an, unsere ursprüngliche Route verliefe durch

A–B–C–D–E–F–A. Wir können nun C und F gegeneinander austauschen, so daß die neue Route A–B–F–D–E–C–A wäre (Abbildung 11.1).

Nachdem wir damit den Begriff eines »benachbarten Rundwegs« definiert haben, können wir alle möglichen Rundwege in einem hochdimensionalen Raum, ähnlich einem Genotypraum, anordnen, in dem jeder Rundweg unmittelbar neben all seinen Nachbarn liegt. Es ist schwer, sich den richtigen hochdimensionalen Rundwegraum vorzustellen. Erinnern wir uns daran, daß im *NK*-Modell jeder Genotyp, wie etwa (1111), ein Eckpunkt in einem Booleschen Hyperkubus darstellt und in unmittelbarer Nähe zu $N$ anderen Genotypen liegt: (0111), (1011), (1101) und (1110). Adaptive Wanderungen schreiten von einem Genotyp zu einem benachbarten Genotyp fort, bis ein lokaler Gipfel erreicht ist. Im Rundwegraum ist jeder Rundweg ein »Eckpunkt«, durch eine Gerade mit jedem seiner benachbarten Rundwege verbunden. Da wir den kürzesten Rundweg von Lincoln durch die 27 Städte und wieder zurück nach Lincoln suchen, kann man die Länge des Rundweges auch als dessen »Kosten« betrachten; und da jeder Rundweg seine spezifischen Kosten hat, erhalten wir eine Kostenlandschaft, die über unserer Rundweglandschaft liegt. In einer Kostenlandschaft wollen wir die Kosten minimieren – und nicht die Fitneß maximieren –, und deshalb suchen wir die tiefsten Täler und nicht die höchsten Gipfel. Die Idee ist jedoch dieselbe.

Wie jede andere zerklüftete Landschaft auch weist der Rundwegraum möglicherweise vielfältige Korrelationen auf; das bedeutet, daß benachbarte Rundwege in der Regel dieselbe Länge besitzen und folglich dieselben Kosten verursachen. Wenn dies zutrifft, dann wäre es vernünftig, mit Hilfe der Korrelationen hervorragende, sehr kurze Rundwege ausfindig zu machen, wenn wir schon nicht den kürzesten Rundweg bestimmen können. Erinnern wir uns, daß wir in Kapitel 8 ein recht allgemeines Merkmal zahlreicher zerklüfteter Landschaften kennenlernten: Die tiefsten Täler »entwässern« die größte Region des Möglichkeitsraums. Wenn wir uns die Täler als wirkliche Täler in einer Gebirgsregion vorstellen, dann wird uns klar, daß Wasser von den meisten Ausgangspositionen bergab in die tiefsten Täler fließen kann. Wie wir gleich sehen werden, ist dieses Merkmal für *simulated annealing* von entscheidender Bedeutung.

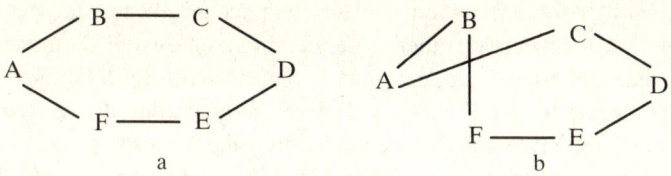

**Abbildung 11.1:** *Das Problem des Handlungsreisenden. Gesucht wird der kürzeste Rundweg durch mehrere Städte. (a) Die Rundreise führt durch sechs Städte, A–F. (b) Durch Austausch zweier Städte erhält man einen »benachbarten« Rundweg.*

Stellen wir uns ein Wassertröpfchen (oder eine Kugel) vor. Sobald es ein lokales Minimum erreicht, verharrt es dort für immer, sofern es nicht durch einen externen Prozeß gestört wird. Ganz gleich also, ob man sich bergauf Richtung Fitneßgipfel oder bergab Richtung Kostenminima bewegt – wenn man nur Schritte machen kann, die die Lage verbessern, bleibt man nach kurzer Zeit irgendwo stecken. Doch das Minimum oder Maximum, das einen einfängt, kann im Vergleich zu den hervorragenden Minima oder Maxima sehr armselig sein. Die nächste Frage lautet demnach, wie man wieder davon wegkommt.

Reale physikalische Systeme haben eine sehr natürliche Methode, um sich von schlechten lokalen Minima zu lösen. Manchmal bewegen sie sich blindlings in die falsche Richtung und machen einen Schritt bergauf, obwohl es naheläge, abwärts zu gehen. Diese Zufallsbewegung wird durch thermische Schwingungen verursacht und kann anhand der Temperatur gemessen werden.

Denken wir an ein System wechselwirkender Moleküle, die miteinander zusammenstoßen. Die Kollisionsrate hängt von der Geschwindigkeit der Moleküle ab. Die Temperatur ist ein Maß der mittleren Molekülbewegung, ihrer mittleren kinetischen Energie. Hohe Temperaturen bedeuten, daß die Moleküle in heftiger, ungeordneter Bewegung sind. Liegt die Temperatur dagegen beim Nullpunkt, dann bewegen die Moleküle sich überhaupt nicht.

Bei hoher Temperatur »erforscht« ein physikalisches System seinen Konfigurationsraum, wobei Moleküle zusammenprallen und ihre kinetische Energie austauschen. Dieses Erforschen bedeutet, daß das System nicht einfach bergab in irgendein lokales Energieminimum fließt, sondern mit einer Wahrscheinlichkeit, die mit der Temperatur ansteigt, bergauf, über »Energieschranken«, in die Zuflußgebiete benachbarter Energieminima springen kann. Bei niedriger Temperatur wäre die Wahrscheinlichkeit geringer, daß das System eine bestimmte Energieschwelle überspringt; die Wahrscheinlichkeit, daß es in einer bestimmten »Energiemulde« bleibt, wäre demnach höher.

*Annealing* (Tempern) ist nichts anderes als ein Prozeß des langsamen Abkühlens. Beim wirklichen physikalischen Tempern verringert man allmählich die Temperatur eines Systems. Ein Schmied, der rotglühendes Eisen mit dem Hammer bearbeitet, indem er das sich verformende Objekt mehrmals in kaltes Wasser taucht, wieder erhitzt und erneut hämmert, praktiziert wirkliches Tempern. Durch das wiederholte Glühen und Hämmern werden die mikroskopischen Konfigurationen der Eisenatome verändert: Sie verlassen ihre dürftigen, relativ instabilen lokalen Minima und gehen zu energieärmeren Minima über, die einem härteren und festeren Metall entsprechen. Im Verlauf des wiederholten Erhitzens und Hämmerns können die mikroskopischen Atomkonfigurationen im bearbeiteten Eisen zunächst den gesamten Konfigurationsraum durchwandern und dabei die Energieschwellen zwischen sämtlichen lokalen Energieminima überspringen. Mit sinkender Temperatur wird es allerdings immer schwieriger, diese Schwellen zu überspringen. Nun kommt die entscheidende Annahme: Wenn die tiefsten Energieminima sich aus den größten Einzugsgebieten speisen, dann werden die mikroskopischen Konfigurationen bei sinkender Temperatur in zunehmendem Maße in den größten Einzugsgebieten gefangen, gerade weil diese die größten sind; dort gleiten sie hinab zu den tiefsten und stabilsten Energieminima. Echtes Eisen wird durch Tempern zu einem harten, festen Metall, weil das Tempern die mikroskopischen Atomkonfigurationen in tiefe Energieminima hinabtreibt.

*Simulated annealing* verfährt nach dem gleichen Prinzip. Beim Problem des Handlungsreisenden bewegt man sich von einem Rundweg zu einem benachbarten, kürzeren Rundweg. Doch mit einer gewissen Wahrscheinlichkeit akzeptiert man auch einen Schritt in die falsche Richtung – zu einem benachbarten Rundweg, der länger und »teurer« ist. Die »Temperatur« des Systems gibt die Wahrscheinlichkeit an, mit der man einen Schritt akzeptiert, der die Kosten um einen bestimmten Betrag erhöht. In der Simulation durchwandert der Algorithmus den gesamten Raum möglicher Rundwege. Die sinkende Temperatur ist nun gleichbedeutend mit einer Verringerung der Wahrscheinlichkeit, mit der Schritte in die falsche Richtung akzeptiert werden. Allmählich setzt sich der Algorithmus in den Einzugsgebieten tiefer, hervorragender Minima fest.

*Simulated annealing* ist ein sehr interessantes Verfahren, um Lösungen für konflikträchtige Probleme zu finden. Genaugenommen ist es gegenwärtig eines der besten bekannten Verfahren. Doch es gibt einige wichtige Einschränkungen. Erstens erfordert das Auffinden guter Lösungen ein sehr langsames »Abkühlen«. Es dauert lange, bis man sehr gute Minima findet. *Simulated annealing* ist aber noch mit einem zweiten Problem behaftet, wenn man bedenkt, wie Menschen beziehungsweise Organisationen im wirklichen Leben gute Problemlösungen finden. Betrachten wir den Piloten eines Jagdflugzeugs, der einen Kampfeinsatz fliegt. Er befindet sich in einer angespannten, lebensgefährlichen Lage und muß unter extremem Zeitdruck reagieren. Er muß die Taktik auswählen, die seine Erfolgschancen in der konflikträchtigen Situation optimieren. Wir werden unseren Piloten kaum dazu bringen können, mitten im Gefecht seine Taktik dadurch festzulegen, daß er sehr viele Fehler macht, deren Häufigkeit stetig abnimmt, bis er sich schließlich für eine gute Strategie entscheidet. Auch dürften Organisationen ihre Optimierungsprobleme kaum auf diese Weise lösen. *Simulated annealing* mag ein ausgezeichnetes Verfahren sein, um hervorragende Lösungen für schwierige Probleme zu finden, aber im wirklichen Leben wenden wir es nie an. Wir verbringen unsere Zeit nun einmal nicht damit, absichtlich Fehler zu machen und die Fehlerhäufigkeit zu senken. Wir alle versuchen unser Bestes, scheitern aber in vielen Fällen.

Haben wir ein anderes Verfahren entwickelt, das gut funktioniert? Ich glaube ja; wir geben ihm viele Namen – angefangen beim Föderalismus über Profit Center, Umstrukturierung, Gewaltenteilung bis hin zu Bürgerinitiativen. Hier nenne ich dieses Verfahren »Aufgliederung in Felder«.

## Die Aufgliederung in Felder

Das Grundprinzip des Verfahrens ist einfach: Man nehme eine schwierige, konfliktträchtige Aufgabe, bei der zahlreiche Elemente miteinander wechselwirken, und zerlege sie in einen »Teppich« nichtüberlappender Felder. Dann bemühe man sich innerhalb jedes Feldes um eine Optimierung. Die Verknüpfung zwischen Elementen in zwei Feldern über die Feldgrenzen hinweg bedeutet nun, daß sich durch das Finden einer »guten« Lösung in einem Feld das Problem, das die Elemente in den angrenzenden Feldern lösen müssen, verändert. Da Änderungen in einem Feld dazu führen, daß die Probleme in den benachbarten Feldern sich ebenfalls verändern, und da die adaptiven Bewegungen dieser Felder ihrerseits die Probleme wieder anderer Felder verändern, gleicht das System unseren koevolvierenden Modellökosystemen. Jedes Feld entspricht dem, was wir in Kapitel 10 eine »Art« nannten. Jedes Feld bewegt sich in seiner eigenen Landschaft auf Fitneßgipfel zu, verformt dabei aber gleichzeitig die Fitneßlandschaften seiner Partner. Wie wir sahen, kann dieser Prozeß im chaotischen Rote-Königin-Verhalten außer Kontrolle geraten und sich niemals einer guten Gesamtlösung nähern: In diesem chaotischen Regime gleicht unser System einem sich unentwegt wandelnden »Flickenteppich«. Umgekehrt wird unser System im geordneten Regime evolutionär stabiler Strategien (ESS) möglicherweise einfrieren und auf schlechten lokalen Gipfeln steckenbleiben. Wie wir sahen, erreichen Ökosysteme ihre höchste mittlere Fitneß in einem Gleichgewichtszustand zwischen dem Chaos des Rote-Königin-Regimes und der Ordnung des ESS-Regimes. Wir werden gleich sehen, daß das koevolvierende System dann, wenn die gesamte konfliktträchtige Aufgabe in richtig ausgewählte Felder zerlegt wird, in einem Phasenübergang zwischen Ordnung und Chaos liegt und nach kurzer Zeit sehr gute Lösungen findet. Kurz, bei der »Aufgliederung in Felder« könnte es sich um ein grundlegendes Verfahren handeln, das wir in unseren Gesellschaftssystemen und vielleicht auch in anderen Bereichen entwickelt haben, um sehr schwierige Probleme zu lösen.

Mittlerweile sind Sie mit dem *NK*-Modell vertraut. Es ist nichts anderes als ein System aus *N* Teilen, die jeweils einen »Fitneßbeitrag«

erbringen, der vom eigenen Zustand und den Zuständen von $K$ anderen Teilen abhängt. Wir wollen das *NK*-Modell in Form eines quadratischen Gitters darstellen (Abbildung 11.2). Jedes Element liegt hier auf einem Eckpunkt, der es mit seinen vier unmittelbaren Nachbarn im Norden, Süden, Osten und Westen verbindet. Wie zuvor gehen wir davon aus, daß jedes Element zwei Zustände annehmen kann: 1 und 0. Der Fitneßbeitrag jedes Elements hängt von seinem eigenen Zustand und dem seiner Nachbarn im Norden, Süden, Osten und Westen ab. Diesem Fitneßbeitrag wird nach dem Zufallsprinzip ein Wert zwischen 0,0 und 1,0 zugeordnet. Wie zuvor können wir die Fitneß des Gesamtgitters als Mittelwert des Fitneßbeitrags aller seiner Elemente definieren. Sagen wir, alle befinden sich im Zustand 1. Wir addieren nun einfach die Fitneßwerte aller Elemente und dividieren die Summe durch deren Anzahl. Wenn wir dies mit allen möglichen Konfigurationen durchführen, erhalten wir eine Fitneßlandschaft.

Macready, Dickinson und ich haben recht große Gitter (120 x 120) untersucht, so daß unsere schwierigen Modellprobleme aus 14 400 Elementen bestehen. Das sollte für ein schwieriges Modell genügen. Da zerklüftete *NK*-Landschaften große Ähnlichkeiten mit den Landschaften vieler schwieriger, konfliktträchtiger Optimierungsprobleme einschließlich dem des Handlungsreisenden aufweisen, dürften Verfahren zum Auffinden guter Optima in diesem Bereich von allgemeinem Nutzen sein. Beachten Sie erneut, wie riesig der Möglichkeitsraum ist. Da sich jedes Element in einem von zwei Zuständen, 1 und 0, befinden kann, beträgt die Gesamtzahl der Zustandskombinationen der Elemente beziehungsweise der Konfigurationen des Gitters $2^{14\,400}$. Das bedeutet, daß seit dem Urknall bei weitem nicht genügend Zeit vergangen ist, um das globale Optimum aufzufinden. Aber wir suchen ja nur hervorragende Lösungen, keine perfekten.

Da Bill Macready Physiker ist und Physiker im allgemeinen lieber eine »Energie« minimieren als eine »Fitneß« maximieren, und da auch wir mittlerweile mit dem Minimieren auf Kostenlandschaften vertraut sind, nehmen wir an, das *NK*-Modell liefere eine »Energie«landschaft, auf der wir die Energie minimieren wollen. Jede Konfiguration der 14 400 Elemente auf dem 120 x 120-Gitter ist ein Eck-

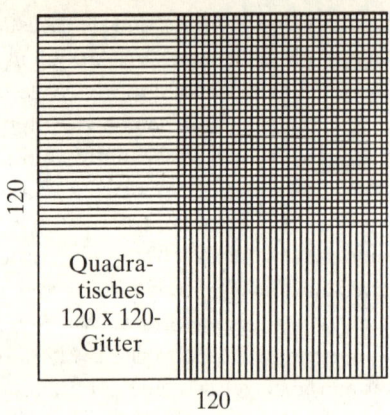

**Abbildung 11.2:** *Ein NK-Modell in Form eines quadratischen 120 x 120-Gitters. Jede Gitterstelle, die sich in einem von zwei Zuständen, 1 oder 0, befinden kann, ist mit ihren vier Nachbarn im Norden, Süden, Osten und Westen verbunden. (Das Gitter ist zu einem Torus gebogen; das heißt, der obere Rand ist an den unteren Rand »geklebt« und der linke Rand an den rechten Rand, so daß jede Gitterstelle von vier Nachbarstellen umgeben ist.)*

punkt auf dem 14 400dimensionalen Booleschen Hyperkubus. Jeder Eckpunkt grenzt unmittelbar an 14 400 andere Eckpunkte, jeder entspricht der Umschaltung eines der 14 400 Elemente in den anderen Zustand, 1 oder 0. Jeder Eckpunkt hat eine Energie, so daß das *NK*-Modell eine Energielandschaft über diesem riesigen Booleschen Hyperkubus von Konfigurationen erzeugt. Wir suchen tiefe, hervorragende Minima. Die *NK*-Landschaft bleibt gleich; nur daß wir jetzt statt »bergauf« eben »bergab« gehen. Die statistischen Merkmale der Landschaft sind in beiden Richtungen identisch.

Nun werde ich die Felder einführen. Angenommen, wir verwenden dieselbe *NK*-Landschaft, koppeln die Elemente auf dieselbe Weise, aber teilen das System in nichtüberlappende Felder unterschiedlicher Größen. Die Regel ist immer die gleiche: Man versucht ein Element auf den entgegengesetzten Wert umzuschalten, also 1 auf 0 oder 0 auf 1. Wenn dies die Energie des Feldes, in der sich das Element befindet, senkt, akzeptiert man die Bewegung; andernfalls lehnt man sie ab.

Abbildung 11.3 zeigt eine kleinere Version unseres 120 x 120-

Gitters, das hier auf ein 10 x 10-Quadrat verkleinert ist. In Abbildung 11.3a betrachten wir das gesamte Gitter als ein einziges »ganzes« Feld. Ich nenne dies den »stalinistischen« Grenzzustand. In diesem Zustand kann ein Element nur dann von 1 auf 0 und von 0 auf 1 umschalten, wenn der Schritt für das Gitter als Ganzes »vorteilhaft« ist und seine Gesamtenergie senkt. Wir alle müssen für das Wohl des ganzen »Staates« arbeiten.

Da im stalinistischen Grenzzustand jede Bewegung die Energie des Gesamtgitters vermindern muß, wird das gesamte System in dem Maße, wie nacheinander einzelne Elemente ausprobiert und manche

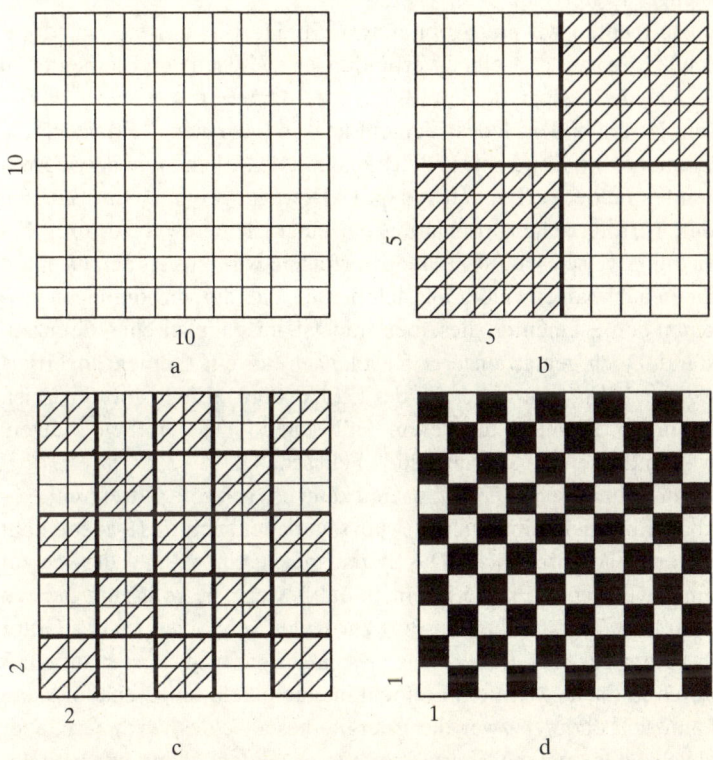

**Abbildung 11.3:** *Aufgliederung in Felder. (a) Ein 10 x 10-NK-Gitter; das gesamte System bildet ein Feld. (b) Dasselbe Gitter, unterteilt in vier 5 x 5-Felder, (c) 25 2 x 2-Felder und (d) 100 1 x 1-Felder.*

davon invertiert werden, eine adaptive Wanderung zu einem lokalen Energieminimum ausführen und dann dort für immer bleiben. Sobald sich das System auf einem solchen lokalen Minimum befindet, kann kein Element mehr umgeschaltet werden und einen niedrigeren Energiezustand für das Gesamtgitter finden, das heißt, es werden keine weiteren Umschaltungen mehr akzeptiert. Alle Elemente »frieren« in einem unveränderlichen Zustand, 1 oder 0, ein. Kurzum, im stalinistischen Grenzzustand legt sich das System auf eine Lösung fest und bleibt ihr für immer verhaftet. Das stalinistische Regime, in dem einer für alle und jeder für den Staat arbeitet, endet folglich in völliger Erstarrung.

Betrachten wir nun Abbildung 11.3b. Dort ist dasselbe quadratische Gitter mit denselben Verbindungen zwischen den Elementen in vier Felder zerlegt, die jeweils ein 5 x 5-Untergitter des 10 x 10-Gesamtgitters bilden. Jedes Element liegt in nur einem Feld. Doch die Elemente am Rand eines Feldes sind mit den Elementen der angrenzenden Felder verbunden. Adaptive Bewegungen in einem Feld, die durch erfolgreiche Umschaltung einzelner Elemente von 0- auf 1- beziehungsweise 1- auf 0-Zustände erfolgen, wirken sich demnach auf die benachbarten Felder aus. Ich betone, daß die Verbindungen zwischen den Elementen dieselben sind wie im stalinistischen Grenzzustand. Doch gemäß unserer Regel, nach der ein Element invertiert werden kann, sofern dies für das Feld, in dem es liegt, vorteilhaft ist, kann ein Element in diesem Fall seinem eigenen Feld nützen, während es einem angrenzenden Feld schadet.

Im stalinistischen Grenzzustand kann das gesamte Gitter nur bergab zu Energieminima fließen. Man sagt daher auch, das System fließt auf einer Potentialfläche. Das System gleicht einer Kugel, die sich auf einer wirklichen Fläche in einem Tal bewegt: sie rollt zum tiefsten Punkt des Tals und kommt dort zur Ruhe. Sobald jedoch das Gitter in Felder zerlegt ist, fließt das Gesamtsystem nicht länger auf einer Potentialfläche. Wird ein Element in einem Feld umgeschaltet, dann kann sich dadurch zwar die Energie dieses Feldes verringern, aber gleichzeitig kann die Energie der angrenzenden Felder aufgrund der grenzüberschreitenden Verbindungen *zunehmen*, und deshalb kann auch die Gesamtenergie des Gitters ansteigen, wenn ein einzelnes Feld einen Schritt macht, der seine eigene Energie vermindert. Und da unter Umständen die Energie des Gesamtgitters steigt, evolviert das System als Ganzes nicht auf einer Potentialfläche. Die Zerlegung des Systems in Felder hat eine gewisse Ähnlichkeit mit der Einführung einer Temperatur beim *simulated annealing*. Sobald ein System in Felder untergliedert ist, so daß eine adaptive Bewegung eines Feldes in der Lage ist, dem Gesamtsystem zu »schaden«, wird das System als Ganzes durch diese Bewegung in »die falsche Richtung geführt«.

Wir kommen so zu einer einfachen, aber weitreichenden Schlußfolgerung: Sobald ein Gesamtproblem in »Felder« zerlegt wird, kommt es zu einer Koevolution zwischen den Feldern. Eine adaptive Bewegung eines Feldes verändert die »Fitneß« und verformt die Fitneßlandschaft beziehungsweise die »Energie« und die »Energielandschaft« angrenzender Felder.

Gerade die Tatsache, daß Felder miteinander koevolvieren, weist auf einige entscheidende Vorteile hin, die ein in Felder zerlegtes System gegenüber dem stalinistischen Grenzzustand der »Einheitsfläche« besitzt. Was geschieht, wenn sich das Gitter als Ganzes im stalinistischen Grenzzustand auf einem »schlechten«, das heißt energiereichen lokalen Minimum niederläßt statt auf einem hervorragenden energiearmen Minimum, wie dies in Abbildung 11.4 gezeigt ist? Das stalinistische System der Einheitsfläche ist für immer im schlechten Minimum gefangen. Nun wollen wir ein wenig nachdenken. Wenn wir das Gitter, unmittelbar nachdem das stalinistische System dieses schlechte Minimum erreicht hat, in vier 5 x 5-Felder aufteilen, wie groß ist dann die Wahrscheinlichkeit, daß dieses schlechte Minimum nicht nur ein lokales Minimum für das Gitter als Ganzes ist, sondern auch ein lokales Minimum für jedes einzelne der vier 5 x 5-Felder? Damit das in vier Felder aufgeteilte System auf demselben schlechten Minimum »verharrt«, müßte, wie Sie sehen, das Minimum des Gesamtgitters zufälligerweise auch ein Minimum für jedes einzelne der vier 5 x 5-Felder sein. Andernfalls können eines oder mehrere Felder eines ihrer Elemente umschalten und sich somit wieder in Bewegung setzen. Sobald sich aber ein Feld zu bewegen beginnt, ist das Gesamtgitter nicht länger in dem schlechten lokalen Minimum eingefroren.

Standort in der Landschaft

**Abbildung 11.4:** *Eine Energielandschaft. Sie zeigt ein System, das in einem schlechten, energiereichen lokalen Minimum gefangen ist.*

Nun, die Antwort liegt auf der Hand. Wenn sich im stalinistischen Regime das Gitter als Ganzes zu einem schlechten lokalen Minimum bewegt, dann ist die Wahrscheinlichkeit gering, daß dieselbe Konfiguration der Elemente auch für alle vier 5 x 5-Felder ein lokales Minimum darstellt – das System bleibt also nicht eingefroren. Es wird »sich fortstehlen« und seine Erkundung des Möglichkeitsraums fortsetzen.

## Der Rand des Chaos

Wir sind nun sowohl in genomischen Netzwerkmodellen als auch bei koevolutionären Prozessen auf einen Phasenübergang zwischen Ordnung und Chaos gestoßen. In Kapitel 10 sahen wir, daß koevolvierende Systeme ihre höchste mittlere Fitneß offenbar exakt am Phasenübergang zwischen dem chaotischen Rote-Königin-Regime und dem geordneten ESS-Regime erreichen. Wird ein großes System in Felder zerlegt, dann können die Felder buchstäblich miteinander koevolvieren. Jedes Feld bewegt sich in Richtung seiner Fitneßgipfel beziehungsweise Energieminima, verformt dabei aber gleichzeitig die Fitneß- beziehungsweise Energielandschaft angrenzender Felder.

Gibt es in Systemen, die in Felder aufgeteilt sind, etwas dem chaotischen Rote-Königin-Regime und dem geordneten ESS-Regime Analoges? Gibt es einen Phasenübergang zwischen diesen Regimen? Und werden die besten Lösungen am oder in der Nähe des Phasenübergangs gefunden? Wir werden gleich sehen, daß die Antwort auf alle diese Fragen ja lautet.

Der stalinistische Grenzzustand liegt im geordneten Regime. Das Gesamtsystem läßt sich auf einem lokalen Minimum nieder. Danach kann kein Element mehr von 1 auf 0 oder von 0 auf 1 umgeschaltet werden. Daher sind alle Elemente eingefroren. Doch was geschieht im entgegengesetzten Grenzzustand? In der Extremsituation, die in Abbildung 11.3d gezeigt ist, stellt jedes Element ein eigenes Feld dar. Wir haben in diesem Grenzzustand auf unserem 10 x 10-Gitter eine Art »Spiel« mit 100 Spielern geschaffen. Jeder Spieler betrachtet in jedem Augenblick die Zustände, 1 oder 0, seiner Nachbarn im Norden, Süden, Osten und Westen und macht den Zug, 1 oder 0, der seine eigene Energie minimiert. Es ist leicht einzusehen, daß das Gesamtsystem in diesem Grenzzustand, den ich »italienische Verhältnisse« (oder »italienischen Grenzzustand«) nenne, nie zur Ruhe kommt. Die Elemente werden unentwegt von 1 auf 0 und von 0 auf 1 umgeschaltet. Das System liegt tief im chaotischen Regime.

Da die Elemente niemals gegen eine Lösung konvergieren, bei der keine Umschaltungen mehr stattfinden, bewegt sich das Gesamtsystem auf einem relativ hohen Energieniveau. Im $NK$-Modell beträgt der erwartete Energiewert einer zufällig ausgewählten Konfiguration aus den $N$ Elementen ohne jegliche Minimierungsbemühung 0,5. (Der Wert von 0,5 ergibt sich daraus, daß wir der Fitneß beziehungsweise Energie zufällig ausgewählte Dezimalzahlen zwischen 0,0 und 1,0 zuordnen; der Mittelwert liegt genau in der Mitte zwischen diesen beiden Grenzwerten, also bei 0,5.) Im chaotischen italienischen Grenzzustand ist die mittlere Energie des Gitters nur unwesentlich kleiner und liegt bei etwa 0,47. Kurz, das Gesamtsystem befindet sich im ungeordneten, chaotischen Regime, wenn es zu viele und zu kleine Felder gibt. Die Elemente wechseln unentwegt zwischen den 1- und 0-Zuständen hin und her, und die mittlere Energie des Gitters ist hoch.

Wir kommen nun zu der entscheidenden Frage: Bei welcher Größe der Felder minimiert das Gesamtgitter seine Energie?

Die Antwort hängt von der Zerklüftung der Landschaft ab. Unsere Befunde deuten darauf hin, daß bei niedrigem $K$, wenn die Landschaft hoch korreliert und relativ gleichförmig ist, die besten Ergebnisse im stalinistischen Grenzzustand gefunden werden. Bei einfachen Problemen mit wenigen gegenläufigen Randbedingungen gibt es wenige lokale Minima, in denen das System gefangen werden könnte. Doch mit steigender Zerklüftung der Landschaft – und das heißt: mit wachsender Zahl der widerstreitenden Randbedingungen – scheint es am besten zu sein, das Gesamtsystem in mehrere Felder zu zerlegen, so daß sich das System nahe am Phasenübergang zwischen Ordnung und Chaos aufhält.

In unserem gegenwärtigen Kontext können wir die Anzahl der widerstreitenden Randbedingungen dadurch erhöhen, daß wir unsere Gitterkonfiguration beibehalten, aber Fälle untersuchen, in denen jedes Element nicht nur von sich selbst und seinen vier unmittelbaren Nachbarn – im Norden, Süden, Osten und Westen – beeinflußt wird, sondern auch von seinen acht angrenzenden Nachbarn – den ersten vier und den Nachbarn im Nordwesten, Nordosten, Südosten und Südwesten. Abbildung 11.5 zeigt, daß wir durch Erweiterung des Wechselwirkungsbereichs der Elemente auf dem quadratischen Gitter Fälle von Elementen mit vier Nachbarn, acht Nachbarn, zwölf Nachbarn und 24 Nachbarn untersuchen können. Wir erhöhen also, in der Terminologie des $NK$-Modells ausgedrückt, $K$ von vier auf 24.

Abbildung 11.6 zeigt die Ergebnisse, wobei das Gitter aus Feldern eine Evolution in positiver Zeitrichtung durchlaufen konnte, indem zufällig ausgewählte Elemente dann und nur dann invertiert wurden, wenn die adaptive Bewegung die Energie des Feldes, in dem das Element liegt, senkt. Bei diesen Simulationen nahm die Gesamtenergie des Gitters so lange ab, bis ein Energieniveau erreicht wurde, das entweder konstant blieb oder nur in sehr engen Grenzen schwankte. In den Abbildungen 11.6a–d ist die Energie auf der $y$-Achse aufgetragen und die Größe jedes Feldes auf der $x$-Achse. Hier sind sämtliche Felder quadratisch; unsere Ergebnisse stammen vom 120 x 120 Gitter. All unsere Simulationen wurden mit identischen $NK$-Gittern ausgeführt, wir änderten lediglich die Größen der Felder. Somit sagen uns die Ergebnisse, wie sich Größe und Anzahl der Felder auf die Gesamtenergie des Gitters auswirken.

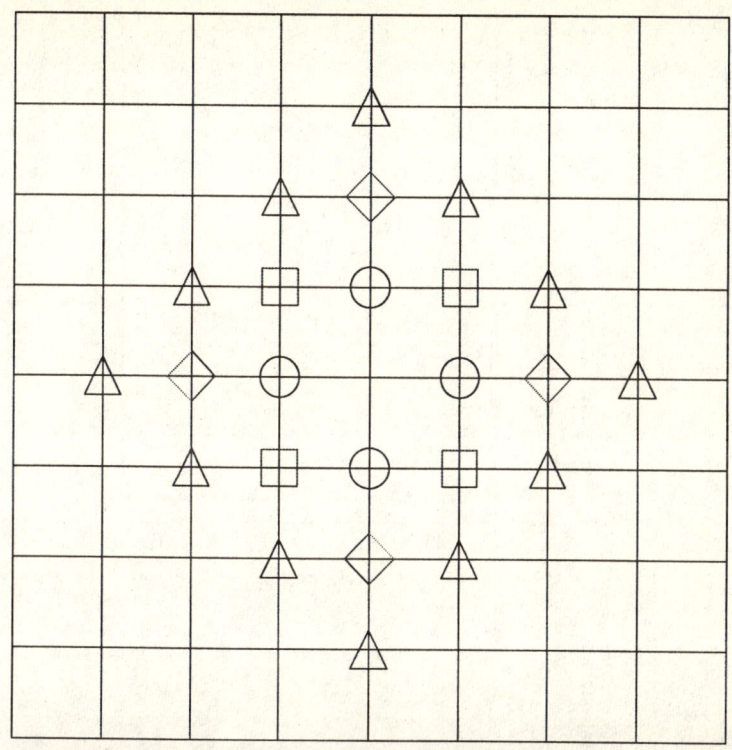

**Abbildung 11.5:** *Die Erweiterung des Wechselwirkungsbereichs. Eine Stelle auf einem quadratischen NK-Gitter kann mit K = 4 Nachbarn (Kreise) verbunden sein oder ihre »Reichweite« auf dem quadratischen Gitter erhöhen und mit K = 8 Stellen (Kreise und Quadrate) wechselwirken oder noch weiter »ausgreifen« und mit K = 12 Stellen (Kreise, Quadrate und Rauten) wechselwirken; oder sie kann schließlich sogar mit K = 24 Stellen (Kreise, Quadrate, Rauten und Dreiecke) verbunden sein.*

Die Ergebnisse sind klar. Bei $K = 4$ ist eine einzelne ganze Fläche am besten. In Welten, die nicht allzu komplex und deren Landschaften gleichförmig gestaltet sind, funktioniert der Stalinismus. Mit wachsender Zerklüftung der Landschaften aber, also bei $K = 8$ bis $K = 24$, wird die niedrigste Energie dann erreicht, wenn das Gesamtgitter in eine bestimmte Anzahl von Feldern aufgeteilt wird.

Das ist die erste bedeutende neue Erkenntnis. Denn es versteht

a

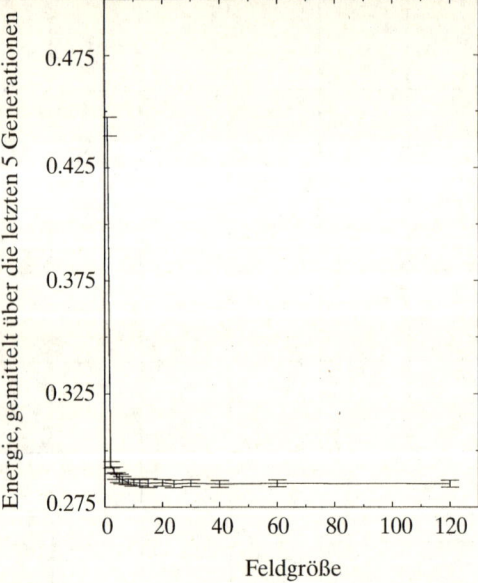

b

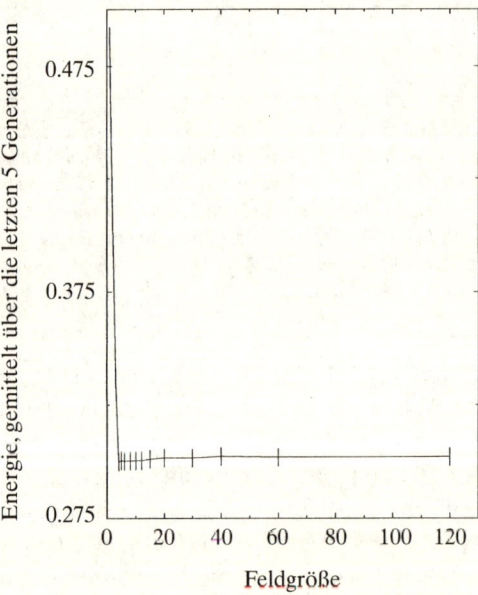

c

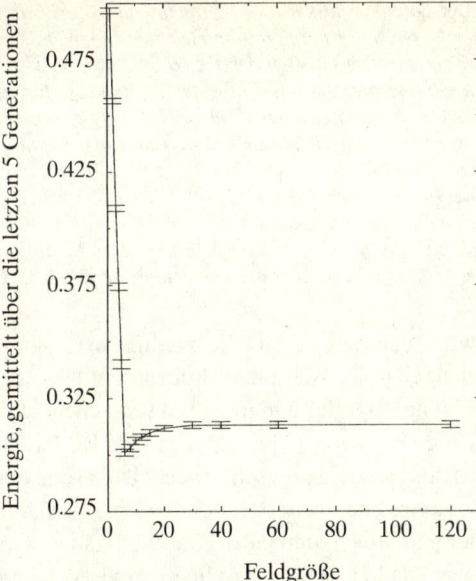

d

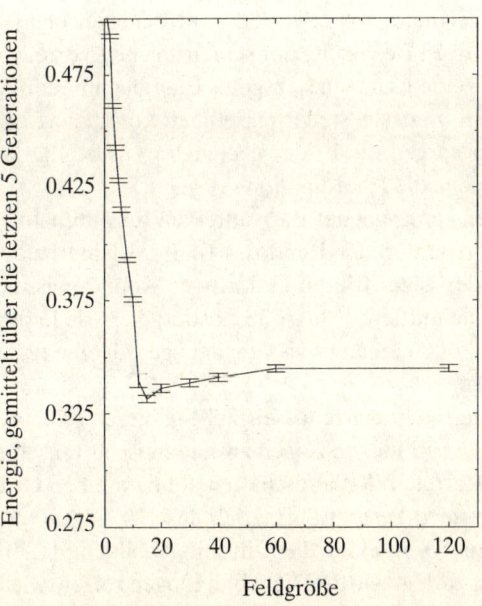

**Abbildung 11.6:** *Divide et impera. Mit zunehmender Zerklüftung von Energielandschaften lassen sich Energieminima leichter finden, indem man ein Problem in Felder zerlegt. Die Größen der Felder sind auf der x-Achse aufgetragen. Die mittlere Energie, die am Ende der Simulationsdurchläufe erreicht wird, ist auf der y-Achse aufgetragen. (Die Striche über und unter der Kurve geben bei jeder Größe die einfache positive und negative Standardabweichung an.) (a) Für eine gleichförmige Landschaft mit K = 4 ist die optimale Größe, bei der die Energie minimiert wird, ein großes 120 x 120-Feld – der »stalinistische« Grenzzustand. (b) Bei einer stärker zerklüfteten Landschaft mit K = 8 beträgt die optimale Feldgröße 4 x 4. (c) Für K = 12 ist die optimale Feldgröße gleich 6 x 6. (d) Für K = 24 ist die optimale Feldgröße gleich 15 x 15.*

sich keineswegs von selbst, daß die niedrigste Gesamtenergie des Gitters dann erreicht ist, wenn das Gitter in Felder zerlegt wird, die jeweils ihre eigene Energie zu minimieren versuchen, ohne Rücksicht auf die Wirkung, die dies auf die angrenzenden Felder hat. Und doch ist genau dies der Fall. Es kann sehr zweckmäßig sein, ein komplexes Problem, das zahlreichen widerstreitenden Randbedingungen unterliegt, in Felder aufzuteilen und jedes Feld nach seinem Optimum streben zu lassen, so daß alle Felder miteinander koevolvieren.

Hier ist wieder eine unsichtbare Hand am Werk. Wenn das System in Felder geeigneter Größe zerlegt wird, dann verfolgt jedes Feld bei seiner adaptiven Bewegung nur seinen eigenen Vorteil, und doch erreichen sie gemeinsam ein sehr gutes Energieminimum für das ganze Gitter. Keine zentrale Steuerungseinheit koordiniert das Verhalten. Vielmehr besorgen die Felder geeigneter Größe, die jeweils eigennützig handeln, die Koordination selbst.

Was aber kennzeichnet die Aufteilung in optimale Feldgrößen? Die Antwort lautet: der Rand des Chaos. Kleine Felder führen zu Chaos; große Felder frieren in dürftigen Kompromissen ein. Sofern eine optimale mittlere Feldgröße existiert, liegt sie in der Regel sehr nahe an einem Übergang zwischen dem geordneten und dem chaotischen Regime.

Abbildung 11.7 zeigt ein Beispiel für diesen »Phasenübergang«. Die beiden Abbildungen zeigen zwei identische, im selben Anfangszustand gestartete *NK*-Landschaften auf demselben Gitter. Der einzige Unterschied besteht darin, daß das 120 x 120-Gitter in Abbildung 11.7a in 5 x 5-Felder, das Gitter in Abbildung 11.7b hingegen in 6 x 6-Felder zerlegt wurde. Die Abbildungen zeigen, wie oft sich jede

Gitterstelle umschaltet. Gitterstellen, die sich häufig umschalten, sind dunkel gefärbt; solche, die sich nie umschalten, sind hell gefärbt. In Abbildung 11.7a sind die meisten Gitterstellen dunkel gefärbt – am dunkelsten ist die Region entlang den Grenzen zwischen den Feldern. Dort invertieren die Gitterstellen ihre Zustände unentwegt auf chaotische, ungeordnete Weise. Doch sobald man die Feldgröße auf 6 x 6 erhöht, ergibt sich ein überraschender Befund. Wie in Abbildung 11.7 gezeigt, frieren praktisch alle Gitterstellen in einem Zustand ein. Ein paar renitente Stellen an einigen wenigen Grenzen setzen das Wechselspiel fort, während alle übrigen Stellen aufgegeben haben und in einem Zustand verharren.

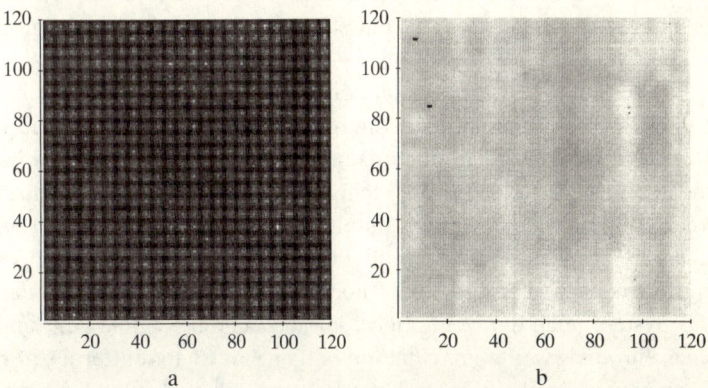

a    b

**Abbildung 11.7:** *Die optimalen Feldgrößen liegen in der Nähe des Chaosrandes. Was geschieht, wenn wir die Größe der Felder eines NK-Gitters mit K = 12 verändern? (Dunkle Gitterstellen schalten sich häufig um, helle Gitterstellen nie.) (a) Wenn das Gitter in 5 x 5-Felder untergliedert wird, befindet es sich im nichteingefrorenen, chaotischen Regime. Die meisten Gitterstellen sind dunkel und am dunkelsten an den Grenzen zwischen den Feldern. (b) Doch nun beachten Sie, was geschieht, wenn wir das Gitter in 6 x 6-Felder aufteilen: Fast alle Gitterstellen frieren in einem Zustand ein. Der Übergang von (a) nach (b) entspricht dem Phasenübergang von Chaos zu Ordnung.*

Wenn das System in 5 x 5-Felder zerlegt wird, dann konvergiert es nie gegen eine Lösung, und die Gesamtenergie des Gitters bleibt hoch. Wird dasselbe System dagegen in 6 x 6-Felder untergliedert, dann konvergiert es gegen eine Lösung, und fast alle seine Elemente frieren in einem Zustand ein. Die Gesamtenergie des Gitters ist sehr gering. Beim Wechsel von den 5 x 5- zu den 6 x 6-Feldern ereignet sich eine Art Phasenübergang vom chaotischen ins geordnete Regime.

Betrachtet man das Ganze unter dem Aspekt eines koevolutionären Systems, dann ist es offenbar so, daß jedes Feld in einem Gitter aus 6 x 6-Feldern ein lokales Minimum erreicht, das mit den Minima der angrenzenden Felder konsistent ist. Dieses globale Verhalten entspricht einem Nash-Gleichgewicht zwischen den Feldern beziehungsweise einer evolutionär stabilen Strategie. Das von jedem Feld gefundene Optimum ist konsistent mit den Optima, die von den angrenzenden Feldern gefunden werden. Kein Feld hat Anlaß, sich weiter zu verändern. Aus diesem Grund kommt die Koevolution der Felder in ihren Landschaften zum Stillstand. Das System konvergiert gegen eine Gesamtlösung.

Im Verlauf sehr vieler Simulationen hat sich gezeigt, daß ein bestimmtes Gitter die niedrigste Energie offenbar im geordneten ESS-Regime unweit des Phasenübergangs erreicht. In einigen Fällen wird die niedrigste Energie bei der kleinsten Feldgröße erreicht, die noch im geordneten Regime liegt, mithin unmittelbar vor dem Phasenübergang ins Chaos. In anderen Fällen erreicht das System die niedrigste Energie, wenn die Felder noch ein wenig größer sind, so daß das System noch ein wenig tiefer im geordneten Regime liegt und noch ein wenig weiter vom Phasenübergang ins Chaos entfernt ist. So können wir den allgemeinen Grundsatz aufstellen, daß die »unsichtbare Hand« offenbar dann die beste Lösung findet, wenn sich das koevolvierende System von Feldern im geordneten Regime unweit des Übergangs zum Chaos aufhält.

## Zerlegungsmöglichkeiten

Ich finde es faszinierend, daß schwierige Probleme mit zahlreichen zusammenhängenden Variablen und widerstreitenden Randbedingungen einer guten Lösung zugeführt werden können, indem man das Gesamtproblem in nichtüberlappende Bereiche aufspaltet. Faszinierend ist überdies, daß die Zerlegung in Felder mit zunehmender Anzahl der widerstreitenden Randbedingungen immer hilfreicher wird.

Obgleich diese Befunde neu sind und noch besser empirisch abgesichert werden müssen, bin ich überzeugt, daß sich dieses Verfahren der »Zerlegung in Felder« als ein hocheffizientes Instrument zur Lösung schwieriger Probleme erweisen wird. Ich bin sogar überzeugt, daß Felder im abstrakten Sinn, also Systeme mit unterschiedlichen Graden lokaler Autonomie, möglicherweise einen grundlegenden Mechanismus der adaptiven Evolution in Ökosystemen, Wirtschaftssystemen und kulturellen Systemen darstellen. In diesem Fall wird uns die Logik der Felder möglicherweise neue Mittel zur Lösung von Konstruktionsproblemen an die Hand geben. Vielleicht wird sie darüber hinaus neue Instrumente für die Führung komplexer Organisationen und die Entwicklung komplexer Institutionen weltweit aufzeigen.

*Homo sapiens sapiens*, der vernunftsbegabte Mensch, hat seit der Erfindung des zweischneidigen Faustkeils einen weiten Weg zurückgelegt. Wir errichten globale Kommunikationsnetze und katapultieren uns in phantastischen Blechbüchsen, angetrieben vom dritten Newtonschen Gesetz, ins Weltall. Die *Challenger*-Katastrophe, Stromausfälle, die Probleme mit dem *Hubble*-Weltraumteleskop, die Ausfallsrisiken in den gigantischen miteinander verschalteten Rechnernetzwerken – die Spitzenleistungen unserer technischen Gestaltungsfertigkeit stoßen an Komplexitätsgrenzen, die wir nicht verstehen. Ich frage mich, ob die Entwicklung komplexer Artefakte mit dem Näherrücken des Jahres 2000 infolge der ständig wachsenden Zahl widerstreitender Randbedingungen allgemein vor unlösbare Probleme gestellt ist. So hört man beispielsweise von Versuchen, die Konstruktionspläne für komplexe Industrieprodukte wie etwa Überschalltransportflugzeuge zu optimieren. Ein Team optimiert die Eigenschaften der Tragflächen, ein anderes Team die Sitze, wieder ein anderes Team befaßt sich mit der Hydraulik, doch die verschiedenen Lösungen lassen sich nicht zu einem Kompromiß zusammenfügen, der sämtlichen Konstruktionsanforderungen gerecht wird. In chaotischer Abfolge werden immer neue Vorschläge gemacht. Schließlich trifft ein Team eine Entscheidung – beispielsweise darüber, wie das hydraulische System oder die Tragflächen konstruiert werden sollen –, und aufgrund dieser Entscheidung frieren die restlichen Teile des Entwurfs auf ihrem augenblicklichen Stand ein.

Spiegelt sich in diesem allgemeinen Problem der Nichtkonvergenz die Tatsache wider, daß das Konstruktionsproblem in zu viele sehr kleine Felder zerlegt wurde, so daß der gesamte Konstruktionsprozeß in einem nichtkonvergierenden chaotischen Regime abläuft, genauso, wie es bei unserem in 5 x 5-Felder statt in 6 x 6-Felder aufgeteilten 120 x 120-Gitter der Fall war? Wenn wir nicht wüßten, daß die Erhöhung der Feldgröße vom chaotischen Regime zur geordneten Annäherung an hervorragende Lösungen führt, dann würden wir gar nicht auf die Idee kommen, »großzügiger« zu teilen. Es dürfte sich lohnen, dies an verschiedenen praktischen Problemen zu überprüfen.

Die Bestimmung der optimalen Feldgröße ist womöglich auch in anderen Bereichen im Management komplexer Organisationen von Nutzen. So arbeitete beispielsweise die Industrie lange Zeit mit unveränderlichen, miteinander verketteten Fertigungsabläufen, die zu einem einzigen Endprodukt führten. Die Fließbandfertigung von Industrieerzeugnissen wie etwa Autos ist ein Beispiel dafür. Fabriken mit starren Fertigungsabläufen werden für hohe Stückzahlen gebaut. Mittlerweile aber wird es immer wichtiger, auf flexible Fertigung umzustellen. Es geht darum, eine Reihe verschiedener Endprodukte vorzugeben, die Fertigungsstätten zügig und billig umzurüsten und damit kurze Produktionszeiten zu erzielen, um auf diese Weise kleine Stückzahlen von Spezialprodukten für Nischenmärkte herzustellen. Aber das Ergebnis muß auf Qualität und Zuverlässigkeit überprüft werden. Wo soll man dabei ansetzen? Auf der Ebene jedes einzelnen Fertigungsschritts? Auf der Ebene der Gesamtproduktion? Oder auf irgendeiner Zwischenstufe? Ich glaube, daß man den gesamten Fertigungsprozeß in lokale Felder optimaler Größe untergliedern kann, in denen jeweils eine gewisse Anzahl zusammenhängender Fertigungsschritte stattfinden; dann optimiert man innerhalb jedes Feldes, läßt die Felder koevolvieren und wird nach kurzer Zeit eine hervorragende Gesamtleistung erzielen.

Die Untergliederung von Systemen derart, daß sie sich in einem Gleichgewicht am Rand des Chaos befinden, könnte aus zwei sehr unterschiedlichen Gründen von großem praktischen Nutzen sein: Solche Systeme erzielen nicht nur nach kurzer Zeit gute Kompromißlösungen, sondern, was noch wichtiger ist, sind wahrscheinlich auch in der Lage, die beweglichen Gipfel auf veränderlichen Landschaften sehr gut zu verfolgen. Die Systeme, die sich am Chaosrand in einem Gleichgewichtszustand befinden, sind »fast geschmolzen«. Nehmen wir an, daß sich die ganze Landschaft ändert, weil sich die äußeren Bedingungen verändern. Dann verschieben sich auch die Standorte der lokalen Gipfel. Ein starres System tief im geordneten Regime wird dann dazu tendieren, sich hartnäckig an seinen Gipfeln festzuklammern. Systeme, die sich im empfindlichen Gleichgewicht befinden, sollten hingegen imstande sein, die sich verschiebenden Gipfel leichter zu verfolgen.

Peter Banks forderte uns auf, unsere Erkenntnisse in Form eines neuen Führungskonzepts für komplexe Organisationen fruchtbar zu machen. Er sagte, wir brauchten eine leistungsfähige Theorie der Dezentralisierung. Wenn wir nunmehr über erste konkrete Hinweise verfügen, daß sich rasch produktive Kompromißlösungen für komplexe Probleme finden lassen, wenn diese in Felder optimaler Größe zerlegt werden, dann wäre es töricht, nicht zu versuchen, daraus eine rationale Führungsmethode zu entwickeln.

Wenn wir uns nun jedoch bemühen, das »Felderkonzept« zu einer rationalen Führungsmethode für Unternehmen oder Organisationen im allgemeinen weiterzuentwickeln, dann müssen wir uns mit der Tatsache auseinandersetzen, daß wir die zu lösenden Probleme fast immer falsch spezifizieren. Dann lösen wir das falsche Problem und laufen Gefahr, unsere Lösung auf das reale Problem, mit dem wir konfrontiert sind, anzuwenden.

Fehlerhafte Spezifikationen kommen ständig vor. Physiker und Biologen, die herausfinden wollen, auf welche Weise komplexe Biopolymere wie etwa Proteine ihre lineare Aminosäuresequenz zu kompakten dreidimensionalen Strukturen falten, entwickeln Modelle der Landschaft, in der dieser Faltungsprozeß abläuft, und lösen das Problem für niedrige Energieminima. Anschließend stellen sie fest, daß das reale Protein eine andere Struktur besitzt als das vorhergesagte. Die Physiker und Biologen haben die falsche Potentialfläche »geraten«; sie sind von einer falschen Landschaft ausgegangen und haben folglich das falsche Problem gelöst. Dies ist nicht auf ihren fehlenden Scharfsinn zurückzuführen, sondern darauf, daß wir das eigentliche Problem nicht kennen.

Aus diesem Grund sind fehlerhafte Spezifikationen weit verbreitet. Betrachten wir eine Produktionsstätte mit verketteten Fertigungsstufen von den Rohstoffen bis zum Endprodukt. Zum Beispiel eine komplexe Chemiefabrik in der Mineralölbranche, in der Erdöl zunächst durch Kracken in kleinere Moleküle zerlegt wird, aus denen anschließend neue Verbindungen synthetisiert werden. Vielleicht möchten wir den Ertrag optimieren, der einer Vielzahl widerstreitender Randbedingungen und Ziele unterliegt. Nun sind uns aber womöglich gewisse Einzelheiten über die chemischen Umsetzungsgeschwindigkeiten in den aufeinanderfolgenden Reaktionen und deren Abhängigkeit von der Temperatur, dem Druck und der Reinheit der verwendeten Katalysatoren unbekannt. Wenn wir diese Faktoren nicht kennen, dann wird jedes beliebige Modell der geplanten Produktionsstätte höchstwahrscheinlich falsch spezifiziert sein. Wir könnten ein Computermodell der zusammenhängenden Produktionsabläufe entwerfen und versuchen, diese in »Felder« verschiedener Größe aufzuteilen, bis wir Muster finden, bei denen das Modellsystem gerade noch im geordneten Regime liegt. Dann könnten wir zur realen Produktionsstätte eilen und versuchen, die von unserem Computermodell vorgeschlagene »Optimallösung« umzusetzen. Ich wette, daß sich die vorgeschlagene Lösung für die Optimierung der Gesamtleistung durch Optimierung innerhalb und zwischen den Feldern als Fehlschlag erweisen würde. Da unser Modell höchstwahrscheinlich von Anfang an von falschen Annahmen ausging, löst unsere optimale Antwort ein falsch beschriebenes Problem.

Wir müssen lernen, wie wir trotz ständiger fehlerhafter Spezifikationen neue Erkenntnisse gewinnen. Angenommen, wir entwerfen ein Modell der Produktionsstätte und entnehmen daraus, daß eine ganz bestimmte Aufteilung optimal ist und dem System erlaubt, sich einer vorgeschlagenen Lösung zu nähern. Wenn wir das Problem falsch spezifiziert haben, dann ist die detaillierte Lösung vermutlich weitgehend wertlos. Es ist jedoch durchaus möglich, daß die optimale Zerlegung des Problems als solche gegen dessen fehlerhafte Spezifikation weitgehend unempfindlich ist. In dem von uns untersuchten $NK$-Gitter- und -Feldermodell führt bereits eine geringfügige Änderung der Energie der $NK$-Landschaft zu einer starken Verschiebung der Energieminima, was aber nicht unbedingt daran etwas ändert, daß das Gitter in 6 x 6-Felder zerlegt werden sollte. Statt die vorgeschlagene *Lösung* des falsch spezifizierten Problems kurzerhand auf die reale Fabrik zu übertragen, dürfte es daher viel klüger sein, die vorgeschlagene *optimale Aufteilung* des falsch spezifizierten Problems auf die reale Produktionsstätte zu übertragen und dann zu versuchen, die Leistung innerhalb jedes nunmehr wohldefinierten Feldes zu optimieren. Kurzum, die Optimierung des falsch spezifizierten Problems liefert uns nicht unbedingt die Lösung für das reale Problem, aber sie kann uns helfen, das reale Problem besser zu verstehen und es in Felder zu zerlegen, die miteinander koevolvieren, um auf diese Weise hervorragende Lösungen zu finden.

### Empfängergestützte Optimierung: Manchmal muß man ein paar »Kunden« ignorieren

Larry Wood ist ein brillanter junger Wissenschaftler, der immer wieder für die verrückten Ideen ausgezeichnet wird, die schier unerschöpflich aus ihm hervorsprudeln. Wood tauchte eines schönen Tages im Frühjahr 1993 am Santa-Fe-Institut auf und war völlig fasziniert vom »Felderkonzept«: »Ihr müßt euch unbedingt mit empfängergestützter Kommunikation befassen. Ich werde euch dabei helfen.«

Unter empfängergestützter Kommunikation versteht man, grob gesagt, folgendes: Sämtliche Akteure in einem System, das sich um die Koordinierung der Verhaltensweisen bemüht, teilen anderen Akteuren mit, was ihnen widerfährt. Die Empfänger beziehen diese Information in ihren Entscheidungsprozeß über ihr künftiges Verhalten ein. Sie stützen sich bei ihren Entscheidungen auf eine Definition des übergeordneten »Team«ziels. Dies, so hofft man, gewährleiste eine Koordinierung der Handlungen. Wie Wood erklärte, benutzt die U.S.-Luftwaffe dieses Verfahren, um Piloten, die weitgehend ohne Anweisungen einer Bodenleitstelle zurechtkommen müssen, eine wechselseitige Koordinierung ihres Verhaltens zu ermöglichen. Die Piloten treten in Funkkontakt miteinander und reagieren vorzugsweise auf die Piloten der Maschinen, die im geringsten Abstand zu ihnen fliegen; die Koordinierung ihres Verhaltens erfolgt also in ähnlicher Weise wie die Schwarmbildung bei Vögeln.

Wir haben mittlerweile damit begonnen, eine einfache Version der empfängergestützten Kommunikation im Rahmen unseres geliebten *NK*-Modells zu untersuchen. Die vorläufigen Ergebnisse sind äußerst interessant.

Tragen wir zunächst unsere *NK*-»Elemente« beziehungsweise -Stellen erneut auf ein quadratisches 120 x 120-Gitter auf. Betrachten wir nun jede Stelle als einen »Lieferanten«, der sich selbst und vier »Kunden« im Norden, Süden, Osten und Westen beeinflußt. In jedem Augenblick informiert jeder Kunde jeden seiner verschiedenen Lieferanten darüber, was mit ihm, dem Kunden, geschieht, wenn der jeweilige Lieferant von 1 auf 0 beziehungsweise von 0 auf 1 umschaltet. Dann verläßt sich jeder Kunde auf seine Lieferanten, um auf der Grundlage der von jedem einzelnen Lieferanten erhaltenen Information »kluge« Entscheidungen zu treffen.

Somit repräsentiert jede Stelle einen eigenständigen Akteur, dem sich je ein spezifisches Optimierungsproblem stellt – nämlich so zu agieren, daß er und seine vier Kunden den größtmöglichen Nutzen haben. Dies ist ein einfaches Modell der empfängergestützten Kommunikation, bei dem die Lieferanten/Akteure aufgrund der Information, die sie von ihren Kunden empfangen haben, mit einem sehr komplexen, konflikträchtigen Problem konfrontiert sind. Überlegen wir uns kurz, was dies bedeutet. In einem *NK*-Gitter, das in Felder unterteilt ist, hat eine Gitterstelle vielleicht die Möglichkeit, sich umzuschalten, und wird dies tun, wenn es für ihr Feld vorteilhaft ist, ganz gleich, wie sich dies auf Gitterstellen in angrenzenden Feldern auswirkt. Die Gitterstelle ignoriert einige ihrer »Kunden«. Dadurch kann das Gesamtsystem »die falsche Richtung einschlagen« und von schlechten lokalen Minima abrutschen. Aber dazu sind nur Stellen dicht an Feldgrenzen in der Lage, weil Stellen in der Mitte großer Felder nicht mit Kunden in anderen Feldern wechselwirken.

Diese Beobachtung deutet darauf hin, daß es vorteilhaft sein könnte, wenn wir den Stellen in unserem empfängergestützten Kommunikationssystem gestatteten, einen Teil ihrer Kunden zu ignorieren. Nehmen wir an, jede Stelle beachtet einen bestimmten Prozentsatz *P* ihrer Kunden und ignoriert 1 – P von ihnen. Was geschieht nun, wenn wir *P* verändern?

Die Ergebnisse sind in Abbildung 11.8 gezeigt. Die Gesamtenergie des Gitters ist dann am niedrigsten, wenn ein geringer Prozentsatz der Kunden ignoriert wird! Wie aus Abbildung 11.8 zu ersehen, schneidet das System schlechter ab, wenn jede Stelle sich selbst und allen ihren Kunden zu helfen trachtet, als wenn jede Stelle durchschnittlich 95 Prozent ihrer Kunden beachtet. In der konkreten numerischen Simulation erreichen wir dies dadurch, daß wir einen Befehl eingeben, demgemäß jede Stelle alle ihre Kunden mit einer Wahrscheinlichkeit von 95 Prozent beachtet. In dem Grenzfall, in dem jede Stelle alle Kunden ignoriert, ist die Gesamtenergie des Gitters natürlich sehr hoch und die Situation ungünstig.

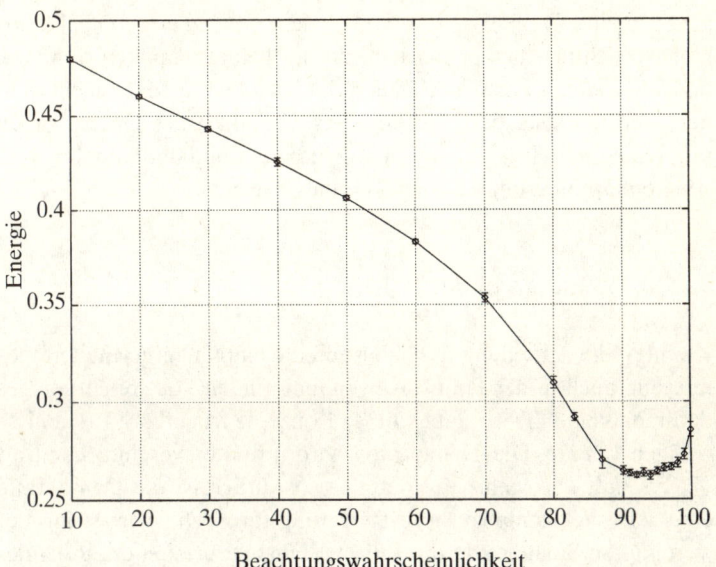

**Abbildung 11.8:** *Man kann's nicht jedem recht machen. Die erreichte Minimalenergie in Abhängigkeit vom Prozentsatz P der »Kundenstellen«, die von jeder Lieferantenstelle beachtet werden. Das Minimum ist erreicht, wenn zwischen 93 und 95 Prozent der Kundenstellen durchgehend bedient und 5 bis 7 Prozent der Kundenstellen ignoriert werden.*

Daraus läßt sich nun eine interessante Folgerung ableiten: Bei schwierigen, konfliktträchtigen Problemen kann man die besten Lösungen dadurch erreichen, daß man zu verschiedenen Zeitpunkten verschiedene Teilmengen der Randbedingungen auf irgendeine Weise ignoriert. Man sollte demnach nicht versuchen, es ständig allen recht zu machen, sondern sich bemühen, jedem ab und zu Beachtung zu schenken! Das klingt vertraut! Es ist wie im wirklichen Leben.

Obgleich *simulated annealing* in unseren Testfällen bessere Ergebnisse erbringt als das Felderverfahren, vermittelt es uns doch wenig neue Erkenntnisse darüber, wie Einzelpersonen und Organisationen schwierige Probleme lösen. In der Tat untergliedern wir Organisationen in Abteilungen, Profit Centers und andere dezentrale Strukturen. Überdies scheint die empfängergestützte Optimierung in etwa genauso gute Ergebnisse zu bringen wie *simulated annealing*. Da wir nicht absichtlich Fehler machen, da die Fehlerhäufigkeit abnimmt und wir zudem in manchen Fällen die Randbedingungen nicht kennen, vermute ich, daß wir komplexe konflikträchtige Aufgaben tatsächlich mit Hilfe der Aufteilung in Felder und der empfängergestützten Optimierung zu koordinieren versuchen.

## »Felder« in der Politik

Könnten die Aufteilung in Felder und die empfängergestützte Optimierung auch in der Politik Anwendung finden? Es spricht einiges dafür, daß eine Übertragung dieser Konzepte fruchtbare Ergebnisse zeitigen könnte. Die Demokratie wird mitunter vereinfachend als »Herrschaft der Mehrheit« definiert. Natürlich ist die Demokratie eine sehr viel kompliziertere Regierungsform. Die Verfassung der Vereinigten Staaten und die Bill of Rights verbriefen ein föderales System, demgemäß der Gesamtstaat in Teile beziehungsweise »Felder«, die Bundesstaaten, untergliedert wird. Die Bundesstaaten setzen sich ihrerseits aus »Feldern« – Landkreisen, Städten und Gemeinden – zusammen. Die Gerichtsbezirke überschneiden sich oftmals. Die Individualrechte, also die Rechte der kleinsten »Felder«, werden gewährleistet.

Jedes politische Gemeinwesen birgt in sich eine enorme Fülle antagonistischer Wünsche, Bedürfnisse, Ansprüche und Interessen. Können wir uns die Demokratie als ein System vorstellen, das hervorragende Kompromisse zwischen diesen gegenläufigen Interessen herbeiführt? Die Definition ist beinahe eine Binsenwahrheit. Keineswegs selbstverständlich ist jedoch die Möglichkeit, daß dieses scheinbar zerstückelte, opportunistische, fragmentierte, in sich zerstrittene, auf Betrug, Stimmenfang und selektiver Besitzstandsförderung aufgebaute System eigentlich recht gut funktioniert, weil es eine Evolution durchlief, die es in die Lage versetzt hat, schwierige, konfliktträchtige Probleme zu lösen und, im Schnitt, recht gute Kompromisse zu finden.

Thomas von Aquin versuchte, einen in sich widerspruchsfreien Sittenkodex aufzustellen. Kant versuchte das gleiche mit seinem brillanten »kategorischen Imperativ«: Handle so, daß die Maxime deines Willens jederzeit zugleich als Prinzip einer allgemeinen Gesetzgebung gelten kann. Folglich ist es sinnvoll, die Wahrheit zu sagen, denn wenn alle Handelnden dies tun, dann ist es konsistent, die Wahrheit zu sagen. Wenn dagegen alle lügen, dann hat Lügen keinen Sinn. Nur in einem System, in dem die meisten Handelnden die Wahrheit sagen, ist Lügen sinnvoll.

Welch grandiose Versuche von Thomas von Aquin und Kant! Dennoch scheitern diese Hoffnungen auf innere Widerspruchsfreiheit an der Wirklichkeit. Niemand garantiert, daß die als »gut« betrachteten Ziele miteinander in Einklang stehen oder unwandelbar sind. Die Welten, in denen wir leben und die wir erzeugen, sind notwendigerweise konfliktträchtig. Aus diesem Grund muß unser politisches System Verfahrensweisen entwickeln, mit denen sich gute Kompromisse erzielen lassen. Die Zerlegung in Felder und die empfängergestützte Optimierung sind vielleicht solche realitätsnahen, plausiblen Verfahrensweisen.

Außerdem liefern uns die Aufteilung in Felder und die empfängergestützte Optimierung möglicherweise ein neues begriffliches Instrumentarium, um die Funktionsweise der Demokratie zu verstehen. Da ich kein Politikwissenschaftler bin, fragte ich Robert Axelrod um Rat, Stipendiat der MacArthur Foundation, der glänzende Studien über das Gefangenendilemma vorgelegt hat, in denen er zeigte, wann es zu einer Kooperation kommen kann. In jüngster Zeit befaßte sich Axelrod mit einfachen Modellen, in denen neue hochrangige politische »Aktoren« auftreten können. Sein neues Modell basiert auf Staaten, die ihre Nachbarn einschüchtern, Tribut von ihnen verlangen und dann kooperative, wechselseitig vorteilhafte Bündnisse mit den tributleistenden Staaten eingehen. Die Bündnisse treten als neue Akteure auf.

Als ich Robert Axelrod nach einem möglichen Zusammenhang zwischen Feldern und Demokratie fragte, sagte er mir, daß ein föderatives System mit seiner Aufteilung in lokale halbautonome Regionen als ein Mechanismus betrachtet werden könne, der »Experimente« erlaube, so daß »auf lokaler Ebene« neuartige Lösungen gefunden werden könnten, die sich dann auf andere Bereiche übertragen ließen: Oregon führt Neuerungen ein, woraufhin die übrigen US-Bundesstaaten das Beispiel Oregons imitieren. Dieses experimentierfreudige Verhalten ist nicht nur theoretisch möglich, sondern kommt auch in der Praxis immer wieder vor. Aber die Aufteilung in Felder und die empfängergestützte Optimierung deuten überdies darauf hin, daß ein demokratisches System hervorragende Kompromisse zwischen widerstreitenden Forderungen erzielen kann. Im stalinistischen Grenzzustand legt sich ein System regelmäßig entschlossen auf eine sehr schlechte Kompromißlösung fest und verharrt in völliger Starre. Im chaotischen italienischen Regime dagegen gelangt das System nur selten überhaupt zu einer Lösung. Im Extremfall ist jeder Bürger seine eigene Bürgerinitiative. Es werden keine Kompromisse geschlossen.

Wie in Kapitel 1 erwähnt, folgerte James Mill aus vermeintlich zeitlos gültigen Grundprinzipien, daß die konstitutionelle Monarchie, die bemerkenswerterweise große Ähnlichkeit mit der zeitgenössischen englischen Monarchie aufwies, offenkundig die beste Regierungsform darstelle. Man läuft immer Gefahr, das Bestehende als das Bestmögliche zu rechtfertigen. Wir wollen dies einen »Mill-Fehler« nennen. Weiß Gott, wir alle unterliegen dieser Gefahr.

Und dennoch glaube ich, daß wir nicht fehlgehen, wenn wir verstehen, auf welche Weise die Aufteilung in Felder und die empfängergestützte Optimierung Mechanismen bereitstellen, dank denen komplexe Systeme hervorragende Kompromisse erreichen können. Vielleicht stoßen wir auf neue Gründe für die Ansicht, daß die Demokratie – jene unvollkommene Regierungsform, die sich immer weiter über die Erde ausbreitet – letztlich im Wesen der Natur selbst ihren Ursprung hat. Wenn dies zutrifft, dann fügt sich die Evolution der Demokratie in die Reihe der Phänomene ein, die wir erklären können. Wir, im Universum zu Hause, haben unser Feld gemeinsam bestellt, immer wieder von neuem.

## 12  DIE ENTSTEHUNG EINER GLOBALEN ZIVILISATION

*H*eftiger Regen hatte eingesetzt. Brian Goodwin und ich eilten durch tiefhängendes Astwerk und schlüpften in die schmale rechteckige Öffnung eines niedrigen Betonbaus, der in den Hang eines Berges oberhalb des Luganer Sees in Norditalien, ein paar Kilometer von der Schweizer Grenze entfernt, eingegraben war. Wir waren in einen Bunker aus dem Ersten Weltkrieg geraten und spähten durch einen horizontalen Schlitz, in dem einst Maschinengewehre aufgestellt waren, während der Regen auf den See niederprasselte. Wir betrachteten die imaginäre Route, die der Held von Hemingways *In einem anderen Land* über den See zum Schweizer Ufer genommen hatte, nur knapp drei Kilometer entfernt. Zwei Tage zuvor hatte ich in einem gemieteten kleinen Segelboot mit meinen beiden Kindern, Ethan und Merit, den gleichen Weg zurückgelegt. Brian stattete uns einen Besuch ab und wohnte bei uns in dem unmittelbar am Ufer gelegenen Haus meiner Schwiegermutter Claudia in Porto Ceresio. Wir wollten über autokatalytische Verbände und funktionale Organisation sprechen.

Brian Goodwin ist ein hervorragender theoretischer Biologe aus Montreal und ein enger Freund. Ich begegnete ihm erstmals 1967 im Büro von Warren McCulloch, einem der Begründer der Kybernetik, im Forschungslabor für Elektronik des MIT. Warren hatte Brian, meine spätere Frau Elizabeth und mich eingeladen, mehrere Monate lang bei ihm und seiner Frau Rook zu wohnen. Als Brian McCulloch besuchte, arbeitete er gerade an dem ersten mathematischen Modell großer Netzwerke von Genen, die bei der Steuerung der Zelldifferenzierung eng miteinander wechselwirken. Ich erinnere mich noch lebhaft an die Mischung aus Achtung und Furcht, die ich verspürte, als ich als junger Student der Medizin, der selbst die ersten tastenden Versuche mit den weiter vorn beschriebenen Booleschen Netzwerkmodellen unternahm, in einer Buchhandlung in San Francisco auf Goodwins Buch *The Temporal Organization of Cells* stieß. Irgendwann erlebt jeder junge Wissenschaftler einmal den Augenblick, in dem er zu sich sagt: »O Gott, ein anderer ist dir zuvorgekommen!« Meistens hat der andere sich jedoch nicht mit genau derselben Frage beschäftigt, auf die man selbst eine Antwort sucht, so daß das ganze Leben, das bereits in einem Abgrund zerbrochener Träume unterzugehen drohte, doch noch einen schmalen Durchgang zu einer hochgelegenen Weide finden kann. Brian hatte sich nicht mit genau der Frage befaßt, auf die ich eine Antwort suchte, aber unsere Einstellungen glichen sich. Wir sind seit Jahren miteinander befreundet. Ich bewundere seinen Sinn für die ungesehenen grundlegenden Fragen der Biologie.

»Autokatalytische Verbände«, meinte Brian nachdenklich, während wir beobachteten, wie der Regen in Hagel überging und auf die Erde niederprasselte, »autokatalytische Verbände sind vollkommen natürliche Modelle funktionaler Integration. Sie sind funktionale Ganzheiten.« Selbstverständlich war ich derselben Meinung. Einige Jahre zuvor hatten zwei chilenische Wissenschaftler, Humberto Maturana, der selbst ein enger Kollege von McCulloch war, und Francisco Varela, das Konzept der sogenannten Autopoiesis entwickelt. Autopoietische Systeme besitzen die Fähigkeit, sich selbst zu erzeugen. Maturana, den ich später in Indien kennenlernte, und Varela, mit dem ich mittlerweile befreundet bin, waren nicht die ersten, die diese Idee vertraten. Im ausgehenden 18. Jahrhundert hatte Kant Organismen als autopoietische Ganzheiten beschrieben, deren Teile für und durch das Ganze existierten, während das Ganze für und durch die Teile bestehe. Goodwin und sein Kollege Gerry Webster hatten die geistige Entwicklungslinie von Kant zur modernen Biologie in einem eigenen Werk sorgfältig rekonstruiert. Sie hatten darauf hingewiesen, daß die Vorstellung von einem Organismus als einer autopoietischen Ganzheit durch die Idee des Organismus als Manifestation einer »zentralen Steuerungsinstanz« ersetzt worden sei. Ende des 19. Jahrhunderts formulierte der berühmte Biologe August Weismann die Theorie, der Organismus entstehe durch das Wachstum und die Entwicklung spezieller Zellen, der sogenannten »Keimbahn«; diese enthalte mikroskopisch kleine molekulare Strukturen, eine zentrale Steuerungsinstanz, die Wachstum und Entwicklung lenke. Auf Weismanns molekulare Strukturen folgten dann die Chromosomen, die wiederum vom genetischen Code abgelöst wurden, an dessen Stelle schließlich das die Ontogenese steuernde »Entwicklungsprogramm« trat. So führt eine gerade begriffsgeschichtliche Linie von Weismann zur modernen Biologie. Freilich ist unterwegs die ältere Vorstellung von Zellen und Organismen als sich selbst erzeugende Ganzheiten in Vergessenheit geraten. Die gesamte Erklärungslast wird den »genetischen Anweisungen« in der DNS – dem Grundmolekül des Lebens – aufgebürdet, die ihrerseits von der natürlichen Selektion bearbeitet wird. Von da ist es nur ein kurzer Schritt bis zu der Vorstellung von den Organismen als regellos zusammengefügte Bastelwerke. Der Code kann jedes beliebige Programm codieren und somit auch jedes beliebige Bastelwerk, das die Selektion zusammenschustert.

Wie wir in Kapitel 3 erfuhren, ist es jedoch nicht unwahrscheinlich, daß das Leben als ein Phasenübergang zur kollektiven Autokatalyse entstanden ist, sobald eine chemische »Minestrone«, eingeschlossen in einem eng umschriebenen Raumbereich, so daß angemessen hohe Konzentrationen aufrechterhalten werden konnten, eine hinreichend hohe molekulare Diversität erreichte. Ein kollektiv-autokatalytischer Molekülverband kann sich – wie wir sahen, zumindest »in silicio« – selbst reproduzieren und in zwei »Tropfen« aufspalten, die zu erblicher Variation und somit, nach der Darwinschen Theorie, zur Evolution fähig sind. Aber kollektiv-autokatalytische Verbände besitzen keine zentrale Steuerungsinstanz. Sie enthalten kein eigenes Genom, keine DNS. Es gibt lediglich ein kollektives autopoietisches Molekülsystem, bei dessen Anblick Kants Herz gewiß höher geschlagen hätte. Die Teile existieren für und durch das Ganze; das Ganze existiert für und durch die Teile. Ein autokatalytischer Verband hat nichts Rätselhaftes an sich, auch wenn es bislang noch nicht gelungen ist, einen solchen Verband im Labor herzustellen. Er ist noch kein echter Organismus. Aber wenn wir in einem Reagenzglas oder einer hydrothermalen Quelle zufällig auf evolvierende oder auch koevolvierende autokatalytische Verbände stießen, dann hätten wir gewiß das Gefühl, lebende Systeme zu betrachten.

Unabhängig davon, ob meine Hypothese, daß das Leben mit der kollektiven Autokatalyse begann, richtig ist oder nicht, sollten wir schon aufgrund der bloßen Tatsache, daß solche Systeme möglich sind, das Dogma einer zentralen Steuerungsinstanz in Frage stellen: Sie ist keine unabdingbare Voraussetzung des Lebens. Meines Erachtens zeichnet sich das Leben von jeher durch eine unveräußerliche Ganzheitlichkeit aus.

So hatten Brian und ich eine Fülle von Gesprächsstoff, als wir uns in dem Bunker niederkauerten und uns über den Ursprung des Lebens und die Regelmäßigkeit von Krieg und Tod, den das einst in der betonierten Schießscharte vor uns aufgestellte Maschinengewehr gebracht hatte, unterhielten. Wir erkannten, daß kollektiv-autokatalytische Molekülverbände wie RNS oder Peptide ihre funktionale Ganzheit auf eine klare, eindeutige Weise anzeigen. Entweder ein Molekülverband besitzt die Eigenschaft katalytischer Abgeschlossenheit, oder er besitzt sie nicht. Katalytische Abgeschlossenheit bedeutet, daß jedes Molekül entweder von außen in Form von »Nahrung« zugeführt wird oder durch Reaktionen entsteht, die von den Molekülarten des autokatalytischen Systems katalysiert werden. Die katalytische Abgeschlossenheit hat nichts Rätselhaftes an sich. Aber sie ist keine Eigenschaft eines einzelnen Moleküls, sondern eines Molekülsystems. Sie ist eine emergente Eigenschaft.

Autokatalytische Verbände können nun ihrerseits ein ökologisches System aus Konkurrenten und Symbionten erzeugen. Was Sie mir »zuwerfen«, wird vielleicht eine meiner Reaktionen hemmen oder fördern. Wenn wir einander helfen, zieht womöglich jeder von uns Vorteile aus dem Tausch. Vielleicht evolvieren wir zu einer eng gekoppelten Gemeinschaft, zu einem symbiotischen System, oder wir bringen Gebilde höherer Ordnung hervor. Wir können eine molekulare »Ökonomie« bilden. Ökologie und Wirtschaft sind bereits in koevolvierenden autokatalytischen Verbänden angelegt. Mit der Zeit, so spekulierten Brian und ich, würde ein solches ökologisches System aus autokatalytischen Verbänden, die miteinander wechselwirken, also koevolvieren, einen immer größeren Teil der molekularen Möglichkeiten erkunden und eine Biosphäre erzeugen, deren molekulare Diversität auf eine bis heute ungeklärte Weise ständig zunähme. Eine Art molekularer »Wellenfront« aus verschiedenen Molekülarten würde sich über die Erde ausbreiten.

Später dann würde eine ähnliche Wellenfront technologischer Innovationen und kultureller Formen auftreten, bis wir, die Nachfahren des *Homo habilis*, der sich vielleicht an einem knisternden Feuer – vielleicht am Ufer des Luganer Sees, vielleicht bei heftigem Regen –

als erstes Lebewesen die Frage nach seinem Ursprung und seinem Geschick stellte, eine globale Zivilisation hervorbringen.

Es hatte aufgehört zu regnen; wir krochen aus dem Bunker und machten uns auf den Rückweg zu Claudias Haus, in der Hoffnung, daß sie und Elizabeth Polenta mit Pilzen und Minestrone zubereitet hatten. Wir spürten, daß unsere Vision vielversprechend war. Aber wir wußten, daß wir in einer Sackgasse steckten. Wir hatte nicht die geringste Ahnung, wie sich das Konzept miteinander wechselwirkender Proteine oder RNS-Moleküle zu einem umfassenderen Rahmenmodell verallgemeinern ließ. Wir mußten sechs Jahre warten, bis Walter Fontana ein solches potentielles Rahmenmodell entwarf.

## Alchemie

Walter Fontana ist ein junger theoretischer Chemiker aus Wien. In seiner Dissertation, die von Peter Schuster betreut wurde, befaßte er sich mit der Frage, wie sich RNS-Moleküle zu komplexen Strukturen falten und wie die Evolution solcher Strukturen verlaufen könnte. Wie Manfred Eigen, wie ich und andere begannen Fontana und Schuster damit, die Struktur molekularer Fitneßlandschaften, wie wir sie in Kapitel 8 beschrieben haben, genauer zu untersuchen.

Doch Fontana verfolgte höhergesteckte Ziele. Als er die Arbeitsgruppe von Eigen in Göttingen besuchte, lernte er dort John McCaskill kennen, einen äußerst begabten jungen Physiker, der sich theoretisch und experimentell mit der Evolution von RNS-Molekülen befaßte. Auch McCaskill strebte nach höheren Zielen.

Turing-Maschinen sind universelle Rechenautomaten, die Eingabedaten in Form binärer Zeichenketten verarbeiten können. Eine Turing-Maschine verarbeitet das Eingabeband entsprechend dem Programm und schreibt es in einer bestimmten Weise um. Angenommen, die Eingabe besteht aus einer Folge von Zahlen und die Maschine wurde darauf programmiert, den Mittelwert zu finden. Durch Veränderung der 1- und 0-Symbole auf dem Eingabeband wandelt die Maschine die Eingaben in das gewünschte Ergebnis um. Da die Turing-Maschine und ihr Programm *selbst* durch eine Folge von Binärzeichen spezifiziert werden können, geschieht bei diesem Vorgang im wesentlichen nichts anderes, als daß eine Zeichenkette auf eine andere Zeichenkette einwirkt. Folglich gleicht die Einwirkung einer Turing-Maschine auf ein Eingabeband ein wenig der Einwirkung eines Enzyms auf ein Substrat, wobei einige Atome herausgeschnitten und an anderen Stellen ein paar hinzugefügt werden.

Was würde geschehen, so fragte sich McCaskill, wenn man eine Suppe aus Turing-Maschinen herstellen und diese miteinander kollidieren ließe; dabei sollte ein Kollisionspartner als Maschine fungieren und der andere Kollisionspartner als Eingabeband. Die Programmsuppe würde auf sich selbst einwirken, wobei die Programme sich so lange gegenseitig umschrieben, bis... Bis was geschieht?

Nun, es geschieht nichts. Zahlreiche Programme für Turing-Maschinen können in unendliche Schleifen eintreten und »steckenbleiben«. In einem solchen Fall verhaken sich die Kollisionspartner in einer niemals endenden wechselseitigen Umarmung und erzeugen keine »Produkte«, also neue Programme. Der Versuch, ein sich selbst reproduzierendes System von Programmen zu erschaffen, scheiterte. Was soll's.

An der Wand des Santa-Fe-Instituts hängt ein Cartoon. Er zeigt ein recht ratlos dreinblickendes Kind mit Wuschelkopf, das eine Flüssigkeit in ein Becherglas gießt; auf dem Tisch herrscht ein großes Durcheinander, und im ganzen Zimmer fliegen Federn umher. Die Bildunterschrift lautet: »Gott als Kind bei seinem ersten Versuch, Hühner zu erschaffen.« Vielleicht hat der große Baumeister vor dem Urknall an einem anderen Universum geübt.

Fontana traf mit einer Fülle von RNS-Landschaften im Institut ein, doch wie die meisten originellen Wissenschaftler fand auch er einen Weg, seinen kühneren Traum zu verfolgen. Da Turing-Maschinen »steckenbleiben«, wenn sie aufeinander einwirken, wollte er auf eine ähnliche mathematische Struktur, die Lambda-Kalkül genannt wird, ausweichen. Viele von Ihnen kennen eine der Anwendungen dieses Kalküls, die Programmiersprache LISP. In LISP beziehungsweise im Lambda-Kalkül wird eine Funktion als eine Kette von Zeichen geschrieben, die sich dadurch auszeichnet, daß ihr Versuch, auf eine andere Zeichenkette »einzuwirken«, fast immer »legitim« ist und nicht »steckenbleibt«. Das bedeutet, daß man immer eine »Produkt«funktion erhält, wenn eine Funktion auf eine zweite Funktion einwirkt.

Vereinfachend kann man sagen, eine Funktion ist eine Zeichenkette. Zeichenketten wirken auf Zeichenketten ein, wobei neue Zeichenketten entstehen! Lambda-Kalkül und LISP sind Verallgemeinerungen chemischer Prozesse, bei denen Ketten von Atomen – sogenannte Moleküle – auf Ketten von Atomen einwirken, wobei neue Ketten von Atomen gebildet werden. Enzyme wirken auf Substrate ein, wobei Produkte entstehen.

Da Fontana ein theoretischer Chemiker ist und Lambda- und LISP-Ausdrücke Algorithmen ausführen und da Fontana eine chemische Suppe aus solchen Algorithmen zubereiten wollte, nannte er seine Erfindung algorithmische Chemie oder *Alchemie*.

Meines Erachtens ist Fontanas Alchemie möglicherweise eine »echte« Alchemie, die unser Verständnis der biologischen, ökonomischen und kulturellen Welt verändern wird. Denn wir können Zeichenketten als Modelle wechselwirkender Chemikalien, als Modelle von Gütern und Dienstleistungen in einer Volkswirtschaft und vielleicht sogar als Modelle für die Ausbreitung kultureller Ideen – sogenannter »Meme«, um einen Begriff von Richard Dawkins zu verwenden – heranziehen. Weiter unten in diesem Kapitel werde ich ein Modell der technologischen Evolution vorstellen, in dem Zeichenketten für Güter und Dienstleistungen in einer Volkswirtschaft stehen – Hämmer, Nägel, Fließbänder, Stühle, Meißel, Computer. Zeichenketten, die aufeinander einwirken und dabei neue Zeichenketten erzeugen, liefern ein Modell der Koevolution von technologischen Netzwerken, in denen jede Ware beziehungsweise Dienstleistung in einer Nische existiert, die von anderen Waren oder Dienstleistungen geschaffen wurden. In einem umfassenderen Kontext können Modelle auf der Basis von Zeichenketten vielleicht einen neuartigen Erklärungsansatz für die kulturelle Evolution und die Emergenz einer globalen Zivilisation bieten, bei der Ideen, Ideale, Rollen und Meme in einem unendlichen Entfaltungsprozeß miteinander wechselwirken, vergleichbar einer molekularen »Wellenfront«, die in einer suprakritischen Biosphäre nach außen expandiert. Fontana erfand die erste mathematische Sprache, mit der wir die sich kaskadenförmig ausbreitenden Folgen von Entstehung und Vernichtung beschreiben können, die in »Suppen« aus diesen miteinander wechselwirkenden und sich gegenseitig umwandelnden Zeichenketten entstehen.

Was geschah, als Fontana seinen Computer mit dieser alchemistischen Vision infizierte? Er erhielt kollektiv-autokatalytische Verbände! Er evolvierte »künstliches Leben«.

Fontana ging bei seinen ersten numerischen Experimenten folgendermaßen vor: Er erzeugte auf seinem Computer einen »Chemostaten«, der die Gesamtzahl der Zeichenketten konstant hielt. Dann ließ er die Zeichenketten wie Moleküle miteinander kollidieren. Er wählte eine der beiden Zeichenketten nach dem Zufallsprinzip als Programm und die andere als Eingabedaten aus. Die eine Zeichenkette wirkte auf die andere ein, wobei eine neue Zeichenkette entstand. Wenn eine Gesamtzahl der Zeichenketten eine Obergrenze, zum Beispiel 10 000, überstieg, entfernte Fontana eine oder mehrere zufällig ausgewählte Ketten, um die Gesamtzahl von 10 000 konstant zu halten. Indem er zufällig ausgewählte Zeichenketten aussonderte, übte er einen Selektionsdruck aus, der häufig gebildete Zeichenketten begünstigte. Selten entstehende Zeichenketten hingegen wurden aus dem Chemostaten entfernt.

Wenn das System mit einer »Suppe« zufällig ausgewählter Zeichenketten gestartet wurde, dann wirkten diese aufeinander ein und erzeugten eine kaleidoskopische Palette völlig neuer Zeichenketten. Nach einer gewissen Zeit jedoch entstanden Zeichenketten, die bereits erzeugt worden waren. Fontana stellte fest, daß seine Suppe sich in ein stabiles, sich selbst erhaltendes ökologisches System aus Zeichenketten, einen autokatalytischen Verband, umgewandelt hatte.

Wer hätte erwartet, daß aus einem Gemenge miteinander kollidierender und sich gegenseitig »umschreibender« LISP-Ausdrücke ein sich selbst erhaltendes Ökosystem aus Zeichenketten hervorgehen würde? Aus einer Zufallsmischung von LISP-Ausdrücken hatte sich von selbst ein sich selbst erhaltendes Ökosystem zusammengefügt. Aus dem Nichts. Was hatte Fontana entdeckt?

Er war zufällig auf zwei Formen der Selbstreproduktion gestoßen. Bei der ersten Form hatte ein LISP-Ausdruck sich zu einem allgemeinen »Kopierer« entwickelt, der sich selbst und alle anderen Ausdrücke kopierte. Eine solche Zeichenkette hoher Fitneß reproduzierte sich selbst und einige »Anhänger« mit großer Geschwindigkeit und gewann in der Suppe bald die Oberhand. Fontana hatte das logische Gegenstück einer RNS-Polymerase, die selbst aus RNS besteht, also eine Ribozym-RNS-Polymerase, evolviert. Ein solches RNS-Molekül kann jedes beliebige RNS-Molekül einschließlich sich selbst kopieren. Erinnern wir uns daran, daß Jack Szostak von der Harvard Medical School genau eine solche Ribozym-RNS-Polymerase zu erzeugen versucht. Man könnte sie als eine Art lebendes Molekül betrachten.

Fontana stieß jedoch noch auf eine zweite Form der Reproduktion. Wenn er keine allgemeinen Kopierer zuließ, so daß sie nicht entstehen und in der Suppe auch nicht die Oberhand gewinnen konnten, entstand genau das, was ich mir an seiner Stelle erhofft hätte: kollektiv-autokatalytische Verbände aus LISP-Ausdrücken. In seiner Suppe bildete sich demnach ein »Urmetabolismus« aus LISP-Ausdrücken, die jeweils das Produkt der Einwirkung eines oder mehrerer anderer LISP-Ausdrücke in der Suppe waren.

Wie kollektiv-autokatalytische Verbände aus RNS- oder Proteinmolekülen sind auch Fontanas kollektiv-autokatalytische Verbände aus LISP-Ausdrücken Beispiel für funktionale Ganzheiten. Diese Ganzheitlichkeit und Funktionalität hat überhaupt nichts Mystisches an sich. In beiden Fällen wird eine »katalytische Abgeschlossenheit« erreicht. Das Ganze wird durch die Wirkung der Teile zusammengehalten; doch aufgrund der ganzheitlichen katalytischen Abgeschlossenheit ist das Ganze ebenso die Voraussetzung für den Fortbestand der Teile. Kant hätte sich vermutlich gefreut. Wir haben es hier mit einer eindeutig emergenten Ebene der Organisation zu tun, die nichts Geheimnisvolles hat.

Fontana nannte Kopierer »Organisationen der Ebene 0« und autokatalytische Verbände »Organisationen der Ebene 1«. Gegenwärtig arbeitet er gemeinsam mit dem Biologen Leo Buss von der Universität Yale an einer grundlegenden Theorie der funktionalen Organisation und einer klaren Definition von Organisationshierarchien. So versuchen Fontana und Buss beispielsweise die Frage zu beantworten, was geschieht, wenn Organisationen der Ebene 1 durch Austausch von Zeichenketten miteinander wechselwirken. Sie fanden heraus, daß sich eine Art »Leim« zwischen den Organisationen bilden kann, wobei der Leim selbst eine der beiden oder auch beide beteiligten Organisationen der Ebene 1 erhalten hilft. So kann sich von selbst eine Art Symbiose entwickeln. Die Vorteile von Tausch und Handel sind bereits in koevolvierenden autokatalytischen Verbänden der Ebene 1 angelegt.

## Technologische Koevolution

Das Auto kommt und verdrängt das Pferd. Mit dem Pferd verschwinden die Schmieden, die Sattlereien, die Ställe, die Geschirrmacher, die Kutschen und im Westen der USA auch der Pferdekurierdienst. Sobald aber einmal Autos in größerer Stückzahl produziert werden, ist es sinnvoll, die Erdölindustrie zu erweitern, ein flächendeckendes Tankstellennetz aufzubauen und die Straßen zu asphaltieren. Sobald die Straßen asphaltiert sind, beginnen die Menschen im ganzen Land umherzufahren, so daß es sinnvoll ist, Motels zu bauen. Und auch die Schnelligkeit, die Verkehrsampeln, die Verkehrspolizisten, die Verkehrsgerichte und die heimliche Bestechung, um den Strafzettel wegen Falschparkens loszuwerden, halten Einzug in unsere Wirtschaft und prägen unsere Verhaltensmuster.

Der Wirtschaftswissenschaftler Joseph Schumpeter hatte über Schübe schöpferischer Zerstörung und die Rolle des Unternehmers gesprochen. Aber dies ist kein Auszug aus einer Rede des erlauchten Schumpeter; es sind die Worte meines Freundes, des irischen Wirtschaftswissenschaftlers Brian Arthur, die er im Restaurant Babe's in Santa Fe äußerte, während er in seinem Meeresfrüchtesalat herumstocherte. Jeglichem Theorem über rationale Auswahl trotzend, bestellte er jedesmal Babe's Meeresfrüchtesalat, der, wie er sagte, absolut furchtbar schmecke. »Schlechtes Restaurant«, murrte er jedesmal. »Warum bestellst du dann immer wieder den Meeresfrüchtesalat?« fragte ich. Keine Antwort. Es war das einzige Mal in sieben Jahren, daß ich ihn in Verlegenheit brachte. Brian interessiert sich unter anderem sehr lebhaft für das Problem der »eingeschränkten Rationalität«, also für die Frage, weshalb Wirtschaftssubjekte nicht völlig rational handeln, wie die herrschenden Wirtschaftstheorien unterstellen, obwohl alle Wirtschaftswissenschaftler wissen, daß die Annahme falsch ist. Ich vermute, daß Brians Interesse an diesem Problem mit seiner eigenen Unfähigkeit zusammenhängt, Babe's Hamburger zu probieren, die hervorragend schmecken. Gutes Restaurant.

»Wie erklärt ihr Wirtschaftswissenschaftler die technologische Evolution?« fragte ich. Die Darlegungen von Brian und zahlreichen anderen Wirtschaftswissenschaftlern haben mir die Grundzüge einer Antwort aufgezeigt. Ihre Arbeiten sind brillant und kohärent. Die Studien, die von Sidney Winter und Dick Nelson eingeleitet wurden und mittlerweile von vielen fortgeführt werden, konzentrieren sich auf Investitionen, die zu Innovationen führen, und auf die Frage, ob Unternehmen in solche Innovationen investieren oder andere Firmen nachahmen sollten. Ein Unternehmen investiert Millionen Dollar in Innovationen und klettert damit die Lernkurve einer technologischen Trajektorie hinauf, wie wir sie in Kapitel 9 dargestellt haben: Andere Unternehmen können ebenfalls selbst in Innovationen investieren oder die Neuerung eines anderen Unternehmens verbessern und imitieren. So investierte IBM in Innovationen, während Compaq die IBM-Neuerungen imitierte. Diese Theorien der technologischen Evolution befassen sich folglich mit Lernkurven beziehungsweise mit der Geschwindigkeit, mit der eine Technologie in Abhängigkeit von den Investitionen verbessert wird, und mit der optimalen Aufteilung der Ressourcen auf Innovationen und Imitationen zwischen konkurrierenden Unternehmen.

Ich bin kein Wirtschaftswissenschaftler, obgleich ich bereits zahlreichen Gastvorträgen von Volkswirten am Santa-Fe-Institut beiwohnte. Doch ich kann mich des Eindrucks nicht erwehren, daß die Wirtschaftswissenschaftler noch immer eben jene Tatsachen außer Betracht lassen, auf die ich erstmals von Brian Arthur aufmerksam gemacht wurde. Die gegenwärtigen Untersuchungen ignorieren, daß die technologische Evolution im Grunde eine Koevolution ist. Die Einführung des Autos führte zum Aussterben der Schmiede und schuf den Markt für Motels. Sie verdienen Ihren Lebensunterhalt in einer »Nische«, die durch die Tätigkeiten anderer Menschen entsteht. Der EDV-Techniker verdient seinen Lebensunterhalt mit dem Reparieren von Geräten, die es vor fünfzig Jahren noch nicht gab. Die Computerläden, die Hardware verkaufen, machen ihr Geschäft mit Produkten, die vor fünfzig Jahren noch nicht existierten.

So gut wie jeder von uns verdient seinen Lebensunterhalt auf eine Weise, die für *Homo habilis*, der sich mit seinen Artgenossen um ein Lagerfeuer drängte, oder auch noch für den Cromagnonmenschen, der die wunderbaren Höhlenmalereien in Lascaux im südfranzösischen Périgord schuf, undenkbar war. In der Frühzeit beschaffte sich der Mensch seine tägliche Mahlzeit durch Jagen und Sammeln. Heutzutage kritzeln theoretische Wirtschaftswissenschaftler unverständliche Gleichungen auf Magnettafeln, nicht mehr auf Schiefertafeln, und werden dafür *bezahlt!* Eine sonderbare Art, sich seine Mahlzeiten zu verschaffen, würde ich meinen.

(Ich war vor einiger Zeit im Périgord und kaufte eine Klinge aus Feuerstein, die ein Handwerker in Les Eyzies, unweit der Font-de-Gaume-Höhle, unter Verwendung altsteinzeitlicher Techniken angefertigt hatte. Der Mann, Mitte vierzig, hatte von dem jahrelangen Stemmen seines Hammers, eines Elchbeinknochens, eine zentimeterdicke Schwiele auf der rechten Hand. Er ist vielleicht der Mensch, der in den letzten 60 000 Jahren die meisten Gegenstände aus Feuerstein hergestellt hat. Aber selbst er verdient seinen Lebensunterhalt in einer neuen Nische – Feuerstein mit dem Hammer bearbeiten und die gefertigten Gegenstände an Touristen verkaufen, denen der Lebensraum des Cromagnonmenschen eine ehrfürchtige Scheu eingeflößt hat.)

Wir leben in einer Art ökonomischem Netzwerk. Viele der Waren und Dienstleistungen in einer modernen Volkswirtschaft sind »Zwischenerzeugnisse«, die ihrerseits in die Produktion anderer Waren und Dienstleistungen einfließen, die dann von den Endverbrauchern genutzt werden. Die Bestandteile für ein Zwischenprodukt – etwa den Motor eines Autos – können wiederum von zahlreichen anderen Zulieferern stammen, angefangen bei Werkzeugmachern über Eisenerzbergwerke und computergestützte Motorkonstruktion bis zum Hersteller dieses Computers und dem Ingenieur, der die Software für die computergestützte Konstruktion entwickelt hat. Wir leben in einem riesigen wirtschaftlichen Ökosystem, in dem wir unsere Produkte miteinander tauschen. In diesem System gibt es ein gewaltiges Spektrum wirtschaftlicher Nischen.

Wodurch aber entstehen diese Nischen? Was bestimmt die Struktur dieses ökonomischen Netzwerks? Nach welchen Regeln verknüpfen sich Arbeitsplätze, Aufgaben, Funktionen und Produkte mit anderen Arbeitsplätzen, Aufgaben, Funktionen und Produkten zu dem Netzwerk von Erzeugung und Verbrauch?

Und wenn es ein solches ökonomisches Netzwerk gibt, dann besitzt es heute zweifellos eine größere Komplexität und Verflechtung als in der Altsteinzeit, als der Cromagnonmensch Höhlenwände mit seinen Malereien schmückte. Dieses Netzwerk ist heute gewiß viel komplexer als zu der Zeit, da die ersten Stadtmauern um Jericho erbaut wurden; viel komplexer auch als vor tausend Jahren, als die Anasazi aus New Mexico die Chacoan-Kultur begründeten. Wenn die Verflechtung und Komplexität des ökonomischen Netzwerks zunimmt, stellt sich die Frage, wodurch die Struktur dieses Netzwerks bestimmt wird. Noch faszinierender ist meines Erachtens die Frage: Determiniert die Struktur des ökonomischen Netzwerks selbst die Art und Weise, wie sich das Netzwerk umformt, und treibt sie selbst den Prozeß an? Wenn dies der Fall ist, dann sollten wir nach einer Theorie der Selbstumwandlung eines ökonomischen Netzwerks suchen, die ein sich ständig veränderndes Netzwerk von Produktionstechnologien erzeugt. Neue Technologien (wie das Auto) verdrängen alte (wie das Pferd, die Kutsche und die Sattlerei) und schaffen gleichzeitig jene Nischen, die ihrerseits die Entstehung neuer Technologien (asphaltierte Straßen, Motels und Ampeln) fördern.

Die sich ständig wandelnde Wirtschaft erinnert an die sich ständig wandelnde Biosphäre, in der die Trilobiten lange Zeit dominierten, bevor sie von anderen Gliederfüßern und wieder anderen Formen verdrängt wurden. Wenn die Muster der kambrischen Explosion, in der die höheren Taxa von oben nach unten aufgefüllt wurden, die gleichen Muster in den frühen Stadien einer technologischen Trajektorie vorwegnehmen, in denen zahlreiche, breit gefächerte Varianten ausprobiert werden, bis ein paar grundlegende Konstruktionstypen übrigbleiben, könnte es dann nicht der Fall sein, daß sich auch das Panorama der Evolution und Koevolution der sich ständig ändernden Spezies in der technologischen Koevolution widerspiegelt? Vielleicht liegen der biologischen und der technologischen Koevolution Prinzipien zugrunde, die elementarer sind als die DNS und Getriebegehäuse – Prinzipien der komplexen Gefüge, die durch einen Suchvorgang zusammengebaut werden können, und Prinzipien der autokatalytischen Bildung von Nischen, die Innovationen nach sich ziehen, die ihrerseits weitere Nischen erzeugen. Es wäre nicht allzu verwunderlich, wenn solche allgemeinen Prinzipien existierten. Die organismische Evolution und Koevolution und die technologische Evolution und Koevolution sind recht ähnliche Prozesse der Nischenbildung und kombinatorischen Optimierung. Während sich die fundamentalen Mechanismen, die der biologischen und der technologischen Evolution zugrunde liegen, zweifellos voneinander unterscheiden, sind die Aufgaben und die daraus resultierenden makroskopischen Merkmale möglicherweise sehr ähnlich.

Wie aber können wir die koevolvierende Netzwerkstruktur einer Volkswirtschaft angemessen beschreiben? Die Wirtschaftswissenschaftler wissen, daß solche Strukturen existieren. Daran ist nichts Rätselhaftes. Man mußte kein Finanzgenie sein, um zu erkennen, daß Tankstellen ein lukratives Geschäft versprachen, als die Autos die Straßen zu bevölkern begannen. Man eilte zu seiner wohlwollenden Hausbank, legte eine Markterhebung vor, lieh sich ein paar »Riesen« und eröffnete eine Tankstelle.

Die Schwierigkeit rührt daher, daß die Wirtschaftswissenschaftler über keine stringente Methode zur Formulierung einer Theorie verfügen, die sogenannte Komplementaritäten einbezieht. Auto und Benzin sind komplementäre Konsumgüter. Um sich fortbewegen zu können, braucht man ein Auto *und* Benzin. Wenn Sie zur Bedienung sagen: »Einmal Spiegelei mit Schinken, bitte!«, dann geben Sie zu verstehen, daß Sie die Spiegeleier mit Schinken essen wollen. Beides sind komplementäre Konsumgüter. Wenn Sie mit einem Hammer vors Haus gehen, um zwei Bretter zusammenzunageln, dann werden Sie unterwegs vermutlich ein paar Nägel mitnehmen; Hammer und Nägel sind komplementäre Produktionsgüter. Sie müssen beide gleichzeitig verwenden, wenn Sie Bretter zusammennageln wollen. Wenn Sie statt dessen einen Schraubenzieher wählten, dann wäre es recht dumm von Ihnen, wenn Sie auf dem Weg in Ihre Werkstatt ein paar Nägel mitnähmen, um einen Schrank zusammenzubauen. Wir alle wissen, daß Schrauben und Schraubenzieher als komplementäre Produktionsgüter zusammenpassen. Aber Nägel und Schrauben sind sogenannte substitutive Produktionsgüter: In der Regel können Sie einen Nagel durch eine Schraube ersetzen und umgekehrt.

Ein ökonomisches Netzwerk wird nun durch eben diese komplementären und substitutiven Produktions- und Konsumgüter exakt definiert. Genau diese Muster erzeugen die Nischen eines ökonomischen Netzwerks; aber die Wirtschaftswissenschaftler verfügen über keine stringente Methode, um eine »Theorie« dieser Nischen aufzustellen. Was wäre der Nutzen einer Theorie über die Komplementarität von Hammer und Nagel, Auto und Benzin? Was in aller Welt hätten wir von einer Theorie der funktionalen Beziehungen zwischen Waren und Dienstleistungen in einem ökonomischen Netzwerk? Offenbar brauchten wir eine Theorie der funktionalen Verflechtungen zwischen allen möglichen Waren und Dienstleistungen, von Scheibenwischern über Versicherungspolicen, »Tranchen« an gebündelten Hypotheken bis hin zum Einsatz von Lasergeräten in der Augenchirurgie. Würden wir die »Gesetze« kennen, die festlegen, welche Waren und Dienstleistungen Komplemente und Substitute füreinander sind, dann könnten wir vorhersagen, welche Nischen durch neue Waren erzeugt würden. Wir könnten eine Theorie darüber erstellen, wie das technologische Netzwerk durch stetige Erzeugung neuer Nischen seine eigene Umwandlung antreibt.

Ich möchte nun einen neuen Ansatz vorstellen. Was wäre, wenn wir Waren und Dienstleistungen als Zeichenketten betrachteten, die wir als »Werkzeuge«, »Rohstoffe« und »Produkte« verwenden können? Zeichenketten wirken auf Zeichenketten ein und bringen so neue Zeichenketten hervor. Ein Hammer wirkt auf Nägel und zwei Bretter ein und erzeugt zwei miteinander vernagelte Bretter. Ein Proteinenzym wirkt auf zwei organische Moleküle ein und erzeugt zwei miteinander verbundene Moleküle. Eine Zeichenkette ist in der Programmiersprache LISP sowohl ein »Werkzeug« als auch ein »Rohstoff«, der unter Einwirkung von sich selbst oder anderen Werkzeugen ein »Produkt« erzeugt. Folglich definieren die Gesetze der LISP-Chemie, was komplementäre und substitutive Produktions- und Konsumgüter sind. Sowohl die »Enzym«- als auch die »Rohstoff«-Zeichenkette sind *Komplemente*, die bei der Bildung der Produkt-Zeichenkette verwendet werden. Wenn man eine andere »Enzym«-Zeichenkette finden kann, die bei Einwirkung auf die »Rohstoff«-Zeichenkette dasselbe Produkt erzeugt, dann sind die beiden Enzymketten *Substitute*. Wenn man eine andere »Rohstoff«-

Zeichenkette finden kann, die unter Einwirkung der ursprünglichen »Enzym«-Zeichenkette dasselbe Endprodukt erzeugt, dann sind die beiden »Rohstoff«-Zeichenketten Substitute. Wenn eine derartige Operation Produkte hervorbringt, die in andere Produktionsprozesse eingehen, dann stellt dies ein Modell des Netzwerks der Produktionsfunktionen mit Komplementaritäten und Substituten dar, die implizit von der LISP-Logik definiert werden. Wir haben die ersten Ansätze eines Modells funktional verknüpfter Einheiten, die aufeinander einwirken und sich gegenseitig erzeugen. Wir verfügen somit in Grundzügen über ein Modell eines ökonomischen Netzwerks, wobei die Netzwerkstruktur ihre eigene Umwandlung antreibt.

Das Netzwerk von Technologien expandiert, weil neue Güter Nischen für weitere neue Güter erzeugen. Unsere Modelle aus Zeichenketten werden daher zu Modellen der Nischenbildung selbst. Die molekulare Explosion in suprakritischen chemischen Systemen, die kambrische Explosion, die rasant zunehmende Diversität der Artefakte in unserer Umwelt – all diese Tendenzen zu erhöhter Diversität und Komplexität werden unterstützt durch die Art und Weise, wie jeder dieser Prozesse Nischen für weitere Objekte erzeugt. Die Zunahme der Diversität und Komplexität von Molekülen, Lebensformen, Wirtschaftsaktivitäten und Kulturformen erfordert die Aufklärung der fundamentalen Gesetze, die die autokatalytische Erzeugung von Nischen steuern.

Wenn wir die wahren Gesetze ökonomischer Komplementarität und Substituierbarkeit nicht kennen – also nicht wissen, weshalb Hämmer und Nägel, Autos und Benzin zusammengehören –, was nützen dann solche abstrakten Modelle? Ihr Nutzen liegt meines Erachtens darin, daß wir die Art von Dingen entdecken können, die wir in der realen Welt erwarten würden, wenn unser »Als-ob«-Modell der wahren Gesetze in derselben »Universalitätsklasse« liegt. Die Physiker verwenden den Begriff der »Universalitätsklasse« zur Bezeichnung einer Klasse von Modellen, die alle dieselben robusten Verhaltensmuster zeigen. Daher ist das fragliche Verhalten nicht von den Einzelheiten des Modells abhängig. Folglich kann eine Vielzahl leicht fehlerhafter Modelle der realen Welt die Vorgänge in der realen Welt dennoch richtig beschreiben, solange die reale Welt und die Modelle in derselben Universalitätsklasse liegen.

## Zufallsgrammatiken

Etwa zur selben Zeit, als Alonzo Church das Lambda-Kalkül als ein System zur Ausführung universeller Berechnungen und Alan Turing zum selben Zweck die Turing-Maschine entwickelte, erfand ein anderer Logiker, Emil Post, ein weiteres Modell eines Systems, das universelle Berechnungen ausführen kann. All diese Systeme sind erwiesenermaßen äquivalent. Das Post-System ist eine nützliche Methode, um Universalitätsklassen für Volkswirtschaftsmodelle aufzufinden.

In den linken und rechten Hälften der Zeilen in Abbildung 12.1 sind Paare von Zeichenketten aufgeführt. So lautet beispielsweise die linke Zeichenkette des ersten Paars (111), während die rechte Kette (00101) lautet. Das zweite Paar weist auf der linken Seite die Kette (0010) und auf der rechten Seite die Kette (110) auf. Diese Liste von Zeichenketten soll nun eine »Grammatik« darstellen. Jedes Paar von Zeichenketten spezifiziert eine »Substitution«, die vorgenommen werden muß. Immer, wenn die linke Zeichenkette auftritt, muß sie gegen die rechte Zeichenkette ersetzt werden. In Abbildung 12.2 ist ein »Topf« mit Zeichenketten dargestellt, auf die die Grammatik in Abbildung 12.1 »einwirken« soll. Bei der einfachsten Interpretation wendet man die Grammatik von Abbildung 12.1 folgendermaßen an: Man greift eine beliebige Zeichenkette aus dem Topf heraus. Anschließend wählt man aufs Geratewohl ein Paar von Zeichenketten aus der Abbildung aus. Nun prüft man, ob die linke Zeichenkette aus der Abbildung in der herausgegriffenen Zeichenkette vorkommt. Wenn man beispielsweise das erste Paar von Zeichenketten in Abbildung 12.1 auswählt und die aus dem Topf herausgegriffene Zeichenkette eine (111)-Sequenz enthält, dann »schneidet« man diese heraus und ersetzt sie durch die rechte Zeichenkette aus derselben Zeile in Abbildung 12.1. Man ersetzt also (111) durch (00101).

Es liegt auf der Hand, daß sich die in Abbildung 12.1 aufgeführten grammatischen Regeln endlos auf die Zeichenketten im Topf anwenden lassen. Man könnte beliebig lange damit fortfahren, wahllos Zeichenketten aus dem Topf herauszugreifen, eine Zeile aus Abbildung 12.1 auszuwählen und die entsprechende Substitution vorzunehmen. Ebenso könnte man Präzedenzregeln über die Reihenfolge aufstellen, in der die Zeilen auf beliebige Zeichenketten anzuwenden sind. Und manchmal entsteht durch Anwendung einer Substitutionsregel aus Abbildung 12.1 auf eine Zeichenkette in Abbildung 12.2 eine neue »Stelle« in der Zeichenkette, die selbst Kandidatin für die Anwendung der Regel war, durch die sie gerade erzeugt wurde. Um eine unendliche Schleife zu vermeiden, könnte man beispielsweise entscheiden, daß jede Substitution aus Abbildung 12.1 nur einmal auf eine beliebige Stelle angewandt werden darf, solange nicht alle übrigen Substitutionen ausgewählt wurden.

| Grammatiktabelle | |
|---|---|
| 1 1 1 | 0 0 1 0 1 |
| 0 0 1 0 | 1 1 0 |
| 0 0 | 1 0 1 1 |
| 1 0 0 1 | 0 1 |
| 1 0 1 | 0 0 1 0 |

**Abbildung 12.1:** *Eine Post-Grammatik. Beispiele der linken Zeichenkette sind durch die entsprechende rechte Zeichenkette zu ersetzen.*

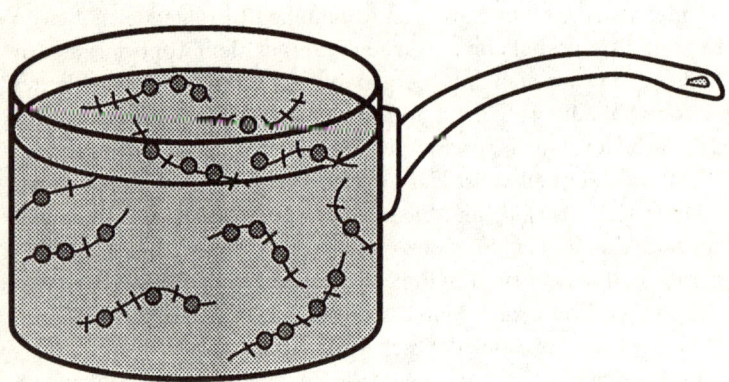

**Abbildung 12.2:** *Wenn die Post-Grammatik in Abbildung 12.1 auf einen »Topf« von Zeichenketten angewandt wird, entsteht eine Folge neuer Zeichenketten.*

Jede derartige Serie von Entscheidungen über die Anwendung der Substitutionen in Abbildung 12.1 plus den Entscheidungen über die Reihenfolge, mit der die Regeln auf die Zeichenketten anzuwenden sind, ergibt eine Art Algorithmus oder Programm. Befindet sich in unserem Topf eine bestimmte Ausgangsmenge von Zeichenketten und führt man die Substitutionen beliebig oft durch, dann erhält man eine Sequenz neuer Zeichenketten. Wie eine Turing-Maschine, die ein Eingabeband in ein Ausgabeband umsetzt, hätte man eine Art Berechnung ausgeführt.

Der nächste Schritt besteht nun darin, den menschlichen Experimentator aus dem Prozeß zu entfernen und den Zeichenketten im Topf zu erlauben, aufeinander einzuwirken, so wie Enzyme auf Substrate einwirken, um die Substitutionen auszuführen, die von den »Substitutionsregeln« in Abbildung 12.1 »gefordert« werden. Dies läßt sich leicht dadurch erreichen, daß man »enzymatische Stellen« definiert. So kann man beispielsweise der ersten Zeile von Abbildung 12.1 entnehmen, daß (111) in (00101) umzuformen ist. Stellen wir uns vor, der Topf in Abbildung 12.1 enthalte eine Zeichenkette mit einer (111)-Sequenz als Substrat. Als »Enzym« könnte nun im selben Topf eine Zeichenkette fungieren, die irgendwo eine »matrizenkomplementäre« (000)-Stelle aufweist. Die »Enzymkomplementaritätsregel« legt hier fest, daß, ähnlich wie bei der Basenpaarung der Nukleotide, eine 0 auf dem Enzym zu einer 1 auf dem Substrat paßt. Nachdem wir eine solche Regel für »enzymatische Stellen« aufgestellt haben, können wir den Zeichenketten im Topf dann erlauben, aufeinander einzuwirken. So könnten beispielsweise zwei zufällig ausgewählte Zeichenketten zusammenstoßen. Wenn eine der beiden Ketten eine »enzymatische Stelle« besitzt, die zu einer »Substratstelle« auf der anderen Kette paßt, dann »wirkt« die enzymatische Stelle auf die Substratstelle ein und führt die Substitution aus, die von der entsprechenden Zeile in Abbildung 12.1 gefordert wird.

Das ist der ganze Trick. Nun haben wir eine algorithmische Chemie durch eine spezifische »Grammatik« definiert. Die Zeichenketten im Topf wandeln sich gegenseitig in neue Zeichenketten um, die ihrerseits aufeinander einwirken, und so fort. Die fortgesetzte Einwirkung führt zu einer »Entfaltung« von Zeichenketten. Jetzt interessiert uns das Verhalten der sich entfaltenden Zeichenketten im

Zeitablauf. Denn die Muster der Entfaltung sollen unsere Modelle der technologischen Koevolution abgeben. Hierzu müssen wir noch einige weitere Annahmen einführen.

Doch zunächst stellt sich die Frage, nach welchen Kriterien wir unsere Grammatik, wie sie beispielhaft in Abbildung 12.1 dargestellt ist, aufbauen sollen. Niemand kennt den »richtigen Weg«, um die Auswahl der Paare von Zeichenketten in der Abbildung, die die »Substitutionsregeln« enthält, zu bestimmen. Noch schlimmer aber ist, daß es unendlich viele mögliche Zusammenstellungen gibt! Im Prinzip könnte die Anzahl der Paare von Zeichenketten unendlich lang sein. Zudem zwingt uns niemand, immer nur einzelne Zeichenketten als »Enzyme«, »Substrate« und »Produkte« zu betrachten. Wir können uns durchaus eine geordnete Menge von Zeichenketten als ein »Input-Bündel« und eine andere geordnete Menge von Zeichenketten als eine »Maschine« vorstellen. Wenn man das Input-Bündel in die Maschine eingibt, erhält man ein »Output-Bündel«. Die Maschine gliche einem Fließband, das jede Input-Zeichenkette einer Reihe von Transformationen unterwirft.

Wenn wir Input-Bündel und Maschinen zulassen und wenn beide aus jeder beliebigen Teilmenge von Zeichenketten bestehen können, dann besagt ein mathematisches Theorem, daß die Anzahl der möglichen Grammatiken nicht nur einfach unendlich, sondern unendlich zweiter Ordnung ist. Das bedeutet, daß es unzählbar viele mögliche Grammatiken gibt.

Da wir die möglichen Grammatiken nicht zählen können, wollen wir mogeln. Wir wollen einfach aus der unendlich großen Zahl möglicher Grammatiken eine zufällige Auswahl treffen und herausfinden, was Grammatiken in verschiedenen Regionen des »Grammatikraums« tun. Nehmen wir an, wir könnten Regionen im Grammatikraum finden, in denen das resultierende Verhalten unseres Topfs aus Zeichenketten unabhängig von den Details ist. Kurz, suchen wir nach Universalitätsklassen.

Man kann Klassen oder Ensemble von Grammatiken in Regionen des Grammatikraums anhand der Anzahl der Paare von Zeichenketten, die in der Grammatik vorkommen, anhand der Verteilungen ihrer Längen und anhand der Art, wie die längeren und kürzeren Zeichenketten als linkes oder rechtes Glied des Paares verteilt sind, definieren. Wenn beispielsweise alle rechten Glieder kürzer sind als die linken Glieder, dann wird die Substitution schließlich zu sehr kurzen Zeichenketten führen, die zu kurz sind, um auf irgendeine »enzymatische Stelle« zu passen. Die »Suppe« wird reaktionsträge. Überdies kann die Komplexität erlaubter »Input-Bündel«, »Maschinen« und »Output-Bündel« durch die Anzahl der jeweiligen Zeichenketten definiert werden. Wenn wir diese Parameter, die die Grammatiken definieren, systematisch verändern, dann können wir verschiedene Regionen des Grammatikraums absuchen. Vermutlich werden verschiedene Regionen zu je unterschiedlichen charakteristischen Verhaltensweisen führen. Diese verschiedenen Regionen wären die erhofften Universalitätsklassen.

Die systematische Untersuchung ist bislang noch nicht durchgeführt worden. Wenn wir eine Region im »Grammatikraum« finden könnten, die uns Modelle der technologischen Koevolution ähnlich der realen technologischen Koevolution liefert, dann hätten wir vielleicht die richtige Universalitätsklasse und das richtige »Als-ob«-Modell der unbekannten Gesetze der technologischen Komplementarität und Substituierbarkeit gefunden. Hier liegt ein lohnendes Forschungsprogramm.

Das Programm wurde sogar schon in Angriff genommen, denn meine Kollegen und ich haben einige kleinere Modelle von Wirtschaftssystemen entworfen, die bereits erste interessante Ergebnisse zeitigen.

### Eier, Strahlen und Pilze

Bevor wir uns Wirtschaftsmodellen zuwenden, wollen wir uns näher ansehen, was in unserem Topf geschehen kann, wenn die Zeichenketten gemäß den zufällig ausgewählten Substitutionsregeln aufeinander einwirken. Eine neue Welt von Möglichkeiten leuchtet auf und wird uns vielleicht Aufschluß geben über die technologische und andere Formen der Evolution. Erinnern wir uns daran, daß wir unsere Zeichenketten als Modelle für Moleküle, Modelle für Waren und Dienstleistungen in einer Volkswirtschaft und vielleicht sogar als Modelle kultureller Meme wie Moden, Rollen und Ideen betrachten können. Bedenken wir, daß uns mit Grammatikmodellen erstmals allgemeine »mathematische« beziehungsweise formale Theorien zur Verfügung stehen, um die Muster zu erforschen, die auftreten, wenn »Gebilde« sowohl »Objekte« als auch »Subjekte« von Einwirkungs- und Transformationsprozessen sein können und bei ihrer Entfaltung Nischen füreinander erzeugen. Grammatikmodelle helfen uns daher, Muster klar nachzuweisen, die wir intuitiv erahnen, aber nicht exakt beschreiben können.

Wir könnten eine Zeichenkette erhalten, die sich selbst oder jede beliebige andere Zeichenkette kopiert, also eine Art Replikase, ein Enzym zur Verdoppelung.

Wir könnten auch einen kollektiv-autokatalytischen Verband aus Zeichenketten erhalten. Ein solcher Verband würde von selbst entstehen. In meinem Buch *The Origins of Order* benutzte ich einen Begriff, der mir eines Nachts einfiel. Ein solcher geschlossener, sich selbst erzeugender Verband ist eine Art »Ei«, das im Raum der Zeichenketten hängt.

Angenommen, wir hätten eine beständige »Gründermenge« von Zeichenketten. Diese könnte neue Zeichenketten erzeugen, die ihrerseits aufeinander einwirken und, in einer Art »Strahl«, wieder neue Zeichenketten hervorbringen – beispielsweise immer längere Zeichenketten. Ein Strahl würde aus der Gründermenge bis in den Raum möglicher Ketten reichen.

Der Strahl könnte endlich oder unendlich sein. Im letzten Fall würde aus der Gründermenge ein Strahl von Zeichenketten ständig wachsender Diversität herausschießen.

Auch aus einem undichten Ei könnte ein Strahl herausschießen. Ein solches »Eiobjekt« würde wie ein bizarres Raumschiff schweben und einen Strahl von Zeichenketten in die pechschwarzen, unendlichen Weiten des Zeichenkettenraums spritzen.

Eine beständige Gründermenge könnte einen Strahl hervorbringen, dessen Zeichenketten zur »Rückkopplung« fähig sind, und auf diese Weise Zeichenketten erzeugen, die ursprünglich durch andere Routen gebildet wurden. Ich nannte diese Gebilde scherzhaft »Pilze«. Ein Pilz ist eine Art Modell für »Bootstrapping«: Eine Zeichenkette, die durch eine Route erzeugt wurde, kann später durch eine andere Route erzeugt werden, und zwar über eine zweite Zeichenkette, die mit Hilfe der ersten Folge hervorgebracht wurde. Steinhämmer und Grabgeräte wurden weiterentwickelt und führten schließlich zur Entstehung von Bergbau und Hüttenkunde; diese wiederum führten zur Entwicklung von Werkzeugmaschinen, die heute die Metallwerkzeuge fertigen, wie sie zur Herstellung der Werkzeugmaschinen benötigt werden. Das ist »Bootstrapping«. Stellen Sie sich vor, wie häufig solche Pilze in unserer technologischen Evolution seit der Jungsteinzeit vorgekommen sind. Die Werkzeuge, die wir fertigen, helfen uns bei Herstellung anderer Werkzeuge, die uns ihrerseits neue Fertigungsweisen für die Werkzeuge, mit denen wir anfingen, eröffnen. Das System ist autokatalytisch. Organismen und ihre kollektiv-autokatalytischen Metabolismen, die auf einer beständigen Gründermenge von außen zugeführter Nährstoffe und Energie basieren, sind ebensolche Pilze wie unsere technologische Gesellschaft. Pilzgeflechte in Öko- und Wirtschaftssystemen sind in sich kohärent und »ganzheitlich«. Die Elemente und die funktionalen Rollen, die jedes Element spielt, sind systematisch aufeinander abgestimmt.

Eine beständige Gründermenge von Zeichenketten könnte zwar eine unendliche Menge von Zeichenketten hervorbringen, doch möglicherweise wird eine bestimmte Klasse von Zeichenketten von der Gründermenge niemals erzeugt. So könnte beispielsweise niemals eine Zeichenkette, die mit den Zeichen (110101...) beginnt, erzeugt werden. Es entsteht zwar eine unendliche Menge, aber niemals eine unendliche Zahl. Noch schlimmer aber ist, daß es bei einer gegebenen Ausgangsmenge von Zeichenketten und bei gegebener Grammatik formal unmöglich sein kann, zu beweisen oder zu widerlegen, daß eine bestimmte Zeichenkette, zum Beispiel (1101010001010), niemals erzeugt wird. Dies wird in der Theorie der Berechenbarkeit als *formale Unentscheidbarkeit* bezeichnet und folgt aus dem berühmten Unvollständigkeitssatz von Kurt Gödel.

Wir wollen uns ausmalen, was es heißt, in einer solchen Welt zu leben. Formale Unentscheidbarkeit bedeutet, daß wir bestimmte künftige Ereignisse grundsätzlich nicht vorhersagen können. Wenn wir in einer solchen Welt lebten, könnten wir vielleicht nicht vorhersagen, ob (11010100001010) je eintreten wird. Was, wenn (11010100001010) der letzte Kampf zwischen Gut und Böse wäre? Wir würden es niemals wissen.

Was ist, wenn es zutrifft, daß die technologischen, ökonomischen und kulturellen Welten, die wir erzeugen, wirklich den neuen Zeichenwelten gleichen, die wir entwerfen? Schließlich beruhen die Zeichenwelten auf einer Analogie zu den Gesetzen der Chemie. Könnte man die Gesetze der Chemie als eine formale Grammatik wiedergeben, dann hätte die Unentscheidbarkeit die verblüffende Folge, daß es bei einer gegebenen beständigen Gründermenge von Chemikalien formal unentscheidbar sein könnte, ob eine bestimmte Chemikalie aus der Gründermenge synthetisierbar ist! Kurz, die fundamentalen Gesetze der Chemie haben nichts Rätselhaftes an sich, wenn wir sie auch nicht vollständig kennen. Wenn man sie jedoch in eine formale Grammatik umschreiben könnte, dann ist es nicht unwahrscheinlich – und sogar eine notwendige Folge aus Gödels Satz –, daß es immer Aussagen über die Evolution eines chemischen Reaktionssystems geben wird, die weder bewiesen noch widerlegt werden können.

Wenn nun aber die formale Unentscheidbarkeit aus den wirklichen Gesetzen der Chemie hervorgehen kann, dann stellt sich die Frage, ob dieselbe Unentscheidbarkeit nicht auch in der technologischen oder sogar der kulturellen Evolution auftauchen kann. Entweder wir sind in der Lage, die unbekannten Gesetze der technologischen Komplementarität und Substituierbarkeit in einer formalen Grammatik zu erfassen, oder wir sind es nicht. Wenn es uns gelingt, dann folgt aus Gödels Satz, daß es Aussagen über die Entwicklung einer technologischen Welt geben wird, die formal unentscheidbar sind. Und wenn es uns nicht gelingt, wenn den Transformationen keine Gesetze zugrunde liegen, dann können wir natürlich auch keine Vorhersagen machen.

### Technologische Koevolution und wirtschaftlicher Aufschwung

Ich glaube, daß diese »Spielwelten« aus Zeichenketten uns nicht nur helfen werden, Theorien der technologischen Koevolution zu entwickeln, sondern vielleicht auch ein neues Merkmal der technologischen Evolution aufdecken werden: subkritisches und suprakritisches Verhalten. Möglicherweise ist eine kritische Vielfalt von Waren und Dienstleistungen für die fortgesetzte explosionsartige Zunahme der technologischen Diversität unabdingbar. Makroökonomische Standardmodelle des Wirtschaftswachstums beziehen sich auf Einzelsektoren, in denen bestimmte Produkte erzeugt und konsumiert werden. Wachstum wird dann definiert als stetige Zunahme der Menge produzierter und konsumierter Güter. Eine solche Theorie berücksichtigt nicht, welche Bedeutung das Wachstum der Diversität von Waren und Dienstleistungen hat. Wenn zwischen dieser Diversitätszunahme und dem Wirtschaftswachstum selbst ein Zusammenhang besteht – worauf einiges hindeutet –, dann wirkt sich die Diversität selbst möglicherweise auf den wirtschaftlichen Aufschwung aus.

Abbildung 12.3 zeigt eine Skizze Frankreichs. Wir verwenden ein weiteres Mal Zeichenketten als Modelle für Waren und Dienstleistungen. Wir möchten wissen, wie sich der »technologische Grenzbereich« verschiebt, wenn die Franzosen das wachsende Potential der Rohstoffe erkennen, mit dem wir sie ausstatten werden. Nehmen wir an, jedes Jahr sprießen gewisse Arten von Zeichenketten aus dem fruchtbaren Boden Frankreichs. Diese Zeichenketten sind die »erneuerbaren« Ressourcen Frankreichs und stehen für Weintrauben, Weizen, Kohle, Milch, Eisen, Holz, Wolle und so weiter. Vergessen wir nun die Werte all dieser Waren und Dienstleistungen, die Menschen, die damit arbeiten, die Preise, die sich zwangsläufig bilden, und so weiter. Betrachten wir lediglich die evolvierenden »technologischen Möglichkeiten«, die Frankreich offenstehen, und lassen wir dabei außer acht, ob jemand irgendeine der Waren und Dienstleistungen, die vielleicht technisch machbar sind, wirklich haben will.

In der ersten Periode konsumieren die Franzosen vielleicht alle ihre erneuerbaren Ressourcen. Oder sie beherzigen die »Gesetze der technologischen Komplementarität«, die am Rathaus jeder Stadt und jedes Dorfs eingemeißelt sind, und erwägen alle möglichen neuen Waren und Dienstleistungen, die dadurch erzeugt werden könnten, daß man die erneuerbaren Ressourcen aufeinander »einwirken« läßt. Aus dem Eisen könnten Gabeln, Messer, Löffel und Äxte hergestellt werden. Aus der Milch könnte man Eiskrem herstellen. Aus Weizen und Milch könnte man Grütze kochen. In der nächsten Periode könnten die Franzosen wiederum ihre erneuerbaren Ressourcen sowie die Fülle ihrer ursprünglichen Erfindungen verbrauchen,

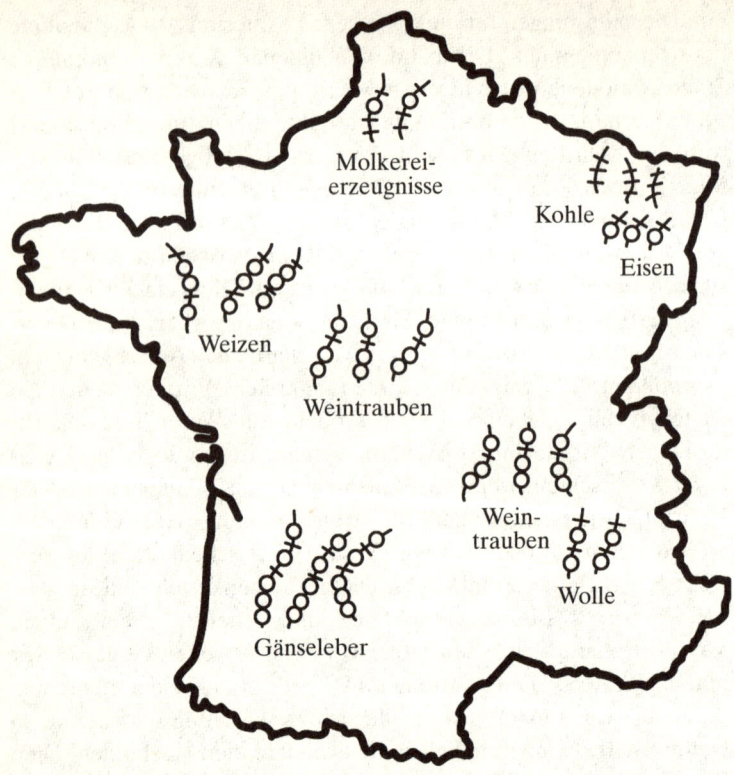

**Abbildung 12.3:** *Auf dieser Skizze Frankreichs sind verschiedene Agrarerzeugnisse und Bodenschätze dargestellt. Die Zeichenketten stehen für die erneuerbaren Ressourcen – Holz, Kohle, Wolle, Molkereierzeugnisse, Eisen, Weizen und ähnliches –, über die Frankreich verfügt. In dem Maße, wie der Mensch die Zeichenketten auf andere Zeichenketten einwirken läßt, entstehen neue, komplexere Produkte.*

oder sie könnten sich überlegen, was sie an weiteren, neuen Produkten erzeugen könnten. Vielleicht kombinieren sie Eiskrem und Weintrauben, füllen die Mischung in eine gebackene Teighülle aus Weizenmehl und bereiten so den ersten französischen Kuchen. Vielleicht setzen sie die Axt als solche ein und hacken Brennholz. Oder sie verwenden Holz und Axt, um Brücken über Flüsse zu bauen.

Sie verstehen das Prinzip, das dem zugrunde liegt: In jeder Periode bringen die Waren und Dienstleistungen, die in früheren Perioden »erfunden« wurden, neue Gelegenheiten für die Herstellung weiterer neuer Waren und Dienstleistungen hervor. Die Grenzen der Technologie rücken immer weiter in die Ferne. Dieser Entfaltungsprozeß trägt sich selbst, und wir können ihn mit unseren einfachen Grammatikmodellen beschreiben.

Die Wirtschaftswissenschaftler betrachten in der Regel zumindest geringfügig komplexere Modelle, in die Konsumenten und deren Nachfrage nach den potentiellen Waren und Dienstleistungen einbezogen werden. Stellen wir uns vor, jede Zeichenkette habe für den einzigen Verbraucher, aus dem die französische Gesellschaft besteht, einen Wert beziehungsweise Nutzen. Bei diesem Verbraucher könnte es sich um Ludwig XIV. oder Jacques, den tüchtigen Hotelier, oder auch um eine Reihe identischer Franzosen mit denselben Wünschen handeln. In diesem einfachen Modell gibt es kein Geld und keine Märkte. Statt dessen agiert eine imaginäre weise Gesellschaftsplanerin, die folgende Aufgabe hat: Da ihr die Wünsche von Ludwig XIV., die erneuerbaren Ressourcen des Königreichs und die »Grammatiktabelle« bekannt sind, kann sie die künftige Entwicklung der sich stetig wandelnden Technologiegrenzen vorhersagen, indem sie die Trends der Vergangenheit hochrechnet. Sie muß lediglich versuchen, die »Genußbilanz« des Königs beziehungsweise von Jacques über die Zukunft zu optimieren. Einfache ökonomische Modelle führen nun folgendes Postulat ein: Der König möchte lieber heute genießen als zu irgendeinem künftigen Zeitpunkt. Wenn er ein Jahr warten müßte, dann wäre er bereit, einen Genußbetrag von X hier und heute gegen X plus sechs Prozent im nächsten Jahr zu tauschen, wobei sechs Prozent für jedes weitere Jahr hinzukommen, um das er den Genuß aufschieben muß. Kurz, der König diskontiert den Wert des künftigen Nutzens mit einem gewissen Prozentsatz. Das gleiche tut Jacques. Das gleiche tun auch Sie.

Unsere unendlich weise Gesellschaftsplanerin denkt also eine bestimmte Anzahl von Perioden, sagen wir zehn – den sogenannten Planungshorizont –, voraus; sie durchdenkt sämtliche Sequenzen technologischer Waren und Dienstleistungen, die im Verlauf dieser zehn Perioden möglicherweise erzeugt werden; sie betrachtet den (diskontierten) Genuß des Königs in all diesen möglichen Welten und wählt einen Plan aus, der Seiner Majestät soviel Genuß wie möglich einbringt. Dieser Plan legt fest, wieviel von jeder technologisch möglichen »Produktion« im Verlauf dieser zehn Perioden ausgeführt werden soll und wieviel wovon wann konsumiert wird. Die Produktionsaktivitäten stehen in einem bestimmten Verhältnis zueinander: zwanzigmal soviel Eiskrem und Weintrauben wie Äxte und dergleichen. Dieses Verhältnis entspricht im Grunde dem Preis, wobei eines der Güter als »Geld« verwendet wird. Vielleicht werden nicht alle möglichen Waren erzeugt. Einige verschaffen dem König keinen hinreichend hohen Genuß, so daß es unökonomisch wäre, Ressourcen dafür aufzuwenden. Sobald wir demnach den Nutzen von Waren und Dienstleistungen einbeziehen, zeigt sich, daß die in jedem beliebigen Moment tatsächlich erzeugten Güter eine Teilmenge der Gesamtmenge des technologisch Machbaren sind.

Nun setzt die Gesellschaftsplanerin ihren Teilplan für das erste Jahr um; die Wirtschaft wird ein Jahr lang durch die geplanten Produktions- und Konsumereignisse angekurbelt, und die Planerin entwirft einen neuen Zehnjahresplan, der sich nun vom zweiten bis zum elften Jahr erstreckt. Dies ist ein Sozialplanungsmodell mit »rollendem Horizont«. Mit der Zeit entwickelt sich die Modellwirtschaft weiter. In jeder Periode plant die Gesellschaftsplanerin zehn Perioden in die Zukunft, bestimmt den optimalen Zehnjahresplan und setzt den Teilplan für das erste Jahr um.

Solche Modelle stellen natürlich extreme Vereinfachungen dar. Doch Sie werden erahnen, welche Einsichten ein solches Modell im Zusammenhang mit unseren Grammatiken vermittelt. Im Lauf der Zeit werden neue Waren und Dienstleistungen entwickelt, die alte Waren und Dienstleistungen verdrängen. Es kommt also zu technologischen Speziations- und Extinktionsereignissen. Da die Technologien in einem Netzwerk miteinander verknüpft sind, kann die Verdrängung einer Ware oder einer Dienstleistung eine sich ausbreitende Lawine auslösen, in der andere Waren und Dienstleistungen ihren Sinn verlieren und verschwinden. Jede einzelne eröffnete Menschen eine Zeitlang eine Erwerbschance, bis sie für immer von der Bühne der Technologien verschwindet. Die Gesamtheit der Technologien entfaltet sich. Die Waren und Dienstleistungen einer Volkswirtschaft durchlaufen nicht nur eine Evolution, sondern auch eine Koevolution, da sie nur in einem System aufeinander abgestimmter Elemente existieren können.

Diese Grammatikmodelle liefern uns also ein neues Instrumentarium zur Erforschung der technologischen Koevolution. Insbesondere drängt sich einem beim Anblick dieser Modelle die Überzeugung auf, daß das Netzwerk seine Umwandlung selbst vorantreibt. Meines Erachtens haben wir dies schon immer intuitiv gewußt. Es fehlte uns lediglich eine Modellwelt, die das Erahnte klar nachwies. Sobald man eines dieser Modelle sieht, sobald deutlich wird, daß die ökonomischen Netzwerke, in denen wir leben, die Richtungen ihrer Transformationen weitgehend selbst steuern, begreift man, daß es sehr wichtig wäre, diese Muster in der realen ökonomischen Welt aufzuklären.

Diese Grammatikmodelle weisen zudem auf einen möglichen neuen Faktor des wirtschaftlichen Aufschwungs hin: *Da Vielfalt offenbar Vielfalt erzeugt, fördert Vielfalt möglicherweise auch das Wirtschaftswachstum.*

In Abbildung 12.4 ist auf der $x$-Achse die Diversität der erneuerbaren Ressourcen aufgetragen, die der französischen Volkswirtschaft in jeder Periode zur Verfügung stehen. Auf der $y$-Achse ist die Anzahl der Paare von Zeichenketten angegeben, aus denen sich die Grammatik (beziehungsweise die Regeln) der Komplementarität und Substituierbarkeit zusammensetzt. Und in diese $xy$-Ebene zeichne ich die uns mittlerweile vertraute Kurve ein, die subkritisches und suprakritisches Verhalten voneinander trennt.

Nehmen wir an, die Grammatikregeln bestehen aus nur einem Paar von Zeichenketten. Stellen wir uns vor, aus dem ausgelaugten französischen Boden sprießt in jedem Frühjahr nur eine Art von Zeichenkette. Die grammatikalische Regel besagt nun leider, daß aus der einzigen erneuerbaren Ressource nichts Neues und Interessantes hergestellt werden kann. Die Franzosen könnten mit dieser Ressource nichts anderes anfangen, als sie zu verzehren. Eine explosionsartige Zunahme der technologischen Diversität wäre somit ausgeschlossen. Wenn die Franzosen infolge harter Arbeit überschüssige Mengen dieser einzigen Ressource horten könnten, dann wäre dies zwar eine nützliche Maßnahme, doch es könnte nicht zu einer explo-

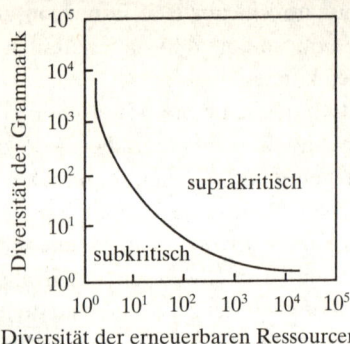

**Abbildung 12.4:** *Die Anzahl der erneuerbaren Ressourcen einer Volkswirtschaft ist aufgetragen gegen die Anzahl der Paare von Zeichenketten in der Grammatik, die die hypothetischen »Regeln der Substituierbarkeit und Komplementarität« enthält. Eine Kurve trennt das subkritische Regime unterhalb der Kurve vom suprakritischen Regime oberhalb der Kurve. Mit zunehmender Diversität der erneuerbaren Ressourcen beziehungsweise Komplexität der Grammatikregeln kommt es zu einer explosionsartigen Steigerung der Produktvielfalt.*

sionsartigen Zunahme der Produktvielfalt kommen. Das System wäre subkritisch.

Nehmen wir nun an, die Grammatikregeln bestehen aus zahlreichen Paaren von Zeichenketten und auf dem fruchtbaren Boden Frankreichs gedeihen viele Arten erneuerbarer Ressourcen. Dann kann man höchstwahrscheinlich mit dieser Gründermenge von Zeichenketten sofort sehr viele nützliche und interessante Produkte erzeugen, indem man die Zeichenketten aufeinander einwirken läßt. Die gestiegene Vielfalt von Waren und Dienstleistungen wiederum kann zu einem weiteren explosionsartigen Anstieg der technologischen Diversität führen. Wenn die Gesellschaftsplanerin sie für den König als nützlich erachtet, dann wird eine stetig wachsende Teilmenge der technisch möglichen Waren und Dienstleistungen verwirklicht und in einer komplexen Progression auslaufen. Es kommt zu einem ökonomischen Aufschwung durch Diversität. Das System ist suprakritisch.

Wenn Frankreich und England subkritisch wären, dann reichte möglicherweise der Handel zwischen ihnen, um sie beide technologisch suprakritisch zu machen. Eine größere, komplexere Volkswirtschaft steigert ihre Diversität also möglicherweise deshalb, weil dadurch eine explosionsartige Ausweitung der Technologiegrenzen ermöglicht wird.

Das Verhalten unserer Modellvolkswirtschaften ist auch vom »Diskontierungsfaktor« und dem Planungshorizont der Gesellschaftsplanerin abhängig. Wenn der König den Genuß nicht aufschieben will, dann wird ihm die weise Gesellschaftsplanerin nicht empfehlen, heute auf das Milchtrinken zu verzichten. Folglich wird niemals Eiskrem produziert. Die Volkswirtschaft, die unter Umständen eine Fülle neuer Produktformen hervorgebracht hätte, verharrt, vielleicht zu ihrem Wohl, in einem unentwickelten, rudimentären Anfangszustand. Wenn andererseits die Gesellschaftsplanerin, unabhängig von den Präferenzen des Königs, nicht vorausdenkt, dann wird sie nicht erkennen, daß Eiskrem hergestellt werden kann. Auch in diesem Fall wird die Diversifikation der Modellwirtschaft stark gehemmt.

Auch wenn die Wirtschaftswissenschaftler »planwirtschaftliche« Modelle – also Modelle mit Gesellschaftsplanern – verwenden, so sind diese doch sehr viel weniger realitätsnah als Modelle mit Märkten und Wirtschaftssubjekten, die kaufen und verkaufen. In »planwirtschaftlichen« Modellen werden sämtliche Probleme, die mit der Koordination der Handlungen der Wirtschaftssubjekte verbunden sind – also die Rolle, die der »unsichtbaren Hand« im Wirtschaftsprozeß zukommt –, von der Planungsinstanz erledigt, die einfach das angemessene Verhältnis der verschiedenen Produktions- und Konsumaktivitäten festlegt. In der realen Welt treffen die Wirtschaftssubjekte ihre Entscheidungen unabhängig voneinander, und der Markt soll ihre Handlungsweisen koordinieren. Wenngleich das »planwirtschaftliche« Modell alle wichtigen Probleme, die mit dem Auftreten von Märkten und der Koordination des Verhaltens der Wirtschaftssubjekte zusammenhängen, ausblendet, läßt sich doch mit seiner Hilfe die Evolution des Technologiennetzwerks simulieren. Es veranschaulicht nicht nur das Entstehen und Vergehen von Technologien, sondern auch subkritisches und suprakritisches Verhalten. Es ist anzunehmen – aber noch nicht bewiesen –, daß ähnliche Merkmale in realitätsnäheren Versionen des Modells, in denen die Planungsinstanz durch Märkte und optimierende Wirtschaftssubjekte ersetzt wird, auftreten.

Doch Vorsicht! Ich bin kein Wirtschaftswissenschaftler. Diese Grammatikmodelle sind neu, und Sie sollten zum gegenwärtigen Zeitpunkt allenfalls Metaphern darin sehen. Und doch liefern sie auch als bloße Metaphern Hinweise, die weitere Untersuchungen lohnenswert erscheinen lassen. Dazu gehört auch die Möglichkeit, daß das Wirtschaftswachstum durch Diversität gefördert wird.

Die Standardtheorien des Wirtschaftswachstums haben offenbar die potentiellen Zusammenhänge zwischen der Diversität von Wirtschaftssektoren und Wirtschaftswachstum nicht berücksichtigt. In makroökonomischen Standardtheorien basieren Modelle des Wirtschaftswachstums oftmals auf einer Volkswirtschaft, die ein einziges Produkt herstellt – eine Art volkswirtschaftliche Durchschnittsgröße aller Produkte –, und sie verwenden Kategorien wie gesamtwirtschaftliche Nachfrage, gesamtwirtschaftliches Angebot, Wachstum der Geldmenge, Zinssätze und andere gesamtwirtschaftliche Faktoren. Das langfristige Wirtschaftswachstum wird in der Regel auf zwei Hauptfaktoren zurückgeführt: technologische Verbesserungen und Steigerungen der Produktivität sowie Kompetenz der Arbeitskräfte, die als »Humankapital« bezeichnet werden. Neue Technologien gelten dabei als Resultat von Investitionen in Forschung und Entwicklung. Eine verbesserte Kompetenz des Humankapitals wird auf Investitionen in die Ausbildung und die betriebliche Weiterbildung zurückgeführt. Diese Verbesserungen kommen dem einzelnen oder seinen nächsten Angehörigen zugute. Bislang ungeklärt ist freilich die Frage, inwieweit und wie »technologische Verbesserungen« und das »Humankapital« mit der grundlegenden Dynamik technologischer Netzwerke und ihrer Transformation verknüpft sind.

Es ist keineswegs so, daß die Wirtschaftswissenschaftler sich der hier dargestellten Komplementaritäten nicht bewußt wären. Sie untersuchen sogar riesige Input-Output-Matrizen volkswirtschaftlicher Verflechtung. Da sie jedoch nicht über eine formalisierbare Rahmentheorie verfügen, hatten sie bislang keine geeignete Methode, um die Beziehungen zwischen verschiedenen Wirtschaftssektoren zu modellieren und deren Auswirkungen auf die Diversifikation und das Wirtschaftswachstum zu erforschen. Doch gibt es mittlerweile erste Anhaltspunkte dafür, daß diese Verflechtungen von großer Bedeutung sind. Sollte dies zutreffen, dann dürfte die Diversität ein grundlegender prognostischer Faktor für das Wirtschaftswachstum sein. Das ist freilich nicht neu: Die kanadische Wirtschaftswissenschaftlerin Jane Jacobs hat vor zwanzig Jahren aus anderen Gründen die gleiche Hypothese aufgestellt. Unlängst berichtete der Volkswirt José Schenkman von der Universität Chicago, der ebenfalls eng mit dem Santa-Fe-Institut verbunden ist, von Arbeiten, die stark darauf hindeuten, daß die Wirtschaftswachstumsrate in Städten tatsächlich mit der Diversität der städtischen Wirtschaftssektoren hoch korreliert ist. Schenkman und seine Mitarbeiter bereinigten ihre Ergebnisse sorgfältig um die Gesamtkapitalisierung der betreffenden Branchen und spezifischen Sektoren. Folglich gibt es zumindest einige Belege für die recht plausible Hypothese, die wir hier erörtern: Die Netzwerkstruktur eines Wirtschaftssystems ist selbst eine grundlegende Determinante seines Wachstums und seiner Transformation.

Wenn wir die möglichen Folgen der Parallelen zwischen der Koevolution von Organismen und der von Artefakten, die wir in den vorangehenden Kapiteln erörtert haben, zusammenfassen, dann zeichnen sich die Ansätze einer neuen, vielleicht nützlichen Rahmentheorie über bestimmte Aspekte des Wirtschaftswachstums ab.

Wie wir bereits gesehen haben, ist es charakteristisch für die Optimierung konfliktträchtiger Probleme, daß die Geschwindigkeit, mit der Verbesserungen erzielt werden, anfangs hoch ist und dann exponentiell abnimmt. Dieses wohlbekannte Merkmal technologischer Lernkurven bedeutet, daß es nach einer grundlegenden Innovation eine frühe Periode wachsender Erträge geben kann. Eine Investition in die Technologie führt zu einer beträchtlichen Produktivitätssteigerung. Später, wenn die Geschwindigkeit von Verbesserungen exponentiell abnimmt, führen weitere Investitionen zu abnehmenden Erträgen. Dies deutet daraufhin, daß in der Phase steigender Erträge hohe Summen von Eigen- und Fremdkapital in den neuen Sektor fließen werden. Grundlegende Innovationen fördern demnach die Kapitalbildung und das Wachstum in dem Sektor, den sie hervorbringen. Genau dies geschieht gegenwärtig in der Biotechnologie. Während die Lernkurve erklommen wird und die Märkte sich sättigen, geht dann im reifen Sektor das Wachstum zurück.

Mit der Veränderung der Aktivitäten kommt es jedoch zu einer Verformung der koevolutionären Wirtschaftslandschaft. Eine Klasse neuer, »benachbarter« Technologien breitet sich aus und erklimmt die verformten Landschaften. In dem Maße, wie man die Formgebung und die Motorleistung von Flugzeugen verbesserte, wurde der Festpropeller von einer neuen Innovation, dem Verstellpropeller, verdrängt. Wie die sich verzweigende Artbildung auf einer verformbaren Fitneßlandschaft, auf der die neuentstandenen Arten zunächst wohl relativ schlecht angepaßt sind, begann mit dem neuentwickelten Verstellpropeller eine neue, kurze Ära der Optimierung dieses Propellertyps. Jedesmal also, wenn durch sich verformende Landschaften benachbarte Produkte und Technologien hervorgebracht werden, kommt es jeweils zu einer Phase raschen Lernens; und eine Phase wachsender Erträge kann Eigen- und Fremdkapital anlocken und so das Wachstum in dem betreffenden Sektor fördern. Zudem werden die praktischen Lernerfahrungen beim Festpropeller auf benachbarte neue Technologien übertragen. Das Humankapital, also die erworbenen Kompetenzen der Arbeitskräfte, häuft sich auf einer breiteren Basis als der Einzelperson und ihrer Familie oder auch einer einzelnen, beschränkten Technologie.

Allgemein betrachtet könnte die Fähigkeit einer Volkswirtschaft zu stetiger Innovation von ihrem suprakritischen Charakter abhängen. Neue Waren und Dienstleistungen erzeugen Nischen, die zu weiteren Innovationen, weiteren neuen Waren und Dienstleistungen anregen. Jede Innovation kann zu Wachstum führen, entweder wegen wachsender Erträge in der frühen Phase der Verbesserung auf Lernkurven oder wegen neuer freier Märkte. Manche dieser Innovationen lösen echte Schumpetersche »Schübe schöpferischer Zerstörung« aus, bei denen viele alte Technologien ausgelöscht und viele neue Technologien geboren werden. Diese Lawinen erzeugen aufgrund der massiven anfänglichen Verbesserungen auf den Lernkurven entlang den neuen technologischen Trajektorien riesige Bereiche wachsender Erträge und große neue Märkte. Große Lawinen fördern demnach in erheblichem Maße die Kapitalbildung und das Wachstum. Andere neue Technologien hingegen kommen und gehen, ohne die geringsten Veränderungen auszulösen. In diesen Unterschieden spiegelt sich vermutlich teilweise die zentrale oder im Gegenteil periphere Stellung wider, die die neue Technologie oder das neue Produkt im gegenwärtigen Netzwerk und dessen künftiger Evolution einnimmt. Das Auto und der Computer waren von zentraler Bedeutung, der Hula-Hoop-Reifen dagegen eher nebensächlich.

Wir haben einige plausible Hypothesen, die eine genauere Prüfung verdienen, hier nur in groben Zügen dargestellt. Vielfalt erzeugt Vielfalt und fördert die Zunahme der Komplexität. Diese Überlegungen sind möglicherweise auch politisch relevant. Wenn die Diversität eine derart wichtige Rolle spielt, dann wäre den Entwicklungsländern besser gedient, wenn man ihre heimischen Gewerbe förderte und damit die Bildung eines lokalen Netzwerks aus sich gegenseitig stützenden Wirtschaftseinheiten, das wachsen und sich konsolidieren kann, anstatt Mammutprojekte wie den Assuan-Staudamm zu finanzieren. Doch solche Schlußfolgerungen sind verfrüht. Ich hoffe lediglich, daß Sie Grammatikmodelle als einen faszinierenden Ansatz zur Beschreibung der technologischen Evolution und ihrer Auswirkung auf das Wirtschaftswachstum betrachten.

Bevor wir unsere Erörterung ökonomischer Netzwerke abschließen, möchte ich Sie bitten, sich vorzustellen, Sie lebten tatsächlich in einer Welt, wie sie hier dargestellt ist. Wenn solche Systeme ständig technologische Innovationen aus sich selbst hervorbringen, dann stellt sich die Frage, wie man sich am klügsten verhält. Was soll man tun, wenn die Nebenprodukte der Technologien unvorhersehbare Langzeitfolgen für die Erde haben? Das Unternehmen Bell South muß entscheiden, ob es Milliarden von Dollar in Glasfaseroptik investieren soll. Was ist, wenn ein heller Kopf in zwei Jahren ein Verfahren ersinnt, um Blechbüchsen in den Himmel zu schleudern und dort mit Ventilatoren, die in strategischen Abständen aufgestellt sind, in der Schwebe zu halten, so daß die Faseroptik überflüssig wird? Milliarden Dollar in den Sand gesetzt. Kann sich die Geschäftsführung von Bell South in Anbetracht der sich ständig ausdehnenden technologischen Grenzen sicher sein, was sie tun soll?

Nein.

Wer hätte sich vor einem Jahrzehnt träumen lassen, daß wir heute von Haus zu Haus faxen? Unlängst war ich zu einer interessanten Konferenz in Colorado eingeladen; der Tagungsort war mehrere hundert Kilometer von meinem Haus in Santa Fe entfernt. Da ich das ausführliche Tagungsprogramm verlegt hatte, rief ich Joan Halifax an, eine Freundin, die ebenfalls eingeladen war. Joan war nicht zu Hause. Daher hinterließ ich ihr eine Nachricht auf dem Anrufbeantworter. Zehn Minuten später rief sie mich von der Nordspitze von Vancouver Island an, wo sie nach Walen Ausschau hielt. Ich erklärte ihr die Verlegenheit, in der ich mich befand. Binnen weniger Minuten traf aus Vancouver Island ein Fax mit dem Programm ein. Menschenskind!

Globale Ortungssysteme (GPS) erlauben heute jedermann, sich für ein paar hundert Dollar ein Gerät zu kaufen, das ein Signal an Satelliten sendet, wodurch die Position des Gerätebenutzers auf der Erdoberfläche mit einer Abweichung von wenigen Metern ermittelt werden kann. Es ist durchaus möglich, den Benutzer des Geräts mit einer Abweichung von nur wenigen Zentimetern zu orten, doch das U.S.-Militär verhindert eine solche Ortungsgenauigkeit bei zivilen Nutzungen der Technologie. Unlängst hörte ich das Gerücht, die Japaner seien in ihrer berechtigten Sorge wegen schwerer Erdbeben im Begriff, ein solches System an festen Punkten ihrer Inseln zu errichten. Geringfügige Änderungen der Entfernungen zwischen diesen Punkten sollen Änderungen vorhersagen, die ihrerseits Anzeichen für ein Erdbeben sind. Ich weiß nicht, ob das Gerücht stimmt, aber plausibel wäre es. Wir bestimmen demnach die Positionen auf der Erde und Positionsänderungen, um Rückschlüsse auf das Verhalten von Magma im Erdinnern zu ziehen, indem wir Signale an Satelliten senden, die wir zuvor in den Himmel geschickt haben. Und Kolumbus schätzte sich noch glücklich, daß er einen Magneten hatte! Das Netzwerk entfaltet sich in der Tat.

Wir brauchen uns nicht einmal auszumalen, wie es wäre, in einer sich entfaltenden grammatischen Modellwelt zu leben – wir leben tatsächlich in einer solchen Welt. Wir leben auf einem selbstorganisierten Sandhaufen, und mit jedem Schritt lösen wir Lawinen aus, die die Hänge hinabgleiten. Aber wir können nicht absehen, welche Folgen wir in Gang setzen.

## Die globale Zivilisation

Was wird aus unserem Flickwerk aus alten und neuen Zivilisationen, die sich immer enger aneinanderschmiegen? Ob es einem gefällt oder nicht: Wir erleben die Entstehung einer Art globaler Zivilisation. Heute ist der historische Zeitpunkt gekommen, da die demographische, technologische, wirtschaftliche und wissenschaftliche Expansion zu einer immer engeren Verflechtung der Völker führt. Ich besitze kein besonderes Wissen, sondern bin lediglich, wie Sie auch, ein Mitglied dieser im Entstehen begriffenen Zivilisation. Ich frage mich, ob wir wirklich viel von dem begreifen, was wir erschaffen, von den Grundlagen, die eine solche Weltzivilisation braucht, um uns allen ein bescheidenes Maß an Toleranz und Versöhnlichkeit füreinander zu vermitteln. Ich frage mich, ob die politischen Strukturen, die wir aufgebaut haben, weiterhin ihren Zweck erfüllen werden.

Als die Inuit-Kultur mit der abendländischen Kultur in Kontakt kam, veränderte sie sich grundlegend. Als die traditionelle japanische Kultur mit der abendländischen Kultur in Berührung kam, machte auch sie eine tiefgreifende Veränderung durch. Als Rom mit Athen in Kontakt kam, veränderte dies sowohl Rom als auch Athen. Als die hellenistische und die jüdische Welt aufeinandertrafen, verschoben sich die Eckpfeiler der abendländischen Zivilisation. Als die Spanier auf die Azteken trafen, bildete sich in dem Schmelztiegel ein neues kulturelles Gemisch. Grausame Götter blicken finster von Fresken, die mit spanischer Kunstfertigkeit gemalt wurden. Guatemaltekische Webmuster leben fort in Wandteppichen, die in abendländischem Stil gewebt wurden.

Heute beeinflussen sich sämtliche Kulturen gegenseitig. Auf einer kleinen, von der Gihon Foundation veranstalteten Konferenz in Nambe, New Mexico, sollte ich gemeinsam mit N. Scott Momaday, Lee Cullum und Walter Shapiro die grundlegenden Probleme der heutigen Welt formulieren. Dabei verwies ich vor allem auf die entstehende Weltzivilisation, die dadurch zu erwartenden kulturellen Verwerfungen und das Problem eines universellen kulturellen und politischen Rahmenmodells.

Aus irgendeinem Grund drängen sich mir die Bilder der Zeichenketten auf, die wir gerade besprochen haben. Der Wirbel ideologischer Transformationen, die endlose Spirale sich selbst erzeugender Moden, Küchen und Rechtssysteme scheinen – auf eine bislang noch nicht geklärte Weise – den grammatikalischen Modellwelten mit ihren Eiern, Strahlen und Pilzen zu gleichen. Wenn eine neue Zeichenkette zufällig in Fontanas »Siliziumtopf« geworfen wird, bildet sich unter Umständen ein Schwarm neuer Zeichenketten. Eine geringfügige Störung kann zu einer tiefgreifenden Umwandlung des Zeichensystems führen – oder auch gar keine Änderungen auslösen.

Als Mikhail Gorbatschow von *glasnost* zu sprechen begann, wußten wir, daß sich möglicherweise etwas Großes anbahnte. Wir wußten, daß ein Schritt hin zur Öffnung der geschlossenen sowjetischen Gesellschaft für die Belange des Volkes vielleicht ausreichen würde, um eine Revolution auszulösen. Wir wußten, daß kleine Schritte mitunter zu weitreichenden Umwälzungen führen. Doch obgleich wir dies intuitiv wußten und die Experten uns mit ihren Erkenntnissen überhäuften, wissen wir nicht wirklich, was wir ahnten. Wir wissen nicht, wie die treibenden Baumstämme, die einen Fluß blockieren, ineinander verhakt sind, so daß die Entfernung eines bestimmten Baumstammes nur zu einer geringfügigen Verschiebung der Sperre führt, während die Beseitigung eines anderen, für den Zusammenhalt des Ganzen scheinbar unbedeutenden Baumstamms das gesamte Gefüge auflöst und flußabwärts treiben läßt. Wir kennen nicht die funktionalen Beziehungen zwischen den – politischen, wirtschaftlichen und kulturellen – Elementen unserer Gesellschaft.

Als die chinesische Regierung den tragischen Befehl erteilte, die Studenten auf den Tiananmen-Platz zu töten, fürchteten sich die politischen Machthaber vor eben dem speziellen Baumstamm, an dem die Studenten zerrten. Aber auch wir wissen nicht viel über die Struktur dieses Gefüges.

Uns fehlt eine Theorie darüber, wie sich die Elemente unserer Gesellschaften zu Netzwerken aus Elementen zusammenschließen, die aufeinander einwirken und sich gegenseitig umwandeln. Diese Umwandlungen nennen wir »Geschichte«. Daher müssen wir in Anbetracht all der Zufälle in der biologischen und menschlichen Geschichte eine neue Diskussion beginnen: Haben Gesetzmäßigkeiten einen Platz in den Geschichtswissenschaften? Können wir in der Kultur, der Wirtschaft und anderen Bereichen gesetzähnliche Muster aufspüren, wie etwa subkritisches und suprakritisches Verhalten oder Muster der Speziation und Extinktion?

Wir sollten uns bemühen, diese Prozesse zu verstehen, denn die globale Zivilisation steht vor der Tür. Wir werden ihre Geburt erleben, ob wir darauf vorbereitet sind oder nicht.

Die moderne Demokratie, die wir praktizieren und die zum festen Bestandteil unseres Mythos von uns selbst geworden ist, ist weitgehend ein Produkt der Aufklärung. Newton und Locke. Die Verfassung der Vereinigten Staaten, die für mehr als zweihundert Jahre lang so gute Dienste geleistet hat, ist ein Dokument, das auf der Idee eines politischen Kräftegleichgewichts aufgebaut ist. Newton und Locke. Unser politisches System ist so flexibel angelegt, daß es die politischen Kräfte in ein Gleichgewicht bringen kann und die Weiterentwicklung des Gemeinwesens erlaubt. Aber unsere Theorie von der Demokratie läßt die evolutive, sich fortwährend wandelnde Natur von Kulturen, Wirtschaftssystemen und Gesellschaften weitgehend außer Betracht. Im 19. Jahrhundert wurde die Idee der Geschichtswissenschaft geboren. Hegel verdanken wir den Dreischritt von These, Antithese und Synthese. Marx stellte den Hegelschen Idealismus auf den Kopf und begründete den dialektischen Materialismus. Diese Ideen sind mittlerweile allerdings in Verruf geraten. Und doch gleicht das Muster von These, Antithese und Synthese mehr als nur oberflächlich der Evolution der mehreren Hundert Millionen Arten, die entstanden und wieder vergangen sind, und der Evolution der Technologien, die ebenfalls entstanden und wieder vergangen sind.

Auf einer Tagung des Santa-Fe-Instituts im Sommer 1992 verblüffte mich John Maynard Smith, als er vor dem Auditorium erklärte: »Vielleicht sind Sie alle auf dem Weg, eine Art postmarxistische Analyse der Gesellschaftsentwicklung zu erarbeiten.« Ich wußte nicht, was er damit meinte. Der Marxismus stand so sehr in Verruf, daß ich geneigt war, überhaupt jede Lesart seiner Äußerung abzulehnen. Aber vielleicht beginnen wir ja wirklich das begriffliche Instrumentarium zu entwickeln, mit dessen Hilfe wir die historische Entwicklung von Gesellschaften ein wenig besser verstehen können. Die Historiker wollen nicht einfach die geschichtlichen Begebenheiten nacherzählen, sondern das Gefüge von Einflüssen aufdecken, die kaleidoskopartig miteinander wechselwirken und so die sich entfaltenden Muster erzeugen. Gibt es in den Geschichtswissenschaften einen Platz für »Gesetzmäßigkeiten«? Ist die Industrielle Revolution mit ihrer explosionsartigen Vermehrung neuer Technologien ein Beispiel für die Entstehung einer kritischen Diversität von Waren und Dienstleistungen sowie von neuartigen Produktionstechnologien, so daß sich die Diversität auf autokatalytische Weise selbst erzeugt? Und wie steht es mit kulturellen Umbrüchen wie der Renaissance und der Aufklärung? Spiegelt sich darin auf irgendeine Weise ein Netzwerk sich wechselseitig bestätigender Ideen, Normen und Kräfte?

Richard Dawkins, der in Oxford Evolutionsbiologie lehrt, führte das Wort *Mem* ein. Im einfachsten Fall ist ein Mem eine Verhaltensweise, die sich in einer Population ausbreitet. Frauen tragen heute ihre Sonnenbrillen häufig oben auf dem Kopf. Ich glaube, daß diese Mode auf Audrey Hepburn zurückgeht, die vor vielen Jahren in dem Film *Frühstück bei Tiffany* die Figur der Holly Golightly spielte. In diesem eingeschränkten Sinn sind Meme »Replikatoren«, die von irgend jemandem erfunden und dann in komplexen Mustern kultureller Übertragung nachgeahmt werden. Aber diese Interpretation eines Mems ist zu eingeschränkt. Ein solches Mem gleicht einer von Fontanas »Organisationen der Ebene 0«; es ist ein reiner Replikator, der sich möglicherweise in der Population ausbreitet. Aber gibt es auch kollektiv-autokatalytische Verbände von Memen, also Memorganisationen der Ebene 1? Kann man sich kulturelle Muster als sich selbst erhaltende und sich wechselseitig definierende Mengen von Überzeugungen, Verhaltensweisen und Rollen vorstellen?

Gegenwärtig mag die Analogie noch recht vage sein, mag es sich mehr um eine Metapher als um eine echte Theorie handeln. Aber ist es nicht möglich, daß wir Glieder einer Vielzahl solcher kulturellen Gebilde sind? Wir erfinden Konzepte und Kategorien, mit deren Hilfe wir die Welt gestalten. Diese Kategorien definieren sich wechselseitig in einem komplexen Kreis ständiger Neubestätigung. Wie könnte es anders sein? Nachdem wir die Kategorien erfunden haben, pressen wir die Welt in sie hinein und werden selbst in sie hineingepreßt. Dank der Errichtung eines Rechtssystems kann ich Verträge abschließen. Da dies jeder tun kann, können Sie und ich eine »juristische Person« bilden, die vielleicht »unsterblich« sein wird: ein Unternehmen, das sich bleibende Ziele setzt, die irgendwann einmal sogar den Interessen der Unternehmensgründer zuwiderlaufen können. Das moderne Unternehmen ist folglich ein kollektiv selbsterhaltendes Gefüge von Rollen und Pflichten, das in einer ökonomischen Welt »lebt«, Signale und Produkte austauscht und dessen Überleben oder Sterben sich auf ähnliche Weise vollzieht wie das von *E. coli*. *E. coli* ist kollektiv-autokatalytisch und erhält sich selbst in seiner Welt. Das moderne Unternehmen scheint ebenfalls kollektiv-autokatalytisch zu sein. Sowohl *E. coli* als auch IBM koevolvieren in ihren jeweiligen Welten. Beide wirken mit an der Schaffung des Ökosystems, das jeder von ihnen bewohnt. Wie die jüngsten Schwierigkeiten des schwerfälligen Konzerns IBM zeigen, können sogar die Mächtigen von tiefgreifenden Veränderungen ihrer Welt überrascht werden.

Eine globale Zivilisation ist im Entstehen. Auf der kleinen Konferenz in Nambe konzentrierten sich Walter Shapiro (ein politischer Redakteur der Zeitschrift *Time*) und Lee Cullum (ein Journalist der *Dallas Morning News*) auf den tieferen Sinn, der dem Einzug eines McDonald-Restaurants in einem Flügel des alten Heidelberger Schlosses beizumessen sei. Ein gutes Geschäft? Wahrscheinlich. Beunruhigend? Zweifellos. Maria Verela ist Stipendiatin der MacArthur-Foundation und lebt achtzig Kilometer nördlich von Santa Fe, in der Nähe von Chama. Sie hilft einer ortsansässigen Gemeinschaft von Hispanics, durch Erhaltung der traditionellen Webkunst ihr altes Brauchtum zu bewahren. Nur als Teil einer Kultur können wir Teil der Welt sein. Die örtliche Hispanic-Kultur ist vom Untergang bedroht. Den Film *Milagro* sieht man mit einem lachenden und einem weinenden Auge an. Es kommen natürlich wie in jeder Geschichte Helden und Halunken vor, aber in der Wirklichkeit von New Mexico und anderen Regionen scheint ein Großteil des Wandels eine nahezu unvermeidliche Folge der sich vermischenden und einander umgestaltenden Kulturen zu sein. Fajitas wurden offenbar in Texas und nicht in Mexico erfunden. In New York erfanden Chinesen, die aus Kuba geflüchtet waren, die kubanisch-chinesische Küche.

Wird die entstehende Weltzivilisation eine Tendenz zur Gleichförmigkeit mit sich bringen, wie viele glauben? Werden wir alle Englisch sprechen, weil die Vereinigten Staaten so mächtig waren, als das Fernsehen seinen Siegeszug um die Erde antrat? Werden wir alle Hamburger mögen? Ich jedenfalls schon, und wie. Aber ich bin auch ein typisches Produkt der amerikanischen Mittelschicht.

Oder werden die neuen kulturellen Zeichenketten überall sprießen? Werden sie genau an den Grenzen entstehen, an denen zwei oder mehr kulturelle Traditionen aufeinanderstoßen? Was werden wir – nach der kubanisch-chinesischen Küche – noch alles erfinden, etwa in den Grenzbereichen des Islam und des Hardrock? Werden wir uns gegenseitig umbringen, um unsere Lebensformen zu bewahren? Wieviel Toleranz wird uns abverlangt werden, wenn unsere Lebensformen durch Berührung mit den Memen einer anderen Lebensform, die uns über Funk oder elektronische Briefkästen in unseren Wohn- und Arbeitsräumen erreichen, in einen Strudel des Wandels gerissen werden?

Aus Gründen, die ich nicht kenne – vielleicht abgesehen davon, daß mir das Bild gefällt –, fallen mir erneut die Sandhaufen von Per Bak ein. Ich glaube, daß wir immer wieder neue kulturelle Leuchtfeuer an den Grenzen aufeinanderprallender alter Kulturen entfachen werden. Ich denke über kleine und große Lawinen des Wandels nach, die sich in und zwischen den Zivilisationen ausbreiten, die wir in der Vergangenheit aufgebaut haben. Ich bin zutiefst bekümmert über die soziale Entwurzelung, die mit dem Verschwinden traditioneller Lebensformen einhergeht. Die Menschen ziehen für sehr viel weniger in den Krieg. Aber man sollte die Idee der kubanisch-chinesischen Küche und alles andere, was aus der möglicherweise fruchtbaren Begegnung von Islam und dem Hardrock erwächst, wenigstens interessant finden. Vielleicht brauchen wir mehr Sinn für Humor. Vielleicht wissen wir erst dann, daß wir schon weit vorangekommen sind, wenn wir einander Witze auf Kosten des jeweils anderen erzählen können, weil die gegenseitige Achtung so tief und die Toleranz so groß ist, daß das Lachen die verbleibenden Spannungen abbauen hilft.

Nachdem Scott Momaday all diesen Anliegen zugehört hatte, kam er wieder auf seine eigene Kernthese zu sprechen: Wir müssen uns in der modernen Welt auf das Heilige zurückbesinnen. Momadays Vision brachte uns vier auf einen sonderbaren Gedanken: Wenn eine

Weltzivilisation im Entstehen ist, dann treten wir vielleicht in ihr heroisches Zeitalter ein. Als die griechische Kultur an den Küsten der Ägäis entstand, ersannen ihre ersten Bürger ihre eigenen dauerhaften Mythen. Wir vier »Vordenker«, die ihre Einladung nach Nambe, New Mexico, einem weitgehend zufallsgesteuerten Auswahlprozeß zu verdanken hatten, kamen zu dem einhelligen Schluß, daß die entstehende Weltzivilisation ihre eigenen neuen und dauerhaften Mythen erfinden müsse.

»Vordenker treffen sich auf einem Berg in New Mexico und raten der Welt, in einen Dialog mit sich zu treten«, witzelte Walter Shapiro, nachdem wir unsere kleine Konferenz beendet hatten und zum Mittagessen ins Freie gingen, zu einer Stelle, von der aus wir die Gärten von Michael Nesmith und die Berge hinter Nambe überblicken konnten.

## Die Rückbesinnung auf das Heilige

Vor etwa 10 000 Jahren ging die letzte Eiszeit allmählich zu Ende. Die Eisdecken wichen langsam zu den Polen zurück. Im Süden des heutigen Frankreich verschwand die Magdalénien-Kultur, die die Kunstwerke in den Höhlen von Font-de-Gaume und Lascaux sowie die so unglaublich präzise gearbeiteten altsteinzeitlichen Feuersteinklingen, Speere und Angelhaken hervorgebracht hatte. Die großen Tierherden zogen nach Norden. Unsere Vorfahren verschwanden und hinterließen die Bilder, die uns heute mit Staunen erfüllen.

Die Wisente und Hirsche, die auf den gewölbten Höhlenwänden verewigt wurden, bezeugen den menschlichen Sinn für den Einklang mit der Natur und die ehrfürchtige Scheu vor ihr. Auf keinem Bild sind, abgesehen von Jagdszenen, Gewaltakte dargestellt. Ein Bild zeigt zwei Hirsche, die ihre Schnauzen aneinander reiben. Seit etwa 14 000 Jahren sorgen diese beiden Tiere füreinander auf einer gewölbten Steinwand im Périgord.

Ehrfurcht und Achtung sind in unserer orientierungslosen, postmodernen Gesellschaft völlig außer Mode gekommen. Scott Momaday sagte, wir müßten uns auf das Heilige zurückbesinnen. Unsere kleine Tagung ging vor über einem Jahr zu Ende. Momadays innere

Gewißheit, seine volltönende Stimme und seine natürliche Autorität gehen mir ab. Wer bin ich, daß ich mich erdreiste, von solchen Dingen zu sprechen? Eine weitere schwache Stimme. Aber hat uns die auf Bacon zurückgehende abendländische Tradition, die Verherrlichung der Wissenschaft als der Macht, Dinge vorherzusagen und zu beherrschen, nicht auch einen ungeheuren Verlust an Ehrfurcht und Achtung beschert? Wäre die Natur uns wirklich untertan, dann könnten wir uns wohl den Luxus der Verachtung leisten. Macht korrumpiert schließlich doch.

Aber, lieber Freund, du kannst noch nicht einmal die Bewegungen dreier gekoppelter Pendel vorhersagen. Du hast nicht die geringste Chance bei drei sich wechselseitig anziehenden Objekten. Wir besprühen unsere Nutzpflanzen mit Pestiziden; die Insekten erkranken und werden von Vögeln gefressen, die ebenfalls krank werden und verenden, so daß sich die Insekten stärker denn je vermehren. Sie vernichten die Nutzpflanzen. Soviel zum Thema »Herrschaft«. Bacon, du warst ein brillanter Kopf, aber die Welt ist komplexer als deine Philosophie.

Wir haben uns zu herrschen angemaßt, sei es auch auf der Grundlage unseres jeweils besten Wissens und in bester Absicht. Wir haben uns vermessen, die Erde auszubeuten, indem wir uns ihre leicht verfügbaren Ressourcen aneignen. Wir wissen nicht, was wir tun. Das viktorianische England, das mit gespreizten Beinen auf einem Kolonialreich stand, in dem die Sonne niemals unterging, betrachtete sich mit seelenruhigem Gewissen als weltweiter Vorreiter eines beständigen Fortschritts, in dem die Wissenschaft gleichbedeutend war mit fortwährendem Aufstieg der Menschheit. Können wir dieses Bild von uns heute noch aufrechterhalten?

Wir mißtrauen uns. Das ist nicht neu. Faust schloß seinen Pakt. Frankenstein baute sein trauriges Monster zusammen. Prometheus brachte den Menschen das Feuer. Wir sahen, wie sich die Feuer, die wir entzündeten, gegen unseren Willen über die vorgesehenen Feuerstellen hinaus ausbreiteten. Uns dämmert allmählich, daß der stolze Mensch auch nur ein Tier und noch immer in die Natur eingebettet ist, und noch immer spricht eine höhere Stimme für ihn.

Es wäre weise, wenn wir uns wieder um die unvorhersehbaren Folgen unserer eigenen besten Handlungen Gedanken machten. Wir sind keineswegs in der Position, einen zweifelsfreien ethischen oder säkularen Standpunkt einzunehmen. Wir fügen unsere Welten zu einer Einheit zusammen. Wir können immer nur in einem eng begrenzten Bereich weise sein, auch wenn unsere eigenen besten Bemühungen letztlich die Bedingungen hervorbringen, die zu völlig unvorhersehbaren Umwälzungen unserer Lebensweise führen. Wir können die uns bemessene Zeit auf der Bühne herumstolzieren und unser Bestes geben, wir müssen uns dabei aber immer bewußt sein, daß dies unsere eigene und einzige Rolle im Stück ist. Deshalb sollten wir sie selbstbewußt und bescheiden zugleich spielen.

Wozu aber sich überhaupt anstrengen, wenn unsere besten Bemühungen letztlich unvorhersehbare Folgen zeitigen? Weil die Welt nun einmal so ist, und weil wir Teil dieser Welt sind. Weil das Leben nun einmal so ist und wir Teil des Lebens sind. Wir heutigen Spieler sind die Erben einer biologischen Entfaltung, die seit fast vier Milliarden Jahren andauert. Wenn die engagierte Mitwirkung an diesem Prozeß nicht Ehrfurcht und Achtung verdient, wenn sie nicht »heilig« ist, was ist dann heilig?

Wenn die Wissenschaft uns aus unserem abendländischen Paradies, unserer Heimat im Zentrum des Universums vertrieben hat, uns, die Kinder Gottes, der die Sonne über uns sich drehen ließ, der die Vögel im Himmel, die Tiere auf den Feldern und die Fische in den Gewässern zu unserem Wohl erschuf, wenn wir am Rande irgendeiner öden Milchstraße dem Schicksal preisgegeben wurden, dann ist es wohl an der Zeit, eine nüchterne Bestandsaufnahme unserer Lage zu machen.

Wenn die Theorien der Emergenz, die wir in diesem Buch erörtert haben, zutreffen, dann sind wir im Universum vielleicht auf eine Weise zu Hause, die wir nicht einmal ahnten, da wir zu wenig wußten, um Zweifel hegen zu können. Ich weiß nicht, ob die Geschichten von Emergenz, die ich in diesem Buch erzählt habe, sich als richtig erweisen werden. Aber sie sind zumindest nicht offenkundig abwegig. Sie sind Teile einer neuen wissenschaftlichen Disziplin, die in den kommenden Jahrzehnten eine neue Theorie der Emergenz und Ordnung in diesem gleichgewichtsfernen Universum, das unser Zuhause ist, erarbeiten wird. Ich weiß nicht, ob das Leben, wie ich darzulegen versuchte, entstanden ist als eine vorhersehbare, emergente Eigenschaft von Verbänden organischer Moleküle, die sich fast zwangsläufig auf der Urerde bildeten. Doch schon die bloße Möglichkeit einer solchen kollektiven Emergenz ist ermutigend. Mir jedenfalls wäre es lieber, wenn das Leben in diesem Entfaltungsprozeß seit dem Urknall zu erwarten gewesen wäre, als wenn es als ein in Anbetracht der verfügbaren Zeitspanne unglaublich unwahrscheinliches Zufallsereignis angesehen werden müßte. Ich weiß nicht, ob die spontane Ordnung, die in mathematischen Modellen genomischer Regulationssysteme entsteht, wirklich eine der fundamentalen Quellen der Ordnung darstellt, wie sie in der Ontogenese zutage tritt. Und doch ermutigt mich die Aussicht auf eine Theorie der Evolution, die auf der Synthese von spontaner Ordnung und natürlicher Selektion beruht. Mich ermutigt die Möglichkeit, daß Organismen keine von Anfang an übereinandergeschichteten Bastelwerke sind, sondern Manifestationen einer tieferen Ordnung, die allem Leben innewohnt. Ich bin nicht sicher, ob die Demokratie entstanden ist, um vernünftige Kompromisse zwischen Personen mit widersprüchlichen Interessen zu erzielen, aber die Möglichkeit, daß die Evolution unserer gesellschaftlichen Institutionen von grundlegenden natürlichen Prinzipien gesteuert wird, ermutigt mich. »Gott ist raffiniert, aber boshaft ist er nicht«, sagte Einstein. Wir haben gerade erst begonnen, die Wissenschaft zu erfinden, die uns die evolvierende emergente Ordnung rings um uns erklärt: von netzwebenden Spinnen und listigen Koyoten, die über den Bergkamm ziehen, bis hin zu meinen Freunden und mir am Santa-Fe-Institut und an anderen Orten, die wir voller Stolz darauf hoffen, einige Geheimnisse zu lüften, und bis hin zu Ihnen, den Lesern, die Sie nach bestem Wissen und Gewissen Ihren Weg durchs Leben gehen.

Wir alle sind Teil dieses Prozesses, der uns erschafft, den wir erschaffen. Im Anfang war das Wort – das Gesetz. Alles andere war Entfaltung, und wir wirken daran mit. Vor einigen Monaten bestieg ich zum ersten Mal, nachdem meine Frau und ich bei einem Autounfall schwer verletzt worden waren, wieder einen Berg. Ich kletterte gemeinsam mit dem Physik-Nobelpreisträger Phil Anderson, einem engen Freund, der ebenfalls am Institut tätig ist, zum Lake Peak hinauf. Phil ist ein Wünschelrutengänger. Mit Verwunderung sah ich einst, wie er einen gegabelten Zweig von einem Baum abbrach und damit über eine Bergspitze marschierte. Ich folgte seinem Beispiel, brach ebenfalls eine Astgabel vom Baum und schritt hinter ihm her. Und tatsächlich: Jedesmal, wenn sein Zweig Richtung Erde ausschlug, tat der meine das gleiche. Doch dann vergrößerte sich sein Vorsprung. »Funktioniert es?« fragte ich ihn. »Aber klar doch. Jeder zweite Mensch hat Talent dazu.« – »Hast du jemals an der Stelle, an der dein Zweig ausschlug, gegraben?« »Nein. Na ja, einmal.« Wir erreichten den Gipfel. Das Tal des Rio Grande breitete sich im Westen unter uns aus; die Pecos-Wüste erstreckte sich im Osten; die Truchas-Berge stiegen im Norden empor.

»Phil«, sagte ich, »man muß verrückt sein, wenn man bei diesem grandiosen Anblick nicht von Spiritualität, Achtung und Ehrfurcht erfüllt wird.« – »Das glaube ich nicht«, erwiderte mein Freund, der Wünschelrutengänger, nun mit skeptischem Unterton. Er warf einen Blick zum Himmel und sprach ein Gebet: »An die großartige nichtlineare Himmelskarte.«

# *Bibliographie*

Anderson, Philip W., Kenneth J. Arrow und David Pines, Hrsg. *The Economy as an Evolving Complex System.* Santa Fe Institute Studies in the Sciences of Complexity, Bd. 5. Redwood City, Kalifornien, 1988.

Axelrod, Robert. *The Evolution of Cooperation.* New York 1984. Dt.: *Die Evolution der Kooperation.* München 1987.

Bak, Per und Kan Chen. »Self-Organized Criticality.« In: *Scientific American,* Jan. 1991. Dt.: »Selbstorganisierte Kritizität.« In: *Spektrum der Wissenschaft,* März 1991.

Dawkins, Richard. *The Blind Watchmaker: Why the Evidence of Evolution Reveals a Universe Without Design.* New York 1987. Dt.: *Der blinde Uhrmacher.* München 1990.

Eigen, Manfred. *Stufen zum Leben. Die frühe Evolution im Visier der Molekularbiologie.* München 1987.

Glass, Leon und Michael Mackey. *From Clocks to Chaos: The Rhythms of Life.* Princeton, New Jersey, 1988.

Gleick, James. *Chaos: Making a New Science.* New York 1987. Dt.: *Chaos.* München 1988.

Gould, Stephen Jay. *Wonderful Life: The Burgess Shale and the Nature of History.* New York 1989.

Judson, Horace F. *The Eighth Day of Creation: The Makers of the Revolution in Biology.* New York 1979. Dt.: *Der 8. Tag der Schöpfung.* Wien/München 1980.

Kauffman, Stuart A. *The Origin of Order: Self-Organization and Selection in Evolution.* New York 1993.

Langton, Christopher G. *Artificial Life.* Santa Fe Institute Studies in the Sciences of Complexity, Bd. 6. Redwood City, Kalifornien, 1989.

Levy, Steven. *Artificial Life: How Computers Are Transforming Our Understanding of Evolution and the Future of Life.* New York 1992. Dt.: *Künstliches Leben aus dem Computer.* München 1993.

Lewin, Roger. *Complexity: Life on the Edge of Chaos.* New York 1992. Dt.: *Die Komplexitätstheorie – Wissenschaft nach der Chaosforschung.* Hamburg 1993.

Monod, Jacques. *Le hasard et la nécessité.* Paris 1970. Dt.: *Zufall und Notwendigkeit.* München 1971.

Nicolis, Gregoire, und Ilya Prigogine. *Exploring Complexity.* New York 1989. Dt.: *Die Erforschung des Komplexen.* München 1987.

Pagels, Heinz R. *The Dreams of Reason: The Computer and the Rise of the Sciences of Complexity.* New York 1988.

Pimm, Stuart L. *The Balance of Nature? Exological Issues in the Conservation of Species and Communities.* Chicago 1991.

Raup, David M. *Extinction: Bad Genes or Bad Luck?* New York 1991. Dt.: *Ausgestorben.* Köln 1992.

Shapiro, Robert. *Origins: A Skeptic's Guide to the Creation of Life on Earth.* New York 1986. Dt.: *Schöpfung und Zufall. Vom Ursprung der Evolution.* München 1991.

Stein, Daniel. Hrsg. *Lectures in the Sciences of Complexity.* Santa Fe Institute Studies in the Sciences of Complexity, Bd. 1. Redwood City, Kalifornien, 1989.

Wald, George: »The Original Life.« In: *Scientific American,* August 1954.

Waldrop, M. Mitchel. *Complexity: The Emerging Science at the Edge of Order and Chaos.* New York 1992. Dt.: *Inseln im Chaos. Die Erforschung komplexer Systeme.* Reinbek 1993.

Winfree, Arthur T. *When Time Breaks Down: The Three-Dimensional Dynamics of Electrochemical Waves and Cardiac Arrhythmias.* Princeton, New Jersey, 1987.

Wolpert, Lewis. *The Triumph of the Embryo.* New York 1991. Dt.: *Regisseure des Lebens. Das Drehbuch der Embryonalentwicklung.* Heidelberg 1993.

# REGISTER

Abzyme 185
*Acetabularium* 242, 245
Adaptation (Anpassung)
  als »Bergsteigen« 236
  beim Felderverfahren 379
  Korrelationslänge und 294 ff
  korrelierte Fitneßlandschaften und 257
  einer Population 330
  Weitsprung- 289 ff
Adaptive Wanderungen
  beschränkte 306
  in Fitneßlandschaften 253 ff, 278 f, 289 ff
  zwischen Genotypen 370
  Populationsgenerationen und 336 f
Adenin 61, 65
Adenosintriphosphat (ATP) 107
Adrenalin 209
Affinitätssäule 215 f
Aktin 45
Alanin 205
Alchemie 405 ff
Algorithmen
  effektiv berechenbare 40
  genetische 364
  Komplexität von 235
  komprimierte 367
Algorithmische Chemie 407, 419
Allele 247 ff, 259 ff, 330
Allolaktose 150 f, 154 ff, 160 f
AMGEN 203
Aminosäuren
  Atmosphäre der Urerde und 62
  Enzymbildung und 74
  Paare von 104 f
  Peptidbindungen in 104 f
  Polymere aus 63
  in Proteinen 205 f, 217
  Schlüssel-Schloß-Schlüssel-Verfahren 212 f
Anderson, Phil 258, 305, 349
Annealing (Tempern)
  physikalisches 372
  simuliertes. *Siehe* Simulated Annealing
Anorganische Atome 57
Anpassungsfähigkeit 114
Antigene 218 ff

Antikörper 186, 211, 223
  Bindung an Antigen 190, 218
  Diversität von 185 ff, 195 f, 218 f, 223 f
  Enzym 224
  Erzeugung von 208 f
  katalytischer 185 ff, 224 f
  als potentielles Enzym 185 f
Aquin, Thomas von 397
Arche-Noah-Experiment 188 ff, 196, 200
Arginin 205
Aristoteles 17
Arrow, Kenneth 305
Artbildung 29
Arten (Spezies) 178, 311, 360
  Alter der, und Extinktionswahrscheinlichkeit 359
  Aussterben von 314 f
  in der Biosphäre 177
  Diversität 197
  epistatische Wechselwirkungen innerhalb 339 ff
  Felder als 374
  Molekül-, explosionsartige Zunahme von 180
  -reservoir 315
  Wechselwirkungen zwischen 343 f
Artefakte 302, 365
  Evolution 359
  Fertigung durch den Menschen 302
  Herstellung 287 f
  komplexe 389
Arthur, Brian 305, 410 f
Atmosphäre der Urerde 60
ATP. *Siehe* Adenosintriphosphat
Attraktionsbereich 121 f, 129, 158, 170
Attraktoren 122 ff, 164 f, 170 f, 283
  Definition 121 f
  Homöostase 129, 170
  Ordnung 177
  »Ordnung zum Nulltarif« und 122
  Zustandszyklus 126 f, 155, 157 f, 165 f, 168 f
Auerswald, Phil 305
AUSSCHLIESSENDES-ODER-Funktion 161 f
Autokatalytische Verbände 111 ff, 140, 225

Computersimulation von 101 f
Definition 80 f
Emergenz von 94 f, 97, 111
Erzeugung von 80 f, 122
Evolution von 114 f, 123 f, 403
geordnete 120 f
und Katalysatoren 99 f, 107
katalytische Abgeschlossenheit und 108 f, 113, 409
aus katalytischen Polymeren 105 f
Koevolution von 403
Kompartimentierung von 103
Konkurrenten, Symbionten und 404
aus LISP-Ausdrücken 409
Metabolismen von 78, 423
als Modelle funktionaler Integration 402
Mutationen in 123
als Organisationen der Ebene 0 409
Reaktionen von, mit Energie versorgen 104 ff
Reproduktion von 403
sich selbst erhaltende 99 f, 179 f
spontan entstehende 115
Teilverbände von 94 f
übermäßige Empfindlichkeit von 115
Ursprung des Lebens und 112
als Urzellen 133
Wahrscheinlichkeit des Bestands von 121
Autopoiesis 402
Autopoietisches System, kollektiv-molekulares 403
Avery, Oswald 65
Axelrod, Robert 397 f
Azetylcholin 209

Bagley, Richard 107, 112
Bak, Per 51, 198, 349 ff, 360, 442
Bakterielle Ökosysteme, Artenvielfalt und 194 f
Bakterien 56 f, 85, 111, 194 f, 211, 241 f
Banks, Peter 364, 391
Belousov-Zhabotinsky-Reaktion 86 f, 104
Benachbarte Variante (mit nur einem mutierten Gen) 343
Berechenbarkeit, Theorie der 40 f
Bergson, Henri 57 f
Beta-Galaktosidase 149, 154
Beta-Galaktosidase-Gen 149, 155
Bindung 190, 218, 220

Biologische Explosion 179 ff
Biosphäre
 als kollektiv-autokatalytisch 178
 in stetem Wandel begriffen 413
 subkritisches Verhalten 178
 suprakritisches Verhalten 189 f
Biotechnologie 202 ff
Biotechnologie-Unternehmen 214
Blattstellung 232, 281
»Blinder Uhrmacher« 301 f, 365
Blutgerinnung 214
Boltzmann, Ludwig 22
Boole, George 119
Boolesche Algebra 119
Boolesche Funktionen
 AUSSCHLIESSENDES-ODER 161 f
 kanalisierende 159 ff
 nichtkanalisierende 162
 NICHT, WENN 155, 157, 159 f
 ODER 119, 124 f, 159 ff
 Regeln der 154 f, 160
 UND 119, 124 f, 159
 aus vier Inputs 130 f
 WENN UND NUR WENN 162
Boolescher Hyperkubus 252 ff, 370, 376
Boolesche Netzwerke
 Attraktoren in 123
 Bauschaltplan 118 f
 im chaotischen Regime 128, 131 f, 134 ff, 160, 283 f, 286, 332
 eingefrorene Komponenten in 327, 332
 Evolution von 140 f
 geordnete 131 f, 134 ff, 160, 283 f, 286, 332
 Homöostase von 169
 Klasse von 125 f
 Modelle von 142, 154 f, 332, 401
 NK-Modell 337
 Rand des Chaos und 318
 Störungen in 124
 Verhaltensfeld von 158
 Zustandszyklen in 120 ff
Bootstrapping 422 f
Brenner, Sidney 206
Buss, Leo 242, 409
B-Zellen 148

Carnot, Sadi 22, 111
Cech, Thomas 69
Chaitin, Gregory 238
Chaos 123

Boolesche Netzwerke und 128, 132, 136 f, 283 f
   Rand des 86 ff, 311
   -theorie 33, 42, 314
Chaotisches Regime 115, 366
   Boolesche Netzwerke im 128, 131 f, 136, 140, 160, 283, 332
   Empfindlichkeit gegenüber Änderungen 137
   Netzwerk im 134 f, 137
Chemische Reaktion 44, 95
   Reaktionsgeschwindigkeiten 105, 392
   -systeme 188
Chemischer Schöpfungsmythos 88 ff
Chemisches Gleichgewicht 82 ff
Chemostat 278, 408
Chloroplasten 242, 321
Chromosomen 63 f, 147 f, 247, 273 f
   diploide 273
   in der Meiose 273
   Rekombination 274
   väterliche 148, 274
Church, Alonzo 417
Computersimulationen 101, 106, 141, 180, 267, 336
Crick, Francis 63, 65
Cullum, Lee 437, 441
Cytosin 61, 65

Darwin, Charles 18 f, 41, 112, 124, 132, 142, 229 f
   Gott als »blinder Uhrmacher« in der Theorie von 46, 301 f
   Gradualismus und 232 f, 237
   natürliche Selektion und 18 f, 27, 47, 151, 246
Dawkins, Richard 407, 440
Dehydratisierung 106 f
Demokratie 50, 439
Derrida, Bernard 130, 132, 136
Desoxyribonukleinsäure. *Siehe* DNS
Dezentralisierung 364
Dickinson, Emily 140, 366, 375
Differentialgleichung 312
Dipeptide 105
Diskontierungsfaktor 431
Dissipative Strukturen 39 f, 85
Dissipatives Wirbelsystem 283
Diversität (Vielfalt)
   der Arten 175, 197
   der Bakterienarten 195 f
   der Biosphäre 178
   kambrische Explosion und 31, 244, 288, 416
   Komplexität und 435
   kritische Molekül- 103
   der Moleküle 97 f, 175 ff, 182, 188 ff, 195 f
   von Polymeren 181, 196
   technologische 429 ff
   der Zelltypen 170
   Zunahme der 416
DNS 45, 112, 133, 147 ff, 204, 217, 221
   Aufbau 61 f, 65 f
   -Doppelhelix 63, 65, 283
   evolutionäre Biotechnologie und 203, 206 f, 214 f
   genetische Information in der 45, 147 f
   -Katalyse 197
   Proteincodierung durch 203
   Regulationsstellen 221
   ringförmige 321 f
   Zufallssequenzen in 208, 213
DNS-Raum 206
Doppelte Lipidschicht 56, 285
Driesch, Hans 58 f, 147
Dynamische Ordnung 116
Dynamische Systeme 117

Ediacara-Periode 244
Eigen, Manfred 279, 405
Eingeschränkte Rationalität 410
Einstein, Albert 104
Eizelle 64, 147
   Befruchtung 111, 145
   Reifung 273 f
Ektoderm 146
Ektodermzellen 170 f
Elan vital 58, 78
Elektrisches Potential 58
Ellington, Andy 215 f
Embryonen 58, 170
Emergenz, Theorie der 43 f
Empfängergestützte Optimierung 393 ff
Endergonische Reaktionen 107
Endosymbionten, mitochondriale 332
Endosymbiotisches Bündnis 321
Energie 104, 107
   -landschaft 380
   -minima und zerklüftete Landschaften 44–97
   -schranken 372
   -stoffwechsel 242

Energiereiche Bindungen 107
Entelechie 59
Entfaltung des Weltalls 82
Entoderm 146
Entropie 9
Enzyme 74 f, 111, 114, 117, 150, 196, 221 ff, 421
  Aktivierung von 163 f
  chemische Reaktionsgeschwindigkeit und 105
  Funktionen 62, 94
  Gestalt 162 f
  Induktion von 149
  bei der Katalyse 80 f, 83 f, 220 f
  katalytische Aktivitäten von 116
  Komplementaritäten 415 f
  Korrekturfunktion 68 f
  molekulare Rückkopplung und 115
  Proteine und 61
  Substrate und 407, 419 f
Epistatische Kopplung 260 f
Epitope 210 f
EPO. *Siehe* Erythropoietin
Erbatome 247
Erbgutverschmelzung 247
Erbliche Variation 112, 142
Erdbeben, Größenverteilung 351
Ergodenhypothese 23
Erythropoietin (EPO) 203
*Escherichia coli* 133, 149, 441
ESS. *Siehe* Evolutionär stabile Strategien (ESS)
Evolution 14, 19 f, 37, 42, 47, 112, 140, 151, 244, 246, 284, 287
  biologische 28, 48 f
  erfolgreiche 282
  Fitneßlandschaften und 253
  gegensätzliche Konstruktionsanforderungen und 29
  Gesetze der 288
  der Koevolution 330 ff
  durch Mutation 272
  durch Selbstorganisation, natürliche Selektion und 280 ff
  Schwankungen und 250
  durch Selektion 272
  Theorie der 18, 45 f
  in zerklüfteten Landschaften 267 ff
Evolutionäre Biotechnologie 202 ff, 225
Evolutionär stabile Strategien (ESS) 327 f, 348, 380 f, 388

»Auftauen« von 348
  Definition 328 f
  Einfrieren von 340 ff, 374
  geordnetes Regime 332 f
  Gleichgewicht zwischen 358
  Koevolution und 337
  Störung von 344
Exergonische Reaktionen 107
Exons 69
Extinktion 29 f
  beim Aufbau einer Lebensgemeinschaft 319
  -ereignisse, Steuerung von 317, 345 ff
  -lawinen. *Siehe* Lawinen der Extinktion

Farmer, Doyne 107, 112
Fehlerkatastrophe 68 ff, 233, 246, 279 f, 284
Felder
  Aufgliederung in 374 ff
  empfängergestützte Kommunikation und 394
  Grenzen von 394 f
  Größe der, Energieminima und 380 ff
  Logik der 366 ff
  Nichtkonvergenz und 390
  optimale Feldgröße 386 ff, 390, 392 f
  und Politik 396 ff
  Zerlegungsmöglichkeiten 388 ff
Fibonacci-Reihe 232, 281
Fischer, Emil 57
Fisher, Ronald A., 247
Fitneß
  Änderungen der Korrelationslänge und 294 ff
  höchste 339 f, 343 f
  -landschaften. *Siehe* Landschaften
  -gipfel 48 f, 368, 374
  Struktur der 248
  -werte 347 ff
Flexibilität 141
Fontana, Walter 405 ff
Formale Unentscheidbarkeit 423
Formenraum 218
Freilebende Systeme 39 f
Funktionale Integration, autokatalytische Verbände und 402

Galilei, Galileo 17, 32

Gase 61
Gattungen 298 ff, 354 f
Gefangenendilemma 324 ff, 332, 397
Gehirn 209
Gekoppelte Fitneßlandschaften 347 f
Gemeinschaftslandschaft 316
Gene 111, 147 ff, 171 f
   epistatische Kopplung 259 ff, 334
   Klonierung von 203
   Molekularstruktur 62 f
   nackte 66 f
   Spleißen von 203
   Struktur- 149, 154
Generationen, Arten in 343
Genetischer Algorithmus 364
Genetische Drift 197
Genetische Information 63 f, 69 f
Genetische Schaltkreise 149 f, 154 ff
Genom
   Evolution autokatalytischer Verbände und 113 f
   Grenze der Komplexität 279
   des Menschen 158 f, 178, 191
   Regulationsnetzwerke. *Siehe* Genomische Regulationsnetzwerke
   spontane Ordnung und 164
   zufällige Änderungen im 236
Genomische Regulationsnetzwerke 132, 286, 351
   im geordneten Regime 164
   Modell 154 f
   *NK*-Modell 258 ff
   Ontogenese und 45, 158
   Phasenübergänge in 380
   Prinzipien 159
Genotypen 114, 150, 232
   benachbarte Genotypen 251 f
   Fitneß von Genotypen 251 ff, 261 ff
   globales Optimum von 264 f
Genotypräume, Fitneßlandschaften und 248 ff
Geordnetes Regime 139 f, 171, 333, 366
   eingefrorene Komponente im 332
   genomische Netzwerke und 285
   »stalinistischer Grenzzustand« im 377 ff, 381
Geschichte 438
Gesetz der biologischen Organisation 167
Gewebe 146
Gibbs, Josiah Willard 22
Gishon Foundation 437

Gleichgewichtssysteme 22 f, 37 ff, 82 ff, 350 f
Globale Ortungssysteme 436
Globale Zivilisation 437 ff
Glyzin 205
Gödel, Kurt 423 f
Goodwin, Brian 401 f, 404
Gott 14, 16 ff, 52, 108, 272 ff
Gould, Stephen Jay 28
GPS. *Siehe* Globale Ortungssysteme
Gradualismus 232 f, 237, 285
   Grenzen der Selektion und 277 f
   idealtypischer 265
   korrelierte Fitneßlandschaften und 257
Grammatikmodelle 422, 429
Grammatikraum 421
Grammatikregeln 429 f
Grammatiktabelle 427
Green, Paul 232
Grenze, subkritisch-suprakritisch 198
Grenzzyklus 313
Großer Roter Fleck, auf dem Jupiter 39
Gründermenge 422 f
Gründer von Familien 300
Grunddogma der Entwicklungsbiologie 148, 164
*Grypanica spiralis* 243
Guanin 61, 65

Hämoglobin 45, 63, 148
Haldane, J. B. S. 248
Halifax, Joan 436
Hardy, George H. 247
Harnstoffsynthese 57
Herstellung neuer Moleküle 202
Herzrhythmusstörungen 86
Hexapeptid 213 f
Hierarchie, von Organisationen 409
Holismus 108 f
Holland, John 364
Homöostase 116 ff, 123, 129, 133, 142, 169 f
Homöostatische molekulare Koordinierung 193
Homöostatische Stabilität 122 f
*Homo habilis* 14, 145, 201, 226, 404, 412
*Homo ludens* 201, 225 f
*Homo sapiens* 145, 201, 226, 287, 389
Homunkulus 59, 147
Hormonelle Liganden 223
Hoyle, Sir Fred 74 f, 77
Human Genome Project 104

Humpty-Dumpty-Effekt 315
Hyperparasiten 353

Idealisierungen
    Boolescher Funktionen 159
    Nützlichkeit von 116
Immunsystem 148, 210
Impfstoffe 210, 221
    Entwicklung 209 f
    Herstellung 210 ff
    neue 207, 211
Innere Zellmasse 145
Innovation 411
Insulin 208
Introns 69
Isotrope Fitneßlandschaften 267
»Italienischer Grenzzustand« 381

Jacob, François 19, 148 ff
Jacobs, Jane 433

Kambrische Explosion 297 ff
    allgemeingültiges Gesetz und 48, 292 f
    Diversität und 31, 244, 288, 416
    Koevolution und 322
    Muster der 413
    technologische Evolution und 302, 307
    Ursprung des Lebens und 27 f
    Vielzeller und 145, 244, 287
Kant, Immanuel 109, 397, 403, 409
Katalysatoreignungsregel 100
Katalysatoren
    Antikörper als 185, 187, 224 f
    in autokatalytischen Verbänden 107
    biologische Explosionen und 179 f
    chemische Reaktionsgeschwindigkeit
        und 79 ff
    Definition 79 f
    Doppelrolle 94
    in Reaktionsnetzwerken 94 f
    Reaktionsprozeß von. Siehe Katalyse
    Regeln für 99
    für zufällig ausgewählte Reaktionen
        190
Katalyse. Siehe auch Katalysatoren 108,
    220
    Definition 79 f
    offene thermodynamische Systeme und
        82
    Reaktionsnetzwerke und 94 f, 97, 185
Katalyseraum 220 f

Katalysierte Reaktionen, Untergraph der
    96, 101
Katalytische Abgeschlossenheit
    autokatalytische Verbände und 108
    Definition 81
    Molekülsysteme und 404
Katastrophale Variation 236
Keimbahn 402
Keimblätter 146
Keimplasma 147
Kepler, Johannes 17, 32, 41
Kettenreaktionen 193, 198
»Kindersterblichkeit«
    in Modellen künstlichen Lebens 357
    hohe 358
    bei meeresbewohnenden Arten 356
Kladen, basislastige 299
Klassen 298
Klonierung 203
Koazervate 61, 103
Koevolution 355 f, 365, 388
    von autokatalytischen Verbänden 403 f
    biologische Evolution und 323
    Chaosrand und 49
    Evolution der 330 ff, 342
    von Feldern 379
    Fitneßlandschaften und 310
    Mutualismus und 321
    organismische 414
    Spieltheorie und 324 ff
    Symbiose und 321
    technologische 410 ff
    technologische Evolution als 411
    in Wirtschafts-/kulturellen Systemen 323
Kohlendioxid 60 f, 309, 321
Kohlenhydrate 211, 219, 321
Kollektiv-autokatalytische Verbände. Siehe
    Autokatalytische Verbände
Kollektive Autokatalyse 403
Kombinationsexplosionen 367 f
Kombinatorische Chemie 222 ff
Kommunikation, empfängergestützte 393 f
Kompartimentsysteme 113
Komplementarität (ökonomische) 414,
    421, 425
Komplexe Systeme
    Eigenschaften 35
    Evolution von 240 f
    Gradualismus und 232 f
    Koordination von 139 f
    natürliche Selektion und 238

Komplexität 134 f, 181
   Diversität und 435
   Gesetze der 140, 176, 190
   Grenzen der 389
   Koordination der 139 f
   Wissenschaft von der 364
Komplexitätskatastrophe 292
Konfliktträchtige Probleme 373, 395
Kopernikus, Nikolaus 16 f, 111
Korrelationslänge, von Fitneßlandschaften 290
Koza, John 240
Kreationismus 18
Kreidezeit 29
Kreuzkopplung 263
Kritische Moleküldiversität 100
Künstliches Leben
   Evolution 408
   Extinktion und 353 ff
K-Werte 344 ff

Laktose 149 f
Lambda-Kalkül 207, 407, 417
Landschaften 244, 246, 251, 332
   adaptive Prozesse in 305
   adaptive Wanderungen in 254 ff, 278 f, 284, 289 ff, 296
   Aufbau von 258, 261 ff
   gekoppelte 334 ff
   »Gottes Perspektive« auf 272 ff
   isotrope 267
   Klassen von 258
   Korrelationslänge von 290
   korrelierte 257 ff, 282, 284, 296
   Leben in 241 ff
   Lebensgemeinschaft in 316
   natürliche Selektion und 276 f
   nichtisotrope 267
   *NK*-Modell von. Siehe *NK*-Landschaftsmodell
   regellose, Zufalls- 253 ff, 265, 270 f, 305, 367
   »Sprünge über« 289 ff
   Suche nach Spitzenleistungen und 366
   Veränderungen in 310
   widerstreitende Randbedingungen und 263, 284
   zerklüftete 284, 306, 311, 343, 355, 368, 370
      allgemeine Merkmale 299
      Evolution von 267 ff

   technologische Evolution in 301 ff
   widerstreitende Randbedingungen und 382
Langton, Chris 139
Lawinen
   Extinktions- 316 ff, 345 ff, 350, 354, 359 f
   Messung der -größe 347
   neuer Moleküle 194 ff
   des technologischen Wandels 357 f
Leben
   als emergentes Phänomen 44
   experimentelle Schöpfung von 225 f
   Gesetze des 32 ff
   Kristallisation des 73 ff, 92, 101, 181
   Netzwerke des 79 ff, 116 f
   präzelluläres 25
   Ursprung, Entstehung des 14, 37, 49 f, 56, 73 f
      die Grundthese 97 ff
      kollektive Autokatalyse und 403
      kritische Moleküldiversität und 100 f
      Probleme de 59
      Theorien über 56 ff, 92, 108, 171 f
Lebensformen, früheste 24 ff, 29 f
Lebensgemeinschaften 312 ff
   Fitneß von 320
Lernkurven 389, 303 ff, 411, 433 f
Lieberkühnsche Krypten 165
Linnésche Taxonomie 19, 27, 287, 298
Lipide 281
Lipidvesikel 172
LISP 406 ff, 415 f
Lobo, José 305
Logarithmische Maßstäbe 167 f
Logik der Felder 366 ff
Lotka, A. J. 312, 314
Lotka-Volterra-Gleichung 314
Lysin 205

Macready, Bill 140, 294, 305, 366, 375
Mahler, Gunter 13
Makroökonomik
   makroökonomische Modelle 425
   makroökonomische Theorien 432
Matrizenreplikation 77 f, 112
Maturana, Humberto 402
Maxwell, James Clerk 58
McCaskill, John 405
McCulloch, Warren 401 f
Medikamente, neue 207

Meiose 64, 273
Meme 407, 421
Mendel, Gregor 63, 247
Mendelsche Gesetze (Regeln) 64, 147, 247
Mensch
    Intermediärstoffwechsel des 192
Menschheit
    globale Probleme der 15
Menschliches Genom. *Siehe* Genom, menschliches
Merkmale 258 ff, 334 f
Meselson, Matthew 60
Mesoderm 146
Methan 60 f
Mill, James 16, 398
Miller, Stanley 61 f
Mitochondrien 242, 321
Mitose 64
Modellproblem 88, 91
Molekulare Rückkopplung 115
Molekulare Schöpfungskraft 202
Molekularer Erkennungsmechanismus 218
Momaday, N. Scott 15 f, 437, 442 f
Monod, Jacques 19, 111, 148 ff, 153
Monomere 67
Morgenstern, Oskar 324
Morphogenese 146
Mosaikentwicklung 58
Murphy, Kevin 343, 348, 354
Mutationen 68, 124
    in autokatalytischen Verbänden 123
    in Fitneßlandschaften 253
    in frühen Entwicklungsphasen 300
    genetischer Algorithmus und 364
    im Genom 232, 330
    große Anzahl von 289
    in Netzwerken 129
    Rate 278
    Redundanz und 239
    Rück- 210
    in späten Entwicklungsphasen 300 f
    Ursache von 244, 246
    Virus- 322
    zufällige 197, 203
Mutualismus, koevolvierender 321
Myosin 45, 148, 151

Nachkommen
    erwartete Zahl der 193
Nahrungsnetze 314

Nash, John 325
Nash-Gleichgewicht 325 ff, 332, 388
Natürliche Selektion 172, 236, 242, 248, 301
    Aussieben besser angepaßter Varianten 249 f
    Darwin und. *Siehe* Darwin und natürliche Selektion
    auf der Ebene des Individuums 311
    als einzige Quelle von Ordnung 151 ff
    Evolution und 446
    Fitneßlandschaften und 276 f
    genetischer Algorithmus und 364
    Grenzen der 233, 277 ff, 284 f, 292
    komplexe Systeme und 238
    Selbstorganisation und 253, 280 ff
    Wirksamkeit 230, 251
Nelson, Dick 411
Nervensystem 209
Nervenzellen 146, 148
Nesmith, Michael 443
Netzwerke
    des Lebens 79 ff, 117
    mit Parallelverarbeitung 281
Neue Moleküle 191, 196 ff, 201
Neumann, John von 324
Neumann, Kai 343, 348, 354, 357
Neurotransmitter 209
Newton, Sir Isaac 17
Newtonsche Bewegungsgesetze 35
Nichtgleichgewichtssysteme 38, 41, 127, 283
    chemische 82, 85, 87
    freilebende 40
    geordnete. *Siehe auch* Dissipative Strukturen 39
    offene 84
Nichtisotrope Fitneßlandschaften. *Siehe* Landschaften
Nichtkanalisierende AUSSCHLIESSEN-DES-ODER-Funktion 162
Nichtkonvergenz 390
NICHT, WENN-Funktion 155 ff, 160
NICHT, WENN-Regel 159
Niedrige Taxa 287
Nischen 343, 356 f, 415 f
    autokatalytische Bildung von 413 f
    Definition 411
    Entstehung von 412 f, 415, 422
*NK*-Landschaftsmodell 258 ff, 277, 284, 305 ff, 330
    Aufteilung in Felder im 376 f

empfängergestützte Kommunikation 394
epistatische Wechselwirkungen und 334 f
erweiterter Wechselwirkungsbereich und 383
in der Form eines Quadratgitters 375 f
Gitter- und Feldermodell 392
konfliktträchtige Probleme und 367
Korrelationslänge von 290
Phasenübergang im 386 f
Weitsprung-Adaptation im 289 ff
Nukleotid 67, 69, 184
-basen 70
-bausteine 61 f, 65 f

Oberflächenreaktionen 105 f
ODER-Funktion 118 f, 124 f, 160, 162 f
Ökonomische Netzwerke 412 f, 435
Ökosysteme 41, 114, 177
  Evolution von 257
  evolutionär stabile Strategie von 336
  als Netzwerke koevolvierender Akteure 357
  als »Pilzgeflechte« 423
  selbstgesteuerte Evolution zum Rand des Chaos 249
  Sterbealter (der Arten) in einem Ökosystem 358 f
  subkritisches Verhalten von 198 f
  Urform 26
  Verhalten von Lebensgemeinschaften in 310 f
Östrogen 223 ff
Oligonukleotide 184
Ontogenese (Individualentwicklung) 59, 145 f, 148, 153, 158
  Entwicklungsprogramm der 403
  Netzwerke und 45, 153, 159
  Merkmale der 165
  Ordnung der 159
Oparin, Alexander 61, 103
Operator 149 f, 154 ff, 160 f
Operatorabschnitte der DNS 150
Optimierungsprobleme, schwierige, kombinatorische 367 f
Ordnung 43, 111 f, 124
  biologische 44 f
  dissipative Nichtgleichgewichtsstrukturen der 42
  energiearme Gleichgewichtsformen von 38, 42
  Formen der 38 ff
  Gleichgewichtssysteme und 23 f
  in der Natur 20 ff
  in Ökosystemen 230
  in der Ontogenese 159, 230
  in Organismen 231
  Quelle von 231, 233
  Selektion und 151 ff, 229
  geordnete Nichtgleichgewichtsstruktur 39
  spontane. *Siehe* Spontane Ordnung
  Voraussetzungen für die Entstehung von 125 ff
Ordnung-Chaos-Achse 140 f
»Ordnung zum Nulltarif« 111 f, 115, 122 ff, 138, 142 f, 153
Ordovizium 27, 298
Organe 146
Organellen 242
Organisationen 364
  der Ebene 0 409, 440
  der Ebene 1 409, 440
Organische Moleküle 177 f, 183
  Verzeichnisse 177
Organismen 111, 244, 258 f, 271 f, 287 f, 355, 365
  einzellige 242
  Evolution der 359, 414
  Fitneß der 259
  hierarchische Kategorisierung der 298
  kambrische Explosion und 145
  Koevolution der 414
  kollektiv-autokatalytische Metabolismen von 423
  Nahrungssuche 272
  sich geschlechtlich fortpflanzende 273
  vielzellige 242
Orgel, Leslie 70, 79
Oster, George 217 ff

Packard, Norman 106
Paläozoikum 194
Paley, William 230, 301
Palmer, Richard 258
Paradies, verlorenes 14, 16
Parallelverarbeitende Netzwerke 281
Parasiten 353
Pastêur, Louis 56 f
Pauli, Wolfgang 152

Peptidbindungen 104, 106
Peptide 104 ff, 211 f, 214, 217, 219, 222
  -bibliotheken 206
  Erythropoietin 203
  neue 211
  Schlüssel-Schloß-Schlüssel-Ansatz 208 f
  Zufalls- 208, 212
Perelson, Alan 217 ff
Periodische Bewegung 35
Perm, Massensterben im 28, 297 ff, 354
Phänotyp 114
Phanerozoikum 352
Pharma-Unternehmen 214, 222
Phasenübergänge 90 f, 101, 125, 182, 283, 332 f
  biologische Explosionen und 179
  zu kollektiver Autokatalyse 403
  Leben entsteht als 97
  Zerlegung in Felder und 374
  zwischen Ordnung und Chaos. *Siehe* Rand des Chaos
Photosynthese 242
Physikalisches Tempern 372
»Pilzgeflechte« 423
Pimm, Stuart 315 ff, 319 f
Planungshorizont 427 f, 431
Plasmide 321
Plasteinreaktion 106
Plazenta 146
Pleuromona 71, 108
Plötzlicher Herztod 86
PolyG 67
PolyG-Dekamere 67
Polymerase 70
Polymere 98 ff, 104 ff, 181, 202, 217
  Diversität 196
  große 177 f, 197
  Modell- 180
  Reproduktion autokatalytischer -systeme 106 f
  Verhältnis möglicher Reaktionen zu 103
Population
  Entwicklung 316
  Generationen 336
Post, Emil 417
Postdarwinistische Biologen 230
Post Grammatik 418
Potentielle Enzyme 185, 191, 223
Potentielle Gesetze 178, 349
Potentielle Medikamente 209, 216
Potenzgesetz 304, 306 f, 360

von Extinktionsereignissen 318, 350 ff
Extinktionslawinen und 317 f, 359 f
selbstorganisierte Kritizität 51, 351
-verteilung 198
Präbiotische chemische Systeme 44, 49
Präformationisten 59, 147
Präkambrium 244
Prigogine, Ilya 39, 85
Problem des Handlungsreisenden 368 f, 371
Produkte 116 f
Proteine 62 f, 66, 111, 114, 148, 190 f, 214 f, 217, 220
  Anzahl der 205 f
  -bibliotheken 221
  Bindung von 149
  Doppelrolle der 94
  als Epitope 210 f
  genetische Codierung 112, 178, 204
  als genetisches Material 65, 203
  in katalytischen Reaktionen 191, 197, 225
  als potentielle Enzyme 185
  als Repressoren 150
  Struktur der 63
  Synthese der 66, 148
  Verdauung von 106
Prozac 209
Pyrophosphat 107

Quadratwurzelbeziehung, zwischen Zelltypen und DNS-Gehalt 168 f
Quantentheorie 42

Räuber-Beute Beziehungen 314, 322
Rand des Chaos 47 ff, 133 ff, 364, 380 ff
  evolutionär stabile Gleichgewichte und 341
  in genomischen Booleschen Netzwerken 318
  als komplexes Regime 160, 332
  Systeme untergliedern und 390 f
Rationale Morphologen 18 f
Raup, David 310, 352 ff
Ray, Tom 352 ff
Reaktionsenergie 104 ff
Reaktionsgraph 92 f
Reaktionsnetzwerke 92 ff
Rechnerprogramme 234 f
  serielle 234

verdichtete 238
Reduktionismus 32, 57
Redundantes Programm 239 f
Redundanz 234 ff, 285
Reed, John 305
Regenerationsphase nach Massensterben 298 f
Rekombination
 chromosomale 274 f
 genetischer Algorithmus und 364
Repressor(protein) 149 ff, 155 ff
Rezeptoren 208 f
Ribonukleinsäure. *Siehe* RNS
Ribosom 69
Ribozyme 69 ff, 83, 94, 99 f, 215
Ribozympolymerase-Hypothese 70
Ribozym-RNS-Polymerase 409
Richter-Skala 351
Riesige Komponente eines Zufallsgraphen 90
RNS 66 ff, 159, 180, 283
 – Bibliotheken 206, 221
 Doppelrolle der 94
 evolutionäre Biotechnologie 204, 214 ff
 Faltung der 405
 genetische Information in 112
 Katalyse durch 197, 215
 -landschaften 406
 Messenger- 66, 148 f
 nackte replizierende 70
 Ontogenese und 45
 – Replikation 77, 124
 – Sequenzen 99
 Struktur der 61 f, 79
 Transfer- 66
 – Transkription 148
 vorherrschende Theorie nackter 108
 – Zufallsfolgen 208, 216, 220
RNS-Raum 206
Robuste Systeme 241
Robustheit 283, 285 f
Rote Blutkörperchen 45, 63, 146, 148
Rote-Königin-Effekt 322 f, 329 f, 333, 336, 344, 374, 380 f
Runnegar, Bruce 242, 244

Salzsäure 146
Samenzelle 64, 145, 147, 273 f
Sauerstoff 57, 60, 63, 321
Schenkman, José 433

Schlüssel-Schloß-Schlüssel-Verfahren 208 ff
Schmetterlingseffekt 33, 127, 137, 283
Schopf, William 55
Schumpeter, Joseph 357, 359, 410
Schuster, Peter 279, 405
Schwächung der Virulenz von Viren 210
Schwierige kombinatorische Optimierungsprobleme 367
Selbstorganisation 47, 172
 Belousov-Zhabotinsky-Reaktion und 86
 Blattstellung und 232
 Emergenz des Lebens und 73
 Geschichte des Lebens und 230
 Kraft der 75, 142, 365
 als »Ordnung zum Nulltarif« 112, 142 f, 153
 Robustheit und 286
 Selektion und 153, 173, 248, 253, 280 ff
 spontane 233
Selbstorganisierte Kritizität 51, 349 ff
Selbstreproduktion 112 ff, 142, 176
 der ersten Molekülsysteme 55 f
 Formen der 408 f
Selbstwiederholung, Muster der 232
Selektion. *Siehe* Natürliche Selektion
Selektion als einzige Quelle von Ordnung, Hypothese von der 230
Sepkowski, Jack 354
Serotonin 209
Sex 273 f
S-förmige Kurve 91
Shapiro, Robert 62, 74
Shapiro, Walter 437, 441, 443
Shell, Karl 305
Siebbeinplatte 72
Signalstoffmoleküle 209
Simulated annealing 368 ff, 372 f, 396
Simulationsstudien über den Aufbau von Lebensgemeinschaften 319
Skalenrelation, zwischen Genen und Zelltypen 168 f
Smith, Adam 37, 311
Smith, John Maynard 327 f
Sozialplanungsmodell 428
Spaltungsreaktionen 98, 106 f
Spezifikation, fehlerhafte 391 f
Spieltheorie 324 ff
Spingläser 258
Spontane Ordnung 20 ff, 36, 140, 285
 Entstehung 117

461

Genom und 164
natürliche Selektion und 111, 446
der Ontogenese 153 ff
Quelle 229, 281
Spontanreaktionen 94, 99
Sporen 40
Stabilität 114, 141
Stahl, Franklin 66
»Stalinistischer Grenzzustand« 377 ff, 381, 386, 398
Stamm (Phylum) 298 f
Stationärer Zustand 121 f
isolierter 121 f
Statistische Mechanik 22, 35
Stein, Dan 258
Sterblichkeitskurven 358
Steuerungsregeln 125
Störungen 137, 139
Stromatolithe 26
Strukturelle Stabilität 285. *Siehe auch* Redundanz
Subkritisches Verhalten 181, 195 ff, 222, 429 ff
Subkritisch-suprakritische Grenze 193 f, 198 f, 202, 226
Substitutionsregel 418 ff
Substitutive Produktionsgüter 414 f
Substrate 93 f, 116
Suprakritische Explosion 195 f, 199, 223
Suprakritische Moleküldiversität 189
Suprakritische Reaktionssysteme 183, 185 f
Suprakritisches Verhalten 176, 178 ff, 186 ff, 197 f, 429 f
der Biosphäre 190, 222 ff
Grenze des 198 f
in der Wirtschaft 430 f
Sutherland, Stuart 152
Symbiose
Koevolution und 321
wechselseitige Konsistenz und 332
Symmetrie 232
Synthese, freie Energie zum Antrieb der 107
Szostak, Jack 214 f, 409

Tang, Chao 51, 198, 349 ff
Technologie
Evolution der 28 ff, 49 f, 287 f, 307
Gesetze der 288
Lernkurven und 289, 303 ff
in zerklüfteten Landschaften 301 ff

Koevolution der 410 ff
wirtschaftlicher Aufschwung und 424 ff
-trajektorien 303 f, 306
Temperatur 372
chemische Reaktionsgeschwindigkeiten und 392
als Maß der thermischen Schwingung 371
Tetrapeptide 105
Thermodynamik 104, 142
Zweiter Hauptsatz der 22 ff, 111
Systeme
abgeschlossene 82 f, 129
offene 82, 84, 127, 129, 142, 310
Thomas, Dylan 309
Thrombin 214
Thymin 61, 65
Tierischer Magnetismus 58
Tierra 353 ff
Tochterneutronen 193
»Totale Qualitätssicherung« 364
Toxine 197, 206
Trajektorie 120, 141, 155
Transkription 149, 151
Tripeptid 105
Trypsin 94, 106
Tumor-Suppressorgene 215
Turing, Alan 41, 417
Turingmaschinen 405 f, 417, 419
T-Helferzellen 322

Übergangsregion 140 f
Übergangszustand 83 f, 105
UND-Funktion 118 f, 124 f, 156, 159
UND-Gatter 119
Universalitätsklassen 416, 421
Universelle molekulare Werkzeugkästen 217 ff
Universelle Turingmaschinen 41
Universum, gleichgewichtsfernes 37
Unkatalysierte zufällige Reaktion 113
»Unsichtbare Hand« 37, 265, 386
Uracil 61
Urankern 176
Urerde 55 f
Urey, Harold 61
Urknall 37, 164
Urzelle 24, 26, 55, 114, 133, 137, 226
Urzeugung 75

Van Valen, Lee 322
Varela, Francisco 402
Varianten, besser angepaßte 306
Variation, katastrophale. *Siehe* katastrophale Variation
Verdauung 189
Verela, Maria 441
Vererbung 63
Verknüpfungsreaktionen 106
Verzweigung
 -geschwindigkeit 302
 -prozesse 193
 -wahrscheinlichkeit, von Kettenreaktionen 318 f
Verzweigungsprozesse nach Überschreitung des kritischen Werts 198
Vesikel, von einer zweischichtigen Lipidmembran umschlossene 103, 113, 281
Viren 39, 71
 Hepatitis- 210 f
 HIV- 321
 Polio- 210
 Schwächung der Virulenz von 210
 Selbstmontage 281
Volterra, V. J. 312, 314
Vorgaben, in Steuerungsregeln 125

Wahrscheinlichkeit 193
 Katalyse- 191
 Modelle der 225
Wald, George 73, 77
Warnock, Geoffrey 152
Wasserstoff 56 f, 60, 63
Wässriges Milieu 104 f
Watson, James 63, 65
Watson-Cricksche Basenpaarung 67, 77 f, 81, 99, 207
Webster, Gerry 274
Weinberg, Steven 32
Weinberg, W. 247
Weininger, David 177
Weisbuch, Gérard 130, 132, 136
Weismann, August 402
Weiße Blutkörperchen 146
»Weitsprung«-Adaptation 289 ff
WENN UND NUR WENN-Funktionen 162
Wettbewerbsvorteil 364
»Wettrüsten« 322

Wickramasinghe, N. C. 74 f, 77
Widerstreitende Randbedingungen 388
 in zerklüfteten Landschaften 382
 Zunahme der 382
»Wie du mir, so ich dir«-Strategie 326
Wiesenfeld, Kurt 51, 198, 349 ff
Winfree, Arthur 86
Winter, Sidney 363, 411
Wirkungsspezifische Medikamente 204
Wirt-Parasit-Systeme, Koevolution von 321 f
Wirtschaft
 Aufschwung, technologische Koevolution, Grammatikmodelle und 424 ff
 Diversität in 431 f
 Ökologie und 404
 »Pilzgeflechte« in der 423
 ständiger Wandel der 413
 Wachstumstheorien der 432
Wirtschaftssysteme 41, 48
 Evolution von 257
 globale Veränderungen in 363
Wissenschaft
 der Komplexität 15 f, 20
 theoretische 34
Wolpert, Lewis 242
Wood, Larry 393
Wright, Sewall 248

Zeichenketten 406 ff, 415, 437 f
 Gründermenge aus 423
 kollektiv-autokatalytischer Verband aus 422
 kulturelle 442
 Post-Grammatik aus 417 ff
 technologische Koevolution und 424 ff
Zellen 24 ff, 44, 63, 84, 133, 137, 165 ff, 242 f
 archaische Formen 55
 Differenzierung 45, 146
 eukaryontische 241 ff, 321, 332
 fossile 24, 31
 freilebender Systeme 40
 des Immunsystems 146
 Muskel- 45, 146
 Nerven- 45, 146, 170
 Nichtgleichgewichtssysteme und 41
 Rezeptoren auf 223 f
 Soma- 64
 Stoffwechsel von 191
 subkritisches Verhalten von 193
 Teilungszyklus 64, 145 f, 165 ff

Tochterzellen 59, 64, 113, 170
-typen 146, 168 ff
Ur- 61
Zellkerne 64
Zentrale Steuerungsinstanz 402
Zucker 309
Zufallsbewegung 371
Zufallsgrammatiken 417 ff
Zufallsgraph 88, 90 ff
Zufallskatalysatorregel 99
Zufallssysteme 35
Zufallsvariationen 19 f, 301
Zustandsraum 118, 121, 155, 157, 164

Zustandszyklus 120 ff, 126 ff, 155, 158, 165 f, 169
Zustandszyklusattraktoren 127, 155, 157 f, 165 f, 168 f
Zustände, Folge von 119 f
Zweischichtige Lipidmembran 103, 230
Zygote 59, 64, 153
    Differenzierung der 45, 58, 145 f, 170
    genetische Regulationsnetzwerke in 147 f
    genomische Netzwerke in 47, 159
    Verlust einer Eihälfte und 59